C语言开发从入门到精通

王长青 韩海玲◎编著

人民邮电出版社

北京

图书在版编目（C I P）数据

C语言开发从入门到精通 / 王长青，韩海玲编著. --
北京 ：人民邮电出版社，2016.9
ISBN 978-7-115-42016-9

Ⅰ. ①C… Ⅱ. ①王… ②韩… Ⅲ. ①C语言—程序设
计 Ⅳ. ①TP312

中国版本图书馆CIP数据核字(2016)第123674号

内 容 提 要

本书循序渐进、由浅入深地详细讲解了C语言开发的技术，并通过具体实例的实现过程演练了各个知识点的具体使用流程。全书共22章，第1～4章分别讲解了C语言开发的基础知识，包括C语言简介，安装开发工具等；第5～10章分别讲解了函数、输入/输出、流程控制、数组操作等知识，这些内容都是C语言技术的核心知识；第11～20章分别讲解了指针、结构体、共用体和枚举、链表、位运算、预编译、文件操作、错误调试和高级编程技术的知识，这些内容是C语言开发技术的重点和难点；第21～22章分别通过2个综合实例的实现过程，介绍了C语言在综合项目中的开发过程。全书内容以“技术解惑”和“范例演练”贯穿全书，引领读者全面掌握C语言。

本书不但适用C语言的初学者，也适合有一定C语言基础的读者学习，还可以作为大专院校相关专业的师生用书和培训学校的教材。

♦ 编　　著　王长青　韩海玲
　责任编辑　张　涛
　责任印制　焦志炜

♦ 人民邮电出版社出版发行　　北京市丰台区成寿寺路11号
　邮编　100164　　电子邮件　315@ptpress.com.cn
　网址　http://www.ptpress.com.cn
　固安县铭成印刷有限公司印刷

♦ 开本：787×1092　1/16
　印张：27　　　　　　2016年9月第1版
　字数：713千字　　　　2024年7月河北第8次印刷

定价：55.00元（附光盘）

读者服务热线：(010)81055410　印装质量热线：(010)81055316

反盗版热线：(010)81055315

广告经营许可证：京东市监广登字20170147号

前　言

从你开始学习编程的那一刻起，就注定了以后所要走的路：从编程学习者开始，依次经历实习生、程序员、软件工程师、架构师、CTO 等职位的磨砺；当你站在职位顶峰的位置蓦然回首，会发现自己的成功并不是偶然，在程序员的成长之路上会有不断修改代码、寻找并解决 Bug、不停测试程序和修改项目的经历；不可否认的是，只要你在自己的开发生涯中稳扎稳打，并且善于总结和学习，最终将会得到可喜的收获。

选择一本合适的书

对于一名想从事程序开发的初学者来说，究竟如何学习才能提高自己的开发技术呢？其一的答案就是买一本合适的程序开发书籍进行学习。但是，市面上许多面向初学者的编程书籍中，大多数篇幅都是基础知识讲解，多偏向于理论，读者读了以后面对实战项目时还是无从下手。如何实现从理论平滑过渡到项目实战，是初学者迫切需要的书籍，为此，作者特意编写了本书。

本书用一本书的容量讲解了入门类、范例类和项目实战类 3 类图书的内容。并且对实战知识不是点到为止地讲解，而是深入地探讨。用“纸质书＋光盘资料（视频和源程序）＋网络答疑”的方式，实现了“入门＋范例演练＋项目实战”的完美呈现，帮助读者从入门平滑过渡到适应项目实战的角色。

本书的特色

1. 以“入门到精通”的写作方法构建内容，让读者入门容易

为了使读者能够完全看懂本书的内容，本书遵循“入门到精通”基础类图书的写法，循序渐进地讲解这门开发语言的基本知识。

2. 破解语言难点，“技术解惑”贯穿全书，绕过学习中的陷阱

本书不是编程语言知识点的罗列式讲解，为了帮助读者学懂基本知识点，每章都会有“技术解惑”板块，让读者知其然又知其所以然，也就是看得明白，学得通。

（3）全书共计 330 个实例，和“实例大全”类图书同数量级的范例

书中一共有 330 个实例，其中 110 个正文实例，2 个综合实例，并赠送两大综合案例（www.toppr.net 下载）。每一个正文实例都穿插加入了 2 个与知识点相关的范例，即 220 个拓展范例。通过对这些实例及范例的练习，实现了对知识点的横向切入和纵向比较，让读者有更多的实践演练机会，并且可以从不同的角度展现一个知识点的用法，真正实现了举一反三的效果。

4. 视频讲解，降低学习难度

书中每一章节均提供声、图并茂的语音教学视频，这些视频能够引导初学者快速入门，赠强学习的信心，从而快速理解所学知识。

5. 贴心提示和注意事项提醒

本书根据需要在各章安排了很多“注意”“说明”和“技巧”等小板块，让读者可以在学习

过程中更轻松地理解相关知识点及概念，更快地掌握个别技术的应用技巧。

6. 源程序＋视频＋PPT 丰富的学习资料，让学习更轻松

因为本书的内容非常多，不可能用一本书的篇幅囊括“基础+范例+项目案例”的内容，所以，需要配套 DVD 光盘来辅助实现。在本书的光盘中不但有全书的源代码（赠送的两大案例以 23 和 24 编号的源程序和视频也在光盘中），而且还精心制作了实例讲解视频。本书配套的 PPT 资料可以在网站下载（www.toppr.net）。本书赠送的两大综合案例也可在此网站下载。

7. QQ 群+网站论坛实现教学互动，形成互帮互学的朋友圈

本书作者为了方便给读者答疑，特提供了网站论坛、QQ 群等技术支持，并且随时在线与读者互动。让大家在互学互帮中形成一个良好的学习编程的氛围。

本书的学习论坛是：www.toppr.net。

本书的 QQ 群是：347459801。

本书的内容

本书循序渐进、由浅入深地详细讲解了 C 语言开发的技术，并通过具体实例的实现过程演练了各个知识点的具体应用。全书共 22 章，分别讲解了 C 语言开发工具，C 语言语法，运算符和表达式，输入和输出，流程控制，数组和字符串，函数——C 语言的核心，指针，数据的熔炉——结构体、共用体和枚举，链表，位运算，预编译处理，文件操作，错误和程序调试，组件技术，C 语言高级编程技术，网络编程技术，初入江湖——游戏项目设计，风云再起——网络项目设计等内容。并赠送学生成绩管理系统和 C51 实现跑马灯程序，可从 www.toppr.net 下载两案例文档、程序和视频。全书以“技术解惑”和“范例演练”贯穿全书，引领读者全面掌握 C 语言开发。

各章的内容版式

本书的最大特色是实现了入门知识、实例演示、范例演练、技术解惑、综合实战 5 大部分内容的融合。其中各章内容由如下模块构成。

① 入门知识：循序渐进地讲解了 C 语言开发的基本知识点。

② 实例演示：遵循理论加实践的教学模式，用 110 个实例演示了各个入门知识点的用法。

③ 范例演练：为了加深对知识点的融会贯通，为每个实例另外配套了 2 个演练范例，全书共计 220 个拓展范例，多角度演示了各个入门知识的用法和技巧。

④ 技术解惑：把读者容易混淆的部分单独用一个板块进行讲解和剖析，对读者所学的知识实现了“拔高”处理。

下面以本书第 7 章为例，演示本书各章内容版式的具体结构。

① 入门知识

7.2.1 谈谈 putchar 函数（字符输出函数）

函数 putchar 是字符输出函数，功能是在显示器上输出单个字符。使用函数 putchar 的格式如下所示。

```
putchar（字符参数）
```

其中，字符参数可以是实际的参数，也可以是字符变量。

在使用函数 putchar 前，必须使用如下所示的文件包含命令。

```
#include<stdio.h>
```

或：

```
#include "stdio.h"
```

函数 putchar 的作用等同于“printf（"%c"，字符参数）”，函数 putchar 可以输出整型变量，也可以输出控制字符，并且执行控制字符时执行的是控制功能，而不是在屏幕上显示某个字符。

② 实例演示 + ③ 范例演练

实例 015 使用 putchar 函数输出指定的字符

源码路径 光盘\daima\7\1　　　　**视频路径** 光盘\视频\实例\第 7 章\015

> 范例 029：使用 putchar 函数
> 源码路径：光盘\演练范例\029\
> 视频路径：光盘\演练范例\029\
> 范例 030：演示 putchar 函数的格式和用法
> 源码路径：光盘\演练范例\030\
> 视频路径：光盘\演练范例\030\

本实例的实现文件为“putchar.c”，具体实现代码如下所示。

```
#include<stdio.h>
void main(){
char a='c',b='d',c='e';    //定义3个字符变量
//输出字符
putchar(a);putchar(b);putchar(b);putchar(c);putchar('\t');
putchar(a);putchar(b);
putchar('\n');
putchar(b);putchar(c);
}
```

上述代码的具体实现流程如下所示。

（1）分别定义 3 个 char 型变量 *a*、*b* 和 *c*。

（2）通过“putchar（a）”在屏幕中输出一个“m”，通过第一个“putchar（b）”在屏幕中输出一个“n”，通过第二个“putchar（b）”在屏幕中输出一个“n”，通过“putchar（c）”在屏幕中输出一个“z”，通过“putchar（'\t'）”跳转到下一个制表符。

（3）通过“putchar（a）putchar（b）”分别输出字符“m”和“n”。

（4）通过“putchar（'\n'）”进行换行处理。

（5）通过“putchar（b）、putchar（c）”分别输出字符“n”和“z”。

按下【F9】键编译并链接上述代码，按下【Ctrl+F9】组合键运行上述代码，然后按下【Alt+F5】组合键后运行程序，将分别在界面中输出指定的字符，如图 7-2 所示。

图 7-2　输出结果

在上述实例代码中，通过使用 putchar 函数来输出指定的字符。并且在使用 putchar 函数时，可以直接将 ASCII 作为参数。

④ 技术解惑

赠送资料

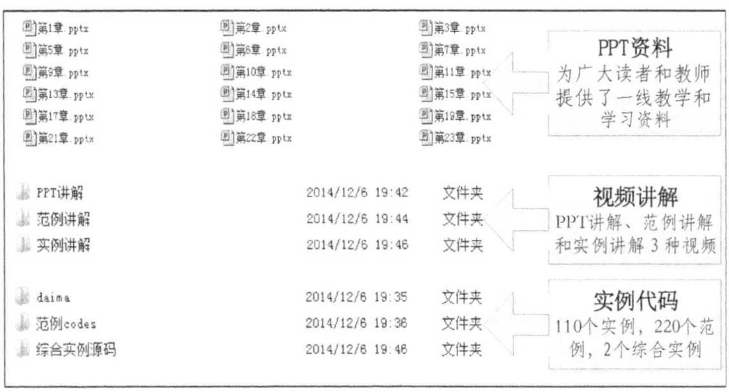

售后服务

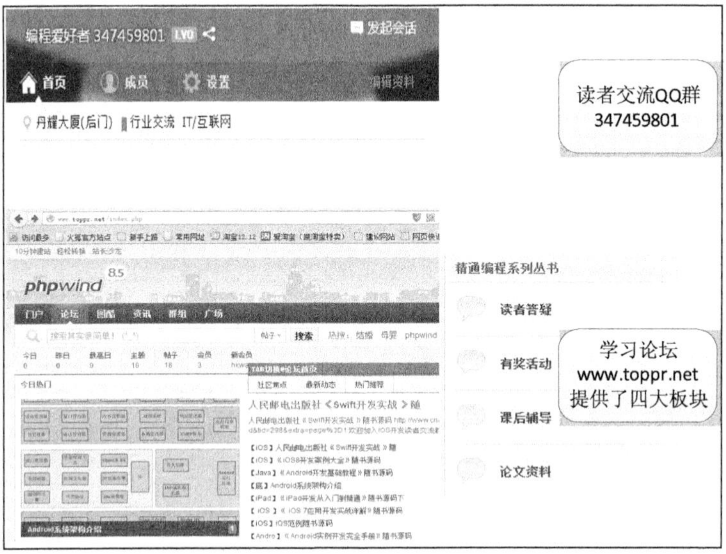

本书的读者对象

- 初学编程的自学者
- 编程爱好者
- 大中专院校的教师和学生
- 相关培训机构的教师和学员
- 做毕业设计的学生
- 初、中级程序开发人员
- 软件测试人员
- 参加实习的初级程序员
- 在职程序员

致谢

本书在编写过程中，十分感谢我的家人给予的巨大支持。本人水平毕竟有限，书中存在纰漏之处在所难免，诚请读者提出意见或建议，以便修订并使之更臻完善。编辑联系邮箱：zhangtao@ptpress.com.cn。

最后感谢您购买本书，希望本书能成为您编程路上的领航者，祝您阅读快乐！

作者

目　录

本书实例目录

第 1 章

C 语言之定位

C 语言是当前所有开发技术中使用较为广泛的一门语言，从它诞生之日起就深受程序员们的喜爱。随着 C 语言的普及，使得后来的开发语言都或多或少借鉴或遵循了它的一些模式。另外，C 语言是计算机编程领域中最早的高级语言之一，它的出现推动了软件行业的迅猛发展。本章将简要介绍 C 语言的基本知识，为读者步入后面的学习打下基础。

本章内容

- C 语言的辉煌诞生
- 第一印象的建立
- 理解编译系统——学习的第一步
- 揭开存储器的层次

技术解惑

学习 C 语言还有用吗

怎样学好 C 语言

学好 C 语言的建议

1.1 C 语言的诞生

知识点讲解：光盘:视频\PPT 讲解（知识点）\第 1 章\C 语言的辉煌诞生.mp4

C 语言是目前世界上最流行、使用最广泛的程序设计语言之一。C 语言绘图能力强，可移植性好，并具备很强的数据处理能力，因此适合编写系统软件、二维和三维图形及动画程序，是一门数值计算的高级语言。C 语言的原型是 ALGOL 60 语言，也被称为 A 语言。

接下来我们看一看 C 语言的发展历程。

1963 年，剑桥大学将 ALGOL 60 语言发展成为 CPL（Combined Programming Language）。

1967 年，剑桥大学的 Matin Richards 对 CPL 进行了简化，于是产生了 BCPL。

1973 年，美国贝尔实验室的专家 Dennis.M.Ritchie 在 B 语言的基础上设计出了一种新的语言，他取了 BCPL 的第二个字母作为这种语言的名字，这就是 C 语言。

1977 年，为了推广 UNIX 操作系统，Dennis M. Ritchie 发表了不依赖于具体机器系统的 C 语言编译文本《可移植的 C 语言编译程序》。

1978 年，Brian W. Kernighan 和 Dennis M. Ritchie 出版了名著《C 程序设计语言》（*The C Programming Language*），从而使 C 语言成为目前世界上流行、应用较广泛的高级程序设计语言。

1988 年，随着微型计算机的日益普及，出现了许多 C 语言版本。由于没有统一的标准，这些 C 语言之间出现了一些不一致的地方。为了改变这种情况，美国国家标准学会（ANSI）为 C 语言制定了一套 ANSI 标准，成为现行的 C 语言标准。

C 语言之所以发展迅速，成为最受欢迎的语言之一，主要是因为它具有强大的功能。许多著名的系统软件都是用 C 语言编写的。

1.2 第一印象的建立

知识点讲解：光盘:视频\PPT 讲解（知识点）\第 1 章\第一印象的建立.mp4

为了快速迈入 C 语言的世界，本节将通过一个实例来让大家认识 C 语言的特性。

实例 001 通过一段简单的 C 语言代码来认识 C 语言

源码路径 光盘\daima\1\1\FIRST.c   视频路径 光盘\视频\实例\第 1 章\001

实例文件 FIRST.c 的具体代码如下所示：

```
#include <stdio.h>                  //引用头文件
int m;                              //定义全局变量
int min(int x,int y);
void main()
{
    int a,b;                        //定义变量
    printf("\nEnter two Number:");  //调用库函数,输出函数
      scanf("%d,%d",&a,&b);         //调用库函数,输入函数
      m=min(a,b);                   //调用用户定义的函数
    printf("Minimum:%d\n",m);
}
int min(int x,int y) {              //定义函数
    int t=0;                        //声明变量
      if(x<y) t=x;                  //如果x小，则输出x
      else t=y;                     //如果x大，则输出y
    return(t);
}
```

范例 001：求反余弦
源码路径：光盘\演练范例\001\
视频路径：光盘\演练范例\001\
范例 002：求反正弦
源码路径：光盘\演练范例\002\
视频路径：光盘\演练范例\002\

上述代码的功能是，对用户输入的数据 x 和 y 进行大小比较，并输出较小的数据。从整个程序的实现过程可以看出，通过简短的代码，即可实现用户需要的目标功能。

总体来说，C 语言对我们的初步印象很不错，符合程序员简单、易于理解的要求。具体来

说，C 语言的主要特点如下所示。

1. 简洁紧凑、灵活方便

C 语言一共只有 32 个关键字、9 种控制语句，程序书写自由，主要用小写字母表示。C 语言把高级语言的基本结构和语句与低级语言的实用性结合起来，可以像汇编语言一样对位、字节和地址进行操作，而这三者是计算机最基本的工作单元。

2. 运算符丰富

C 语言的运算符包含的范围很广泛，共有 34 个运算符。C 语言把括号、赋值、强制类型转换等都作为运算符处理，从而使 C 的运算类型极其丰富，表达式类型多样化，灵活使用各种运算符可以实现在其他高级语言中难以实现的运算。

3. 数据结构丰富

C 的数据类型有整型、实型、字符型、数组类型、指针类型、结构体类型、共用体类型等，通过这些数据类型可以实现各种复杂的数据类型的运算。C 语言引入了指针这一概念，使程序效率更高。另外，C 语言具有强大的图形功能，支持多种显示器和驱动器，且计算功能、逻辑判断功能强大。

4. 语法限制不太严格，程序设计自由度大

一般的高级语言的语法检查比较严，能够检查出几乎所有的语法错误。而 C 语言允许程序编写者有较大的自由度。

5. 允许直接访问物理地址，可以直接对硬件进行操作

C 语言既具有高级语言的功能，又具有低级语言的许多功能，能够像汇编语言一样对位、字节和地址进行操作，而这三者是计算机最基本的工作单元，可以用来写系统软件。

6. 生成代码质量高，程序执行效率高

C 语言比汇编程序生成的目标代码效率高 10%～20%。

7. 适用范围大，可移植性好

C 语言不但可以被广泛用于计算机项目程序开发，而且可以独立开发硬件程序。

当然 C 语言也有自身的不足，例如语法限制不太严格，对变量的类型约束不严格，影响程序的安全性。并且从应用开发的角度看，C 语言比其他高级语言较难掌握。

1.3 理解编译系统——学习的第一步

知识点讲解：光盘:视频\PPT 讲解（知识点）\第 1 章\理解编译系统.mp4

C 语言是一门 DOS 环境下的开发语言，在执行前需要先将其编译，才能正确运行执行结果。要想真正理解编译系统的原理，重要的是要理解何谓“编译”。编译是一个过程，通过这个过程可以把高级语言变成计算机可以识别的二进制语言。计算机只认识 1 和 0 格式的二进制数据，编译程序可以把人们熟悉的语言换成二进制的形式。

要想通过编译把一个源程序翻译成目标程序，所做的工作过程分为如下 5 个阶段：

（1）词法分析。

（2）语法分析。

（3）语义检查中间代码生成。

（4）代码优化。

（5）目标代码生成。

在上述过程中，最为主要的阶段是进行词法分析和语法分析，这又称为源程序分析。如果在分析过程中发现有语法错误，会给出对应的提示信息。具体编译流程如图 1-1 所示。

图 1-1　编译系统结构流程

接下来开始讲解上述 5 个阶段的具体过程。

1. 词法分析

词法分析的任务是对由字符组成的单词进行处理，从左至右逐个字符地对源程序进行扫描，产生一个个的单词符号，把作为字符串的源程序改造成为单词符号串的中间程序。执行词法分析的程序称为词法分析程序或扫描器。

2. 语法分析

编译程序的语法分析器以单词符号作为输入，分析单词符号串是否形成符合语法规则的语法单位，如表达式、赋值、循环等，最后看是否构成一个符合要求的程序，按该语言使用的语法规则分析检查每条语句是否有正确的逻辑结构，程序是最终的一个语法单位。编译程序的语法规则可用上下文无关文法来刻画。语法分析的方法有两种。

- 自上而下分析法：从文法的开始符号出发，向下推导，推出句子。
- 自下而上分析法：使用移进归约法，基本思想是用一个寄存符号的先进后出栈，把输入符号一个一个地移进栈里，当栈顶形成某个产生式的一个候选式时，即把栈顶的这一部分归成该产生式的左邻符号。

3. 语义检查中间代码生成

中间代码是源程序的一种内部表示，也称为中间语言。中间代码的作用是使编译程序的结构在逻辑上更为简单明确，特别是使目标代码的优化更容易实现。中间代码即为中间语言程序，中间语言的复杂性介于源程序语言和机器语言之间。中间语言有多种形式，其中最为常见的有 4 种：逆波兰记号、四元式、三元式和树。

4. 代码优化

代码优化是指对程序进行多种等价变换，使得从变换后的程序出发，能生成更有效的目标代码。所谓等价，是指不改变程序的运行结果。有效是指目标代码运行时间较短，而且占用的存储空间较小。这种变换称为优化。

5. 目标代码生成

目标代码生成是编译的最后一个阶段。通过目标代码生成器，把语法分析后或优化后的中间代码变换成目标代码。

另外，还有下面两个过程。

1. 表格管理程序

编译过程中源程序的各种信息被保留在不同的表格中，编译各阶段的工作都涉及构造、查找或更新有关的表格。

2. 出错处理程序

如果编译过程中发现源程序有错误，编译程序将报告错误的性质和错误发生的地点，并且将错误所造成的影响限制在尽可能小的范围内，使得源程序的其余部分能继续被编译下去。有些编译程序还能自动纠正错误，这些工作由错误处理程序完成。

了解了“编译”过程后，整个编译系统概念便一目了然。编译系统就是按照编译原理集合而成的一种机制，这种机制能够实现对程序语言的上述处理。

系统编译与发布是在系统编码之后执行的一项基本操作。编译是用于生成可执行代码，发布是将编译之后的可运行版本发布到服务器，以供用户使用。在编译过程中，编译器将代码翻译成中间语言（MSIL）。运行时会将 MSIL 翻译成 CPU 特定的指令，以便计算机上的处理器运行应用程序。应用程序通过编译可以提高代码的运行速度，增加代码的安全性和稳定性。

因为 C 语言独有的 DOS 环境特性，所以，在编译时会变得十分麻烦。但是幸好已经有多种编译器工具，通过这些工具可以简捷实现对 C 语言程序的编译、运行和调试。例如通过专用的编译器，可以对 1.2 节中的 C 语言代码进行编译和运行处理，假设使用 Turbo C 进行编译。

在 Turbo C 中编写上述代码后，可以按下【F9】键进行编译并链接，成功后弹出成功提示，如图 1-2 所示。

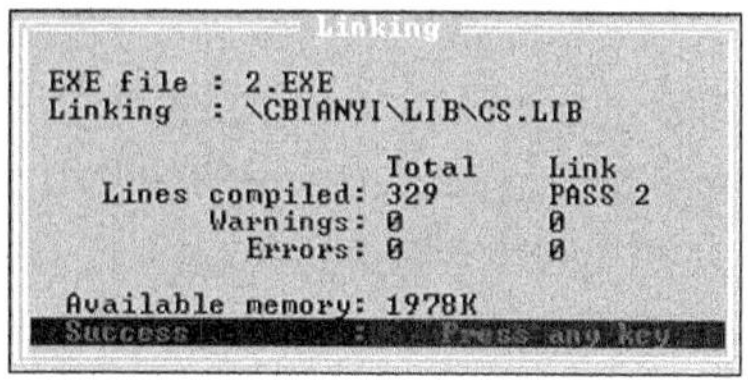

图 1-2　成功提示

1.4　揭开存储器的层次

知识点讲解：光盘:视频\PPT 讲解（知识点）\第 1 章\揭开存储器的层次.mp4

当 C 语言被编译后，编译的中间语言会在 CPU 中进行处理。按照与 CPU 的接近程度，存储器分为内存储器与外存储器，简称内存与外存。内存储器又常称为主存储器（简称主存），属于主机的组成部分；外存储器又称为辅助存储器（简称辅存），属于外部设备。访问 CPU 不能像访问内存那样直接访问外存，外存要与 CPU 或 I/O 设备进行数据传输，必须通过内存进行。现在的 PC 中还配置了高速缓冲存储器（chache），这时内存包括主存与高速缓存两部分。

为了兼顾存储容量和存储速度，当前计算机几乎毫无例外地采用了图 1-3 所示的层次式存储结构。

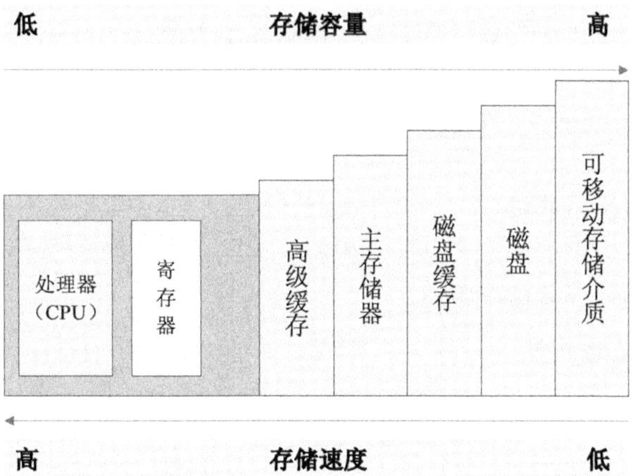

图 1-3　存储器层次结构

在图 1-3 中，以处理器为中心，计算机系统的存储依次为寄存器、高速缓存、主存储器、磁盘缓存、磁盘和可移动存储介质等 7 个层次。距离处理器越近的存储工作速度越高，容量越小。其中，寄存器、高速缓存、主存储器为操作系统存储管理的管辖范围，磁盘和可移动存储介质属于操作系统设备管理的管辖范围。

凡是属于操作系统存储管理范围的存储装置，其共同特点是在系统掉电之后，它们所存储的信息会丢失殆尽，属于可挥发性存储装置。而属于操作系统管理范围的存储装置，则可以永久保存存储的信息，属于非挥发性存储装置。

磁盘缓存本身并不是一种实际存在的存储介质，它依托于固定磁盘，主要用来提供对主存储器的扩充。

寄存器在物理上与处理器的运算控制部分同在一个芯片上，它们与运算部分的距离最近，访问速度也最高，但其容量也因此不会太大。所以，它们主要被用来暂存一些中间数据或控制用的特殊数据，而不能存放像程序之类的大批数据。

主存储器用来存放程序和程序运行所需的数据。一个计算机系统必须有足够大的主存储器，其容量是衡量一个计算机系统性能的指标之一。由于主存储器的访问速度远低于寄存器，所以，为了加快访问速度，计算机系统常常在主存储器和寄存器之间配置高速缓存，以存放处理器当前常用的程序模块和数据。

之所以把存储器分为几个层次，主要是基于如下三点原因。

（1）合理解决速度与成本的矛盾，以得到较高的性能价格比。半导体存储器速度快，但价格高，容量不宜做得很大，因此，仅用作与 CPU 频繁交流信息的内存储器。磁盘存储器价格较便宜，可以把容量做得很大，但存取速度较慢，因此，用作存取次数较少，且需存放大量程序、原始数据（许多程序和数据是暂时不参加运算的）和运行结果的外存储器。计算机在执行某项任务时，仅将与此有关的程序和原始数据从磁盘上调入容量较小的内存，通过 CPU 与内存进行高速的数据处理，然后将最终结果通过内存再写入磁盘。这样的配置价格适中，综合存取速度较快。

（2）为解决高速的 CPU 与速度相对较慢的主存的矛盾，还可使用高速缓存。它采用速度快、价格更高的半导体静态存储器，甚至与微处理器做在一起，存放当前使用最频繁的指令和数据。当 CPU 从内存中读取指令与数据时，将同时访问高速缓存与主存。如果所需内容在高速缓存中，就能立即获取；如没有，再从主存中读取。高速缓存中的内容是根据实际情况及时更换的。这样，通过增加少量成本即可获得很高的速度。

（3）使用磁盘作为外存，不仅价格便宜，可以把存储容量做得很大，而且在断电时它所存放的信息也不丢失，可以长久保存，且复制、携带都很方便。

1.5 技术解惑

C 语言技术博大精深，能够应用于多个领域，因此，一直深受广大程序员的喜爱。作为一名初学者，肯定会在学习中遇到许多疑问和困惑。为此在本节的内容中，笔者将自己的心得体会传授给广大读者，帮助读者解决困惑。

1.5.1 学习 C 语言还有用吗

当今各种新技术、新思想、新名词层出不穷，令人眼花缭乱。新与旧混杂在一起，让人有目不暇接之感。

无论是初学者还是高级程序员，都在心底藏着一个问题：C 语言会不会只是人们学习程序设计的基石，而没有了实际的使用价值？答案当然是否定的，笔者在此建议读者要牢记：越是基础的语言，能实现的功能也就越强大。比如现在许多的语言都是由 C 语言开发出来的。在真正高深的编程领域，许多好的软件、系统都是由汇编语言和 C 语言等编写出来的。所以说，C 语言不仅是软件开发的基石，而且将会有强大的生命力。

C 语言比较贴近操作系统，纯 C 语言在 Windows 平台上主要用于系统底层驱动的开发（一般会辅以汇编）。特别是在 Linux 或 UNIX 上，C 语言一直到现在都还是主流，C 语言编写的命令程序可以很方便地与其他程序在 shell 上配合。C 脚本和 shell 构建了一整套 UNIX/Linux 开发基础，在此可以简单的总结为如下 3 点。

（1）C 语言语法简单，是学习其他语言的基础。

（2）C 语言符合 UNIX/Linux 开发，适合和其他程序以进程方式组合来构建大型的应用。

（3）相比 Windows，Linux 的进程开销相对较小。

由此可见，C 语言现在依旧是当前程序开发中的热门语言，特别活跃于底层驱动开发、Linux 系统开发、UNIX 系统开发中。当前异常火爆的 Android 系统的底层源码，便是基于 Linux 使用 C 语言实现的。而另一款异常火爆的苹果手机系统 iOS 和苹果商店中的软件，是用 C 语言的变种 Objective-C 开发的。

1.5.2 怎样学好 C 语言

关于怎样学好 C 语言，仁者见仁、智者见智，但是最起码要遵循如下两个原则。

（1）多看代码。

在有一定基础以后一定要多看别人的代码。注意代码中的算法和数据结构。学习 C 语言的关键是算法和数据结构，而在数据结构中，指针是其中重要的一环。绝大多数的数据结构是建立在指针之上的，例如链表、队列、树、图等。由此可见，只有学好指针，才能真正学好 C。别的方面也要关注一下，诸如变量的命名、库函数的用法等。

（2）多动手实践。

程序开发比较注重实践和演练，光说不练不行。对于初学者来说，可以多做一些练习，对于不明白的地方，可以亲自编一个小程序实验一下，这样做可以给自己留下一个深刻的印象。在自己动手的过程中，要不断纠正不好的编程习惯和认识错误。在有一定的基础之后，可以尝试编一些小游戏应用。基础很扎实的时候，可以编一些关于数据结构方面的应用，例如最经典的学生管理系统。

1.5.3 学好 C 语言的建议

（1）学的要深入，基础要扎实。

基础的作用不必多说，在大学课堂上老师曾经讲过了很多次，在此重点说明“深入”。职场不是学校，企业要求你能高效地完成项目功能，但是现实中的项目种类繁多，我们需要掌握 C 语言技术的精髓。走马观花式的学习已经被社会所淘汰，入门水平不会被开发公司所接受，他们需要的是高手。

（2）恒心，演练，举一反三。

学习编程的过程是枯燥的，我们需要将学习 C 语言当成是自己的乐趣，只有做到持之以恒才能有机会学好。另外，编程最注重实践，最怕闭门造车。每一个语法，每一个知识点，都要反复用实例来演练，这样才能加深对知识的理解。要做到举一反三，只有这样才能对知识有深入的理解。

第 2 章

C 语言开发工具详解

古人云：工欲善其事，必先利其器。由第 1 章的内容我们了解到，C 语言开发工作需要使用专门的开发工具，这样才能起到事半功倍的效果。在本章的内容中，将简要介绍常用的几种 C 语言开发工具，详细介绍它们的安装和使用方法，为读者步入本书后面知识的学习打下基础。

本章内容

- ⏭ 用 DOS 开发 C 程序
- ⏭ 在 Windows 环境下开发 C 程序
- ⏭ 在 Linux 下开发 C 程序

技术解惑

安装 Visual Studio 2010 的几个常见问题

有没有轻量级的、可以复制和粘贴代码的工具

Windows 7 安装 Visual Studio 2010 的常见问题

2.1 用 DOS 开发 C 程序

知识点讲解：光盘:视频\PPT 讲解（知识点）\第 2 章\用 DOS 开发 C 程序.mp4

C 语言程序是在 DOS 下进行编译的程序，所以，就需要在 DOS 环境下进行开发、编译和调试。但是，当前 Windows 操作系统已经普及，所以使用一种 Windows 环境下的 DOS 开发工具，对于 C 语言程序员来说必不可少。当前使用最为频繁的 DOS 开发工具是 Turbo C 3.0。

1992 年 Borland 公司推出了基于 Windows 界面的 C 语言程序设计和 C++面向对象的程序设计工具 Turbo C/C++ 3.0。Turbo C/C++ 3.0 的突出优点如下。

- 不仅可以设计和编译 C 语言文件，而且修正了以往版本中的 Bug。
- 支持多窗口操作，多个窗口间可以自由切换。
- 支持鼠标选择、鼠标拖放和鼠标右键处理。
- 拥有方便的帮助系统，确保用户能够正确使用，并及时为用户提供使用说明。
- 拥有编辑查找和替换的功能。
- 更为方便地建立和管理 Project（项目）。

2.1.1 安装 Turbo C 3.0

安装 Turbo C 3.0 的具体流程如下所示。

（1）双击 Turbo C 3.0 安装文件夹内的“INSTALL.EXE”文件，弹出开始界面，如图 2-1 所示。

注：Turbo C 和 Turbo C++的安装界面是一样的。

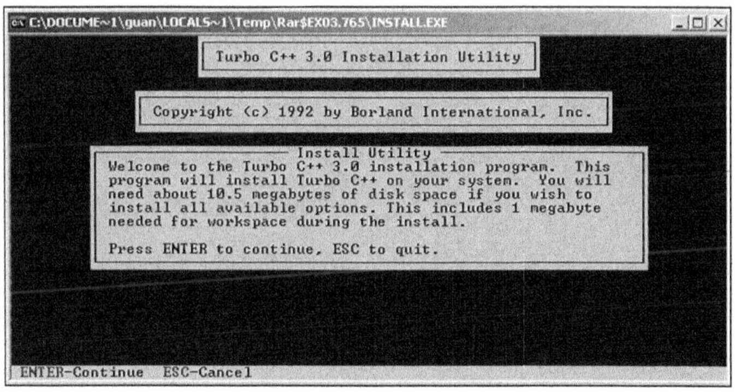

图 2-1 开始安装界面

（2）按下【Enter】键，进入图 2-2 所示的界面。

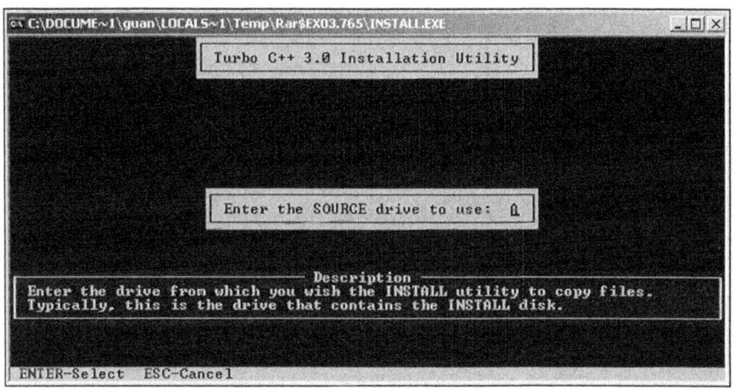

图 2-2 第 2 步安装界面

(3) 在图 2-2 所示的界面中输入安装文件的来源驱动器名称，然后按下【Enter】键，进入图 2-3 所示的界面。

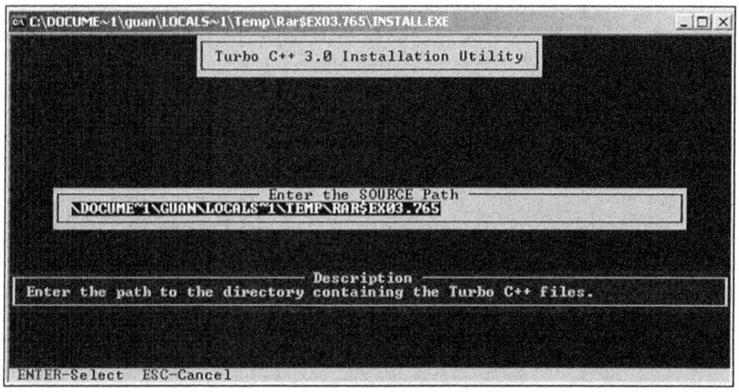

图 2-3　第 3 步安装界面

(4) 在图 2-3 所示的界面中输入安装文件的路径，在此可以直接使用默认路径，然后按下【Enter】键，进入图 2-4 所示的界面。

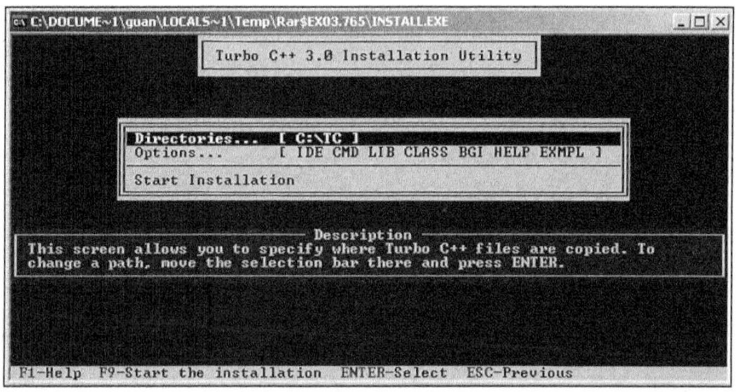

图 2-4　第 4 步安装界面

在图 2-4 所示的界面中可以设置安装文件的保存路径，并且用户可以对路径进行修改。具体方法是首先选中首行（选中部分将黑色背景显示，安装时可看到），然后按下【Enter】键，进入图 2-5 所示的界面。

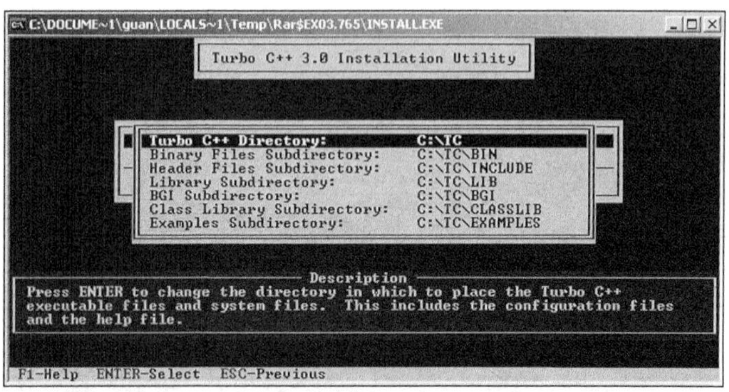

图 2-5　设置界面 1

此时图 2-5 中首行处于被选中状态，然后按下【Enter】键后会弹出一个可以更改路径的框，在此可以自行设置安装文件的保存路径，如图 2-6 所示。

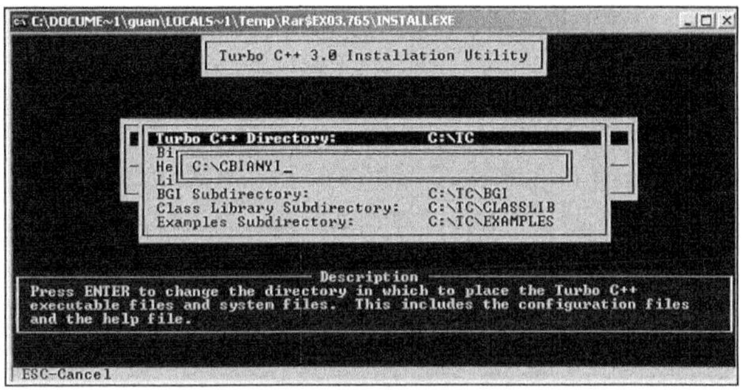

图 2-6　设置界面 2

最后按下【Enter】键，修改安装路径操作完毕。

(5) 按下【Esc】键返回如图 2-4 所示的界面，通过使用【↑】键和【↓】键来选中“Start Installation”项，并按下【Enter】键开始进行安装。安装完成后，将显示对应的成功提示，如图 2-7 所示。

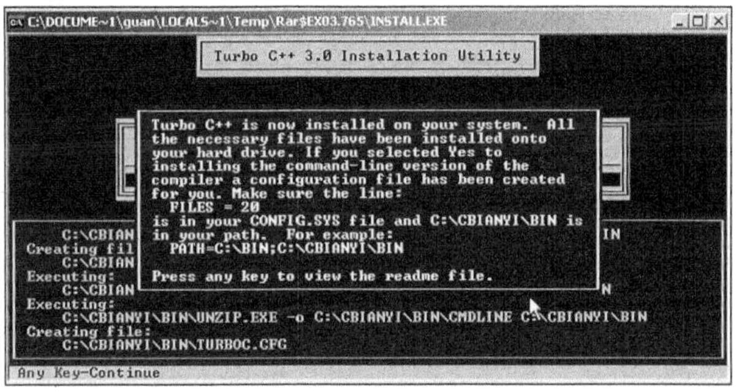

图 2-7　第 5 步安装界面

2.1.2　认识 Turbo C 3.0 集成开发环境

Turbo C 3.0 安装完成后，为了使用方便，建议为安装目录中的“TC.EXE”文件创建一个快捷方式。进入 Turbo C/C++ 3.0 开发环境的方法比较简单，只需双击安装后的快捷方式即可，如图 2-8 所示。

双击快捷方式后将进入 Turbo C 3.0 的主界面，如图 2-9 所示。

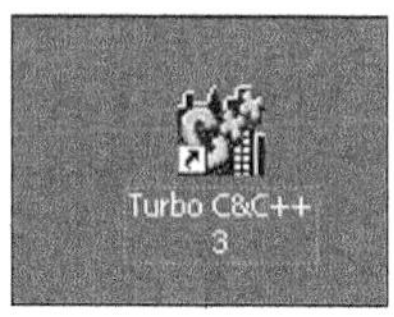

图 2-8　Turbo C 3.0 快捷方式

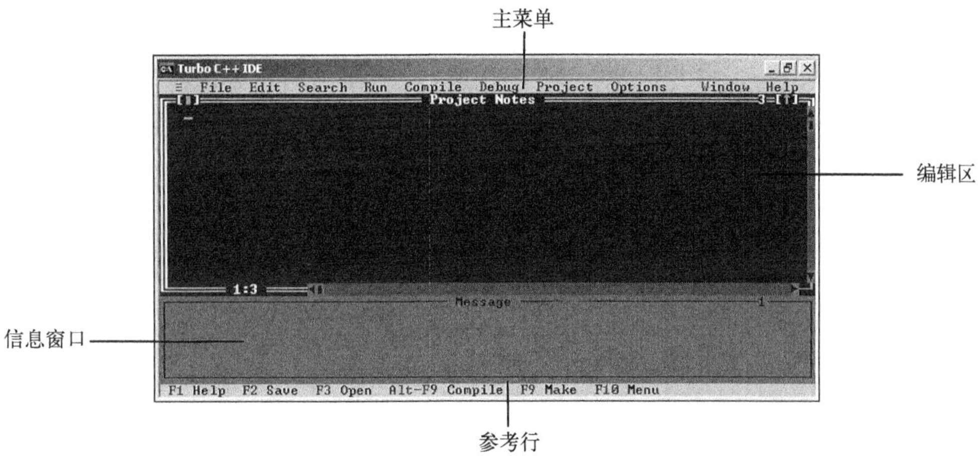

图 2-9　Turbo C 3.0 主界面

- ❑ 主菜单：通过这些菜单可以进行创建、保存和调试等操作，实现 C 语言中的应用开发。
- ❑ 编辑区：是代码编写区域，可以编写自己需要的代码。
- ❑ 信息窗口：显示常用的提示信息，例如“编译成功”和“执行完毕”类的提示。
- ❑ 参考行：显示操作当前界面的快捷键提示，例如“F1 Help”表示按下【F1】键将弹出“帮助”界面。

主菜单是整个 Turbo C 3.0 编译器的核心，在下面的内容中，将详细介绍 Turbo C 3.0 的各种主菜单。

1. 文件菜单（File）

按下快捷键【Alt+F】或鼠标单击【File】命令即可打开文件菜单，如图 2-10 所示。

Turbo C 3.0 的文件菜单主要包括如下子菜单项。

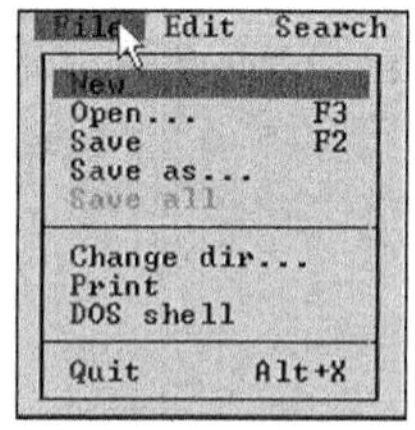

图 2-10　文件菜单

❑ New：新建文件。

创建一个新的 C 或 C++文件。

❑ Open：打开文件。

打开已经存在的 C 或 C++文件。此操作既可以使用类似 DOS 的通配符来进行列表选择，也可以打开其他扩展名的文件。此子项的快捷键是【F3】。

❑ Save：保存文件。

保存当前编辑区内新建的 C 或 C++文件。

❑ Save as：另存为文件。

将当前编辑区内新建的 C 或 C++文件另存在磁盘中，如果此名文件已经存在，则弹出“是否”覆盖保存的提示。

❑ Change dir：修改目录菜单。

修改当前保存的 C 语言文件的目录。

❑ DOS shell：DOS 命令行菜单。

暂时退出 Turbo C 3.0 界面，来到 DOS 提示符界面下，此时可以运行 DOS 命令。在 DOS 状态下按【Esc】键后即可返回 Turbo C 3.0 界面。

❑ Quit：退出菜单。

退出当前的 Turbo C 3.0 界面，如果文件未保存则弹出保存提示。此操作的快捷键是【Alt+X】。

2. 编辑菜单（Edit）

按下快捷键【Alt+E】或鼠标单击【Edit】命令即可打开编辑菜单，如图 2-11 所示。

Turbo C 3.0 的编辑菜单主要包括如下子菜单项。

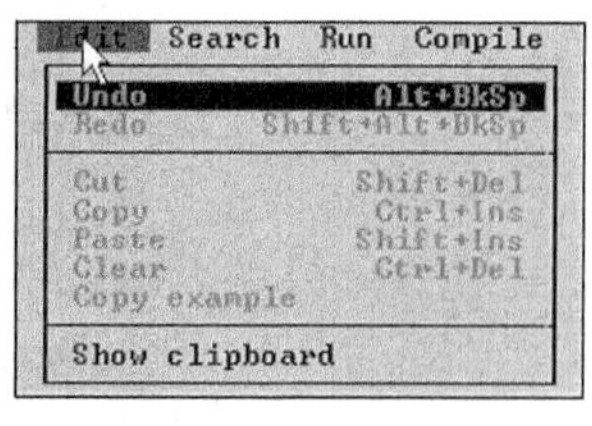

图 2-11　编辑菜单

- ❑ Undo：撤销操作，用于取消以前的操作。
- ❑ Redo：恢复操作，用于恢复撤销前的操作。
- ❑ Cut：剪切操作，用于剪切代码内容。
- ❑ Copy：复制操作。
- ❑ Paste：粘贴操作。
- ❑ Clear：清除操作。
- ❑ Copy example：复制实例操作。
- ❑ Show clipboard：查看剪切板操作。

3. 运行菜单（Run）

按下快捷键【Alt+R】或鼠标单击【Run】命令即可打开运行菜单，如图 2-12 所示。

Turbo C 3.0 的运行菜单主要包括如下子菜单项。

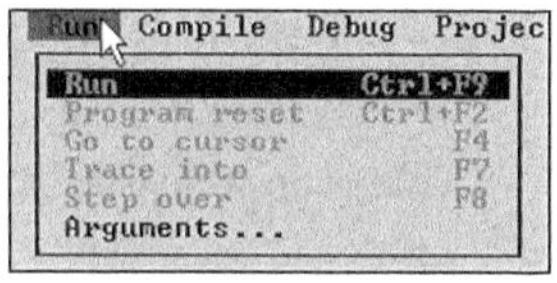

图 2-12 运行菜单

❑ Run：运行。

运行指定的文件或当前编辑区内的文件。如果是运行上次没有做过修改的、经过编译后的源代码，则会直接运行到下一个断点，否则将会对当前的 C 语言文件进行编译、连接后操作。其快捷键是【Ctrl+F9】。

❑ Program reset：程序重启。

终止当前的调试过程，并释放归还给程序的空间。其快捷键为【Ctrl+F2】。

❑ Go to cursor：运行到光标处。

在程序调试过程中使用，设置当前程序运行到选定的光标位置。光标所在的位置必须是一条可执行的语句，否则将会提示错误。其快捷键为【F4】。

❑ Trace into：跟踪运行。

如果在执行一条调用其他用户子函数的语句时使用此菜单，则执行语句将跟踪到此函数的内部去执行。其快捷键为【F7】。

❑ Step over：单步运行。

此菜单执行当前函数的下一条语句，即使此语句是用户函数调用语句，执行语句也不会跟踪进函数内部。其快捷键为【F8】。

4. 编译菜单（Compile）

按下快捷键【Alt+C】或鼠标单击【Compile】命令即可打开编译菜单，如图 2-13 所示。

Turbo C 3.0 的编译菜单主要包括如下子菜单项。

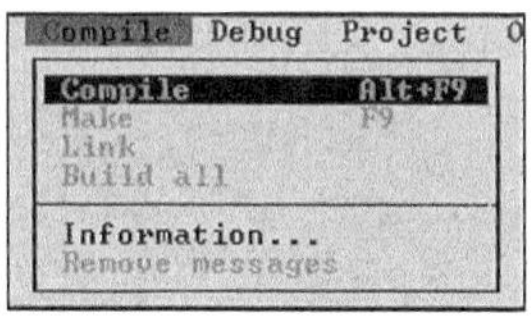

图 2-13 编译菜单

❑ Compile：编译生成目标代码。

将一个 C 源文件编译成.OBJ 目标文件，并显示生成的文件名。其快捷键为【Alt+F9】。

❑ Make：生成执行文件。

将当前文件生成一个可执行的.EXE 文件，并显示生成的.EXE 文件。

❑ Link：生成执行文件。

把当前.OBJ 文件以及库文件连接在一起生成.EXE 文件。

❑ Build all：建立所有文件。

重新编译项目中的所有文件，并进行装配生成.EXE 文件。

❑ Information：显示当前编译信息。

显示当前译文件的编译信息。

❑ Remove message：清除编译信息。

清除当前编译文件的编译信息。

5. 项目菜单（Project）

按下快捷键【Alt+P】或鼠标单击【Project】命令即可打开项目菜单，如图 2-14 所示。

Turbo C 3.0 的项目菜单主要包括如下子菜单项。

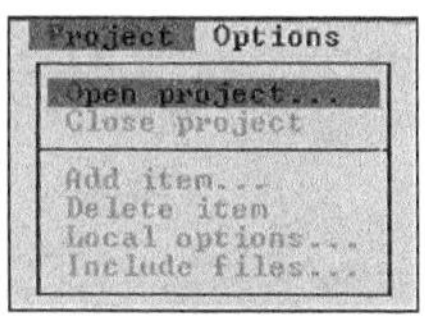

图 2-14 项目菜单

❑ Open project：打开或创建项目。

此菜单既可以打开已经创建的项目，也可以新建一个项目。单击此菜单后会弹出一个打开文件的窗口，在其中既可以选择要打开的文件，也可以选择新的项目保存位置并输入该项目的名称。项目的名称有.PRJ 扩展名，里面包含要编译、连接的文件名。

❑ Close project：关闭项目。

关闭当前的项目。

❑ Add item：添加项。

将当前打开的文件或编译文件添加到项目中。

❑ Delete item：删除项。

删除项目中的某个文件。

6. 调试菜单（Debug）

按下快捷键【Alt+D】或鼠标单击【Debug】命令即可打开调试菜单，如图 2-15 所示。

Turbo C 3.0 的调试菜单主要包括如下子菜单项。

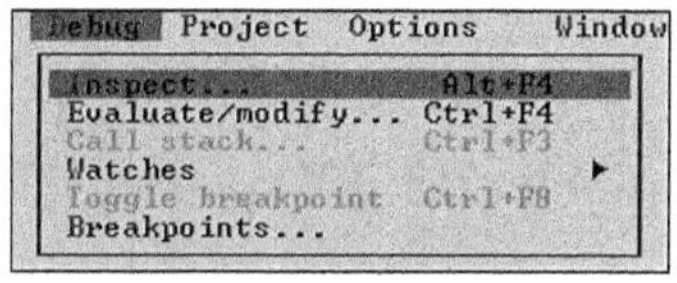

图 2-15 调试菜单

❑ Inspect：检查菜单。

检查代码中的变量或表达式的数据类型。

❑ Call stack：检查堆栈。

计算代码中的变量和表达式的值，或将其修改为新值。

❑ Watches：监视点。

在代码中添加、删除、编辑和删除监视点。

❑ Toggle breakpoint：设置或清除断点。

在当前代码中设置或清除一个断点。

❑ Breakpoints：断点列表。

使用列表来显示代码中的所有断点。

2.1.3 Turbo C 3.0 开发演习

使用 Turbo C 3.0 开发 C 语言程序比较简单，例如实现本书前面实例 001 代码的过程如下。

（1）打开 Turbo C 3.0，来到编辑界面，编写对应的代码，如图 2-16 所示。

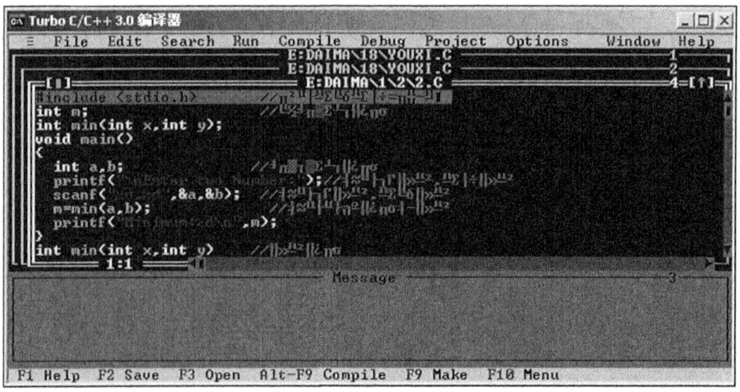

图 2-16 编辑界面

（2）按下【F9】键，进行编译并链接，成功后弹出成功提示，如图 2-17 所示。

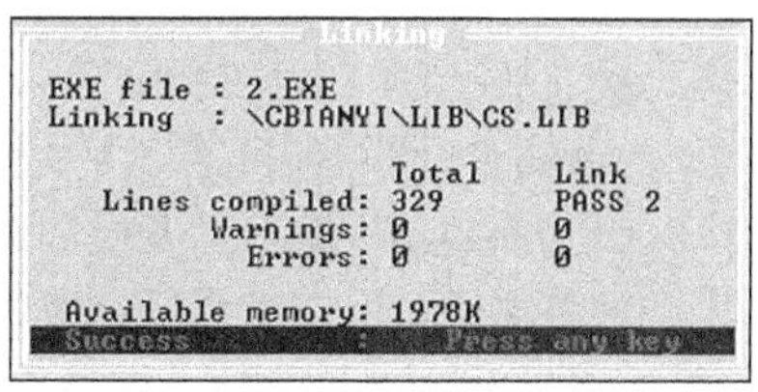

图 2-17 成功提示

（3）按下快捷键【Ctrl+F9】运行此程序，将输出指定的界面，如图 2-18 所示。

（4）随便输入两个数字，中间用逗号隔开，然后按下【Enter】键。按下快捷键【Alt+F5】后，输出效果如图 2-19 所示。

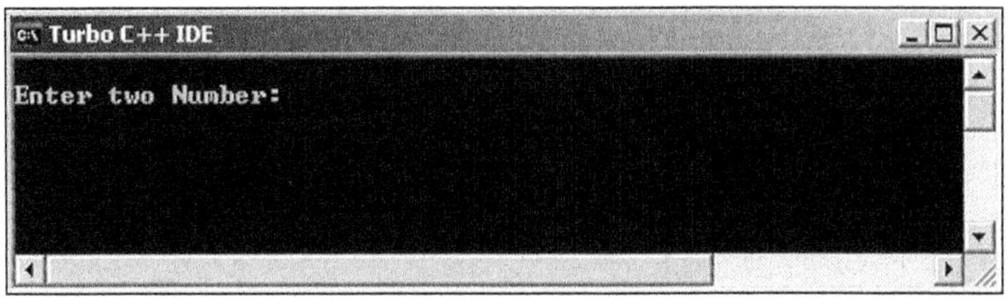

图 2-18　运行界面

图 2-19　输出结果

注意：从图 2-16 界面结果可知，在 Turbo C 3.0 界面中不支持中文字符，并且处于 DOS 界面。在当前用户都使用 Windows 系统的情况下，建议读者使用 Windows 环境下的仿 Turbo C 3.0 工具。例如 DEV C++，本书中的绝大多数实例都可以用 DEV C++调试通过。

2.2　在 Windows 环境下开发 C 程序

知识点讲解：光盘:视频\PPT 讲解（知识点）\第 2 章\在 Windows 环境下开发 C 程序.mp4

DOS 环境对广大读者来说十分陌生，并且在 DOS 下进行开发也十分麻烦。为此，专门推出了 Windows 环境下的开发工具。Win-TC 其实就是一种 Windows 环境下的开发工具，但是其功能和 Turbo C 基本类似，只是在编译和运行上更加方便而已。随着计算机技术的发展，编程工具也随之更新换代。目前最受程序员喜爱的开发工具，当属微软的 Visual Studio。

2.2.1　Visual Studio 2010 介绍

Visual Studio 2010 是微软为适用.NET 平台而推出的专用开发工具，它是一个集成的开发环境工具，能够支持 Visual Basic .NET、Visual C++ .NET、Visual C# .NET 和 Visual J# .NET 等专业编程语言。通过 Visual Studio 2010 可以在同一项目内使用不同的语言，并能实现它们间的无缝接口处理，共同实现指定的功能。

2.2.2　安装 Visual Studio 2010

1．不同的版本和硬件要求

Visual Studio 2010 有不同的版本，具体说明如下所示。

- Visual Studio 2010 Ultimate 企业旗舰版：包含 Visual Studio 2010 Premium 企业版及 Visual Studio 2010 Professional 专业版的所有功能，如需求管理、架构设计、开发、测试、部署等，涵盖软件开发生命周期管理所需功能。
- Visual Studio 2010 Premium 企业版：包括程序开发、查错及测试工具，取代上一版 Visual Studio Team Development 及 Visual Studio Team Database。
- Visual Studio 2010 Professional 专业版：基本程序开发工具。

- ❑ Visual Studio Test Professional 2010：用于测试管理及手动测试执行。
- ❑ Visual Studio Team Foundation Server 2010：项目流程管理、版本管控及协同开发的基础平台。

硬件要求：最好应有酷睿 II 2.0GHz 以上的 CPU，至少应有 2GB 的 RAM 内存，其中 1GB 用于支持操作系统。

2. 安装

（1）将安装盘放入光驱，或双击存储在硬盘内的安装文件 autorun.exe，弹出安装界面，如图 2-20 所示。

（2）单击“安装 Microsoft Visual Studio 2010”选项，弹出“组件加载”对话框，如图 2-21 所示。

图 2-20 开始安装界面

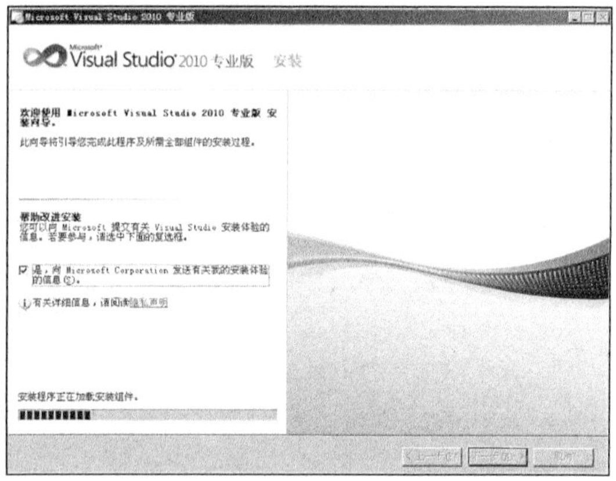

图 2-21 “组件加载”对话框

（3）加载完毕后单击【下一步】按钮弹出“起始页”对话框，选中“我已阅读并接受许可协议条款”，如图 2-22 所示。

（4）单击【下一步】按钮弹出“选项页”对话框，选中“完全”，选择安装路径，如图 2-23 所示。

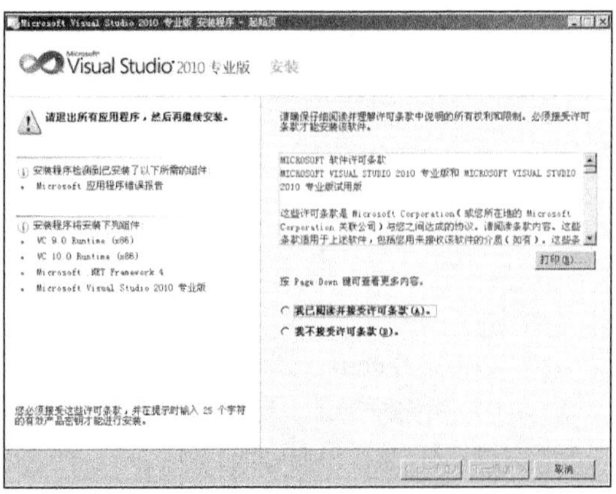

图 2-22 “起始页”对话框

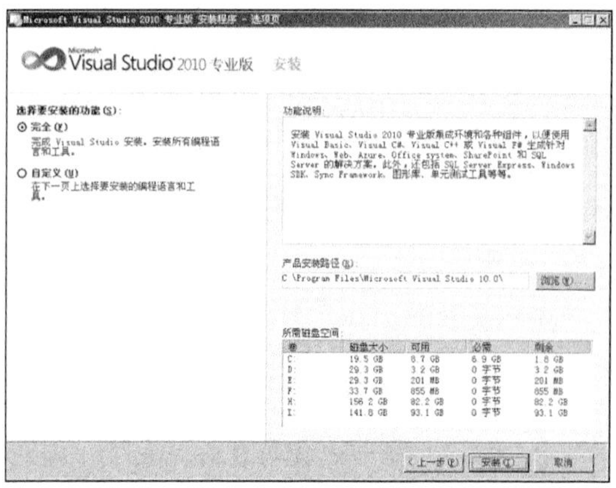

图 2-23 “选项页”对话框

（5）单击【安装】按钮弹出“安装页”对话框，开始进行安装，如图 2-24 所示。

（6）安装完毕后弹出“完成页”对话框，Visual Studio 2010 成功完成安装，如图 2-25 所示。

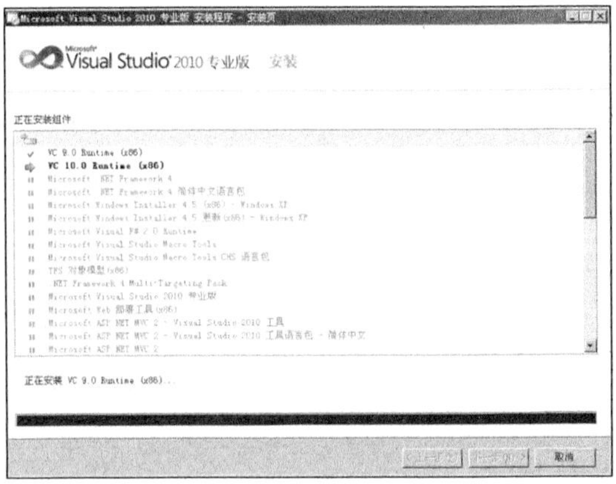

图 2-24 “安装页”对话框

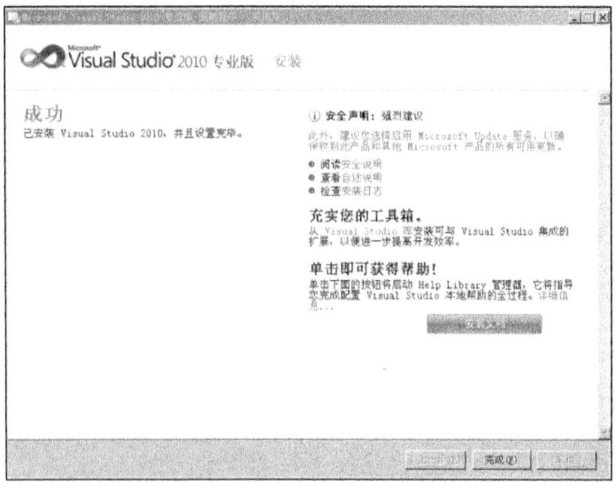

图 2-25 “完成页”对话框

2.2.3 认识 Visual Studio 2010 开发环境

安装 Visual Studio 2010 完毕后，需要对其进行设置，使其符合自己的开发需求。首次打开 Visual Studio 2010 后会弹出“选择默认环境设置”对话框，在此选择要用的语言选项，如图 2-26 所示。然后单击【启动 Visual Studio】按钮后开始配置，如图 2-27 所示。

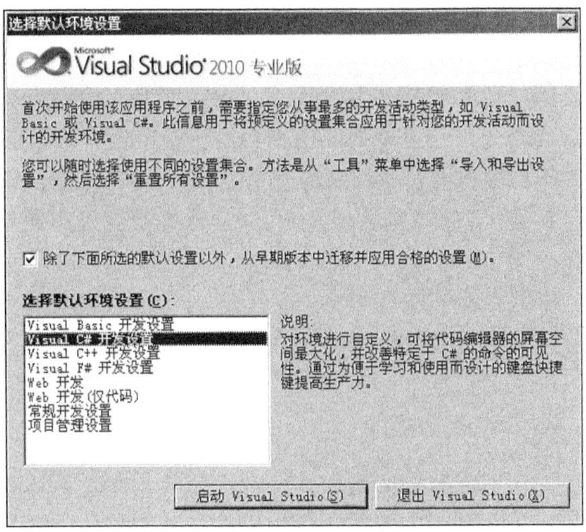

图 2-26 “选择默认环境设置”对话框

图 2-27 环境配置

配置完成后将来到 Visual Studio 2010 的集成开发界面，如图 2-28 所示。

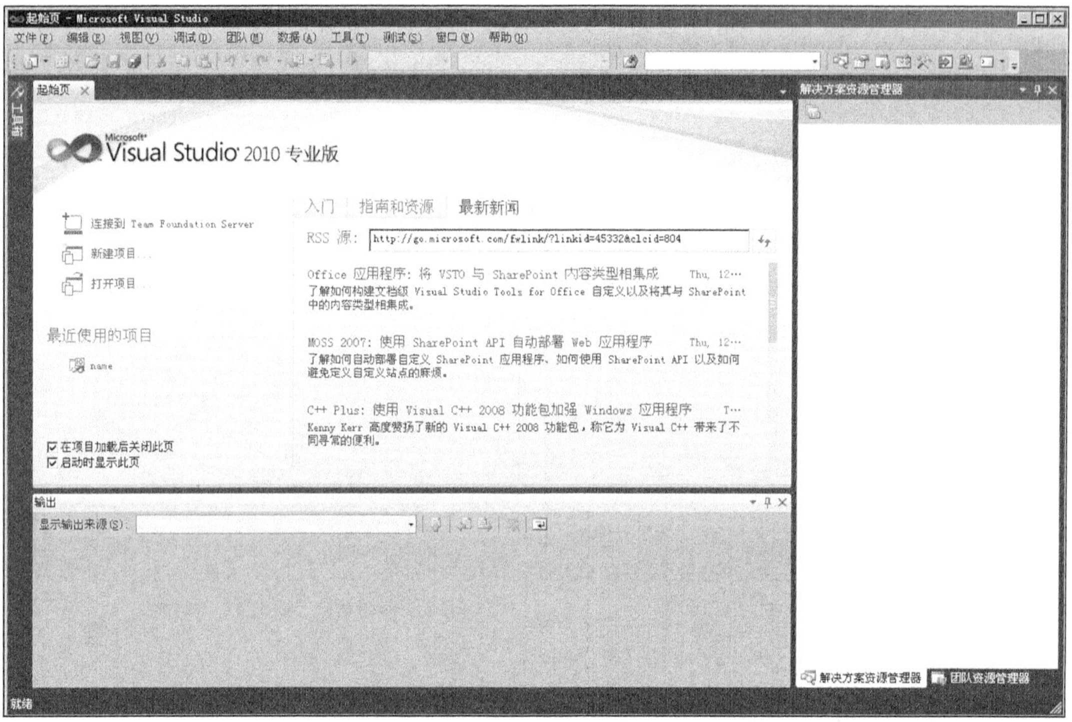

图 2-28 Visual Studio 2010 默认集成开发界面

2.3 在 Linux 下开发 C 程序

知识点讲解：光盘:视频\PPT 讲解（知识点）\第 2 章\在 Linux 下开发 C 程序.mp4

在平常工作中，我们都熟识了 Windows 系统，程序开发也习惯了在 Windows 环境下开发程序这一工作模式。但是，在特殊应用领域，例如单片机应用和嵌入式开发，就需要在 Linux 环境下开发 C 程序。Linux 是一种计算机操作系统，是一套免费使用和自由传播的类 UNIX 操作系统，它主要用于基于 Intel x86 系列 CPU 的计算机上。这个系统是由世界各地成千上万的程序员设计和实现的。其目的是建立不受任何商品化软件的版权制约的、全世界都能自由使用的 UNIX 兼容产品。

当前 C 语言程序最为常见的应用是嵌入式开发或单片机开发，上述应用几乎都需要基于 Linux 平台。所以，Linux 环境下进行 C 语言开发十分普及，为此，在本节内容中简要介绍在 Linux 环境下进行 C 语言开发的基本知识。

2.3.1 装备 GCC

在安装 GCC 之前，系统中必须要有 CC 或者 GCC 等编译器，并且是可用的，或者用环境变量 CC 指定系统上的编译器。如果系统上没有编译器，不能安装源代码形式的 GCC。如果是这种情况，可以在网上找一个与你系统相适应的如 RPM 等二进制形式的 GCC 软件包来安装使用。本文介绍的是以源代码形式提供的 GCC 软件包的安装过程，软件包本身和其安装过程同样适用于其他 Linux 和 UNIX 系统。

系统上原来的 GCC 编译器可能是把 gcc 等命令文件、库文件、头文件等分别存放到系统中的不同目录下的。与此不同，现在我们将一个版本的 GCC 安装在一个单独的目录下。这样做的好处是，将来不需要它的时候可以方便地删除整个目录即可（因为 GCC 没有 uninstall 功能）；

缺点是，在安装完成后要做一些设置工作才能使编译器工作正常。在本文中采用这个方案安装 GCC，并且在安装完成后，仍然能够使用原来低版本的 GCC 编译器，即一个系统上可以同时存在并使用多个版本的 GCC 编译器。

按照本文提供的步骤和设置选项，即使以前没有安装过 GCC，也可以在系统上安装一个可工作的新版本的 GCC 编译器。下面以 GCC 3.4.0 版本为例，介绍具体的安装过程。

1. 下载

登录 GCC 网站 http://gcc.gnu.org/或者通过网上搜索查找到下载资源。可供下载的文件一般有两种形式：.tar.gz 和.tar.bz2，只是压缩格式不一样，内容完全一致，下载其中一种即可。

2. 解压缩

根据压缩格式，选择下面相应的一种方式解包（以下的“%”表示命令行提示符）：

```
% tar xzvf gcc-3.4.0.tar.gz
```

或者：

```
% bzcat gcc-3.4.0.tar.bz2 | tar xvf -
```

新生成的 gcc-3.4.0 目录称为源目录，用${srcdir}表示它。以后在出现${srcdir}的地方，应该用真实的路径来替换它。用 pwd 命令可以查看当前路径。

在${srcdir}/INSTALL 目录下有详细的 GCC 安装说明，可用浏览器打开 index.html 阅读。

3. 建立目标目录

目标目录（用${objdir}表示）是用来存放编译结果的地方。GCC 建议编译后的文件不要放在源目录${srcdir]中（虽然这样做也可以），最好单独存放在另外一个目录中，而且不能是${srcdir}的子目录。

例如，可以这样建立一个叫 gcc-build 的目标目录（与源目录${srcdir}是同级目录）：

```
% mkdir gcc-build
% cd gcc-build
```

以下的操作主要是在目标目录 ${objdir} 下进行。

4. 配置

配置的目的是决定将 GCC 编译器安装到什么地方（${destdir}），支持什么语言以及指定其他一些选项等。其中，${destdir}不能与${objdir}或${srcdir}目录相同。配置是通过执行${srcdir}下的 configure 来完成的。其命令格式为（记得用你的真实路径替换${destdir}）：

```
% ${srcdir}/configure --prefix=${destdir} [其他选项]
```

例如，如果想将 GCC 3.4.0 安装到/usr/local/gcc-3.4.0 目录下，则${destdir}就表示这个路径。

在笔者的机器上是这样配置的：

```
% ../gcc-3.4.0/configure --prefix=/usr/local/gcc-3.4.0 --enable-threads=posix --disable-checking --enable--long-long
--host=i386-redhat-linux --with-system-zlib --enable-languages=c,c++,java
```

将 GCC 安装在/usr/local/gcc-3.4.0 目录下，支持 C/C++和 Java 语言，其他选项参见 GCC 提供的帮助说明。

5. 编译

使用% make 命令。

6. 安装

执行下面的命令将编译好的库文件等复制到${destdir}目录中（根据你设定的路径，可能需要管理员的权限）：

```
% make install
```

至此，GCC 3.4.0 安装过程就完成了。

7. 其他设置

GCC 3.4.0 的所有文件，包括命令文件（如 gcc、g++）、库文件等都在${destdir}目录下分别存放，如命令文件放在 bin 目录下、库文件在 lib 下、头文件在 include 下等。由于命令文件和库文件所在的目录还没有包含在相应的搜索路径内，所以，必须要进行适当的设置之后编译器才能顺利地找到并使用它们。

- GCC、g++、gcj 的设置

要想使用 GCC 3.4.0 的 GCC 等命令，简单的方法就是把它的路径${destdir}/bin 放在环境变量 PATH 中。我不用这种方式，而是用符号连接的方式实现，这样做的好处是，我仍然可以使用系统上原来的旧版本的 GCC 编译器。

首先，查看原来的 GCC 所在的路径：

```
% which gcc
```

假设上述命令显示：/usr/bin/gcc。因此，原来的 GCC 命令在/usr/bin 目录下。我们可以把 GCC 3.4.0 中的 GCC、g++、gcj 等命令在/usr/bin 目录下分别做一个符号连接：

```
% cd /usr/bin
% ln -s ${destdir}/bin/gcc gcc34
% ln -s ${destdir}/bin/g++ g++34
% ln -s ${destdir}/bin/gcj gcj34
```

这样，就可以分别使用 gcc34、g++34、gcj34 来调用 GCC 3.4.0 的 gcc、g++、gcj 完成对 C、C++、Java 程序的编译了。同时，仍然能够使用旧版本的 GCC 编译器中的 gcc、g++等命令。

- 库路径的设置。

将${destdir}/lib 路径添加到环境变量 LD_LIBRARY_PATH 中，最好添加到系统的配置文件中，这样就不必要每次都设置这个环境变量了。例如，如果 GCC 3.4.0 安装在/usr/local/gcc-3.4.0 目录下，在 RH Linux 下可以直接在命令行上执行或者在文件/etc/profile 中添加下面一句：

```
setenv LD_LIBRARY_PATH /usr/local/gcc-3.4.0/lib:$LD_LIBRARY_PATH
```

8. 测试

用新的编译命令（gcc34、g++34 等）编译你以前的 C、C++程序，检验新安装的 GCC 编译器是否能正常工作。

注意：根据需要，可以删除或者保留${srcdir}和${objdir}目录。

2.3.2 GCC 基本使用介绍

Linux 系统下的 GCC（GNU C Compiler）是 GNU 推出的功能强大、性能优越的多平台编译器，是 GNU 的代表作品之一。GCC 是可以在多种硬件平台上编译出可执行程序的超级编译器，其执行效率与一般的编译器相比平均效率要高 20%～30%。

1. 约定规则

GCC 编译器能将 C、C++语言源程序、程式化程序和目标程序编译并连接成可执行文件，如果没有给出可执行文件的名字，GCC 将生成一个名为 a.out 的文件。 在 Linux 系统中，可执行文件没有统一的后缀，系统从文件的属性来区分可执行文件和不可执行文件。而 GCC 则通过后缀来区别输入文件的类别，下面我们来介绍 GCC 所遵循的部分约定规则。

- .c 为后缀的文件：C 语言源代码文件。
- .a 为后缀的文件：是由目标文件构成的档案库文件。
- .C、.cc 或.cxx 为后缀的文件：是 C++源代码文件。
- .h 为后缀的文件：是程序所包含的头文件。
- .i 为后缀的文件：是已经预处理过的 C 源代码文件。
- .ii 为后缀的文件：是已经预处理过的 C++源代码文件。
- .m 为后缀的文件：是 Objective-C 源代码文件。
- .o 为后缀的文件：是编译后的目标文件。
- .s 为后缀的文件：是汇编语言源代码文件。
- .S 为后缀的文件：是经过预编译的汇编语言源代码文件。

2. GCC 的执行过程

虽然我们称 GCC 是 C 语言的编译器，但使用 GCC 由 C 语言源代码文件生成可执行文件的过程不仅仅是编译的过程，而是要经历 4 个相互关联的步骤：预处理（也称预编译，Preprocessing）、编译（Compilation）、汇编（Assembly）和连接（Linking）。

命令 GCC 首先调用 cpp 进行预处理，在预处理过程中，对源代码文件中的文件包含（include）、预编译语句（如宏定义 define 等）进行分析。接着调用 cc1 进行编译，这个阶段根据输入文件生成以.o 为后缀的目标文件。汇编过程是针对汇编语言的步骤，调用 as 进行工作，一般来讲，.S 为后缀的汇编语言源代码文件和汇编、.s 为后缀的汇编语言文件经过预编译和汇编之后都生成以.o 为后缀的目标文件。当所有的目标文件都生成之后，GCC 就调用 ld 来完成最后的关键性工作，这个阶段就是连接。在连接阶段，所有的目标文件被安排在可执行程序中的恰当位置，同时，该程序所调用到的库函数也从各自所在的档案库中连到合适的地方。

3. GCC 的基本用法和选项

在使用 GCC 编译器时，我们必须给出一系列必要的调用参数和文件名称。GCC 编译器的调用参数大约有 100 多个，其中多数参数我们可能根本就用不到，这里只介绍其中最基本、最常用的参数。

GCC 最基本的用法如下：

```
gcc [options] [filenames]
```

其中 options 就是编译器所需要的参数，filenames 给出相关的文件名称。其中[options]的值可以为如下所示的值。

- -c：只编译，不连接成为可执行文件，编译器只是由输入的.c 等源代码文件生成.o 为后缀的目标文件，通常用于编译不包含主程序的子程序文件。
- -o output_filename：确定输出文件的名称为 output_filename，同时这个名称不能和源文件同名。如果不给出这个选项，GCC 就给出预设的可执行文件 a.out。
- -g：产生符号调试工具（GNU 的 gdb）所必要的符号信息，要想对源代码进行调试，我们就必须加入这个选项。
- -O：对程序进行优化编译、连接，采用这个选项，整个源代码会在编译、连接过程中进行优化处理，这样产生的可执行文件的执行效率可以提高，但是，编译、连接的速度就相应地要慢一些。
- -O2：比-O 更好的优化编译、连接，当然整个编译、连接过程会更慢。
- -Idirname：将 dirname 所指出的目录加入到程序头文件目录列表中，是在预编译过程中使用的参数。C 程序中的头文件包含两种情况：

A：#include；

B：#include“myinc.h”。

其中，A 类使用尖括号（< >），B 类使用双引号（“ ”）。对于 A 类，预处理程序 cpp 在系统预设包含文件目录（如/usr/include）中搜寻相应的文件，而对于 B 类，cpp 在当前目录中搜寻头文件，这个选项的作用是告诉 cpp，如果在当前目录中没有找到需要的文件，就到指定的 dirname 目录中去寻找。在程序设计中，如果我们需要的这种包含文件分别分布在不同的目录中，就需要逐个使用-I 选项给出搜索路径。

- -Ldirname：将 dirname 所指出的目录加入到程序函数档案库文件的目录列表中，是在连接过程中使用的参数。在预设状态下，连接程序 ld 在系统的预设路径中（如/usr/lib）寻找所需要的档案库文件，这个选项告诉连接程序，首先到-L 指定的目录中去寻找，然后到系统预设路径中寻找，如果函数库存放在多个目录下，就需要依次使用这个选项，给出相应的存放目录。

- -lname：在连接时，装载名字为“libname.a”的函数库，该函数库位于系统预设的目录或者由-L 选项确定的目录下。例如，-lm 表示连接名为“libm.a”的数学函数库。

注意：因为本书的重点不是 Linux，所以对此知识点到为止。

2.4　技术解惑

2.4.1　安装 Visual Studio 的几个常见问题

Visual Studio 2010 容量巨大，在安装过程中一定要有耐心。如果以前在机器上安装过，建议用卸载工具将原来安装的资料完全卸载后再安装，这样会避免很多不必要的麻烦。在安装过程中，系统会多次重新启动，此时读者不要惊慌，计算机重启后将自动进入安装界面。

另外，因为需要安装很多组件，例如数据库和 IIS 等组件，所以，安装过程中总会出现这样或那样的问题。比较常见的问题是在安装 Windows 组件时，不能安装 IIS 中的 Front Page 服务器扩展，已经插进去安装光盘了，却一直提示“将 XP profession service pack 2 CD 插入选定的驱动器”。这是因为 Windows 的系统文件保护不让通过，解决方法是关闭文件保护功能，关闭方法如下所示。

(1) 运行 gpedit.msc 打开组策略。

(2) 依次展开“计算机配置→管理模板→系统→windows 文件保护”。

(3) 找到“设置文件保护”双击并修改为“已禁用”，然后重新启动系统就可以了。

上面方法最可行但是治标不治本，还有一种方法可以彻底修复 Windows 文件。插入系统安装光盘，运行 sfc /scannow 命令检测并修复可能受损坏和更改的系统文件。这样就不会再出现提示信息了。当遇到上述问题时，建议读者先试第一个方法再试试第 2 个方法。

2.4.2　有没有轻量级的、可以复制和粘贴代码的工具

到目前为止，开发工具 Turbo C 3.0 比较简单，是一款轻量级产品，但是不能在编码界面实现复制和粘贴功能。另外，因为鼠标操作的灵活性不足，所以需要使用键盘来操作，这降低了我们的开发效率。而对于开发工具 Visual Studio 2010 来说，容量太大。究竟市面中有没有一款既简单、又方便的轻量级开发工具呢？有，建议初学者使用 DEV C++。DEV C++和 Turbo C 3.0 的容量相近，并且具备视图界面，比较容易操作。在 DEV C++的编码界面中可以使用复制和粘贴等命令，提高了开发效率。

2.4.3　Windows 7 中安装 Visual Studio 的常见问题

在 Windows 7 系统中，安装 Visual Studio 2010 的最常见问题是弹出一个“无法打开数据文件 C:\Users\Administrator\AppData\Local\Temp\SIT16781.tmp\deffactory.dat”的提示。很明显，这是文件 Defactory.dat 的问题。解决办法是将安装包解压缩，找到“setup”目录中的文件 Defactory.dat，用记事本将其打开，删除此文件中原有的全部内容，然后将下面的内容复制到里面：

```
[Version]
Signature="$Windows NT$"
Provider="Microsoft Visual Studio Team System 2010 Team Suite - CHS"
Version=900.100.00
NullString=Null String
Lang=2052
[Scenario List]
vsscenario.dll
[Scenario Factory Information]
Default Scenario=11E4C8F3-425E-43b9-B689-8BFDF03342E2
```

然后保存并关闭这个文件，最后重新安装即可成功。

第 3 章

算法——抓住程序的灵魂

做任何事情都有一定的步骤，为了解决一个问题而采取的方法和步骤就称为算法。C 语言的算法是计算机算法，即计算机能够执行的算法。只有明确了算法后，才能使应用程序实现某些功能。所以，通常人们会将算法称为程序的灵魂。本章将详细介绍 C 语言算法的基础知识。

本章内容

- 对算法的理解
- 算法表示法——流程图
- 用计算机语言表示算法

技术解惑

初学者的一个困惑

另外一种表示方法——N-S 流程图

3.1　我们对算法的理解

知识点讲解：光盘:视频\PPT 讲解（知识点）\第 3 章\我们对算法的理解.mp4

一个程序应包括对数据的描述。在程序中要指定数据的类型和数据的组织形式，即数据结构（data structure）。对操作的描述即操作步骤，也就是算法（algorithm）。Wirth 曾经提出了一个经典的公式：数据结构+算法=程序。而根据谭浩强的总结得出：

```
程序=算法+数据结构+程序设计方法+语言工具和环境
```

3.1.1　为什么是程序灵魂

当我重新审视自己走过的路时，我越来越能理解算法的重要性。算法不仅是工具，而且是程序的灵魂。在初涉这一领域时，就多次看过 Wirth 教授的《算法+数据结构=程序》。后来思想慢慢转移到了方法论上，对 OO、GP 或者 IoC 这些知识超乎寻常地关心，却冷落了程序的本质。很多实际问题还是要靠精心设计的算法才能有效解决。

笔者曾发现一本比较有趣的书：由 Udi Manber 所写的 *Introduction to Algorithms—A Creative Approach*。此书的最大特点就是用数学归纳法贯穿全篇，我的理解就是"由一粒沙看世界"。复杂的问题，如何对其分解？在这本书中，不仅给出了一些具体算法，更重要的是要培养读者的设计算法的能力。而这种能力的核心，在作者看来，就是对归纳的理解和灵活运用。

算法是计算机处理信息的本质，因为计算机程序本质上是一个算法，告诉计算机确切的步骤来执行一个指定的任务，如计算职工的薪水或打印学生的成绩单。一般地，当算法在处理信息时，数据会从输入设备读取，写入输出设备，可能保存起来以供以后使用。

著名计算机科学家 Wirth 提出一个公式：

```
数据结构+算法=程序
```

实际上，一个程序还应当采用结构化程序设计方法进行程序设计，并且用某一种计算机语言表示。因此，可以这样表示：

```
程序=算法+数据结构+程序设计方法+语言和环境
```

以上 4 个方面是一门程序设计语言所应具备的基本知识。在这 4 个方面中，算法是灵魂，数据结构是加工对象，语言是工具。算法是解决"做什么"和"怎么做"的问题。

程序中的操作语句，实际上就是算法的体现。显然，不了解算法就谈不上程序设计。本书虽然不是专门讲算法的，但不会算法就达不到我们的目的——用 C 语言进行程序设计。

数据是操作对象，对操作的描述即是操作步骤，操作的目的是对数据进行加工处理得到期望的结果。打个比方，厨师做菜肴，需要有菜谱。菜谱上一般应包括：

（1）配料（数据）；

（2）操作步骤（算法）。

这样，面对同一些原料就可以加工出不同风味的菜肴。

3.1.2　何谓算法

做任何事情都有一定的步骤。为解决一个问题而采取的方法和步骤，就称为算法。计算机能够执行的算法称为计算机算法。计算机算法可分为如下两大类。

- 数值运算算法：求解数值。
- 非数值运算算法：事务管理领域。

看下面的运算：

1×2×3×4×5

为了计算上述运算，通常需要按照如下步骤来计算。

第 1 步：先求 1×2，得到结果 2。

第 2 步：将步骤 1 得到的乘积 2 乘以 3，得到结果 6。

第 3 步：将 6 再乘以 4，得 24。

第 4 步：将 24 再乘以 5，得 120。

上述过程就是一个算法，虽然过程有点复杂。而在计算机程序中，对上述算法进行了改进，使用如下算法。

第 1 步：使 t=1。

第 2 步：使 i=2。

第 3 步：使 t×i，乘积仍然放在变量 t 中，可表示为 t×i→t。

第 4 步：使 i 的值+1，即 i+1→i。

第 5 步：如果 i≤5，返回重新执行步骤 3 以及其后的步骤 4 和步骤 5；否则，算法结束。

上述算法方式就是数学中的“n!”公式。

看下面的数学应用题：

(1) 有 80 个学生，要求将他们之中成绩在 60 分以上者打印出来。

在此设 n 表示学生学号，n_i 表示第 i 个学生学号；cheng 表示学生成绩，$cheng_i$ 表示第 i 个学生成绩。则对应算法表示如下。

第 1 步：1→i。

第 2 步：如果 $cheng_i$≥60，则打印 n_i 和 $cheng_i$，否则不打印。

第 3 步：i+1→i。

第 4 步：若 i≤80，返回步骤 2，否则，结束。

(2) 判定 1900～2000 年中的那一年是闰年，将结果输出。

闰年需要满足的条件如下。

① 能被 4 整除，但不能被 100 整除的年份。

② 能被 100 整除，又能被 400 整除的年份。

在此可以设 y 为被检测的年份，则对应算法如下。

第 1 步：1900→y。

第 2 步：若 y 不能被 4 整除，则输出 y“不是闰年”，然后转到第 6 步。

第 3 步：若 y 能被 4 整除，不能被 100 整除，则输出 y“是闰年”，然后转到第 6 步。

第 4 步：若 y 能被 100 整除，又能被 400 整除，输出 y“是闰年”，否则输出 y“不是闰年”，然后转到第 6 步。

第 5 步：输出 y“不是闰年”。

第 6 步：y+1→y。

第 7 步：当 y≤2000 时，返回第 2 步继续执行，否则，结束。

3.1.3 算法的特性

对于程序设计人员来说，必须会设计算法，并根据算法写出程序。算法的特性如下所示。

- 有穷性，一个算法应包含有限的操作步骤而不能是无限的。
- 确定性，算法中每一个步骤应当是确定的，而不能是含糊的、模棱两可的。
- 有零个或多个输入。
- 有一个或多个输出。
- 有效性，算法中每一个步骤应当能有效地执行，并得到确定的结果。

3.2 算法表示法——流程图

知识点讲解：光盘:视频\PPT 讲解（知识点）\第 3 章\算法表示法——流程图.mp4

算法的表示方法即算法的描述和外在表现，在上节中的算法都是通过语言描述来体现的。除了语言描述外，还可以通过流程图来描述。在日常应用中，流程图的描述格式如图 3-1 所示。

例如，有 80 个学生，要求将他们之中成绩在 60 分以上者打印出来。对上述问题的算法即可使用图 3-2 所示的流程图来表示。

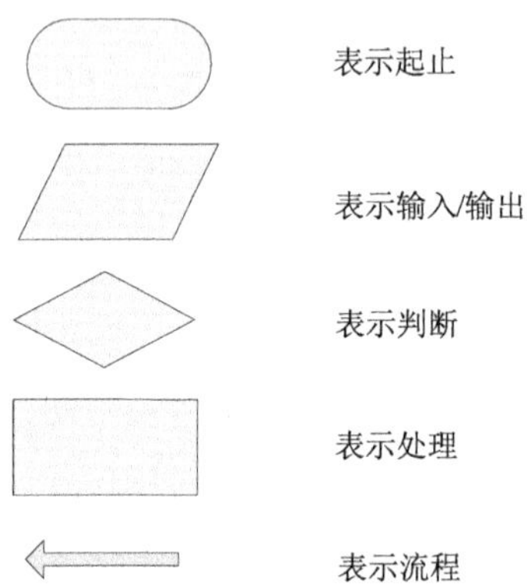

图 3-1 流程图标识说明

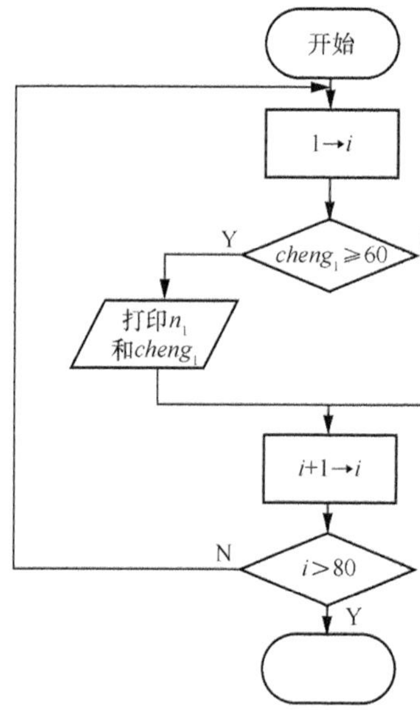

图 3-2 算法流程图

在日常流程设计应用中，流程图通常包含如下 3 种结构。

- ❑ 顺序结构：顺序结构如图 3-3 所示，其中 A 和 B 两个框是顺序执行的。即在执行完 A 以后再执行 B 的操作。顺序结构是一种基本结构。
- ❑ 选择结构：选择结构也称为分支结构，如图 3-4 所示。此结构中必含一个判断框根据给定的条件是否成立而选择是执行 A 框还是 B 框。无论条件是否成立，只能执行 A 框或 B 框之一，也就是说 A、B 两框只有一个，也必须有一个被执行。

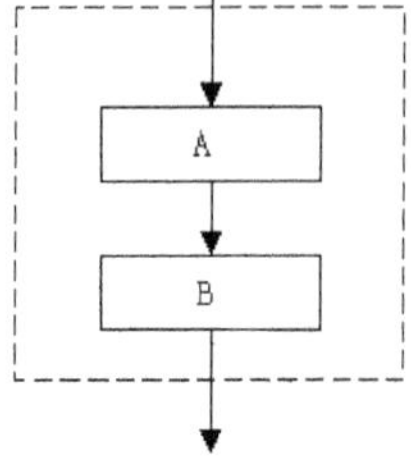

图 3-3 顺序结构

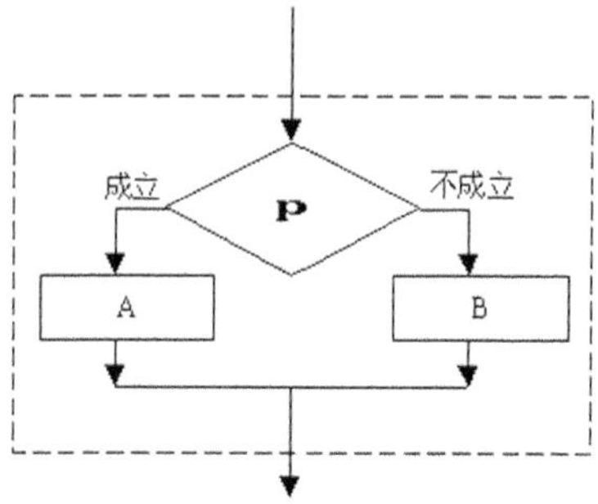

图 3-4 选择结构

- ❑ 循环结构：循环结构分为两种，一种是当型循环，另一种是直到型循环。当型循环是先判断条件 P 是否成立，成立才执行 A 操作，而直到型循环是先执行 A 操作再判断条件 P 是否成，成立进行 A 操作，如图 3-5 所示。

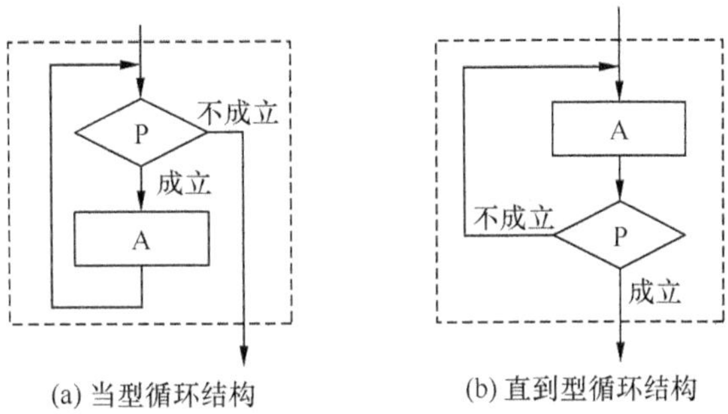

图 3-5　循环结构

在上述 3 种基本结构中，有如下所示的 4 条共同点。

- 只有一个入口。
- 只有一个出口。
- 结构内的每一部分都有机会被执行到。
- 结构内不存在“死循环”。

3.3　用计算机语言表示算法

知识点讲解：光盘:视频\PPT 讲解（知识点）\第 3 章\用计算机语言表示算法.mp4

当用计算机语言表示算法时，必须严格遵循所用语言的语法规则。例如求“1 × 2 × 3 × 4 × 5”的积，用 C 语言编程可以通过如下代码实现：

```
main(){
int i,t;
  t=1;
  i=2;
  while(i<=5){
t=t*i;
i=i+1;
}
  printf("%d",t);
}
```

至此，和语言相关的算法介绍完毕。此部分内容是让读者了解各种数学问题的解决方法，掌握 C 语言的处理流程，为步入后面的学习打下基础。

3.4　技 术 解 惑

3.4.1　初学者的一个困惑

在大学期间学编程的时候，简单的问题可以很容易地使用编程解决，例如简单的数学运算和输出语句。到后来随着所学知识的深入，面对复杂问题时总是不知道从何下手，例如，一个简单的俄罗斯方块游戏，我不知道该如何实现方块的旋转和排列功能。后来步入职场，面对的项目越来越大，解决的问题越来越复杂，我更加不知道该如何实现了。幸亏我只是一名普通的程序员，在我上面有项目经理和软件工程师在前面冲锋陷阵，他们会告诉我具体实现方法，我只需要遵循他们的方案进行编程就可以了。

日子还是一天一天的过，我还是按部就班地听从项目经理的安排，做着接口和底层编程之类的工作。后来在听了项目经理的一番话后，我顿时明白了我现在的差距。他说程序的灵魂是算法，只有掌握了算法，才能轻松地驾驭程序。大学时就感到困惑的问题，现在终于明白了！编程不是按部就班，不是接到任务就立即思考怎么编程。正确的做法是选择一种算法去实现功能，这个算法正是解决问题的有力武器，也是对一个项目“下手”的第一步。算法能够告诉我在面对一个应用时用什么思路去实现，有了这个思路后，编程工作只需遵循这个思路去实现即可。算法是一个程序的编程思路，是我们程序员解决问题的指路明灯。

3.4.2　另外一种表示方法——N-S 流程图

知识点讲解：光盘:视频\PPT 讲解（知识点）\第 3 章\另外一种表示方法——N-S 流程图.mp4

1973 年，美国学者提出了 N-S 流程图这一概念，它也可以表示计算机的算法。N-S 图也被称为盒图或 CHAPIN 图，流程图由一些特定意义的图形、流程线及简要的文字说明构成，它能清晰明确地表示程序的运行过程。在使用过程中，人们发现流程线不一定是必需的，为此，人们设计了一种新的流程图，它把整个程序写在一个大框图内，这个大框图由若干个小的基本框图构成，这种流程图简称 N-S 图。

N-S 流程图中，顺序结构表示为图 3-6，选择结构表示为图 3-7，循环结构表示为图 3-8。

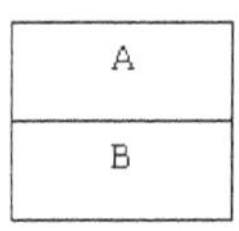

图 3-6　顺序结构

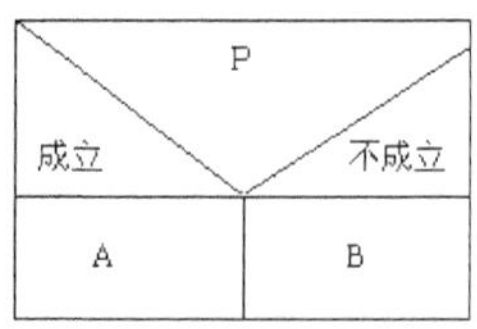

图 3-7　选择结构

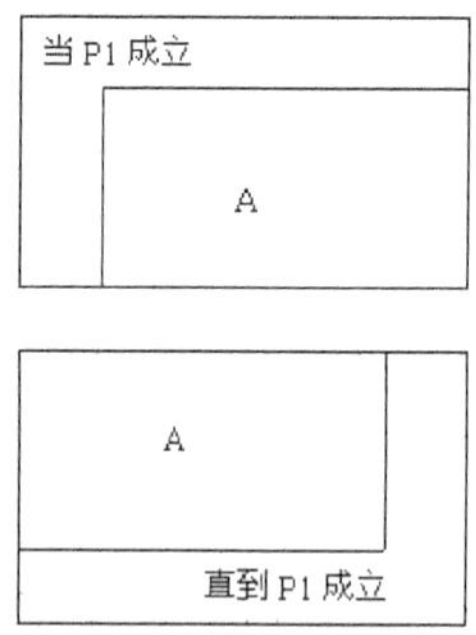

图 3-8　循环结构

第 4 章

程序员的基本素质培养

在学习一门编程语言时，不但要掌握这门语言的基本语法和编程思想，还要养成好的编程习惯。通过这些好的编程习惯，可以在以后的项目中达到事半功倍的效果。而这些编程习惯，就是我们学好 C 语言的基础。在本章的内容中，将简要介绍培养程序员基本素质的方法，使读者养成好的编程习惯。

本章内容

- 养成好的命名习惯
- C 程序文件结构
- 养成好的 C 语言的编程风格
- 如何成为一名优秀的程序员

技术解惑

为什么 C 语言如此重要

4.1　养成好的命名习惯

知识点讲解：光盘:视频\PPT 讲解（知识点）\第 4 章\用计算机语言表示算法.mp4

任何应用程序在编写完毕后，都要为其命名，但是在命名时最好要遵循科学合理的命名规则。概括来说，应该遵循如下 3 条规则。

（1）函数名用大写字母开头的单词组合而成。例如：

```
void InitPort(void);
void UpDisplay(void);
```

（2）变量用小写字母开头的单词组合而成。例如：

```
uchar openLight;
uchar closeLight;
```

（3）常量全用大写的字母，用下划线分割单词。例如：

```
#define   MAX_TIME 10
#define   MIN_TIME 100
```

C 语言是一种简洁的语言，那么其命名也应该是简洁的。同其他主流语言不同的是，C 程序员不使用诸如 ThisVariableIsATemporary 之类的命名方式。一个 C 语言的程序员会将之命名为“tmp”，这很容易书写，且不难理解。

但是，当混合类型的名字不得不出现的时候，描述性名字对全局变量来说是必要的了，调用一个名为“foo”全局的函数是很让人烦的。全局变量就像全局函数一样，需要描述性的命名方式。假如有一个函数用来计算活动用户的数量，那么应该用如下命名方式：

```
count_active_users()
```

或者使用另外的相近的形式，但是不应命名为下面的形式：

```
cntusr()
```

有一种称为 Hungarian 命名方式，它将函数的类型编码写入变量名中，建议读者不要使用这种方式。因为编译器通常知道这个类型而且会去检查它，而这样只会迷惑程序员。

局部变量的命名应该短小精悍。假如你有一个随机的整数循环计数器，它有可能是“i”，如果没有任何可能使得它能被误解的话，将其写作“loop_counter”是效率低下的。同样的“tmp”可以是任何临时数值的函数变量。

为了便于后期对程序的维护，建议使用具体功能的描述字符来作为程序文件名或函数名。例如一个函数的功能是计算，就可以命名为 sum。

4.2　C 程序文件结构

知识点讲解：光盘:视频\PPT 讲解（知识点）\第 4 章\C 程序文件结构.mp4

C 语言是一门结构化程序语言，由顺序结构、选择结构和循环结构组成。也可以把 C 语言看为是一门函数语言，它设计的程序功能是由各个函数实现的，每个函数能够实现某种特定的功能。并且每个 C 程序都是从 main 函数开始的，而不管 main 在程序的哪个位置。在本节的内容中，将详细讲解 C 语言程序文件结构的基本知识。

4.2.1　C 程序组成部分

在现实应用中，每个 C 语言程序都由如下几个部分构成。

1. main 函数

每个 C 语言程序必须至少包含一个主函数：main 函数，这是 C 语言程序中唯一必不可少的组成部分。使用主函数的具体格式如下所示。

```
void main(){
        函数体
  }
```

函数体可以分为说明部分和执行部分 2 部分，说明部分用于定义变量的数据类型，而执行部分用于实现想要结果的指令。

主函数可以被放于程序内的任何位置，但是程序执行后将首先从执行主函数开始，并且也大多数从主函数结束。主函数可以调用其他的函数，但是其他函数不能调用主函数。

2. 文件头引用

在 C 程序中，经常会用到输入函数和数学函数等，而这些函数都被事先做好放在了各种的“头文件”中，开发人员只需引用这些相应的“头文件”即可实现对各种函数的使用。

文件头引用的格式如下：

```
# include <头文件>
```

在 C 程序中加上“头文件”的引用，就是将头文件的内容整体嵌入到所编写的源程序中。使用“头文件”可以提高程序的效率和稳定性，并减少开发人员的劳动量。程序员只需将需要的功能模块用“include”语句调用并使用即可。C 语言中常用的“头文件”有 stdio.h（输入/输出函数）、math.h（数学函数）和 string.h（字符和字符串函数）等。

3. 变量定义部分

变量是被用于存储信息的名称。在程序运行时，程序使用变量存储各种信息。如果在 C 语言中使用变量，必须在使用前定义它。

4. 函数类型说明部分

此部分的功能是将程序中包含的函数在定义和调用它之前进行声明并将有关信息通知编译系统。函数声明不同于函数定义，后者包含了组成函数的实际语句。

5. 函数定义部分

此部分的功能是用于完成特定的功能。除了 main 主函数和 C 库函数外，其他的函数都是用户自定义的函数。这些函数都包括说明部分和函数体，说明部分用于说明函数的名称、类型和属性等信息；而函数体是函数说明部分下面的“{}”内的部分代码。

6. 注释语句

C 程序中的注释以“/*”符号开始，以“*/”结束，注释的内容不会被编译，也不会被执行，它可以出现在程序的任何位置。注释可以占一行或多行，当只占一行时，可以使用“//”来注释。

在程序中放入注释语句，可以提高程序的可读性。当程序规模很大或很复杂时，可以通过注释来规划程序的功能，并便于进行后期维护。

7. 大括号“{}”

{}的功能是将组成每个 C 函数的程序括起来，{}中的语句被称为代码块。

8. 分号“;”

“;”的功能是表示每条语句的结束，这是 C 语言程序的必要组成部分。

4.2.2 C 程序格式总结

通过上节实例了解了 C 语言的基本程序结构，在下面的内容中，将对 C 程序结构进行总结，为读者步入本书后面知识的学习打下基础。

1. C 语言程序的结构特点

C 语言程序结构的特点如下。

- ❑ 一个 C 语言源程序可以由一个或多个源文件组成。
- ❑ 每个源文件可由一个或多个函数组成。

- 一个源程序不论由多少个文件组成，都有一个且只能有一个 main 函数，即主函数。
- 源程序中可以有预处理命令（include 命令仅为其中的一种），预处理命令通常应放在源文件或源程序的最前面。
- 每一个说明、每一个语句都必须以分号结尾。但预处理命令、函数头和花括号“}”之后不能加分号。

2. 代码书写规则

为了使书写的代码清晰、便于阅读和易于理解，在书写程序时应遵循以下规则：

- 一个说明或一个语句占一行。
- 用{}括起来的部分，通常表示程序的某一层次结构。{}一般与该结构语句的第一个字母对齐，并单独占一行。
- 低一层次的语句或说明可比高一层次的语句或说明缩进若干格后书写，以便看起来更加清晰，增加程序的可读性。

3. C 语言的字符集

字符是组成语言的最基本的元素。C 语言字符集由字母、数字、空格、标点和特殊字符组成。在字符常量、字符串常量和注释中，还可以使用汉字或其他可表示的图形符号。

- 字母：小写字母 a～z 共 26 个，大写字母 A～Z 共 26 个。
- 数字：0～9 共 10 个。
- 空白符：空格符、制表符、换行符等统称为空白符。空白符只在字符常量和字符串常量中起作用。在其他地方出现时，只起间隔作用，编译程序对它们忽略不计。因此在程序中使用空白符与否，对程序的编译不发生影响，但在程序中适当的地方使用空白符将增加程序的清晰性和可读性。
- 标点和特殊字符。

4.3　养成好的 C 语言编程风格

知识点讲解：光盘:视频\PPT 讲解（知识点）\第 4 章\养成好的 C 语言的编程风格.mp4

在日常编程过程中，一定要养成良好的编程习惯。好的程序员的代码总是错落有致，功能和实现一目了然。作为一名初学者，一定要在学习之初养成良好的编程习惯，这对于自己以后的开发工作有积极的意义。在本节的内容中，将简要讲解 3 个 C 语言开发的编程风格。

4.3.1　随时使用缩进格式

Tab 是 8 个字符，于是缩进也是 8 个字符。有很多怪异的风格，他们将缩进格式定义为 4 个字符（设置为 2 个字符!）的深度，这就像试图将 PI 定义为 3 一样让人难以接受。

原因：缩进的大小是为了清楚地定义一个块的开始和结束。特别是当你已经在计算机前面呆了 20 多个小时了以后，你会发现好的缩进格式使得你对程序的理解更容易。

现在有一些人说，使用 8 个字符的缩进使得代码离右边很近，在 80 个字符宽度的终端屏幕上看程序很难受。回答是，但你的程序有 3 个以上的缩进的时候，你就应该修改你的程序。

总之，8 个字符的缩进使得程序易读，还有一个附加的好处就是它能在你将程序变得嵌套层数太多的时候给你警告。这个时候，你应该修改你的程序。

4.3.2　注意大符号的位置

另外一个 C 程序编程风格的问题是对大括号的处理。同缩进大小不同，几乎没有什么理由去选择一种而不选择另外一种风格。但有一种推荐的风格，它是 Kernighan 和 Ritchie 那本经典的书带来的，它将开始的大括号放在一行的最后，而将结束大括号放在一行的第一位，例如：

```
if (x is true) { we do y }
```

然而，还有一种特殊的情况：命名函数时，开始的括号是放在下一行的第一位，例如：

```
int function(int x) { body of function }
```

在此需要注意的是结束的括号在它所占的那一行是空的，除了它跟随着同一条语句的继续符号。如“while”在 do-while 循环中，或者“else”在 if 语句中。例如：

```
do { body of do-loop } while (condition);
```

或：

```
if (x == y) { .. } else if (x > y) { ... } else { .... }
```

另外，注意到这种大括号的放置方法减小了空行的数量，但却没有减少可读性。于是，在屏幕大小受到限制的时候，你就可以有更多的空行来写些注释了。

4.3.3 函数的规则

函数应该短小而迷人，而且它只作一件事情。它应只覆盖一到两个屏幕（80×24 一屏），并且只作一件事情，而且将它做好。

一个函数的最大长度和函数的复杂程度以及缩进大小成反比。如果已经写了简单但长度较长的的函数，而且已经对不同的情况做了很多很小的事情，写一个更长一点的函数也是无所谓的。然而，假如要写一个很复杂的函数，而且已经估计到假如一般人读这个函数，则他可能都不知道这个函数在说些什么，这个时候使用具有描述性名字的有帮助的函数。

另外一个需要考虑的是局部变量的数量。它们不应该超过 5～10 个，否则有可能会出错。重新考虑这个函数，将它们分割成更小的函数。人的大脑通常可以很容易地记住 7 件不同的事情，超过这个数量会引起混乱。

4.3.4 注意注释

注释是一件很好的事情，但是过多的注释也是危险的，不要试图去解释你的代码注释如何如何的好。你应该将代码写得更好，而不是花费大量的时间去解释那些糟糕的代码。

在通常情况下，你的注释是说明你的代码做些什么，而不是怎么做的。而且，要试图避免将注释插在一个函数体里。假如这个函数确实很复杂，你需要在其中有部分的注释。我们可以写一些简短的注释来注明程序的部分，但是你必须要避免过多。取而代之的是，将注释写在函数前告诉别人它做些什么事情和为什么要这样做。

4.4 如何成为一名优秀的程序员

知识点讲解：光盘:视频\PPT 讲解（知识点）\第 4 章\如何成为一名优秀的程序员.mp4

信息技术的更新速度是惊人的，程序员的职业生涯则是一个要求不断学习的过程，如何才能成为一名合格的程序员，一名合格的程序员需要掌握哪些技能呢？

1. 培养对软件开发的兴趣

因为不喜欢，所以才感觉痛苦，因为痛苦，所以很难有大的发展，因为一直没有大的进步，所以，更加不喜欢。如此恶性循环。而正确的应该是，先做到对于软件开发感兴趣，如何做呢？首先你要产生对于软件本身的好奇心，做这项工作的人，多数有这方面的爱好，也能感受到其中的乐趣，否则就会成天痛苦不堪。

2. 给自己进入软件行业一个理由

想好理由后，写下来，放在一个适当的地方，不要随便看到，但是，永远不要忘掉。

为什么需要这个理由？原因很简单。当我听一些朋友聊他的苦闷时，总觉得对于自己选择软件行业是一个错误，如何的不好。我就问他，你当初为什么选择软件这一行？想了半天，他才回答我。我说，你在犹豫，就证明你已经淡忘了当初你为什么决定入行了。关于选择，应该说人生无处不在抉择，一旦选择了就不要放弃。既然选择了就不要轻易后悔，执著地走下去，因为你一后悔，任何选择和决定都是错误的。永远不要把时间浪费到对往事后悔的追忆上。

3. 熟练掌握开发工具

做为一名程序员至少熟练掌握两到 3 种开发工具的使用，这是程序员的立身之本，其中 C/C++和 Java 是重点推荐的开发工具，C/C++以其高效率和高度的灵活性成为开发工具中的利器，很多系统级的软件还是用 C/C++编写。而 Java 的跨平台和与 Web 很好的结合是 Java 的优势所在。另外，需要掌握基本的脚本语言，如 Phthon 等，至少能读懂这些脚本代码。

4. 熟知数据库

为什么数据库是如此重要？作为程序员，他们自然有自己的理由：很多应用程序都是以数据库的数据为中心。要熟练掌握 SQL 的基本语法。虽然很多数据库产品提供了可视化的数据库管理工具，但 SQL 是基础，是通用的数据库操作方法。

5. 对操作系统有一定的了解

当前主流的操作系统是 Windows、Linux/Unix 和主流的移动操作系统，熟练地使用这些操作系统是必须的，但只有这些还远远不够。要想成为一个真正的编程高手，需要深入了解操作系统，了解它的内存管理机制、进程/线程调度、信号、内核对象、系统调用、协议栈实现等。Linux 作为开发源码的操作系统，是一个很好的学习平台，Linux 几乎具备了所有现代操作系统的特征。虽然 Windows 系统的内核实现机制的资料较少，但通过互联网还是能获取不少资料。对操作系统有一定的了解后，你会发现自己上了一个新的台阶。

6. 懂得网络协议 TCP/IP

在互联网如此普及的今天，如果您还没有对互联网的支撑协议 TCP/IP 协议栈有很好的掌握，就需要迅速补上这一课，网络技术已改变了软件运行的模式，从最早的客户/服务器结构，到今天的 Web Services，再到未来的网格计算，这一切都离不开以 TCP/IP 协议栈为基础的网络协议支持，所以，深入掌握 TCP/IP 协议是非常必要的。至少，你需要了解 OSI 七层协议模型、IP/UDP/TCP/HTTP 等常用协议的原理和 3 次握手机制。

7. 拥有强烈的好奇心

什么才是一个程序员的终极武器呢，那就是强烈的好奇心和学习精神。没有比强烈的好奇心和学习精神更好的武器了，这是程序员们永攀高峰的源泉和动力所在。

8. 学好英语

学习英语真得很重要，且不说它是程序世界的主导语言，且不说它是计算机专业本科毕业生 4 年的必修课，且不说它是全世界程序高手们互相切磋寻求帮助的主要工具，它还是现在大多数用人单位的敲门砖。

多读英文书。信息技术发展太快，而大部分的技术最先出现的时候都是英文版本的，要几个月以后才有中文版本的书出来，因此要想跟上步伐，一定要努力提高自己的英文水平，这样才能同步跟上信息技术。

9. 学会交流

可以经常去一些论坛交流，都是很不错的，没有不上网的程序员，也没有不在网上取长补短的程序员。不过在问问题之前，自己一定要先努力尝试过，再给出自己的想法。动不动就问别人，自己水平得不到提高，别人也不再会回答你的问题。

4.5 技术解惑

（1）C 语言语法结构很简洁精妙，写出的程序也很高效，很便于描述算法，大多数的程序员愿意使用 C 语言去描述算法本身，所以，如果你想在程序设计方面有所建树，就必须去学它。

（2）C 语言能够让你深入系统底层，你知道的操作系统，哪一个不是 C 语言写的？所有的 Windows、UNIX、Linux、Mac，没有一个例外的，如果你不懂 C 语言，怎么可能深入到这些操作系统当中去呢？更不要说去写它们的内核程序了。

（3）很多新型的语言都是衍生自 C 语言，C++、Java、C#、J#、perl……哪个不是呢？掌握了 C 语言，可以说就掌握了很多门语言，经过简单的学习后，就可以用这些新型的语言去开发了，这再一次验证了 C 语言是程序设计的重要基础。即使现在的用人单位招聘程序员，在笔试中都要考 C 语言，所以说要想加入程序员这一行业，那么就一定要掌握好 C 语言。

第 5 章

C 语言语法

语法是一门编程语言的核心，只有掌握了语法之后，才能编写出合法的程序语句，完成项目的要求。C 语言是一门汇编语言，它集成了传统汇编语言的所有特点。在本章的内容中，将详细介绍 C 语言的基本语法知识。

本章内容

- ⏭ 标识符和关键字
- ⏭ 最基本的数据类型
- ⏭ 常量和变量的深入理解
- ⏭ 整型数据
- ⏭ 实型数据
- ⏭ 字符型数据
- ⏭ 初始化变量
- ⏭ 整型、实型和字符型数据间的运算总结

技术解惑

C 语言中无符号整型变量和有符号整型变量指什么

C 语言中字符变量是怎么回事

怎么理解字符型数据取值范围为 0～255

怎样将带小数点的字符型数据转换成浮点型的

5.1 标识符和关键字

知识点讲解：光盘:视频\PPT 讲解（知识点）\第 5 章\侃侃标识符和关键字.mp4

在 C 程序中，使用的变量名、函数名、标号等被统称为标识符。在 C 语言中，除了库函数的函数名由系统定义外，其余都是由用户自定义的。C 语言规定，标识符只能是字母（A～Z。a～z）、数字（0～9）、下划线（_）组成的字符串，并且其第一个字符必须是字母或下划线。例如下面的标识符都是合法的。

```
a
x
_3x
BOOK_1
sum5
```

而下面的标识符是非法的。

```
3s              以数字开头
s*T             出现非法字符*
-3x             以减号开头
bowy-1          出现非法字符-(减号)
```

为了便于读者掌握标识符，在此提醒读者在使用标识符时必须注意以下几点。

- 标准 C 不限制标识符的长度，但它受各种版本的 C 语言编译系统限制，同时也受到具体机器的限制。例如在某版本 C 中规定标识符前 8 位有效，当两个标识符前 8 位相同时，则被认为是同一个标识符。
- 在标识符中，大小写是有区别的。例如 BOOK 和 book 是两个不同的标识符。
- 标识符虽然可由程序员随意定义，但标识符是用于标识某个量的符号，因此，命名应尽量有相应的意义，以便阅读理解，作到“顾名思义”。
- 所有标识符必须由一个字母（a～z、A～Z）或下划线（_）开头。
- 标识符的其他部分可以用字母、下划线或数字（0～9）组成。
- 标识符只有前 32 个字符有效。
- 标识符不能使用 Turbo C 的关键字。

关键字是由 C 语言规定的具有特定意义的字符串，通常也称为保留字。用户定义的标识符不应与关键字相同。C 语言的关键字可以分为以下 3 类。

- 类型说明符：用于定义、说明变量、函数或其他数据结构的类型。
- 语句定义符：用于表示一个语句的功能。如例 1.3 中用到的 if else 就是条件语句的语句定义符。
- 预处理命令字：用于表示一个预处理命令。如前面各例中用到的 include。

5.2 最基本的数据类型

知识点讲解：光盘:视频\PPT 讲解（知识点）\第 5 章\最基本的数据类型.mp4

在 C 语言中，数据类型是根据被定义变量的性质、表示形式、占据存储空间的多少和构造特点来划分的。在 C 语言中的数据类型可分为：基本数据类型、构造数据类型、指针类型和空类型共四大类。上述各类型的具体结构如图 5-1 所示。

1. 基本数据类型

基本数据类型最主要的特点是，其值不可以再分解为其他类型。也就是说，基本数据类型是自我说明的。

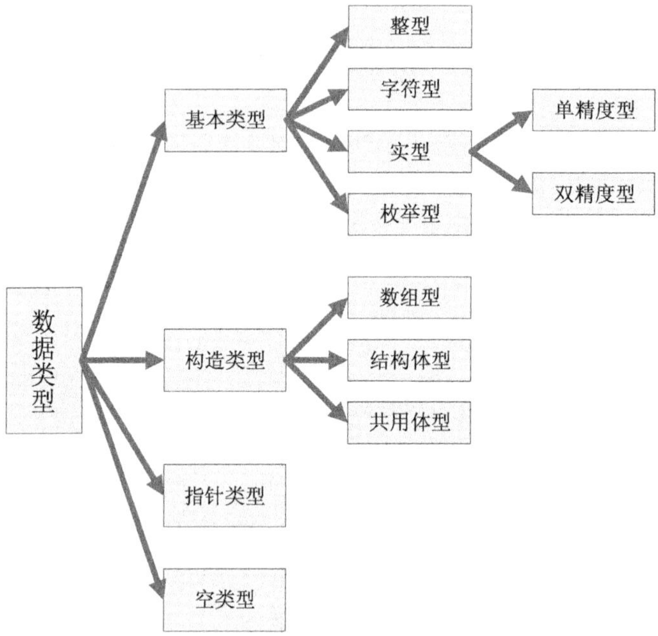

图 5-1　C 语言数据类型结构图

2. 构造数据类型

构造数据类型是在基本类型基础上产生的复合数据类型。也就是说，一个构造类型的值可以分解成若干个“成员”或“元素”。每个“成员”都是一个基本数据类型或又是一个构造类型。在 C 语言中，有以下 3 种构造类型。

- 数组类型。
- 结构体类型。
- 共用体（联合）类型。

3. 指针类型

指针是一种特殊的类型，同时又是具有重要作用的数据类型。其值用来表示某个变量在内存储器中的地址。虽然指针变量的取值类似于整型量，但这是两个类型完全不同的量，因此不能混为一谈。

4. 空类型

空类型是一种特殊的数据类型，它是所有基本类型的基础。在 C 语言中，使用关键字 void 来标识空类型。在调用函数值时，通常应向调用者返回一个函数值。这个返回的函数值是具有一定的数据类型的，应在函数定义及函数说明中给以说明。但是，也有一类函数，调用后并不需要向调用者返回函数值，这种函数可以定义为“空类型”，其类型说明符为 void。

5.3　常量和变量的深入理解

知识点讲解：光盘:视频\PPT 讲解（知识点）\第 5 章\常量和变量的深入理解.mp4

C 语言中的基本数据类型，按其取值可以分为常量和变量两种。在程序执行过程中，其值不发生改变的量称为常量，其值可变的量称为变量。两者可以和数据类型结合起来进行分类，例如可以分为整型常量、整型变量、浮点常量、浮点变量、字符常量、字符变量、枚举常量、枚举变量。在 C 语言程序中，常量是可以不经说明而直接引用的，而变量则必须先定义后使用。

在本节的内容中，将对常量和变量的知识进行深入理解。

5.3.1 常量详解

在执行程序的过程中，其值不发生改变的量称为常量。C 语言中的常量分为如下两种。

1. 直接常量

直接常量是直接以字面形式即可判别的常量，也被称为字面常量。直接常量可以代码中直接输入数值，例如下面的代码：

```
int mm=100;
float nn=100.01
```

2. 字符常量

在 C 语言中，可以用一个标识符来表示一个常量，这样的常量称之为符号常量。定义 C 语言符号常量的方法有如下两种。

（1）编译指令#define 定义。

编译指令#define 定义常量的格式如下所示：

```
#define常量名 常量值
```

其中“常量名”遵循的规则和变量相同，习惯上用大写字母表示符号常量名，小写字母表示变量名。看下面的代码：

```
#define mm 10000
float nn=12.1111
```

在上述代码中，将直接常量值“10000”用字符常量“mm”来代替。

注意：“#define”是一条预处理命令（预处理命令都以“#”开头），称为宏定义命令（在后面预处理程序中将进一步介绍），其功能是把该标识符定义为其后的常量值。一经定义，以后在程序中所有出现该标识符的地方均代之以该常量值。“#define”语句不以分号结尾，它可以被放于源代码的任何位置。不过在定义常量时，只有在它定义之后的源代码中才有效。

（2）使用关键字 const 定义。

const 是一个修饰符，在定义一个常量时需要在常量前加上此修饰符。在现实开发应用中，经常需要在整个程序中的许多地方都要用到一个常数，可以给这个常数取个名字，每处常数都以该名字代替。

例如，可以用 pi 来表示Π值：

```
const float pi=3.1415926;
```

由于有效位的限制，在下面常量定义中，最后 3 位不起任何作用：

```
const float pi=3.141592653;
```

尽管等号后面的常数是 double 型的，但是因为 float 常量只能存储 7 位有效位精度的实数，所以 pi 的实际值为 3.141593（最后 1 位 4 舍 5 入）。 如果将常量 pi 的类型改为 double 型，则能全部接受上述 10 位数字。

定义成 const 后的常量，程序中对其只能读不能修改，从而可以防止该值被无意地修改。由于不可修改，所以在定义常量时必须初始化。例如下面的代码：

```
const float pi;
pi=3.1415926;
```

常量名不能放在赋值语句的左边。

在定义常量的过程中，初始化的值可以是一个常量表达式。常量在程序运行之前就已经知道了其值，所以在编译时就能求值。但表达式中不能含有某个函数。例如下面的代码：

```
const int size=100 * sizeof(int);
const int number=max(15, 11);
```

因为 sizeof 不是函数，而是 C++的基本操作符，该表达式的值在编译之前能确定，所以第一个常量定义语句合法。第二个语句要求函数值，函数一般都要在程序开始运行时才能求值，该表达式不能在编译之前确定其值，所以是错误的。

一般来说，相同类型的变量和常量在内存中占有相同大小的空间。只不过常量不能通过常量名去修改其所处的内存空间，而变量却可以。

5.3.2　变量详解

在 C 语言中，其值可以改变的量被称为变量。一个变量应该有一个名字，在内存中占据一定的存储单元。变量定义必须放在变量使用之前，一般放在函数体的开头部分。

1. 变量的基本知识

任何一种编程语言都离不开变量，特别是在数据处理型程序中，变量使用的非常频繁。没有变量参与的程序甚至无法编制，即使编制运行后的意义也不大。变量之所以重要，是因为变量是编程语言中数据的符号标识和载体。

C 语言是一种应用广泛的善于实现控制的语言，变量在 C 语言中的应用更是灵活多变。变量是内存或寄存器中用一个标识符命名的存储单元，可以用来存储一个特定类型的数据，并且数据的值在程序运行过程中可以进行修改。程序员一旦定义了变量，那么，变量就至少可为我们提供两个信息：一是变量的地址，即操作系统为变量在内存中分配的若干内存的首地址；二是变量的值，也就是变量在内存中所分配的那些内存单元中所存放的数据。

C 语言中的变量类型有如下几种。

- 数据类型的变量：如 char *cHar*、int *iTimes*、float *faverage*。
- 全局变量或者叫全程变量。
- 局部变量。
- 静态变量：有静态全局变量和静态局部变量，修饰字符是 static。
- 寄存器变量：修饰字符是 register。
- 外部变量：修饰字符是 extern。

在 C 语言中，变量在内存中占用的大小是由数据类型决定的。不同的数据类型的变量，为其分配的地址单元数是不一样的。C 语言中常用的数据类型有 bool、char、short、int、long、float、double。除了上述几种基本的数据类型外，用户还可以自己定义所需要的数据类型。

2. 变量作用域

在函数内部说明的变量为局部变量，只有在函数执行时，局部变量才存在。当函数执行完退出后，局部变量随之消失。也就是说当函数执行完退出后，原先在函数内定义的变量现在不能用，这通常由编译器保证，它会阻止编译通过。即原来为那个局部变量分配的内存，现在已经不属于它，它再无权访问了。如果要再使用这些内存单元就必须重新定义变量来申请，只有分配给的变量才可访问它。否则，就会出错，如数组越界访问。

与局部变量不同，全局变量在整个程序都是可见的，可在整个程序运行过程中，对于任何一个程序都是可用的。全局变量的说明的位置在所有函数之外，但可被任何一个函数使用、读取或者写入。例如下面的代码：

```
int quanju;                                 //定义全局变量
int min(int x,int y);
void main() {
    int a,b;                                //定义变量
    printf("\n输入数字：");                  //调用库函数,输出函数
    scanf("%d,%d",&a,&b);                   //调用库函数,输入函数
    quanju =min(a,b);                       //调用用户定义的函数
    printf("minimum:%d\n", quanju);
}
    int min(int x,int y)                    //定义函数
{
    int t=0;                                //声明变量
    //函数体
```

```
        if(x<y) t=x;
        else t=y;
        return(t);
}
```

在上述代码中，变量“quanju”是一个全局变量，所以它可以在函数 main 内部使用，也可以在函数 min 外部使用；而变量“a”和“b”是在函数 main 内部定义的，所以只能在函数 main 的内部使用。

3. 变量标识符

在 C 语言中，把用来标识变量名、符号常量名、函数名、数组名、类型名、文件名的有效字符序列称为标识符。标识符是一个名字，C 语言中的标识符必须遵循如下 4 个原则。

- 第一个字符必须是字母（不分大小写）或下划线（_）。
- 后跟字母（不分大小写）、下划线（_）或数字组成。
- 标识符中的大小写字母有区别，如，变量 *sum*、*Sum*、*suM* 代表 3 个不同的变量。
- 不能与 C 编译系统已经预定义的、具有特殊用途的保留标识符（即关键字）同名。比如，不能将标识符命名为 float、auto、break、case、this、try、for、while、int、cha、short 和 unsigned 等。

4. 变量的声明

声明 C 语言变量的格式如下所示：

```
变量类型 变量名;
```

例如，下面的代码分别声明了 int 类型的变量 m 和 float 类型的变量 n。

```
int m;
float n;
```

可以在同一行中同时声明多个变量，每个变量名称之间用逗号隔开。看下面的代码：

```
int m,n;
float a,b;
```

在下面的内容中，将通过一个具体的实例来说明 C 语言变量的使用方法。

实例 002　提示用户输入圆的半径，根据输入的半径值计算圆的周长和面积

源码路径　光盘\daima\5\1\　　**视频路径**　光盘\视频\实例\第 1 章\002

本实例的实现文件为“area.c”，具体代码如下所示：

```
#include <stdio.h>
#define PI 3.14                          //定义一个符号常量
void main(){
    float r,area,circ;                   //定义三个变量
    printf("\n enter num:");             //提示用户输入圆半径的值
    scanf("%f",&r);
    circ=PI*(2*r);                       //计算圆周长
    area=PI*(r)*(r);                     //计算圆面积
    printf("\zhouchangshi:%f",circ);     //显示结果
    printf("\mianjishi:%f",area);
}
```

范例 003：计算正方形的面积
源码路径：光盘\演练范例\003\
视频路径：光盘\演练范例\003\
范例 004：计算矩形的面积
源码路径：光盘\演练范例\004\
视频路径：光盘\演练范例\004\

编写代码完毕后，按下【F2】键将上述文件保存。然后按下【F9】键编译并链接上述代码，弹出成功提示，如图 5-2 所示。

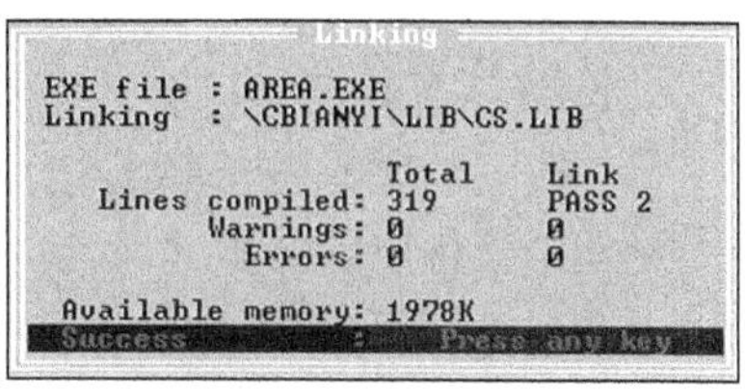

图 5-2　成功提示

按下【Ctrl+F9】组合键运行上述代码，将首先输出“enter num:”字符。在屏幕中输入一个数字“2”，并单击【Enter】键后返回 Turbo C/C++ 3.0 界面，然后按下【Alt+F5】组合键后将分别输出此数据半径对应的周长和面积，如图 5-3 所示。

注意：上述代码中的汉字注释不影响程序的运行，但是 Turbo C/C++不支持汉字。如果读者想要在程序加入汉字注释，可以使用记事本来编写 C 代码。然后即可通过 Turbo C/C++编译器打开，不过此时的汉字将变成乱码，如图 5-4 所示。

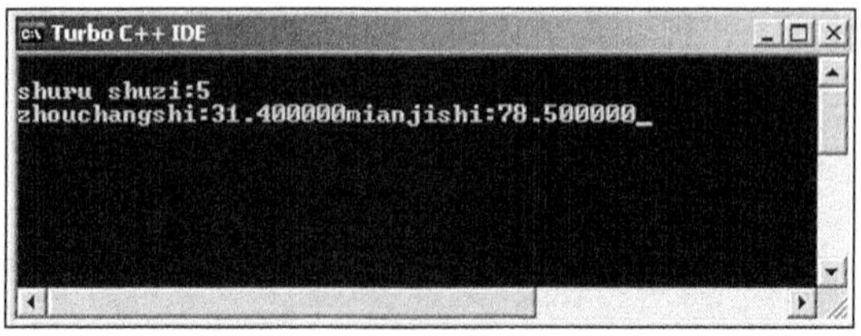

图 5-3　运行界面

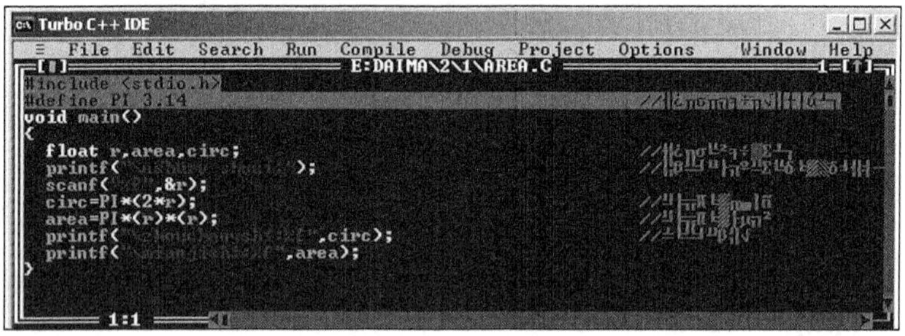

图 5-4　汉字乱码

5.4　整 型 数 据

知识点讲解：光盘:视频\PPT 讲解（知识点）\第 5 章\整型数据.mp4

科学的发展就是一个探索的过程，要学好 C 语言的数据类型，也需要我们探索。从本节内容开始，将依次深入探索 C 语言中的各个数据类型。在此首先学习 C 语言中的整型数据的基本知识，C 语言的整型数据分为整型常量和整型变量两种。

5.4.1　整型常量详解

整型常量是整型常数，在 C 语言中有着十分重要的地位。

1. 整型常量的标识形式

在 C 语言中，可以使用如下 3 种形式来表示整型常量。

- 八进制整常数。

八进制整常数必须以 0 开头，即以 0 作为八进制数的前缀。数码取值为 0～7。八进制数通常是无符号数。例如下面的都是合法的八进制数：

015（十进制为 13）

0101（十进制为 65）

0177777（十进制为 65535）

而下面的都不是合法的八进制数：

256（无前缀 0）

03A2（包含了非八进制数码）

-0127（出现了负号）

- 十六进制整常数。

十六进制整常数的前缀为 0X 或 0x。其数码取值为 0～9、A～F 或 a～f。

以下各数是合法的十六进制整常数：

0X2A（十进制为 42）

0XA0（十进制为 160）

0XFFFF（十进制为 65535）

而下面的都不是合法的十六进制整常数：

5A（无前缀 0X）

0X3H（含有非十六进制数码）

❑ 十进制整常数。

十进制整常数没有前缀，其数码为 0～9。例如下面的都是合法的十进制整常数：

237

-568

65535

1627

而下面的都不是合法的十进制整常数：

023（不能有前导 0）

23D（含有非十进制数码）

整型常量的长度是不同的，不同类型整型常量的长度表示方式也不同。在 16 位字长的机器上，基本整型的长度也为 16 位，因此表示的数的范围也是有限定的。十进制无符号整常数的范围为 0～65535，有符号数的范围为−32768～+32767。八进制无符号数的表示范围为 0～0177777。十六进制无符号数的表示范围为 0X0～0XFFFF 或 0x0～0xFFFF。如果使用的数字超过了上述范围，就必须用长整型数来表示。长整型数是用后缀“L”或“l”来表示的。

例如下面的是十进制长整常数：

158L（十进制为 158）

358000L（十进制为 358000）

下面的是八进制长整常数：

012L（十进制为 10）

077L（十进制为 63）

0200000L（十进制为 65536）

下面的是十六进制长整常数：

0X15L（十进制为 21）

0XA5L（十进制为 165）

0X10000L（十进制为 65536）

长整数 158L 和基本整常数 158 在数值上并无区别。但是对于 158L 来说，因为是长整型量，C 编译系统将为它分配 4 个字节存储空间。而对于 158 来说，因为是基本整型，所以只分配两个字节的存储空间。因此在运算和输出格式上要予以注意，避免出错。

无符号数也可以用后缀来表示，整型常数的无符号数的后缀为“U”或“u”。例如：358u、0x38Au 和 235Lu 均是无符号数。

前缀和后缀可以同时使用以表示各种类型的数。例如 0XA5Lu 表示十六进制无符号长整数 A5，其十进制为 165。

2. 整型常量的类型

整型常量类型的具体说明如下所示。

（1）一个整数，如果其值在−32768～+32767 内，认为它是 int 型，它可以赋值给 int 型和 long int 型变量。

（2）一个整数，如果其值超过了上述范围，而在−2147483648～+2147483647 内，则认为它是长整型，可以将它赋值给一个 long int 型变量。

（3）如果某一计算机系统的 C 版本（例如 Turbo C），确定 short int 与 int 型数据在内存中占据的长度相同，则它的表数范围与 int 型相同。因此，一个 int 型的常量也同时是一个 short int 型常量，可以赋给 int 型或 short int 型变量。

（4）一个整常量后面加一个字母 u 或 U，认为是 unsigned int 型，如 12345u，在内存中按 unsigned int 规定的方式存放（存储单元中最高位不作为符号位，而用来存储数据）。如果写成 -12345u，则先将-12345 转换成其补码 53191，然后按无符号数存储。

（5）在一个整常量后面加一个字母 l 或 L，则认为是 long int 型常量。例如 123l、432L、0L 等，这往往用于函数调用中。如果函数的形参为 long int 型，则要求实参也为 long int 型。

5.4.2 整型变量详解

因为计算机只能识别二进制的数据，所以无论多么复杂的数据，到最终始终会被以二进制的形式存储在内存中。不同的数据类型在内存中占用的空间是不同的，对它们执行的数学运算符也不相同。例如，存储小型整数时需要的内存会较小，计算机对其执行的速度就非常快；而大型整数所占用的内存会比较大，计算机对其执行的速度就会更慢。所以编程领域中是否合理使用数据类型，对整个计算机效率有很大的影响。

1. 整型变量的分类

整型变量可以分为如下 4 类。

（1）基本型：类型说明符为 int，在内存中占有两个字节。

（2）短整量：类型说明符为 short int 或 short，所占字节和取值范围均与基本型相同。

（3）长整型：类型说明符为 long int 或 long，在内存中占 4 个字节。

（4）无符号型：类型说明符为 unsigned。根据上述 3 种类型，无符号型又可以分为如下 3 种类型。

- 无符号基本型：类型说明符为 unsigned int 或 unsigned。
- 无符号短整型：类型说明符为 unsigned short。
- 无符号长整型：类型说明符为 unsigned long。

各种无符号类型量所占的内存空间字节数与相应的有符号类型量相同。但是由于省去了符号位，所以不能表示负数。通过使用 signed，可以指定整型变量的符号是多余的，因为除非用 unsigned 指定为无符号型，否则整型都是有符号的。例如下面的变量是无符号型的：

```
unsigned int                                 //无符号基本整型
unsigned long[int]                           //无符号长整型
```

C 语言中默认格式是有符号数的，如果加上修饰符“signed”也是标识有符号数的。有符号整型变量的最大表示为 32767，无符号整型变量的最大表示为 65535。

Turbo C 中各类整型量所分配的内存字节数及数的表示范围是不同的，具体如表 5-1 所示。

表 5-1 整数类型

类型说明符	数的范围	字节数
int	−32768～32767【-2^{15}～（$2^{15}-1$）】	2
unsigned int	0～65535【0～（$2^{16}-1$）】	2
short int	−32768～32767【-2^{15}～（$2^{15}-1$）】	2
unsigned short int	0～65535【0～（$2^{16}-1$）】	2
long int	−2147483648～2147483647【-2^{31}～（$2^{31}-1$）】	4
unsigned long	0～4294967295【0～（$2^{32}-1$）】	4

2. 声明整型变量

声明整型变量的格式如下所示：

```
类型 变量名;
```

其中“类型”可以是表 2-1 中所示的各种类型，例如下面的都是整型变量。

```
int a,b,c;                    //a,b,c为整型变量
long x,y;                     //x,y为长整型变量)
unsigned p,q;                 //p,q为无符号整型变量
```

实例 003　计算两个整型变量的和

源码路径　光盘\daima\5\2　　**视频路径**　光盘\视频\实例\第 5 章\003

本实例的实现文件为“jisuan.c”，具体代码如下所示：

```
#include <stdio.h>
void main()
{
      int a,b;                          //声明两个整型变量
      a=123;                            //赋值
      b=1;
      printf("%d\n",a+b);               //显示结果
      printf("(unsigned)%u\n",a+b);
}
```

范例 005：求整数的绝对值
源码路径：光盘\演练范例\005\
视频路径：光盘\演练范例\005\
范例 006：求长整数的绝对值
源码路径：光盘\演练范例\006\
视频路径：光盘\演练范例\006\

编写代码完毕后，按下【F2】键将上述文件保存，然后按下【F9】键编译并链接上述代码。按下【Ctrl+F9】组合键运行上述程序，然后按下【Alt+F5】组合键后将输出这两个整型变量的和，分别如图 5-5 和图 5-6 所示。

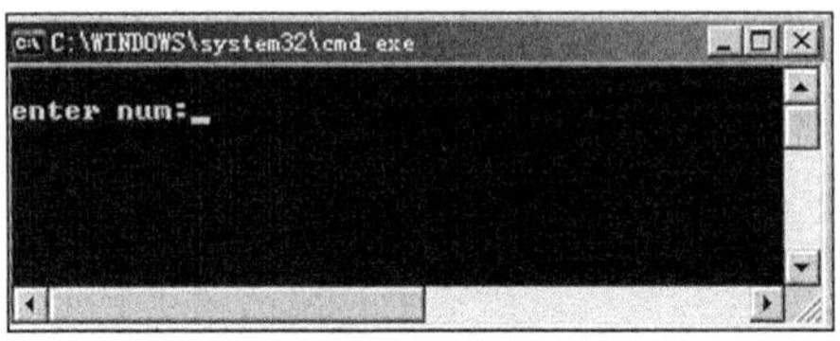

图 5-5　初始效果

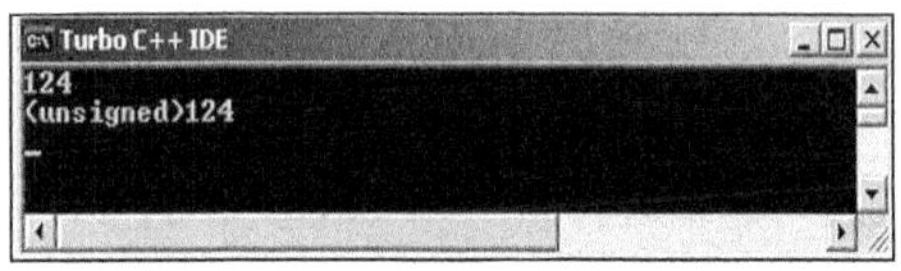

图 5-6　最终效果

在上述实例中书写变量时，应该注意以下 4 点。

（1）允许在一个类型说明符后，定义多个相同类型的变量。各变量名之间用逗号间隔。类型说明符与变量名之间至少用一个空格间隔。

（2）最后一个变量名之后必须以“;”号结尾。

（3）变量的定义必须放在变量使用之前，一般放在函数体的开头部分。

（4）在定义和运算变量时，要保持它们之间的类型，以防止溢出错误。看下面的代码：

```
main()
{
   long x,y,z;
   int a,b,c,d;
   x=1;
   y=2;
   z=2;
   a=3;
   b=4;
   c=x+a;
   d=y+b;
   printf("c=x+a=%d,d=y+b=%d\n",c,d);
}
```

在上述代码中，变量 x、y、z 是长整型变量，变量 a 和 b 是基本整型变量。它们之间允许进行运算，运算结果为长整型。但是变量 c 和 d 被定义为基本整型，因此最后结果为基本整型。这就说明不同类型的量可以参与运算并相互赋值。其中的类型转换是由编译系统自动完成的。

5.5　实 型 数 据

知识点讲解：光盘:视频\PPT 讲解（知识点）\第 5 章\实型数据.mp4

在现实应用中，可以将 C 语言中的实型数据分为实型常量和实型变量两种。在本节的内容中，将详细讲解 C 语言中这两种实型数据的基本知识，为读者步入本书后面知识的学习打下基础。

5.5.1　实型常量详解

实型也被称为浮点型，所以实型常量也被称为实数或者浮点数。在 C 语言中，实数只采用十进制。它有如下两种形式。

- 十进制数小数形式。

由数字 0～9 和小数点组成，并且必须得有小数点。例如下面的都是合法的实数：

0.0、25.0、5.789、0.13、5.0、300.、-267.8230

- 指数形式。

由十进制数、阶码标志“e”或“E”以及阶码（指数）组成。但是在阶码标志“e”或“E”之前必须有数字，并且其后面的阶码必须为整数。其一般形式为：

```
a E n（a为十进制数，n为十进制整数）
```

例如下面的都是合法的实数：

2.1E5（等于 $2.1*10^5$）

3.7E-2（等于 $3.7*10^{-2}$）

0.5E7（等于 $0.5*10^7$）

-2.8E-2（等于 $-2.8*10^{-2}$）

而下面的是不合法的实数：

345（无小数点）

E7（阶码标志 E 之前无数字）

-5（无阶码标志）

53.-E3（负号位置不对）

2.7E（无阶码）

标准 C 语言允许浮点数使用后缀，后缀为“f”或“F”即表示该数为浮点数，例如“356f”和“356”是等价的。另外实数的指数形式有多种，例如 123.12 可以表示为下面的形式：

```
123.12e0
```

12.312e1

1.2312e2

0.12312e3

通常将其中的 1.2312e2 称为“规范化的指数形式”，即在阶码标志“e”或“E”之前的小数部分，小数点左边有且只能有一个非 0 数字。并且一个实数是在用指数形式输出时，是按规范化的指数形式输出的。

5.5.2　实型变量详解

实型变量占用的内存比整型要多，因为它有小数部分。在一般情况下，一个实型数据占用 4 字节内存，并且是以指数形式存在的。系统会把一个实型数据分为一个小数部分和指数部分，用以分别进行存储，并且需要遵循如下两条规则。

- 小数部分占的位（bit）数愈多，数的有效数字越多，精度越高。
- 指数部分占的位数越多，则能表示的数值范围越大。

1. 实型变量的分类

在 C 语言中，实型变量分为单精度（float 型）、双精度（double 型）和长双精度（long double 型）3 类。

在 Turbo C 中的单精度型占 4 个字节（32 位）内存空间，其数值范围为 3.4E-38～3.4E+38，只能提供 7 位有效数字。双精度型占 8 个字节（64 位）内存空间，其数值范围为 1.7E-308～1.7E+308，可提供 16 位有效数字。具体说明如表 5-2 所示。

表 5-2　实型变量的类别

类型说明符	比特数（字节数）	有效数字	数的范围
float	32（4）	6～7	10^{-37}～10^{38}
double	64（8）	15～16	10^{-307}～10^{308}
long double	128（16）	18～19	10^{-4931}～10^{4932}

2. 声明实型变量

在 C 语言中，定义实型变量的格式和书写规则与整型相同，只是将类型设置为“float”和“double”即可。例如下面的格式：

```
float x,y;                              //x,y为单精度实型量
double a,b,c;                           //a,b,c为双精度实型量
```

3. 实型数据的舍入误差

由于实型变量是由有限的存储单元组成的，所以能提供的有效数字总是有限的，这样就会存在舍入误差。为了避免误差产生，开发人员要避免将一个很大的数和一个很小的数进行运算处理，避免产生舍入的误差产生。

实例 004　对一个很大的数和一个很小的数进行加法运算

源码路径　光盘\daima\5\3　　　　视频路径　光盘\视频\实例\第 5 章\004

本实例的实现文件为“error.c”，具体代码如下所示。

```
#include <stdio.h>
void main()
{
        float num1,num2;                        //定义两个实型变量
        num1=111111111e2;                       //很大的赋值
        num2= num1+10;                          //加一个小数
        printf("%f,%f\n", num1, num2);          //输出结果
}
```

范例 007：求浮点数的绝对值
源码路径：光盘\演练范例\007\
视频路径：光盘\演练范例\007\
范例 008：对浮点数进行舍入
源码路径：光盘\演练范例\008\
视频路径：光盘\演练范例\008\

编写代码完毕后，按下【F2】键将上述文件保存。然后按下【F9】键编译并链接上述代码，弹出成功提示，如图 5-7 所示。

按下【Ctrl+F9】组合键运行上述程序，然后按下【Alt+F5】组合键后将分别输出运算结果。如图 5-8 所示。

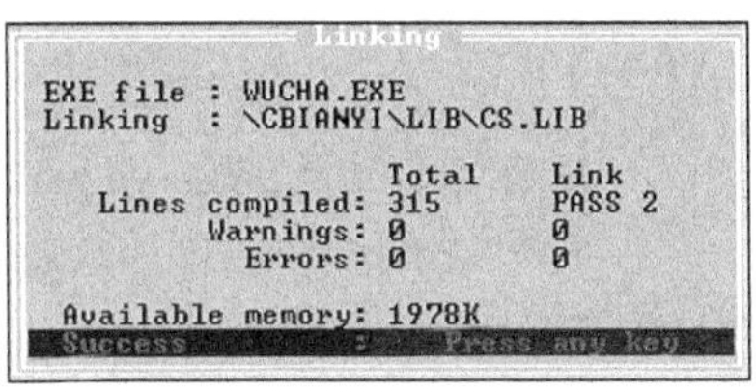

图 5-7　成功提示

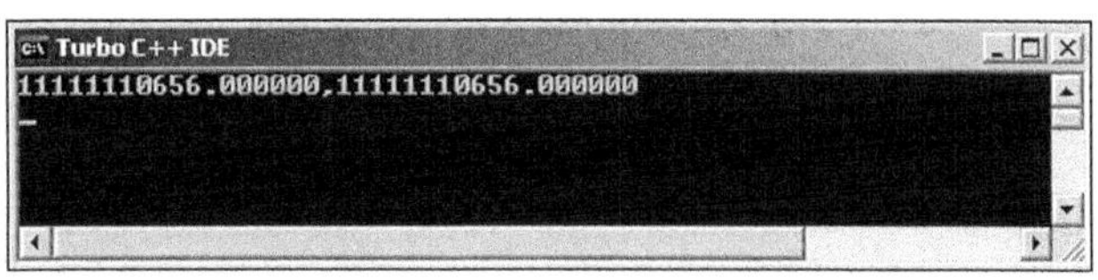

图 5-8　执行结果界面

从图 5-8 所示的计算结果可以看出，当将很大的实型数据和很小的实型数据相加时，其结果没有发生变化。结果中的前 8 位是准确的，而后几位是不准确的。由此可以得出一个结论，

把很小的数加在后面几位是没有任何意义的。

注意：

在上述实例代码中，对两个差别较大的实型变量进行加法运算。从运算结果可以看出，变量的运算会涉及到误差。但是在现实应用中，还有可能会造成实型数据的溢出。看下面的代码：

```
#include <stdio.h>
main()
{
    float a,b,c,d;a=1.2E33;b=0.5E-22;c=0.25E-21;d=a/b;d=d*c;
    printf("c=%f\n ",d);
}
```

上述代码执行后将会发生溢出错误，如图 5-9 所示。

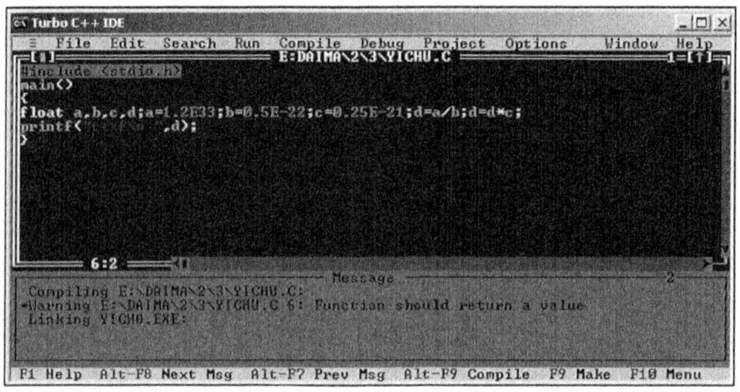

图 5-9　错误提示

这是由于程序中 a/b 的运算结果超出了 float 型能表示的范围，所以会产生溢出。为此建议读者在使用中，应避免直接用一个较大的数除以一个较小的数。可以将程序的计算部分 d=a/b；d=d*c；　改为：d=a*c；d=d/b；　或 d=a/b*c；以避免这种情况的发生。也许有人会提出 d=a/b*c 为什么不产生溢出呢？其原因是，在 Turbo C 中 float 型数据在计算时要先转换为 double 型数据，计算后再转换为 float 型数据赋给 float 变量 *d*。

上述具体溢出代码保存为“光盘\代码\5\3\yichu.c”。

5.5.3　了解实型常量的类型

在 C 语言中，一个实型常量可以赋给一个 float 型或 double 型。C 编译系统会根据变量的类型截取实型常量中相应的有效位数字。在 C 语言程序的实型常量运算时，C 编译系统将实型常量作为双精度来处理。例如，对已定义的一个实型变量 *f* 进行如下运算：

```
f=2.45678 * 4523.65
```

系统将 2.45678 和 4523.65 按双精度数据存储（占 64 位）和运算，得到一个双精度的乘积，然后取前 7 位赋给实型变量 *f*。这样做可以保证计算结果更精确，但是降低了运算速度。可以在数的后面加字母 f 或 F（如 1.65f，654.87F），这样编译系统就会按单精度（32 位）处理。

一个实型常量可以赋给一个 float 型、double 型或 long double 变量。根据变量的类型截取实型常量中相应的有效位数字。例如在下面的代码中，*a* 已指定为单精度实型变量：

```
float a;
a=111111.111;
```

因为 float 型变量只能接收 7 位有效数字，因此最后两位小数不起作用。如果 *a* 改为 double 型，则能全部接收上述 9 位数字并存储在变量 *a* 中。

5.6　字符型数据

知识点讲解：光盘:视频\PPT 讲解（知识点）\第 5 章\字符型数据.mp4

C 语言中的字符型数据分为字符常量和字符变量两种。在本节的内容中，将详细讲解字符型数据的基本知识，为读者步入本书后面知识的学习打下基础。

5.6.1 字符常量详解

字符常量是用单引号“'”括起来的一个字符，例如'a'、'b'、'='、'+'、'?'等。在 C 语言中，字符常量有如下 3 个特点。

- 字符常量只能用单引号括起来，不能用双引号或其他括号。
- 字符常量只能是单个字符，不能是字符串。
- 字符可以是字符集中任意字符。但数字被定义为字符型之后就不能参与数值运算。如'5'和 5 是不同的。'5'是字符常量，不能参与运算。

除了以上形式的字符常量外，C 语言还允许用一种特殊形式的字符常量，就是以一个“\”开头的字符序列。例如，在 printf 函数中出现的“\n”，它代表一个换行符。这是一种“控制字符”，在屏幕上是不能显示的。在程序中也无法用一个一般形式的字符表示，只能采用特殊形式来表示。

常用的以“\”开头的特殊字符如表 5-3 所示。

表 5-3 常用转义字符说明

转义字符	说明	ASCII 代码
\n	回车换行	10
\t	横向跳到下一制表位置	9
\b	退格	8
\r	回车	13
\f	走纸换页	12
\\	反斜线符"\"	92
\'	单引号符	39
\”	双引号符	34
\a	鸣铃	7
\ddd	1～3 位八进制数所代表的字符	
\xhh	1～2 位十六进制数所代表的字符	

表 5-3 中列出的字符称为“转义字符”，意思是将反斜杠（\）后面的字符换成另外的意义。如'\n'中的“n”不代表字母 n 而作为“换行”符。

表 5-3 中最后第 2 行是用 ASCII 码（八进制数）表示一个字符，例如'\101'代表 ASCII 码（十进制数）为 65 的字符“A”。'\012'（十进制 ASCII 码为 10）代表“换行”。用'\376'代表图形字符“■”。用上表中的方法可以表示任何可输出的字母字符、专用字符、图形字符和控制字符。请注意'\0'或'\000'是代表 ASCII 码为 0 的控制字符，即“空操作”字符，它将用在字符串中。

实例 005 通过转义字符输出指定的文本字符

源码路径 光盘\daima\5\4　　视频路径 光盘\视频\实例\第 5 章\005

本实例的实现文件为“trance.c”，具体代码如下所示：

```
#include <stdio.h>
void main()
{
	printf(" ab c\t de\rf\tg\n");		//输出双引号内的各个字符
	printf("h\ti\b\bj k");			//输出双引号内的各个字符
}
```

在上述代码中，程序中没有预设字符变量，用 printf 函数直接输出双引号内的各个字符。其中第一个 printf 函数先在第一行左端开始输出“ab c”，然后遇到“\t”，它的作用是“跳格”，即跳到下一个“制表位置”，在我们所用系统中一个“制表区”占 8 列。“下一制表位置”从第

范例 009：使用转义字符输出整数
源码路径：光盘\演练范例\001\
视频路径：光盘\演练范例\001\
范例 010：二级 C 笔试选择题
源码路径：光盘\演练范例\002\
视频路径：光盘\演练范例\002\

9 列开始，故在第 9～11 列上输出“de”。下面遇到“\r”，它代表“回车”（不换行），返回到本行最左端（第 1 列），输出字符“f”，然后遇到“\t”再使当前输出位置移到第 9 列，输出“g”。下面是“\n”作用是，使当前位置移到下一行的开头。第二个 printf 函数先在第 1 列输出字符“h”，后面的“\t”使当前位置跳到第 9 列，输出字母“i”，然后当前位置应移到下一列（第 10 列）准备输出下一个字符。下面遇到两个“\b”，“\b”的作用是“退一格”，因此“\b\b”的作用是使当前位置回退到第 8 列，接着输出字符“j k”。

编写代码完毕后，按下【F2】键将上述文件保存。然后按下【F9】键编译并链接上述代码，弹出成功提示，如图 5-10 所示。

按下【Ctrl+F9】组合键运行上述程序，然后按下【Alt+F5】组合键后将输出转移后的字符。如图 5-11 所示。

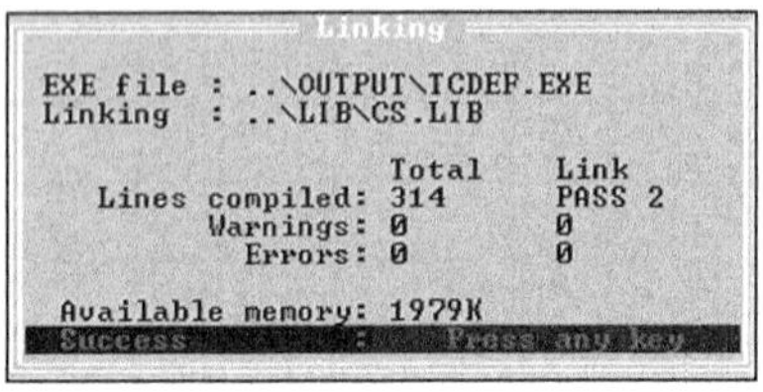

图 5-10　成功提示

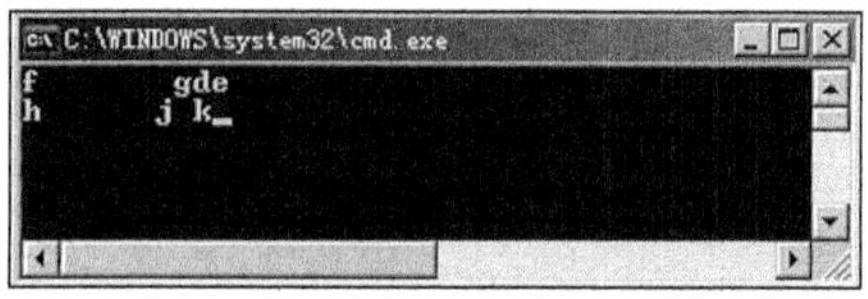

图 5-11　执行结果界面

在使用转义字符时，必须注意如下 4 点。

（1）转义字符中只能使用小写字母，每个转义字符只能看作一个字符。

（2）\v 垂直制表和\f 换页符对屏幕没有任何影响，但会影响打印机执行响应操作。

（3）在 C 程序中，使用不可打印字符时，通常用转义字符表示。

（4）转义字符'\0'表示空字符 NULL，它的值是 0。而字符'0'的 ASCII 码值是 48。因此，空字符'\0'不是字符 0。另外，空字符不等于空格字符，空格字符的 ASCII 码值为 32 而不是 0。编程序时，读者应当区别清楚。

（5）如果反斜线之后的字符和它不构成转义字符，则'\'不起转义作用将被忽略。例如下面的语句：

```
printf("a\Nbc\nDEF\n");
```

会输出：

```
aNbc
DEF
```

（6）转义字符也可以出现在字符串中，但只作为一个字符看待。例如求下面字符串的长度：

"\026[12，m"：　长度为 6。

"\0mn"：长度为 1。

5.6.2　字符串常量详解

字符串常量是由一对双引号括起的字符序列，例如下面的都是合法的字符串常量：

```
"China"
"C program"
"$12.5"
```

字符串常量和字符常量是不同的量，它们之间主要区别如下所示。

（1）字符常量由单引号括起来，字符串常量由双引号括起来。

（2）字符常量只能是单个字符，字符串常量则可以含一个或多个字符。

(3) 可以把一个字符常量赋予一个字符变量，但不能把一个字符串常量赋予一个字符变量。在C语言中没有相应的字符串变量。这是与 BASIC 语言不同的。但是可以用一个字符数组来存放一个字符串常量。在数组一章内予以介绍。

(4) 字符常量占一个字节的内存空间。字符串常量占的内存字节数等于字符串中字节数加1。增加的一个字节中存放字符"\0"（ASCII 码为 0）。这是字符串结束的标志。

例如，字符常量'a'和字符串常量"a"虽然都只有一个字符，但在内存中的情况是不同的。

5.6.3 字符变量详解

在 C 语言中，字符变量用来存储字符常量，即单个字符。字符变量的类型说明符是 char。定义字符变量类型的格式和书写规则都与整型变量相同，具体格式如下所示：

```
char变量;
```

例如下面的代码定义了两个字符变量 *a* 和 *b*：

```
char a,b;
```

因为每个字符变量被分配一个字节的内存空间，所以只能存放一个字符。字符值是以 ASCII 码的形式存放在变量的内存单元之中的，例如 *x* 的十进制 ASCII 码是 120，*y* 的十进制 ASCII 码是 121。下面的代码对字符变量 a 和 b 赋予'x'和'y'值：

```
a='x';
b='y';
```

将一个字符常量放到一个字符变量中，并不是把字符本身放到内存单元中，而是将此字符的相应 ASCII 代码放到存储单元中。例如下面的代码：

```
char a,b;
ch1='x';
ch2='y';
```

在上述代码中，字符“x”的 ASCII 码为 120，字符“y”的 ASCII 码为 121，将 2 个字符赋给字符变量 *ch*1 和 *ch*2 后。实际上是在 *ch*1 和 *ch*2 这两个单元内存中放了 120 和 121 的二进制代码：

```
ch1=01111000;
ch2=01111001;
```

所以，可以把 *a* 和 *b* 可以看为是整型量。即一个字符既可以以字符形式输出，也可以以整数形式输出。当以字符形式输出时，需要预先将存储单元中的 ASCII 码转换为相应的字符，然后再输出；当以整数形式输出时，直接将 ASCII 码作为整数输出。

从以上描述可以看出，字符型数据和整型数据之间的转换十分简单和方便。它们之间可以相互赋值，并且可以直接进行运算。在输出时，字符型数据和整型数据是完全通用的，既可以以整数形式输出，也可以以字符形式输出。但是字符型数据只占 1 个字节，只能存放 0～255 内的整数。整型量为二字节量，字符量为单字节量，当整型量按字符型量处理时，只有低八位字节参与处理。

实例 006 **将字符变量和整型变量进行相互赋值，并输出运算结果。**

源码路径　光盘\daima\5\　　　视频路径　光盘\视频\实例\第 5 章\006

本实例的实现文件为“copy.c”，具体代码如下所示：

```
#include <stdio.h>
void main(){
    int num1;                //声明一个整型变量
    char num2;               //声明一个字符变量
    num1='a';                //将字符数据赋值给整型变量
    num2=98;                 //将整型数据赋值给字符型变量
    num1=num1-32;
    num2=num2-32;            //字符数据与整型数据进行算术运算
    printf("%c,%c\n",num1,num2);    //以字符形式输出
    printf("%d,%d\n",num1,num2);    //以整数形式输出
}
```

范例 011：字符变量的定义与使用
源码路径：光盘\演练范例\011\
视频路径：光盘\演练范例\011\
范例 012：获取浮点数的整数和小数
源码路径：光盘\演练范例\012\
视频路径：光盘\演练范例\012\

编写代码完毕后，按下【F2】键将上述文件保存。然后按下【F9】键编译并链接上述代码，弹出成功提示，如图 5-12 所示。

按下【Ctrl+F9】组合键运行上述程序，然后按下【Alt+F5】组合键后将输出运算结果，如图 5-13 所示。

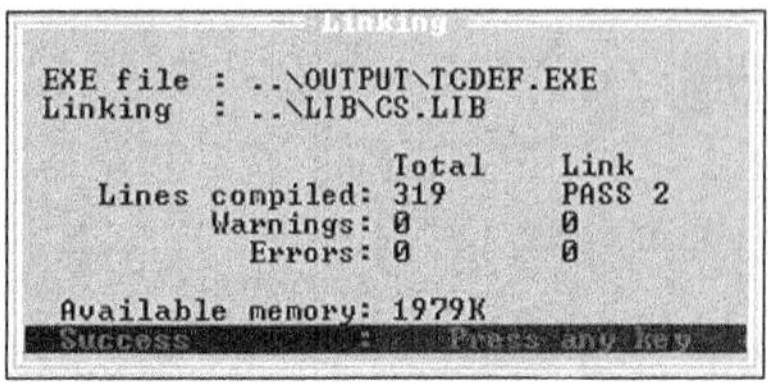

图 5-12　成功提示

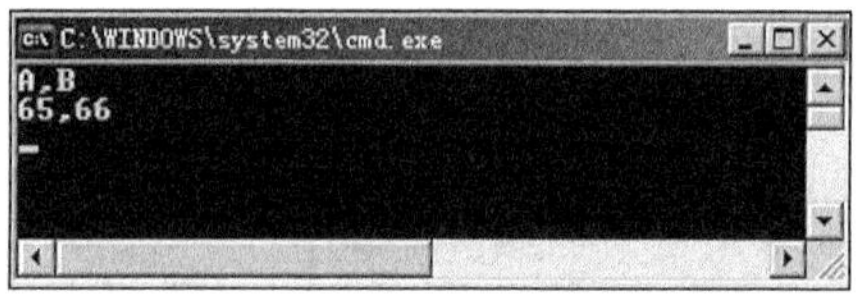

图 5-13　执行结果界面

注意：当 *char* 变量输出时，如果是%c 则输出字符本身，如果是%d 则输出这个字符所对应的 ASCII 码的十进制值。在范例 011 中输入的 d 字符对应的值是 100。

5.7　初始化变量

知识点讲解：光盘:视频\PPT 讲解（知识点）\第 5 章\侃侃初始化变量.mp4

在 C 程序中常常需要对变量赋初值，以便使用变量。在 C 语言程序中可以有多种方法为变量提供初值，在此先介绍在定义变量的同时给变量赋以初值的方法。此种方法称为初始化，在变量定义中初始赋值的一般一般格式如下所示：

```
类型说明符 变量1= 值1，变量2= 值2，……;
```

例如下面的代码：

```
int a=3;
int b,c=2;
float x=3.2,y=3f,z=0.75;
char ch1='K',ch2='P';
```

在上述代码中，为各个变量进行了初始化赋值。但是在定义中不允许连续赋值，例如 a=b=c=7 是不合法的。看下面的一段代码：

```
#include <stdio.h>
main(){
    int a=b=c=7;
    b=a+c;
    printf("a=%d,b=%d,c=%d\n",a,b,c);
}
```

上述代码编译并链接后，将会产生错误，如图 5-14 所示。

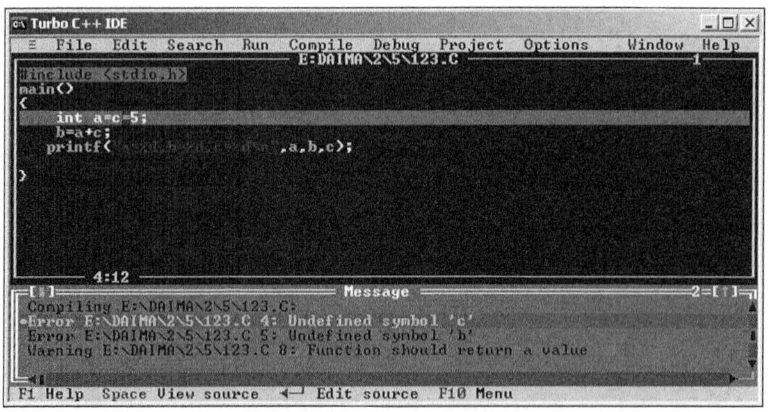

图 5-14　错误提示

我们可以对上述代码进行如下修改：

```
#include <stdio.h>
main(){
    int a=3,b,c=5;
    b=a+c;
    printf("a=%d,b=%d,c=%d\n",a,b,c);
}
```

执行后将会输出指定结果，如图 5-15 所示。

图 5-15　执行结果

5.8　整型、实型和字符型数据间的运算总结

知识点讲解：光盘:视频\PPT 讲解（知识点）\第 5 章\整型、实型和字符型数据间的运算总结.mp4

因为整型数据和实型数据之间可以进行运算，而且字符型数据可以和整型数据通用，所以整型、实型、字符型数据之间也是可以进行运算的。但是在运算处理之前，不同类型的数据要事先转换成同一种数据类型，然后才能运算。具体的转换方法有两种，一种是自动转换，另一种是强制转换。在本节的内容中，将详细讲解这两种转换方式的基本知识。

5.8.1　自动转换

自动转换发生在不同数据类型的量混合运算时，由编译系统自动完成。自动转换需要遵循如下 5 条原则。

- 若参与运算量的类型不同，则先转换成同一类型，然后进行运算。
- 转换按数据长度增加的方向进行，以保证精度不降低。如 int 型和 long 型运算时，先把 int 量转成 long 型后再进行运算。
- 所有的浮点运算都是以双精度进行的，即使仅含 float 单精度量运算的表达式，也要先转换成 double 型，再进行运算。
- char 型和 short 型参与运算时，必须先转换成 int 型。
- 在赋值运算中，赋值号两边量的数据类型不同时，赋值号右边量的类型将转换为左边量的类型。如果右边量的数据类型长于左边长时，将丢失一部分数据，这样会降低精度，丢失的部分按四舍五入向前舍入。

上述转换原则的具体描述如图 5-16 所示。

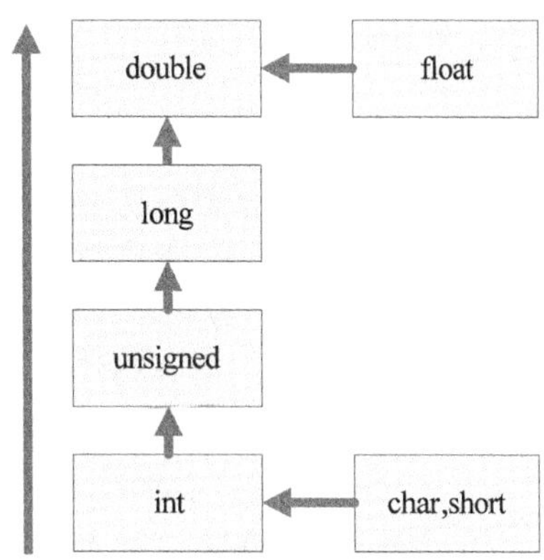

图 5-16　变量转换原则

在图 5-16 中，横向箭头是运算时必定要进行的转换。例如 char 必须转换为 int 才可以运算，float 必须转换为 double 才能运算。纵向箭头表示当运算对象的类型不同时转换的方向，例如 char 和 float 运算，是将 char 转为 double 后运算。

需要注意的是，char 转为 double 的过程是一次性的，无需中间过程，其他转换同样，不同类型的数据只有转换到上图中相交的节点时才能进行运算。看下面的一段代码：

```
#include <stdio.h>
main()
{
  float PI=3.14159;
  int s,r=5;
  s=r*r*PI;
  printf("s=%d\n",s);
}
```

在上述代码中，PI 为实型，*s* 和 *r* 为整型。在执行面积计算语“s=r*r*PI”句时，*r* 和 PI 都转换成 double 型计算，结果也为 double 型。但由于 *s* 为整型，故赋值结果仍为整型，舍去了小数部分。

再看下面的代码：

```
m*n+'b'+23-d/e
```

在上述运算中，需要将 m→int，n→float，b 和 d→double，e→long。

C 语言和其他语言一样，从左向右扫描运算式，所以上述运算的具体步骤如下所示。

第 1 步：计算 m*n，int 和 float 交汇于 double，先将 *m*、*n* 转换为 double，再计算，结果为 double。

第 2 步：'b'为 char，转换为 double 后于第一步结果相加，结果为 double。

第 3 步：23 为 int，转为 double 后运算，结果为 double。

第 4 步：“/”运算优先级高于“-”运算，所以先运算 d/e，e 转换为 double 型后运算，结果为 double。

5.8.2　强制转换

强制类型转换是通过类型转换运算来实现的，其功能是把表达式的运算结果强制转换成类型说明符所表示的类型。具体格式如下所示：

```
(类型说明符)  (表达式)
```

例如下面的转换：

```
(float) m                    //把m转换为浮点型
(int)(m+n)                   //把m+n的结果转换为整型
```

在使用强制转换时应注意如下 2 个问题：

（1）类型说明符和表达式都必须加括号（单个变量可以不加括号），如把（int）（x+y）写成（int）x+y 则成了把 *x* 转换成 int 型之后再与 *y* 相加了。

（2）无论是强制转换或是自动转换，都只是为了本次运算的需要而对变量的数据长度进行的临时性转换，而不改变数据说明时对该变量定义的类型。

5.9　技 术 解 惑

5.9.1　C 语言中无符号整型变量和有符号整型变量指什么

C 语言中无符号整型变量和有符号整型变量在同一系统中所占用的数据宽度一样。不同的是。

- 有符号整型变量把数据的最高位作为符号位使用，因此能表示数的正负，对于 16 位的变量的表示范围为−32368≤变量≤32367，对于 32 位的变量的表示范围为-2147483648≤变量≤2147483647。
- 无符号整型变量把数据的最高位仍作为数据位使用，因此不能表示负数，对于 16 位的变量的表示范围为 0≤变量≤65535，对于 32 位的变量的表示范围为 0≤变量≤429467295。

另外，有无符号是给编译器用的。当它在进行编译时，会根据是否有符号，来决定具体的机器代码指令。实际上，这也同样需要机器代码支持有符号和无符号数据的不同运算方式。否则有无符号只会增加机器指令，并无其他意义。

所谓变量是相对常量而言是可变的，整形就是整数的形式，这里说的符号并不是所有的ASCII码表示的所有符号，而是正号、负号，就是常说的+ 、-。

5.9.2 C语言中字符变量是怎么回事

顾名思义，字符变量就是表示字符的变量，它只有一个字节。字符的编码采用美国国家信息交换码——ASCII码，用7位二进制表示，所以一个字节就足够了。在C/C++中，字符变量和整型变量是可以不用强制转换就能互相赋值的，只是字符变量赋给整型时是赋给了字符的ASCII码，且只赋给了整型变量的最低字节（因为整型变量有4个字节），而反过来赋值时整型变量的高3个字节就会丢失。当有定义 char a='b'时，用 printf（"%c"，a）输出的是 *b* 而不是 *a*。我们可以从这里好好理解一下“字符变量”：*a* 是字符变量，而'b'是表示小写字母 b 的 ASCII 码。

5.9.3 怎么理解字符型数据取值范围为0～255

字符型数据长度为1个字节，也就是二进制的8位。取值从00000000到11111111，换成10进制就是0到255。

5.9.4 怎样将带小数点的字符型数据转换成浮点型的

比如怎么将字符型数据“-0.92，344.77”转换成浮点型数据“-0.92，344.77”？其实在C语言中有专门的库函数，用于字符串与数字间的转换。当然也可以自己编程实现，例如下面的代码：

```
#include <stdio.h>
#include <conio.h>

int main()
{
        char str[100];
        gets(str);
        double num = 0;
        int i = 0;
        double t = 10;
        while(str[i] != '\0')
        {
                if( str[i] >= '0' && str[i] <= '9')
                {
                        if( t == 10)
                        num = num * t + str[i] - 48;
                        else
                        {
                                num += ( str[i] - 48 ) * t;
                                t = t*0.1;
                        }
                }
                if( str[i] == '.' )
                {
                        t = 0.1;
                }
                i++;
        }
        if( str[0] == '-' )
                num = 0 - num;
        printf("%lf\n",num);
        //cout << num << endl;
        return 0;
}
```

第 6 章

运算符和表达式

即使有了变量和常量，也不能进行日常程序处理，还必须用某种方式来将变量、常量的关系表示出来，此时运算符和表达式便应运而生。通过专用的运算符和表达式，可以实现对变量和常量的处理，以实现现实中的项目需求。这样就可以对变量和常量进行必要的运算处理，来实现特定的功能。在本章将详细介绍 C 语言中运算符和表达式的基本知识。

本章内容

- 运算符和表达式的基本概况
- 算术运算符和算术表达式详解
- 赋值运算符和赋值表达式
- 关系运算符和关系表达式详解
- 逻辑运算符和逻辑表达式详解
- 逗号运算符和逗号表达式详解
- 求字节数运算符详解

技术解惑

C 语言运算符优先级的详细情况

有少数运算符有规定表达式求值的顺序

在 C 语言中可以进行混合运算吗

在一个逻辑条件语句中常数项永远在左侧

赋值处理的自动类型转换

6.1　运算符和表达式的基本概况

知识点讲解：光盘:视频\PPT 讲解（知识点）\第 6 章\整型、实型和字符型数据间的运算总结.mp4

运算符可以算作是一个媒介，是一个命令编译器对一个或多个操作对象执行某种运算的符号。而表达式是由运算符、常量和变量构成的式子。C 语言中运算符和表达式数量之多，在高级语言中是少见的。正是这些丰富的运算符和表达式，使得 C 语言的功能变得十分完善，这也是 C 语言的主要特点之一。在本节的内容中，将首先简单讲解运算符和表达式的基本知识。

6.1.1　先看运算符的种类

在 C 语言中，可以将运算符分为以下 10 大类。

（1）算术运算符：用于各类数值运算。包括加（+）、减（−）、乘（*）、除（/）、求余（或称模运算，%）、自增（++）、自减（--）共 7 种。

（2）关系运算符：用于比较运算。包括大于（>）、小于（<）、等于（==）、大于等于（>=）、小于等于（<=）和不等于（!=）6 种。

（3）逻辑运算符：用于逻辑运算。包括与（&&）、或（||）、非（!）3 种。

（4）位操作运算符：参与运算的量，按二进制位进行运算。包括位与（&）、位或（|）、位非（～）、位异或（^）、左移（<<）、右移（>>）共 6 种。

（5）赋值运算符：用于赋值运算，分为简单赋值（=）、复合算术赋值（+=，-=，*=，/=，%=）和复合位运算赋值（&=，|=，^=，>>=，<<=）三类共 11 种。

（6）条件运算符：这是一个三目运算符，用于条件求值（?:）。

（7）逗号运算符：用于把若干表达式组合成一个表达式（,）。

（8）指针运算符：用于取内容（*）和取地址（&）共 2 种运算。

（9）求字节数运算符：用于计算数据类型所占的字节数（sizeof）。

（10）特殊运算符：有括号()、下标[]、成员（→，.）等几种。

例如下面的都是合法的运算符：

```
a+b
(a*2)/c
(x+r)*8-(a+b)/7
++I
sin(x)+sin(y)
(++i)-(j++)+(k--)
a+=5
```

1．强制类型转换运算符

强制类型转换运算符可以把表达式的运算结果强制转换成类型说明符所表示的类型。其一般的使用格式如下所示：

```
(类型说明符)  (表达式)
```

例如下面的强制转换代码：

```
(float) a                    //功能是把a转换为float型
(int)(x+y)                   //功能是把x+y的结果转换为整型
```

2．自增、自减运算符

在 C 语言中，主要包括如下两种自增、自减运算符。

- 自增 1 运算符：标记为“++”，其功能是使变量的值自增 1。
- 自减 1 运算符：标记为“--”，其功能是使变量值自减 1。

自增 1 和自减 1 运算符均为单目运算，都具有向右的结合性，可以有以下 4 种常用的形式。

（1）++i：i 自增 1 后再参与其他运算。

（2）--i：i 自减 1 后再参与其他运算。

（3）i++：i 参与运算后，i 的值再自增 1。

（4）i--：i 参与运算后，i 的值再自减 1。

在理解和使用上容易出错的是 i++和 i--。特别是当它们出现在较复杂的表达式或语句中时，常常难以弄清，因此需要读者仔细分析。看下面的代码：

```
main() {
  int i=7;
  printf("%d\n",++i);        //i为7，加1后输出为8
  printf("%d\n",--i);        //i为8，减1后输出为7
  printf("%d\n",i++);        //i为7，输出为7后，在后台加1后为8，显示为7
  printf("%d\n",i--);        //i为8，输出为8后，在后台减1后为7，显示为8
  printf("%d\n",-i++);       //后台为7，加1后，后台为8，前台显示-7
  printf("%d\n",-i--);       //此时后台为8，减1后，后台为7，前台显示的-号+i值=-8
}
```

在上述代码中，i 的初值为 7，第 2 行 i 加 1 后输出故为 8；第 3 行减 1 后输出故为 7；第 4 行输出 i 为 7 之后再加 1（为 8）；第 5 行输出 i 为 8 之后再减 1（为 7）；第 6 行后台为 7 之后再加 1（为 8），第 7 行此时后台为 8 之后再减 1（为 7）。

6.1.2 再看运算符的优先级

优先级，即处理的先后顺序。在日常生活中，无论是排队买票还是超市结账，我们都遵循先来后到的顺序。在 C 语言运算中，也要遵循某种运算秩序。C 语言运算符的运算优先级共分为 15 级，1 级最高，15 级最低。在表达式中，优先级较高的先于优先级较低的进行运算。当一个运算符号两侧的运算符优先级相同时，则按运算符的结合性所规定的结合方向处理。

如果属于同级运算符，则按照运算符的结合性方向来处理。C 语言中各运算符的结合性可以分为如下 2 种。

- 左结合性：自左至右进行运算。
- 右结合性：自右至左进行运算。

例如，算术运算符的结合性是自左至右，即先左后右。如有表达式 x-y+z 则 y 应先与“-”号结合，执行 x-y 运算，然后再执行+z 的运算。这种自左至右的结合方向就称为“左结合性”。而自右至左的结合方向称为“右结合性”。最典型的右结合性运算符是赋值运算符。如 x=y=z，由于“=”的右结合性，应先执行 y=z 再执行 x=（y=z）运算。

C 语言运算符中有不少为右结合性，应注意区别，以避免理解错误。

C 语言运算符优先级的具体说明如表 6-1 所示。

表 6-1　C 语言运算符优先级

优先级	运算符	解释	结合方式
1	() [] -> .	括号（函数等），数组，两种结构成员访问	由左向右
2	! ～ ++ -- + - * &（类型）sizeof	否定，按位否定，增量，减量，正负号，间接，取地址，类型转换，求大小	由右向左
3	* / %	乘，除，取模	由左向右
4	+ -	加，减	由左向右
5	<< >>	左移，右移	由左向右
6	< <= >= >	小于，小于等于，大于等于，大于	由左向右
7	== !=	等于，不等于	由左向右
8	&	按位与	由左向右
9	^	按位异或	由左向右
10	|	按位或	由左向右
11	&&	逻辑与	由左向右

续表

优先级	运算符	解释	结合方式
12	||	逻辑或	由左向右
13	? :	条件	由右向左
14	= += -= *= /= &= ^= |= <<= >>=	各种赋值	由右向左
15	,	逗号（顺序）	由左向右

6.2　算术运算符和算术表达式详解

知识点讲解：光盘:视频\PPT 讲解（知识点）\第 6 章\算术运算符和算术表达式详解.mp4

算术表达式是指用算术运算符和括号将运算对象（也称操作数）连接起来的、符合 C 语法规则的式子。而算术表达式是由算术运算符和括号连接起来的式子。C 语言中的算数运算符有如下几种。

- +：加，一目取正。
- −：减，一目取负。
- *：乘。
- /：除。
- %：取模。
- ––：减 1。
- ++：加 1。

C 语言中的运算符可以分为单目运算符和双目运算符两种，在本节将详细讲解这两种运算符的基本知识。

6.2.1　单目运算符

单目运算符指只有一个运算对象。C 语言中的单目运算符有++（自增 1，运算对象必须为变量）、--（自减 1，运算对象必须为变量）、+（取正）、−（取负），共对应 4 种运算。例如，-a 是对 *a* 进行一目负操作。

实例 007　定义变量并对变量进行各种类型的算数操作

源码路径　光盘\daima\6\1　　　视频路径　光盘\视频\实例\第 6 章\007

本实例的实现文件为“yunsuan.c”，具体代码如下所示：

```
#include <stdio.h>
void main(){
    int a=20,b;                  //声明两个整型变量
    b=a++;                       //将变量a放在自增符号前
    printf("a++=%d\n",b);        //输出结果
    a=5;                         //还原变量a的值
    b=++a;                       //将变量a放在自增符号后
    printf("++a=%d\n",b);        //输出结果
    a=5;                         //还原变量a的值
    b=a--;                       //将变量a放在自减符号前
    printf("a--=%d\n",b);        //输出结果
    a=5;                         //还原变量a的值
    b=--a;                       //将变量a放在自减符号后
    printf("--a=%d\n",b);        //输出结果
}
```

范例 013：基本算数运算符的应用
源码路径：光盘\演练范例\013\
视频路径：光盘\演练范例\013\
范例 014：自加自减运算符的应用
源码路径：光盘\演练范例\014\
视频路径：光盘\演练范例\014\

编写代码完毕后，按下【F2】键将上述文件保存。然后按下【F9】键编译并链接上述代码。按下【Ctrl+F9】组合键运行上述代码，然后按下【Alt+F5】组合键后将运行程序，输出对变量

a 的运算结果，如图 6-1 所示。

一般的算数运算符的结合顺序都是“从左往右”的，但是自增和自减运算符的方向却是“从右向左”的。特别是当++和--与它们同级的运算符一起运算时，一定要注意它们的运算顺序。例如-m++，因为负号-和++是属于同级运算符，所以一定要先计算++，然后在计算取负-。

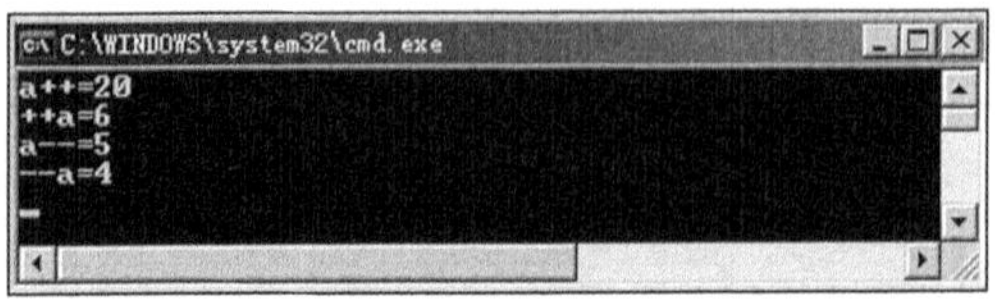

图 6-1　运行结果

6.2.2　双目运算符

双目运算符是指可以有两个操作数进行操作的运算符。C 语言中的双目运算符有如下 5 种。

- +：加。
- −：减。
- *：乘。
- /：除。
- %：取模或取余。

实例 008　使用求模运算符获取任意小于 1000 正整数的个位、十位、百位和千位的数字

源码路径　光盘\daima\6\2　　　　视频路径　光盘\视频\实例\第 6 章\008

本实例的实现文件为“he.c”，具体代码如下所示：

```
#include <stdio.h>
void main(){
    unsigned int number,i,j,k,m;
    //提示用户输入一个小于100正整数
    printf("Intput a integer(0<integer<1000) :");
    scanf("%d",&number);                    //获取用户输入的数
    i=number/1000;                          //求该数的千位数字
    j=number%1000/100;                      //求该数的百位数字
    k=number%1000%100/10;                   //求该数的十位数字
    m=number%1000%100%10;                   //求该数的个位数字
    printf("%d,%d,%d,%d\n",i,j,k,m);        //输出结果
}
```

范例 015：求直角三角形的边长
源码路径：光盘\演练范例\015\
视频路径：光盘\演练范例\015\
范例 016：演示复数乘法
源码路径：光盘\演练范例\016\
视频路径：光盘\演练范例\016\

编写代码完毕后，按下【F2】键将上述文件保存。然后按下【F9】键编译并链接上述代码。按下【Ctrl+F9】组合键运行上述代码，将在屏幕中提示输入一个小于 100 的正整数 99，如图 6-2 所示。

单击【Enter】键返回 Turbo C 3.0 界面，然后按下【Alt+F5】组合键后将运行程序，将分别输出输入数字的个位、十位、百位和千位对应的数字。如图 6-3 所示。

图 6-2　输出数据提示

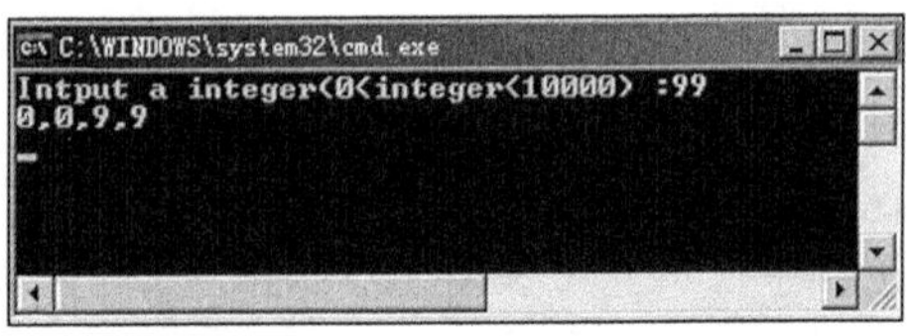

图 6-3　输入“1234”的运行结果

6.3　赋值运算符和赋值表达式

知识点讲解：光盘:视频\PPT 讲解（知识点）\第 6 章\赋值运算符和赋值表达式.mp4

C 语言的赋值运算符包括基本赋值运算符和复合赋值运算符两种，此运算符的含义是给某

变量或表达式赋值，相当于直接给你一个值。在本节的内容中，将详细讲解赋值运算符和赋值表达式的基本知识。

6.3.1 基本赋值运算符

C 语言的基本赋值运算符记为“=”，由“=”连接的式子称为赋值表达式。其一般使用格式如下所示：

```
变量=表达式
```

例如下面的都是基本赋值处理：

```
x=a+b
w=sin(a)+sin(b)
y=i+++--j
```

赋值表达式的功能是计算表达式的值再赋予左边的变量，赋值运算符具有向右结合性。所以 a=b=c=10 可以理解为 a=10，b=10，c=10。

在其他高级语言中，赋值构成了一个语句，称为赋值语句。而在 C 语言中，把“=”定义为运算符，从而组成赋值表达式。凡是表达式可以出现的地方均可出现赋值表达式，例如下面的式子是合法的：

```
x=(a=8)+(b=9)
```

上述代码的功能是把 8 赋予 a，9 赋予 b，再把 a 和 b 相加，将和赋予 x，所以 x 值为 17。

实例 009 **将字符型数据或数值型数据赋给不同的数值型和字符型变量**

源码路径 光盘\daima\6\3 视频路径 光盘\视频\实例\第 6 章\009

本实例的实现文件为“fu.c”，具体代码如下所示：

```
#include <stdio.h>
void main(){
    int a,b,c,d=-15;                    //声明整型变量
    unsigned int e,f=10000;             //声明无符号整型变量
    float x,y=9.0001;                   //声明实型变量
    char c1,c2='z';                     //声明字符型变量
    //将实型数据赋给整型变量，
    //将会舍弃小数部分，a只保留整数部分。
    a=y;
    x=d;                                //将整型数据赋给实型变量
    //将字符型数据赋给整型变量,z的ASCII值为122
    //放到整型变量的低8位中，并将其高8位补0。
    b=c2;
    c1=d;                               //整型数据赋给字符型变量
    //错误，无符号整型10000赋给整型变量
    //10000超出了整型变量范围。
    c=f;
    e=d;                                //错误，负整型-15赋给无符号整型
    //显示结果
    printf("\na=%d,b=%d,c=%d,e=%u,x=%f,c1=%c",a,b,c,e,x,c1);
}
```

范例 017：赋值运算符的基本应用
源码路径：光盘\演练范例\017\
视频路径：光盘\演练范例\017\
范例 018：获取随机数
源码路径：光盘\演练范例\018\
视频路径：光盘\演练范例\018\

编写代码完毕后，按下【F2】键将上述文件保存。然后按下【F9】键编译并链接上述代码。按下【Ctrl+F9】组合键运行上述代码，然后按下【Alt+F5】组合键后将运行程序，将分别输出赋值处理后的变量值，如图 6-4 所示。

图 6-4 输入“1234”的运行结果

6.3.2 复合赋值运算符

为了简化程序并提高编译效率，C 语言允许在赋值运算符“=”之前加上其他运算符，这样就构成了复合赋值运算符。复合赋值运算符的功能是，对赋值运算符左、右两边的运算对象进行指定的算术运算符运算，再将运算结果赋予左边的变量。

使用复合赋值运算符的具体格式如下所示：

```
算术运算符=
```

例如下面的都是复合赋值运算符处理：

```
a+=b;                                   //等价于a=a+b;
a-=b;                                   //等价于a=a-b;
a*=b;                                   //等价于a=a*b;
a/=b;                                   //等价于a=a/b;
a%=b;                                   //等价于a=a%b;
```

复合赋值运算符右边的表达式是一个运算“整体”，不能把它们分开。如：a*=b+10；等价于 a=a*（b+10）;。如果把：

```
a*=b+10;
```

理解为下面的格式就错了：

```
a=a*b+10;
```

6.3.3　赋值表达式

用赋值运算符将运算对象连接而成的式子称为赋值表达式。例如：

```
k=(j=1);
```

由于赋值运算符的结合性是从右向左的，因此上述赋值表达式等价于：

```
k=j=1
```

例如下面都是赋值表达式的例子：

```
int k,a=1,j=5;              /*a被赋值为5
a+=j++;                     /*j的值改变为6*/
a=20+(j=7);                 /*a被赋值为27*/
a=(j=9)+(k=7);              /*a被赋值为16*/
```

赋值表达式也遵循运算优先级和转换规则，例如 a=2，那么 a+=a-=a*a 的计算过程是：首先，从右向左顺序计算 a-＝a*a，即 a＝a-a*a＝2-2*2＝-2，即此时 a＝-2，然后 a＋＝-2，即 a＝a＋（-2）＝-2-2＝-4。

实例 010　实现基本的赋值表达式运算处理

源码路径　光盘\daima\6\4　　　　视频路径　光盘\视频\实例\第 6 章\010

本实例的实现文件为“num123.c”，具体实现代码如下所示：

```
#include <stdio.h>
void main()
{
    int num1, num2, num3;
    num1= num2= num3=20;
    num 1+= num3;
    num2*= num3;
    printf("num1=%d, num2=%d, num3=%d\n", num1, num2, num3);
    printf("num1+= num2*= num2- num3 is %d\n", num1+= num2*= num2- num3);
    printf("(num1=( num2=4)+( num3=6)) num1=%d \n", num1=( num2=4)+( num3=6));
}
```

上述代码的具体实现流程如下所示：

（1）分别定义了 3 个变量 *num*1、*num*2 和 *num*3。

（2）为变量 *num*1、*num*2 和 *num*3 初始赋值为 20，并将 *num*1 和 *num*3 的和赋值为 *num*1。

（3）将变量 *num*2 和 *num*3 的积赋给 *num*2。

（4）通过“printf（"num1=%d，num2=%d，num3=%d\n"，num1，num2，num3）”输出当前的 3 个变量值。

> 范例 019：赋值表达式的类型转化
> 源码路径：光盘\演练范例\019\
> 视频路径：光盘\演练范例\019\
> 范例 020：复合赋值运算符的应用
> 源码路径：光盘\演练范例\020\
> 视频路径：光盘\演练范例\020\

（5）通过“printf（"num1+= num2*= num2- num3 is %d\n"，num1+= num2*= num2- num3）”输出 num1+= num2*= num2- num3 表达式的值，具体是先运算 num2*= num2- num3，再运算 num1+= num2。

（6）通过“printf（"（num1=（num2=4）+（num3=6））num1=%d \n"，num1=（num2=4）+（num3=6））”输出 num1=（num2=4）+（num3=6）的值，具体是先进行 num2=4 和 num3=6 运算，然后进行 num2+ num3 运算，最后进行 num1= num2+ num3 运算。

编写代码完毕后，按下【F2】键将上述文件保存。然后按下【F9】键编译并链接上述代码。按下【Ctrl+F9】组合键运行上述代码，然后按下【Alt+F5】组合键后将运行程序，将分别输出运算表达式的处理结果。如图 6-5 所示。

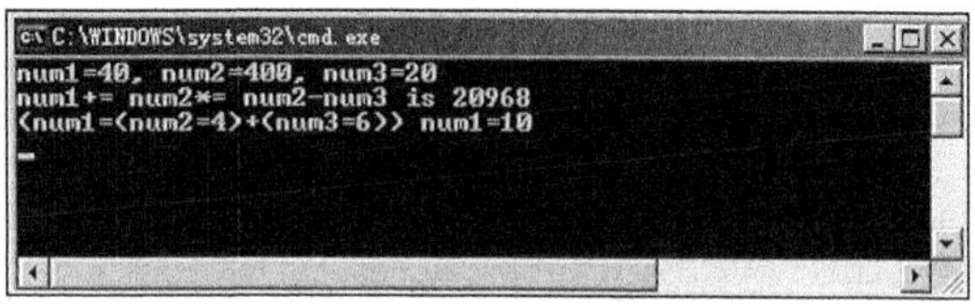

图 6-5　输入“1234”的运行结果

6.4　关系运算符和关系表达式详解

知识点讲解：光盘:视频\PPT 讲解（知识点）\第 6 章\关系运算符和关系表达式详解.mp4

在 C 语言程序中经常用到关系运算，其实关系运算就是比较运算。在本节的内容中，将详细讲解 C 语言中关系运算符和关系表达式的基本知识，为读者步入本书后面知识的学习打下基础。

6.4.1　关系运算符

在 C 语言中提供了如下 6 种关系运算符。

- <：小于。
- <=：小于等于。
- >：大于。
- >=：大于等于。
- = =：等于。
- !=：不等于。

上述关系运算符的优先级低于算数运算符，高于赋值运算符。其中<、<=、>和>=同级的，而==和!=是同级的，并且前 4 种的优先级高于后两种。

6.4.2　关系表达式

关系表达式就是用关系运算符将两个表达式连接起来的式子，被连接的表达式可以是算数表达式、关系表达式、逻辑表达式、赋值表达式和字符表达式等。例如下面的表达式都是关系表达式：

```
a>b
(a=7)<(b=4)
a+b<c-d
x!=y
b*b>4*a*c
```

任何一个关系表达式的结果均为两个值：真和假，其中 1 代表真，0 代表假。例如假设 x=1，y=2，z=3，看下面的关系表达式的含义。

- fabs（x-y）<1.06E-06：求值顺序为先做函数，再做<，表达式的结果为 0。
- z>y+x：求值顺序为先做+，再做>，表达式的结果为 0。
- x!=y==z-2：求值顺序为先做-，再做!=，最后做==（同级从左向右），表达式的结果为 1。
- x=y==z-1：求值顺序为先做-，再做==，最后做=，表达式的结果为 1。

实例 011　比较两个数值并返回比较的结果

源码路径　光盘\daima\6\5　　　　视频路径　光盘\视频\实例\第 6 章\011

本实例的实现文件为“guanxi.c”，具体实现代码如下所示：

```
#include <stdio.h>
```

```
void main(){
    int jieguo,a=6,b=3;                              //声明变量
    jieguo=(a>b);                                    //获得关系表达式a>b的结果
    printf("jieguo=(a>b)\ni=%d\n",jieguo);           //输出结果
    jieguo=(a<b);                                    //获得关系表达式a<b的结果
    printf("jieguo=(a<b)\njieguo=%d\n",jieguo);      //输出结果
    jieguo=(a>=b);                                   //获得关系表达式a>=b的结果
    printf("jieguo=(a>=b)\njieguo=%d\n",jieguo);     //输出结果
    jieguo=(a<=b);                                   //获得关系表达式a<=b的结果
    printf("jieguo=(a<=b)\njieguo=%d\n",jieguo);     //输出结果
    jieguo=(a==b);                                   //获得关系表达式a==b的结果
    printf("jieguo=(a==b)\njieguo=%d\n",jieguo);     //输出结果
    jieguo=(a!=b);                                   //获得关系表达式a!=b的结果
    printf("jieguo=(a!=b)\njieguo=%d\n",jieguo);     //输出结果
}
```

在上述代码中，定义变量 a 和 b 的初始值，然后定义变量 jieguo 为关系运算表达式的运算结果。最后通过关系表达式来运算各种操作，并将运算结果输出。

按下【F2】键将上述文件保存，然后按下【F9】键编译并链接上述代码。按下【Ctrl+F9】组合键运行上述代码，然后按下【Alt+F5】组合键后将运行程序，将分别输出各个关系表达式的运算结果，如图 6-6 所示。

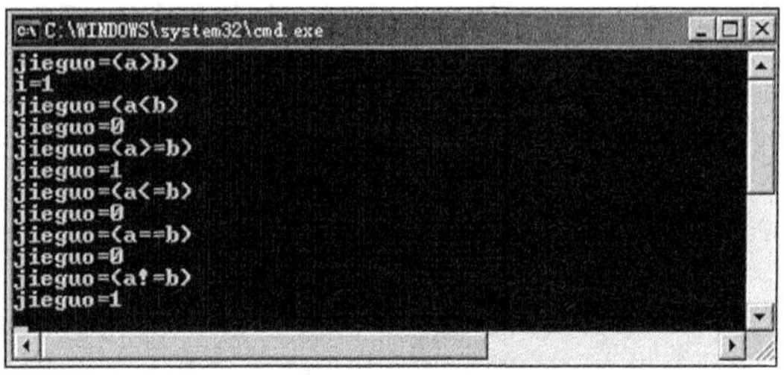

图 6-6　输出运算结果

范例 021：使用关系运算符
源码路径：光盘\演练范例\021\
视频路径：光盘\演练范例\021\
范例 022：使用关系表达式运算
源码路径：光盘\演练范例\022\
视频路径：光盘\演练范例\022\

6.5　逻辑运算符和逻辑表达式详解

知识点讲解：光盘:视频\PPT 讲解（知识点）\第 6 章\逻辑运算符和逻辑表达式详解.mp4

在 C 语言中，逻辑运算就是将关系表达式用逻辑运算符连接起来，并对其求值的一个运算过程。在本节的内容中，将详细讲解逻辑运算符和逻辑表达式的基本知识。

6.5.1　逻辑运算符

在 C 语言中提供了如下 3 种逻辑运算符。

- &&：逻辑与。
- ||：逻辑或。
- !：逻辑非。

其中，“逻辑与”和“逻辑或”是双目运算符，要求有两个运算量，例如（A>B）&&（X>Y）。“逻辑非”是单目运算符，只要求有一个运算量，例如 !（A>B）。

6.5.2　逻辑表达式

“逻辑与”相当于我们日常生活中说的“并且”，就是两个条件都成立的情况下“逻辑与”的运算结果才为“真”。“逻辑或”相当于生活中的“或者”，当两个条件中有任一个条件满足，“逻辑或”的运算结果就为“真”。“逻辑非”相当于生活中的“不”，当一个条件为真时，“逻辑非”的运算结果为“假”。

看表 6-2 中 a 和 b 之间的逻辑运算，在此假设 a=5，b=2。

表 6-2　逻辑运算

表达式	结果
!a	0
!b	0
a&&b	1
!a&&b	0
a&&!b	0
!a&&!b	0
a||b	1
!a||b	1
a||!b	1
!a||!b	0

从表 6-2 中的运算结果可以得出如下规律。

（1）进行与运算时，只要参与运算中的两个对象有一个是假，则结果就为假。

（2）进行或运算时，只要参与运算中的两个对象有一个是真，则结果就为真。

实例 012　对变量进行逻辑运算处理，并输出运算后的结果。

源码路径　光盘\daima\6\6　　视频路径　光盘\视频\实例\第 6 章\012

本实例的实现文件为“luoji.c”，具体实现代码如下所示：

```
#include <stdio.h>
void main(){
    //声明变量并定义初值
    int a=10,b=15,c=20;
    float x=12.345,y=0.1234;
    char ch='x';
    //将各变量进行逻辑运算，并将结果输出
    printf("%d,%d\n",x*!y,!!!x);
    printf("%d,%d\n",x||a&&b<c,a+3>b&&x<y);
    printf("%d,%d\n",a==4&&!ch&&(b=9),x+y||a+b||c);
}
```

范例 023：使用逻辑运算符
源码路径：光盘\演练范例\023\
视频路径：光盘\演练范例\023\
范例 024：演示逻辑运算符的特性
源码路径：光盘\演练范例\024\
视频路径：光盘\演练范例\024\

上述代码的具体实现流程如下所示。

（1）分别定义了类型为 int 的变量 *a*、*b* 和 *C* 的初始值。

（2）定义了类型为 float 的变量 *x* 和 *y* 的初始值。

（3）设置 char 类型变量 *ch* 值为 *x* 的值。

（4）计算表达式 *x**!*y* 和!!!*x*，并输出结果。

（5）计算表达式 x||*a*&&*b*<*c*，*a*+3>*b*&&*x*<*y*，并输出结果。

（6）计算表达式 *a*==4&&!*ch*&&（*b*=9），*x*+*y*||*a*+*b*||*c*，并输出结果。

按下【F9】键编译并链接上述代码，按下【Ctrl+F9】组合键运行上述代码，然后按下【Alt+F5】组合键后将运行程序，将分别输出各个关系表达式的运算结果。如图 6-7 所示。

图 6-7　输出运算结果

在实际应用中，使用逻辑表达式的一般形式如下所示：

```
表达式 逻辑运算符 表达式
```

其中的“表达式”可以又是逻辑表达式，从而组成了嵌套的情形。例如：

```
(a&&b)&&c
```

根据逻辑运算符的向左结合性，上式也可写为 a&&b&&c 逻辑表达式的值是式中各种逻辑运算的最后值，以“1”和“0”分别代表“真”和“假”。

6.6　逗号运算符和逗号表达式详解

知识点讲解：光盘:视频\PPT 讲解（知识点）\第 6 章\逗号运算符和逗号表达式详解.mp4

在 C 语言中，逗号“,”也是一种运算符，称为逗号运算符。其功能是把两个表达式连接起来组成一个表达式，这个表达式称为逗号表达式。在本节的内容中，将详细讲解逗号运算符和逗号表达式的基本知识。

6.6.1　逗号运算符

在 C 语言中，逗号“,”的用法有两种：一种是用作分隔符，另一种是用作运算符。在变量声明语句、函数调用语句等场合，逗号是作为分隔符使用的。例如：

```
int a,b,c;
scanf('%f%f%f',&f1,&f2,&f3);
```

C 语言还允许用逗号连接表达式。例如 *x*=1.6，*y*=1.1，12+*x*，*x*+*y* 这里用 3 个逗号运算符将 4 个算术表达式连接成一个逗号表达式。

6.6.2　逗号表达式

使用逗号表达式的一般格式如下所示：

```
表达式1，表达式2，表达式3，...，表达式n
```

例如下面就是一个逗号表达式：

```
a=2*6,a-4,a+15;
```

当逗号作为运算符使用时是一个双目运算符，其运算优先级是所有运算符中最低的。逗号运算符的运算顺序是自左向右的，因此上述赋值语句的求值顺序为：先计算 2*6 并赋予 *a*（结果是 *a*=12），再计算 *a*-4（只计算，不赋值），最后计算 *a*+15（只计算，不赋值），最终以 27 作为整个逗号表达式的值。但是需要注意的是，后面两个表达式的值仅作了计算，而并没有赋给 *a*，所以 *a* 的值仍然为 12。

有时候使用逗号表达式的目的仅仅是为了得到各个表达式的值，而并非要得到真个逗号表达式的值。看下面的代码：

```
t=a,a=b,b=t;
```

上述逗号表达式的目的是实现变量 *a*，*b* 值互换，而不是使用整个表达式的值。

再看下面的代码：

```
int j=5;
a=(a=j+1,a+2,a+3);
```

上述赋值语句的执行顺序为：先对 *a* 变量赋值 6，再计算 *a*+2 得 8，再计算 *a*+3 得 9，最后将 9 作为整个逗号表达式的值付给变量 *a*，使 *a* 重新赋值为 9。如果将一对括号去掉，*a* 的值为 6。

再看下面的代码：

```
int x ,y;
y=(x=1,++x,x+2);
```

上述赋值语句的执行顺序为：*x* 被赋值为 1，*x* 自增 1 得 2，再计算 *x*+2 得 4，4 作为整个逗号表达式的值付给变量 *y*，因此 *y* 被赋值为 4。

实例 013　通过逗号将两个表达式连接起来，并输出运算后的结果。

源码路径　光盘\daima\6\7　　　视频路径　光盘\视频\实例\第 6 章\013

本实例的实现文件为“douhao.c”，具体实现代码如下所示：

```
#include <stdio.h>
void main()
{
    int a=6,b=7,c=8,x,y;              //声明变量
    x=a+b,b+c;                        //定义逗号表达式
    y=(a+b,b+c);
    printf("%d,%d",x,y);              //输出结果
}
```

上述代码的具体实现流程如下所示。

（1）分别定义了类型为 int 的变量 *a*、*b* 和 *c* 的初始值，没有赋值给 *x* 和 *y*。

（2）定义逗号表达式 *x*=*a*+*b*，*b*+*c*，因为赋值运算符的优先级大于逗号运算符，所以先执行 *x*=*a*+*b*，在执行此逗号表达式。

（3）定义逗号表达式 *y*=（*a*+*b*，*b*+*c*），因为有圆括号，所以首先执行 *a*+*b*，*b*+*c* 这个逗号表达式，再将结果赋给变量 *y*。

（4）最后通过 printf 输出结果。

范例 025：使用逗号运算符
源码路径：光盘\演练范例\025\
视频路径：光盘\演练范例\025\
范例 026：实现逗号运算
源码路径：光盘\演练范例\026\
视频路径：光盘\演练范例\026\

按下【F9】键编译并链接上述代码，按下【Ctrl+F9】组合键运行上述代码，然后按下【Alt+F5】组合键后将运行程序，将分别输出逗号表达式的运算结果，如图 6-8 所示。

图 6-8　输出运算结果

在进行逗号运算处理时，其具体运算结果和变量的类型有关，所以在具体运算时一定要注意定义变量的类型。例如，假设 *x*，*y* 为 double 型，则表达式 *x*=1，*y*=*x*+3/2 的值是 2.0000000。这是因为 3/2 是取整的，与 *x* 相加后，赋予 double 的 *y*，逗号表示取右边的表达式的值，以方便并列使用一些表达式。例如：for（i=0；i<5；i++，x++），这样可以使 *i* 与 *x* 一起变化，如果没有逗号，就无法达到这样的效果。

6.7　求字节数运算符详解

知识点讲解：光盘:视频\PPT 讲解（知识点）\第 6 章\求字节数运算符详解.mp4

C 语言中的求字节数运算符是 sizeof 运算符，功能是计算数据类型所占的字节数。sizeof 将以字节形式给出其操作数的存储大小。被操作数可以是一个表达式或扩在括号内的类型名。sizeof 可以用于处理数据类型，其使用格式如下所示：

```
sizeof(type)
```

其中，“type”是数据类型，它必须被包含在括号内。sizeof 也可以用于变量，其使用格式可以是下面的一种：

```
sizeof  (var_name)
sizeof  var_name
```

在 C 语言中，求字节数运算符 sizeof 主要有如下两个用途。

- 和存储分配或 I/O 系统等例程进行通信。例如下面的代码：

```
Void * malloc（size_t size），
size_t fread(void * ptr,size_t size,size_t nmemb,FILE * stream)
```

- 计算数组中的元素个数。例如下面的代码：

```
Void * memset（void * s,int c,sizeof(s)）
```

在此需要读者注意的是，sizeof 操作符不能用于函数类型、不完全类型或位字段。不完全类型指具有未知存储大小的数据类型，如未知存储大小的数组类型、未知内容的结构或联合类型、void 类型等。因为 sizeof 可以用于数据类型，所以可以通过“sizeof（type）”来获取各个类型在内存中的占用存储单元。

实例 014　获取当前系统各基本数据类型所在内存中占用的空间大小

源码路径　光盘\daima\6\8　　　　视频路径　光盘\视频\实例\第 6 章\014

本实例的实现文件为“sizeof.c”，具体实现代码如下所示：

```
#include <stdio.h>
void main(){
    //开始显示整型数据所在内存的字节数
    printf("An int is %d bytes\n",sizeof(int));
    printf("A short is %d bytes\n",sizeof(short));
    printf("A long is %d bytes\n",sizeof(long));
    printf("An unsigned int is %d bytes\n",sizeof(unsigned int));
    printf("An unsigned short is %d bytes\n",sizeof(unsigned short));
    printf("An unsigned long is %d bytes\n\n",sizeof(unsigned long));
    //显示实型数据所在内存的字节数
    printf("A float is %d bytes\n",sizeof(float));
    printf("A double is %d bytes\n\n",sizeof(double));
    //显示字符型数据所在内存的字节数
    printf("A char is %d bytes\n",sizeof(char));
    printf("An unsigned char is %d bytes\n",sizeof(unsigned char));
}
```

按下【F9】键编译并链接上述代码，按下【Ctrl+F9】组合键运行上述代码，然后按下【Alt+F5】组合键后将运行程序，将分别输出逗号表达式的运算结果，如图 6-9 所示。

> 范例 027：使用 sizeof 运算符和取值运算符
> 源码路径：光盘\演练范例\027\
> 视频路径：光盘\演练范例\027\
> 范例 028：演示类型的强制转换
> 源码路径：光盘\演练范例\028\
> 视频路径：光盘\演练范例\028\

sizeof 操作符的结果类型是 size_t，在头文档<stddef.h>中 typedef 为 unsigned int 类型。该类型确保能容纳实现所建立的最大对象的字节大小。sizeof 的处理结果如下所示。

（1）若操作数具备类型 char、unsigned char 或 signed char，其结果等于 1，ANSI C 正式规定字符类型为 1 字节。

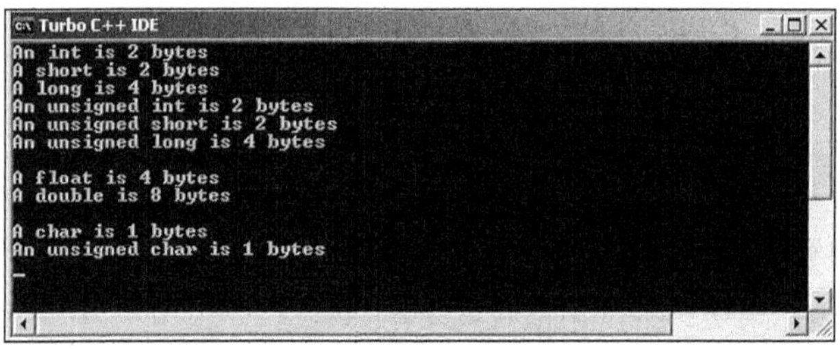

图 6-9　输出运算结果

（2）int、unsigned int、short int、unsigned short、long int、unsigned long、float、double、long double 类型的 sizeof 在 ANSI C 中没有具体规定，大小依赖于实现，一般可能分别为 2、2、2、2、4、4、4、8、10。

（3）当操作数是指针时，sizeof 依赖于编译器。例如在 Microsoft C/C++7.0 中，near 类指针字节数为 2，far、huge 类指针字节数为 4。一般 UNIX 的指针字节数为 4。

（4）当操作数具备数组类型时，其结果是数组的总字节数。

（5）联合类型操作数的 sizeof 是其最大字节成员的字节数。结构类型操作数的 sizeof 是这种类型对象的总字节数，包括任何垫补在内。

6.8　技术解惑

6.8.1　C 语言运算符优先级的详细情况

因为有太多的初学者询问这个问题，笔者精心制作了一个详细的运算符优先级表，如表 6-3 所示。

表 6-3　　　　C 语言运算符优先级的详细表

优先级	运算符	名称或含义	使用形式	结合方向	说明
1	[]	数组下标	数组名[常量表达式]	左到右	
	()	圆括号	（表达式）/函数名（形参表）		
	.	成员选择（对象）	对象.成员名		
	->	成员选择（指针）	对象指针->成员名		
2	-	负号运算符	-表达式	右到左	单目运算符
	（类型）	强制类型转换	（数据类型）表达式		
	++	自增运算符	++变量名/变量名++		单目运算符
	--	自减运算符	--变量名/变量名--		单目运算符
	*	取值运算符	*指针变量		单目运算符
	&	取地址运算符	&变量名		单目运算符
	!	逻辑非运算符	!表达式		单目运算符
	～	按位取反运算符	～表达式		单目运算符
	sizeof	长度运算符	sizeof（表达式）		
3	/	除	表达式/表达式	左到右	双目运算符
	*	乘	表达式*表达式		双目运算符
	%	余数（取模）	整型表达式/整型表达式		双目运算符
4	+	加	表达式+表达式	左到右	双目运算符
	-	减	表达式-表达式		双目运算符
5	<<	左移	变量<<表达式	左到右	双目运算符
	>>	右移	变量>>表达式		双目运算符
6	>	大于	表达式>表达式	左到右	双目运算符
	>=	大于等于	表达式>=表达式		双目运算符
	<	小于	表达式<表达式		双目运算符
	<=	小于等于	表达式<=表达式		双目运算符
7	==	等于	表达式==表达式	左到右	双目运算符
	!=	不等于	表达式!= 表达式		双目运算符
8	&	按位与	表达式&表达式	左到右	双目运算符
9	^	按位异或	表达式^表达式	左到右	双目运算符
10	|	按位或	表达式|表达式	左到右	双目运算符
11	&&	逻辑与	表达式&&表达式	左到右	双目运算符
12	||	逻辑或	表达式||表达式	左到右	双目运算符
13	?:	条件运算符	表达式 1? 表达式 2: 表达式 3	右到左	三目运算符
14	=	赋值运算符	变量=表达式	右到左	
	/=	除后赋值	变量/=表达式		
	*=	乘后赋值	变量*=表达式		
	%=	取模后赋值	变量%=表达式		
	+=	加后赋值	变量+=表达式		
	-=	减后赋值	变量-=表达式		
	<<=	左移后赋值	变量<<=表达式		
	>>=	右移后赋值	变量>>=表达式		
	&=	按位与后赋值	变量&=表达式		
	^=	按位异或后赋值	变量^=表达式		
	|=	按位或后赋值	变量|=表达式		
15	,	逗号运算符	表达式，表达式，…	左到右	从左向右顺序运算

6.8.2　有少数运算符有规定表达式求值的顺序

在 C 语言中，有少数运算符在 C 语言标准中是有规定表达式求值的顺序。具体说明如下所示。

（1）&& 和 || 规定从左到右求值，并且在能确定整个表达式的值的时候就会停止，也就是常说的短路。

（2）条件表达式的求值顺序是这样规定的：

```
test ? exp1 : exp2;
```

条件测试部分 test 非零，表达式 exp1 被求值，否则表达式 exp2 被求值，并且保证 exp1 和 exp2 两者之中只有一个被求值。

（3）逗号运算符的求值顺序是从左到右顺序求值，并且整个表达式的值等于最后一个表达式的值，注意逗号','还可以作为函数参数的分隔符，变量定义的分隔符等，这时候表达式的求值顺序是没有规定的！

在判断表达式计算顺序时，先按优先级高的先计算，优先级低的后计算，当优先级相同时再按结合性，或从左至右顺序计算，或从右至左顺序计算。

6.8.3　在 C 语言中可以进行混合运算吗

整型（int）、单精度实型（float）、双精度实型（double）可以相互混合运算。由于字符型（char）数据，其值为代表该字符 ASCII 码，因而它也可和上述类型数据进行混合运算。不同类型数据进行运算时，要先转换成同一类型，然后进行运算。在 C 程序中，有些类型转换是自动进行的，有些转换是被强制进行的，前者称为隐式转换，后者称为显示转换（强制类型转换）。

6.8.4　在一个逻辑条件语句中常数项永远在左侧

请看下面的一段代码：

```
int x = 4;
if ( x = 1 ) {
    x = x + 2;
    printf("%d",x);              // Output is 3
}
int x = 4;
if ( 1 = x ) {
    x = x + 2;
    printf("%d",x);      // Compilation error
}
```

“=”是赋值运算符。$b = 1$ 会设置变量 b 等于值 1。　“==”相等运算符。如果左侧等于右侧，返回 true，否则返回 false。很多初学者使用“=”赋值运算符替代“==”相等运算符，其实这是一个常见的输入错误。如果将常数项放在左侧，将产生一个编译时错误。

6.8.5　赋值处理的自动类型转换

在日常的赋值处理应用中，如果赋值运算符两边的数据类型不相同，系统将自动进行类型转换，即把赋值号右边的类型换成左边的类型。具体规则如下所示：

（1）实型赋予整型：要舍去小数部分。

（2）整型赋予实型：数值不变，但以浮点形式存放，即增加小数部分（小数部分的值为 0）。

（3）字符型赋予整型：因为字符型为一个字节，而整型为二个字节，所以要将字符的 ASCII 码值放到整型量的低八位中，高八位为 0。整型赋予字符型，只把低八位赋予字符量。具体来说有如下两种情况。

- ❑ 如果所用系统将字符处理为无符号的量或对 unsigned char 型变量赋值，则将字符的 8 位放到整型变量低 8 位，高 8 位补零。
- ❑ 如果所用系统（如 Turbo C）将字符处理为带符号的（即 signed char），若字符最高位为 0，则整型变量高 8 位补 0；若字符最高位为 1，则高 8 位全补 1。这称为“符号扩展”，这样做的目的是使数值保持不变，如变量 *C*（字符'\376'）以整数形式输出为−2，*i* 的值也是-2。

（4）double 型数据赋给 float 型数据：只截取其前面的 7 位有效数字，存放在 float 变量的存储单元中，但是数值不能溢出。例如下面代码将会产生溢出错误：

```
float f;
double d=123.456111e100;
f=d;
```

（5）当将 float 型数据赋给 Double 型数据时，数值不变，有效位扩展到 16 位。

（6）将一个 int、short、long 型数据赋给一个 char 型变量：只将其低 8 位原封不动地送到 char 型变量（即截断）。例如下面的赋值：

```
int i=123;
char c='a';
c=i;
```

（7）将带符号的整型数据（int 型）赋给 long 型变量时：要进行符号扩展，将整型数的 16 位送到 long 型低 16 位中，如果 int 型数据为正值（符号位为 0），则 long 型变量的高 16 位补 0；如果 int 型变量为负值（符号位为 1），则 long 型变量的高 16 位补 1，以保持数值不改变。

（8）将 unsigned int 型数据赋给 long int 型变量：不存在符号扩展问题，只需将高位补 0 即可。

（9）将一个 unsigned 类型数据赋给一个占字节数相同的整型变量，例如 unsigned int=>int，unsigned long=>long，unsigned short=>short；将 unsigned 型变量的内容原样送到非 unsigned 型变量中，但如果数据范围超过相应整型的范围，则会出现数据错误。例如下面的赋值代码：

```
unsigned int a=111111;
int b;
b=a;
```

（10）将非 unsigned 型数据赋给长度相同的 unsigned 型变量：也是原样照赋，连原有的符号位也作为数值一起传送。例如下面的代码将有符号数据传送给无符号变量：

```
main(){
    unsigned a;
    int b=-1;
    a=b;
    printf("%u",a);
}
```

因为“%u”是输出无符号数时所用的格式符，所以运行后 *a* 结果为 77777。但如果是下面的赋值：

```
main(){
    unsigned int a;
    int b=-1;
    a=b;
    printf("%u",a);
}
```

因为 unsigned int 的范围是 0～65535，int 型数据-1 超出了 int 型的范围，从而使结果数据发生错误。

第 7 章

输入和输出

在本书前几章的内容中，已经多次使用了 printf 函数和 scanf 函数，这两个函数是最为常用的输入和输出函数。C 程序的目的是实现数据的输入和输出，从而最终实现某个软件的具体功能。例如用户输入某个数据，软件分析后输出分析后的结果。本章将介绍 C 语言中输入和输出的基本知识。

本章内容

- ⏭ 先来了解 C 语句初步
- ⏭ 打通任督二脉——数据输入和输出详解

技术解惑

gets 函数和 scanf 函数的区别

克服 gets 函数的缺陷

一个 C 语言的输入和输出问题

7.1 先来了解 C 语句初步

知识点讲解：光盘:视频\PPT 讲解（知识点）\第 7 章\先来了解 C 语句初步.mp4

C 语言项目程序是由大量的 C 语句构成的，语句是一条完整的指令，能够控制计算机执行特定的任务。C 语句通常是以分号结束的，#define 和#include 语句除外。在本节的内容中，将对 C 语句的基本知识进行详细介绍。

7.1.1 C 语句简介

C 语言程序的组成比较复杂，不但有变量和常量等简单元素，而且还有函数、数组和语句等较大的个体。但是从整体方面上看，C 语言程序的结构比较清晰。具体组成结构如图 7-1 所示。

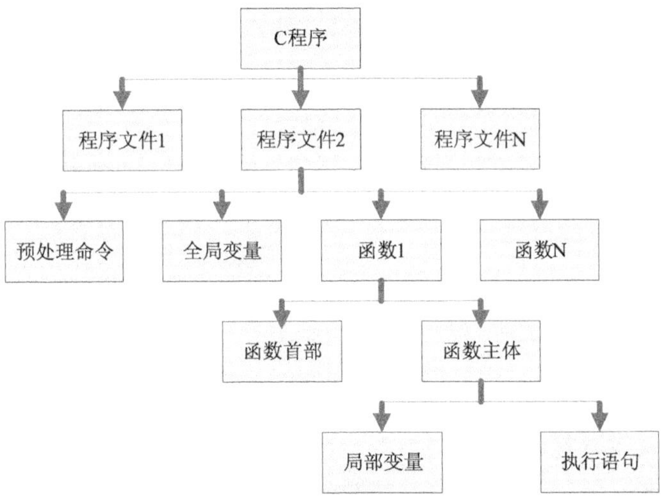

图 7-1 C 语言程序结构

C 程序的执行部分是由语句组成的，程序的功能也是由执行语句实现的。C 语言的语句可分为以分为如下 5 类。

1. 表达式语句

表达式语句由表达式加上分号“;”组成，其一般格式如下所示：

```
表达式;
```

经常所说的执行表达式语句就是计算表达式的值，例如下面是一个赋值表达式：

```
x=3
```

而下面的都是语句：

```
x=y+z;                     //赋值语句；
y+z;                       //加法运算语句，但计算结果不能保留，无实际意义；
i++;                       //自增1语句，i值增1。
```

从上面的代码可以看出，语句的最显著特点是分号“;”。

2. 函数调用语句

函数调用语句由函数名、实际参数和分号“;”组成，其一般格式如下所示：

```
函数名(实际参数表);
```

经常所说的执行函数语句，就是调用函数体并把实际参数赋予函数定义中的形式参数，然后执行被调函数体中的语句来求取函数值。例如下面的函数语句：

```
printf("C Program");
```

上述函数语句用于调用库函数，输出字符串。

注意：实际上函数语句也属于表达式语句，因为函数调用也属于表达式的一种。只是为了便于理解和使用，才提倡把函数调用语句和表达式语句分开来讲。

3．控制语句

C 语言中的控制语句用于控制程序的流程，以实现程序的各种结构方式。它们由特定的语句定义符组成。在 C 语言中有 9 种控制语句，具体可以分为以下 3 类。

- 条件判断语句：if 语句、switch 语句。
- 循环执行语句：do while 语句、while 语句、for 语句。
- 转向语句：break 语句、goto 语句、continue 语句、return 语句。

上述语句都将在本书后面的内容中进行详细介绍。

4．复合语句

复合语句就是把多个语句用括号{}括起来组成的语句，复合语句又通常被称为分程序。在程序中应该把复合语句看成是单条语句，而不是多条语句。例如下面的语句就是一条复合语句：

```
x=m+n;
a=b+c;
printf("%d%d"x,a) ;
```

复合语句内的各条语句都必须以分号“;”结尾，在括号“}”外不能加分号。

5．空语句

只有分号“;”组成的语句称为空语句。空语句是什么也不执行的语句，在程序中空语句可用来作空循环体。例如下面的第两行语句就是空语句：

```
while(getchar()!='\n')
;
```

上述语句的功能是，只要从键盘输入的字符不是回车就重新输入。

在 C 语言中，允许在一行同时写几个语句，也允许将一个语句拆开后写在几行上，并且书写格式可以不固定。

注意：

在 C 语言中，编译器在读取源代码时，只会查找语句中的字符和末尾的分号“;”，而会忽略里面的空白（包括空格、制表符和空行）。所以在编写 C 程序代码时，既可以写成如下格式：

```
a=b+c;
```

也可以写成如下格式：

```
a=b+        c;
```

甚至可以写成如下格式：

```
a=
b+

c;
```

空白可以忽略并不代表 C 程序中的所有空白都将被忽略。字符串中的空白和制表符就不能被忽略，它们会被认为是字符串的组成部分。字符串常量会用引号将一系列的字符括起来，在编译时会逐字的进行解释，而不会忽略其中的空格。例如下面的两段字符串是不相同的：

```
"My name is Guan Xijing"
"My    name is    Guan    Xijing"
```

执行后，后者的间隔会大于前者的间隔，具体间隔大小和代码中的间隔大小一致。

7.1.2　赋值语句

赋值语句是由赋值表达式加上分号构成的表达式语句，其一般格式如下所示：

```
变量=表达式;
```

赋值语句的功能和特点都与赋值表达式相同，是程序中使用最多的语句之一。但是读者在具体使用赋值语句时，需要注意以下 4 点。

（1）因为在赋值符“=”右边的表达式也可以又是一个赋值表达式，所以下述的形式是正确的：

```
变量=(变量=表达式);
```

上述做法就形成了嵌套格式。

将其展开之后的一般格式如下所示：

```
变量=变量=...=表达式;
```

例如下面的语句：

```
a=b=c=d=e=10;
```

按照赋值运算符的右接合性，上述语句实际上等效于下面的语句：

```
e=10;
d=e;
c=d;
b=c;
a=b;
```

（2）注意在变量说明中给变量赋初值和赋值语句的区别。

给变量赋初值是变量说明的一部分，赋初值后的变量与其后的其他同类变量之间仍必须用逗号间隔，而赋值语句则必须用分号“；”结尾。例如下面的语句：

```
int a=100,b,c;
```

（3）在进行变量说明中，不允许连续给多个变量赋初值。例如下面的代码是错误的：

```
int a=b=c=10
```

必须修改为如下格式：

```
int a=10,b=10,c=10;
```

而赋值语句允许连续赋值。

（4）注意赋值表达式和赋值语句的区别。

赋值表达式是一种表达式，它可以出现在任何允许表达式出现的地方，而赋值语句则不能。例如下面的代码是合法的：

```
if((x=y+10)>0) z=x;
```

上述代码的功能是，如果表达式 $x=y+100$ 大于 0，则 $z=x$。而下面的代码是非法的：

```
if((x=y+10;)>0) z=x;
```

因为“x=y+10；”是语句，所以不能出现在表达式中。

7.2 打通任督二脉——数据输入和输出详解

知识点讲解：光盘:视频\PPT 讲解（知识点）\第 7 章\数据输入和输出详解.mp4

这里的输入、输出是以计算机为主体而言的，即在计算机内的输入和输出。从计算机向外部输出设备输出数据称为“输出”，例如显示器、打印机和磁盘；而从外部设备向计算机输入数据则称为“输入”，例如键盘、扫描仪、磁盘和光盘等。

在 C 语言中，所有的数据输入、输出操作都是由库函数完成的。在 C 的标准函数库中提供了一些输入和输出函数，这些函数都以标准的输入/输出设备为输入/输出对象。

在使用 C 语言库函数时，要用预编译命令“#include”将有关“头文件”包括到源文件中。使用标准输入/输出库函数时要用到“stdio.h”文件，因此源文件开头应有如下预编译命令：

```
#include<stdio.h>
```

或下面的编译命令：

```
#include"stdio.h"
```

其中，“stdio”是 standard input &outupt 的意思。但是因为函数 printf 和函数 scanf 的使用比较频繁，所以系统允许在使用这两个函数时可以不用加上面的编译命令。

C 语言中的常用输入/输出函数有 putchar 函数、puts 函数、getchar 函数、printf 函数、scanf 函数、gets 函数等。在本章下面的内容中，将详细介绍上述输入/输出函数的基本知识和使用方法。

7.2.1　putchar 函数（字符输出函数）

函数 putchar 是字符输出函数，功能是在显示器上输出单个字符。使用函数 putchar 的格式如下所示：

```
putchar(字符参数)
```

其中，字符参数可以是实际的参数，也可以是字符变量。

在使用函数 putchar 前，必须使用如下所示的文件包含命令：

```
#include<stdio.h>
```

或：

```
#include"stdio.h"
```

函数 putchar 的作用等同于“printf（"%c"，字符参数）；”，函数 putchar 也可以输出整型变量，也可以输出控制字符，并且执行控制字符时执行的控制功能，而不是在屏幕上显示某个字符。例如：

```
putchar('A');                    //输出大写字母A
putchar(x);                      //输出字符变量x的值
putchar('\101');                 //也是输出字符A
putchar('\n');                   //换行
```

实例 015　使用 putchar 函数输出指定的字符

源码路径　光盘\daima\7\1　　　　视频路径　光盘\视频\实例\第 7 章\015

本实例的实现文件为“putchar.c”，具体实现代码如下所示：

```
#include<stdio.h>
void main(){
    char a='c',b='d',c='e';     //定义3个字符变量
    //输出字符
    putchar(a);putchar(b);putchar(b);putchar(c);putchar('\t');
    putchar(a);putchar(b);
    putchar('\n');
    putchar(b);putchar(c);
}
```

上述代码的具体实现流程如下所示。

（1）分别定义 3 个 char 型变量 a、b 和 c。

（2）通过“putchar（a）”在屏幕中输出一个“c”，通过第一个“putchar（b）”在屏幕中输出一个“d”，通过第二个“putchar（b）”在屏幕中输出一个“d”，通过“putchar（c）”在屏幕中输出一个“e”，通过“putchar（'\t'）”来跳到下一个制表符。

> 范例 029：使用 putchar 函数
> 源码路径：光盘\演练范例\029\
> 视频路径：光盘\演练范例\029\
> 范例 030：演示 putchar 函数的格式和用法
> 源码路径：光盘\演练范例\030\
> 视频路径：光盘\演练范例\030

（3）通过“putchar（a）；putchar（b）；”分别输出字符“c”和“d”。

（4）通过“putchar（'\n'）”进行换行处理。

（5）通过“putchar（b）；putchar（c）”分别输出字符“d”和“e”。

按下【F9】键编译并链接上述代码，按下【Ctrl+F9】组合键运行上述代码，然后按下【Alt+F5】组合键后将运行程序，将分别在界面中输出指定的字符，如图 7-2 所示。

图 7-2　输出结果

在上述实例代码中，通过使用 putchar 函数来输出指定的字符。并且在使用 putchar 函数时，可以直接将 ASCII 来作为参数。看下面的代码：

```
#include "stdio.h"
    main() {
    char c1,c2;
    c1='o';c2='y';
    putchar('\102');putchar(c1);putchar(c2);
    }
```

在上述代码中，“'\102'”表示为 8 进制数 102，8 进制数 102 转换成 10 进制是 66，66 在 ASCII 中对应的是 b，所以上述代码执行后将会输出“boy”。

7.2.2 getchar 函数（字符输入函数）

函数 getchar 的功能是从键盘上输入一个字符并读取字符的值，其具体使用格式如下所示：

```
getchar();
```

在日常应用中，通常把输入的字符赋予一个字符变量，构成赋值语句，例如下面的代码：

```
char char1;
char1=getchar();                    //输入字符并把输入的字符赋予一个字符变量
putchar(char1);                     //输出字符
```

在具体使用函数 getchar 时，应该注意如下 4 点。

（1）getchar 函数只能接受单个字符，输入的数字也按字符来处理。当输入多于一个字符时，只接收第一个字符。

（2）使用 getchar 函数前必须包含文件“stdio.h”。

（3）在 Tuber C 屏幕下运行含本函数程序时，将退出 Tuber C 屏幕进入用户屏幕等待用户输入。输入完毕再返回 Tuber C 屏幕。

（4）程序最后两行可以用下面其中的任意一行来代替：

```
putchar(getchar());
printf("%c",getchar());
```

函数 getchar 有一个 int 型的返回值。当程序调用 getchar 时，程序会一直等候用户按键。当用户输入的字符被存放在键盘缓冲区中，直到用户按回车为止（回车字符也放在缓冲区中）。当用户键入回车之后，getchar 才开始从 stdin 流中每次读入一个字符。getchar 函数的返回值是用户输入的第一个字符的 ASCII 码，如出错返回-1，且将用户输入的字符回显到屏幕。如用户在按回车之前输入了不止一个字符，其他字符会保留在键盘缓存区中，等待后续 getchar 调用读取。也就是说，后续的 getchar 调用不会等待用户按键，而直接读取缓冲区中的字符，直到缓冲区中的字符读完为后才等待用户按键。

实例 016 使用 getchar 函数让用户从键盘输入一个字符，然后输出/输入的字符。

源码路径 光盘\daima\7\2　　视频路径 光盘\视频\实例\第 7 章\016

本实例的实现文件为“getchar.c”，具体实现代码如下所示：

```
#include<stdio.h>
void main(){
    char char1;                        //声明变量
    printf("input a character\n");     //提示用户输入一个字符
    char1=getchar();                   //接收字符
    putchar(char1);                    //输出字符
}
```

上述代码的具体实现流程如下所示。

（1）定义 1 个 char 型变量 char1。

（2）通过 printf 输出提示，让用户输入一个字符。

（3）通过“getchar()”获取用户输入的字符。

（4）通过“putchar（c）”输出用户输入的字符。

> 范例 031：使用 getchar 函数获取计算结果
> 源码路径：光盘\演练范例\031\
> 视频路径：光盘\演练范例\031\
> 范例 032：使用 getchar 函数获取数值型常量
> 源码路径：光盘\演练范例\032\
> 视频路径：光盘\演练范例\032\

按下【F9】键编译并链接上述代码，按下【Ctrl+F9】组合键运行上述代码，在屏幕中将提示用户输入一个字符，如图 7-3 所示；在此输入字符并按下【Enter】键，然后按下【Alt+F5】组合键后将运行程序，将分别在界面中输出指定的字符，如图 7-4 所示。

图 7-3　输入字符提示

图 7-4　输出结果

在上述实例代码中，通过使用 getchar 函数让用户从键盘输入一个字符，然后将输入的字符输出。实际上 getch 与 getchar 基本功能相同，唯一差别是 getch 直接从键盘获取键值，不等待用户按回车，只要用户按一个键 getch 就立刻返回。getch 返回值是用户输入的 ASCII 码，出错返回-1，输入的字符不会回显在屏幕上。getch 函数常用于程序调试中，在调试时，在关键位置显示有关的结果以待查看，然后用 getch 函数暂停程序运行，当按任意键后程序继续运行。

7.2.3　printf 函数（格式输出函数）

函数 printf 又被称为格式输出函数，其中关键字中的最后一个字母“f”有“格式”（format）之意。printf 函数的功能是按用户指定的格式，把指定的数据显示到显示器屏幕上。在本书前面的实例中，已多次使用过这个函数。

1．printf 函数调用的一般形式

函数 printf 是一个标准库函数，它的函数原型在头文件“stdio.h”中。但作为一个特例，不要求在使用 printf 函数之前必须包含 stdio.h 文件。调用函数 printf 的一般格式如下所示：

```
printf("格式控制字符串", 输出表列)
```

（1）“格式控制字符串”用于指定输出格式。格式控制串可以由格式字符串和非格式字符串两种组成。格式字符串是以%开头的字符串，在%后面跟有各种格式字符，目的是说明输出数据的类型、形式、长度、小数位数等。例如下面的格式。

- “%d”表示按十进制整型输出。
- “%ld”表示按十进制长整型输出。
- “%c”表示按字符型输出。

非格式字符串在输出时原样输出，在显示中起到提示作用。

（2）“输出表列”给出了各个输出项，要求格式字符串和各输出项在数量和类型上应该一一对应。

实例 017　**使用 printf 函数输出不同格式变量 a 和 b 的数据**

源码路径　光盘\daima\7\3　　　　视频路径　光盘\视频\实例\第 7 章\017

本实例的实现文件为“printf.c”，具体实现代码如下所示：

```
void main()
{
    int a=50,b=55;                    //声明两个变量
    //按不同的格式输出各变量
    printf("%d %d\n",a,b);
    printf("%d,%d\n",a,b);
    printf("%c,%c\n",a,b);
    printf("a=%d,b=%d",a,b);
}
```

通过上述代码，4 次输出了变量 *a* 和 *b* 的值。因为格式控制串不同，所以输出的结果也不相同。其中第 4 行的输出语句格式控制串中，两格式串%d 之间加了一个空格（非格式字符），所以在输出的 *a* 和 *b* 的值之间有一个空格。第 5 行的 printf 语句格式控制串中加入的是非格式字符逗号，因此在输出的

范例 033：使用 printf 函数输出存储的变量
源码路径：光盘\演练范例\033\
视频路径：光盘\演练范例\033\
范例 034：使用 printf 函数输出变量的赋值
源码路径：光盘\演练范例\034\
视频路径：光盘\演练范例\034\

a 和 b 的值之间加了一个逗号。第 6 行的格式串要求按字符型输出 a 和 b 值。第 7 行中为了提示输出结果又增加了非格式字符串。

执行后将分别在界面中输不同格式的 a 和 b 的值，如图 7-5 所示。

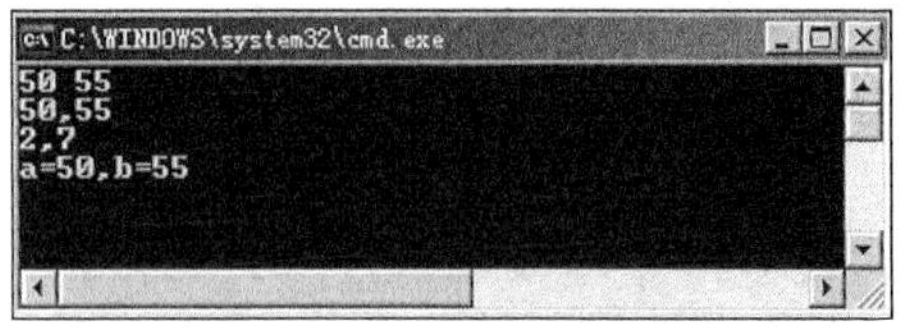

图 7-5　成功提示

在上述实例代码中，使用 printf 函数输出不同格式变量 a 和 b 的数据。读者需要注意的是，printf 函数只能输出字符串，并且只能是一个字符串。

2. 格式字符串

使用格式字符串的一般格式如下所示：

```
%[标志][输出最小宽度][.精度][长度]格式字符
```

其中，方括号“[]”中的项为可选项。上述格式中各选项的具体说明如下所示。

- 格式字符。

格式字符用于。标识输出数据的类型，各个格式字符的具体说明如表 7-1 所示。

表 7-1　格式字符说明

格式字符	说明
d	以十进制形式输出带符号整数（正数不输出符号）
o	以八进制形式输出无符号整数（不输出前缀 0）
x 或 X	以十六进制形式输出无符号整数（不输出前缀 Ox）
u	以十进制形式输出无符号整数
f	以小数形式输出单、双精度实数
e 或 E	以指数形式输出单、双精度实数
g 或 G	以%f 或%e 中较短的输出宽度输出单、双精度实数
c	输出单个字符
s	输出字符串

- 标志字符。

标志字符有−、+、#和空格 4 种，具体说明如表 7-2 所示。

表 7-2　标志字符说明

标志	说明
-	结果左对齐，右边填空格
+	输出符号（正号或负号）
空格	输出值为正时冠以空格，为负时冠以负号
#	对 c，s，d，u 类无影响；对 o 类，在输出时加前缀 o；对 x 类，在输出时加前缀 0x；对 e 和 f 类，当结果有小数时才给出小数点

- 输出最小宽度。

用十进制整数来表示输出的最少位数。若实际位数多于定义的宽度，则按实际位数输出，若实际位数少于定义的宽度则补以空格或 0。

- 精度。

精度格式符以“.”开头，后跟十进制整数。本项的意义是如果输出数字，则表示小数的位数；如果输出的是字符，则表示输出字符的个数；若实际位数大于所定义的精度数，则截去超过的部分。

- 长度。

长度格式符有 h 和 l 两种，其中 h 表示按短整型量输出，l 表示按长整型量输出，可以加在

d、o、x 和 u 的前面。

实例 018　通过 printf 格式字符输出指定格式的数据

源码路径　光盘\daima\7\4　　　　视频路径　光盘\视频\实例\第 7 章\018

本实例的实现文件为“printf.c”，具体实现代码如下所示：

```
void main()
{
    //声明变量
    int a=15;
    float b=123.4567890;
    double c=12345678.1234567;
    char d='p';
    //按各种格式输出
    printf("a=%d,%5d,%o,%x\n",a,a,a,a);
    printf("b=%f,%lf,%5.4lf,%e\n",b,b,b,b);
    printf("c=%lf,%f,%8.4lf\n",c,c,c);
    printf("d=%c,%8c\n",d,d);
}
```

范例 035：在表达式中使用 printf 函数
源码路径：光盘\演练范例\035\
视频路径：光盘\演练范例\035\
范例 036：使用 printf 函数输出数值
源码路径：光盘\演练范例\036\
视频路径：光盘\演练范例\036\

通过上述代码，第 9 行中以 4 种格式输出整型变量 a 的值，其中“%5d”要求输出宽度为 5，而 *a* 值为 15 只有两位故补 3 个空格。第 10 行中以四种格式输出实型量 *b* 的值。其中“%f”和“%lf”格式的输出相同，这说明“l”符对“f”类型无影响。“%5.4lf”指定输出宽度为 5，精度为 4，由于实际长度超过 5 故应该按实际位数输出，小数位数超过 4 位部分被截去。第 11 行输出双精度实数，“%8.4lf”由于指定精度为 4 位故截去了超过 4 位的部分。第 12 行输出字符量 d，其中“%8c”指定输出宽度为 8 故在输出字符 p 之前补加 7 个空格。

执行后将分别在界面中输不同格式的 a 和 b 的值，如图 7-6 所示。

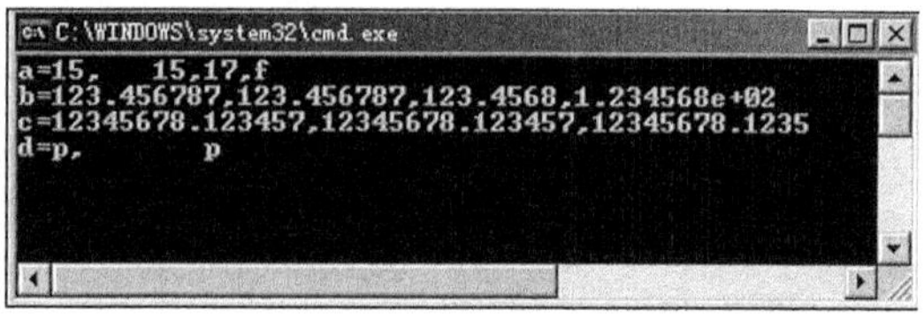

图 7-6　成功提示

当在 C 程序中使用函数 printf 时，需要充分注意如下 4 点。

（1）除了 X、E、G 外，其他格式字符必须有小写字母，例如%c 不能写成%C。

（2）d、o、x、u、c、s、f、e、g 等字符用在“%”后面就作为格式符号。一个格式字符串以“%”开头，以上述格式字符之一结束，而紧跟在该格式字符串“%”前和格式字符后的字符不会被误认为是该格式字符串的内容。

（3）如果想输出字符“%”，则应该在“格式控制”字符串中用连续两个%表示，例如：

```
printf("%f%%",1.0/3);
```

（4）在使用 printf 函数时还要注意一个问题，那就是输出表列中的求值顺序。不同的编译系统不一定相同，可以从左到右，也可从右到左。Turbo C 是按从右到左进行的。请看下的两段代码。

第一段：

```
main(){
  int i=8;
  printf("%d\n%d\n%d\n%d\n%d\n%d\n",++i,--i,i++,i--,-i++,-i--);
}
```

第二段：

```
main(){
  int i=8;
  printf("%d\n",++i);
  printf("%d\n",--i);
  printf("%d\n",i++);
  printf("%d\n",i--);
  printf("%d\n",-i++);
  printf("%d\n",-i--);
}
```

上述两段程序的区别是：第一个用一个 printf 语句输出，第二个用多个 printf 语句输出。但从结果可以看出是不同的。这是因为 printf 函数对输出表中各个量的求值顺序是自右至左进行的。在第一个中，先对最后一项“-i--”求值，结果为-8，然后 *i* 自减 1 后为 7。 再对“-i++”项求值得-7，然后 *i* 自增 1 后为 8。再对“i--”项求值得 8，然后 *i* 再自减 1 后为 7。再求“i++”项得 7，然后 i 再自增 1 后为 8。 再求“--i”项，i 先自减 1 后输出，输出值为 7。最后才计算输出表列中第一项“++i”，此时 *i* 自增 1 后输出 8。

7.2.4 scanf 函数（格式输入函数）

函数 scanf 又被称为格式输入函数，能够按用户指定的格式从键盘上把数据输入到指定的变量之中。

1. 函数 scanf 的一般形式

函数 scanf 是一个标准的库函数，其函数原型在头文件“stdio.h”中。和函数 printf 相同，C 语言也允许在使用函数 scanf 之前不必包含 stdio.h 文件。使用函数 scanf 的一般格式如下所示：

```
scanf("格式控制字符串", 地址表列);
```

其中，“格式控制字符串”的作用与函数 printf 相同，但是不能显示非格式字符串，即不能显示提示字符串。地址表列中给出各变量的地址。地址是由地址运算符“&”后跟变量名组成的。例如下面的代码分别表示变量 *a* 和变量 *b* 的地址：

```
&a, &b
```

上述地址就是编译系统在内存中给变量 *a*、*b* 分配的地址。在 C 语言中，地址这一概念与其他语言是不同的，应该把变量的值和变量的地址这两个不同的概念区别开来。变量的地址是 C 编译系统分配的，用户不必关心具体的地址是多少。

例如在赋值表达式“a=123”中给变量赋值，则 *a* 为变量名，123 是变量的值，&a 是变量 *a* 的地址。

但在赋值号左边是变量名，不能写地址。而函数 scanf 在本质上也是给变量赋值，但要求写变量的地址，例如&a，这两者在形式上是不同的。&是一个取地址运算符，&是一个表达式，其功能是求变量的地址。

看下面的一段代码：

```
main(){
   int a,b,c;
   printf("input a,b,c\n");
   scanf("%d%d%d",&a,&b,&c);
  printf("a=%d,b=%d,c=%d",a,b,c);
}
```

在上述代码中，因为函数 scanf 本身不能显示提示串，所以先用 printf 语句在屏幕上输出提示用户输入 *a*、*b*、*c* 的值。当执行 scanf 语句后，则退出 Tuvbo C 屏幕进入用户屏幕等待用户输入。用户输入 7　8　9 后按下回车键，此时系统又将返回 Tuvbo C 屏幕。在 scanf 语句的格式串中，因为没有非格式字符在“%d%d%d”之间作输入时的间隔，所以在输入时要用一个以上的空格或回车键作为每两个输入数之间的间隔。

2. 格式字符串

函数 scanf 的格式字符串和函数 pritf 的类似，以%开头，以一个格式字符结束，中间可以插入附加的字符。使用函数 scanf 的格式如下所示：

```
%[*][输入数据宽度][长度]格式字符
```

其中，方括号“[]”中的项为可选项。上述格式中各选项的具体说明如下所示。

- 格式字符。

格式字符用于标识输出数据的类型，各格式字符的具体说明如表 7-3 所示。

- “*”符。

用以表示该输入项，读入后不赋予相应的变量，即跳过该输入值。例如：

```
scanf("%d %*d %d",&a,&b);
```

表 7-3　格式字符说明

格式	字符意义
d	输入十进制整数
o	输入八进制整数
x	输入十六进制整数
u	输入无符号十进制整数
f 或 e	输入实型数（用小数形式或指数形式）
c	输入单个字符
s	输入字符串

当输入 1、2、3 时，会把 1 赋予 *a*，2 被跳过，3 赋予 *b*。

❑ 宽度。

用十进制整数指定输入的宽度（即字符数）。例如：

```
scanf("%5d",&a);
```

如果输入“12345678”，则会把 12345 赋予变量 *a*，其余部分被截去。例如：

```
scanf("%4d%4d",&a,&b);
```

如果输入“12345678”，将会把 1234 赋予 *a*，而把 5678 赋予 *b*。

❑ 长度。

长度格式符是 l 和 h，l 表示输入长整型数据（如%ld）和双精度浮点数（如%lf）；而 h 则表示输入短整型数据。

在 C 语言中使用函数 scanf 时，必须注意以下 6 点。

（1）在函数 scanf 中没有精度控制，例如“scanf（"%5.2f"，&a）；”是非法的。不能企图用此语句输入小数为 2 位的实数。

（2）scanf 中要求给出变量地址，如给出变量名则会出错。例如 scanf（"%d"，a）；是非法的，应改为 scnaf（"%d"，&a）；才是合法的。

（3）在输入多个数值数据时，若格式控制串中没有非格式字符作输入数据之间的间隔则可用空格，TAB 或回车作间隔。C 编译时如果遇到空格、Tab、回车或非法数据（如对“%d”输入“12A”时，A 即为非法数据）时，即可认为该数据结束。

（4）在输入字符数据时，若格式控制串中无非格式字符，则认为所有输入的字符均为有效字符。例如：

```
scanf("%c%c%c",&a,&b,&c);
```

如果输入“d　e　f”，则会把 d 赋予 a，' ' 赋予 b，e 赋予 c。只有当输入为 def 时，才能把 d 赋于 a，e 赋予 b，f 赋予 c。如果在格式控制中加入空格作为间隔，例如：

```
scanf ("%c %c %c",&a,&b,&c);
```

则输入时在各数据之间可以加空格。

看下面的一段代码：

```
main(){
    char a,b;
    printf("input character a,b\n");
    scanf("%c%c",&a,&b);
    printf("%c%c\n",a,b);
}
```

在上述代码中，因为 scanf 函数"%c%c"中没有空格，所以输入“M　N”后，结果输出只有 M。而输入改为 MN 时才可以输出 MN 两个字符。

（5）如果格式控制串中有非格式字符，则输入时也要输入该非格式字符。例如：

```
scanf("%d,%d,%d",&a,&b,&c);
```

其中用非格式符“,”作间隔符，所以输入时应为 5、6、7。例如：

```
scanf("a=%d,b=%d,c=%d",&a,&b,&c);
```

此时应该输入为 a=5，b=6，c=7。

(6) 如输入的数据与输出的类型不一致时，虽然编译能够通过，但结果将不正确。

看下面的一段代码：

```
main(){
    long a;
    printf("input a long integer\n");
    scanf("%ld",&a);
    printf("%ld",a);
}
```

当输入一个长整型 123456789 后，输出的数据也是 123456789，即输入好输出数据完全相等，如图 7-7 所示。

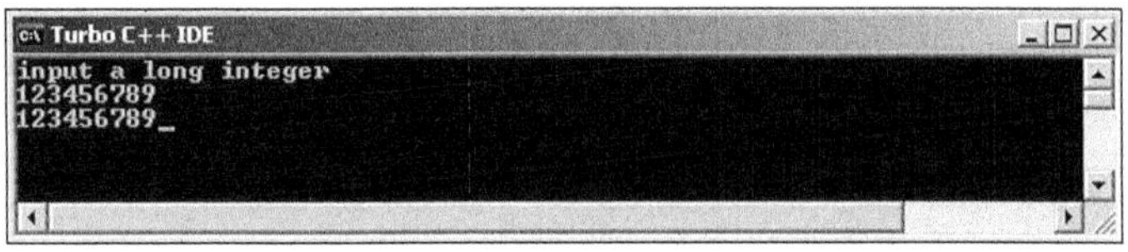

图 7-7 执行效果

实例 019 通过函数 scanf 输出用户输入字符的 ASCII 码和对应的大写字母

源码路径 光盘\daima\7\5　　视频路径 光盘\视频\实例\第 7 章\019

本实例的实现文件为“scanf.c”，具体实现代码如下所示：

```
void main()
{
    char a,b,c;                        //声明3个字符变量
    printf("input lowercase a,b,c\n");
    scanf("%c,%c,%c",&a,&b,&c);        //输入3个字母
    //输出三个字符以及它们的大写字母
    printf("%d,%d,%d\n%c,%c,%c\n",a,b,c,a-32,b-32,c-32);
}
```

上述代码的具体实现流程如下所示。

(1) 定义 3 个 char 类型的变量 *a*、*b* 和 *c*。

(2) 通过 printf 输出提示，提示用户输入 3 个小写字母。

(3) 通过 scanf 将用户输入的数据存储到指定变量中。

(4) 输出对应的 3 个大写字母和 ASCII 码。

执行后会在界面窗口中提示输入指定格式的字符，如图 7-8 所示。

> 范例 037：演示文本的输入和输出
> 源码路径：光盘\演练范例\037\
> 视频路径：光盘\演练范例\037\
> 范例 038：使用 scanf()函数
> 源码路径：光盘\演练范例\038\
> 视频路径：光盘\演练范例\038\

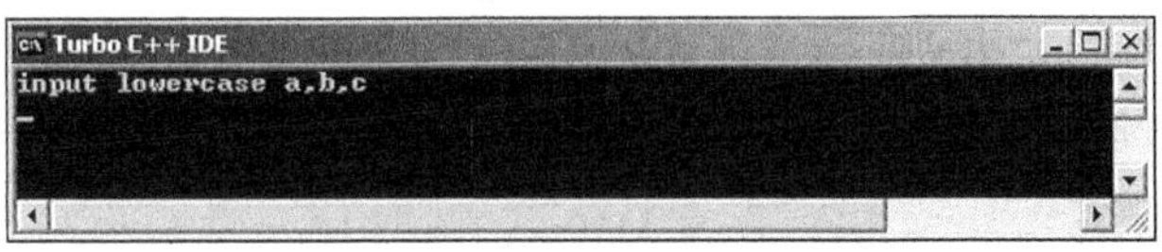

图 7-8 输入提示

输入指定格式字符，然后按下【Alt+F5】组合键后将运行程序，将在界面中输出输入字符对应的 ASCII 码和对应的大写字母，如图 7-9 所示。

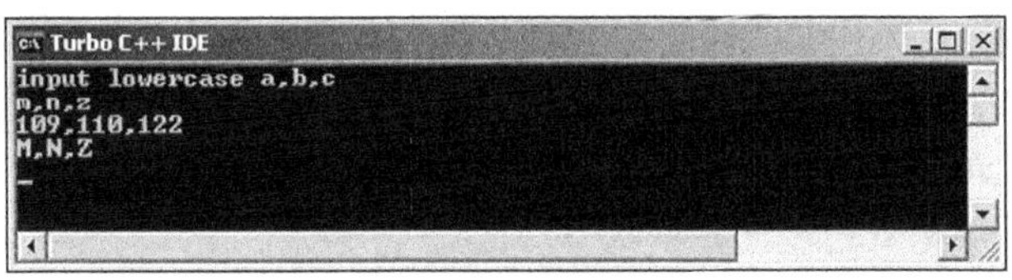

图 7-9 执行结果

7.2.5　puts 函数（字符串输出函数）

函数 puts 的头文件是 stdio.h，其功能是向标准输出设备写字符串并自动换行，直至接受到换行符或 EOF 时停止，并将读取的结果存放在 str 指针所指向的字符数组中。换行符不作为读取串的内容，读取的换行符被转换为 null 值，并由此来结束字符串。

使用函数 puts 的语法格式如下所示：

```
puts(字符串参数)
```

其中，“字符串参数”可以是字符串数组名或字符串指针，也可以是字面字符串，并且该字符串参数可以包含转义字符，但是不能包含格式字符串。具体说明如下所示。

- 函数 puts 只能输出字符串，而不能输出数值或进行格式变换。
- 可以将字符串直接写入到函数 puts 中。
- 函数 puts 可以无限读取，不会判断上限，所以程序员应该确保 str 的空间足够大，以便在执行读操作时不发生溢出。

实例 020　**通过 puts 函数输出指定的字符串**

源码路径　光盘\daima\7\6　　　　视频路径　光盘\视频\实例\第 7 章\020

本实例的实现文件为“puts.c”，具体实现代码如下所示：

```
#include <stdio.h>
void main()
{
    //输出输字符串
    puts("The first line.\nThe second line.");
    puts("The third line.");
}
```

通过上述代码，分别输出了函数 main 中的字符语句。执行后将在界面中输出指定的字符语句，如图 7-10 所示。

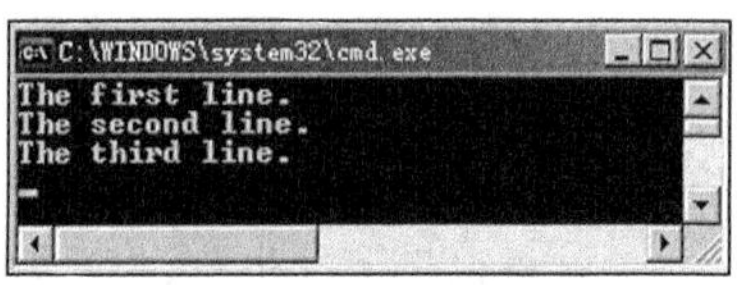

图 7-10　执行结果

范例 039：使用 puts 函数（1）
源码路径：光盘\演练范例\039\
视频路径：光盘\演练范例\039\
范例 040：使用 puts 函数（2）
源码路径：光盘\演练范例\040\
视频路径：光盘\演练范例\040\

从上述实例的具体执行结果可以看出：puts 函数能够把字符数组中所存放的字符串，输出到标准输出设备中去，并用'\n'取代字符串的结束标志'\0'。所以用 puts()函数输出字符串时，不要求另加换行符。字符串中允许包含转义字符，输出时产生一个控制操作。该函数一次只能输出一个字符串，而 printf()函数也能用来输出字符串，且一次能输出多个。

7.2.6　gets 函数（字符串输入函数）

函数 gets 的功能是，从标准输入设备（stdin）键盘上读取 1 个字符串（可以包含空格），并将其存储到字符数组中去，并用空字符（\0）代替处理字符串中的换行符。函数 gets 读取的字符串的长度没有限制，编程者要保证字符数组有足够大的空间，存放输入的字符串。如果调用成功则返回字符串参数 s；如果遇到文件结束或出错将返回 null。该函数输入的字符串中允许包含空格，而函数 scanf()则不允许。

使用函数 gets 的语法格式如下所示：

```
gets(字符数组)
```

实例 021 询问用户的姓名和身高，最后通过 gets 函数获取输入的信息，然后通过 puts 函数输出对应的信息。

源码路径 光盘\daima\7\7 视频路径 光盘\视频\实例\第 7 章\021

本实例的实现文件为“gets.c”，具体实现代码如下所示：

```
#include <stdio.h>
void main(){
    char str1[24], str2[2];
    printf("What's your name?\n");
    gets(str1);         //等待输入字符串直到回车结束
    puts(str1);         //将输入的字符串输出
    puts("shengao?");
    gets(str2);
    puts(str2);
}
```

运行后将在窗体内提示输入用户名字和身高，输入后将在界面中输出指定的字符语句，如图 7-11 所示。

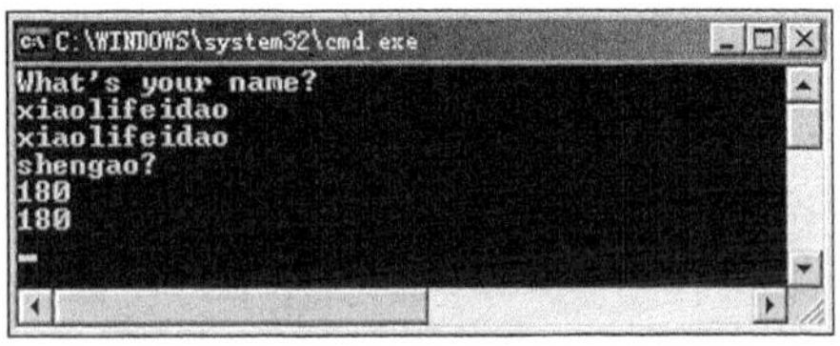

图 7-11 执行结果

范例 041：使用 gets 函数
源码路径：光盘\演练范例\041\
视频路径：光盘\演练范例\041\
范例 042：一段复杂点的程序
源码路径：光盘\演练范例\042\
视频路径：光盘\演练范例\042\

7.3 技术解惑

7.3.1 gets 函数和 scanf 函数的区别

scanf 函数和 gets 函数都可用于输入字符串，但在功能上有区别。若想从键盘上输入字符串“hi hello”，则应该使用 gets 函数。gets 可以接收空格，而 scanf 遇到空格、回车和 Tab 键都会认为输入结束，所以它不能接收空格。例如：

```
char string[15]; gets(string); /*遇到回车认为输入结束*/
scanf("%s",string); /*遇到空格认为输入结束*/
```

所以在输入的字符串中包含空格时，应该使用 gets 输入。

在 C 语言中，至少有两个能够获取字符串的函数：scanf 和 gets。两者的不同点如下所示：

- ❑ scanf 不能接受空格、制表符 Tab、回车等。
- ❑ gets 能够接受空格、制表符 Tab 和回车等。

两者的相同点如下所示：

- ❑ 字符串接受结束后自动加'\0'。
- ❑ 当 scanf 遇到回车，空格和 Tab 键会自动在字符串后面添加'\0'，但是回车、空格和 Tab 键仍会留在输入的缓冲区中。
- ❑ gets 可以接受回车键之前输入的所有字符，并用'\n'替代 '\0'，回车键不会留在输入缓冲区中。
- ❑ gets 用到读取字符串，用回车结束输入。
- ❑ scanf 可以读取所有类型的变量。

7.3.2 克服 gets 函数的缺陷

函数 gets 是 C 语言用于从 stdin 流中读取字符串的函数，此函数接收用户从键盘上输入的字符直到遇到回车时终止。函数 gets 的原型是：

```
char* gets(char *buff);
```

例如：

```
#include <stdio.h>
int main()
{
        charstr[30];
        while(!str!= gets(str));
        printf("%s\n",str);
        return 0;
}
```

如果读取成功，gets 函数返回值是和 str 的值相同的指针，否则返回空指针。

函数 gets 是一个危险的函数，原因是用户在键盘上输入的字符个数可能大于 buf 的最大界限，而函数 gets 并不对其检查。当用户在键盘上输入多个数据时，程序有可能会发生崩溃。解决方法是重写一个新的函数 gets，原型是：

```
char* Gets(int maxlen)
```

这个函数让程序员指定一个最多输入字符的个数，在函数中为字符分配存储空间，函数返回 char*。

这个函数是针对动态数组而做的，例如：

```
int main()
{
        char*p;
   p=Gets(18);
}
```

函数 gets 的参数之所以舍弃了传入的指针，是因为传入函数的指针可能不可靠，会造成程序崩溃，比如传入一个野指针。

另一个 gets 函数的原型是：

```
char* const Gets(char* const array,int maxlen);
```

这个函数针对固定长度字符数组的输入，例如：

```
int main()
{
    charstr[20];
    Gets(str,20);
    return 0;
}
```

此时函数 gets 的参数之一之所以是 char* const 类型，是因为容许程序员修改这个类型指针所指向的内容，而不能修改指针本身。具体实现代码如下：

```
#include <string.h>
#include <stdio.h>
#include <conio.h>
#include <stdlib.h>
#include <io.h>
char* Gets(int maxlen)
//最多从键盘上读入maxlen个字符,返回字符串指针类型
{
        int i;
        staticchar* str;
        char c;
        str=(char*)malloc(sizeof(char)*maxlen);
        if(!str)
        {
                perror("memeoryallocation error!\n");
                return0;
        }
        else
        {
                for(i=0;i<maxlen;i++)
                {
                        c=getchar();
                        if(c!='\n')str[i]=c;
                        elsebreak;
                }
```

```
                str[i]='\0';
                returnstr;
            }
    }

    char* const Gets(char* const array,int maxlen)
    {
            int i;
            char c;
            for(i=0;i<maxlen;i++)
            {
                c=getchar();
                if(c!='\n')array[i]=c;
                elsebreak;
            }
            array[i]='\0';
            returnarray;
    }

    int main()
    {
            char s[8];
            Gets(s,8);
            puts(s);
    fflush(stdin); //刷新输入缓冲区,很重要,否则会影响下一个Gets函数
        char*p=Gets(8);
            puts(p);
            return 0;
    }
```

7.3.3 一个 C 语言的输入和输出问题

请看下面的代码：

```
#include<stdio.h>
void main()
{
    putchar(getchar());
    putchar(getchar());
    putchar(getchar());
    putchar('\n');
}
```

当输入 a，回车，b，回车，运行就结束了。运行结果为：

```
a
a
b
b
```

这是因为你输入 a，回车时，这时系统得到两个字符，一个是 a，另一个是回车。所以系统会输出 a，回车，这是第二个 a 的由来。第一个 a 是自己输入的，第一个 a 以及紧接着的回车都是你输入用的，它们作为 getchar 的返回值返回给 putchar。所以第二个 a 和紧接着的回车就是 putchar 的两次返回值。b 也是同样解释。其值，b 后面还有输出个回车，只是没在意而已。

造成上述问题的原因是没有清空缓冲区里数据，我们可以修改为如下形式：

```
#include<stdio.h>
void main()
{
    putchar(getchar());
    fflush(stdin);
    putchar(getchar());
    fflush(stdin);
    putchar(getchar());
    putchar('\n');
}
```

这样当每次输入后，会强制清空标准输入流。

第 8 章

流 程 控 制

C 语言的结构化程序由若干个基本结构构成，每个基本结构可以包含一条或若干条语句。程序中语句的执行顺序称为程序结构，如果程序语句是按照书写顺序执行的，则称为顺序结构；如果是按照某个条件来决定是否执行，则称为选择结构；如果某些语句要反复执行多次，则称为循环结构。

本章内容

- 最常见的顺序结构
- 选择结构
- 循环结构详解

技术解惑

- 循环中的低效问题
- 分析 C 语言循环语句的效率
- 使用 for 循环语句的注意事项

8.1 最常见的顺序结构

知识点讲解：光盘:视频\PPT 讲解（知识点）\第 8 章\最常见的顺序结构.mp4

C 语言是一种结构化和模块化通用程序设计语言，结构化程序设计方法可以使程序结构更加清晰，提高程序的设计质量和效率。C 语言的流程控制控制着整个程序的运作，将各个功能统一地串联起来。

顺序结构遵循了万物的生态特性，总是从前往后按序进行。在程序中的特点是按照程序的书写顺序自上而下顺序执行，每条语句都必须执行，并且只能执行一次。具体流程如图 8-1 所示。

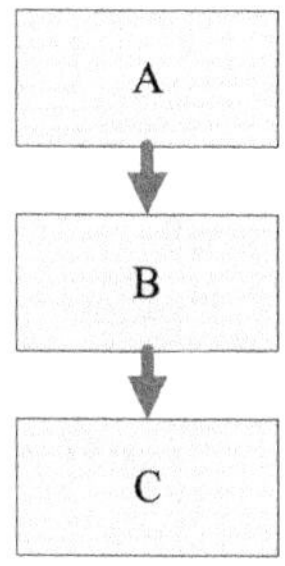

图 8-1 顺序执行

在图 8-1 所示流程中，只能先执行 A，再执行 B，最后执行 C。

顺序结构是 C 语言程序中最简单的结构方式，在本书前面的内容中，也已经使用了多次。

实例 022 **通过输入的边长 a 和 b 以及夹角的大小计算此三角形的面积**

源码路径 光盘\daima\8\1 视频路径 光盘\视频\实例\第 8 章\022

本实例的实现文件为“mianji.c”，具体实现代码如下所示：

```
#include "stdio.h"                    //输入/输出头函数
void main(){
{
    int m=0256,n=256;
    printf("%o %o\n",m,n);
}
}
```

上述代码的具体实现流程如下所示。

（1）定义 int 类型的变量 *m* 和 *n*。

（2）通过“printf”输出变量的结果。

运行后将会输出运行结果，如图 8-2 所示。

图 8-2 输出结果

> 范例 043：实现两个变量的交换
> 源码路径：光盘\演练范例\043\
> 视频路径：光盘\演练范例\043\
> 范例 044：输出字符串的前驱和后继
> 源码路径：光盘\演练范例\044\
> 视频路径：光盘\演练范例\044\

从图 8-2 所示的结果可以看出，顺序结构即按照顺序执行，即首先输出变量 *m* 的值，再输出变量 *n* 的值。

8.2 选择结构

知识点讲解：光盘:视频\PPT 讲解（知识点）\第 8 章\选择结构.mp4

C 语言程序可以根据需要选择要执行的语句。大多数的稍微复杂程序都会使用选择结构，其功能是根据所指定的条件，决定从预设的操作中选择一条操作语句。具体流程如图 8-3 所示。

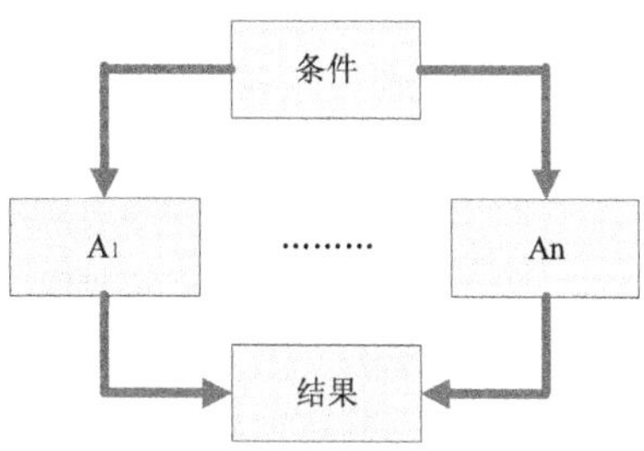

图 8-3 选择执行

在图 8-3 所示的流程中，只能根据满足的条件执行 A_1 到 A*n* 之间的任意一条程序。

C 语言中的选择结构是通过 if 语句实现的，根据 if 语句的使用格式可以将选择结构分为单分支结构、双分支结构和多分支结构 3 种。在本节的内容中，将详细讲解这 3 种选择结构的基本知识。

8.2.1　单分支结构语句

对于单分支结构的 if 语句，功能是计算一个表达式，并根据计算的结果决定是否执行后面的语句。使用单分支 if 语句的格式如下所示：

```
if(表达式)
语句
```

或：

```
if(表达式) {
语句
}
```

上述格式的含义是，如果表达式的值为真，则执行其后的语句，否则不执行该语句。其过程可表示为图 8-4。

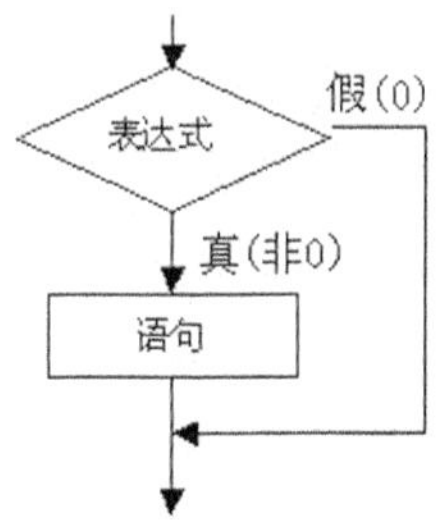

图 8-4　单分支 if 语句

实例 023　**获取用户输入的 3 个数字，并按从大到小的顺序进行排列。**

源码路径　光盘\daima\8\2　　视频路径　光盘\视频\实例\第 8 章\023

下面通过一个具体实例来说明使用单分支 if 语句的方法。本实例的实现文件为“123.c”，具体实现代码如下所示：

```
#include <stdio.h>
void main( ){
    int a,b,c,t;                              //声明4个变量
    printf("\n enter 3 numbers:\n");
    scanf("%d,%d,%d",&a,&b,&c);               //输入数据
    if(a<b)                                   //判断a和b的大小
    {t=a;a=b;b=t;}
    if(a<c)                                   //判断a和c的大小
    {t=a;a=c;c=t;}
    if(b<c)//判断b和c的大小
    {t=b;b=c;c=t;}
    printf("%6d,%6d,%6d",a,b,c);              //输出结果
}
```

范例 045：演示单条件单分支选择语句
源码路径：光盘\演练范例\045\
视频路径：光盘\演练范例\045\
范例 046：实现小数的四舍五入
源码路径：光盘\演练范例\046\
视频路径：光盘\演练范例\046\

上述代码的具体实现流程如下所示。

(1) 引用头文件 stdio.h。

(2) 分别定义 int 类型的变量 *a*、*b*、*c* 和 *t*。

(3) 通过“scanf”在屏幕中输出输入提示。

(4) 对 *a* 和 *b* 进行大小判断，将小值放在后面。

(5) 对 *a* 和 *c* 进行大小判断，将小值放在后面。

(6) 对 *b* 和 *c* 进行大小判断，将小值放在后面。

(7) 通过获取信息计算此三角形的面积。

(8) 通过“printf”语句输出排序后的结果。

执行后会提示用户在界面中输入边长 *a* 和 *b*，以及夹角大小。如图 8-5 所示。

图 8-5　输入提示界面

输入 3 个数值后按【Enter】键，将分别在界面中按照从大到小的顺序排列输入的 3 个值，如图 8-6 所示。

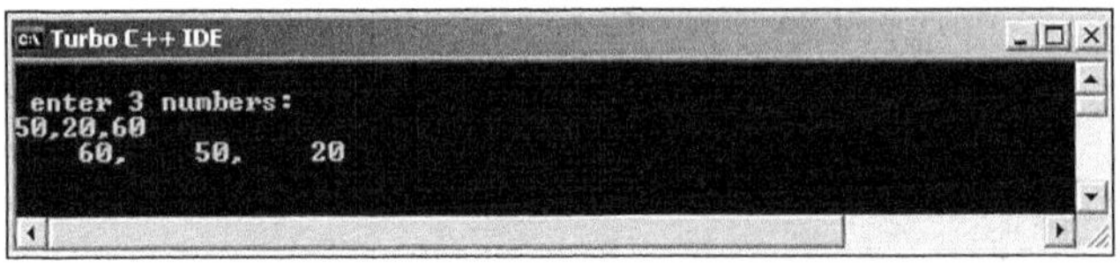

图 8-6　执行结果

8.2.2　双分支结构语句

在 C 语言中，可以使用 if-else 语句实现双分支结构。双分支结构语句的功能是对一个表达式进行计算，并根据得出的结果来执行其中的操作语句。

使用双分支 if 语句的具体格式如下所示：

```
if(表达式)
    语句1;
else
    语句2;
```

上述格式的含义是：如果表达式的值为真，则执行语句 1，否则将执行语句 2，语句 1 和语句 2 只能执行一个。其过程可表示为图 8-7。

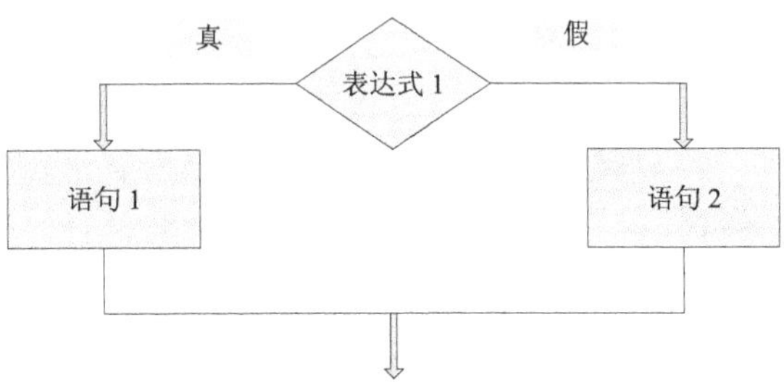

图 8-7　双分支 if 语句

看下面的一段代码：

```
#include "stdio.h"
void main(){
    char c;
    printf("Enter a character:\n");
    scanf("%c",&c);
    if('0'<=c&&c<='9')
        //如果是数字，则输出字符串Number
        printf("%c is Number\n",c);
    else if('A'<=c&&c<='Z')
        //如果不是数字，而是大写字母，则输出字符串Majuscule
        printf("%c is Majuscule\n",c);
    else if('a'<=c&&c<='z')
        //如果不是数字和大写字母，而是小写字母，则输出字符串Lowercase
        printf("%c is Lowercase\n",c);
    else if(c==' ')
```

```
        //如果不是数字和大小写字母，而是空格，则输出字符串Blank
        printf("%c is Blank\n",c);
    else if(c=='\n')
        //如果不是数字、大小写字母和空格，而是回车换行符，则输出字符'\n'
        printf("%c is '\n'\n",c);
    else
        //如果不是数字、大小写字母、空格和回车换行符，则输出字符串Other
        printf("%c is Other\n",c);
}
```

上述代码的执行过程如图 8-8 所示。

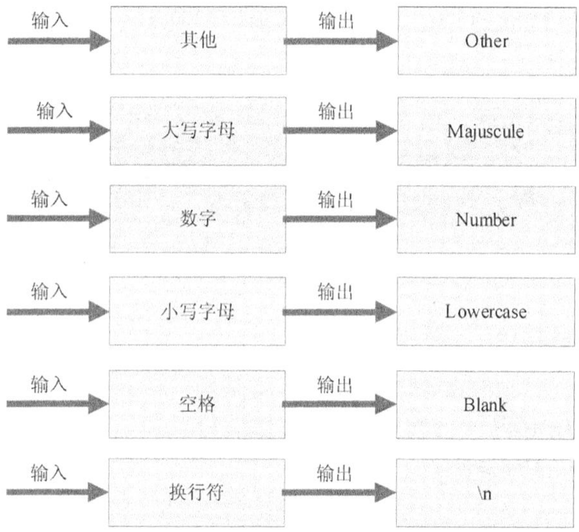

图 8-8　处理过程

在上述代码中，通过双分支 if 语句对用户输入的字符进行了判断，判断输入的是数字、大写字母、小写字母、空格回车键还是其他格式，并将判断的结果输出，如图 8-9 所示。

图 8-9　输出提示

在具体使用时，为了解决比较复杂的问题，有时需要对 if 语句进行嵌套使用。嵌套的位置可以固定在 else 分支下，在每一层的 else 分支下嵌套另外一个 if-else 语句。具体格式如下所示：

```
if(表达式1)
        语句1;
    else    if(表达式2)
        语句2;
    else    if(表达式3)
        语句3;
        …
    else    if(表达式m)
        语句m;
    else
        语句n;
```

上述格式的含义是：依次判断表达式的值，当出现某个值为真时，则执行后面对应的语句，然后跳到整个 if 语句之外继续执行程序。如果所有的表达式均为假，则执行语句 *n*，然后继续执行后续程序。其过程可表示为图 8-10。

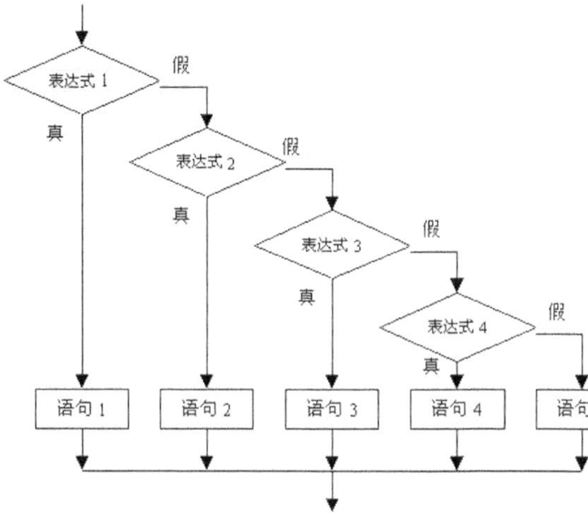

图 8-10 嵌套的 if-else 语句

实例 024 根据用户在键盘输入的字符，输出此字符所属的类别。

源码路径 光盘\daima\8\3 **视频路径** 光盘\视频\实例\第 8 章\024

本实例的实现文件为“123.c”，具体实现代码如下所示：

```
#include"stdio.h"
void main(){
char c;
printf("input a character: ");
c=getchar();
if(c<32)
    printf("This is a control character\n");
else if(c>='0'&&c<='9')
    printf("This is a digit\n");
else if(c>='A'&&c<='Z')
    printf("This is a capital letter\n");
else if(c>='a'&&c<='z')
    printf("This is a small letter\n");
else
    printf("This is an other character\n");
}
```

范例 047：使用单条件双分支 if 语句
源码路径：光盘\演练范例\047\
视频路径：光盘\演练范例\047\
范例 048：由小到大排列数字
源码路径：光盘\演练范例\048\
视频路径：光盘\演练范例\048\

在上述代码中，能够判别键盘输入字符的类别。可以根据输入字符的 ASCII 码来判别类型。由 ASCII 码表可知 ASCII 值小于 32 的为控制字符。在“0”和“9”之间的为数字，在“A”和“Z”之间为大写字母，在“a”和“z” 之间为小写字母，其余则为其他字符。这是一个多分支选择的问题，用 if-else-if 语句编程，判断输入字符 ASCII 码所在的范围，分别给出不同的输出。例如输入为“g”，输出显示它为小写字符。

运行后先在界面中提示用户输入字符，如图 8-11 所示。

图 8-11 输入提示界面

然后输入一个字符，按【Enter】键后将在界面中输出键入值的类别，如图 8-12 所示。

除了上述介绍的固定嵌套外，开发人员还可以根据需要进行随机嵌套。其一般形式可表示如下所示：

```
if(表达式)
  if语句;
```

图 8-12 输出结果

或者为：

```
if(表达式)
if语句;
else
if语句;
```

在嵌套内的 if 语句可能又是 if-else 型的，这将会出现多个 if 和多个 else 重叠的情况，这时要特别注意 if 和 else 的配对问题。看下面的代码：

```
main(){
    int a,b;
    printf("please input A,B:      ");
    scanf("%d%d",&a,&b);
    if(a!=b)
    if(a>b)   printf("A>B\n");
    else      printf("A<B\n");
    else      printf("A=B\n");
}
```

在上述代码中，使用了 if 语句的嵌套结构。采用嵌套结构实质上是为了进行多分支选择，实际上有 3 种选择，分别是 A>B、A<B 或 A=B。上述问题用 if-else-if 语句也可以完成，而且程序更加清晰。因此，在一般情况下应该尽量少使用 if 语句的嵌套结构。再看下面的代码：

```
#include <stdio.h>
void main(){
    float grade;
    printf("Please input student's result:\n");
    scanf("%f", &grade);
    if(grade>=90)
    {
        printf(" A\n");
    }
    else if ((grade>=80) && (grade<90))
    {
        printf(" B\n");
    }
    else if ((grade>=60) && (grade<80))
    {
        printf("C\n");
    }
    else
    {
        printf("D\n");
     }
}
```

在上述代码中，可以让用户随便输入一个数字，并根据输入的数字大小来确定级别。

8.2.3 还要使用多分支结构语句

C 程序经常会选择执行多个分支，多分支选择结构有 n 个操作，实际上前面介绍的的嵌套双分支语句可以实现多分支结构，在 C 语言中，专门提供了一种实现多分支结构的 switch 语句。

使用 switch 语句的格式如下所示：

```
switch(表达式){
        case常量表达式1:  语句1;
        case常量表达式2:  语句2;
        …
        case常量表达式n:  语句n;
        default         :  语句n+1;
        }
```

上述格式的含义是：计算表达式的值，并逐个与其后的常量表达式值相比较，当表达式的值与某个常量表达式的值相等时，即执行其后的语句，然后不再进行判断，继续执行后面所有case后的语句。如表达式的值与所有case后的常量表达式均不相同，则执行default后的语句。看下面的一段代码：

```
main(){
    int a;
    printf("输入数字: ");
    scanf("%d",&a);
    switch (a){
    case 1:printf("星期1\n");
    case 2:printf("星期2\n");
    case 3:printf("星期3\n");
    case 4:printf("星期4\n");
    case 5:printf("星期5\n");
    case 6:printf("星期6\n");
    case 7:printf("星期日\n");
    default:printf("error\n");
    }
}
```

上述代码要求输入一个数字，输出一个英文单词。但是当输入3之后，却执行了case 3以及以后的所有语句，输出了Wednesday及以后的所有单词，这当然是不希望的。为什么会出现这种情况呢?这恰恰反应了switch语句的一个特点。在switch语句中，“case常量表达式”只相当于一个语句标号，表达式的值和某标号相等则转向该标号执行，但不能在执行完该标号的语句后自动跳出整个switch语句，所以出现了继续执行所有后面case语句的情况。 这是与前面介绍的if语句完全不同的，应特别注意。为了避免上述情况，C语言还提供了一种break语句，专用于跳出switch语句，break语句只有关键字break，没有参数。在后面还将详细介绍。修改例题的程序，在每一case语句之后增加break语句，使每一次执行之后均可跳出switch语句，从而避免输出不应有的结果。例如下面的代码：

```
main(){
    int a;
    printf("input integer number:       ");
    scanf("%d",&a);
    switch (a){
      case 1:printf("Monday\n");break;
      case 2:printf("Tuesday\n"); break;
      case 3:printf("Wednesday\n");break;
      case 4:printf("Thursday\n");break;
      case 5:printf("Friday\n");break;
      case 6:printf("Saturday\n");break;
      case 7:printf("Sunday\n");break;
      default:printf("error\n");
    }
}
```

实例 025 提示用户输入数字，然后将用户输入的数字输出。

源码路径 光盘\daima\8\4 视频路径 光盘\视频\实例\第8章\025

本实例的实现文件为“switch.c”，具体实现代码如下所示：

```
#include "stdio.h"
main() {
    int i;
    printf("ENTER A MEMBER（1-5）: ");
    scanf("%d",&i);
    switch (i){
        case 1:printf("is"1"\n");break;
        case 2:printf("is"2"\n");break;
        case 3:printf("is"3"\n");break;
        case 4:printf("is"4"\n");break;
        case 5:printf("is"5"\n");break;
        default:printf("error \n");
    }
}
```

范例049：演示多条件if语句的用法
源码路径：光盘\演练范例\049\
视频路径：光盘\演练范例\049\
范例050：判断整数的正负和奇偶
源码路径：光盘\演练范例\050\
视频路径：光盘\演练范例\050\

在上述代码中，首先建议用户输入一个1～5的数字，然后通过switch语句根据用户输入的数字，来输出对应的提示。

编写代码完毕后，按下【F2】键将上述文件保存，然后按下【F9】键编译并连接上述代码。按下【Ctrl+F9】组合键运行上述代码，在界面中提示用户输入 1 个数字。输入 1 个数字，单击【Enter】键返回，然后按下【Alt+F5】组合键后将运行程序，在界面中输出键入值的类别。

在具体在使用 switch 语句时，应该注意如下 4 点。

（1）在 case 后的各常量表达式的值不能相同，否则会出现错误。

（2）在 case 后，允许有多个语句，可以不用{}括起来。

（3）各 case 和 default 子句的先后顺序可以变动，而不会影响程序执行结果。

（4）default 子句可以省略不用。

8.2.4　条件运算符和条件表达式

果在条件语句中，如果只执行单个的赋值语句，则可以使用条件表达式来实现。这样不但使程序简洁，而且提高了运行效率。条件运算符是问号“?”和冒号“:”，它是一个三目运算符，有 3 个参与运算的量。

使用条件运算符的格式如下所示：

```
表达式1? 表达式2: 表达式3
```

上述格式的规则是：如果表达式 1 的值为真，则以表达式 2 的值作为条件表达式的值，否则以表达式 2 的值作为整个条件表达式的值。条件表达式通常被用于赋值语句之中。上述过程可表示为图 8-13。

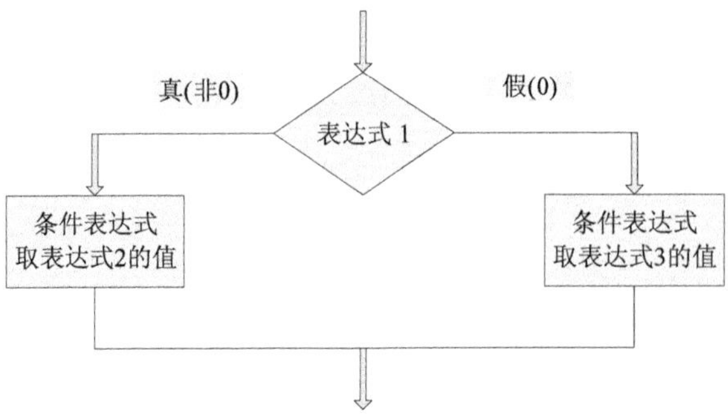

图 8-13　条件运算符和表达式

例如下面的条件语句：

```
if(a>b)    max=a;
   else max=b;
```

就可以用如下条件表达式代替：

```
max=(a>b)?a:b;
```

执行该语句的语义是：如 a>b 为真，则把 a 赋予 max，否则把 b 赋予 max。

在使用条件表达式时应注意以下 5 点。

（1）条件运算符的运算优先级低于关系运算符和算术运算符，但高于赋值符。例如下面的代码：

```
max=(a>b)?a:b
```

上述代码中，将先执行右边的条件表达式，然后再将其值赋给左边的 c。所以可以去掉上述代码中的括号，而写为如下所示的格式。

```
max=a>b?a:b
```

（2）条件运算符“?”和“:”是一对运算符，是固定组合，不能分开单独使用。

（3）条件运算符的结合方向是从右向左。例如下面的表达式：

```
a>b?a:c>d?c:d
```

可以理解为如下格式：

```
a>b?a:(c>d?c:d)
```

（4）在条件表达式中，表达式 1 的类型可以和表达式 2、表达式 3 的类型不同。例如下面的语句：

```
x>?'a': 'b';
```

上述 *x* 是整型变量，如果 *x*=0，则条件表达式的值为字符 b，否则为字符 a。表达式 2 和表达式 3 的类型也不同，此时表达式的值类型为 2 者中较高的类型。例如：

```
a>b?9:7.5
```

如果 *a*>*b* 的值为假，则条件表达式的值为 7.5；如果 a>b 的值为真，则条件表达式的值为 9。但是因为 7.5 是实型，比整型高，所以可以将 9 转换成执行 9.0 实型作为该条件表达式的值。

实例 026 提示用户输入两个数字，然后将两者中大的数字输出。

源码路径 光盘\daima\8\5 视频路径 光盘\视频\实例\第 8 章\026

本实例的实现文件为“compare.c”，具体实现代码如下所示：

```
void main(){
    int a,b,max;                          //声明3个变量
    printf("\n enter 2 member:");
    scanf("%d,%d",&a,&b);                 //输入两个数据
    printf("max=%d",a>b?a:b);             //输出两个数中的最大数
}
```

执行后将在界面中提示用户输入两个数字，如图 8-14 所示。

输入两个数字，按【Enter】键后将在界面中输出输入数字中较大的数字，如图 8-15 所示。

> 范例 051：使用条件运算符
> 源码路径：光盘\演练范例\051\
> 视频路径：光盘\演练范例\051\
> 范例 052：判断是否是闰年
> 源码路径：光盘\演练范例\052\
> 视频路径：光盘\演练范例\052\

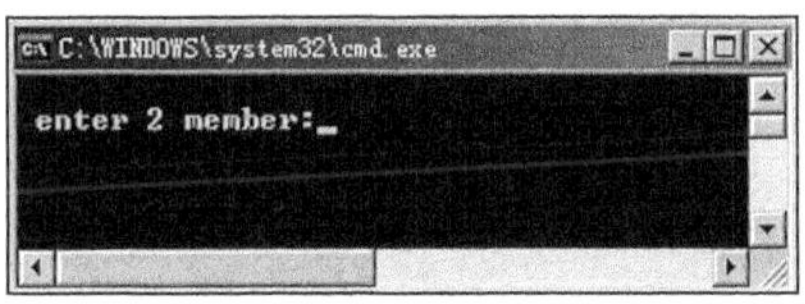

图 8-14 输入提示

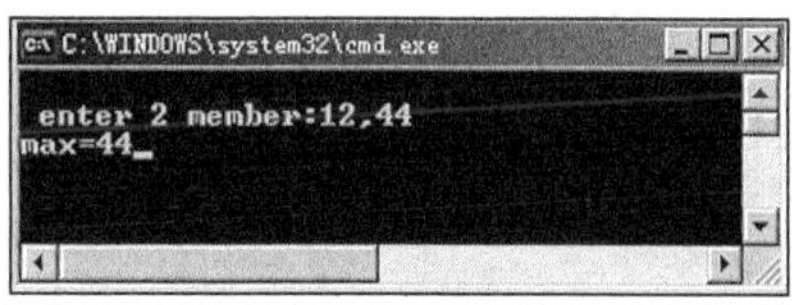

图 8-15 执行效果

8.3 循环结构详解

知识点讲解：光盘:视频\PPT 讲解（知识点）\第 8 章\循环结构详解.mp4

循环结构是程序中一种很重要的结构。其特点是，在给定条件成立时，反复执行某程序段，直到条件不成立为止。给定的条件称为循环条件，反复执行的程序段称为循环体。

C 语言提供了多种循环语句，可以组成各种不同形式的循环结构。C 语言中的循环语句有如下几种。

- ❑ for 语句。
- ❑ goto 语句和 if 语。
- ❑ while 语句。
- ❑ do-while 语句。

在本节的内容中，将详细讲解上述循环语句的基本知识。

8.3.1　for 语句循环

在 C 语言中，for 语句使用的最为灵活，功能是将一个由多条语句组成的代码块执行特定的次数。for 语句也称 for 循环，因为程序通常会执行此语句多次。使用 for 语句的格式如下所示：

```
for(表达式1；表达式2；表达式3)
语句
```

执行 for 语句的步骤如下所示。

（1）先求解表达式 1。

（2）求解表达式 2，若其值为真（非 0），则执行 for 语句中指定的内嵌语句，然后执行下面第 3 步；若其值为假(0)，则结束循环，转到第 5 步。

（3）求解表达式 3。

（4）转回上面第 2 步继续执行。

（5）循环结束，执行 for 语句下面的一个语句。

上述步骤的具体流程如图 8-16 所示。

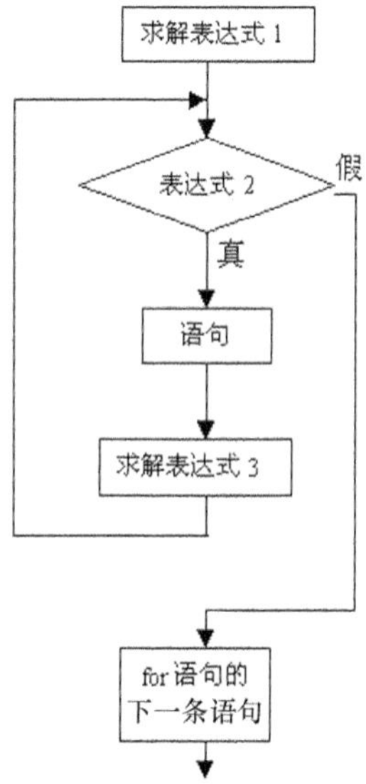

图 8-16　执行流程

再看下面的格式：

```
for(循环变量赋初值；循环条件；循环变量增量) 语句;
```

上述格式是 for 语句中最简单的应用形式，也是最容易理解的形式。“循环变量赋初值”总是一个赋值语句，它用来给循环控制变量赋初值；“循环条件”是一个关系表达式，它决定什么时候退出循环；“循环变量增量”定义循环控制变量每循环一次后按什么方式变化。这 3 个部分之间用分号“；”分开。例如下面的代码：

```
for(i=1; i<=10; i++)sum=sum+i;
```

在上述代码中，先给 i 赋初值为 1，然后判断 i 是否小于等于 10，若是则执行语句，之后值增加 1。再重新判断，直到条件为假，即 i>10 时才结束循环。

上述代码功能相当于下面的代码：

```
i=1;
while（i<=10）{
     sum=sum+i;
        i++;
}
```

for 循环中语句的一般形式就是如下的 while 循环形式：

```
表达式1；
while（表达式2）
{语句
       表达式3；
}
```

实例 027　**提示用户输入一个整数，然后输出这个整数的阶乘。**

源码路径　光盘\daima\8\6　　　视频路径　光盘\视频\实例\第 8 章\027

本实例的实现文件为“for.c”，具体实现代码如下所示：

```
#include <stdio.h>
void main(){
     int number,count,factorial=1;
     printf("\n enter zhengzhengshu：");
     scanf("%d",&number);
     for(count = 1; count <=number; count++)
               factorial=factorial*count;
     printf("\n %d jiechen = %d\n",number,factorial);
}
```

范例 053：输出 1～20 能被 3 整除的数
源码路径：光盘\演练范例\053\
视频路径：光盘\演练范例\053\
范例 054：统计指定数的平均值
源码路径：光盘\演练范例\054\
视频路径：光盘\演练范例\054\

执行后先在界面中提示用户输入 1 个正整数数字，如图 8-17 所示。

输入 1 个正整数，按下【Enter】键后将在界面中输出/输入数字的阶乘值，如图 8-18 所示。

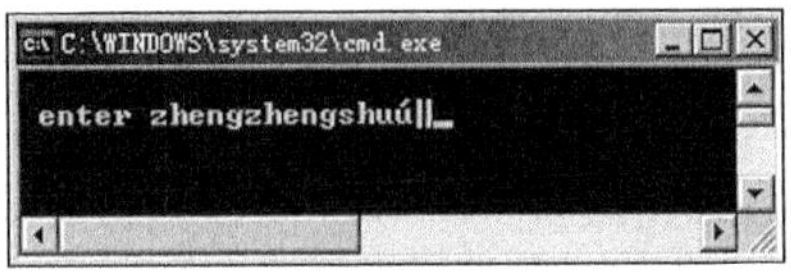

图 8-17　输入提示

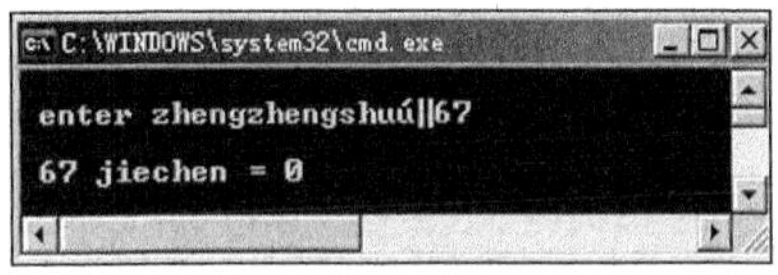

图 8-18　执行效果

8.3.2　while 语句

while 语句也叫 while 循环，能够不断执行一个语句块，直到条件为假为止。使用 while 语句的一般格式如下所示：

```
while(表达式)
语句
```

其中，“表达式”是循环条件，“语句”是循环体。上述格式的含义是计算表达式的值，当值为真（非 0）时，执行循环体语句。其执行过程如图 8-19 所示。

例如，可以通过如下代码计算从 1 到 100 整数的和：

```
main(){
    int i,sum=0;
    i=1;
    while(i<=100)
          {
              sum=sum+i;
              i++;
          }
    printf("%d\n",sum);
}
```

在 C 语言中使用 while 循环语句时，应该注意以下 9 点。

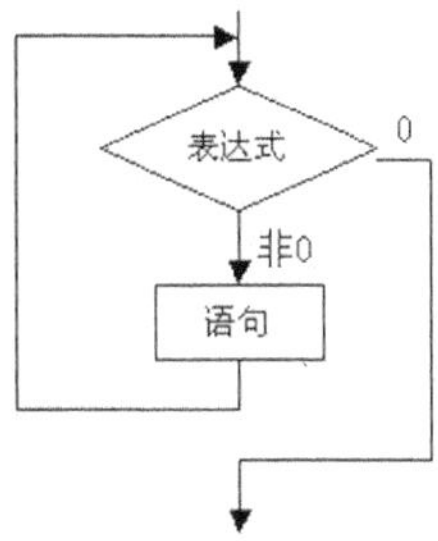

图 8-19　while 语句执行过程

（1）在使用过程中，指定的条件和返回的值应为逻辑值（真或假）。

（2）应该先检查条件，后执行循环体语句，也就是说循环体中的语句只能在条件为真的时候才执行，如果第一次检查条件的结果为假，则循环中的语句根本不会执行。

（3）因为 while 循环取决于条件的值，因此，它可用在循环次数不固定或者循环次数未知的情况下。

（4）一旦循环执行完毕（当条件的结果为假时），程序就从循环最后一条语句之后的代码行继续执行。

（5）如果循环中包含多条语句，需要用{}括起来。

（6）while 循环体中的每条语句应以分号“;”结束。

（7）while 循环条件中使用的变量必须先声明并初始化，才能用于 while 循环条件中。

（8）while 循环体中的语句必须以某种方式改变条件变量的值，这样循环才可能结束。如果条件表达式中变量保持不变，则循环将永远不会结束，从而成为死循环。

（9）while 语句中的表达式一般是关系表达或逻辑表达式，只要表达式的值为真（非 0）即可继续循环。例如下面的代码：

```
main(){
    int a=0,n;
    printf("\n input n:     ");
    scanf("%d",&n);
    while (n--)
       printf("%d",a++*2);
}
```

上述代码将执行 *n* 次循环，每执行一次，*n* 值减 1。循环体输出表达式 *a*++*2 的值。该表达式等效于（*a**2；*a*++）。

实例 028　在窗口中依次输出 1×1、1×2…到 1×20 的积

源码路径　光盘\daima\8\7　　视频路径　光盘\视频\实例\第 8 章\028

本实例的实现文件为“while.c”，具体实现代码如下所示：

```
#include<stdio.h>
void main (){
      int num=1,result;
      while (num<=20) {
          result=num*20;
          printf("%d*20:%d\n",num,result);
          num++;
       }
}
```

编写代码完毕后，按下【F2】键保存上述文件，然后按下【F9】键编译并连接上述代码。按下【Ctrl+F9】组合键编译并连接，按下【Alt】+【F5】组合键后将在界面中输对应的结果，如图 8-20 所示。

在现实中的具体应用中，为了满足特殊系统的需求，可以对 while 循环语句进行嵌套使用。嵌套使用嵌套 while 循环语句的具体格式如下所示：

> 范例 055：实现一个简单的猜数游戏
> 源码路径：光盘\演练范例\055\
> 视频路径：光盘\演练范例\055\
> 范例 056：最大公约数和最小公倍数
> 源码路径：光盘\演练范例\056\
> 视频路径：光盘\演练范例\056\

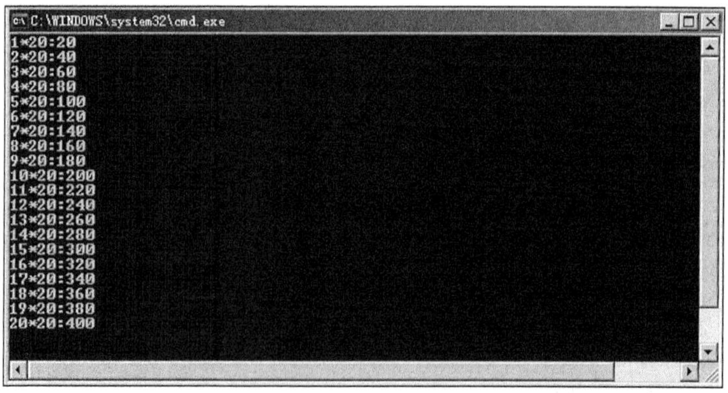

图 8-20　执行效果

```
while(i <= 10)
{
      ...
      while (i <= j)
      {
            ...
            ...
      }
       ...
}
```

在嵌套使用时，只有在内循环完全结束后，外循环才会进行下一次。请读者课后仔细品味下面代码的含义：

```
#include <stdio.h>
void main()
{
      int nstars=1,stars;
      while(nstars <= 10)
      {
                  stars=1;
                  while (stars <= nstars)
```

```
                {
                    printf("*");
                     stars++;
                }
          printf("\n");
          nstars++;
      }
}
```

8.3.3 do-while 语句

do-while 语句可以在指定条件为真时不断执行一个语句块。do-while 会在每次循环结束后检测条件，而不像 for 语句或 while 语句那样在开始前进行检测。使用 do-while 语句的格式如下所示：

```
do
语句
while(表达式);
```

上述格式与 while 循环的不同点在于，do-while 先执行循环中的语句，然后再判断表达式是否为真，如果为真则继续循环；如果为假，则终止循环。所以 do-while 循环至少要执行一次循环语句。其执行过程如图 8-21 所示。

例如，通过如下代码也可以计算从 1 到 100 整数的和：

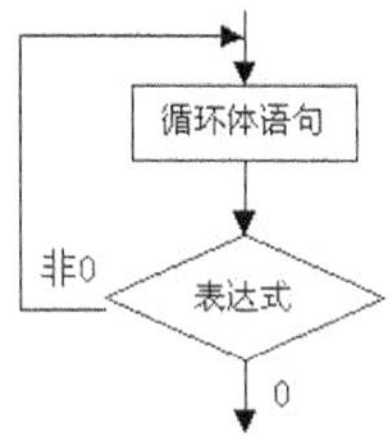

图 8-21 do-while 语句执行过程

```
main()
{
   int i,sum=0;
   i=1;
   do
        {
          sum=sum+i;
          i++;
        }
    while(i<=100)
    printf("%d\n",sum);
}
```

在使用 do-while 时，除了和 while 循环相同的注意事项之外，还需要注意如下两点。

（1）do-while 先执行循环体中的语句，然后再判断条件是否为真，如果为真则继续循环；如果为假，则终止循环。

（2）while 语句后面必须有一个分号。

实例 029 猜数游戏

源码路径 光盘\daima\8\8　　视频路径 光盘\视频\实例\第 8 章\029

本实例的功能是，预先设置一个数字，然后提示用户去猜，并根据用户猜的数字输出对应的提示。本实例的实现文件为“dowhile.c”，具体实现代码如下所示：

```
#include<stdio.h>
void main (){
int number=5,guess;                          //设置正确的数字是5
 printf ("guess a Digit 1 - 10 \n");
 do
 {
        printf("num: ");
        scanf("%d",&guess);
        if (guess > number)                  //如果大于5
             printf("smalle\n");             //提示小一点
        else if (guess < number)             //如果大于5
             printf("big\n");                //提示大一点
    } while (guess != number);
```

范例 057：加密和解密
源码路径：光盘\演练范例\057\
视频路径：光盘\演练范例\057\
范例 058：逆序输出整数
源码路径：光盘\演练范例\058\
视频路径：光盘\演练范例\058\

```
        printf("right！ is%d\n",number);
}
```

执行后先在界面中提示用户输入 1 个 1～10 的数字，如图 8-22 所示。

输入 1 个数字，单击【Enter】键后将在界面中输对应的提示，如图 8-23 所示。

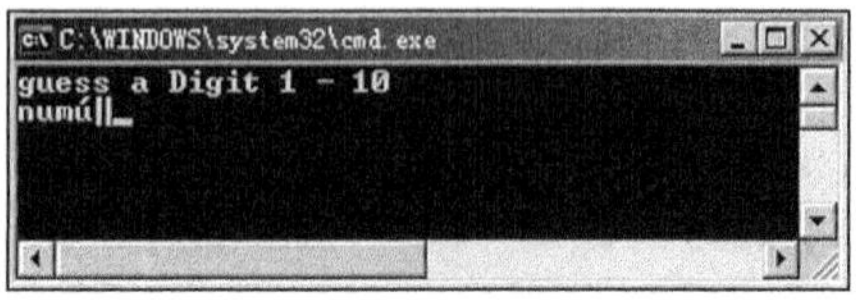

图 8-22　输入提示

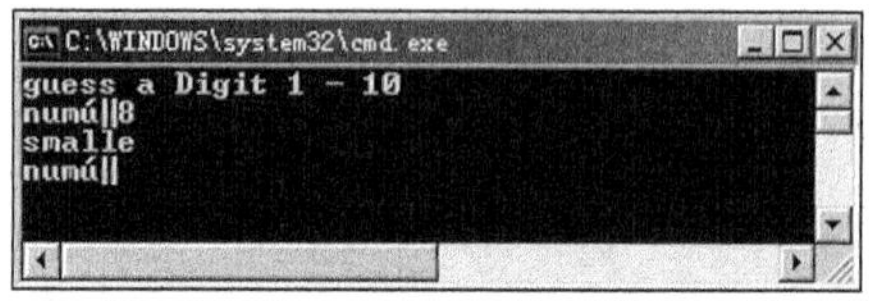

图 8-23　执行效果

8.3.4　正确对待 goto 语句

在 C 语言中，goto 语句也称为无条件转移语句。goto 语句可以放在程序的任何位置，实现程序的无条件任意转移，跳出当前操作，来到程序中的其他语句处继续执行。使用 goto 语句的格式如下所示：

```
goto语句标号;
```

其中，“语句标号”是按标识符规定书写的符号，放在某一语句行的前面，标号后加冒号“:”。语句标号起标识语句的作用，与 goto 语句配合使用。

C 语言不限制程序中使用标号的次数，但是各标号不得重名。goto 语句的语义是改变程序流向，转去执行语句标号所标识的语句。goto 语句通常与条件语句配合使用。可用来实现条件转移、构成循环、跳出循环体等功能。

例如，通过下面的代码可以统计从键盘输入一行字符的个数：

```
#include"stdio.h"
void main(){
    int n=0;
    printf("input a string\n");
    loop: if(getchar()!='\n')
    {
        n++;
        goto loop;
    }
    printf("%d",n);
} int n=0;
printf("input a string\n");
loop: if(getchar()!='\n')
{
    n++;
    goto loop;
}
printf("%d",n);
```

在上述代码中，通过使用 if 语句和 goto 语句构成循环结构。当输入字符不为'\n'时即执行 n++进行计数，然后转移至 if 语句循环执行。直至输入字符为'\n'才停止循环。

再看下面的代码：

```
#include <stdio.h>
int main(void){
    int i = 0;
    for (;;) {
        i++;
        printf("%d\n", i);
        if (i == 10) goto AAA;
    }
    AAA:;                                    /* 这是个空语句 */
    getchar();
    return 0;
}
```

运行上述代码后，如果 i 值为 10，则 goto 语句指示程序来到空白语句。

注意：在日常程序设计应用中，建议读者尽量不要使用 goto 语句，以免造成程序流程的混乱，使理解和调试程序都产生困难。

8.3.5 break/continue 跳跃

1. break 语句

break 语句通常用在循环语句和开关语句中。当 break 用于开关语句 switch 中时，可以使程序跳出 switch 而执行 switch 以后的语句；如果没有 break 语句，则将成为一个死循环而无法退出。

break 语句的功能如下所示：

- 改变程序的控制流。
- 用于 do-while、while、for 循环中时，可使程序终止循环而执行循环后面的语句。
- 通常在循环中与条件语句一起使用，若条件值为真则跳出循环，控制流转向循环后面的语句。
- 如果已执行 break 语句，就不会执行循环体中位于 break 语句后的语句。
- 在多层循环中，一个 break 语句只向外跳一层。

使用 break 语句的格式如下所示：

```
break;
```

看下面的一段代码：

```
#include<stdio.h>
void main()
{
        int count=0,ch;
        printf("\n请输入一行字符：");
        while((ch=getchar())!='\n')
        {
                if(ch==' ')
                        break;
                count++;
        }
        printf("\n共有 %d个有效字符。\n",count);
}
```

上述代码能够提示用户输入一行字符，并将输入的字符数输出。

注意：break 语句对 if-else 的条件语句不起作用。

2. continue 语句

continue 语句的功能是，跳过循环体中剩余的语句而强行执行下一次循环。continue 语句只用在 for、while、do-while 等循环体中，常与 if 条件语句一起使用，用来加速循环。

continue 语句的功能如下所示：

- continue 语句只能用在循环里。
- continue 语句的作用是跳过循环体中剩余的语句而执行下一次循环。
- 对于 while 和 do-while 循环，continue 语句执行之后的动作是条件判断；对于 for 循环，随后的动作是变量更新。

使用 continue 语句的格式如下所示：

```
continue;
```

看下面的代码：

```
#include<stdio.h>
void main()
{
        int i,sum = 0;
        for(i=1; i<=100;i++)
        {
                if( i % 10 == 3)
                        continue;
                sum += i;
        }
        printf("sum = %d \n",sum);
}
```

上述代码能够计算 1～100 的所有整数和，除以 10 余 3 的整数除外。

8.3.6　死循环/退出程序

前面介绍了 C 语言中的常用循环语句，在讲解过程中提到了死循环。在本章下面的内容中，将简要介绍 C 语言中死循环的基本知识，并顺便介绍退出函数 exit 的基本用法。

1. 死循环

死循环是指没有外来条件的干扰，这个循环语句将永远执行下去。例如下面就是一个死循环：

```
while(10{
    循环体
}
```

上述循环表达式是 1，值总为真，并且程序无法改变条件，因为 1 不会改变自身值，所以永远不会停止。

在实际应用中，死循环没有任何意义。使用前面讲解的 break 语句，可以在需要时随时终止，这样就可以利用死循环，来实现需要某些重复的功能，在完成后即可使用 break 终止。看下面的代码：

```
#include <stdio.h>
void main(){
    int n;
    while(1)
    {   //输出菜单
        puts("\n 1 for is A.");
        puts("Enter 2 is B.");
        puts("Enter 3 is C.");
        puts("Enter 4 is D.");
        puts("Enter 5 to is program.");
        scanf("%d",&n);                              //接收用户输入的数
        if(n==1)                                     //若该数为1则输出执行任务A的消息
            puts("is A.");
        else if(n==2)                                //若该数为2则输出执行任务B的消息
            puts("is B.");
        else if(n==3)                                //若该数为3则输出执行任务C的消息
            puts("is C.");
        else if(n==4)                                //若该数为4则输出执行任务D的消息
            puts("is D.");
        else if(n==5)                                //若该数为5则退出循环
            {puts("Exit!");break;}
        else                                         //若为其他数则输出错误消息
             puts("Error!");
    }
}
```

在上述代码中，通过死循环创建了一个列表选项供用户选择 1、2、3、4 等数字，选择后输出不同的提示，并继续死循环；当用户输入 5 后，则输出“exit”的提示，并使用 break 终止循环，退出系统。

从上述代码可以得出一个结论：合理利用死循环也可以方便地解决我们的现实项目问题。

2. 退出程序

在 C 语言项目中，程序执行到 main 函数右边的花括号“}”后，程序将结束。实际上，在 main 函数结束时，会隐式地调用退出函数 exit。

函数 exit 的功能是退出当前的执行程序，并将控制权返还给操作系统。函数 exit 会接受一个 int 类型的参数，并将其返回给操作系统，提示程序是正常还是异常终止。使用函数 exit 的格式如下所示：

```
void exit(int status);
```

其中，“status”表示退出状态，一般用 0 表示正常退出，如果是非 0 则表示不退出。

函数 exit 中的参数是程序退出时返回给操作系统的退出码，在自己的程序中很少用到。但在把函数 exit 用在 main 内的时候，无论 main 是否定义成 void 返回的值都是有效的，并且 exit 不需要考虑类型，exit（1）等价于 return。看下面的代码：

```
#include <iostream>
#include <string>
using namespace std;
int main() {
    exit (1);                                    //等价于return (1);
}
```

8.4 技术解惑

8.4.1 循环中的低效问题

先看下面的代码：

```
for (I = 0; i <      strlen(str); I ++)
//处理str[i];
```

请问这个循环的时间复杂度是多少？如果你的回答是 O（n），那你就太粗心了，事实上它是 O（n*n）。不要惊奇，事实上这个时间复杂度是由于在循环条件中的 strlen 函数调用产生的。我们知道，在 C 中我们经常用以'\0'为结尾字符的字符数组表示字符串，strlen 就是求用这种逻辑表示的字符串的长度的，它的实现方法就是从第一个字符向后找，直到找到字符'\0'为止，它的复杂度为 O（n），而对它的调用是在循环条件中，这个循环的循环次数为 n，条件会判断（n+1）次，因此说这段代码的时间复杂度为 O（n*n）。

不要指望编译器能对段代码进行优化从而把对 strlen 的调用提到循环以外，这是很难的，因为 strlen 不是一个简单的算术表达式而是一个函数调用，编译器不知道它是不是有副作用，如果有副作用，一次调用和多次调用的结果是不一样的，结果编译器只好完全按你代码告诉它的逻辑，把 strlen 执行多次。

在一般情况下，较好的写法是首先：

```
char * temp;
for (temp = str; *temp != '\0'; temp ++)
*temp    ...
```

然后：

```
int slen = strlen(str);
for(i = 0; i < slen; i      ++
str[i]...
```

在大多数情况下，如果你的循环条件中有一个函数调用，它的返回值是不会在循环条件中改变的，一定要把它拿到循环外面来。

8.4.2 分析 C 语言循环语句的效率

至此，在前面的内容中已经详细讲解了 C 语言 4 种循环语句的基本知识。在此，对上述循环语句进行总结，帮助读者进一步加深对知识的理解。

1. 循环语句比较

对于 C 语言中的 4 种循环语句，比较起来具体体现在如下 3 点。

（1）这 4 种都可以用来处理同一个问题，一般可以互相代替。但一般不提倡用 goto 型循环。

（2）while 和 do-while 循环，循环体中应包括使循环趋于结束的语句，for 语句功能最强。

（3）用 while 和 do-while 循环时，循环变量初始化的操作应在 while 和 do-while 语句之前完成，而 for 语句可以在表达式 1 中实现循环变量的初始化。

2. 循环语句效率总结

对于程序设计的初学者来说，往往以完成题目要求的功能为目的，程序的执行效率是最容易忽略的一个问题。在循环结构中，具体表现为循环体的执行次数。例如，一个经典的素数判定问题。在数学中素数如下定义：素数即指那些大于 1，且除了 1 和它本身外，不能被其他任何数整除的数。根据这一定义，初学者很容易编写出如下的程序：

```
int isprime(int n){
int i;
for(i=2;i<n;i++)
    if(n%i==0) return 0;
return 1;
}
```

上述代码程序，完全可以实现项目要求的功能。但是当对 for 循环的执行次数进行分析时应该发现，当 n 不是素数时，没有任何问题；而当 n 是素数时，循环体就要执行 $n-2$ 次，而实际上是不需要这么多次的。根据数学的知识，可以将次数降为 $n/2$ 或 n 的算术平方根，这样可以大大减少循环体的执行次数，提高程序的效率。

程序的执行效率是编程中时刻需要考虑的问题，也是程序设计中的基本要求。这需要许多算法方面的知识，对于初学者来说，要求可能过高，但是从学习之初就要打下良好的基础，尤其是针对类似上面例子中这样显而易见的情况，可以在编制完一道程序以后，检验一下，是否还有可优化的地方，这对以后进一步学习高级编程都是必要的。

8.4.3 使用 for 循环语句的注意事项

在具体使用 for 循环语句时，应该注意如下 9 点。

（1）for 循环中的“表达式 1（循环变量赋初值）”“表达式 2（循环条件）”和“表达式 3（循环变量增量）”都是可选项，可以省略，但是不能省略分号“；”。

（2）如果省略了“表达式 1（循环变量赋初值）”，则表示不对循环控制变量赋初值。

（3）如果省略了“表达式 2（循环条件）”，则不做其他处理时便形成死循环。例如下面的代码：

```
for(i=1;;i++)sum=sum+i;
```

上述代码相当于：

```
i=1;
while(1){
    sum=sum+i;
i++;
}
```

（4）如果省略了“表达式 3（循环变量增量）”，则不对循环控制变量进行操作，这时可在语句体中加入修改循环控制变量的语句。例如下面的代码：

```
for(i=1;i<=10;){
    sum=sum+i;
    i++;
}
```

（5）可以同时省略“表达式 1（循环变量赋初值）”和“表达式 3（循环变量增量）”，即只给循环条件，但是不能省略分号。

（6）3 个表达式都可以省略，例如“for（；；）语句”，此时是一个无线循环语句，除非有 break 来终止，否则将一直循环下去而成为死循环。

（7）表达式 1 可以是设置循环变量的初值的赋值表达式，也可以是其他表达式。例如下面的代码：

```
for(sum=0;i<=100;i++)sum=sum+i;
```

同样，表达式 3 也可以是和循环无关的任意表达式。

（8）表达式 1 和表达式 3 可以是一个简单表达式，也可以是逗号表达式。例如下面的 2 行代码：

```
for(sum=0,i=1;i<=100;i++)sum=sum+i;
for(i=0,j=100;i<=100;i++,j--)k=i+j;
```

（9）表达式 2 一般是关系表达式或逻辑表达式，但也可是数值表达式或字符表达式，只要其值非零，就执行循环体。例如下面的代码：

```
for(i=0;(c=getchar())!='\n';i+=c);
```

第 9 章

数组和字符串——数据存在形式

在程序设计时为了处理上的方便，通常把具有相同类型的若干数据变量按有序的形式组织起来，这些按序排列的同类数据元素的集合称为数组。在 C 语言中，数组属于构造数据类型。一个数组可以分解为多个数组元素，这些数组元素可以是基本数据类型或是构造类型。按数组元素的类型不同，数组又可分为数值数组、字符数组、指针数组、结构数组等各种类别。在 C 语言中，数据的最主要存在形式就是数组和字符串。在本章的内容中，将详细讲解 C 语言数组的基本知识。

本章内容	技术解惑
⏭ 一维数组	数组的下标总是从 0 开始吗
⏭ 多维数组	C 语言对数组的处理是非常有效的吗
⏭ 字符数组与字符串	初始化赋值一维数组的注意事项
⏭ 字符串处理函数	什么是冒泡排序
⏭ 字符处理函数	

9.1　一 维 数 组

知识点讲解：光盘:视频\PPT 讲解（知识点）\第 9 章\循环结构详解.mp4

一维数组是只有一个下标的数组，这是 C 语言中最简单的数组。在本节的内容中，将首先讲解一维数组的基本知识。

9.1.1　定义一维数组

在 C 语言中使用数组之前必须先进行定义，定义一维数组的格式如下所示：

```
类型说明符 数组名[常量表达式];
```

其中，“类型说明符”是任一种基本数据类型或构造数据类型；“数组名”是用户定义的数组标识符；方括号中的常量表达式表示数据元素的个数，也称为数组的长度。例如下面的代码：

```
int a[9];                    //整型数组a有9个元素
float b[10],c[20];           //实型数组b有10个元素，实型数组c，有20个元素
char ch[10];                 //字符数组ch有10个元素
```

数组的类型实际上是指数组元素的取值类型。对于同一个数组，其所有元素的数据类型都是相同的。书写数组名的规则应符合标识符的书写规定。

在定义一维数组时，应该注意如下 4 点。

（1）数组名不能与其他变量名相同。例如下面的数组 a[10]是错误的：

```
main(){
        int a;
        float a[10];
        ……
}
```

（2）方括号中的常量表达式表示数组元素的个数，例如 a[5]表示数组 a 有 5 个元素，但是其下标从 0 开始计算。所以数组内的 5 个元素分别为 a[0]，a[1]，a[2]，a[3]，a[4]。

（3）不能在方括号中用变量来表示元素的个数，但是可以是符号常数或常量表达式。例如下面的代码是合法的：

```
#define FD 5
main(){
  int a[4+1],b[7+FD];
  ……
}
```

（4）在一个数组定义中，可以只定义一个数组，也可以同时定义多个数组，并且还可以同时定义数组和变量。例如下面的格式是正确的：

```
int a,b,c,d,k1[10],k2[20];
```

9.1.2　引用一维数组元素

数组元素是组成数组的基本单位。数组元素也是一种变量，其标识方法为数组名后跟一个下标。下标表示了元素在数组中的顺序号。当数组被定义后，就可以通过这个下标来引用数组内的任意一个元素。

引用一维数组元素的具体格式如下所示：

```
数组名[下标]
```

其中，“下标”只能为整型常量或整型表达式。当为小数时，C 编译时将自动取整；“数组名”表示要引用哪一个数组中的元素，这个数组必须已经定义。

在 C 语言中，下标的取值范围是从[0，元素个数减 1]结束。假设定义了一个数组，含有 N 个元素（N 为一个常量），那么下标的取值范围为[0，N-1]。例如下面的都是合法的数组元素：

```
a[5]
a[i+j]
a[i++]
```

数组元素通常也称为下标变量。必须先定义数组，才能使用下标变量。在 C 语言中只能逐

个地使用下标变量，而不能一次引用整个数组。例如输出有 10 个元素的数组，则必须使用循环语句逐个输出各个下标变量：

```
for(i=0; i<10; i++)
printf("%d",a[i]);
```

而不能用一个语句输出整个数组，下面的格式就是错误的：

```
printf("%d",a);
```

实例 030 **定义一个数组并分别赋值，最后输出数组内的各元素值。**

源码路径 光盘\daima\9\1 视频路径 光盘\视频\实例\第 9 章\030

本实例的实现文件为“one.c”，具体实现代码如下所示：

```
#include<stdio.h>
void main(){
    int num[6],i;          /*定义一个整数型数组num和变量i*/
    num[0]=6;              /*给数组num的第一个元素赋值*/
    /*为给数组num的第二至第五个元素赋值而设置的循环*/
    for(i=1;i<5;i++)
        num[i]=i+6;        /*给数组num的第二至第五个元素赋值*/
    printf("\ninput    elment:");
    /*接收键盘输入第六个元素的值，赋给相应的数组元素*/
    scanf("%d",&num[5]) ;
    printf("input number:\n");
    for(i=0;i<6;i++)     /*为显示数组num的各个元素的值而设置的循环*/
        printf("%4d",num[i]); /*显示数组num的各个元素值*/
    getch();
}
```

范例 059：定义一个一维数组
源码路径：光盘\演练范例\059\
视频路径：光盘\演练范例\059\
范例 060：初始化一维数组
源码路径：光盘\演练范例\060\
视频路径：光盘\演练范例\060\

执行后先在界面中提示用户输入 1 个数字，输入 1 个数字，按下【Enter】键后将在界面中输出数组内的所有元素值，如图 9-2 所示。

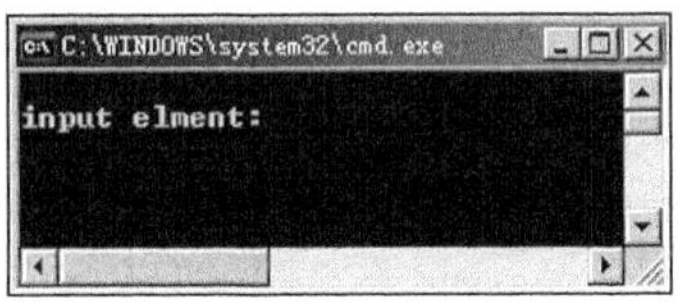

图 9-1 输入提示

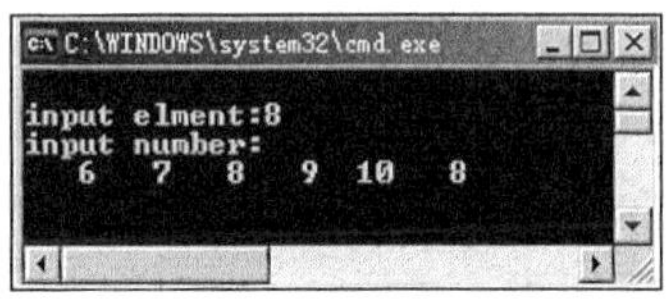

图 9-2 执行效果

9.1.3 初始化一维数组

数组元素和变量一样，可以在定义时进行初始赋值，即初始化处理。数组初始化是在编译阶段进行的，这样可以减少运行时间，提高效率。数组初始化赋值的一般格式如下所示：

```
类型说明符 数组名[常量表达式]={值，值……值}；
```

其中，在{ }中的各数据值即为各元素的初值，各值之间用逗号间隔。例如下面的两种格式是相同的：

```
int a[10]={ 0,1,2,3,4,5,9,7,8,9 };
a[0]=0;a[1]=1...a[9]=9;
```

数组在 C 语言项目中最常见的应用是数字处理，经典的数组应用实例都和数字有关，例如冒泡程序和选择排序等。所谓的冒泡程序，就是指按要求将一组数据从大到小或从小到大进行排序。其基本思路是：对尚未排序的各元素从头到尾依次比较相邻的两个元素是否逆序（与欲排顺序相反），若逆序就交换这两元素，经过第一轮比较排序后便可把最大（或最小）的元素排好，然后再用同样的方法把剩下的元素逐个进行比较，就得到了你所要的顺序。

实例 031 **实现一个由小到大排列的冒泡程序**

源码路径 光盘\daima\9\2 视频路径 光盘\视频\实例\第 9 章\031

本实例的实现文件为“maopao.c”，具体实现代码如下所示：

```
#include"stdio.h"
void main(){
    int n,i,j,x,a[60];                  //声明变量和数组
```

```
        printf("n(<60)=");scanf("%d",&n);    //输入要排序的整数的个数
        printf("Please input %d integers:\n",n);
        for(i=0;i<n;i++)                     //接收这些数存储在数组中
            scanf("%d",&a[i]);
        //用冒泡排序法将数组中的各元素按从小到大顺序排列
        for(i=1;i<n;i++)
            for(j=n-1;j>=i;j--)
                if(a[j]<a[j-1])
                    {x=a[j];a[j]=a[j-1];a[j-1]=x;}
        printf("The result is:\n");
        for(i=0;i<n;i++)                     //输出排列好的个数组元素
            printf("%d      ", a[i]);
        printf("\n");
        getch();
}
```

范例 061：统计各个分数段的人数
源码路径：光盘\演练范例\061\
视频路径：光盘\演练范例\061\
范例 062：实现选择排序
源码路径：光盘\演练范例\062\
视频路径：光盘\演练范例\062\

上述代码的具体实现流程如下所示。

（1）分别声明 int 类型的 4 个变量 *n*、*i*、*j*、*x* 和数组 a[]。

（2）通过“printf”输出提示，确定排序数字的个数。

（3）通过“printf”提示用户输入数字，并通过 for 语句接收每个数字存储在数组的相应位置。

（4）通过 2 个 for 循环嵌套语句，实现冒泡程序。

（5）通过“printf”和 for 循环依次输出排列后的各数组元素。

（6）通过 getch 函数接收一个字符，防止程序迅速结束。

执行后先在界面中提示用户输入要排序的数字个数，如图 9-3 所示。

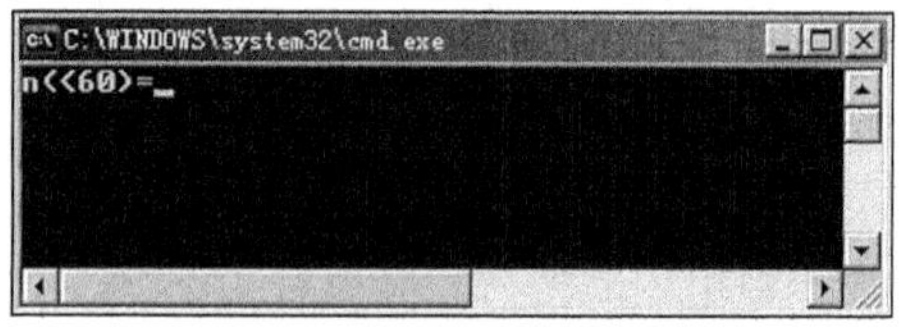

图 9-3　输入提示

按下【Enter】键后，将在界面中提示用户输入指定个数的数字。如图 9-4 所示。

输入指定个数数字，按下【Enter】键后，将在界面中对输入的数字进行从小到大的排列处理，如图 9-5 所示。

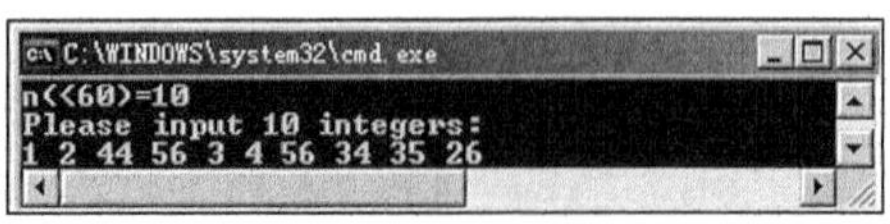

图 9-4　输入提示

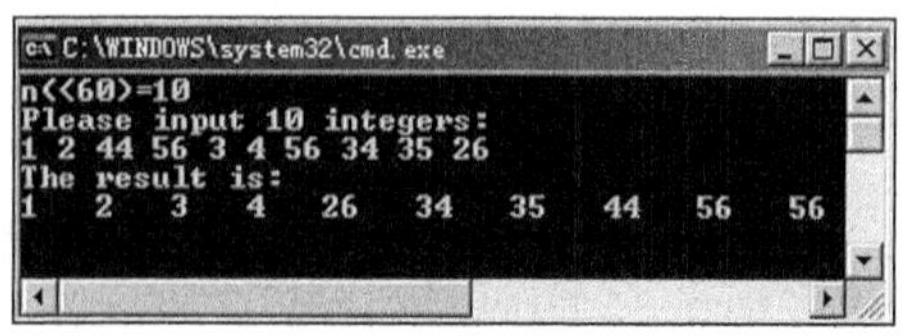

图 9-5　排序结果

9.2　多维数组

知识点讲解：光盘:视频\PPT 讲解（知识点）\第 9 章\理解多维数组.mp4

多维数组是指，数组元素的下标是两个或两个以上的数组。在实际项目应用中，最为常用的是有两个或三个下标的数组，即二维数组和三维数组。通过多维数组，可以实现更加复杂的项目功能。在本节的内容中，将详细讲解 C 语言中多维数组的基本知识。

9.2.1　二维数组

二维数组是多维数组中最简单的方式，下面将详细介绍。

1．定义二维数组

二维数组的元素下标是两个，其定义格式如下所示：

```
类型说明符 数组名[常量表达式1][常量表达式2]
```

其中，“常量表达式 1”表示第一维下标的长度，“常量表达式 2”表示第二维下标的长度。例如：

```
int a[3][4];
```

上述代码定义了一个 int 类型的 3 行 4 列数组，数组名为 *a*，其下标变量的类型为整型。该数组的下标变量共有 3×4 个，具体如下所示：

```
a[0][0],a[0][1],a[0][2],a[0][3]
a[1][0],a[1][1],a[1][2],a[1][3]
a[2][0],a[2][1],a[2][2],a[2][3]
```

二维数组在概念上是二维的，即其下标在两个方向上变化，下标变量在数组中的位置也处于一个平面之中，而不是像一维数组只是一个向量。但是，实际的硬件存储器却是连续编址的，也就是说存储器单元是按一维线性排列的。在一维存储器中存放二维数组，有两种方式：一种是按行排列，即排完一行之后顺次放入第二行。另一种是按列排列，即排完一列之后再顺次放入第二列。在 C 语言中，二维数组是按行排列的。也就是：先存放 *a*[0]行，再存放 *a*[1]行，最后存放 *a*[2]行。每行中有 4 个元素也是依次存放。由于数组 *a* 说明为 int 类型，该类型占两个字节的内存空间，所以每个元素均占有两个字节。

一个二维数组可以看做是若干个一维数组，例如上面的数组 *a*[3][4]可以看为是 3 个长度为 4 的一维数组，这 3 个一维数组的名字分别是 *a*[0]、*a*[1]和 *a*[2]。

2. 引用二维数组

在 C 语言中引用二维数组的格式如下所示：

```
数组名[下标][下标]
```

其中，“下标”为整型常量或整型表达式。例如下面就引用了一个二维数组元素：

```
a[3][4]
```

下标和数组说明在形式上有些相似，但这两者具有完全不同的含义。数组说明的方括号中给出的是某一维的长度，即可取下标的最大值；而数组元素中的下标是该元素在数组中的位置标识。前者只能是常量，后者可以是常量、变量或表达式。

看下面的应用：

一个学习小组有 5 个人，每个人有 3 门课的考试成绩。求全组分科的平均成绩和各科总平均成绩。各成员的成绩如表 9-1 所示。

表 9-1　　成绩详情表

	张	王	李	赵	周
语文	80	91	59	85	79
数学	75	95	93	87	77
英语	92	71	70	90	85

此时就可以使用二维数组编程来实现，首先设一个二维数组 *a*[5][3]，用于存放 5 个人 3 门课的成绩。然后设一个一维数组 *v*[3]存放所求得各分科平均成绩，设变量 average 为全组各科总平均成绩。具体实现代码如下所示：

```
main(){
   int i,j,s=0,average,v[3],a[5][3];
   printf("输入成绩\n");
   for(i=0;i<3;i++){
         for(j=0;j<5;j++)
         { scanf("%d",&a[j][i]);
            s=s+a[j][i];}
         v[i]=s/5;
         s=0;
    }
   average =(v[0]+v[1]+v[2])/3;
   printf("语文:%d\nc数学:%d\n英语:%d\n",v[0],v[1],v[2]);
   printf("全体平均:%d\n", average );
}
```

在上述代码中，首先用了一个双重循环，在内循环中依次读入某一门课程的各个学生的成绩。然后把这些成绩累加起来，退出内循环后再把该累加成绩除以 5 送入 *v*[i]之中，这就是该门课程的平均成绩。外循环共循环 3 次，分别求出 3 门课各自的平均成绩并存放在 *v* 数组之中。退出外循环之后，把 *v*[0]、*v*[1]、*v*[2]相加除以 3 即得到各科总平均成绩，最后按要求输出各个成绩。

3. 初始化二维数组

二维数组初始化是在类型说明时，给各下标变量赋以初始值。C 语言中的二维数组可按行分段赋值，也可按行连续赋值。

例如对数组 *a*[4][2]进行初始化赋值，可以使用如下两种方式实现。

- 按行分段赋值

具体如下所示：

```
int a[4][2]={ {80,75},{91,95},{59,93},{85,87} };
```

- 按行连续赋值

具体如下所示：

```
int a[4][2]={ 80,75,91,95, 59,93,85,87};
```

对二维数组进行赋值时，应该注意如下 3 点。

（1）可以只对部分元素赋初值，未赋初值的元素自动取 0 值。例如下面代码是对每一行的第一列元素赋值，未赋值的元素取 0 值：

```
int a[3][3]={{1},{2},{3}};
```

经过上述赋值后，各个元素的值如下所示：

1 0 0

2 0 0

3 0 0

（2）如果对全部元素赋初值，则可以不给出第一维的长度。例如，下面的两中格式是相同的：

```
int a[3][3]={1,2,3,4,5,6,7,8,9};
int a[][3]={1,2,3,4,5,6,7,8,9};
```

（3）数组是一种构造类型的数据，二维数组可以看作是由一维数组的嵌套而构成的。

实例 032 在屏幕中实现 10 行杨辉三角的效果

源码路径 光盘\daima\9\3　　　　视频路径 光盘\视频\实例\第 9 章\032

杨辉三角是两个未知数和的幂次方运算后的系数问题，比如 $(x+y)^2=x^2+2xy+y^2$，这样系数就分别是 1、2、1，这就是杨辉三角的其中一行、立方、四次方，运算后看看各项的系数。

杨辉三角是一个由数字排列成的三角形数表，一般形式如下所示：

```
1                                  n=0
1  1                               n=1
1  2  1                            n=2
1  3  3  1                         n=3
1  4  6  4  1                      n=4
1  5  10 10  5  1                  n=5
1  9  15 20  15 9  1               n=9
```

杨辉三角的特点如下所示：

- 与二项式定理的关系：杨辉三角的第 *n* 行就是二项式 展开式的系数列。
- 对称性：杨辉三角中的数字左、右对称，对称轴是杨辉三角形底边上的“高”。
- 结构特征：杨辉三角除斜边上 1 以外的各数，都等于它“肩上”的两数之和。
- 这些数排列的形状像等腰三角形，两腰上的数都是 1。
- 从右往左斜着看，从左往右斜着看，和前面的看法一样，这个数列是左右对称的。
- 上面两个数之和就是下面的一行的数。

- 这行数是第几行，就是第二个数加一。

本实例的实现文件为“yang.c”，具体实现代码如下所示：

```
#define N 11
main(){
    int i,j,a[N][N];                    //定义两个整型变量和一个二维数组
    for(i=1;i<N;i++)                    //存储杨辉三角中两条斜边的数字1
    {   a[i][i]=1;
        a[i][1]=1;
    }
    for(i=3;i<N;i++)                    //打印出杨辉三角中每一行中间的数
        for(j=2;j<i;j++)
            a[i][j]=a[i-1][j-1]+a[i-1][j];
    for(i=1;i<N;i++)                    //输出杨辉三角
    {   for(j=1;j<=i;j++)
        printf("%4d",a[i][j]);
        printf("\n");
    }
}
```

范例 063：处理学生的成绩
源码路径：光盘\演练范例\063\
视频路径：光盘\演练范例\063\
范例 064：实现矩阵转置处理
源码路径：光盘\演练范例\064\
视频路径：光盘\演练范例\064\

上述代码的具体实现流程如下所示。

（1）通过“N 11”设置下面的循环执行 10 次，即输出 10 行杨辉三角。

（2）分别声明 int 类型的 2 个变量 i、j 和数组 a[N][N]。

（3）循环执行 10 次。

（4）for 嵌套循环“for（i=3；i<N；i++）”，用于打印出杨辉三角中每一行中间的数。

（5）for 嵌套循环“for（i=1；i<N；i++）”，用于输出杨辉三角。

执行后将在界面中输出 20 行杨辉三角，如图 9-6 所示。

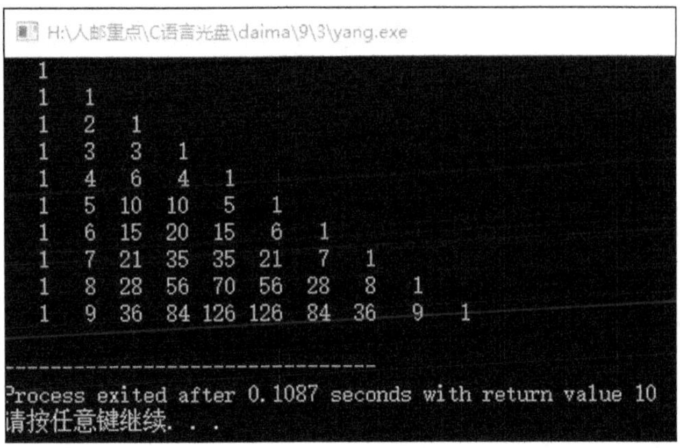

图 9-6 运行结果

9.2.2 多维数组

1. 定义多维数组

在 C 语言中，在定义多维数组时也是通过数组定义语句实现的，具体格式如下所示：

```
存储类型 数据类型 数组名[长度1][长度2]...[长度k]
```

其中数组内元素的一般表示格式如下所示：

```
数组名[下标1] [下标2]...[下标k]
```

上述格式的具体说明如下所示：

（1）存储类型、数据类型、数组名、长度的选取同一维数组。

（2）一个数组定义语句中可以只定义一个多维数组，也可以定义多个多维数组，可以在一个定义语句中同时定义一维和多维数组，还可以同时定义数组和变量。

（3）一个二维数组可以看成若干个一维数组。例如定义了二维数组 a[2][3]，可以看成是两个长度为 3 的一维数组，这两个一维数组的名字分别为 a[0]、a[1]。其中名为 a[0]的一维数组元

素是 *a*[0][0]、*a*[0][1]、*a*[0][2]；名为 *a*[1]的一维数组元素是 *a*[1][0]、*a*[1][1]、*a*[1][2]。同样，定义一个三维数组，可以看成若干个二维数组。

（4）二维数组的元素在内存中是先按行、后按列的次序排列的。例如，定义一个二维数组 *a*[2][3]，其 9 个元素在内存中的排列如下所示：

```
a[0][0] a[0][1] a[0][2] a[1][0] a[1][1] a[1][2]
```

2. 初始化多维数组

多维数组的初始化（即给数组元素赋予初值）和一维数组初始化方法相同，也是在定义数组时给出数组元素的初值。多维数组的初始化可以分为下列 5 种方式。

（1）分行给多维数组所有元素赋初值。例如下面的格式：

```
int a [a][3]={{1,.2,3},{4,5,9}};
```

其中，{1，2，3}是给第一行 3 个数组元素的，可以看成是赋予一维数组 *a*[0]的；{4，5，9}是给第二行 3 个数组元素的，可以看成是赋予一维数组 *a*[1]的。

（2）不分行给多维数组所有元素赋初值。例如：

```
int a [2][3]={1,2,3,4,5,9};
```

各元素获得的初值和第 1 种方式的结果完全相同。C 语言规定，用这种方式给二维数组赋初值时，是先按行、后按列的顺序进行的，即前 3 个初值是第 1 行的，后 3 个初值是第 2 行的。

（3）只对每行的前若干个元素赋初值。例如：

```
int a[2][3]={{1},{4,5}};
```

经过上述赋值后，数组 *a* 的各个元素值如下所示。

- a[0][0]值为 1
- a[0][1]值为 0
- a[0][2]值为 0
- a[1][0]值为 4
- a[1][1]值为 5
- a[1][2]值为 0

（4）只对前若干行的前若干个元素赋初值。例如：

```
static int a[2][3]={{1,2}};
```

经过上述赋值后，数组 *a* 的个元素值如下所示。

- a[0][0]值为 1
- a[0][1]值为 2
- a[0][2]值为 0
- a[1][0]值为 0
- a[1][1]值为 0
- a[1][2]值为 0

（5）若给所有元素赋初值，第一维的长度可以省略。例如：

```
int a[][3]={{1,2,3},{4,5,9}};
```

或：

```
int a[][3]={1,2,3,4,5,9};
```

经上述赋值后，表示数组 *a*[][3]的第一维长度是 2。

注意：使用上述第 5 种方式赋初值，必须给出所有数组元素的初值，如果初值的个数不正确，系统会作为错误处理。

3. 引用多维数组

当定义了 k 维数组之后，就可以引用这个 k 维数组中的任何元素。具体引用方法如下所示：

```
数组名[下标1][下标2]...[下标k]
```

其中，“下标 1”称第 1 维的下标，“下标 2”称第 2 维的下标，“下标 k”称第 k 维的下标。

这种引用多维数组元素的方法也称为“下标法”。同样也需要注意的是，下标越界会造成运行结果不可预料的问题。例如定义数组为“a[3][2]”，能合法使用的数组元素是 a[0][0]、a[0][1]、a[1][0]、a[1][1]、a[2][0]、a[2][1]。

在多维数组元素中，也允许使用“指针方式”来引用数组元素，这称为“指针法”。和一维数组元素的引用相同，任何多维数组元素的引用都可以看成一个变量使用，可以被赋值，可以参与组成表达式。

实例 033 提示用户分别输入用户编号和 3 科考试成绩，并在窗体界面中输出总分最高用户的编号和总分成绩。

源码路径 光盘\daima\9\4　　视频路径 光盘\视频\实例\第 9 章\033

本实例的实现文件为“duowei.c”，具体实现代码如下所示：

```
#include"stdio.h"
main()
{
int s[3][5],i,max,max_i;
   for(i=0;i<3;i++)
       {
          /*输入用户的编号和3科成绩，并计算总分*/
          printf("input no%d,s1,s2,s3:\n",i+1);
          scanf("%d,%d,%d,%d",&s[i][0],&s[i][1],&s[i][2],&s[i][3]);
          s[i][4]=s[i][1]+s[i][2]+s[i][3];
       }
   max=s[0][4],max_i=0;              /*设第1个用户为当前总分最高的用户*/
   for (i=1;i<3;i++)                 /*循环求总分最高的用户*/
     if(max<s[i][4])
        max=s[i][4],max_i=i;
   printf("student no=%d    total=%d\n",s[max_i][0],s[max_i][4]);
}
```

其中，数组 s[10][5]中存入 10 个学生的编号、3 门课程的考试成绩、总分。其中 s[i][0]存放编号，s[i][1]、s[i][2]、s[i][3]存放成绩，s[i][4]存放总分。

执行后先提示用户输入指定格式的数据，分别要求输入用户编号和 3 样的成绩；按下【Enter】键后，将持续输入，如图 9-7 所示。

输入完毕，返回 Turbo 编译界面，单击【Alt+F5】组合键后，将在界面中输出总分最高的用户编号和总分成绩，如图 9-8 所示。

范例 065：实现两个矩阵相乘
源码路径：光盘\演练范例\065\
视频路径：光盘\演练范例\065\
范例 066：一个简单的成绩管理系统
源码路径：光盘\演练范例\066\
视频路径：光盘\演练范例\066\

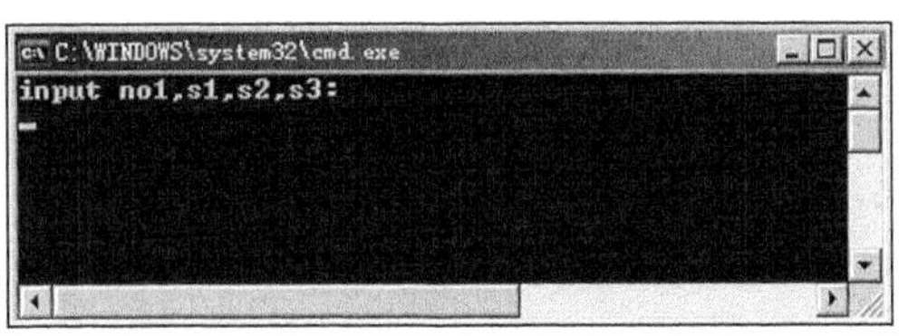

图 9-7　输入提示

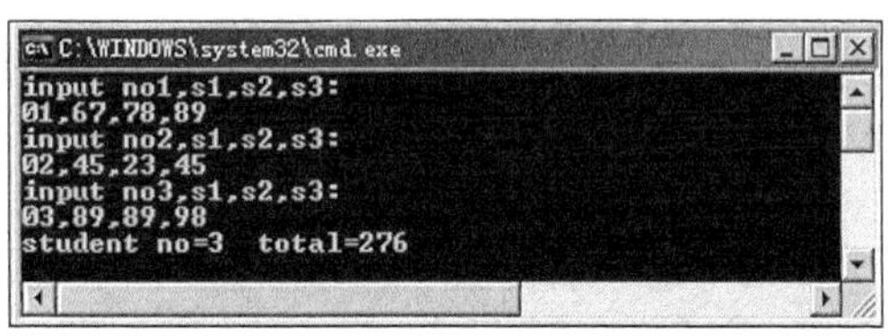

图 9-8　运行结果

9.3 字符数组与字符串

知识点讲解：光盘:视频\PPT 讲解（知识点）\第 9 章\理解字符数组与字符串.mp4

字符数组是存放字符型数据的，其中每个数组元素存放的值都是单个字符。字符串是 C 语言的一种数据类型，它是由若干个字符组成的，其最后一个字符是结束标记（'\0'）。字符型变量只能存放单个字符。

不能存放字符串。而字符型数组可以存放若干个字符，所以可以用来存放字符串。若干个字符串可以用若干个一维字符数组存放，也可以用一个二维字符数组来存放，即每行存放一个字符串。

在本节的内容中，将详细讲解 C 语言中字符数组与字符串的基本知识。

9.3.1　字符数组

不管字符数组中存放的是字符串还是若干个字符，每个字符数组的元素都可以作为一个字符型变量来使用，处理方法和前面介绍的处理普通一维数组相同。但是，存放字符串的字符数组还有一些特殊的用法。

字符数组是存放字符型数据的，应定义成“字符型”。由于整型数组元素可以存放字符，所以整型数组也可以用来存放字符型数据。定义字符数组的格式如下所示：

```
存储类型char数组名[长度1][长度2]...[长度k]={{初值表}，...}
```

上述格式的功能是，定义一个字符型的 k 维数组，并且给其赋初值。字符型数组赋初值的方法和前面介绍的一般数组赋初值的方法完全相同。“初值表”中是用逗号分隔的字符常量，请看下面的例子：

```
char s1[3]={'1','2','3'};                          /*逐个元素赋初值*/
```

经过上述定义后的结果是：*s*1[0]='1'，*s*1[1]='2'，*s*1[2]='3'：

```
char s2[]={'1','2','3'}; /*所有元素赋初值可省略数组长度*/
```

经过上述定义后的结果是：*s*2[0]='1'，*s*2[1]='2'，*s*2[2]='3'：

```
char s3[3]={'1','2'};                              /*自动型，不赋初值的元素值为空字符*/
```

经过上述定义后的结果是：结果 *s*3[0]="1'，*s*3[1]='2'，*s*3[2]值为空字符。注意，由于空字符的值是 0，等于字符串的结束标记'\0'，所以字符数组 *s*3 中实际存放的是一个字符串：

```
static char s4[3]={'1','2'};                       /*静态型，不赋初值的元素值为空字符*/
```

经过上述定义后的结果是：*s*4[0]值为'1'，*s*4[1]值为'2'，*s*4[2]值为空字符。由于空字符的值是 0，等于字符串的结束标记'\0'，所以字符数组 *s*4 中实际存放的是一个字符串：

```
char s5[3]=['1','2','\0'};
```

经过上述定义后的结果是：*s*5[0]值为'1'，*s*5[1]值为'2'，*s*5[2]值为'\0'。由于最后一个字符是字符串的结束标记符号'\0'，所以字符数组 *s*5 中实际存放的是一个字符串。

字符数组处理和其他类型数组处理方法类似，需要注意的是其元素相当于字符型变量。

9.3.2　字符串与字符数组

在 C 语言中没有专门的字符串变量，通常用一个字符数组来存放一个字符串。在前面介绍字符串常量时，已说明字符串总是以'\0'作为串的结束符。因此当把一个字符串存入一个数组时，也把结束符'\0'存入数组，并以此作为该字符串是否结束的标志。有了'\0'标志后，就不必再用字符数组的长度来判断字符串的长度了。

C 语言允许用字符串的方式对数组作初始化赋值。例如下面的格式：

```
char c[]={'c',' ','p','r','o','g','r','a','m'};
```

上述格式可写为：

```
char c[]={"C program"};
```

也可以去掉{}，写为如下格式：

```
char c[]="C program";
```

用来存放字符串的字符数组的定义方法和普通的字符数组的定义方法相同，而赋初值的方式有两种。第一种方式是按单个字符的方式赋值，例如前面的“char s5[3]=['1'，'2'，'\0'}；”，要注意其中必须有一个字符是字符串的结束标记。第二种方式是直接在初值表中写一个字符串常量，请看下面的例子：

```
char s1[3]={"12"};
```

结果 *s*1[0]值为'1'，*s*1[1]值为'2'，*s*1[2]值为'\0'。字符数组 *s*2 中存放的是一个字符串，数组长度为 3：

```
char s2[]={"12"} /*全部元素赋初值，可以省略数组长度*/
```

结果 *s*2[0]值为'1'，*s*2[1]值为'2'，*s*2[2]值为'\0'。字符数组 *s*2 中存放的是一个字符串，数组长度为 3：

```
char s3[5]={"12"}; /*默认自动型，不赋初值元素值为空字符*/
```

结果 *s*3[0]值为'1'，*s*3[1]值为'2'，*s*3[2]值为'\0'，*s*3[3]和 *s*3[4]值均为'\0'：

```
static char s4[5]={"12"}; /*静态型，不赋初值元素值为空字符*/
```

结果 *s*4[0]值为'1'，*s*4[1]值为'2'，*s*4[2]值为'\0'，*s*4[3]和 *s*4[4]值均为'\0'：

```
char s5[3][5]={"123","ab","x"}; /*用二维数组存放多个字符串*/
```

结果 *s*5[0][0]值为'1'，*s*5[0][1]值为'2'，*s*5[0][2]值为'3'，*s*5[0][3]值为'\0'：

```
s5[1][0]值为'a',s5[1][1]值为'b',s5[1][2]值为'\0';
```

*s*5[2][0]值为'x'，*s*5[2][1]值为'\0'；

因为省略了存储类型，默认为自动型，所以其他所有元素值均为空字符。

关于格式化输入/输出函数中字符串的输入和输出，在 C 语言有如下规定：使用“%s”格式，从键盘上向字符数组中输入字符串时，回车换行符或空格符均作为字符串的结束标记。

9.3.3 字符数组的输入和输出

在采用字符串方式后，字符数组的输入、输出将变得更加简单方便。在 C 语言中，有如下两种字符数组的输入、输出方法。

1．使用“%c”逐个输出

除了前面介绍的字符串赋初值的办法外，还可用 printf 函数和 scanf 函数一次性输出、输入一个字符数组中的字符串，而不必使用循环语句逐个地输入输出每个字符。例如：

```
char str [9];
sacnf("%c,&str[0]");
```

使用 printf 函数可以输出一个或几个数组元素。例如：

```
printf ("%c",str[0]);
```

2．使用“%s”逐串输出

使用如下格式可以依次输入一个字符串：

```
scanf ("%s",str);
```

例如：

```
char s1[25];
scanf("%s",s1); /*用字符数组接受字符串必须写字符数组名*/
```

如果从键盘上输入为：

12345　97890

然后回车换行，则 s1 中的字符串为：

12345

如果从键盘上输入为：

1234597890

然后回车换行，则 s1 中的字符串为：

1234597890

下面的代码：

```
char s2[25]={"12345"};
printf("%s",s2); /*输出字符数组中字符串也应写成字符数组名*/
```

输出结果为：

12345

下面的代码：

```
char s3[25]={'1','2','\0','3','4','5'};
printf("%s",s3);
```

输出结果为：

12

虽然 s3 中在'\0'后还有字符，但是用“%s”格式只能输出到字符串结束标记。

实例 034　提示用户输入 2 个字符串，然后输出其中的较大者。

源码路径　光盘\daima\9\5　　　　视频路径　光盘\视频\实例\第 9 章\034

字符串大小比较的规则是：把字符串从前向后逐个字符比较，字符大的字符串就大，例如 abc 小于 cbc。如果长度不相同，但是前面字符相同，则长的字符串大，例如 abc 小于 abce。本实例的实现文件为“bijiao.c”，具体实现代码如下所示：

```
#include"stdio.h"
main(){
    char a[80],b[80],jibie=' ';                  /*置标记jibie为空格符*/
    int i=0;                                      /*置开始的下标为0*/
    printf("string1:"); scanf("%s",a);            /*输入第一个字符串存入数组a*/
    printf("string2:"); scanf("%s",b);            /*输入第二个字符串存入数组b*/
    while((a[i]!='\0')||(b[i]!='\0'))             /*当前字符有一个为'\0'退出循环*/
    {
    if(a[i]<b[i])
            {       jibie='b';
                    break;
            }                                     /*b字符串大则设标记'b'退出循环*/
            else if(b[i]<a[i])
            {       jibie='a';
                    break;
            }                                     /*a字符串大则设标记'a'退出循环*/
            else i++;                             /*当前字符相等则修改下标后继续循环*/
     }
    if(jibie==' ')                                /*因为当前字符为'\0'而退出循环的，则短字符串为小*/
            if(a=='\0')
                    jibie ='b';                   /*a串短，b串大，设置标记为'b'*/
            else
                    jibie='a';                    /*b串短，a串大，设置标记为'a'*/
    if(jibie=='a')
            printf("big-string: %s\n",a);
    else
            printf("big-string: %s\n",b);
    getch();
}
```

执行后先提示用户输入 2 个字符串，如图 9-9 所示。

图 9-9　输入 2 个字符串

> 范例 067：下三角的问题
> 源码路径：光盘\演练范例\067\
> 视频路径：光盘\演练范例\067\
> 范例 068：二维数组每一行的最大值
> 源码路径：光盘\演练范例\068\
> 视频路径：光盘\演练范例\068\

输入完毕，按下【Enter】键将比较用户输入的字符串，并输出较大字符串，如图 9-10 所示。

图 9-10　运行结果

9.4 字符串处理函数

知识点讲解：光盘:视频\PPT 讲解（知识点）\第 9 章\字符串处理函数.mp4

在 C 语言中，为了简化用户的程序设计，提供了大量关于字符串处理的函数。用户在程序设计中需要时，可以直接调用这些函数，以减少编程的工作量。字符串处理函数的推出，大大方便了我们的工作量，使程序员们可以在闲情中完成工作。在本节的内容中，将详细讲解 C 语言中字符串处理函数的基本知识。

9.4.1 测试字符串长度函数

在 C 语言中，函数 strlen 用于测试字符串长度，即除字符串结束标记外的所有字符的个数。使用函数 strlen 的格式如下所示：

```
strlen(字符串)
```

其中，"字符串"是字符串常量或已存放字符串的字符数组名。

实例 035　使用 strlen 函数输出程序中数组字符串的长度

源码路径　光盘\daima\9\6　　　　视频路径　光盘\视频\实例\第 9 章\035

本实例的实现文件为"chang.c"，具体实现代码如下所示：

```
#include"string.h"
main(){
 int k;
   static char st[]="My name is yuye";
   k=strlen(st);
   printf("The lenth of the string is %d\n",k);
}
```

执行后将输出 st[]数组字符串的长度，如图 9-11 所示。

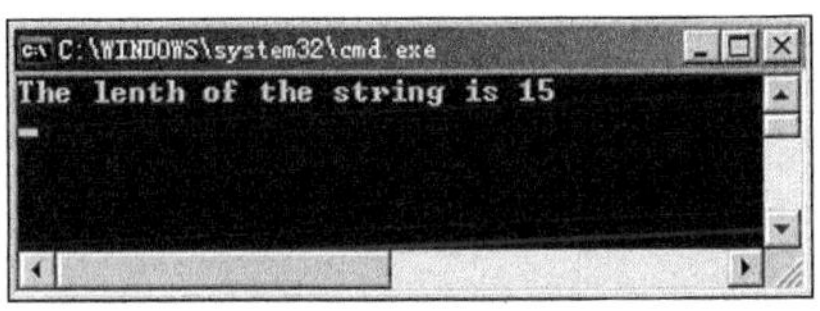

图 9-11　运行结果

范例 069：逐个输入和输出字符串中的字符
源码路径：光盘\演练范例\069\
视频路径：光盘\演练范例\069\
范例 070：整体输入和输出字符串
源码路径：光盘\演练范例\070\
视频路径：光盘\演练范例\070\

9.4.2 字符串大小写转换函数

函数 strupr 能够将字符串中的小写字母改为大写字母，函数 strlwr 能够将字符串中的大写字母改为小写字母。使用函数 strupr 的格式如下所示：

```
strupr(字符串)
```

使用函数 strlwr 的格式如下所示：

```
strlwr (字符串)
```

其中，"字符串"是字符串常量或已存放字符串的字符数组名。

实例 036　提示用户输入字符串，然后分别输出输入字符串的小写形式和大写形式。

源码路径　光盘\daima\9\7　　　　视频路径　光盘\视频\实例\第 9 章\036

本实例演示了函数 strupr 和函数 strlwr 的具体使用方法，实现文件为"tranfer.c"，具体实现代码如下所示：

```
#include"string.h"
#include"stdio.h"
main(){
    char str[80];                              //声明一个字符数组
```

```
    puts("Please input the character string:");
    gets(str);                              //接收字符串
    printf("\n xiao xie=%s",strlwr(str));   //输出结果
    printf("\nda xie=%s",strupr(str));
    getch();
}
```

执行后先提示用户输入字符串，如图 9-12 所示。

范例 071：去掉字符串的尾空格
源码路径：光盘\演练范例\071\
视频路径：光盘\演练范例\071\
范例 072：计算字符串的长度
源码路径：光盘\演练范例\072\
视频路径：光盘\演练范例\072\

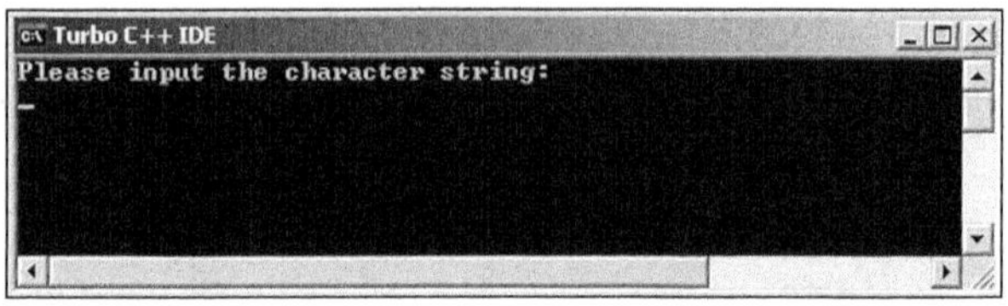

图 9-12　提示输入字符串

输入完毕，按下【Enter】键将把输入的字符串分别转换为小写字符和大写字符输出，如图 9-13 所示。

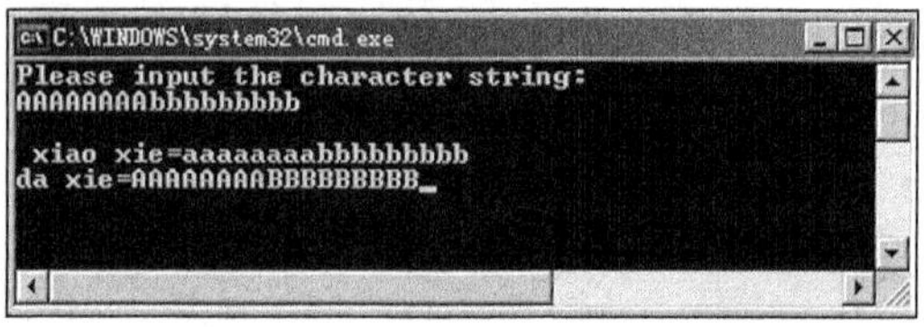

图 9-13　运行结果

9.4.3　字符串复制函数

在 C 语言中有两个复制函数，分别是 strcpy 函数和 strncpy 函数。使用 strcpy 函数的格式如下所示：

```
strcpy(字符数组名，字符串，整型表达式)
```

其中，“字符数组”是已定义的字符数组名；“字符串”是字符串常量或已存放字符串的字符数组名；“整型表达式”可以是任何整型表达式，此参数可以省略。

使用 strncpy 函数的格式如下所示：

```
strncpy (字符数组名，字符串，整型表达式)
```

其中，“字符数组”是已定义的字符数组名；“字符串”是字符串常量或已存放字符串的字符数组名；“整型表达式”可以是任何整型表达式，此参数可以省略。

上述两个格式的功能是：将“字符串”的前“整型表达式”个组成字符串存入“字符数组”中。若省略“整型表达式”，则将整个“字符串”存入字符数组中。

实例 037　使用 strcpy 函数和 strncpy 函数复制用户输入的字符串

源码路径　光盘\daima\9\8　　　视频路径　光盘\视频\实例\第 9 章\037

本实例的实现文件为“fu.c”，具体实现代码如下所示：

```
#include"string.h"
#include"stdio.h"
main(){
    char str1[80],str2[80],str3[80];               //声明一个字符数组
    puts("Please input the character string:");
    gets(str1);                                    //接收字符串
    strcpy(str2,str1);                             //复制字符串
    strncpy(str3,str1,4);
    printf("\nAfter strcpy destination=%s",str2);  //输出结果
    printf("\nAfter strncpy destination=%s",str3);
    getch();
}
```

范例 073：复制字符串
源码路径：光盘\演练范例\073\
视频路径：光盘\演练范例\073\
范例 074：字符串的逆序赋值
源码路径：光盘\演练范例\074\
视频路径：光盘\演练范例\074\

执行后先提示用户分别输入字符串，如图 9-14 所示。

输入完毕，按下【Enter】键将把输入的字符串分别通过 strcpy 函数和 strncpy 函数进行复制，并将比较结果输出，如图 9-15 所示。

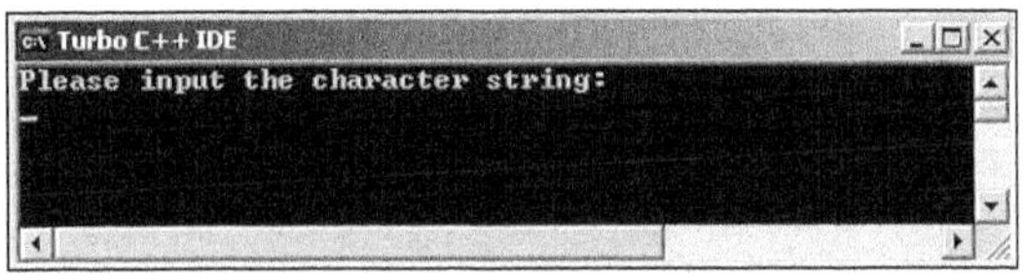

图 9-14 提示输入字符串

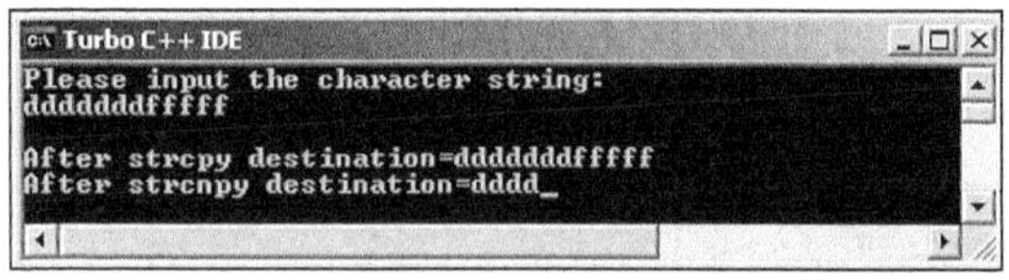

图 9-15 运行结果

在具体使用 strcpy 函数和 strncpy 函数时，应该注意如下两点。

（1）对于 strcpy 函数来说，如果省略"整型表达式"，则会将整个"字符串"存入到字符数组中。这时需要字符数组足够长，并且在复制时连同字符串后的"\0"一起复制到字符数组中。

（2）对于 strncpy 函数来说，如果"字符串"中包含的字符少于"整型表达式"个字符，则需要在后面加上足够数量的空字符，使复制到"字符数组名"中的总字符数为"整型表达式"个字符；如果"字符串"中包含的字符多于"整型表达式"个字符，则不需要在"字符数组名"的末尾加上空字符。

为加深读者对复制函数的理解，看下面的选择题。

问题：以下对 strcpy 函数错误的是？

```
char atr1[]="string",str2[10],*str3,*str4="sting";
A.strcpy(str1,"hello");
B.strcpy(str2,"hello");
C.strcpy(str3,"hello");
D.strcpy(str4,"hello");
```

首先来分析下 strcpy 的作用，strcpy 是定义在 string.h 中的字符串操作函数，它的原型为：

```
extern char *strcpy(char *dest,char *src);
```

其主要作用是将 src 指针指向的内容复制到 dest 的内存空间中去，而 src 的内容结尾时按照"\0"作为字符串的结尾来操作的。

所以当使用上述的 strcpy 时，也就是在将 hello 字符常量复制到对应的字符串空间中去。

下面来分析上面的 A、B、C、D 选项。

A：根据 str1 的定义，它是一个初始化为"string"的数组，长度为 7（strlen（*str*1）+1），是分配在栈上的，是在运行时可以重写的，所以对于 A 选项而言，这个 strcpy 是正确的，操作结束后结果为 *str*1 的内容为"hello"；。

B：根据 *str*2 的定义，它是一个没有初始化的字符数组，长度为 10，也是分配在栈上的，也可以修改，所以这里也是正确的。

C：按照 *str*3 的定义，它是一个指针，没有指向任何空间地址，也就是所谓的野指针，如果对它进行操作，将有可能写入未知的空间地址，从而导致程序崩溃，会出问题的，正确的写法可以是向堆申请空间，char **str*3 = （char *）malloc（10）；或者让它指向某个栈上的地址，如 *str*3 = *str*1。

D：按照 *str*4 的定义，这是一个字符串常量，是分配在静态区域的，无法再运行时修改，所以不能对它进行 strcpy。

9.4.4 字符串比较函数

在 C 语言中，函数 strcmp 和函数 strncmp 专门用于比较字符串的大小。使用函数 strcmp 的格式如下所示：

```
strcmp(字符串1,字符串2)
```

使用函数 strncmp 的格式如下所示：

```
strcmp(字符串1,字符串2,整型表达式)
```

其中，“字符串 1”“字符串 2”表示字符串常量或已存放字符串的字符数组名。

函数 strcmp 的功能描述如下所示：

- ❑ 如果“字符串 1”<“字符串 2”，函数值为小于 0 的整数。
- ❑ 如果“字符串 1” = “字符串 2”，函数值为 0。
- ❑ 如果“字符串 1” > “字符串 2”，函数值为大于 0 的整数。

函数 strncmp 的功能是比较字符串 1 和字符串 2 的前“整型表达式”个字符。具体比较方式如下所示：

- ❑ 如果“字符串 1”<“字符串 2”，函数值为小于 0 的整数。
- ❑ 如果“字符串 1” = “字符串 2”，函数值为 0。
- ❑ 如果“字符串 1” > “字符串 2”，函数值为大于 0 的整数。

实例 038　使用 strcmp 和函数 strncmp 比较用户输入的字符串

源码路径　光盘\daima\9\9　　　视频路径　光盘\视频\实例\第 9 章\038

本实例的实现文件为“compare.c”，具体实现代码如下所示：

```
#include"string.h"
#include"stdio.h"
main(){
    int m;                                          //声明整型变量
    char mm1[80],mm2[80];                           //声明两个字符数组
    puts("Please input the first string:");         //输入提示
    gets(mm1);                                      //接收字符串1
    puts("Please input the second string:");        //输入提示
    gets(mm2);                                      //接收字符串2
    m=strcmp(mm1,mm2);                              //比较两个字符串
    //输出结果
    printf("\nstrcmp(%s,%s) returns %d",mm1,mm2,m);
    m=strncmp(mm1,mm2,3);                           //比较两个字符串的前3个字符
    printf("\nComparing 3 characters,strncmp(%s,%s) returns %d",mm1,mm2,m);
    //输出结果
    getch();
}
```

执行后先提示用户分别输入 2 个字符串，如图 9-16 所示。

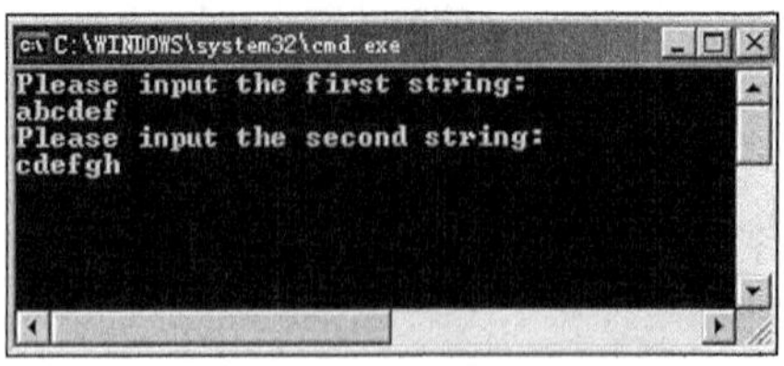

图 9-16　提示输入字符串

范例 075：比较两个字符串
源码路径：光盘\演练范例\075\
视频路径：光盘\演练范例\075\
范例 076：自定义字符串比较函数
源码路径：光盘\演练范例\076\
视频路径：光盘\演练范例\076\

输入完毕，按下【Enter】键后通过函数 strcmp 和函数 strncmp 通过函数 strcmp 和函数 strncmp 输入的字符串，并输出比较结果。具体如图 9-17 所示。

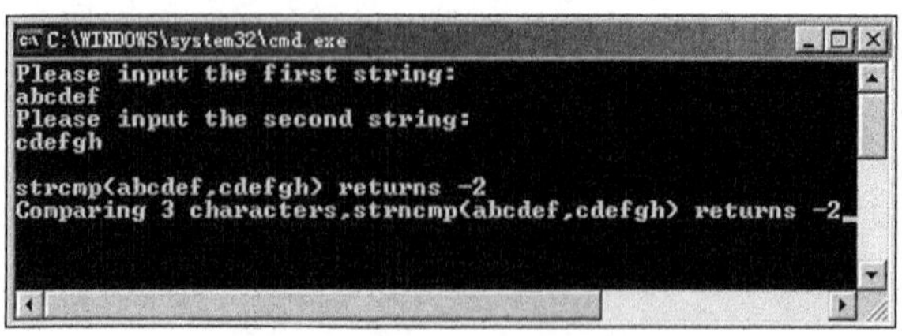

图 9-17　运行结果

在上述实例代码中，通过函数 strcmp 和函数 strncmp 比较用户输入的字符串。读者在具体使用时，应该注意如下两点。

（1）函数 strcpy 和函数 strncpy 在比较处理时，要区分字母的大小写。

（2）在 C 语言中所有的字符串比较函数是 ASCII 码的，对于相同的字母来说，大写字母要小于小写字母。因为 A～Z 的 ASCII 码是 95～90，而 a～z 的 ASCII 码是 97～122。

看下面的代码：

```
#include"string.h"
main(){
  int k;
    static char st1[15],st2[]="C Language";                //赋值
    printf("input a string:\n");
    gets(st1);
    k=strcmp(st1,st2);
    if(k==0) printf("st1=st2\n");
    if(k>0) printf("st1>st2\n");
    if(k<0) printf("st1<st2\n");
}
```

在上述代码中，把输入的字符串和数组 *st*2 中的串比较，比较结果返回到 *k* 中，根据 *k* 值再输出结果提示串。当输入为“ddddd”时，由 ASCII 码可知“ddddd”大于“C Language”，所以 *k*>0，输出结果“*st*1>*st*2”。

9.4.5　字符串连接函数

在 C 语言中，函数 strcat 和函数 strncat 专门用于连接两个字符串。其中，使用函数 strcat 的格式如下所示：

```
strcat(字符数组名，字符串)
```

“字符数组名”是已定义的字符数组；“字符串”表示字符串常量或已存放字符串的字符数组名。上述格式的功能是取消“字符数组”中字符串的结束标记，然后把“字符串”连接到它的后面，组成新的字符串存回“字符数组”中。其返回值是字符数组的首地址，要求字符数组的长度要足够大。

使用函数 strncat 的格式如下所示：

```
strncat (字符数组，字符串，整型表达式)
```

其中，“字符数组”是已定义的字符数组名；“字符串”是字符串常量或已存放字符串的字符数组名；“整型表达式”可以是任何整型表达式。

上述格式的功能是：将“字符串”中的 “整型表达式”个字符加到“字符数组”的后面。如果“字符串”中的字符大于“整型表达式”个字符，则前面“整型表达式”个字符被加到“字符数组”的后面；如果“字符串”中的字符少于“整型表达式”个字符，则“字符串”中的所有字符都将被加到“字符数组”的后面。但是无论作为上述哪种情况，都将在连续得到字符串的后面加上空字符。在此也要求字符数组的长度足够大，这样才能存储连接在其后面的字符串，其返回值为字符数组。

实例 039　使用 strcat 函数和 strncat 函数连接用户输入的字符串

源码路径　光盘\daima\9\10　　　　视频路径　光盘\视频\实例\第 9 章\039

本实例的实现文件为“connect.c”，具体实现代码如下所示：

```
#include"string.h"
#include"stdio.h"
main(){
    char mm[80],nn[80];                    //声明一个字符数组
    puts("Please input the character string:");
    gets(nn);                              //接收字符串
    strcat(mm,nn);                         //连接字符串
    puts(mm);
    strncat(mm,nn,3);
    puts(mm);
    getch();
}
```

范例 077：计算字符串的长度
源码路径：光盘\演练范例\077\
视频路径：光盘\演练范例\077\
范例 078：自定义字符串连接
源码路径：光盘\演练范例\078\
视频路径：光盘\演练范例\078\

执行后先提示用户分别输入字符串，如图 9-18 所示。

输入完毕，按下【Enter】键将把输入的字符串分别通过函数 strcat 和 strncat 进行连接处理，并将连接结果输出。具体如图 9-19 所示。

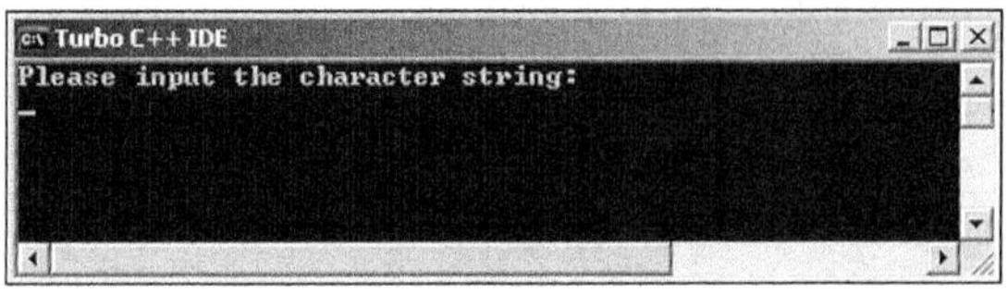

图 9-18　提示输入字符串

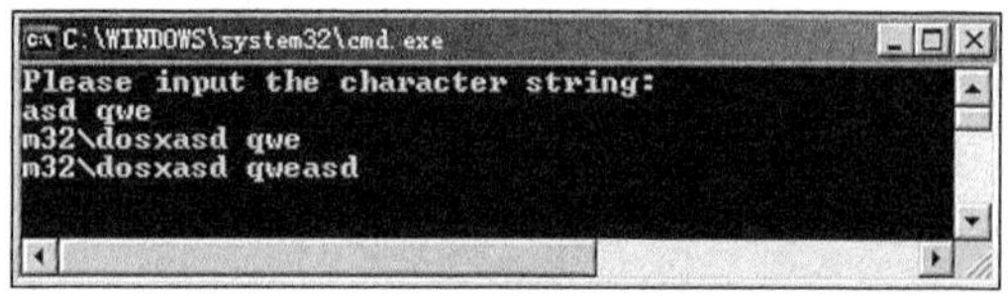

图 9-19　运行结果

9.4.6　其他的字符串函数

在 C 语言中，还有很多其他的常用字符串函数。笔者经过收集处理，并借鉴前人的经验，将各函数的具体说明、使用格式和应用实例保存在本书光盘中，欢迎广大读者翻阅。

具体参阅“光盘:\代码\9\C 语言字符串函数大全.txt”

9.4.7　将字符串转换成数值的函数

在 C 语言编程处理过程中，有时需要将字符串表示的数字转换成数值变量。例如，将字符串“123”转换为一个值为“123”的数字。有如下 3 个实现上述功能的函数。

1．函数 atoi

函数 atoi 的功能是将字符串转换为 int 类型值，具体使用格式如下所示：

```
atoi (字符串)
```

其中，“字符串”是字符串常量或已存放字符串的字符数组名。函数 atoi 会扫描字符串，跳过前面的空格字符，直到遇上数字或正负符号才开始做转换，而再遇到非数字或字符串结束标志“\0”时才结束转换，并将结果返回。其返回值是转换后的整型数。

2．函数 atol

函数 atol 的功能是将字符串转换为 long 类型值，具体使用格式如下所示：

```
atol (字符串)
```

其中，“字符串”是字符串常量或已存放字符串的字符数组名。函数 atol 会扫描参数“字符串”，跳过前面的空格字符，直到遇上数字或正负符号才开始做转换，而再遇到非数字或字符串结束标志时才结束转换，并将结果返回。例如下面代码中的 *x* 的值为 1024L：

```
x = atol( "1024.0001" );
```

3．函数 atof

函数 atof 的功能是将字符串转换为 double 类型值，具体使用格式如下所示：

```
atof(字符串)
```

其中，“字符串”的开头可以包含空白、符号（+、-）、数学数字（0～9）、小数和指示符（E 或 e）。如果第一个字符是不可转换的，则 atof 返回 0。

实例 040　**将用户输入的字符串转换为数值类型的值**

源码路径　光盘\daima\9\11　　　　视频路径　光盘\视频\实例\第 9 章\040

本实例的实现文件为“transefer.c”，具体实现代码如下所示：

```
#include<stdlib.h>
#include<string.h>
void main(){
    char str[80];                       //定义一个字符数组
    while(1)
    {   printf("input the string to convert:   ");
        gets(str);                      //输入字符串
        if(strlen(str)==0)break;        //当遇到空字符串时退出循环
        //将字符串转换为int值
        printf("atoi(%s) returns %d\n",str,atoi(str));
```

```
        printf("atol(%s) returns %ld\n",str,atol(str));        //将字符串转换为long值
    printf("atof(%s) returns %f\n",str,atof(str));    //将字符串转换为浮点数
  }
}
```

执行后先提示用户输入字符串，如图 9-20 所示。

图 9-20　提示输入字符串

范例 079：对字符串进行定位
源码路径：光盘\演练范例\079\
视频路径：光盘\演练范例\079\
范例 080：演示子串的插入
源码路径：光盘\演练范例\080\
视频路径：光盘\演练范例\080\

输入完毕，按下【Enter】键将把输入的字符串分别转换成对应类型的数字，并将转换结果输出，如图 9-21 所示。

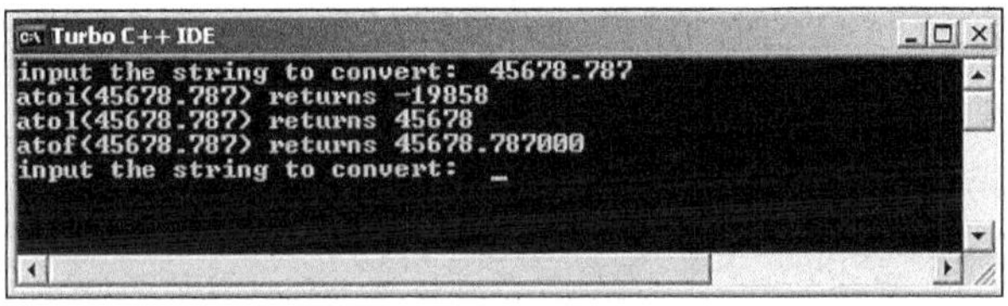

图 9-21　运行结果

实际上，函数 atof、atol、atrtod、strtol 和 strtoul 的功能都是类似的，具体使用方法都相同。读者可以参阅光盘中赠送的“C 字符串函数”资料，学习 C 语言中各字符串函数的的使用方法，并通过具体实例来加深对知识的理解和掌握。

9.5　字符处理函数

知识点讲解：光盘:视频\PPT 讲解（知识点）\第 9 章\字符处理函数.mp4

在编写 C 语言项目的过程中，如果需要输入单个字符，就需要使用字符处理函数。在本节的内容中，将详细介绍 C 语言中字符处理函数的基本知识。

9.5.1　字符检测函数详解

字符检测函数用于对程序中的字符进行检测处理，这些函数根据字符是否满足特定的条件，返回 true 或 false。C 语言中的字符检测函数通过头文件“ctype.h”来引用，常用的字符检测函数如表 9-2 所示。

表 9-2　常用字符检测函数

函数原型	函数描述
int isdigit（int c）	如果 c 是数字，返回 true，否则返回 false
int isalpha（int c）	如果 c 是字母，返回 true，否则返回 false
int isalnum（int c）	如果 c 是字母或数字，返回 true，否则返回 false
int isxdigit（int c）	如果 c 是十六进制字符，返回 true，否则返回 false
int islower（int c）	如果 c 是小写字母，返回 true，否则返回 false
int isupper（int c）	如果 c 是大写字母，返回 true，否则返回 false
int isspace（int c）	如果 c 是空白符，返回 true，否则返回 false。空白符包括：'\n'、空格、'\t'、'\r'、进纸符（'\f'）、垂直制表符（'\v'）

续表

函数原型	函数描述
int iscntrl（int c）	如果 c 是控制符，返回 true，否则返回 false
int ispunct（int c）	如果 c 是除空格、数字和字母外的可打印字符，返回 true，否则返回 false
int isprint（int c）	如果 c 是可打印符（包括空格），返回 true，否则返回 false
int isgraph（int c）	如果 c 是除空格之外的可打印字符，返回 true，否则返回 false

实例 041　**提示用户输入一段字符串，然后使用字符检测函数来判断字符串中各字符所占用的个数。**

源码路径　光盘\daima\9\12　　　　视频路径　光盘\视频\实例\第 9 章\041

本实例的实现文件为“num.c”，具体实现代码如下所示：

```
#include <stdio.h>
#include <ctype.h>
void main(){
    char num1[80];                          //定义一个字符数组
    int i,d=1,l=1,p=1,c=1,o=1,b=1,u=1;      //定义整型变量
    printf("Please input the string:\n");
    gets(num1);                             //输入字符串
    for(i=0;i<strlen(num1);i++)             //循环检测字符串的每个字符
    {       if(isprint(num1[i]))            //判断当前字符是否为可打印字符
            {       if(isalnum(num1[i]))    //判断当前字符是否为字母或数字
                    {                       //判断当前字符是否为数字
                        if(isdigit(num1[i]))
                            d++;
                        //判断当前字符是否为小写字母
                        else if(islower(num1[i]))
                            l++;
                        //判断当前字符是否为大写字母
                        else if(isupper(num1[i]))
                            u++;
                    }
                    else if(isspace(num1[i])) //判断当前字符是否为空格
                        b++;
                    else if(ispunct(num1[i])) //判断当前字符是否为标点字符
                        p++;
                    else
                        o++;
            }
            else if(iscntrl(num1[i]))                  ////判断当前字符是否为控制字符
                    c++;
            else //以上类型都不是
                    o++;
    }
    //输出字符串中各种类型字符的个数
    printf("Digit:%d\n",d);
    printf("Lowercase letter:%d\n",l);
    printf("Capital letter:%d\n",u);
    printf("Blank:%d\n",b);
    printf("Punct:%d\n",p);
    printf("Contrl:%d\n",c);
    printf("Other:%d\n",o);
}
```

范例 081：删除多个连续的字符串
源码路径：光盘\演练范例\081\
视频路径：光盘\演练范例\081\
范例 082：字符串的升序排序
源码路径：光盘\演练范例\082\
视频路径：光盘\演练范例\082\

执行后先提示用户输入字符串，如图 9-22 所示。

图 9-22　提示输入字符串

输入完毕，按下【Enter】键返回 Turbo C 3.0IDE，按下【Alt+F5】组合键后将会输出字符检测函数的处理结果，如图 9-23 所示。

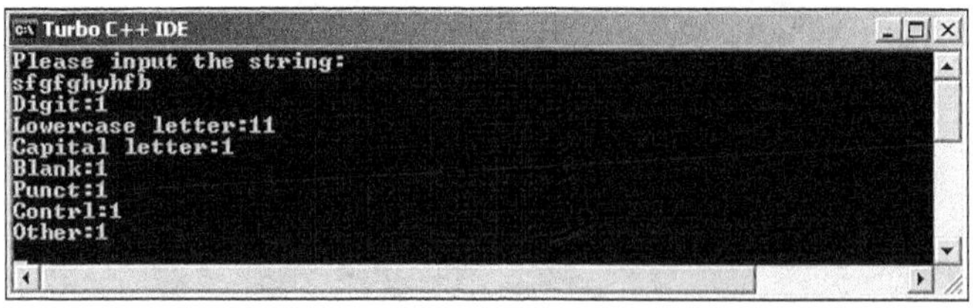

图 9-23　运行结果

9.5.2　字符大小写转换函数详解

在前面 9.5 节中的内容中，讲解了函数 strlwr 函数和 stupr 函数的基本使用方法，它们能够将字符串转换为小写和大写。在 ANSI 标准中定义了 2 个对字符进行大小写转换的函数，分别是 tolower 和 toupper，它们也都包含在头文件“ctype.h”中。具体信息如表 9-3 所示。

表 9-3　　字符大小写转换函数

函数原型	函数描述
int tolower（int c）	如果 c 为大写字母，返回其小写字母，否则返回原参数
int toupper（int c）	如果 c 为小写字母，返回其大写字母，否则返回原参数

实例 042　提示用户输入需要大小写转换的字符串，然后分别输出转换为大写和小写的形式。

源码路径　光盘\daima\9\13　　视频路径　光盘\视频\实例\第 9 章\042

实例的实现文件为“bijiao.c”，具体实现代码如下所示：

```
#include<stdlib.h>
#include<string.h>
void main() {
    char mm[80];                        //定义一个字符数组
    int i;
    while(1){
    printf("input the string to convert:\n");
        gets(mm);                       //输入字符串
        if(strlen(mm)==0)break;         //当遇到空字符串时退出循环
        for(i=0;i<strlen(mm);i++)       //改变字符串中每个字符为大写字母
            printf("%c",toupper(mm[i]));
        printf("\n");                   //换行
        for(i=0;i<strlen(mm);i++)       //改变字符串中每个字符为小写字母
            printf("%c",tolower(mm[i]));
        printf("\n");
    }
}
```

执行后先提示用户输入字符串，如图 9-24 所示。

图 9-24　提示输入字符串

范例 083：整数转换为字符串
源码路径：光盘\演练范例\083\
视频路径：光盘\演练范例\083\
范例 084：删除字符串中的指定字符
源码路径：光盘\演练范例\084\
视频路径：光盘\演练范例\084\

输入完毕，按下【Enter】键返回 Turbo C 3.0IDE，按下【Alt+F5】组合键后将分别输出输入字符的大写和小写转换结果，如图 9-25 所示。

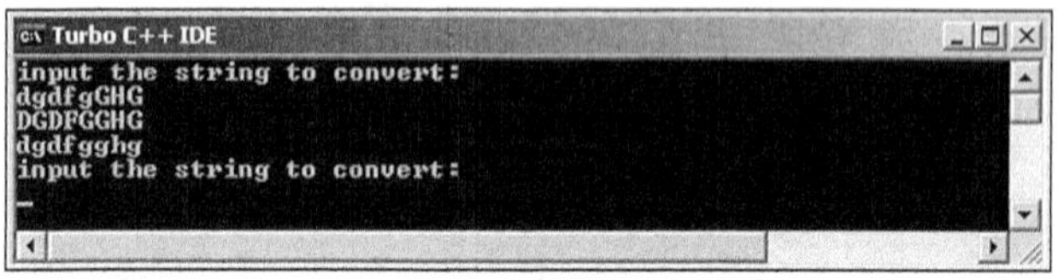

图 9-25 运行结果

9.6 技术解惑

9.6.1 数组的下标总是从 0 开始吗

是的，对数组 a[MAX]（MAX 是一个编译时可知的值）来说，它的第一个和最后一个元素分别是 a[0]和 a[MAX-1]。在其他一些语言中，情况可能有所不同，例如在 BASIC 语言中数组 a[MAX]的元素是从 a[1]到 a[MAX]，在 Pascal 语言中则两种方式都可行。

这里的 a[MAX]是一个有效的地址，但该地址中的值并不是数组 a 的一个元素。上述这种差别有时会引起混乱，因为当你说“数组中的第一个元素”时，实际上是指“数组中下标为。的元素”，这里的“第一个”的意思和“最后一个”相反。

尽管可以假造一个下标从 1 开始的数组，但在实际编程中不应该这样做。因为指针和数组几乎是相同的，因此可以定义一个指针，使它可以象一个数组一样引用另一个数组中的所有元素，但引用时前者的下标是从 1 开始的：

```
/*don't do this!!*/
int a0[MAX],
int *a1=a0-1; /*&a0[-1)*/
```

现在，a0[0]和 a1[1）是相同的，而 a0[MAX-1]和 a1[MAX]是相同的。然而，在实际编程中不应该这样做，其原因有以下两点。

（1）这种方法可能行不通。这种行为是 ANSI/ISOC 标准所没有定义的（并且是应该避免的），而&a0[-1）完全有可能不是一个有效的地址。对于某些编译程序，你的程序可能根本不会出问题；在有些情况下，对于任何编译程序，你的程序可能都不会出问题；但是，谁能保证你的程序永远不会出问题呢?

（2）这种方式背离了 C 语言的常规风格。人们已经习惯了 C 语言中数组下标的工作方式，如果你的程序使用了另外一种方式，别人就很难读懂你的程序，而经过一段时间以后，连你自己都可能很难读懂这个程序了。

9.6.2 C 语言对数组的处理是非常有效的吗

除少数翻译器出于谨慎会作一些繁琐的规定外，C 语言的数组下标是在一个很低的层次上处理的。但这个优点也有一个反作用，即在程序运行时你无法知道一个数组到底有多大，或者一个数组下标是否有效。ANSI/ISOC 标准没有对使用越界下标的行为作出定义，因此，一个越界下标有可能导致如下所示的后果：

- ❑ 程序仍能正确运行；
- ❑ 程序会异常终止或崩溃；
- ❑ 程序能继续运行，但无法得出正确的结果；
- ❑ 其他情况。

换句话说，你不知道程序此后会做出什么反应，这会带来很大的麻烦。有些人就是抓住这一点来批评 C 语言的，认为 C 语言只不过是一种高级的汇编语言。然而，尽管 C 程序出错时的表现有些可怕，但谁也不能否认一个经过仔细编写和调试的 C 程序运行起来是非常快的。

数组和指针能非常和谐地在一起工作。当数组出现在一个表达式中时，它和指向数组中第一个元素的指针是等价的，因此数组和指针几乎可以互换使用。此外，使用指针要比使用数组下标快两倍。

将数组作为参数传递给函数和将指向数组中第一个元素的指针传递给函数是完全等价的。将数组作为参数传递给函数时可以采用值传递和地址传递两种方式，前者需要完整地拷贝初始数组，但比较安全；后者的速度要快得多，但编写程序时要多加小心。C++和 ANSIC 中都有 const 关键字，利用它可以使地址传递方式和值传递方式一样安全。

9.6.3 初始化赋值一维数组的注意事项

对 C 语言一维数组进行初始化赋值时，读者需要注意如下 5 点。

（1）当{ }中值的个数少于元素个数时，可以只给前面部分元素赋值。例如下面的赋值代码：

```
int a[10]={0,1,2,3,5};
```

上述代码表示只给 a[0]～a[4]5 个元素赋值，而后面的 5 个元素自动赋值为 0。

（2）只能给元素逐个赋值，而不能给数组整体赋值。例如给 10 个元素全部赋值为 5，只能写为如下格式：

```
int a[10]={5,5,5,5,5,5,5,5,5,5};
```

而不能使用下面的格式：

```
int a[10]=5;
```

（3）如给全部元素赋值，在数组说明中可以不给出数组元素的个数。例如下面的代码：

```
int a[5]={1,2,3,4,5};
```

上述代码可以写为：

```
int a[]={1,2,3,4,5};
```

（4）关键字 static 表示定义了一个静态变量。在 C 语言中规定，只有静态变量和外部变量可以初始化（将在后面介绍）。但在 Turbo C 中不加关键字 static 也可对变量进行初始化。

（5）可以在程序执行过程中，对数组进行动态赋值。这时可用循环语句配合 scanf 函数逐个对数组元素赋值。看下面的代码：

```
main(){
    int i,max,a[10];
    printf("input 10 numbers:\n");
    for(i=0;i<10;i++)
        scanf("%d",&a[i]);
    max=a[0];
    for(i=1;i<10;i++)
        if(a[i]>max) max=a[i];
    printf("maxmum=%d\n",max);
}
```

在上述代码中，第一个 for 语句逐个输入 10 个数到数组 a 中。然后把 a[0]送入 max 中。在第二个 for 语句中，从 a[1]到 a[9]逐个与 max 中的内容比较，若比 max 的值大，则把该下标变量送入 max 中，因此 max 总是在已比较过的下标变量中为最大者。比较结束，输出 max 的值。

9.6.4 冒泡排序

冒泡排序（BubbleSort）的基本概念是：依次比较相邻的两个数，将小数放在前面，大数放在后面。即首先比较第 1 个和第 2 个数，将小数放前，大数放后。然后比较第 2 个数和第 3 个数，将小数放前，大数放后，如此继续，直至比较最后两个数，将小数放前，大数放后。重复以上过程，仍从第一对数开始比较（因为可能由于第 2 个数和第 3 个数的交换，使得第 1 个数不再小于第 2 个数），将小数放前，大数放后，一直比较到最大数前的一对相邻数，将小数放前，大数放后，第二趟结束，在倒数第二个数中得到一个新的最大数。如此下去，直至最终完成排序。

由于在排序过程中总是小数往前放，大数往后放，类似于气泡往上升，所以称作冒泡排序。

第 10 章

函数——C 语言的 CPU

函数是 C 程序的基本模块，通过对函数模块的调用就能够实现特定的功能。C 语言中的函数相当于其他高级语言的子程序，项目中的基本功几乎都是通过函数实现的。在本章的内容中，将详细介绍 C 语言中函数的基本知识。

本章内容

- C 语言函数的基础知识
- 必须知道的函数声明和函数原型
- 函数的参数
- 函数的返回值
- 怎样实现函数的调用
- 函数的嵌套调用和递归调用
- 必须了解变量的作用域和生存期
- 谈谈 C 的内部函数和外部函数
- 必须知道的库函数

技术解惑

深入分析项目文件

要尽量避免不必要的函数调用

请确保声明和定义是静态的，除非希望从不同的文件中调用该函数

避免过长的 main 函数

函数的地址本身也是数据

什么时候说明函数

一个函数可以有多少个参数

如果一个函数没有返回值，是否需要加入 return 语句

在程序退出 main()函数之后还有可能执行一部分代码

exit()和 return 有什么不同

10.1 C 语言函数的基础知识

知识点讲解：光盘:视频\PPT 讲解（知识点）\第 10 章\先了解 C 语言函数的基础知识.mp4

C 语言不仅提供了极为丰富的库函数，而且还允许用户建立自己定义的函数。用户可把自己的算法编成一个个相对独立的函数模块，然后用调用的方法来使用函数。在本节的内容中，先了解 C 语言函数的基础知识。

10.1.1 函数的分类

在 C 语言中可从不同的角度对函数进行分类，具体说明如下所示：

1. 从函数定义的角度划分

从函数定义的角度看，函数可分为库函数和用户定义函数两种。

- 库函数：由 C 系统提供，用户无需定义，也不必在程序中作类型说明，只需在程序前包含有该函数原型的头文件即可在程序中直接调用。在前面各章的范例中反复用到 printf、scanf、getchar、putchar、gets、puts、strcat 等函数均属此类。
- 用户定义函数：由用户按需要写的函数。对于用户自定义函数，不仅要在程序中定义函数本身，而且在主调函数模块中还必须对该被调函数进行类型说明，然后才能使用。

2. 从是否有返回值角度划分

从这个角度看，又可以把函数分为有返回值函数和无返回值函数两种。

- 有返回值函数：此类函数被调用执行完后将向调用者返回一个执行结果，称为函数返回值。如数学函数即属于此类函数。由用户定义的这种要返回函数值的函数，必须在函数定义和函数说明中明确返回值的类型。
- 无返回值函数：此类函数用于完成某项特定的处理任务，执行完成后不向调用者返回函数值。这类函数类似于其他语言的过程。由于函数无需返回值，用户在定义此类函数时可指定它的返回值为“空类型”，空类型的说明符为“void”。

3. 从是否有参数角度划分

从是否有参数角度划分，可以分为无参函数和有参函数两种。

- 无参函数：在函数定义、函数说明及函数调用中均不带参数。主调函数和被调函数之间不进行参数传送。此类函数通常用来完成一组指定的功能，可以返回或不返回函数值。
- 有参函数：也称为带参函数。在函数定义及函数说明时都有参数，称为形式参数（简称为形参）。在函数调用时也必须给出参数，称为实际参数（简称为实参）。进行函数调用时，主调函数将把实参的值传送给形参，供被调函数使用。

4. 库函数

C 语言提供了极为丰富的库函数，这些库函数可以从具体的功能角度进行如下分类。

- 字符类型分类函数：对字符按 ASCII 码进行分类，例如分为字母、数字、控制字符、分隔符，大小写字母等。
- 转换函数：对字符或字符串进行转换，例如在字符量和各类数字量（整型、实型等）之间进行转换；在大、小写之间进行转换。
- 目录路径函数：对文件目录和路径操作。
- 诊断函数：用于内部错误检测。
- 图形函数：用于屏幕管理和各种图形功能。
- 输入/输出函数：用于完成输入/输出功能。

- 接口函数：用于与 DOS、BIOS 和硬件的接口。
- 字符串函数：用于字符串操作和处理。
- 内存管理函数：用于内存管理。
- 数学函数：用于数学函数计算。
- 日期和时间函数：用于日期、时间转换操作。
- 进程控制函数：用于进程管理和控制。
- 其他函数：用于其他各种功能。

在C语言中，所有的函数定义，包括主 main 函数在内，都是平行的。也就是说，在一个函数的函数体内，不能再定义另一个函数，即不能嵌套定义。但是函数之间允许相互调用，也允许嵌套调用。习惯上把调用者称为主调函数。函数还可以自己调用自己，这称为递归调用。

main 函数是主函数，它可以调用其他函数，而不允许被其他函数调用。因此，C 程序的执行总是从 main 函数开始，完成对其他函数的调用后再返回到 main 函数，最后由 main 函数结束整个程序。一个 C 源程序必须有，也只能有一个主函数 main。

10.1.2　函数的定义

对 C 语言内的函数进行定义时，必须按照其规定的格式来进行。

1. 无参函数的定义

定义格式如下所示：

```
类型标识符  函数名()
{
  数据定义语句序列;
  执行语句序列;
}
```

2. 有参函数的定义

定义格式如下所示：

```
类型标识符  函数名(形参列表)
{
  数据定义语句序列;
  执行语句序列;
}
```

上述格式中各参数的具体说明如下所示：

（1）类型标识符：即数据类型说明符，规定了当前函数的返回值类型，它可以是各种的数据类型，也可以是指针型，如果是 void，则表示没有返回值。

（2）函数名：是当前函数的名称，在同一编译单元中不能有重复的函数名。

（3）形参列表：是函数中形式参数，用逗号来分割若干个形式参数的声明语句，格式如下所示：

```
数据类型 形式参数1，……数据类型  形式参数n
```

每个形参可以是一个变量、数组、指针变量、指针数组等。

（4）数据定义语句序列：由当前函数中使用的变量、数组、指针变量等语句组成。

（5）执行语句序列：由当前函数中完成函数功能的程序段组成，如果当前函数有返回值，则此序列中会有会有返回语句“return（表达式）;”，其中表达式的值就是当前函数的返回值；如果当前函数没有返回值，则返回语句是“return;”，也可以省略返回语句。

看下面的代码：

```
void Hello()
{
        printf ("Hello,world \n");
}
```

上述代码定义了一个无参函数 Hello，用于输出字符串“Hello，world”。

再看下面的代码：

```
int max(int a, int b)
      {
        if (a>b) return a;
        else return b;
}
```

在上述代码中，第一行说明 max 函数是一个整型函数，其返回的函数值是一个整数。形参 *a* 和 *b* 均为整型量。*a* 和 *b* 的具体值是由主调函数在调用时传送过来的。在{}中的函数体内，除形参外没有使用其他变量，因此只有语句而没有声明部分。在 max 函数体中的 return 语句是把 *a*（或 *b*）的值作为函数的值返回给主调函数。有返回值函数中至少应有一个 return 语句。

实例 043　提示用户输入两个数字，然后输出较大的数字。

源码路径　光盘\daima\10\1　　　　视频路径　光盘\视频\实例\第 10 章\043

本实例的实现文件为“hanshu.c”，具体实现代码如下所示：

```
//定义函数返回值的类型、函数名、形式参数
int max(int a,int b)
{
if(a>b)return a;
     else return b;
}
void main()
{
     int max(int a,int b);                //声明函数
     int x,y,z;                           //函数体中变量的定义
     printf("input two numbers:\n");
     scanf("%d,%d",&x,&y);                //输入两个数
     z=max(x,y);                          //调用函数，比较两个数的大小
     printf("maxmum=%d",z);               //输出较大值
}
```

范例 085：定义一个函数
源码路径：光盘\演练范例\085\
视频路径：光盘\演练范例\085\
范例 086：演示函数的调用
源码路径：光盘\演练范例\086\
视频路径：光盘\演练范例\086\

在上述代码中，程序的第 1 行至第 5 行为 max 函数定义。进入主函数后，因为准备调用 max 函数，故先对 max 函数进行说明（程序第 8 行）。函数定义和函数说明并不是一回事，在后面还要专门讨论。可以看出函数说明与函数定义中的函数头部分相同，但是末尾要加分号。程序第 12 行为调用 max 函数，并把 *x*，*y* 中的值传送给 max 的形参 *a*，*b*。max 函数执行的结果（*a* 或 *b*）将返回给变量 *z*。最后由主函数输出 *z* 的值。

执行后先提示用户输入两个数字，如图 10-1 所示。

输入完毕，按下【Enter】键返回 Turbo C 3.0IDE，按下【Alt+F5】组合键后将对输入的数字进行大小比较，然后将较大的数字输出，如图 10-2 所示。

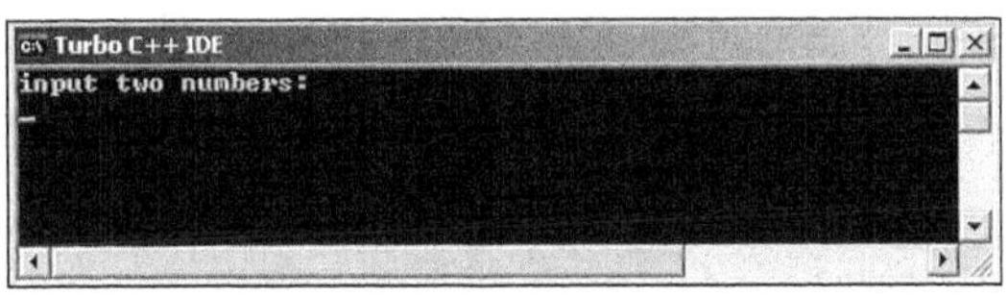

图 10-1　提示输入数字

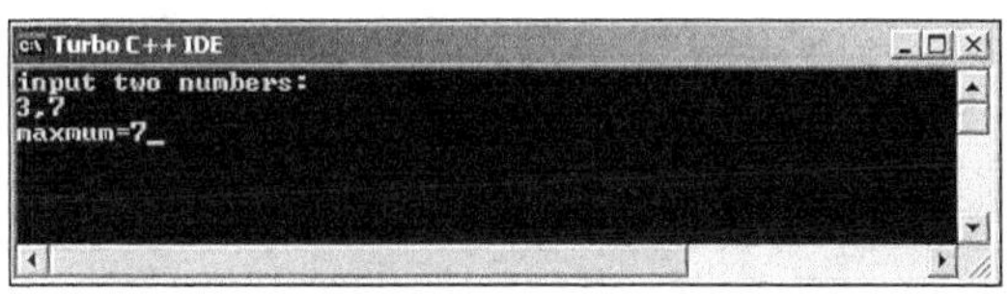

图 10-2　运行结果

10.2　必须知道的函数声明和函数原型

知识点讲解：光盘:视频\PPT 讲解（知识点）\第 10 章\必须知道的函数声明和函数原型.mp4

在本书前面内容中，曾经多次提到了声明和定义，例如声明变量和定义变量。在大多数情况下，开发人员和读者会对上述两词混为一谈。实际上它们的意义也基本相同，但是从严格意义上讲，两者是完全不同的概念。

“定义”是指对函数功能的确立，包括指定函数名、函数值类型、形参类型、函数体等，它是一个完整的、独立的函数单位。而“声明”的作用则是把函数的名字、函数类型以及形参类

型、个数和顺序通知编译系统，以便在调用该函数时系统按此进行对照检查（例如函数名是否正确，实参与形参的类型和个数是否一致）。从程序中可以看到对函数的声明与函数定义中的函数首部基本上是相同的。因此可以简单地照写已定义的函数的首部，再加一个分号，就成为了对函数的“声明”。在函数声明中也可以不写形参名，而只写形参的类型。

在 C 语言中，函数声明称为函数原型（function prototype）。使用函数原型是 ANSI C 的一个重要特点。它的作用主要是利用它在程序的编译阶段对调用函数的合法性进行全面检查。

以前的 C 版本的函数声明方式不是采用函数原型，而只是声明函数名和函数类型。例如“float add();”不包括参数类型和参数个数。系统不检查参数类型和参数个数。新版本也兼容这种用法，但不提倡这种用法，因为它未进行全面的检查。

实际上，如果在函数调用前，没有对函数进行声明，则编译系统会把第一次遇到的该函数形式（函数定义或函数调用）作为函数的声明，并将函数类型默认为 int 型。如一个 max 函数，调用之前没有进行函数声明，编译时首先遇到的函数形式是函数调用“max（a，b）”，由于对原型的处理是不考虑参数名的，因此系统将 max()加上 int 作为函数声明，即“int max();” 因此不少教材说，如果函数类型为整型，可以在函数调用前不必声明函数。但是使用这种方法时，系统无法对参数的类型做检查。或调用函数时参数使用不当，在编译时也不会报错。因此，为了程序清晰和安全，建议都加以声明为好。

如果被调用函数的定义出现在主调函数之前，可以不必加以声明。因为编译系统已经先知道了已定义的函数类型，会根据函数首部提供的信息对函数的调用做正确性检查。

如果已在所有函数定义之前，在函数的外部做了函数声明，则在各个主调用函数中不必对所调用的函数再做声明。

1. 函数的声明

在调用用户自定义函数时，需要满足以下两个条件。

（1）被调用函数必须已经定义。

（2）如果被调用函数与调用它的函数在同一个源文件中，一般在主调函数中对被调用的函数做声明。函数声明的一般格式如下所示：

```
函数类型 函数名(形参类型1形参名1，形参类型2形参名2，…)
```

在下列 3 种情况下可以省略函数声明。

（1）函数定义的位置在主调函数之前。

（2）当函数的返回值为整型或字符型，且实参和形参的数据类型都为整型或字符型。

（3）如果已在所有函数定义之前，在函数的外部已做了函数的声明，则在各个主调函数中不必对所调用的函数再做声明。

例如，求 s=（1+2+3+…+n）/（1+2+3+…+m）的值，其中 n 和 m 为整数，可以编写如下代码实现：

```
#include <stdio.h>
float sum(int k)                          /* 定义sum函数。sum函数定义在前，调用在后*/
{
        float q=0.0;
        int a;
        for(a=1;a<=k;a++)
        q+=a;
        return(q);
}
main()                                    /* 虽然sum函数为float，但由于sum的定义在调用之前 */
{                                         /* 所以main中调用sum函数时不需再进行函数声明*/
        int n,m;
        float s;
        printf("输入n和m：\n");
        scanf("%d,%d",&n,&m);
        s=sum(n)/sum(m);
        printf("s=%.2f\n",s);
}
```

2. 函数原型

在声明被调函数时，编译系统需知道被调函数有几个参数，各自是什么类型，而参数的名字是无关紧要的，因此对被调函数的声明可以简化成以下形式：

```
函数类型 函数名（形参类型1，形参类型2，…… ）;
```

在C语言中，上面的函数声明称为函数原型。在程序中使用函数原型的主要作用是便于在编译源程序时对调用函数的合法性进行全面检查。当编译系统发现函数原型不匹配的函数调用（如函数类型不匹配，参数个数不一致，参数类型不匹配等）时，就会在屏幕上显示出错信息，用户可以根据提示的出错信息发现并改正函数调用中的错误。

10.3 函数的参数

知识点讲解：光盘:视频\PPT讲解（知识点）\第10章\什么是函数的参数.mp4

C语言函数的的参数分为形参和实参两种。在本节的内容中，进一步介绍C语言函数中形参和实参的特点和两者的关系，并通过具体的实例来加深对知识的学习。

10.3.1 形参和实参详解

形参在函数定义中出现，在整个函数体内都可以使用，离开当前函数则不能使用。实参在主调函数中出现，当进入被调函数后，实参变量也不能使用。形参和实参的功能是进行数据传送，当发生函数调用时，主调函数把实参的值传送给被调函数的形参，从而实现主调函数向被调函数的数据传送。

C语言函数的形参和实参具有以下特点。

- 形参变量只有在被调用时才分配内存单元，在调用结束时，即刻释放所分配的内存单元。因此，形参只有在函数内部有效。函数调用结束返回主调函数后则不能再使用该形参变量。
- 实参可以是常量、变量、表达式、函数等，无论实参是何种类型的量，在进行函数调用时，它们都必须具有确定的值，以便把这些值传送给形参。因此应预先用赋值、输入等办法使实参获得确定值。
- 实参和形参在数量、类型、顺序上应严格一致，否则会发生“类型不匹配”的错误。
- 函数调用中发生的数据传送是单向的。即只能把实参的值传送给形参，而不能把形参的值反向地传送给实参。因此在函数调用过程中，形参的值发生改变，而实参中的值不会变化。

实例044 提示用户输入1个数字，然后计算从1到此数字值的和，并输出结果。

源码路径 光盘\daima\10\2　　视频路径 光盘\视频\实例\第10章\044

本实例的实现文件为“xing.c”，具体实现代码如下所示：

```
void main()
{
    int n;                              //声明变量
    printf("input number\n");
    scanf("%d",&n);                     //输入一个数
    s(n);                               //此处n为实参
    printf("n_M=%d\n",n);               //输出n的值
}
int s(int n)                            //此处n为形参
{
    int i;
    for(i=n-1;i>=1;i--)
    cn=n+i;
    printf("n_S=%d\n",n);               //输出1到n的和
}
```

范例087：形参和实参的单向传递
源码路径：光盘\演练范例\087\
视频路径：光盘\演练范例\087\
范例088：演示函数参数的求值顺序
源码路径：光盘\演练范例\088\
视频路径：光盘\演练范例\088\

在上述代码中，定义了一个函数 s，该函数的功能是求 Σni=1i 的值。在主函数中输入 *n* 值，并作为实参，在调用时传送给 s 函数的形参量 *n*（注意，本例的形参变量和实参变量的标识符都为 *n*，但这是两个不同的量，各自的作用域不同）。在主函数中用 printf 语句输出一次 *n* 值，这个 *n* 值是实参 *n* 的值。在函数 s 中也用 printf 语句输出了一次 *n* 值，这个 *n* 值是形参最后取得的 *n* 值 0。从运行情况看，输入 *n* 值为 100。即实参 *n* 的值为 100。把此值传给函数 s 时，形参 *n* 的初值也为 100，在执行函数过程中，形参 *n* 的值变为 5050。返回主函数之后，输出实参 *n* 的值仍为 100。可见实参的值不随形参的变化而变化。

执行后将先提示用户输入数字，如图 10-3 所示。

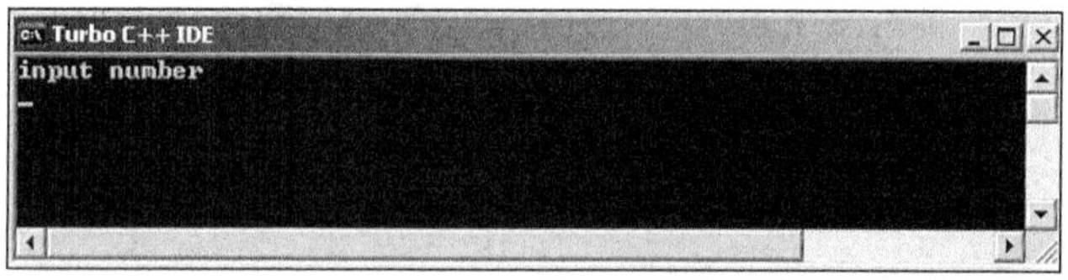

图 10-3　提示输入数字

输入完毕，按下【Enter】键返回 Turbo C 3.0IDE，按下【Alt+F5】组合键后将会进行 Σni=1i 运算，并输出计算结果，如图 10-4 所示。

图 10-4　运行结果

10.3.2　可以将数组名作为函数参数

在 C 语言中，可以使用数组名作为函数的参数。用数组名作函数参数与用数组元素作实参有如下几点不同。

用数组元素作实参时，只要数组类型和函数的形参变量的类型一致，那么作为下标变量的数组元素的类型也和函数形参变量的类型是一致的。因此，并不要求函数的形参也是下标变量。也就是说，对数组元素的处理是按普通变量对待的。当用数组名作函数参数时，则要求形参和相对应的实参都必须是类型相同的数组，都必须有明确的数组说明。当形参和实参二者不一致时，即会发生错误。

在普通变量或下标变量作函数参数时，形参变量和实参变量是由编译系统分配的两个不同的内存单元。在函数调用时发生的值传送是把实参变量的值赋予形参变量。在用数组名作函数参数时，不是进行值的传送，即不是把实参数组的每一个元素的值都赋予形参数组的各个元素。因为实际上形参数组并不存在，编译系统不为形参数组分配内存。因此在数组名作函数参数时所进行的传送只是地址的传送，也就是说，实参数组的首地址赋予形参数组名。形参数组名取得该首地址之后，也就等于有了实在的数组。实际上是形参数组和实参数组为同一数组，共同拥有一段内存空间。

看下面的一段代码：

```
{
  int i;
  float av,s=a[0];
  for(i=1;i<5;i++)
    s=s+a[i];
  av=s/5;
```

```
    return av;
    }
    void main()
    {
       float sco[5],av;
       int i;
       printf("\ninput 5 scores:\n");
       for(i=0;i<5;i++)
             scanf("%f",&sco[i]);
          av=aver(sco);
          printf("average score is %5.2f",av);
    }
    float aver(float a[5])
    { ……
    }
    void main()
    {
    ……
    for(i=0;i<5;i++)
          scanf("%f",&sco[i]);
    av=aver(sco);
    ……
  }
```

在上述代码中，首先定义了一个实型函数 aver，有一个形参为实型数组 a，长度为 5。在函数 aver 中，把各元素值相加求出平均值，返回给主函数。主函数 main 中首先完成数组 sco 的输入，然后以 sco 作为实参调用 aver 函数，函数返回值送 av，最后输出 av 值。 从运行情况可以看出，程序实现了所要求的功能。

在变量作函数参数时，所进行的值传送是单向的。即只能从实参传向形参，不能从形参传回实参。形参的初值和实参相同，而形参的值发生改变后，实参并不变化，两者的终值是不同的。本书前面的实例 42 就很好地说明了这个问题。

而当用数组名作函数参数时，情况则不同。 由于实际上形参和实参为同一数组，因此当形参数组发生变化时，实参数组也随之变化。 当然这种情况不能理解为发生了“双向”的值传递。但从实际情况来看，调用函数之后实参数组的值将由于形参数组值的变化而变化。为了说明这种情况，看下面的一段代码：

```
void nzp(int a[5]){
   int i;
   printf("\nvalues of array a are:\n");
   for(i=0;i<5;i++)
   {
      if(a[i]<0) a[i]=0;
      printf("%d ",a[i]);
   }
}
main(){
   int b[5],i;
   printf("\ninput 5 numbers:\n");
   for(i=0;i<5;i++)
      scanf("%d",&b[i]);
      printf("initial values of array b are:\n");
   for(i=0;i<5;i++)
      printf("%d ",b[i]);
      nzp(b);
      printf("\nlast values of array b are:\n");
   for(i=0;i<5;i++)
      printf("%d ",b[i]);
}
void nzp(int a[5]) { ……
}
main(){
   int b[5],i;
   ……
   nzp(b);
   ……
}
```

在上述代码中，函数 nzp 的形参为整数组 a，长度为 5。主函数中实参数组 b 也为整型，长度也为 5。在主函数中首先输入数组 b 的值，然后输出数组 b 的初始值。然后以数组名 b 为实参调用 nzp 函数。在 nzp 中，按要求把负值单元清 0，并输出形参数组 a 的值。返回主函数之后，再次输出数组 b 的值。从运行结果可以看出，数组 b 的初值和终值是不同的，数组 b 的终值和数组 a 是相同的。这说明实参形参为同一数组，它们的值同时得以改变。

在 C 语言中，用数组名作为函数参数时应注意如下 4 点。

- 形参数组和实参数组的类型必须一致，否则将引起错误。
- 形参数组和实参数组的长度可以不相同，因为在调用时，只传送首地址而不检查形参数组的长度。当形参数组的长度与实参数组不一致时，虽不至于出现语法错误（编译能通过），但程序执行结果将与实际不符，这是应予以注意的。例如把上面的代码进行如下修改：

```
void nzp(int a[8]) {
   int i;
   printf("\nvalues of array aare:\n");
   for(i=0;i<8;i++)
   {
      if(a[i]<0)a[i]=0;
      printf("%d",a[i]);
   }
}
main(){
   int b[5],i;
   printf("\ninput 5 numbers:\n");
   for(i=0;i<5;i++)
      scanf("%d",&b[i]);
      printf("initial values of array b are:\n");
   for(i=0;i<5;i++)
      printf("%d",b[i]);
      nzp(b);
      printf("\nlast values of array b are:\n");
   for(i=0;i<5;i++)
      printf("%d",b[i]);
}
```

上述程序与前段程序比，nzp 函数的形参数组长度改为 8，函数体中，for 语句的循环条件也改为 *i*<8。因此，形参数组 a 和实参数组 b 的长度不一致，编译能够通过。但是从结果看，数组 a 的元素 a[5]，a[6]，a[10]显然是无意义的。

- 在函数形参表中，允许不给出形参数组的长度，或用一个变量来表示数组元素的个数。例如可以写为如下格式：

```
void nzp(int a[])
```

也可以写为如下格式：

```
void nzp(int a[], int n)
```

其中，形参数组 a 没有给出长度，而由 *n* 值动态地表示数组的长度。*n* 的值由主调函数的实参进行传送。

- 多维数组也可以作为函数的参数。 在函数定义时对形参数组可以指定每一维的长度，也可省去第一维的长度。所以以下 2 种写法都是合法的：

```
int MA(int a[3][10])
int MA(int a[][10])
```

10.3.3　可以将数组作为函数参数

数组可以作为 C 语言函数的参数进行数据传递，有如下两种数组作为函数参数形式。

- 数据元素作为实参，具体用法和变量相同。
- 多维数组名作为函数的形参和实参。

在下面的内容中，将分别介绍上述方式的使用方法。

1．数据元素作为实参

数组元素是下标变量，它和普通变量没有任何区别。所以当数组元素作为函数参数来使用时，和普通的变量是完全相同的。在发生函数调用时，会把作为实参的数组元素值传给形参，实现单向值传送。

实例 045 对一个整数数组内的元素值进行判断，如果大于 0 则输出 1，小于 0 则输出 0。

源码路径 光盘\daima\10\3 视频路径 光盘\视频\实例\第 10 章\045

本实例的实现文件为“shuzu.c”，具体实现代码如下所示：

```
void nzp(int m) //声明一个函数
{     //判断参数是否大于0，若是则输出1，若不是则输出0
  if(m>0)
    printf("%d ",1);
  else
    printf("%d ",0);
}
void main()
{
  int a[5],i;   //声明数组和变量
  printf("input 5 numbers:\n");
  for(i=0;i<5;i++)
  {
    scanf("%d",&a[i]); //输入一个数存到数组相应元素中
    nzp(a[i]);              //调用函数nzp，判断当前数组元素的值
  }
}
```

范例 089：获得数组元素中的最大值
源码路径：光盘\演练范例\089\
视频路径：光盘\演练范例\089\
范例 090：逆序存放数组的元素
源码路径：光盘\演练范例\090\
视频路径：光盘\演练范例\090\

执行后将先提示用户输入 5 个数字，如图 10-5 所示。

输入 5 个数字完毕，按下【Enter】键返回 Turbo C 3.0IDE，按下【Alt+F5】组合键后将会对输入的数字进行判断，并将判断结果输出，如图 10-6 所示。

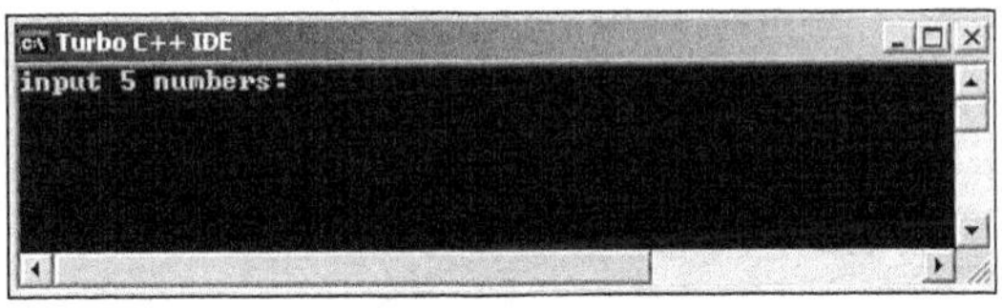

图 10-5 提示输入数字

图 10-6 运行结果

2. *多维数组名作为参数*

在前面的 10.4.2 小节中讲解了数组名作为函数参数的基本知识，实际上多维数组名也可以作为 C 语言函数的参数，并且既可以作为实参，也可以作为形参。在函数定义时，对形参数组可以指定每一维的长度，也可以省去第一维的长度。所以下面的两种书写格式都是正确的：

```
int mm (int a[3][10]);
int mm (int a[][10]);
```

但是不能将第二维和其他更高维的大小说明省略，例如下面的格式是错误的：

```
int mm (int a[][]);
```

实例 046 定义一个二维数组，并对数组元素进行行列互换处理。

源码路径 光盘\daima\10\4 视频路径 光盘\视频\实例\第 10 章\046

本实例的实现文件为“duo.c”，具体实现代码如下所示：

```
#define N 3                         //定义字符常量
int mm[N][N];                       //声明二维整型数组
void convert(int mm[3][3])          //定义函数
{  int i,j,t;                       //声明变量
   for(i=0;i<N;i++)                 //交换数组的行列
     for(j=i+1;j<N;j++)
     {  t=mm[i][j];
        mm[i][j]=mm[j][i];
        mm[j][i]=t;
     }
}
```

```
main()
{  int i,j;                                    //声明变量
   for(i=0;i<N;i++)                            //输入数组各元素
      for(j=0;j<N;j++)
         scanf("%d",&mm[i][j]);
   printf("mm :\n");
   for(i=0;i<N;i++)                            //输入数组
   {  for(j=0;j<N;j++)
         printf("%5d",mm[i][j]);
      printf("\n");
   }
   convert(mm);                                //转置数组
   printf("mm T:\n");
   for(i=0;i<N;i++)                            //输出转置后数组元素
   {  printf("\n");
      for(j=0;j<N;j++)
         printf("%5d",mm[i][j]);
   }
}
```

范例 091：交换两个数组元素
源码路径：光盘\演练范例\091\
视频路径：光盘\演练范例\091\
范例 092：约瑟夫环的问题
源码路径：光盘\演练范例\092\
视频路径：光盘\演练范例\092\

执行后先输入 9 个数字，如图 10-7 所示。

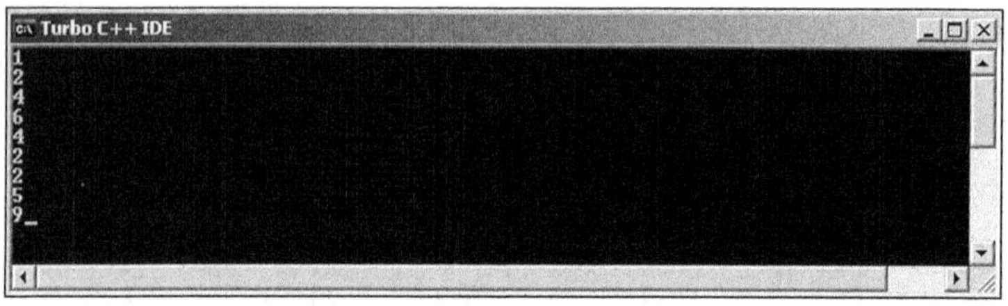

图 10-7　输入数字

输入 9 个数字完毕，按下【Enter】键返回 Turbo C 3.0IDE，按下【Alt+F5】组合键后将会对输入的数字进行重新排序处理，分别输出行列互换处理后的效果，如图 10-8 所示。

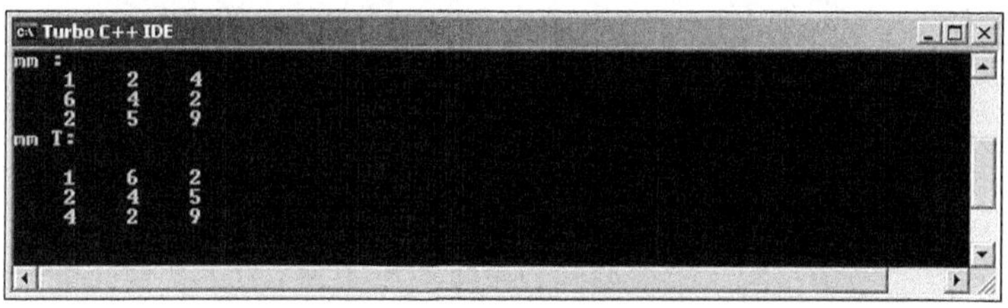

图 10-8　运行结果

10.4　函数的返回值

知识点讲解：光盘:视频\PPT 讲解（知识点）\第 10 章\什么是函数的返回值.mp4

函数的返回值是指函数被调用之后，执行函数体中的程序段所取得的并返回给主调函数的值。例如调用正弦函数取得的正弦值，调用前面实例中 max 函数取得的最大数等。在使用函数返回值时，应该注意如下问题。

（1）函数的值只能通过 return 语句返回主调函数

在 C 语言中，从函数返回一个值可以用 return 语句来实现，return 语句的使用格式有如下 2 种：

```
return表达式;
return (表达式);
```

上述格式的功能是计算表达式的值，并返回给主调函数。在函数中允许有多个 return 语句，但每次调用只能有一个 return 语句被执行，因此只能返回一个函数值。

（2）函数值的类型和函数定义中函数的类型应保持一致。如果两者不一致，则以函数类型

为准，自动进行类型转换。

如果函数值为整型，在定义函数时可以省去类型说明。

不返回函数值的函数，可以明确定义为“空类型”，类型说明符为“void”。例如实例 **044** 中函数 s 并不向主函数返函数值，所以可定义为如下格式：

```
void s(int n)
{
……
}
```

一旦函数被定义为空类型后，就不能在主调函数中使用被调函数的函数值了。例如，在定义 s 为空类型后，在主函数中写下述语句是错误的。

```
sum=s(n);
```

为了使程序有良好的可读性并减少出错，只要不要求返回值的函数都应该定义为空类型。

实例 047 **提示用户输入 12 个数字，然后对输入数字中最大数和最小数进行位置互换，并将互换后的值输出（注：输入 12 个数字，确保第一个为最小，后面的数随意）。**

源码路径 光盘\daima\10\5 **视频路径** 光盘\视频\实例\第 10 章\047

本实例的实现文件为“fanhui.c”，具体实现代码如下所示：

```
void main()                                       /*主函数*/
{
  void mm();                                      /*对被调函数的说明*/
  int a[12],i;
  for (i=0;i<12;i++) scanf("%d",&a[i]);           /*输入整型数组*/
  mm(a);                                          /*调用函数*/
  for(i=0;i<10;i++) printf("%d   ",a[i]);         /*输出交换后的整型数组*/
}
/*定义交换整型数组b的最大数和第1个数的函数*/
void mm(int b[])                                  /*定义无返回值的函数f，形式参数为b*/
{  int max,max_i,i;                               /*定义本函数体中作用的变量*/
  max=b[0], max_i=0;                              /*设第1个元素是当前最大数*/
  for(i=1;i<10;i++)                               /*循环求出数组b中的最大数*/
     if(max<b[i]){max=b[i];max_i=i;}
  max=b[0];b[0]=b[max_i];b[max_i]=max;            /*交换最大数与第1个数*/
  return;                                         /*返回*/
}
```

执行后先输入 12 个数字，并以回车键换行，如图 10-9 所示。

图 10-9 输入数字

范例 093：使用 return 语句
源码路径：光盘\演练范例\093\
视频路径：光盘\演练范例\093\
范例 094：哥德巴赫猜想问题
源码路径：光盘\演练范例\094\
视频路径：光盘\演练范例\094\

输入 12 个数字完毕，按下【Enter】键返回 Turbo C IDE，按下【Alt+F5】组合键后将会对输入数字中的最大数和最小数进行位置互换处理，并输出互换后的结果，如图 10-10 所示。

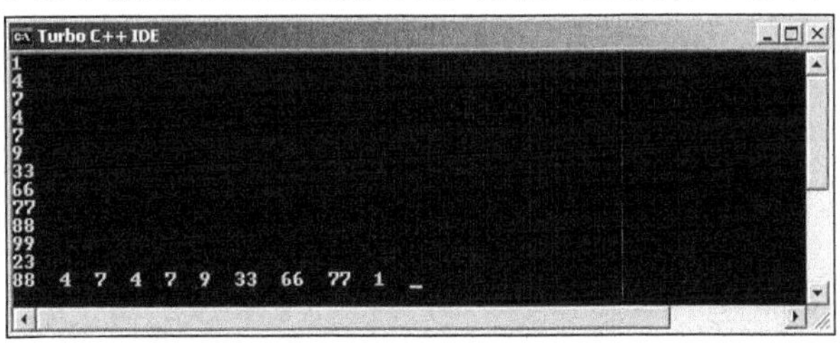

图 10-10 运行结果

注意：在上述实例代码中，同函数返回值对输入的数据进行位置互换处理。在 C 语言中的所有函数，除了空值类型外，都返回一个返回值（切记，空值是 ANSI 建议标准所做的扩展，也许并不适合读者手头的 C 编译程序）。当前返回值由返回语句确定，无返回语句时，返回值是 0。这就意味着，只要函数没有被说明为空值，它就可以用在任何有效的 C 语言表达式中作为操作数。

10.5　怎样实现函数的调用

知识点讲解：光盘:视频\PPT 讲解（知识点）\第 10 章\怎样实现函数的调用.mp4

当定义了一个函数后，在程序中需要通过对函数的调用来执行函数体，调用函数的过程与其他语言中的子程序调用相似。在本节的内容中，将详细介绍 C 语言中函数调用的基本知识。

10.5.1　函数的调用格式

在 C 语言中，函数调用的一般格式如下所示：

```
函数名(实际参数表)
```

当调用无参函数时，则就不需要实际参数表。实际参数表中的参数可以是常数、变量或其他构造类型数据及表达式。各实参之间用逗号分隔。

实例 048　**提示用户输入 3 个数字，然后进行大小比较处理，并将较大的数输出。**

源码路径　光盘\daima\10\6　　　　视频路径　光盘\视频\实例\第 10 章\048

本实例的实现文件为“diaoyong.c”，具体实现代码如下所示：

```
/*定义求3个整型参数x1、x2、x3中最大值的用户函数*/
/*定义函数返回值的类型、函数名、形式参数*/
int max(int x1,int x2,int x3)
{
   int max;                    /*函数体中变量定义*/
   if(x1>x2) max=x1;           /*函数体中执行运算序列*/
   else max=x2;
   if(max<x3) max=x3;
   return(max);                /*函数的返回*/
}
void main()
{  int x,y,z,w,m;              /*定义主函数中使用的变量*/
   int max(int x1,int x2,int x3);
   scanf("%d,%d,%d,%d",&x,&y,&z,&w);          /*输入4个整数*/
   m=max(x+w++,y+w++,z+w++);                  /*调用求3个整数中最大数的函数*/
   printf("max=%d\n",m);                      /*输出结果*/
}
```

范例 095：演示有规律数列的求和
源码路径：光盘\演练范例\095\
视频路径：光盘\演练范例\095\
范例 096：求整数 n 的全部素数因子
源码路径：光盘\演练范例\096\
视频路径：光盘\演练范例\096\

执行后先输入 3 个数字，如图 10-11 所示。

输入 3 个数字完毕后，按下【Enter】键返回 Turbo C IDE，按下【Alt+F5】组合键后将会对输入数字中进行大小比较处理，并输出较大的值，如图 10-12 所示。

图 10-11　输入数字

图 10-12　运行结果

10.5.2　函数调用的方式

在 C 语言中，可以使用如下 3 种方式调用函数。

1．函数表达式

函数作为表达式中的一项出现在表达式中，以函数返回值参与表达式的运算。这种方式要求函数是有返回值的。例如：z=max（x，y）是一个赋值表达式，把 max 的返回值赋予变量 z。

2. 函数语句

函数调用的一般形式加上分号即构成函数语句。例如下面的都是以函数语句的方式调用函数。

```
printf ("%d",a);
scanf ("%d",&b);
```

3. 函数实参

函数作为另一个函数调用的实际参数出现。这种情况是把该函数的返回值作为实参进行传送，因此要求该函数必须是有返回值的。例如下面的代码：

```
printf("%d",max(x,y));
```

上述格式是把 max 调用的返回值又作为 printf 函数的实参来使用的。

实例 049 **提示输入两个数字，然后对输入的数字进行最大公约数和最小公倍数运算，并输出运算结果。**

源码路径 光盘\daima\10\7　　视频路径 光盘\视频\实例\第 10 章\049

本实例的实现文件为“yunsuan.c”，具体实现代码如下所示：

```
hcf(int u,int v)                          //定义求最大公约数的函数
{
  int a,b,t,r;                            //声明变量
  if(u>v){t=u;u=v;v=t;}                   //比较两参数大小
  a=u;b=v;
  while((r=b%a)!=0)                       //求两个数的最大公约数
  {b=a;a=r;}
  return(a);                              //返回最大公约数
}
void main()
{ int u,v,l;                              //声明变量
  int lcd(int u,int v,int h);             //声明函数
  scanf("%d,%d",&u,&v);                   //输入两个数
  printf("H.C.F=%d\n",hcf(u,v));          //输出两个数的最大公约数
  l=lcd(u,v,hcf(u,v));                    //获得两个数的最小公倍数
  printf("L.C.D=%d\n",l);                 //s输出两个数的最小公倍数
}
lcd(int u,int v,int h)                    //求两个数的最小公倍数函数
{
  return(u*v/h);                          //返回最小公倍数
}
```

范例 097：计算 1～1000 的阶乘和
源码路径：光盘\演练范例\097\
视频路径：光盘\演练范例\097\
范例 098：比较两个分数的大小
源码路径：光盘\演练范例\098\
视频路径：光盘\演练范例\098\

执行后先输入两个数字，如图 10-13 所示。

然后按下【Enter】键返回 Turbo C IDE，按下【Alt+F5】组合键后将会对输入数字分别进行最大公约数和最小公倍数运算，并输出运算结果，如图 10-14 所示。

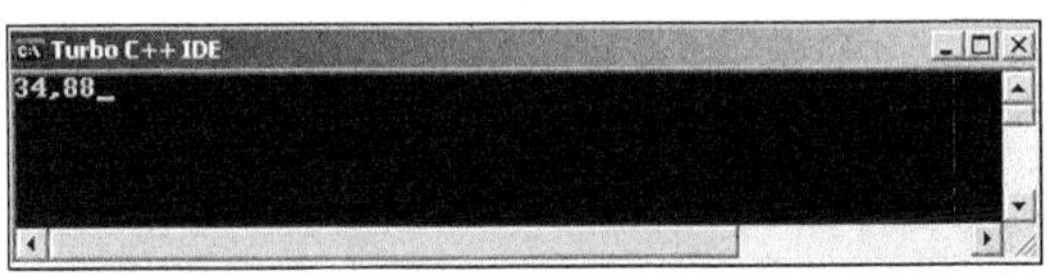

图 10-13 输入数字

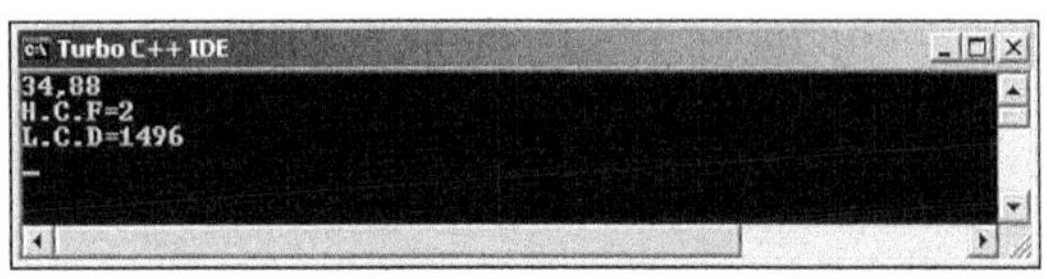

图 10-14 运行结果

在上述实例中，通过调用定义的函数，计算了输入数字的最大公约数和最小公倍数。在函数调用过程中，还应该注意的一个问题是求值顺序的问题。所谓求值顺序是指对实参表中各量是自左至右使用还是自右至左使用。对此，各系统的规定不一定相同。

实际上，C 语言调用函数的详细处理过程如下所示：

（1）调用一个函数的过程。

（2）参数压栈。

（3）跳转到调用的函数地址，同时将返回地址压栈。

（4）将堆栈框架指针寄存器压栈。

（5）设置堆栈框架指针（可选）。

（6）保存全局寄存器（如果被覆盖的话）。

（7）在栈中分配局部变量所需的内存。

（8）执行。

（9）释放在栈中分配的局部变量的内存。

（10）恢复全局寄存器。

（11）恢复堆栈框架指针。

（12）返回，由函数本身或者调用者平衡堆栈，取决于函数调用协定。

10.5.3 被调函数的声明方式

在主调函数中调用某函数之前应对该被调函数进行声明，这与使用变量之前要先进行变量说明是一样的，这样可以便于在程序的编译阶段对调用函数的合法性进行全面检查。在主调函数中对被调函数作说明的目的是使编译系统知道被调函数返回值的类型，以便在主调函数中按此种类型对返回值进行相应的处理。

声明的一般格式有如下两种：

```
类型说明符 被调函数名(类型 形参，类型 形参…);
类型说明符 被调函数名(类型，类型…);
```

在括号内给出了形参的类型和形参名，或只给出形参类型。这便于编译系统进行检错，以防止可能出现的错误。例如 main 函数中对 max 函数的说明可以是如下的两种格式：

```
int max(int a,int b);
int max(int,int);
```

在 C 语言中规定，在如下情况时可以省去主调函数中对被调函数的函数说明。

（1）如果被调函数的返回值是整型或字符型时，可以不对被调函数作说明，而是直接调用。这时系统将自动对被调函数返回值按整型处理。例如在实例 044 中的主函数中，没有对函数 s 作说明而直接调用即属此种情形。

（2）被调函数的函数定义出现在主调函数之前时，在主调函数中也可以不对被调函数再作说明而直接调用。例如在实例 043 中，函数 max 的定义放在 main 函数之前，因此可在 main 函数中省去对 max 函数的函数说明 int max（int a，int b）。

（3）如果在所有函数定义之前，在函数外预先说明了各个函数的类型，则在以后的各主调函数中，可以不再对被调函数进行说明。例如下面的代码：

```
char str(int a);
float f(float b);
main(){
    ……
}
char str(int a) {
    ……
}
float f(float b) {
    ……
}
```

其中，在第 1、2 行对 str 函数和 f 函数预先作了说明。所以在以后各函数中，无需对 str 函数和 f 函数再作说明就可直接调用。

（4）对库函数的调用不需要再作说明，但必须把该函数的头文件用 include 命令包含在源文件前部。

10.5.4 对调用函数的方式进行深入分析

本章前面的内容只是从形式上讲解了 C 语言调用函数的基本方式，实际上作为使用最广泛的编译语言，C 和 C++在调用函数方面有很大的相同点。例如基本的库函数和字符函数等，都需要专用的头文件来指明调用。

在C语言中采用了不同的调用方式来调用函数，在本小节的内容中，函数调用概念与前面内容中讲解的函数调用有所不同，它们指的是处理器在处理函数上的差异。理解这些不同的方式有助于我们来调试程序和链接我们的代码。在此简要讲解主要的四种函数调用方法以及之间的区别，分别是_stdcall、_cdecl、_fastcall、thiscall。当然，还有另外一些更加不常用的函数调用方法，例如nakedcall。

不同的函数调用方法之间，主要存在如下3点区别。

- ❑ 当参数个数多于一个时，按照什么顺序把参数压入堆栈函数调用后。
- ❑ 谁来恢复堆栈。
- ❑ 编译后的修饰名规则。

1. _stdcall 函数调用方法

将参数压栈是按PASCAL语言的顺序（从右到左）进行的，通常用于WINAPI中。它是由被调用者将参数从栈中清除的，所以它的编译文件比__cdecl小。__stdcall是Windows API函数中默认的调用约定，被调函数自己在退出时清空堆栈。这种调用方式不能实现变参函数，因为被调函数不能事先知道弹栈数量，但是在主调函数中是可以做到的，因为参数数量由主调函数确定的。VC 将函数编译后会在函数名前面加上下划线前缀，在函数名后加上“@”和参数的字节数。如函数int func（int a，double b）的修饰名是_func@12。

_stdcall 函数的编译选项是/Gz。

注意：

在创建DLL时，一般使用_stdcall调用（Win32 Api方式），采用_functionname@number命名规则，因而各种语言间的DLL能互相调用。也就是说，DLL的编制与具体的编程语言及编译器无关，只要遵守DLL的开发规范和编程策略，并安排正确的调用接口，不管用何种编程语言编制的DLL都具有通用性。

2. _cdecl 函数调用方法

_cdecl 函数调用是C语言采用的默认调用方法，参数按从右到左的顺序压入栈，由调用者把参数弹出栈，它的优点是支持printf这样的可变参数调用。一般可变参数函数的调用都采用这种方式，比如int _cdecl scanf（const char *format，…）。在C语言中，修饰名是在函数名前加下划线，例如函数void test（void）的修饰名是_test。除非声明为extern "C"，否则函数将使用不同的名称修饰方案。

_cdecl 函数的编译选项是/Gd。

注意：

C和C++中的main（或wmain）函数的调用约定必须是__cdecl，不允许更改。

3. _fastcall 函数调用方法

_fastcall 函数调用较快，它通过CPU内部寄存器传递参数。头两个DWORD类型或者占更少字节的参数被放入ECX和EDX寄存器，其他剩下的参数按从右到左的顺序压入栈。由被调用者把参数弹出栈，对于C语言函数或者变量来说，修饰名以“@”为前缀，然后是函数名，接着是符号“@”及参数的字节数，例如如下函数的修饰名是@func@12：

```
int func(int    a, double b)
```

编译选项是/Gr，通常减少执行时间。

注意：

在对用内联程序集语言编写的任意函数使用_fastcall调用约定时，一定要小心。对寄存器的使用可能与编译器对它们的使用发生冲突。Microsoft不保证不同编译器版本之间的_fastcall调用约定的实现相同。例如，16位编译器与32位编译器的实现就不同。因此当使用_fastcall命名约定时，请使用标准包含文件，否则将获取无法解析的外部引用。

4. thiscall 函数调用方法

函数体 this 指针默认通过 ECX 传递，其他参数从右到左入栈。thiscall 是唯一一个不能明确指明的函数修饰，因为 thiscall 不是关键字。它是 C++类成员函数默认的调用约定。由于成员函数调用还有一个 this 指针，因此必须特殊处理。

thiscall 意味着参数从右向左入栈，如果参数个数确定，this 指针通过 ecx 传递给被调用者；如果参数个数不确定，this 指针在所有参数压栈后被压入堆栈。对参数个数不定的，调用者清理堆栈，否则函数自己清理堆栈。

5. nakedcall 函数调用方法

此方法是一个很少见的调用约定，建议一般程序设计者不要使用此函数。编译器不会给这种函数增加初始化和清理代码，更特殊的是不能用 return 返回返回值，只能用插入汇编返回结果。这一般用于实模式驱动程序设计。

10.6　函数的嵌套调用和递归调用

知识点讲解：光盘:视频\PPT 讲解（知识点）\第 10 章\函数的嵌套调用和递归调用.mp4

在 C 语言中，允许对函数进行嵌套调用和递归调用。嵌套调用是指在某个函数内调用了另外一个函数，而递归调用是指函数自己调用自己。在本节的内容中，将详细讲解 C 语言函数的嵌套调用和递归调用的基本知识。

10.6.1　函数嵌套调用详解

C 语言中的函数是完全平等的，不存在上一级函数和下一级函数。但是可以在一个函数内对另外一个函数进行调用，这和其他语言中的子程序嵌套是类似的。其具体关系可表示为如图 10-15 所示。

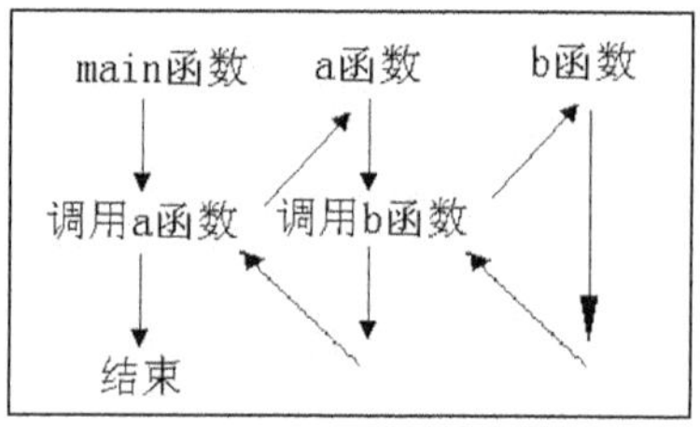

图 10-15　函数嵌套调用

图 10-15 所示的执行过程是：执行 main 函数中调用 a 函数的语句时，即转去执行 a 函数，在 a 函数中调用 b 函数时，又转去执行 b 函数，b 函数执行完毕返回 a 函数的断点继续执行，a 函数执行完毕返回 main 函数的断点继续执行。例如存在函数 fun1 和函数 fun2，下面的格式就是嵌套调用：

```
void    fun1()
{
        if(...)
        {
            fun2();
        }
}
void    fun2()
{
        if(...)
        {
            fun1();
        }
}
```

例如，计算“$s=2^2!+3^2!$”，可以通过如下代码实现。

```
long f1(int p)
{
    int k;
    long r;
    long f2(int);
    k=p*p;
```

```
        r=f2(k);
        return r;
}
long f2(int q)
{
        long c=1;
        int i;
        for(i=1;i<=q;i++)
           c=c*i;
        return c;
}
main()
{
        int i;
        long s=0;
        for (i=2;i<=3;i++)
           s=s+f1(i);
        printf("\ns=%ld\n",s);
}
```

在上述代码中，函数 f1 和 f2 均为长整型，都在主函数之前定义，所以不必再在主函数中对 f1 和 f2 加以说明。在主程序中，执行循环程序依次把 i 值作为实参调用函数 f1 求 i^2 值。在 f1 中又发生对函数 f2 的调用，这时是把 i^2 的值作为实参去调 f2，在 f2 中完成求 i^2!的计算。f2 执行完毕把 C 值（即 i^2!）返回给 f1，再由 f1 返回主函数实现累加。至此，由函数的嵌套调用实现了题目的要求。由于数值很大，所以函数和一些变量的类型都说明为长整型，否则会造成计算错误。

实例 050 提示用户输入一段字符，输出段中最长的单词。

源码路径 光盘\daima\10\8　　**视频路径** 光盘\视频\实例\第 10 章\050

本实例的实现文件为“123.c”，具体实现代码如下所示：

> 范例 099：演示函数的嵌套调用
> 源码路径：光盘\演练范例\099\
> 视频路径：光盘\演练范例\099\
> 范例 100：用梯形法计算积分
> 源码路径：光盘\演练范例\100\
> 视频路径：光盘\演练范例\100\

```
#include <stdio.h>
#include <string.h>
#define OUT 0
#define IN 1
int alpha(char c)
{
        if(c>='a'&&c<='z'||c>='A'&&c<='Z')
            return 1;
        else
            return 0;
}
void longest(char str[])
{
        int pointer,state,len,i,tmppoint,length,place;
        pointer=state=len=tmppoint=length=place=0;
        state=OUT;
        for(i=0;i<=strlen(str);i++)                //注意这里的i的判断语句只能用i<=strlen(str),而不能用str[i]!='\0'
        {
            if(!alpha(str[i]))                     //先判断字符类型，如果不是字母
            {
                if(len>length)                     //看得到的单词长度是否大于先前的最大长度，如果是，则
                {
                    length=len;                    //将此单词长度赋给最大长度length
                    place=tmppoint;                //将最长单词起始地址设为tmppoint值
                }
                state=OUT;                         //不是字母，设状态为单词外
                len=0;                             //已在单词外，设单词长度为0
            }
            else                                   //是字母
            {
                if(state==OUT)                     //如果最近一个状态为单词外，也即此为单词的第一个字母
                    tmppoint=pointer;              //将此地址设为单词起始地址
                len++;                             //单词长度加1
                state=IN;                          //设状态为单词内
            }
            pointer++;                             //不管是不是字母，指针，也即位置向后移动一位
        }
        for(i=0;i<length;i++)
```

```
            str[i]=str[i+place];                    //将最长单词的起始处设为字符串的起始处
        str[i]='\0';                                //最长单词结束后添加一个字符串结束标志
    }
    main()
    {
        char str[100];
        printf("请输入一个字符串：\n");
        scanf("%[^\n]",str);
        longest(str);
        printf("输入字符串中最长的单词为:%s.\n",str);
    }
```

执行后先提示用户输入一段字符，如图 10-16 所示。

图 10-16　输入数字

按下【Enter】键返回 Turbo C IDE，按下【Alt+F5】组合键后将会输出输入文字中的最长字符，如图 10-17 所示。

图 10-17　运行结果

10.6.2　函数递归调用详解

一个函数在它的函数体内调用它自身称为递归调用。这种函数称为递归函数。C 语言允许函数的递归调用。在递归调用过程中，主调函数又是被调函数。执行递归函数将反复调用其自身，每调用一次就进入新的一层。

例如下面的函数 m：

```
int m(int x)
{
    int y;
    z=m(y);
    return z;
}
```

上述函数 m 就是一个递归函数。但是运行该函数将无休止地调用其自身，这当然是不正确的。为了防止递归调用无终止地进行，必须在函数内有终止递归调用的手段。常用的办法是加条件判断，满足某种条件后就不再作递归调用，然后逐层返回。

函数递归调用方法有如下两个要素。

- 递归调用公式：即问题的解决能写成递归调用的形式。
- 结束条件：确定何时结束递归。

例如，用递归法计算 *n*!，可用下面公式表示：

　　n!=1　　　（n=0，1）

　　n×（n−1）!　（n>1）

按上述公式可以编程如下所示：

```
long ff(int n)
{
    long f;
    if(n<0) printf("n<0,input error");
```

```
        else if(n==0||n==1) f=1;
        else f=ff(n-1)*n;
        return(f);
    }
    main()
    {
        int n;
        long y;
        printf("\ninput a inteager number:\n");
        scanf("%d",&n);
        y=ff(n);
        printf("%d!=%ld",n,y);
    }
```

在上述程序中，函数 ff 就是一个递归函数。主函数调用 ff 后即进入函数 ff 执行，当 $n<0$，$n==0$ 或 $n=1$ 时都将结束函数的执行，否则就递归调用 ff 函数自身。由于每次递归调用的实参为 n-1，即把 n-1 的值赋予形参 n，最后当 n-1 的值为 1 时再作递归调用，形参 n 的值也为 1，将使递归终止。然后可逐层退回。

如果设执行本程序时输入为 5，即求 5!。在主函数中的调用语句即为 y=ff（5），进入 ff 函数后，由于 n=5，不等于 0 或 1，所以应执行 f=ff（n-1）*n，即 f=ff（5-1）*5。该语句对 ff 作递归调用即 ff（4）。

进行 4 次递归调用后，ff 函数形参取得的值变为 1，故不再继续递归调用而开始逐层返回主调函数。ff（1）的函数返回值为 1，ff（2）的返回值为 1×2=2，ff（3）的返回值为 2×3=6，ff（4）的返回值为 6×4=24，最后返回值 ff（5）为 24×5=120。

实例 051 实现数学中 Hanoi 塔问题的解决方案

源码路径 光盘\daima\10\9　　视频路径 光盘\视频\实例\第 10 章\051

Hanoi 塔描述如下所示。

一块板上有 3 根针：A、B、C。A 针上套有 64 个大小不等的圆盘，大的在下，小的在上。要把这 64 个圆盘从 A 针移动 C 针上，每次只能移动一个圆盘，移动可以借助 B 针进行。但在任何时候，任何针上的圆盘都必须保持大盘在下，小盘在上。求移动的步骤。

上述问题的算法分析如下所示：

（1）设 A 上有 n 个盘子。如果 n=1，则将圆盘从 A 直接移动到 C。

（2）如果 n=2，则进行如下操作。

- A 上的 n−1（等于 1）个圆盘移到 B 上。
- 再将 A 上的一个圆盘移到 C 上。
- 最后将 B 上的 n−1（等于 1）个圆盘移到 C 上。

（3）如果 n=3，则进行如下操作。

- 将 A 上的 n−1（等于 2，令其为 n'）个圆盘移到 B（借助于 C），具体步骤如下所示：

第一步：将 A 上的 n`−1（等于 1）个圆盘移到 C 上。

第二步：将 A 上的一个圆盘移到 B。

第三步：将 C 上的 n`−1（等于 1）个圆盘移到 B。

- 将 A 上的一个圆盘移到 C。
- 将 B 上的 n−1（等于 2，令其为 n'）个圆盘移到 C（借助 A），步骤如下所示：

第一步：将 B 上的 n`−1（等于 1）个圆盘移到 A。

第二步：将 B 上的一个盘子移到 C。

第三步：将 A 上的 n`−1（等于 1）个圆盘移到 C。

至此，完成了 3 个圆盘的移动过程。

从上面的算法分析中可以看出，当 n 大于等于 2 时，移动的过程可分解为 3 个步骤。

第一步：把 A 上的 *n*−1 个圆盘移到 B 上。

第二步：把 A 上的一个圆盘移到 C 上。

第三步：把 B 上的 *n*−1 个圆盘移到 C 上。其中第一步和第三步是类同的。

当 *n*=3 时，第一步和第三步又分解为类同的 3 步，即把 *n*'−1 个圆盘从一个针移到另一个针上，此处的 *n*'=*n*−1 显然这是一个递归过程。

本实例的实现文件为“digui.c”，具体实现代码如下所示：

```
#include <stdio.h>
#include <string.h>
#define OUT 0
#define IN 1
move(int n,int x,int y,int z)
{
    if(n==1)
        printf("%c-->%c\n",x,z);
    else
    {
        move(n-1,x,z,y);
        printf("%c-->%c\n",x,z);
        move(n-1,y,x,z);
    }
}
main()
{
    int h;
    printf("\ninput number:\n");
    scanf("%d",&h);
    printf("the step to moving %2d diskes:\n",h);
    move(h,'a','b','c');
}
```

范例 101：使用递归函数
源码路径：光盘\演练范例\101\
视频路径：光盘\演练范例\101\
范例 100：求解最大公约数
源码路径：光盘\演练范例\102\
视频路径：光盘\演练范例\102\

在上述代码中，move 函数是一个递归函数，它有 4 个形参 *n*、*x*、*y*、*z*。其中 *n* 表示圆盘数，*x*、*y*、*z* 分别表示 3 根针。move 函数的功能是把 *x* 上的 *n* 个圆盘移动到 *z* 上。当 *n*==1 时，直接把 x 上的圆盘移至 *z* 上，输出 *x*→*z*。如 *n*!=1 则分为 3 步：递归调用 move 函数，把 *n*−1 个圆盘从 *x* 移到 *y*；输出 *x*→*z*；递归调用 move 函数，把 *n*-1 个圆盘从 *y* 移到 *z*。在递归调用过程中 *n*=*n*−1，故 *n* 的值逐次递减，最后 *n*=1 时，终止递归，逐层返回。

执行后先提示用户输入一个数字，如图 10-18 所示。

图 10-18　输入数字

按下【Enter】键返回 Turbo C IDE，按下【Alt+F5】组合键后将会输出求解后的步骤。例如输入 10，运行结果如图 10-19 所示。

图 10-19　运行结果

10.7 必须了解变量的作用域和生存期

知识点讲解：光盘:视频\PPT 讲解（知识点）\第 10 章\必须了解变量的作用域和生存期.mp4

在对本书前面的形参变量进行讲解时曾经提到，形参变量只在被调用期间才分配内存单元，调用结束立即释放。这一点表明形参变量只有在函数内才是有效的，离开该函数就不能再使用了。这种变量有效性的范围称变量的作用域。不仅对于形参变量，C 语言中所有的量都有自己的作用域。变量说明的方式不同，其作用域也不同。C 语言中的变量，按作用域范围可分为两种，即局部变量和全局变量。

在本节的内容中，将详细介绍 C 语言变量作用域和生存期的基本知识。

10.7.1 变量作用域详解

因为 C 语言中变量分为局部变量、全局变量和文件变量，所以对应的作用域也有 3 种，在下面的内容中将分别介绍。

1. 局部变量作用域

局部变量也称为内部变量，局部变量是在函数内作定义说明的。其作用域仅限于函数内，如果离开定义函数后使用则是非法的。例如：

```
int f1(int a)                /*函数f1*/
{
    int b,c;
    ……
}
/*a,b,c有效*/
int f2(int x)                /*函数f2*/
{
    int y,z;
    ……
}
main()
{
    int m,n;
    ……
}
```

在上述函数 f1 内定义了 3 个变量，其中 a 为形参，b 和 c 是一般变量。在 f1 的范围内 *a*、*b*、*c* 有效；同样，*x*、*y*、*z* 的作用域仅限于 f2 内，*m*、*n* 的作用域仅限于 main 函数内。关于局部变量的作用域，应该注意如下 4 点。

（1）主函数中定义的变量也只能在主函数中使用，不能在其他函数中使用。同时，主函数中也不能使用其他函数中定义的变量。因为主函数也是一个函数，它与其他函数是平行关系。这一点是与其他语言不同的，应予以注意。

（2）形参变量是属于被调函数的局部变量，实参变量是属于主调函数的局部变量。

（3）允许在不同的函数中使用相同的变量名，它们代表不同的对象，分配不同的单元，互不干扰，也不会发生混淆。如在前例中，形参和实参的变量名都为 n，是完全允许的。

（4）在复合语句中也可定义变量，其作用域只在复合语句范围内。

看下面的代码：

```
main()
{
    int i=2,j=3,k;
    k=i+j;
    {
      int k=8;
      printf("%d\n",k);
    }
    printf("%d\n",k);
}
```

在上述代码中，在函数 main 中定义了 *i*、*j*、*k* 三个变量，其中 *k* 未赋初值。而在复合语句内又定义了一个变量 *k*，并赋初值为 8。应该注意这两个 *k* 不是同一个变量。在复合语句外由 main 定义的 *k* 起作用，而在复合语句内则由在复合语句内定义的 *k* 起作用。因此程序第 4 行的 *k* 为 main 所定义，其值应为 5。第 10 行输出 *k* 值，该行在复合语句内，由复合语句内定义的 *k* 起作用，其初值为 8，故输出值为 8，第 9 行输出 *i*、*k* 值。*i* 是在整个程序中有效的，第 10 行对 i 赋值为 3，故以输出也为 3。而第 9 行已在复合语句之外，输出的 *k* 应为 main 所定义的 *k*，此 k 值由第 4 行已获得为 5，所以最终输出也为 5。

2. 全局变量作用域

全局变量也称为外部变量，它是在函数外部定义的变量。全局变量不属于具体哪一个函数，只是属于一个源程序文件，其作用域是整个源程序。在函数中使用全局变量，一般应作全局变量说明。只有在函数内经过说明的全局变量才能使用，全局变量的说明符为 extern。但在一个函数之前定义的全局变量，在该函数内使用时可不用再次加以说明。

例如下面的代码：

```
int a,b;                /*外部变量*/
void f1()               /*函数f1*/
{
   ……
}
float x,y;              /*外部变量*/
int fz()                /*函数fz*/
{
   ……
}
main()                  /*主函数*/
{
   ……
}
```

在上述代码中，*a*、*b*、*x* 和 *y* 都是在函数外部定义的外部变量，都是全局变量。但 *x*、*y* 定义在函数 f1 之后，而在 f1 内又无对 x、y 的说明，所以它们在 f1 内无效。*a* 和 *b* 定义在源程序最前面，所以在函数 f1、f2 及 main 内不进行说明也可使用。

对于 C 语言中的全局变量，读者还应该注意如下几点。

（1）对于局部变量的定义和说明，可以不加区分。而对于外部变量则不然，外部变量的定义和外部变量的说明并不是一回事。外部变量定义必须在所有的函数之外，且只能定义一次。其一般形式如下所示：

```
[extern]类型说明符 变量名，变量名…
```

其中，方括号内的 extern 可以省去不写，例如下面两种格式是相同的；

```
int a,b;
extern int a,b;
```

而外部变量说明出现在要使用该外部变量的各个函数内，在整个程序内，可能出现多次，外部变量说明的一般格式如下所示：

```
extern类型说明符 变量名，变量名，…;
```

外部变量在定义时就已分配了内存单元，外部变量定义可作初始赋值，外部变量说明不能再赋初始值，只是表明在函数内要使用某外部变量。

（2）外部变量可加强函数模块之间的数据联系，但是又使函数要依靠这些变量，因而使得函数的独立性降低。从模块化程序设计的观点来看这是不利的，因此在不必要时尽量不要使用全局变量。

（3）在同一源文件中，答应全局变量和局部变量同名。在局部变量的作用域内，全局变量不起任何作用。

看下面的代码：

```
int vs(int l,int w){
```

```
    extern int h;
    int v;
    v=l*w*h;
    return v;
}
main() {
    extern int w,h;
    int l=5;
    printf("v=%d",vs(l,w));
}
int l=3,w=4,h=5;
```

在上述代码中，外部变量在最后定义，所以在前面函数中对要用的外部变量必须进行说明。外部变量 *l*、*w* 和 vs 函数的形参 *l*，*w* 同名。外部变量都作了初始赋值，mian 函数中也对 *l* 作了初始化赋值。执行程序时，在 printf 语句中调用 vs 函数，实参 l 的值应为 main 中定义的 *l* 值，等于 5，外部变量 *l* 在 main 内不起作用；实参 *w* 的值为外部变量 *w* 的值为 4，进入 vs 后这两个值传送给形参 *l*，vs 函数中使用的 h 为外部变量，其值为 5，因此 *v* 的计算结果为 100，返回主函数后输出。变量的存储类型各种变量的作用域不同，就其本质来说是因变量的存储类型相同。所谓存储类型是指变量占用内存空间的方式，也称为存储方式。

实例 052 输入正方体的长宽高 l、w、h，求对应的体积和 3 个面 x×y、x×z、y×z 的面积。

源码路径　光盘\daima\10\10　　　视频路径　光盘\视频\实例\第 10 章\052

本实例的实现文件为“quanju.c”，具体实现代码如下所示：

```
int s1,s2,s3;//定义3个全局变量
int vs( int a,int b,int c)
{                       //定义一个函数，求长方体的体积和3个面的面积
    int v;
    v=a*b*c;            //面积
    s1=a*b;             //3个面的面积
    s2=b*c;
    s3=a*c;
    return v;           //返回长方体的体积
}
main()
{
    int v,l,w,h;        //声明变量
    printf("input length,width and height:\n");
    scanf("%d,%d,%d",&l,&w,&h);
    v=vs(l,w,h);    //调用函数vs
    printf("v=%d s1=%d s2=%d s3=%d ",v,s1,s2,s3);   //输出结果
}
```

范例 103：求数组中的最大值
源码路径：光盘\演练范例\103\
视频路径：光盘\演练范例\103\
范例 104：求数据的平方根
源码路径：光盘\演练范例\104\
视频路径：光盘\演练范例\104\

在上述代码中定义了 3 个外部变量 s1、s2、s3，用来存放 3 个面积，其作用域为整个程序。函数 vs 用来求正方体体积和 3 个面积，函数的返回值为体积 *v*。由主函数完成长宽高的输入及结果输出。

执行后将首先提示用户分别输入长、宽、高，如图 10-20 所示。

然后按下【Enter】键返回 Turbo C IDE，按下【Alt+F5】组合键后将会分别输出对应的体积和各个面的面积，如图 10-21 所示。

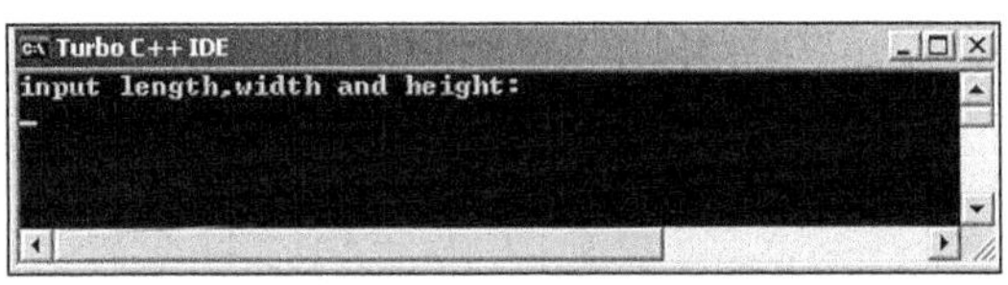

图 10-20　输入数字

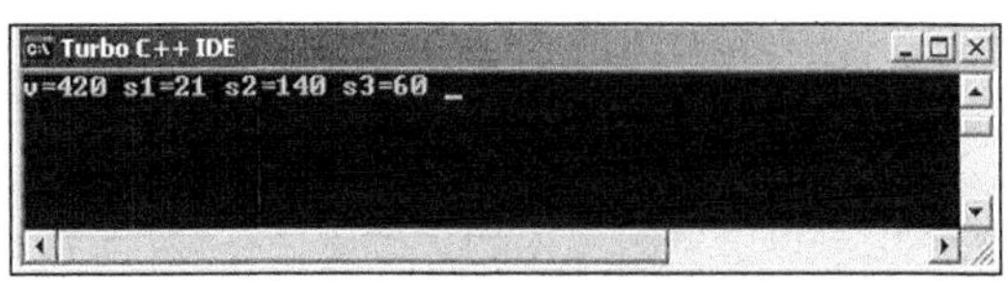

图 10-21　运行结果

10.7.2　静态存储变量和动态存储变量

从变量的作用域角度分析，可以分为全局变量和局部变量。但是如果从存储方式角度分析，

则可以分为静态存储和动态存储两种。

- 静态存储

静态存储变量通常是在变量定义时就分定存储单元并一直保持不变，直至整个程序结束。

- 动态存储

动态存储变量是在程序执行过程中，使用它时才分配存储单元，使用完毕立即释放。典型的例子是函数的形式参数，在函数定义时并不给形参分配存储单元，只是在函数被调用时才予以分配，调用函数完毕后立即释放。假如一个函数被多次调用，则反复地分配、释放形参变量的存储单元。

从以上分析可知，静态存储变量是一直存在的，而动态存储变量则时而存在时而消失。我们又把这种由于变量存储方式不同而产生的特性称变量的生存期。生存期表示了变量存在的时间。生存期和作用域是从时间和空间这两个不同的角度来描述变量的特性，这两者既有联系又有区别。一个变量究竟属于哪一种存储方式，并不能仅从其作用域来判定，还应有明确的存储类型说明。

在 C 语言中，有如下 4 种变量存储类型。

- auto：自动变量。
- register：寄存器变量。
- extern：外部变量。
- static：静态变量。

自动变量和寄存器变量属于动态存储方式，外部变量和静态变量属于静态存储方式。在介绍了变量的存储类型之后，可以知道对一个变量的说明不仅应说明其数据类型，还应说明其存储类型。因此变量说明的完整形式如下所示：

```
存储类型说明符 数据类型说明符 变量名，变量名…；
```

例如下面的格式：

```
static int a,b;                    //说明a,b为静态类型变量
auto char c1,c2;                   //说明c1,c2为自动字符变量
static int a[5]={1,2,3,4,5};       //说明a为静整型数组
extern int x,y;                    //说明x,y为外部整型变量
```

在下面的内容中，将分别介绍上述 4 种变量存储类型的基本知识。

1. 自动变量

自动变量存储类型是 C 语言程序中使用最广泛的一种类型，将变量的存储属性定义为自动变量的具体格式如下所示：

```
auto类型说明符 变量名;
```

在 C 语言中规定，函数内凡未加存储类型说明的变量均视为自动变量，也就是说自动变量可省去说明符 auto。在前面各章的程序中所定义的变量凡未加存储类型说明符的都是自动变量。例如：

```
{
  int i,j,k;
  char c;
  ……
}
```

上述代码等价于如下代码：

```
{
  auto int i,j,k;
  auto char c;
  ……
}
```

C 语言的自动变量具有以下 4 个特点。

(1) 自动变量的作用域仅限于定义该变量的个体内。在函数中定义的自动变量，只在该函数内有效。在复合语句中定义的自动变量只在该复合语句中有效。例如下面的代码：

```
int kv(int a) {
  auto int x,y;
  { auto char c;
```

```
    } /*c的作用域*/
    ……
} /*a,x,y的作用域*/
```

（2）自动变量属于动态存储方式，只有在使用它，即定义该变量的函数被调用时才给它分配存储单元，并开始它的生存期。函数调用结束后释放存储单元，结束生存期。因此函数调用结束之后，不能保留自动变量的值。在复合语句中定义的自动变量，在退出复合语句后也不能再使用，否则将引起错误。例如下面的代码：

```
main()
{     auto int a,s,p;
   printf("\ninput a number:\n");
   scanf("%d",&a);
   if(a>0){
   s=a+a;
   p=a*a;
}
printf("s=%d p=%d\n",s,p);
}
{     auto int a;
   printf("\ninput a number:\n");
   scanf("%d",&a);
   if(a>0){
            auto int s,p;
            s=a+a;
            p=a*a;
         }
printf("s=%d p=%d\n",s,p);
}
```

在上述代码中，s、p 是在复合语句内定义的自动变量，只能在该复合语句内有效。而程序的第 9 行却是退出复合语句之后用 printf 语句输出 s 和 p 的值，这显然会引起错误。

（3）由于自动变量的作用域和生存期都局限于定义它的个体内（函数或复合语句内），因此不同的个体中答应使用同名的变量而不会混淆。即使在函数内定义的自动变量也可与该函数内部的复合语句中定义的自动变量同名。例如下面的代码：

```
main() {
   auto int a,s=100,p=100;
   printf("\ninput a number:\n");
   scanf("%d",&a);
   if(a>0)
   {
      auto int s,p;
      s=a+a;
      p=a*a;
      printf("s=%d p=%d\n",s,p);
   }
   printf("s=%d p=%d\n",s,p);
}
```

在上述代码的 main 函数中和复合语句中，两次定义了变量 s、p 为自动变量。按照 C 语言的规定，在复合语句内，应由复合语句中定义的 s、p 起作用，所以 s 的值应为 $a+a$，p 的值为 $a*a$。退出复合语句后的 s 和 p 应为 main 所定义的 s、p，其值在初始化时给定，均为 100。从输出结果可以分析出两个 s 和两个 p 虽变量名相同，但却是两个不同的变量。

（4）对构造类型的自动变量如数组等，不可作初始化赋值。

2. 外部变量

外部变量的定义格式如下所示：

```
extern类型说明符 变量名;
```

由于 C 语言不允许在一个函数中定义其他函数，因此函数本身是外部的。一般情况下，也可以说函数是全局函数。在默认情况下，外部变量与函数具有如下性质：所有通过名字对外部变量与函数的引用（即使这种引用来自独立编译的函数）都是引用的同一对象（标准中把这一性质称为外部连接）。

外部变量的用途还表现在比内部变量有更大的作用域和更长的生存期。内部自动变量只能在函数内部使用，当其所在函数被调用时开始存在，当函数退出时消失。而外部变量是永久存在的，它们的值在从一次函数调用到下一次函数调用之间保持不变。因此如果两个函数必须共享某些数据，而这两个函数都互不调用对方，那么最为方便的是，把这些共享数据作为外部变量，而不是作为变元来传递。

实例 053　分别定义一个外部变量和两个函数，实现函数间通过外部函数来直接传递数据。

源码路径　光盘\daima\10\11　　　　视频路径　光盘\视频\实例\第 10 章\053

本实例的实现文件为“wai.c”，具体实现代码如下所示：

```
#include <stdio.h>
int x;                          /* 说明外部变量x */
main()
{
   void addone(), subone();
   x=1;                         /* 为外部变量x赋值 */
   printf ("x begins is %d\n", x);
   addone (); subone (); subone ();
   addone (); addone ();
   printf ("x winds up as %d\n", x);
}
void addone()
{  x++;                         /* 使用外部变量x */
   printf ("add 1 to make %d\n", x);
}
void subone()
{  x--;                         /* 使用外部变量x */
   printf ("substract 1 to make %d\n", x);
}
```

范例 105：用 auto 定义局部变量
源码路径：光盘\演练范例\105\
视频路径：光盘\演练范例\105\
范例 106：用 static 定义局部变量
源码路径：光盘\演练范例\106\
视频路径：光盘\演练范例\106\

上述代码中定义了 1 个外部变量 x，供后面的两个自定义函数 addone()和 subone()使用，其作用域为整个程序。其中函数 addone()的功能是将变量 x 的值递增加 1，函数 subone()的功能是将变量 x 的值递减减 1。

执行后将会分别输出对应的结果。如图 10-22 所示。

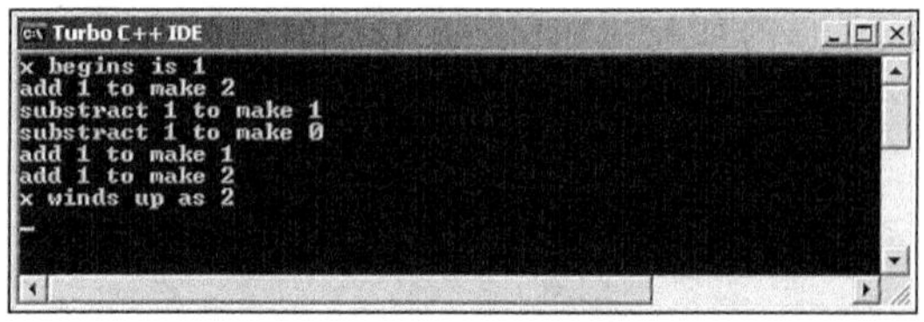

图 10-22　运行结果

另外在使用外部变量时，还应该注意如下两点。

（1）外部变量和全局变量是对同一类变量的两种不同角度的提法。全局变量是从它的作用域提出的，外部变量是从它的存储方式提出的，表示了它的生存期。

（2）当一个源程序由若干个源文件组成时，在一个源文件中定义的外部变量在其他的源文件中也有效。例如，有一个源程序由源文件 F1.C 和 F2.C 组成，其中文件 F1.C 的代码如下所示：

```
int a,b; /*外部变量定义*/
char c; /*外部变量定义*/
main()
{
    ......
}
```

文件 F2.C 的代码如下所示：

```
extern int a,b; /*外部变量说明*/
extern char c; /*外部变量说明*/
func (int x,y)
{
    ......
}
```

在上述文件 F1.C 和 F2.C 的代码中，都使用了 *a*、*b*、*c* 3 个变量。其中，在文件 F1.C 中把 *a*、*b*、*c* 都定义为外部变量。在文件 F2.C 中用 extern 把 3 个变量说明为外部变量，表示这些变量已在其他文件中定义，编译系统不再为它们分配内存空间。对构造类型的外部变量，如数组等可以在说明时作初始化赋值，若不赋初值，则系统自动定义它们的初值为 0。

3. 静态变量

在开发过程中，有时希望函数中局部变量的值在函数调用结束后不消失，而是保留原值，这时就应该指定局部变量为“静态局部变量”，用关键字 static 进行声明。静态变量存放在内存中的静态存储区，编译系统为其分配固定的存储空间。

在 C 语言中使用静态函数有如下两点好处。

- 静态函数会被自动分配在一个一直使用的存储区，直到退出应用程序实例，避免了调用函数时压栈出栈，速度快很多。
- 关键字“static”，译成中文就是“静态的”，所以内部函数又称静态函数。但此处“static”的含义不是指存储方式，而是指对函数的作用域仅局限于本文件。 使用内部函数的好处是：不同的人编写不同的函数时，不用担心自己定义的函数与其他文件中的函数同名，因为同名也没有关系。

定义静态变量的格式如下所示：

```
static类型标识符 变量名;
```

静态变量有两种：一种是外部静态变量，另一种是内部静态变量。

（1）外部静态变量。

如果希望在一个文件中定义的外部变量的作用域仅局限于此文件中，而不能被其他文件所访问，则可以在定义此外部变量的类型说明符的前面使用 static 关键字。例如：

```
static float f;
```

此时，*f* 被称为静态外部变量（或称为外部静态变量），只能在本文件中使用，在其他文件中，即使使用了 extern 说明，也无法使用该变量。

例如，通过 2 个文件代码实现两个变量值交换。第一个文件代码的代码如下所示：

```
/*file1.c*/
static int x, y;                              /*x与y只是适用于本文件的全局变量*/
#include <stdio.h>
main()
{
        scanf("%d%d",&x,&y);
        swap();
        printf("x=%d, y=%d\n",x,y);
}
```

第二个文件代码的代码如下所示：

```
/*file2.c*/
extern int x, y;                  /*实际上x、y没有定义*/
swap()
{
        int t;
        t=x; x=y; y=t;
        return;
}
```

上述实现程序代码是错误的。因为在主函数所在的文件 file1.c 中定义的全局变量 *x*、*y* 只适用于本文件，而在函数 swap()所在文件 file2.c 中试图将它们说明为外部变量而使用它们，这是不可能的。因此，上述程序在编译连接时会指出 *x*、*y* 没有定义的错误。

（2）内部静态变量。

如果希望在函数调用结束后仍然保留函数中定义的局部变量的值，则可以将该局部变量的类型说明符前加一个 static 关键字，说明为内部静态变量。

实例 054 每调用一次函数，显示一个静态局部变量中的内容，然后为其值加 2。

源码路径 光盘\daima\10\12　　视频路径 光盘\视频\实例\第 10 章\054

本实例的实现文件为“neijing.c”，具体实现代码如下所示：

```
#include <stdio.h>
void test_static()
{
        static int sv=0;
        printf("static=%d\n",sv);
        sv=sv+2;
}
main()
{
        int i;
        for(i=0;i<4;i++)
        test_static();
}
```

范例 107：用静态局部变量计算阶乘
源码路径：光盘\演练范例\107\
视频路径：光盘\演练范例\107\
范例 108：用 register 定义局部变量
源码路径：光盘\演练范例\108\
视频路径：光盘\演练范例\108\

执行后会分别输出对应的结果，如图 10-23 所示。

（3）静态局部变量。

图 10-23　运行结果

静态局部变量属于静态存储方式，它具有以下 3 个特点。

- 静态局部变量在函数内定义它的生存期为整个源程序，但是其作用域仍与自动变量相同，只能在定义该变量的函数内使用该变量。退出该函数后，尽管该变量还继续存在，但不能使用它。
- 允许对构造类静态局部量赋初值例如数组，若未赋以初值，则由系统自动赋以 0 值。
- 对基本类型的静态局部变量若在说明时未赋以初值，则系统自动赋予 0 值。而对自动变量不赋初值，则其值是不定的。根据静态局部变量的特点，可以看出它是一种生存期为整个源程序的量。虽然离开定义它的函数后不能使用，但如再次调用定义它的函数时，它又可继续使用，而且保存了前次被调用后留下的值。因此，当多次调用一个函数且要求在调用之间保留某些变量的值时，可考虑采用静态局部变量。虽然用全局变量也可以达到上述目的，但全局变量有时会造成意外的副作用，因此仍以采用局部静态变量为宜。

（4）静态全局变量。

全局变量（外部变量）的说明之前再冠以 static 就构成了静态的全局变量。全局变量本身就是静态存储方式，静态全局变量当然也是静态存储方式。这两者在存储方式上并无不同，区别在于非静态全局变量的作用域是整个源程序，当一个源程序由多个源文件组成时，非静态的全局变量在各个源文件中都是有效的。

而静态全局变量则限制了其作用域，即只在定义该变量的源文件内有效，在同一源程序的其他源文件中不能使用它。由于静态全局变量的作用域局限于一个源文件内，只能为该源文件内的函数公用，因此可以避免在其他源文件中引起错误。从以上分析可以看出，把局部变量改变为静态变量后是改变了它的存储方式即改变了它的生存期。把全局变量改变为静态变量后是改变了它的作用域，限制了它的使用范围。因此 static 这个说明符在不同的地方所起的作用是不同的。

4．寄存器变量

前面介绍的各类变量都存放在存储器内，所以当对一个变量频繁读写时，必须要反复访问内存储器，从而花费大量的存取时间。为此 C 语言提供了另一种变量，即寄存器变量。这种变量存放在 CPU 的寄存器中，在使用时不需要访问内存，而直接从寄存器中读写，这样可提高执行效率。寄存器变量的说明符是 register。对于循环次数较多的循环控制变量，及循环体内反复使用的变量均可定义为寄存器变量。

例如求解“Σ200i=1imain()”，可以通过如下代码实现：

```
{
```

```
        register i,s=0;
        for(i=1;i<=200;i++)
        s=s+i;
        printf("s=%d\n",s);
}
```

上述程序代码循环 200 次，*i* 和 *s* 都将频繁使用，因此可定义为寄存器变量。

对于寄存器变量，读者在使用时还要注意如下几点。

(1) 只有局部自动变量和形式参数才可以定义为寄存器变量。因为寄存器变量属于动态存储方式。凡需要采用静态存储方式的量都不能定义为寄存器变量。

(2) 在 Turbo C、MS C 等微机上使用的 C 语言中，实际上是把寄存器变量当成自动变量处理的，因此速度并不能提高。 而在程序中允许使用寄存器变量只是为了与标准 C 保持一致。即使能真正使用寄存器变量的机器，由于 CPU 中寄存器的个数是有限的，因此使用寄存器变量的个数也是有限的。

10.8 谈谈 C 的内部函数和外部函数

知识点讲解：光盘:视频\PPT 讲解（知识点）\第 10 章\谈谈 C 的内部函数和外部函数.mp4

在 C 语言中，每个函数都有它的返回值类型（整型、实型、void 型等）。但除了这个特性，根据函数是否能被其他源文件调用，又将函数分为内部函数与外部函数。在本节的内容中，将详细介绍 C 语言内部函数和外部函数的基本知识。

10.8.1 内部函数详解

如果函数只能被本源文件的函数调用，则称此函数为内部函数。在定义内部函数时，给函数定义前面加上关键字“static”。例如：

```
static int max(a,b);
```

上述 max 函数只能在本源文件中使用。

定义一个内部函数，只需在函数类型前再加一个“static”关键字即可，具体格式如下所示：

```
static   函数类型   函数名(函数参数表)
{……}
```

关键字“static”，译成中文就是“静态的”，所以内部函数又称静态函数。但此处“static”的含义不是指存储方式，而是指对函数的作用域仅局限于本文件。

使用内部函数的好处是：不同的人编写不同的函数时，不用担心自己定义的函数，是否会与其他文件中的函数同名，因为同名也没有关系。

有了内部函数的概念后，在不同的源文件中可以有相同的函数名而不会发生冲突。

实例 055 在不同的文件内使用同一个名称的函数

源码路径 光盘\daima\10\14　　视频路径 光盘\视频\实例\第 10 章\055

本实例的实现文件为 f1.c 和 f2.c，其中 f1.c 的具体实现代码如下所示：

```
static void fun()
{
   printf ("This is the program\n");  //输出一则消息
}
func()
{
      printf("This is the first program\n");
}
```

f2.c 的具体实现代码如下所示：

```
void fun()
{  func();                                          //调用第一个文件中的函数
   printf ("This is the second program \n");        //输出一则消息
}
main()
```

```
{
  fun();//调用函数
}
```

编写上述文件代码完毕后，按下【F2】键将上述文件保存。然后按照如下流程操作设置。

（1）依次单击【Project】｜【Open Project】，弹出“Open Project File”对话框。在此输入“123.prj”，然后单击【OK】按钮，此时创建了一个名为“123.prj”的空项目文件，并在 Turbo C 3.0 下面出现一个名为 123 的项目窗口。

（2）依次单击【Project】｜【Add Item】，弹出“Add to Project List”对话框。

范例 109：使用外部函数
源码路径：光盘\演练范例\109\
视频路径：光盘\演练范例\109\
范例 110：运行多文件程序
源码路径：光盘\演练范例\110\
视频路径：光盘\演练范例\110\

（3）输入想要添加到项目中的 C 文件 f.c、f.c。

（4）添加完毕后单击【Done】按钮，退出“Add to Project List”对话框。

（5）编译各个源文件，此时将自动生成需要的可执行程序 123.exe。此时将依次生成文件 F1.OBJ、F2.OBJ 和 123.exe。

按下【F9】键编译并链接上述代码。然后按下【Ctrl+F9】组合键运行上述代码，按下【Alt+F5】组合键后将会分别输出对应的结果，如图 10-24 所示。

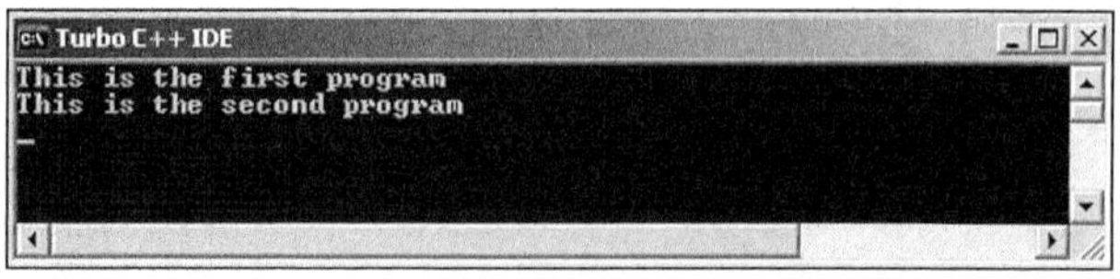

图 10-24 运行结果

10.8.2 外部函数详解

如果函数不仅能被本源文件的函数调用，还可以被其他源文件中的函数调用，则称此函数为外部函数。在定义外部函数时，给函数定义前面加上关键字“extern”。例如：

```
extern int max(a,b);
```

上述 max 函数只能在本工程文件中的所有源文件中使用。

要注意的是，如果在源文件 A 中调用另一个源文件 B 中的函数，那么必须在源文件 A 中对要调用的函数进行说明，格式如下所示：

```
extern int max();
```

另外要注意的是在定义外部函数的时候，extern 关键字可以省略。

实例 056 在一个文件内调用另一个外部函数

源码路径 光盘\daima\10\17　　视频路径 光盘\视频\实例\第 10 章\056

本实例的实现文件为 file1.c 和 file2.c，其中 file1.c 的具体实现代码如下所示：

```
/* 文件一 */
int x = 10;          /* 定义外部变量x和y */
int y = 10;
void add (void)
{ y=10+x; x*=2;
}
/* 在调用函数中说明函数sub是void型的外部函数 */
main ()
{
  extern void sub();
  x += 5;
  add(); sub();          /* 分别调用函数 */
  printf ("x=%d; y=%d\n", x, y);
}
```

范例 111：用全局变量实现交换
源码路径：光盘\演练范例\111\
视频路径：光盘\演练范例\111\
范例 112：用全局变量处理成绩
源码路径：光盘\演练范例\112\
视频路径：光盘\演练范例\112\

file2.c 的具体实现代码如下所示：

```
* 文件二 */
void sub (void) /*  函数sub定义在另一个文件中  */
{       extern int x; /*  说明定义在另一个文件中的外部变量x */
        x -= 5;
}
```

编写上述文件代码完毕后，按下【F2】键将上述文件保存。然后按照如下流程操作设置。

(1) 依次单击【Project】|【Open Project】，弹出“Open Project File”对话框。在此输入“456.prj”，然后单击【OK】按钮，此时创建了一个名为“456.prj”的空项目文件，并在 Turbo C 3.0 下面出现一个名为 123 的项目窗口。

(2) 依次单击【Project】|【Add Item】，弹出“Add to Project List”对话框。

(3) 输入想要添加到项目中的 C 文件 f.c、f.c。

(4) 添加完毕后单击【Done】按钮，退出“Add to Project List”对话框。

(5) 编译各个源文件，此时将自动生成需要的可执行程序 456.exe。此时将依次生成文件 FILE1.OBJ、FILE2.OBJ、FILE1.OBJ 和 456.exe。

然后按下【F9】键编译并连接上述代码，按下【Ctrl+F9】组合键运行上述代码，按下【Alt+F5】组合键后将会分别输出对应的结果，如图 10-25 所示。

图 10-25 运行结果

10.9 必须知道的库函数

知识点讲解：光盘:视频\PPT 讲解（知识点）\第 10 章\必须知道的库函数.mp4

库函数，顾名思义是把函数放到库里，别人把一些常用到的函数编完放到一个文件里供别人用。别人用的时候把它所在的文件名用“#include<>”加到里面就可以了。在本节的内容中，将对 C 语言中库函数的基本知识进行简要介绍。

1. 先看 C 库函数介绍

C 语言中的函数一般是指编译器提供的可在 C 源程序中调用的函数。可分为两类，一类是 C 语言标准规定的库函数，另一类是编译器特定的库函数。

由于版权原因，库函数的源代码一般是不可见的，但在头文件中你可以看到它对外的接口。库函数是人家写的程序，你拿来用在你的程序里.

学习 C 语言（或任意其他语言），第一是学习它的基本语法，然后就是研究类库，别人写好的东西直接拿来用就行了。

2. 再看 C 库函数的分类

C 语言中的库函数可以分为如下几类。

(1) 分类函数：所在函数库为 ctype.h，主要函数的功能分别如下所示：

- int isalpha（int ch）：若 ch 是字母（'A'～'Z'、'a'～'z'）返回非 0 值，否则返回 0。
- int isalnum（int ch）：若 ch 是字母（'A'～'Z'、'a'～'z'）或数字（'0'～'9'）返回非 0 值，否则返回 0。
- int isascii（int ch）：若 ch 是字符（ASCII 码中的 0～1210）返回非 0 值，否则返回 0。
- int iscntrl（int ch）：若 ch 是作废字符（0x10F）或普通控制字符（0x00～0x1F）返回非 0 值，否则返回 0。
- int isdigit（int ch）：若 ch 是数字（'0'～'9'）返回非 0 值，否则返回 0。
- int isgraph（int ch）：若 ch 是可打印字符（不含空格）（0x21～0x10E）返回非 0 值，否

则返回 0。

- int islower（int ch）：若 ch 是小写字母（'a'～'z'）返回非 0 值，否则返回 0。
- int isprint（int ch）：若 ch 是可打印字符（含空格）(0x20～0x10E) 返回非 0 值，否则返回 0。
- int ispunct（int ch）：若 ch 是标点字符（0x00～0x1F）返回非 0 值，否则返回 0。
- int isspace (int ch)：若 ch 是空格（' '），水平制表符（'\t'），回车符（'\r'），走纸换行（'\f'），垂直制表符（'\v'），换行符（'\n'），返回非 0 值，否则返回 0。
- int isupper（int ch）：若 ch 是大写字母（'A'～'Z'）返回非 0 值，否则返回 0。
- int isxdigit（int ch）：若 ch 是 16 进制数（'0'～'9'、'A'～'F'、'a'～'f'）返回非 0 值，否则返回 0。
- int tolower（int ch）：若 ch 是大写字母（'A'～'Z'）返回相应的小写字母（'a'～'z'）。
- int toupper（int ch）：若 ch 是小写字母（'a'～'z'）返回相应的大写字母（'A'～'Z'）。

（2）数学函数：所在函数库为 math.h、stdlib.h、string.h 和 float.h。

（3）目录函数：所在函数库为 dir.h、dos.h。

（4）进程函数：所在函数库为 stdlib.h、process.h。

（5）接口子函数：所在函数库为 dos.h、bios.h。

（6）时间日期函数：函数库为 time.h、dos.h。

有关各 C 库函数的的详细功能和使用方法，在网络上比比皆是，并且有详细的使用实例。读者可以从百度中检索获取相关的资料，其中最为常见的是“C 库函数功能查询器”和“C 库函数浏览电子书”。

10.10　技 术 解 惑

10.10.1　深入分析项目文件

在 C 语言中，一个项目程序可以由多个源文件构成，每个源文件可以包含多个函数。通过使用项目文件，可以将这些源文件组装起来。

在 Turbo C 中，有一个 Project 菜单项。使用此菜单项，可以创建一个项目文件。项目文件是一个专用的文本文件，文件内容包含了待组装的文件名。在下面的内容中，以 Turbo C 编译器为例，介绍为 3 个源文件 file1.c、file2.c 和 file3.c 创建可执行程序 123.exe 的过程。具体流程如下所示：

（1）创建 3 个源文件 file1.c、file2.c 和 file3.c，保存在“10\13”文件夹内。

（2）打开 Turbo C，依次单击【Project】｜【Open Project】，弹出“Open Project File”对话框，如图 10-26 所示。

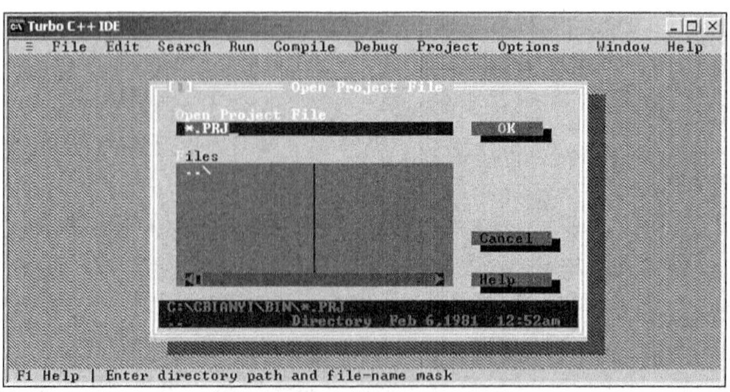

图 10-26　Open Project File 对话框

（3）在此输入“123.prj”，然后单击【OK】按钮，此时创建了一个名为“123.prj”的空项目文件，并在 Turbo C 下面出现一个名为 123 的项目窗口，如图 10-27 所示。

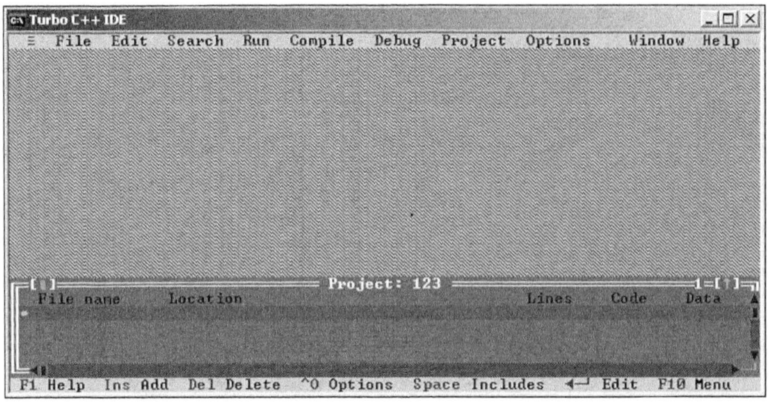

图 10-27　123.prj 项目文件

（4）依次单击【Project】|【Add Item】，弹出“Add to Project List”对话框，如图 10-28 所示。

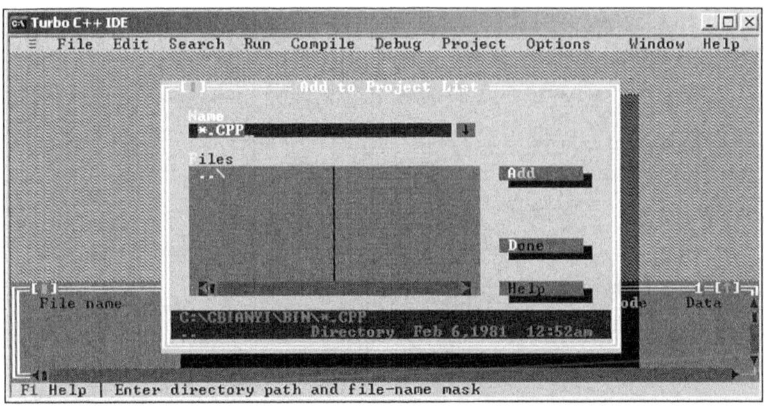

图 10-28　Add to Project List 对话框

（5）在图 10-28 界面中输入想要添加到项目中的 C 文件名，在此依次添加前面创建的 C 源文件 file1.c、file2.c 和 file3.c。具体方法是依次单击【Add】按钮添加，如图 10-29 所示。

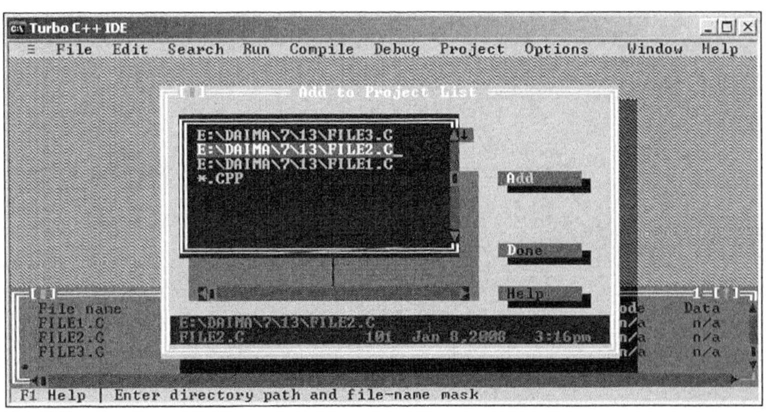

图 10-29　添加项目文件内的源文件

（6）添加完毕后单击【Done】按钮，退出“Add to Project List”对话框。

（7）编译各个源文件，此时将自动生成需要的可执行程序 123.exe。此时将依次生成文件 FILE1.OBJ、FILE2.OBJ、FILE1.OBJ 和 123.exe。

10.10.2 要尽量避免不必要的函数调用

我们举例说明这一点，请看下面的两个函数。第一个：

```
void str_print( char *str )
{
    int i;
    for ( i = 0; i < strlen ( str ); i++ ) {
        printf("%c",str[ i ] );
    }
}
```

第二个：

```
void str_print1 ( char *str )
{
    int len;
    len = strlen ( str );
    for ( i = 0; i < len; i++ ) {
        printf("%c",str[ i ] );
    }
}
```

上述两个函数的功能相似，然而第一个函数多次调用了 strlen 函数，而第二个函数只调用了函数 strlen 一次，所以第二个函数性能明显比第一个好。

10.10.3 请确保声明和定义是静态的，除非希望从不同的文件中调用该函数

在 C 语言中，在同一文件函数对其他函数可见才称之为静态函数。如果希望从外界隐藏该函数，这会限制其他函数访问内部函数。现在我们并不需要为内部函数创建头文件，其他函数看不到该函数。

使用静态方式声明一个函数的优点有如下两点。

（1）两个或两个以上具有相同名称的静态函数，可用于在不同的文件。

（2）编译消耗减少，因为没有外部符号处理。

为了更好地理解上述观点，请看下面的演示代码。第一个文件 first_file.c：

```
static int foo ( int a )
{
    /*Whatever you want to in the function*/
}
```

第二个文件 second_file.c：

```
int foo ( int )
int main()
{
    foo();
    return 0;
}
```

10.10.4 避免过长的 main()函数

假设有如下一个题目.

n 个人围成一圈，顺序排号。从第 1 个人开始报数（从 1 到 3 报数），凡报到 3 的人退出圈子，问最后留下的是原来第几号的那位。

有很多初学者不假思索，编写出了如下代码：

```
#include <stdio.h>
int main()
{
    int i,k,m,n,num[50],*p;
    printf("\ninput number of person:n=");
    scanf("%d",&n);
    p=num;
    for(i=0;i<n;i++)
```

```
            *(p+i)=i+1;
        i=0;
        k=0;
        m=0;
        while(m<n-1)
          {if(*(p+i)!=0)k++;
              if(k==3)
                 {*(p+i)=0;
                  k=0;
                  m++;
                 }
              i++;
              if(i==n)i=0;
          }
        while(*p==0)p++;
        printf("The last one NO.%d\n",*p);
        return 0;
}
```

在上述实现代码中，从头到尾只有一个 main()的代码。这种代码标志了编程完全没有入门，连结构化程序设计思想的皮毛都没掌握。

结构化程序设计思想的一个核心理念就是“层次”。良好的代码都非常有层次感，而垃圾代码则往往是乱糟糟地堆作一团。只有一个 main()函数有什么不行的？如果有人问这种问题我感觉还真是有点不好回答。其实没什么不行的，就如同一个硬盘中存放了很多文件但没有任何文件夹也没什么不行的一样。其实一个源程序由若干函数组成，就如同用墙把你的房间间隔出来一样。请注意，墙并没有增加你房间的使用面积，相反它减少了你房间的使用面积，正如使用多个函数 只可能降低程序的效率一样。但是它们都有回报。这就是生活和写代码所共同遵循的辩证法，也就是结构化程序设计思想的哲学基础。

站在高处来看，解决这个问题无非是经过 4 个步骤：输入人数、数组初始化（设置编号）、“从 1 到 3 报数”n−1 次、输出最后剩下的那个人的编号。这些都可以简单地用函数或基本的控制语句实现。由此可见，最合理的做法是将过程分解，用不同的函数来实现，合理的实现代码如下所示：

```
#include <stdio.h>

#define MAX_NUM 50
#define BEGIN     1
#define END       3
#define REMOVED 0

void output( int [] , int );
void initialize( int [] , int );
void count_off ( int * , int[]    , const int ) ;

int main( void )
{
    int num[MAX_NUM];
    int n;                          //人数
    int from_this = 0 ; //从最前面的开始数

    printf("输入人数(<=50):");
    scanf("%d",&n);

    initialize( num , n );

    for(int i = 0 ; i < n - 1 ; i ++ )    //"从1到3报数" n-1次
        count_off ( &from_this , num , n ) ;

    output( num , n );     //输出

    return 0;
}

void output(int num[] , int n )
{
    for(int i = 0 ; i < n ; i ++ )
```

```
        if( num[i] != REMOVED )
        {
            printf("剩下的是原来第%d号那位\n",num[i]);
            return ;
        }
}

void count_off ( int *p_this , int num[] , const int n )
{
    for( int i = BEGIN ; i <= END ; i ++ ) //从1到3
    {
        while( num[*p_this] == REMOVED )        //找下一个
            *p_this = (*p_this + 1) % n ;

        if ( i == END )
            num[*p_this] = REMOVED ;              //报到3的人退出
        else
            *p_this = (*p_this + 1) % n ;
    }
}

void initialize( int num[] , int n )
{
    for(int i = 0 ; i < n ; i ++ )
        num[i] = i + 1 ;
}
```

10.10.5 函数的地址本身也是数据

在 C 语言中，函数的地址本身也是数据。只不过是相对常量的数据。为什么说是相对常量，这是因为如果程序加载时，实际地址是和整个程序在内存中的位置有关的。通常由一次寻址或者两次寻址的方式实现。这个不扩展。但是需要明确，任何函数本身也是一个数据，是一个常量。而这个数据的类型是指针。如果是 64 位寻址，则它的位宽就是 64 位，32 位亦然。

对于常量地址类型，确实还有其他方式，例如如下所示的定义:

```
int table[2][3];
```

这里 table 实际是个地址，而这个地址本身并没有存储空间，它表示了一个符号，指向一个 6 个大小的 int 的空间。而：

```
printf("llx, llx \n",(unsigned long long)table,(unsigned long long)&table,\
(unsigned long long )&table[1],(unsigned long long)&(table[1][0]));
```

这会发现前面两个一样，后面两个一样。因为这里是数组定义，所以数组单元的地址相对数组自身的地址的偏移量都是常量。由此可以理解，数组的上述各个地址都是相对常量。当数组的首地址确定后，无论在哪儿，上述偏移量都是确定的。和函数在代码区的相对位置类似，这和如下代码是有很大区别的：

```
int **ppi;
```

例如：

```
int i;
int *pi = &i;
int **ppi = &pi;
```

此时，针对 pi 而言，自身的空间，自身所指向的 *i* 的地址是不一样的。而数组则不同。自身空间实际上都已经确定。例如：

```
(long)table = (long)table[0] ;
(long)table = (long)table[0][i] - sizeof(long)*i;
```

再简单的说，可以把 fp = fun 和 fp = &fun 如下比较：

```
int func_d[1];
int **fp_d;

fp_d = func_d; //fp = fun
fp_d = &func_d; //fp = &fun
```

但是不等同于：

```
int func_Xd;
fp_d = func_Xd; //这里类型就错了。后者是实际变量，前者一个是地址
fp_d = &func_Xd;
```

在 C 语言中，&&a 是没有意义的。如果 a 不是如下定义：

```
type **a;
```

因为上述定义，实际上如前面说的 ppi，存在不同的存储空间，表示不同层级的指针。而如果 a 本身就是个普通变量，那么 a 的地址虽然存在，但没有实际存储的空间存放这个地址，此时你再&就没有逻辑道理了。

10.10.6 什么时候说明函数

只在当前源文件中使用的函数应该说明为内部函数（static），内部函数应该在当前源文件中说明和定义。对于可在当前源文件以外使用的函数，应该在一个头文件中说明，要使用这些函数的源文件要包含这个头文件。例如，如果函数 stat_func()只在源文件 stat.c 中使用，则应该这样说明：

```
/* stat.c */
# include <aio.h>

atatic int atat_func(int,int); /* atatic declaration of atat-funcO */
void main (void);
viod main (void)
{
      ......
      rc=stat_func(1,2);
      ......
}
 /* definition (body) of stat-funcO */
static int stat-funcdnt argl,int arg2)
{
      return rc;
}
```

在上述代码中，函数 stat_func()只在源文件 stat．c 中使用，因此它的原型（或说明）在源文件 stat．c 以外是不可见的，为了避免与其他源文件中可能出现的同名函数发生冲突，应该将其说明为内部函数。

而在下面的代码中，函数 glob_func()在源文件 global．c 中定义和使用，并且还要在源文件 extern。c 中使用，因此应该在一个头文件（本例中为 proto．h）中说明，而源文件 global.c 和 extern.c 中都应包含这个头文件：

```
File:   proto.h
/* proto.h */
int glob_func(int,int); /* declaration of the glob-funcO function * /

  File:   global. c
/* global. c */
# include <sio.h>
# include "proto. h"   /*include this file for the declaration of
                                glob_func()     */
viod main(void);
viod main (void)
{
      rc_glob_func(l,2);
}
/* deHnition (body) of the glob-funcO function */
int glob_func(int argl,int arg2)
{
      return rc;
}

  File extern. c
/* extin.c */
  # include <aio.h>
  # include "proto. h" /*include thia file for the declaration of
                                glob_func()     */
void ext_func(void);
void ext_func(void)
{
      /* call glob_func(), which ia deHncd in the global, c source file * /
```

```
        rc=glob_func(10,20);
    }
```

在上述代码中，在头文件 proto.h 中说明了函数 glob_func()，因此，只要任意一个源文件包含了该头文件，该源文件就包含了对函数 glob_func()的说明，这样编译程序就能检查在该源文件中 glob_func()函数的参数和返回值是否符合要求。请注意，包含头文件的语句总是出现在源文件中第一条说明函数的语句之前。

10.10.7　一个函数可以有多少个参数

一个函数的参数的数目没有明确的限制，但是参数过多（例如超过 8 个）显然是一种不可取的编程风格。参数的数目直接影响调用函数的速度，参数越多，调用函数就越慢。另一方面，参数的数目少，程序就显得精练、简洁，这有助于检查和发现程序中的错误。因此，通常应该尽可能减少参数的数目，如果一个函数的参数超过 4 个，你就应该考虑一下函数是否编写得当。

如果一个函数不得不使用很多参数，你可以定义一个结构来容纳这些参数，这是一种非常好的解决方法。在下例中，函数 print_report()需要使用 10 个参数，然而在它的说明中并没有列出这些参数，而是通过一个 RPT_PARMS 结构得到这些参数。

10.10.8　如果一个函数没有返回值，是否需要加入 return 语句

在 C 语言中，用 void 关键字说明的函数是没有返回值的，并且也没有必要加入 return 语句。在有些情况下，一个函数可能会引起严重的错误，并且要求立即退出该函数，这时就应该加入一个 return 语句，以跳过函数体内还未执行的代码。然而，在函数中随意使用 return 语句是一种不可取的编程习惯，因此，退出函数的操作通常应该尽量集中和简洁。

10.10.9　在程序退出 main 函数之后还有可能执行一部分代码

在程序退出 main 函数之后，还有可能执行一部分代码，但是这要借助 C 库函数 atexit()。利用 atexit()函数可以在程序终止前完成一些“清理”工作，如果将指向一组函数的指针传递给 atexit()函数，那么在程序退出 main 函数后（此时程序还未终止）就能自动调用这组函数。例如下面的程序中就使用了 atexit()函数：

```
# include <sio.h>
# include <alib. h>

void close_files(void);
void print_regiatration_message(void);
int main(int, char ** );

int main (int argc, char** argv)
 {
      atcxitCprint_regiatration_message);
      atexit(cloae_files) ;
      while (rec_count <max_recorda)
        {
           process_one_record ( );
      }
      exit (0);
 }
```

在上述代码中，通过 atexit()函数指示程序在退出 main 函数后自动调用函数 close_files()和 print_registration_message()，分别完成关闭文件和打印登记消息这两项工作。

在使用 atexit()函数时需要注意如下两点。

（1）由 atexit()函数指定的要在程序终止前执行的函数要用关键字 void 说明，并且不能带参数。

（2）由 atexit()函数指定的函数在入栈时的顺序和调用 atexit()函数的顺序相同，即它们在执行时遵循后进先出（LIFO）的原则。例如在上述代码中，由 atexit()函数指定的函数在入栈时的顺序如下所示：

```
atexit(print_registration_message);
atexit(close_files);
```

根据 LIFO 原则，程序在退出 main 函数后将先调用 close_files()函数，然后调用 print_registration_message()函数。利用 atexit()函数可以很方便地在退出 main 函数后调用一些特定的函数，以完成一些善后工作（例如关闭程序中用到的数据文件）。

10.10.10 exit()函数和 return 语句有什么不同

用 exit()函数可以退出程序并将控制权返回给操作系统，而用 return 语句可以从一个函数中返回并将控制权返回给调用该函数的函数。如果在 main 函数中加入 return 语句，那么在执行这条语句后将退出 main 函数并将控制权返回给操作系统，这样的一条 return 语句和 exit()函数的作用是相同的。

第 11 章

指针是学习 C 语言的最大障碍

指针是在 C 语言中广泛使用的一种数据类型，运用指针编程是 C 语言最主要的风格之一。利用指针变量可以表示各种数据结构，可以很方便地使用数组和字符串，并能像汇编语言一样处理内存地址，从而编出精练而高效的程序。指针极大地丰富了 C 语言的功能，学习指针是学习 C 语言中最重要的一环，正确理解和使用指针是，掌握 C 语言的一个标志。但是指针的概念十分难以理解，其使用技巧也十分难以掌握，所以，指针就成为了学习 C 语言的最大障碍。在本章将详细介绍 C 语言中指针的基本知识，帮助读者来攻克这个最大的障碍。

本章内容

- 基本概念
- 变量的指针和指向变量的指针变量
- 指针和数组
- 指针和多维数组
- 指针和字符串
- 指针数组和多级指针
- 指针函数和函数指针

技术解惑

指针初始化时应注意的问题
指针赋值时应注意的问题
指针用于数组时应注意的问题
结构中使用指针时应注意的问题
避免不必要的内存引用
避免悬空指针和野指针
数组下标与指针的效率解析
使用指针时的常见错误

11.1 基本概念

知识点讲解：光盘:视频\PPT 讲解（知识点）\第 11 章\必须知道的库函数.mp4

在计算机中，所有的数据都是存放在存储器中的。一般把存储器中的一个字节称为一个内存单元，不同的数据类型所占用的内存单元数不等，如整型量占两个单元，字符量占一个单元等，在前面已有详细介绍。为了正确地访问这些内存单元，必须为每个内存单元编上号。根据一个内存单元的编号即可准确地找到该内存单元，内存单元的编号也称为地址。既然根据内存单元的编号或地址就可以找到所需的内存单元，所以通常也把这个地址称为指针。

内存单元的指针和内存单元的内容是两个不同的概念。可以用一个通俗的例子来说明它们之间的关系。例如我们到银行去存取款时，银行工作人员将根据我们的帐号去找我们的存款单，找到之后在存单上写入存款、取款的金额。在这里，帐号就是存单的指针，存款数是存单的内容。对于一个内存单元来说，单元的地址即为指针，其中存放的数据才是该单元的内容。在 C 语言中，允许用一个变量来存放指针，这种变量称为指针变量。因此，一个指针变量的值就是某个内存单元的地址或称为某内存单元的指针。如图 11-1 所示，设有字符变量 C，其内容为“K”（ASCII 码为十进制数 75），C 占用了 011A 号单元（地址用十六进数表示）。设有指针变量 P，内容为 011A，这种情况我们称为 P 指向变量 C，或说 P 是指向变量 C 的指针。

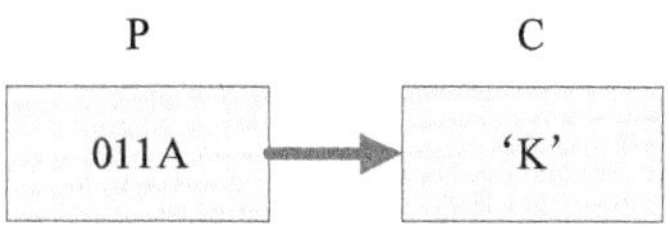

图 11-1 地址和指针

严格地说，一个指针是一个地址，是一个常量。而一个指针变量却可以被赋予不同的指针值，是变量。但常把指针变量简称为指针。为了避免混淆，我们约定：“指针”是指地址，是常量，“指针变量”是指取值为地址的变量。定义指针的目的是为了通过指针去访问内存单元。

既然指针变量的值是一个地址，那么这个地址不仅可以是变量的地址，也可以是其他数据结构的地址。在一个指针变量中存放一个数组或一个函数的首地址有何意义呢？因为数组或函数都是连续存放的。通过访问指针变量取得了数组或函数的首地址，也就找到了该数组或函数。这样一来，凡是出现数组、函数的地方都可以用一个指针变量来表示，只要该指针变量中赋予数组或函数的首地址即可。这样做，将会使程序的概念十分清楚，程序本身也精练、高效。在 C 语言中，一种数据类型或数据结构往往都占有一组连续的内存单元。用“地址”这个概念并不能很好地描述一种数据类型或数据结构，而“指针”虽然实际上也是一个地址，但它却是一个数据结构的首地址，它是“指向”一个数据结构的，因而概念更为清楚，表示更为明确。这也是引入“指针”概念的一个重要原因。

11.2 变量的指针和指向变量的指针变量

知识点讲解：光盘:视频\PPT 讲解（知识点）\第 11 章\变量的指针和指向变量的指针变量.mp4

变量的指针就是变量的地址。存放变量地址的变量是指针变量。即在 C 语言中，允许用一个变量来存放指针，这种变量称为指针变量。因此，一个指针变量的值就是某个变量的地址或称为某变量的指针。为了表示指针变量和它所指向的变量之间的关系，在程序中用“*”符号表示“指向”，例如，i_pointer 代表指针变量，而*i_pointer 是 i_pointer 所指向的变量，如图 11-2 所示。

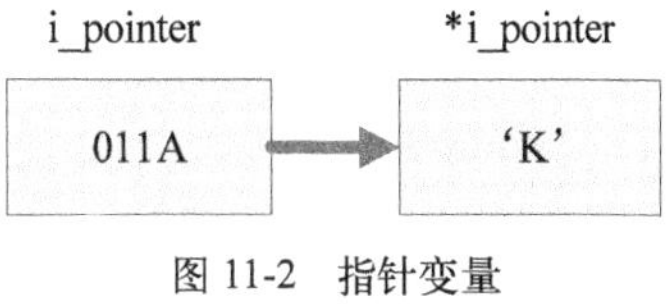

图 11-2 指针变量

例如下面两个语句的作用相同的，其中，第 2 个语句的含义是将值“3”赋给指针变量 i_pointer 所指向的变量。

```
i=3;
*i_pointer=3;
```

11.2.1　声明指针变量

指针变量是一个数值变量，和其他变量一样，在使用前必须先进行声明工作。对指针变量的声明包括如下 3 个内容。

（1）指针类型说明，即定义变量为一个指针变量。

（2）指针变量名。

（3）变量值（指针）所指向的变量的数据类型。

声明指针变量的一般格式如下所示：

```
类型说明符  *变量名;
```

其中，“*”表示这是一个指针变量；“变量名”即为定义的指针变量名；“类型说明符”表示本指针变量所指向的变量的数据类型。

看下面的格式：

```
int *m1;
```

这就表示 m1 是一个指针变量，它的值是某个整型变量的地址。或者说 *m*1 指向一个整型变量。至于 m1 究竟指向哪一个整型变量，应由向 *m*1 赋予的地址来决定。

看下面的定义：

```
int *p2;                    /*p2是指向整型变量的指针变量*/
float *p3;                  /*p3是指向浮点变量的指针变量*/
char *p4;                   /*p4是指向字符变量的指针变量*/
```

在此应该注意的是，一个指针变量只能指向同类型的变量，如 *p*3 只能指向浮点变量，不能时而指向一个浮点变量，时而又指向一个字符变量。

11.2.2　指针变量的初始化

指针变量和普通变量一样，在使用之前不仅要定义说明，而且必须赋予具体的值。未经赋值的指针变量是不能使用的，否则将造成系统混乱，甚至死机。指针变量的赋值只能赋予地址，决不能赋予任何其他数据，否则将引起错误。在 C 语言中，变量的地址是由编译系统分配的，对用户完全透明，用户不知道变量的具体地址。

在 C 语言中，有如下两个和指针变量有关的元素。

（1）&：取地址运算符。

（2）*：指针运算符（或称“间接访问” 运算符）。

其中，地址运算符“&”表示变量的地址，一般格式如下所示：

```
&变量名;
```

例如，&a 表示变量 *a* 的地址，&b 表示变量 *b* 的地址。

定义指针变量的语句和定义其他变量或数组的语句格式基本相同，具体格式如下所示：

```
存储类型 数据类型 *指针变量名1[=初值1];
```

上述格式的功能是：定义指向“数据类型”变量或数组的若干个指针变量，同时给这些指针变量赋初值。这些指针变量具有确定的“存储类型”。

在使用上述格式时，应该注意如下 6 点。

（1）指针变量名构成原则是标识符前面必须有“*”号。

（2）在一个定义语句中，可以同时定义普通变量、数组、指针变量。

（3）定义指针变量时的“数据类型”可以选取任何基本数据类型，也可以选取以后介绍的其他数据类型。需要注意的是，这个数据类型不是指针型变量中存放的数据类型，而是它将要指向的变量或数组的数据类型。也就是说定义成某种数据类型的其他变量或数组。

（4）省略“存储类型”，默认为自动型（AUTO）。

（5）其中的“初值”通常是“—普通变量名”“—数组元素”或“数组名”，这个普通变量或数组必须在前面已定义。即这个普通变量或数组可以是在本语句的前面出现的定义语句中定义的，也可以是在本定义语句中出现的，但必须是在对应指针变量前出现。

初值选用“—普通变量名”，则表示该指针变量已指向以应的普通变量；初值选用“—数组元素”，则表示该指针变量已指向对应的数组元素；若选用“数组名”，则表示该指针变量已指向数组的首地址。

（6）在一个定义语句中，可以只给部分指针变量赋初值。看下面的代码：

```
int a;
int *P=&a;
```

在上述代码中，先定义了整型变量 *a*，然后定义了一个指向整型变量的自动型指针变量 *p*，并赋初值为事先定义的变量 *a* 的地址，即整型的指针变量 *p* 指向整型变量。看下面的代码：

```
float f1, f[10], *p1=&f1, *p2=f;
```

在同一个定义语句中，先定义单精度型的变量 f1 和数组 f，后定义 2 个指向单精度型的指针变量 *p*1、*p* 通过赋值使指针变量 *p*1、*p* 分别指向变量 f1 和数组 f。

11.2.3 指针变量的引用

在 C 语言中，变量的地址是由编译系统分配的。C 语言规定，程序中引用指针型变量有多种方式，其中最为常见的有如下 3 种。

（1）给指针变量赋值。

给指针变量赋值的格式如下所示：

```
指针变量=表达式;
```

此处的表达式必须是地址型表达式，例如：

```
int i,*p_i;
p_i=&i;
```

（2）直接引用指针变量名。

当需要用到地址时可以直接引用指针变量名。例如当数据输入语句的输入变量列表中可以引用指针变量名时，可以用来接受输入的数据，并存入它指向的变量；又如将指针变量 *1* 中存放的地址赋值到另一个指针变量中。注意这种引用方式要求指针变量 *1* 必须有值，例如下面的演示代码：

```
int i,j,*p=&i,*q;
q=p;                          /*将P的值(i的地址)赋予指针变量q*/
scanf("%d,%d",q,&j);          /*使用指针变量接受输入数据*/
```

（3）通过指针变量来引用它所指向的变量。

通过指针变量来引用它所指向的变量的格式如下所示：

```
*指针变量名
```

在上述格式中，“*指针变量名”代表它所指向的变量。注意这种引用方式要求指针变量必须有值。例如：

```
int=1,j=2,k,*p=&i;
k=*p+j;                       /*由于P指向i,所以*P就是i，结果K等于3*/
```

指针变量不但可以指向变量，也可以指向数组，字符串等数据。

实例 057 将两个指针变量分别指向两个变量

源码路径 光盘\daima\11\1　　　　视频路径 光盘\视频\实例\第 11 章\057

本实例的实现文件为“zhi.c”，具体实现代码如下所示：

```
void main()
{
    int a,b;                          //声明两个变量
    int *pointer_1, *pointer_2;       //声明两个指针变量
    a=10;b=100;                       //为两个变量赋初值
    pointer_1=&a;                     //为两个指针变量赋值
    pointer_2=&b;
```

```
    printf("%d,%d\n",a,b);                    //输出两个变量的值
    //输出两个指针变量所指向的变量的值
    printf("%d,%d\n",*pointer_1, *pointer_2);
}
```

执行后的效果如图 11-3 所示。

图 11-3　运行结果

> 范例 113：运用变量和地址
> 源码路径：光盘\演练范例\113\
> 视频路径：光盘\演练范例\113\
> 范例 114：定义指针变量
> 源码路径：光盘\演练范例\114\
> 视频路径：光盘\演练范例\114\

在使用指针变量时应该注意如下 4 点。

（1）指针变量可以有空值，即该指针变量不指向任何变量。例如：

```
int *p;
p = NULL;                  // NULL在头文件stdio.h中有定义）
```

（2）通常不允许直接把一个数值赋给指针变量。因此，下面的赋值是错误的：

```
int *p;
p = 1000;  （错误）
```

（3）被赋值的指针变量前不能再加“*”说明符。例如下面的用法也是错误的：

```
int a;
int *p;
*p = &a;  （错误）
```

（4）一个指针变量只能指向同类型的变量。例如上例中的指针变量 *p* 只能指向整型类型的变量，而不能指向其他类型的变量，因此下面的用法也是错误的：

```
float b;
int *p;
p = &b; //错误
```

11.2.4　关于指针运算符的说明

在 C 语言中有两种指针运算符，分别是取地址运算符（&）和取内容运算符（*），接下来将分别讲解这两种指针运算符的基本知识。

1. 取地址运算符（&）

取地址运算符（&）是单目运算符，其结合性为自右至左，功能是取变量的地址。在 scanf 函数及前面介绍指针变量赋值中，我们已经了解并使用了&运算符。

2. 取内容运算符（*）

取内容运算符（*）也是单目运算符，其结合性为自右至左，用来表示指针变量所指的变量的内容。在 * 运算符之后跟的变量必须是指针变量。

实例 058　对输入的数字进行排序处理

源码路径　光盘\daima\11\2　　　　视频路径　光盘\视频\实例\第 11 章\058

本实例的实现文件为“yun.c”，具体实现代码如下所示：

```
void main(void)
{
 int *p1,*p2,*p,a,b;
 scanf("%d,%d",&a,&b);
 p1=&a;
 p2=&b;
 if(a<b)
   {
     p=p1; p1=p2; p2=p; }          /* 交换指针值 */
   printf("a=%d,b=%d\n",a,b);
   printf("Max=%d,Min=%d\n",*p1,*p2);
}
```

> 范例 115：使用取地址运算符
> 源码路径：光盘\演练范例\115\
> 视频路径：光盘\演练范例\115\
> 范例 116：使用指针运算符
> 源码路径：光盘\演练范例\116\
> 视频路径：光盘\演练范例\116\

上述程序的运行流程如下所示：

当输入 a=56，b=34 时，由于 a<b，将指针变量 p1 和 p2 的值交换。此时，a 和 b 并未交换，它们仍保持原值，但 p1 和 p2 的值改变了。p1 的值原为&a，后来变成&b；p2 的值原为&b，后来变成&a。这样在输出*p1 和*p2 时，实际上是输出变量 b 和 a 的值，所以先输出 56，然后输出 34。

执行后先输入两个数字，按下【Alt+F5】组合键后将会分别输出对应的最大值和最小值，如图 11-4 所示。

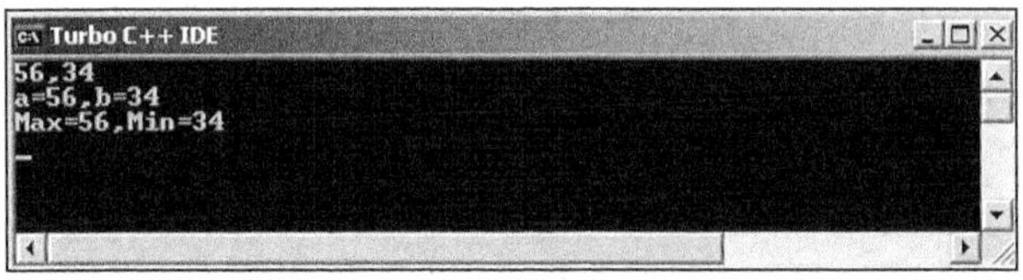

图 11-4　运行结果

在进行指针运算处理时，应该注意如下 5 点。

（1）指针类型可以强制转换，有特殊应用，例如：

```
int m, *pm=&m;
char *p1=(char*)&m, *p2=(char*)pm;
```

用 pm 读的是整型数，用 p1、p2 读的是整型数的第一个字节。

（2）同类型的指针可以相互赋值，例如：

```
int val1=111, val2=20, *p_val1=&val1, *p_val2=&val2;
// p_val1指向val1,p_val2指向val2
```

当执行“p_val1=p_val2；”后，则 p_val1 也指向 val2，而没有指针指向 val1 了。

（3）必须谨慎使用指针，一旦使用不当会产生灾难性的后果。

例如，局部指针变量在定义时其中的值为随机数，即指针指向了一个无意义的地址，也可能偶然指向了一个非常重要数据的地址。如果对所指的内存进行不当操作，其中的数据就丢失了。

再如，全局指针变量，原指向一个局部变量，后来该内存又重新分配了，我们再对该指针所指地址进行操作，同样会发生不可预知的错误。

（4）对指针变量决不可以任意赋一个内存地址，这样做的结果甚至是灾难性的。例如在下面的代码证，把指针变量 P 的初始置为 0xaf110，我们并不知道那个内存单元放的是什么数据，这在一般程序中是非常危险的：

```
int *P=(int *)0xaf110;
```

（5）常量指针是指向“常量”的指针，即指针本身可以改指向别的对象，但不能通过该指针修改对象。该对象可以通过其他方式修改，常用于函数的参数，以避免误改了实参。类似于在“运算符重载”一节中引用参数前加 const，例如：

```
char ch='a',ch1='x';
const char * ptr1=&ch;            //ptr1是常量指针
*ptr1='b';                        //错误，只能做ch=’b’
ptr1=&ch1;                        //正确
```

11.2.5 指针变量的运算

在 C 语言中，有如下所示的 3 种指针变量运算。

1. 赋值运算

对于 C 语言的指针变量的赋值运算来说，可以具体分为如下 5 种情况。

（1）把一个指针变量的值赋予指向相同类型变量的另一个指针变量。例如：

```
int a, *pa = &a, *pb;
pb = pa;
```

（2）把数组的首地址赋予同类型的指针变量。例如：

```
int a[5], *pa;
pa = a;
```

也可写为如下格式：

```
pa = &a[0];
```

(3) 把字符串的首地址赋予指向字符类型的指针变量。例如：

```
char *pc;
pc = "I am a student!";
```

也可以用初始化赋值的方法写为如下格式：

```
char *pc = " I am a student!";
```

(4) 指针变量初始化赋值。

(5) 把函数的入口地址赋予指向函数的指针变量。例如：

```
int (*pf)();pf=f;                    /*f为函数名*/
```

2. 加减算术运算

对于指向数组的指针变量，可以加上（或减去）一个整数 *n*。设 *pa* 是指向数组 a 的指针变量，则 *pa+n*、*pa-n*、*pa++*、*++pa*、*pa--*、*--pa* 运算都是合法的。例如：

```
int a[10], *pa;
pa = a;                        /* pa指向数组a，也是指向a[0] */
pa = pa + 2;                   /* pa指向a[2] */
```

3. 两个指针变量之间的运算

在 C 语言程序中，只有指向同一数组的两个指针变量之间才能进行运算，否则运算毫无意义。

(1) 两指针变量相减：如果两指针变量指向同一个数组的元素时，则两指针变量相减所得之差是两个指针所指数组元素之间相差的元素个数。

(2) 两指针变量进行关系运算：指向同一数组的两指针变量进行关系运算可表示它们所指数组元素之间的关系。

实例 059　顺序显示数组内的元素并分别逆向输出

源码路径　光盘\daima\11\3　　　　视频路径　光盘\视频\实例\第 11 章\059

本实例的实现文件为“yunsuan.c”，具体实现代码如下所示：

```
#include <stdio.h>
main( )
{
  //声明变量和数组
  int i, *p, *q, t, a[10]={1,3,5,7,9,11,13,15,17,19};
  for( p=a,i=0; i<10; i++ )                //输出数组各个元素
      printf("%4d",*(p+i));
  printf("\n");
  q=a+9;
  while ( p<q )                            //将数组元素反向
      {t=*p; *p = *q; *q = t; p++; q--; }
  for( p=a; p-a<10; p++ )                  //反向输出数组各元素
      printf("%4d",*p);
  printf("\n");
}
```

范例 117：演示指针变量的指向
源码路径：光盘\演练范例\117\
视频路径：光盘\演练范例\117\
范例 118：指针变量和整数的运算
源码路径：光盘\演练范例\118\
视频路径：光盘\演练范例\118\

执行后会分别正向和逆向输出数组内各元素的值，如图 11-5 所示。

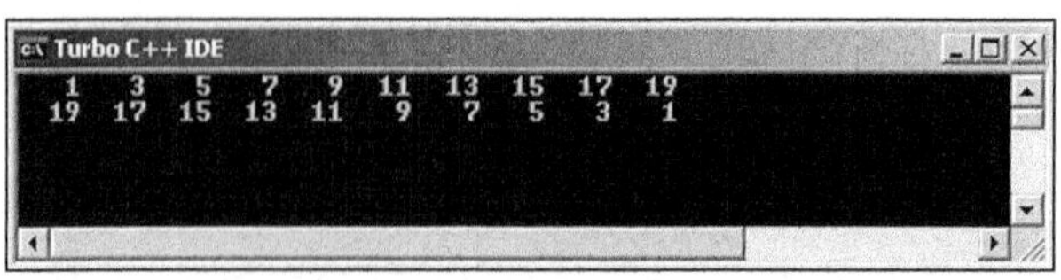

图 11-5　运行结果

11.2.6　指针变量作为函数参数

函数的参数不仅可以是整型、实型、字符型等数据，还可以是指针类型，其作用是将一个

变量的地址传送到另一个函数中。看下面的代码：

```
swap(int *p1,int *p2){
int temp;
 temp=*p1;
 *p1=*p2;
 *p2=temp;
}
main()
{
int a,b;
int *pointer_1,*pointer_2;
   scanf("%d,%d",&a,&b);
   pointer_1=&a;pointer_2=&b;
   if(a<b) swap(pointer_1,pointer_2);
   printf("\n%d,%d\n",a,b);
   }
```

在上述代码中，函数 swap 是用户定义的函数，功能是交换两个变量（*a* 和 *b*）的值。函数 swap 的形参 *p*1、*p*2 是指针变量。上述程序的运行过程如下所示：

(1) 先执行 main 函数，输入 *a* 和 *b* 的值。然后将 *a* 和 *b* 的地址分别赋给指针变量 pointer_1 和 pointer_2，使 pointer_1 指向 *a*，pointer_2 指向 *b*。

(2) 接着执行 if 语句，由于 *a*<*b*，因此执行 swap 函数。注意实参 pointer_1 和 pointer_2 是指针变量，在函数调用时，将实参变量的值传递给形参变量。采取的依然是“值传递”方式。因此虚实结合后形参 *p*1 的值为&a，*p*2 的值为&b。这时 *p*1 和 pointer_1 指向变量 *a*，*p*2 和 pointer_2 指向变量 *b*。

(3) 然后，执行执行 swap 函数的函数体使*p1 和*p2 的值互换，也就是使 a 和 b 的值互换。函数调用结束后，*p*1 和 *p*2 将不复存在。

(4) 最后，在函数 main 中输出的 *a* 和 *b* 的值是已经过交换的值。

请注意交换*p1 和*p2 的值是如何实现的，如果是如下代码就会发生错误：

```
swap(int *p1,int *p2){
 int *temp;
 *temp=*p1;        /*此语句有问题*/
 *p1=*p2;
 *p2=temp;
}
```

*p1 就是 *a*，是整型变量。而*temp 是指针变量 *temp* 所指向的变量。但 *temp* 中并无确定的地址值，它的值是不可预见的。*temp 所指向的单元也是不可预见的。因此，对*temp 赋值可能会破坏系统的正常工作状况。应该将*p1 的值赋给一个整型变量，如程序所示那样，用整型变量 *temp* 作为临时辅助变量实现*p1 和*p2 的交换。

注意：

上述代码采取的方法是：交换 *a* 和 *b* 的值，而 *p*1 和 *p*2 的值不变。请读者考虑一下能否通过下面的函数实现 *a* 和 *b* 互换。

```
swap(int x，int y)
{
   int temp;
   temp=x;
   x=y;
   y=temp;
}
```

如果在 main 函数中用“swap（*a*，*b*）;”调用 swap 函数，会有什么结果呢？

在函数调用时，*a* 的值传送给 *x*，*b* 的值传送给 *y*。执行完 swap 函数后，*x* 和 *y* 的值是互换了，但 main 函数中的 *a* 和 *b* 并未互换。也就是说由于“单向传送”的“值传递”方式，形参值的改变无法传给实参。

为了使在函数中改变了的变量值能被 main 函数所用，不能采取上述把要改变值的变量作为参数的办法，而应该用指针变量作为函数参数，在函数执行过程中使指针变量所指向的变量值发生变化，函数调用结束后，这些变量值的变化依然保留下来，这样就实现了“通过调用函数使变量的值发生变化，在主调函数（如 main 函数）中使用这些改变了的值”的目的。

另外还需读者注意的是，不能企图通过改变指针形参的值而使指针实参的值改变。看下面的代码：

```
swap(int *p1,int *p2)
{
 int *p;
 p=p1;
 p1=p2;
 p2=p;
}
main()
{
   int a,b;
   int *pointer_1,*pointer_2;
   scanf("%d,%d",&a,&b);
   pointer_1=&a;pointer_2=&b;
   if(a<b) swap(pointer_1,pointer_2);
   printf("\n%d,%d\n",*pointer_1,*pointer_2);
}
```

上述代码的功能是交换 pointer_1 和 pointer_2 的值，使 pointer_1 指向值大的那一个变量。具体过程如下所示：

（1）先使 pointer_1 指向 a，pointer_2 指向 b。

（2）调用 swap 函数，将 pointer_1 的值传给 p1，pointer_2 传给 p2。

（3）在 swap 函数中使 p1 与 p2 的值交换。

（4）形参 p1、p2 将地址传回实参 pointer_1 和 pointer_2，使 pointer_1 指向 b，pointer_2 指向 a。然后输出*pointer_1 和*pointer_2，想得到输出“9，5”。

但是这是无法实现的，程序实际的输出结果是“5，9”。问题出在第（4）步。C 语言中实参变量和形参变量之间的数据传递是单向的“值传递”方式。指针变量作函数参数也要遵循这一规则。调用函数不可能改变实参指针变量的值，但是可以改变实参指针变量所指变量的值。

众所周知，通过函数的调用可以（而且只可以）得到一个返回值（即函数值），而运用指针变量作参数，可以得到多个变化了的值。如果不用指针变量是难以做到这一点的。

实例 060　输入 a、b、c 三个整数，然后按大小顺序输出。

源码路径　光盘\daima\11\4　　　视频路径　光盘\视频\实例\第 11 章\060

本实例的实现文件为“can.c”，具体实现代码如下所示：

```
main(){
   int n1,n2,n3;                          //声明3个变量
   int *p1,*p2,*p3;                       //声明3个指针变量
   scanf("%d,%d,%d",&n1,&n2,&n3);         //输入3个数
   p1=&n1;                                //将p1指向第一个数
   p2=&n2;                                //将p2指向第二个数
   p3=&n3;                                //将p3指向第三个数
   if(n1>n2)swap(p1,p2);                  //若第一个数大于第二个数则交换它们
   if(n1>n3)swap(p1,p3);                  //若第一个数大于第三个数则交换它们
   if(n2>n3)swap(p2,p3);                  //若第二个数大于第三个数则交换它们
   printf("%d,%d,%d\n",n1,n2,n3);         //输出结果
}
swap(int *p1,int *p2)                     //交换p1和p2所指向的变量的值
{  int t;
   t=*p1;*p1=*p2;*p2=t;
}
```

执行后先输入 3 个整数，然后按下【Alt+F5】组合键后将会按大小顺序输出输入的整数，如图 11-6 所示。

图 11-6　运行结果

范例 119：演示指针变量的减法运算
源码路径：光盘\演练范例\119\
视频路径：光盘\演练范例\119\
范例 120：指针中的比较运算符
源码路径：光盘\演练范例\120\
视频路径：光盘\演练范例\120\

注意：
在上述实例代码中，按大小顺序输出了输入的 3 个整数值。如果想通过函数调用得到 *n* 个要改变的值，可以如下操作。

（1）在主调函数中设 *n* 个变量，用 *n* 个指针变量指向它们。
（2）然后将指针变量作实参，将这 *n* 个变量的地址传给所调用的函数的形参。
（3）通过形参指针变量，改变该 *n* 个变量的值。
（4）主调函数中就可以使用这些改变了值的变量。

11.2.7　void 类型的指针

关键字 void 表示函数不接受任何参数或不返回任何值，同时还可以在创建通用指针时使用，通用指针是指一个可指向任何类型的数据对象的指针。例如：

```
void *ptr; // 将ptr声明为一个通用指针，但没有指定它指向的东西。
```

void 指针最常见的用途是用于声明函数的参数。当希望一个函数能够处理不同类型的参数时，可以将 int 变量传递给它，也可以将 float 变量传递给它。在这样的情况下，可以将函数声明为接受 void 指针作为参数，则它可以接受任何类型的数据，可以将指向任何东西的指针传递给该函数。例如：

```
void half(void *val);
{
  ......
}
```

我们可以利用指针的强制转换，使用 void 类型的指针。

```
main() {
   float f=1.6, *pf;
   void *p;
   p=(void*)&f;
   pf=(float*)p;
   printf("\n&f=%X, p=%X, pf=%X", &f, p, pf);
   printf("\n*pf=%f", *pf);
}
```

在上述代码中，变量 *f* 的指针被强制转换为 void*类型，赋值给了 void 类型的指针 p。p 又被强制转换为 float*类型，赋值给 pf。实际上在程序中，&f、p 和 pf 的内存地址值都是相同的，只是是指向的类型有所不同。

实例 061　定义 4 个类型的变量，然后分别输出转换后的结果。
源码路径　光盘\daima\11\5　　视频路径　光盘\视频\实例\第 11 章\061

本实例的实现文件为“void.c”，具体实现代码如下所示：

```
include <stdio.h>
void half( void   * pval, char   type);
int   main( void )
{
   int i = 20 ;
   long l = 100000 ;
   float f = 12.456 ;
   double d = 123.044444 ;
   printf( " \n%d " ,i);
   printf( " \n%ld " ,l);
   printf( " \n%f " ,f);
   printf( " \n%lf\n\n " ,d);
```

范例 121：指针变量作为函数参数
源码路径：光盘\演练范例\121\
视频路径：光盘\演练范例\121\
范例 122：统计空白字符和小写字符
源码路径：光盘\演练范例\122\
视频路径：光盘\演练范例\122\

```
    half( & i, 'i' );
    half( & l, 'l' );
    half( & d, 'd' );
    half( & f, 'f' );
    printf( "\n%d " ,i);
    printf( "\n%ld" ,l);
    printf( "\n%f" ,f);
    printf( "\n%lf\n\n" ,d);
    return     0 ;
}
 void half( void * pval, char   type)
{
    switch (type)
    {
    case 'i' :
    {
        * (( int * )pval) /= 2 ;                    // 强制转换类型，存取指针pval指向的int变量
        break ;
    }
      case 'l' :
      {
        * (( long * )pval) /= 2 ;             // 强制转换类型，存取指针pval指向的long变量
        break ;
      }
      case 'f' :
      {
        * (( float    * )pval) /= 2 ;                // 强制转换类型，存取指针pval指向的float变量
        break ;
      }
      case 'd' :
      {
        * (( double * )pval) /= 2 ;                  // 强制转换类型，存取指针pval指向的double变量
        break ;
      }
    }
}
```

执行后将会输出变量转换后的数据，如图 11-7 所示。

图 11-7　运行结果

11.3　指针和数组

知识点讲解：光盘:视频\PPT 讲解（知识点）\第 11 章\指针和数组.mp4

一个变量有一个地址，一个数组可以包含若干个元素，每个数组元素都在内存中占用存储单元，它们都有相应的存储地址。数组指针是指数组的起始地址，数组元素的指针是数组元素的地址。指针和数组是不同的，数组是用来存放某一类型的值的，当然这个值可以为指针变量；而数组的每一个元素都有一个确切的内存地址，既是它的指针。在引用数组时可以用下标法引用，例如“*a*[5]”。另外也可以用指针法，即通过指向数组元素的指针找到所需要的元素。也就是说任何能由数组下标完成的操作，都可以用指针来实现，并且程序中使用指针后将使代码更加紧凑和灵活。

在本节的内容中，将详细讲解 C 语言中指针和数组的基本知识，为读者步入本书后面知识的学习打下基础。

11.3.1 数组元素的指针

由本书前面的内容了解到，数组元素就相当于一个变量。所以，&操作符和*操作符同样适用于数组的元素。例如，下面的代码利用指针变量来存取数组的一个元素：

```
main()
{
  int a[3]={1,2,3},*p;
  p=&a[2];
  printf("*p=%d", *p);
}
```

在上述代码中，指针变量 *p* 存放的是数组元素 a[2]的地址，所以用*操作符取其对应的内存内容时，得到整数 3。程序的运行结果为“*p=3”。

数组是一种数据单元的序列，数组元素类型都相同，每个数组元素所占用的内存单元字节数也相同。并且，数组元素所占用的内存单元都是连续的。例如，下面的代码将输出一个数组的内存地址：

```
main()
{
  float f[5]={1,2,3,4,5};
  int i;
  for(i=0;i<5;i++)
    printf("\nDS: %X, f[%d]=%f", &f[i], i, f[i]); /*%X：以16进制输出*/
}
```

执行上述程序后会输出：

```
DS: FFC2，f[0]=1.000000
DS: FFC6，f[1]=2.000000
DS: FFCA，f[2]=3.000000
DS: FFCE，f[3]=4.000000
DS: FFD2，f[4]=5.000000
```

注意：在不同环境下运行，f 的内存地址可能不同。

这样上述程序输出了每个数组元素的指针（即该数组元素的内存地址），以及每个数组元素的值（即该数组元素内存单元的内容）。从输出结果我们可以看到，每个数组元素都是 float 型的，占用 4 个字节。例如，f[0]占用从 FFC2 开始的 4 个字节，即 FFC2、FFC3、FFC4 和 FFC5。数组元素指针的偏移量也是 4 个字节，如 FFC6-FFC2=4、FFCA- FFC6=4 等。数组 f 共 5 个元素，共占用 4×5=20 个字节，这些内存单元从 FFC2 开始，到 FFD6 结束。这也说明了数组在内存中是连续存放的单元序列，如图 11-8 所示。

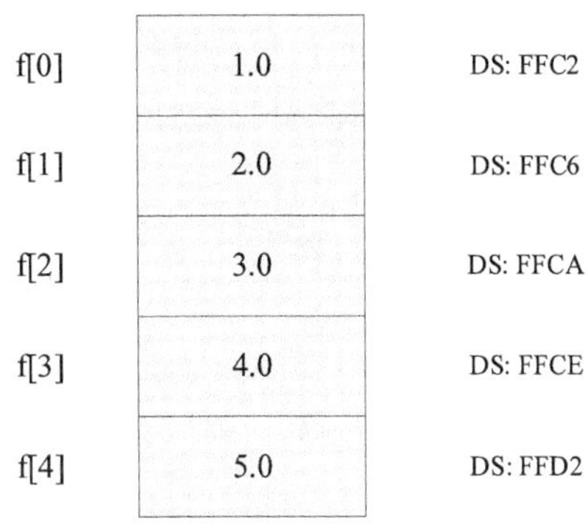

图 11-8 执行和结果

在此需要指出的是，数组 f 是一个局部变量。程序运行到 main 函数后，系统会动态为 f 分配内存，上述程序在不同环境下运行时，输出的数组元素地址可能有所不同。但是，数组元素内存地址的偏移量一定是相同的，相邻元素间地址的差值都是 4。

在 C 语言中规定，数组名称是一个常量，代表数组第一个元素（下标为 0）的指针。例如：

```
main()
{
  int a[3]={1,2,3},*p;
  p=a;
  printf("\na[0]=%X, a=%X, p=%X ", &a[0],a, p);
  printf("\n*a=%d, *p=%d",*a, *p);
}
```

其中，第 1 个 printf 语句输出了数组第一个元素 a[0]的指针、*a* 的值和指针变量 *p* 的值，这 3 个指针值是完全相同的。第 2 个 printf 语句输出了*a 和*p 的值。因为 a 和 p 所指的地址完全相同，所以*a 和*p 的值对应同一块内存单元的内容，也是完全相同的。

上述程序运行的结果如下所示：

```
a[0]=FFD0, a=FFD0, p=FFD0
*a=1, *p=1
```

11.3.2　指向一维数组元素的指针变量

一个数组是由连续的一块内存单元组成的，数组名就是这块连续内存单元的首地址。一个数组也是由各个数组元素（下标变量）组成的，每个数组元素按其类型不同占有几个连续的内存单元。一个数组元素的首地址也是指它所占有的几个内存单元的首地址。

定义一个指向数组元素的指针变量的方法，与以前介绍的指针变量相同。例如：

```
int a[10];                    /*定义a为包含10个整型数据的数组*/
int *p;                       /*定义p为指向整型变量的指针*/
```

应当注意，因为数组为 int 型，所以指针变量也应为指向 int 型的指针变量。下面是对指针变量赋值：

```
p=&a[0];
```

上述代码把 a[0]元素的地址赋给指针变量 *p*，也就是说 p 指向 a 数组的第 0 号元素。

C 语言规定，数组名代表数组的首地址，也就是第 0 号元素的地址，所以下面的两个语句等价的：

```
p=&a[0];
p=a;
```

在定义指针变量时可以赋给初值，例如：

```
int *p=&a[0];
```

上述代码它等效于如下代码：

```
int *p;
p=&a[0];
```

当然在定义时也可以写为如下格式：

```
int *p=a;
```

数组指针变量说明的一般格式如下所示：

```
类型说明符　*指针变量名;
```

其中，“类型说明符”表示所指数组的类型。从上述格式可以看出，指向数组的指针变量和指向普通变量的指针变量的说明是相同的。

11.3.3　通过指针引用数组元素

C 语言规定：如果指针变量 *p* 已指向数组中的一个元素，则 *p*+1 指向同一数组中的下一个元素。当引入指针变量后，就可以用两种方法来访问数组元素了。例如，如果 *p* 的初值为&*a*[0]，具体说明如下。

（1）*p*+*i* 和 *a*+*i* 就是 *a*[*i*]的地址，或者说它们指向 *a* 数组的第 *i* 个元素。

（2）*（*p*+*i*）或*（*a*+*i*）就是 *p*+*i* 或 *a*+*i* 所指向的数组元素，即 *a*[*i*]。例如，*（*p*+5）或*（*a*+5）就是 *a*[5]。

（3）指向数组的指针变量也可以带下标，如 *p*[*i*]与*（*p*+*i*）等价。

在接下来的内容中，将详细讲解通过指针引用数组元素的几种方式。

1. 通过指针引用数组元素

在 C 语言中，可以使用如下两种方法引用一个数组元素。

（1）下标法：即用 *a*[*i*]形式访问数组元素，例如在前面介绍数组时都是采用这种方法。

（2）指针法：即采用*（*a*+*i*）或*（*p*+*i*）形式，用间接访问的形式访问数组元素，其中 *a* 是数组名，*p* 是指向数组的指针变量，其初值 *p*=*a*。

看下面的代码：

```
main() {
  float fArray[3]={1.0,2.0,3.0},*pf;
```

```
    int i;
    pf =fArray;
    for(i=0;i<3;i++)
      printf("%f ",*(pf +i));
}
```

在上述代码中，定义了指针变量 *pf*，并使 *pf* 指向数组 *a* 的首地址，那么根据指针加法规则，*pf+i* 正好是数组元素 fArray[i]的首地址，*（*pf+i*）的值就是数组元素 fArray[*i*]的值。上述程序运行的结果如下所示：

1.000000 2.000000 3.000000

在上述引用数组元素的过程中，指针变量 *pf* 的值没有发生变化，始终是数组首地址。我们也可以用递增 *pf* 的方法遍历数组元素：

```
main() {
  float fArray[3]={1.0,2.0,3.0},*pf=fArray;
  int i;
  for(i=0;i<3;i++,pf++)
  printf("%f ",*pf );
}
```

在循环过程中，指针变量 *pf* 的值发生了变化：每次循环都自增 1，*pf* 指向下一个数组元素的首地址，**pf* 指向下一个数组元素的内容。

在使用数组的指针时，一定要注意指针当前所在的位置。例如，下面是一个错误的例子：

```
main(){
  float fArray[3],*pf=fArray;
  int i;
  for(i=0;i<3;i++,pf++)                    /*执行完这个循环后，pf已经指向了fArray以外 */
    scanf("%f",pf );
  for(i=0;i<3;i++,pf++)
    printf("%f ",*pf );
}
```

在上述代码中，第 1 个循环没有错误，它利用了指针变量依次输入 fArray 的元素。在循环过程中，*pf* 在变化，每次执行 scanf 后 *pf* 都指向 fArray 的下一个元素。当循环结束后，*pf* 已经指向了 fArray 范围之外，所以第 2 个循环里 *pf* 指向了错误的内存。可以上述程序进行如下修改：

```
main() {
  float fArray[3],*pf=fArray;
  int i;
  for(i=0;i<3;i++,pf++)
    scanf("%f",pf );
    pf=fArray; /*重新将pf指向数组首地址（指针复位）*/
    for(i=0;i<3;i++,pf++)
    printf("%f ",*pf );
}
```

数组名称是数组首地址值，是一个指针常量。这样也可以利用 *（数组名称+i）的方式引用数组元素，例如下面的代码：

```
main()
{
  int i;
  float fArray[3]={1.0,2.0,3.0};
  for(i=0;i<3;i++)
    printf("%f ",*( fArray +i));
}
```

上述这几种引用数组元素的方法都是通过指针实现的，这通常被称为指针法。而以前直接用数组下标的方式引用数组元素的方法，例如（如 a[0]），则称为下标法。

实际上，数组元素的下标[]也是一种运算符，程序中用下标法引用数组元素的代码，最终都被编译器自动转换为指针法进行。例如下面的代码是合法的：

```
main() {
  float fArray[3]={1.0,2.0,3.0},*pf=fArray;
  int i;
  for(i=0;i<3;i++)
    printf("%f ",pf[i]); /*等效于*( pf +i)*/
}
```

上述代码中定义了 pf 为指针变量，并使其指向数组 fArray 的首地址，然后使用表达式 pf[i]取数组的元素。虽然 pf 没有定义为数组类型，但也可以使用数组下标。数组下标是一种运算符，是一种计算地址和引用内存单元的方法，pf[i]和*（pf +i）是完全等价的。

在通过指针引用数组元素时，一定要注意不要超界引用。如果发生了超界的情况，编译器并不能发现错误，程序将继续存取数组以外的内存单元，可能会导致异常出现。

实例 062　分别通过指向数组的指针引用数组、利用数组名和下标引用数组

源码路径　光盘\daima\11\6　　　　视频路径　光盘\视频\实例\第 11 章\062

本实例的实现文件为“123.c”，具体实现代码如下所示：

```
void main()
{
  int a[5],i,*p;
  for(i=0;i<5;i++) scanf("%d",&a[i]);
  for(i=0;i<5;i++)                          /*下标法*/
    printf("a[%d]\t=%d\t",i,a[i]);
  printf("\n");
  for(i=0;i<5;i++)                          /*指针变量表示法*/
    printf("*(a+%d)\t=%d\t",i,*(a+i));
  printf("\n");
  for(p=a;p<a+5;p++)                        /*指针法*/
    printf("*p\t=%d\t",*p);
    printf("\n");
    for(p=a,i=0;i<5;i++)                    /*指针变量表示法*/
    printf("*(p+%d)\t=%d\t",i,*(p+i));
  printf("\n");
  for(i=0;i<5;i++)                          /*指针变量表示法*/
    printf("p[%d]\t=%d\t",i,p[i]);
    getch();
}
```

范例 123：用指针实现数组逆序
源码路径：光盘\演练范例\123\
视频路径：光盘\演练范例\123\
范例 124：用指针实现数组元素的移位
源码路径：光盘\演练范例\124\
视频路径：光盘\演练范例\124\

执行后先换行输入 5 个数字，然后按下【Alt+F5】组合键后将会输出对应的结果，如图 11-9 所示。

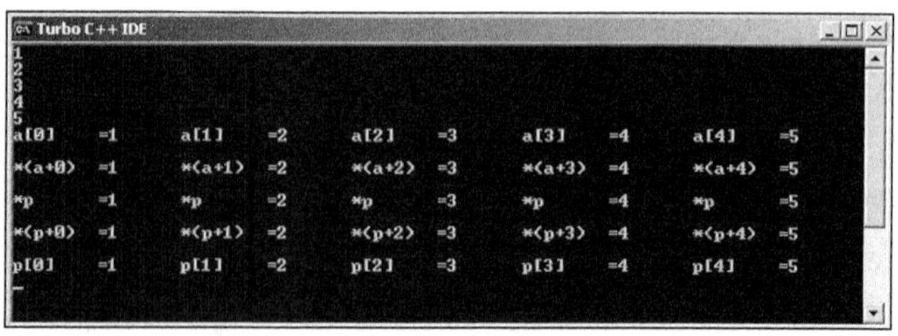

图 11-9　运行结果

2. 自增、自减运算符和指针运算符

当指针变量结合自增、自减和指针运算符时，整个代码不太容易理解。自增、自减运算符和指针运算符的优先级相同，结合方向是自右向左。看下面的一段代码：

```
main(){
  int a[5]={10,20,30,40,50}, *p;
  p=a;
  printf("\n%d", *(p++));                 /*代码段1*/
  printf("\n%d", *p);
  p=a;
  printf("\n%d", *(++p));                 /*代码段2*/
  printf("\n%d", *p);
  p=a;
  printf("\n%d", *p++);                   /*代码段3*/
  printf("\n%d", *p);
  p=a;
  printf("\n%d", ++*p);                   /*代码段4*/
  printf("\n%d", *p);
```

```
    p=a;
    printf("\n%d", (*p)++);                    /*代码段5*/
    printf("\n%d", *p);
}
```

在上述 5 个代码段中，每个代码段前都使用了“*p=a*;”语句，目的是将指针变量复位，指向数组首地址。各代码段的具体说明如下所示：

- 在代码段 1 中，*（p++）表达式的值就是*p；然后指针 *p* 自加 1，指向下一个数组元素。所以第一个 printf 输出 a[0]的值 10，第二个 printf 输出 a[1]的值 20。
- 在代码段 2 中，*（++p）表达式首先完成指针 *p* 自加 1，*p* 指向了数组的下一个元素；然后表达式的值是 *p* 所指的内存单元的值，即 20。所以第一个 printf 输出 a[1]的值 20，第二个 printf 中 *p* 没有变化，仍然输出 a[1]的值 20。
- 在代码段 3 中，根据右结合的规则，表达式*p++等价于*（*p*++），所以第一个 printf 输出 a[0]的值 10，第二个 printf 输出 a[1]的值 20。
- 在代码段 4 中，根据右结合的规则，表达式++*p 等价于++（*p），自增运算符作用于*p 对应的内存单元，，而不是指针变量 *p*，因此表达式的值为*p+1，即 11；同时，*p 对应的内存单元（即 a[0]）因为自增运算符的作用，它的值也变成了 11。但指针变量 *p* 本身的值没有任何变化。结果两个 printf 均输出 11。
- 在代码段 5 中，（*p）++表达式的值就是*p，即 a[0]。由于上一个代码段中已经将 a[0]变成了 11，因此这里表达式的值为 11；然后*p（即 a[0]）自加 1，*p 的值由 11 变成 12。这个过程中指针变量 *p* 的值也没有变化。所以第一个 printf 输出 a[0]的值 11，第二个 printf 输出变化后的 a[0]值 12。

11.3.4 数组名作函数参数

在 C 语言中，数组名可以作函数的实参和形参，看下面的代码：

```
main(){
  int array[10];
    ……
    ……
  f(array,10);
  ……
    ……
}
f(int arr[],int n);
{
    ……
    ……
}
```

在上述代码中，array 为实参数组名，arr 为形参数组名。在学习指针变量之后就更容易理解这个问题了。数组名就是数组的首地址，实参向形参传送数组名实际上就是传送数组的地址，形参得到该地址后也指向同一数组。这就好像同一件物品有两个彼此不同的名称一样。

同样，指针变量的值也是地址，数组指针变量的值即为数组的首地址，当然也可作为函数的参数使用。

实例 063　将数组 a 中的 n 个整数按相反顺序存放

源码路径　光盘\daima\11\7　　视频路径　光盘\视频\实例\第 11 章\063

本实例的具体算法是：将 a[0]与 a[n-1]对换，再 a[1]与 a[n-2]对换……，直到将 a[（n-1/2）]与 a[n-int（(n-1）/2）]对换。此处用循环处理此问题，设两个“位置指示变量” *i* 和 *j*，*i* 的初值为 0，*j* 的初值为 *n*-1。将 a[i]与 a[j]交换，然后使 *i* 的值加 1，*j* 的值减 1，再将 a[i]与 a[j]交换，直到 i=（*n*-1）/2 为止。

本实例的实现文件为“shucan.c”，具体实现代码如下所示：

```
void inv(int x[],int n)      /*形参x是数组名*/
{
   int temp,i,j,m=(n-1)/2;
   for(i=0;i<=m;i++) {
      j=n-1-i;
      temp=x[i];x[i]=x[j];x[j]=temp;}
   return;
}
main(){
   int i,a[10]={3,7,9,11,0,6,7,5,4,2};
   printf("The original array:\n");
   for(i=0;i<10;i++)
      printf("%d,",a[i]);
   printf("\n");
   inv(a,10);
   printf("The array has benn inverted:\n");
   for(i=0;i<10;i++)
      printf("%d,",a[i]);
   printf("\n");
}
```

范例 125：判断数组是否中心对称
源码路径：光盘\演练范例\125\
视频路径：光盘\演练范例\125\
范例 126：逆序存放整数
源码路径：光盘\演练范例\126\
视频路径：光盘\演练范例\126\

执行后的效果如图 11-10 所示。

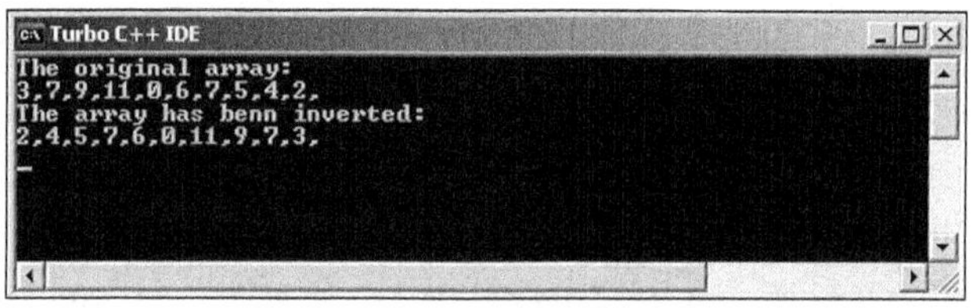

图 11-10　运行结果

实例 064　提示输入 10 个数字存入数组，然后输出里面的最大值和最小值。

源码路径　光盘\daima\11\8　　　视频路径　光盘\视频\实例\第 11 章\064

本实例的实现文件为“zuida.c”，具体实现代码如下所示：

```
int max,min;          /*全局变量*/
void max_min_value(int array[],int n)
{
 int *p,*array_end;
 array_end=array+n;
 max=min=*array;
 for(p=array+1;p<array_end;p++)
    if(*p>max)max=*p;
    else if (*p<min)min=*p;
 return;
}
main()
{
 int i,number[10];
 printf("enter 10 integer umbers:\n");
 for(i=0;i<10;i++)
    scanf("%d",&number[i]);
 max_min_value(number,10);
 printf("\nmax=%d,min=%d\n",max,min);
}
```

范例 127：分别计算数组中奇偶下标元素的和
源码路径：光盘\演练范例\127\
视频路径：光盘\演练范例\127\
范例 128：用指针交换数组中的最大值
源码路径：光盘\演练范例\128\
视频路径：光盘\演练范例\128\

上述代码的具体说明如下所示：

(1) 在函数 max_min_value 中求出的最大值和最小值放在 max 和 min 中。由于它们是全局变量，因此可以在主函数中直接使用。

(2) 在函数 max_min_value 中的语句“max=min=*array”其中 array 是数组名，它接收从实参传来的数组 numuber 的首地址；*array 相当于*（&array[0]）。上述语句和“max=min=array[0]”等价。

(3) 在执行 for 循环时，*p* 的初值为 array+1，也就是使 *p* 指向 array[1]。以后每次执行 *p*++，

使 *p* 指向下一个元素。每次将*p 和 max 与 min 比较。将大者放入 max，小者放 min。

(4) 函数 max_min_value 的形参 array 可以改为指针变量类型。实参也可以不用数组名，而用指针变量传递地址。

执行后先提示用户输入 10 个数字，如图 11-11 所示。

图 11-11 提示输入 10 个数字

输入数字，然后按下【Alt+F5】组合键后将会分别输出对应的最大值和最小值，如图 11-12 所示。

图 11-12 运行结果

11.4 指针和多维数组

知识点讲解：光盘:视频\PPT 讲解（知识点）\第 11 章\指针和多维数组.mp4

前面介绍的指针和数组间的关系都是针对一维数组的，而指针是可以指向多维数组的。在具体使用方法上，多维数组要变得更加复杂。在本节的内容中，将详细介绍 C 语言中指针和多维数组之间的具体应用知识。

11.4.1 多维数组的地址

为了说清楚多维数组的指针的知识，先回顾一下多维数组的性质。现在以二维数组为例，设有一个二维数组 a，它有 3 行 4 列，则可以定义为如下所示的代码：

```
static int a[3][4]={{1,3,5,7},{9,11,13,15},{17,19,21,23}};
```

可以这样理解：a 是一个数组名，a 数组包含 3 个元素：a[0]、a[1]、a[2]。而每个元素又是一个一维数组，它包含 4 个元素（即 4 个列元素），例如，a[0]所代表的一维数组又包含 4 个元素：a[0][0]、a[0][1]、a[0][2]、a[0][3]；a[1]所代表的一维数组又包含 4 个元素：a[1][0]、a[1][1]、a[1][2]、a[1][3]；a[3]所代表的一维数组又包含 4 个元素：a[2][0]、a[2][1]、a[2][2]、a[2][3]。

从二维数组的角度来看，a 代表整个二维数组的首地址，即第 0 行的首地址。a+1 代表第 1 行的首地址，a+2 代表第 2 行的首地址。若 a 的地址为 2000，则 a+1 为 2008，a+2 为 2016。

a[0]、a[1]、a[2]既然是一维数组名，而 C 语言又规定了数组名代表数组的首地址，因此 a[0]代表第 0 行中第 0 列元素的地址，即&a[0][0]。a[1]是&a[1][0]，a[2]是&a[2][0]。

究竟怎么表示 a[0][1]的地址呢？可以用 a[0]+1 来表示，具体如图 11-13 所示。此时"a[0]+1"中的 1 是代表 1 个列元素的字节数，即 2 个字节。若 a[0]的值是 2000，a[0]+1 的值是 2002。a[0]+0、a[0]+1、a[0]+2、a[0]+3 分别是&a[0][0]、&a[0][1]、&a[0][2]、&a[0][3]。

因为 a[0]和*（a+0）等价，a[1]和*（a+1）等价。因此，a[0]+1 和*（a+0）+1 等价，值是 &a[0][1]（2002）。a[1]+2 和*（a+1）+2 等价，值是 &a[1][2]（2012）。

a[0][1]的值怎么表示？既然 a[0]+1 是 a[0][1]的地址，那么，*（a[0]+1）就是 a[0][1]的值。同理，*（*（a+0）+1）或*（*a+1）也是 a[0][1]的值，*（a[I]+j）或*（*（a+I）+j）是 a[I][j]的值。在此的重点是：*（a+I）和 a[I]是等价的。

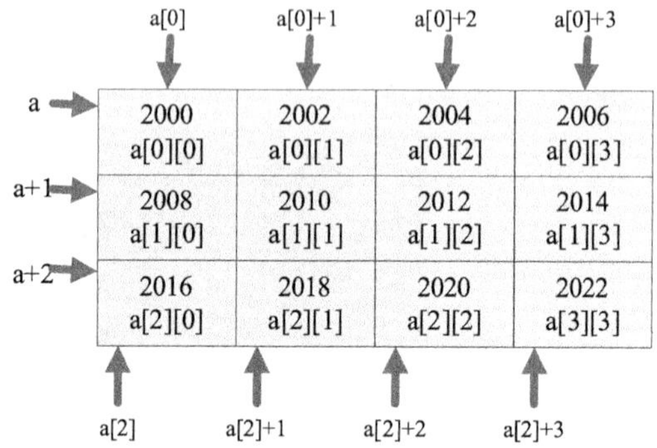

图 11-13　数组 a[3][4]

在此有必要对 a[I]的性质作进一步说明：a[I]从形式上看是 a 数组中第 I 个元素，如果 a 是一维数组名，则 a[I]代表 a 数组第 I 个元素所占的内存单元。a[I]是有物理地址的，是占内存单元的。但如果 a 是二维数组，则 a[I]是代表一维数组名。a[I]本身并不占实际的内存单元，它也不存放 a 数组中各个元素的值。它只是一个地址，如同一个一维数组名 x 并不占内存单元而只代表地址一样。

a、a+I、a[I]、*（a+I）、*（a+I）+j、a[I]+j 都是地址，*（a[I]+j）、*（*（a+I）+j 是二维数组元素 a[I][j]的值，具体如表 11-1 所示。

表 11-1　　数组说明

表示形式	含义	地址
a	二维数组名，数组首地址	2000
a[0]，*（a+0），*a	第 0 行第 0 列元素地址	2000
a+1	第 1 行首地址 2008	2008
a[1]，*（a+1）	第 1 行第 0 列元素地址 2008	2008
a[1]+2，*（a+1）+2，&a[1][2]	第 1 行第 2 列元素地址 2012	2012
（a[1]+2），（*（a+1）+2），a[1][2]	第 1 行第 2 列元素地址	元素值为 13

为什么 a+1 和*（a+1）都是 2008 呢？确切地说，a+1 是指向 a[1]的首地址。又*（a+1）与 a[1]等价，而 a[1]是数组名，它可代表 a[1]的首地址。

不要把&a[I]理解为 a[I]单元的物理地址，因为并不存在 a[I]这样一个变量。它只是一种地址的计算方法，能得到第 I 行的首地址，&a[I]和 a[I]的值是一样的，但是它们的含义是不同的。

&a[I]或 a+I 指向行，而 a[I]或*（a+I）指向列。当列下标 j 为 0 时，&a[I]和 a[I]（即 a[I]+j）值相等，即指向同一位置。*（a+I）只是 a[I]的另一种表示形式，不要简单地认为是"a+I 所指单元中的内容"。

在一维数组中，a+I 所指的是一个数组元素的存储单元，它有具体值，上述说法是正确的。而对二维数组来说，a+I 不指向具体存储单元而指向行。在二维数组中，a+I=&a[I]=a[I]=*（a+I）=&a[I][0]，即它们的地址值是相等的。

实例 065　定义一个二维数组，然后以各种形式取得数组的地址并输出。

源码路径　光盘\daima\11\9　　　视频路径　光盘\视频\实例\第 11 章\065

本实例的实现文件为"duo.c"，具体实现代码如下所示：

```
main(){
   int a[3][4]={0,1,2,3,4,5,6,7,11,9,10,11};
   //输出二维数组a的第0行首地址
   printf("a=%d\t",a);
   printf("*a=%d\t\t",*a);
   printf("a[0]=%d\t",a[0]);
   printf("&a[0]=%d\t",&a[0]);
   printf("&a[0][0]=%d\n",&a[0][0]);
   //输出二维数组a的第1行首地址
   printf("a+1=%d\t",a+1); printf("*(a+1)=%d\t",*(a+1));
   printf("a[1]=%d\t",a[1]);printf("&a[1]=%d\t",&a[1]);
   printf("&a[1][0]=%d\n",&a[1][0]);
   //输出二维数组a的第2行首地址
   printf("a+2=%d\t",a+2);printf("*(a+2)=%d\t",*(a+2));
   printf("a[2]=%d\t",a[2]);printf("&a[2]=%d\t",&a[2]);
   printf("&a[2][0]=%d\n\n",&a[2][0]);
   //输出数组元素a[0][1]的地址和值
   printf("a[0]+1=%d\t",a[0]+1); printf("*a+1=%d\t",*a+1);
   printf("&a[0][1]=%d\n",&a[0][1]);
   printf("*(a[0]+1)=%d,*(*a+1)=%d,a[0][1]=%d\n\n",*(a[0]+1),*(*a+1),a[0][1]);
   //输出数组元素a[1][1]的地址和值
   printf("a[1]+1=%d\t",a[1]+1); printf("*(a+1)+1=%d\t",*(a+1)+1);
   printf("&a[1][1]=%d\n",&a[1][1]);
   printf("*(a[1]+1)=%d,*(*(a+1)+1)=%d,a[1][1]=%d\n\n",*(a[1]+1),*(*(a+1)+1),a[1][1]);
}
```

范例 129：处理二维数组中的元素
源码路径：光盘\演练范例\129\
视频路径：光盘\演练范例\129\
范例 130：获取二维数组元素的最大值
源码路径：光盘\演练范例\130\
视频路径：光盘\演练范例\130\

执行后会分别输出数组内元素的地址，如图 11-14 所示。

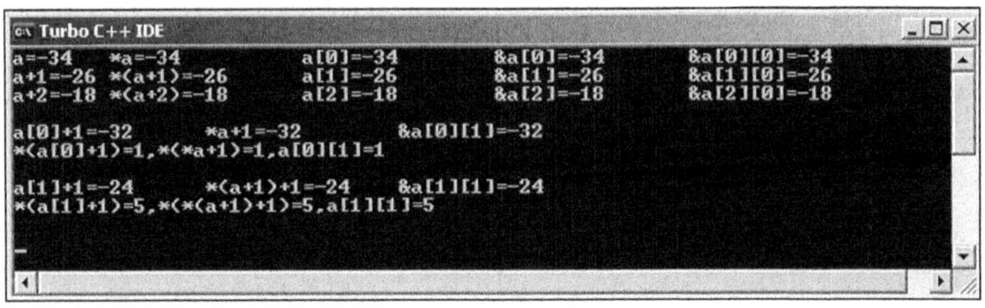

图 11-14　提示输入 10 个数字

11.4.2 指向多维数组的指针变量

在 C 语言中，可以定义指针变量指向多维数组及其元素，下面仍以二维数组为例进行说明。

二维数组在内存中是连续的内存单元，我们可以定义一个指向内存单元起始地址的指针变量，然后依次拨动指针，这样就可以遍历二维数组的所有元素。看下面的代码：

```
main()
{
   float a[2][3]={1.0,2.0,3.0,4.0,5.0,6.0},*p;
   int i;
   for(p=*a;p<*a+2*3;p++)
      printf("\n%f ",*p);
}
```

上述代码运行后会输出：

1.000000

2.000000

3.000000

4.000000

5.000000

6.000000

在上述代码中，定义了一个指向 float 型变量的指针变量。语句 *p*=**a* 将数组第 1 行，第 1 列元素的地址赋给了 *p*，*p* 指向了二维数组第一个元素 a[0][0]的地址。根据 *p* 的定义，指针 *p* 的加法运算单位正好是二维数组一个元素的长度，因此语句 *p*++使得 *p* 每次指向了二维数组的下一个元素，*p 对应该元素的值。

根据二维数组在内存中的存放规律，我们也可以用下面的程序找到二维数组元素的值：

```
main(){
    float a[2][3]={1.0,2.0,3.0,4.0,5.0,6.0},*p;
    int i,j;
    printf("Please input i =");
    scanf("%d", &i);
    printf("Please input j =");
    scanf("%d", &j);
    p=a[0];
    printf("\na[%d][%d]=%f ",i,j,*(p+i*3+j));
}
```

输入下标 *i* 和 *j* 的值后，程序就会输出 a[i][j]的值。这里我们利用了公式 *p+i**3+*j* 计算出了 a[i][j]的首地址。计算二维数组中任何一个元素地址的一般格式如下所示：

```
二维数组首地址+i*二维数组列数+j
```

上述的指针变量指向的是数组具体的某个元素，因此指针加法的单位是数组元素的长度。我们也可以定义指向一维数组的指针变量，使它的加法单位是若干个数组元素。定义这种指针变量的格式如下所示：

```
数据类型 (*变量名称)[一维数组长度];
```

上述格式的具体说明如下所示：

（1）括号一定不能少，否则[]的运算级别高，变量名称和[]先结合，结果就变成了指针数组；

（2）指针加法的内存偏移量单位为：数据类型的字节数*一维数组长度。

例如，下面的代码定义了一个指向 long 型一维、5 个元素数组的指针变量 *p*：

```
long (*p)[5];
```

指针变量 *p* 的特点在于，加法的单位是 4*5 个字节，*p*+1 跳过了数组的 5 个元素。

上述指针变量的特点正好和二维数组的行指针相同，因此我们也可以利用指针变量进行整行的跳动，具体代码如下所示：

```
main(){
    float a[2][3]={1.0,2.0,3.0,4.0,5.0,6.0};
    float (*p)[3];
    int i,j;
    printf("Please input i =");
    scanf("%d", &i);
    printf("Please input j =");
    scanf("%d", &j);
    p=a;
    printf("\na[%d][%d]=%f ",i,j,*(*(p+i)+j));
}
```

上述代码的具体说明如下所示：

（1）*p* 定义为一个指向 float 型、一维、3 个元素数组的指针变量 *p*。

（2）语句 *p=a* 将二维数组 *a* 的首地址赋给了 *p*。根据 *p* 的定义，*p* 加法的单位是 3 个 float 型单元，因此 *p+i* 等价于 *a+i*，*（*p+i*）等价于*（*a+i*），即 a[i][0]元素的地址，也就是该元素的指针。

（3）*（*p+i*）+*j* 等价于& a[i][0]+*j*，即数组元素 a[i][j]的地址。

（4）*（*（*p+i*）+*j*）等价于（*（*p+i*））[*j*]，即 a[i][j]的值。

在定义 *p* 时，对应数组的长度应该和 a 的列长度相同。否则编译器检查不出错误，但指针偏移量计算出错，导致错误结果。

实例 066　编写一个函数，用指针方式实现 2×3 或 3×4 矩阵相乘运算。

源码路径　光盘\daima\11\10　　**视频路径**　光盘\视频\实例\第 11 章\066

本实例的算法分析如下所示：

（1）使用一个 2×3 的二维数组和一个 3×4 的二维数组保存原矩阵的数据；用一个 2×4

的二维数组保存结果矩阵的数据。

（2）结果矩阵的每个元素都需要进行计算，可以用一个嵌套的循环（外层循环 2 次，内层循环 4 次）实现。

（3）根据矩阵的运算规则，内层循环里可以再使用一个循环，累加得到每个元素的值。一共使用 3 层嵌套的循环。

本实例的实现文件为“123.c”，具体实现代码如下所示：

```
main()
{
   int i,j,k, a[2][3],b[3][4],c[2][4];
   /*输入a[2][3]的内容*/
   printf("\nPlease input elements of a[2][3]:\n");
   for(i=0;i<2;i++)
for(j=0;j<3;j++)
scanf("%d", a[i]+j); /* a[i]+j等价于&a[i][j]*/
/*输入b[3][4]的内容*/
printf("Please input elements of b[3][4]: \n");
for(i=0;i<3;i++)
for(j=0;j<4;j++)
scanf("%d", *(b+i)+j); /* *(b+i)+j等价于&b[i][j]*/
/*用矩阵运算的公式计算结果*/
for(i=0;i<2;i++)
for(j=0;j<4;j++)
{
*(c[i]+j)=0; /* *(c[i]+j)等价于c[i][j]*/
for(k=0;k<3;k++)
*(c[i]+j)+=a[i][k]*b[k][j];
}
/*输出结果矩阵c[2][4]*/
printf("\nResults: ");
for(i=0;i<2;i++)
{
printf("\n");
for(j=0;j<4;j++)
printf("%d ",*(*(c+i)+j)); /* *(*(c+i)+j)等价于c[i][j]*/
}
}
```

范例 131：输出二维数组中每行的最大值
源码路径：光盘\演练范例\131\
视频路径：光盘\演练范例\131\
范例 132：输出有两门以上不及格的学生
源码路径：光盘\演练范例\132\
视频路径：光盘\演练范例\132\

执行后将先提示用户输入矩阵数字，如图 11-15 所示。

图 11-15　提示输入数组数字

输入指定的矩阵数字并按下【Alt+F5】组合键后，将会分别输出运算后的结果，如图 11-16 所示。

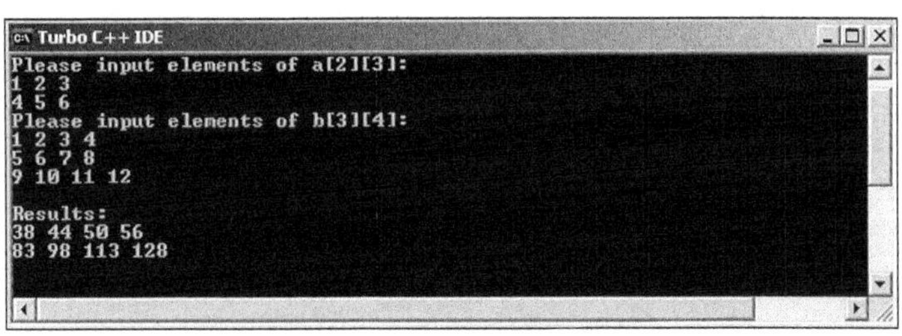

图 11-16　运算结果

11.5　指针和字符串

知识点讲解：光盘:视频\PPT 讲解（知识点）\第 11 章\指针和字符串.mp4

在 C 语言中，指针和字符串的关系十分密切，通过两者之间的相互关联可以实现具体的用户需求。在本节的内容中，将详细介绍指针和字符串的基本知识，为读者步入本书后面知识的学习打下基础。

11.5.1　指针访问字符串

在 C 语言中，可以用两种方法访问一个字符串，具体说明如下所示：

（1）用字符数组存放一个字符串，然后输出该字符串。例如下面的代码：

```
main(){
   char string[]="I love China! ";
   printf("%s\n",string);
}
```

这和前面中介绍的数组属性一样，string 是数组名，它代表字符数组的首地址。

（2）用字符串指针指向一个字符串。例如下面的代码：

```
main(){
   char *string="I love China! ";
   printf("%s\n",string);
}
```

字符串指针变量的定义说明与指向字符变量的指针变量说明是相同的。只能按对指针变量的赋值不同来区别。对指向字符变量的指针变量应赋予该字符变量的地址。例如：

```
char c,*p=&c;
```

上述代码表示 *p* 是一个指向字符变量 *c* 的指针变量。而下面的代码则表示 *s* 是一个指向字符串的指针变量，把字符串的首地址赋予 s：

```
char *s="C Language";
```

在上述代码中，首先定义 string 是一个字符指针变量，然后把字符串的首地址赋予 string（此处应写出整个字符串，以便编译系统把该串装入连续的一块内存单元），并把首地址送入 string。程序中的“char *ps="C Language";”等效于如下格式：

```
char *ps;
ps="C Language";
```

看下面的一段代码：

```
main(){
   char *ps="this is a book";
   int n=10;
   ps=ps+n;
   printf("%s\n",ps);
}
```

上述代码的功能是输出字符串中第 *n* 个字符后的所有字符，运行结果为“book”。在程序中对 ps 初始化时，即把字符串首地址赋予 ps，当 ps= ps+10 之后，ps 指向字符“b”，因此输出为“book”。

实例 067　不使用 strcpy 函数，把一个字符串的内容复制到另一个字符串中。

源码路径　光盘\daima\11\11　　视频路径　光盘\视频\实例\第 11 章\067

在 C 语言中，函数 cprstr 的形参为两个字符指针变量，*pss* 指向源字符串，*pds* 指向目标字符串。在此需要注意表达式：（*pds=*pss）!='\0'的用法。通过使用函数 cprstr，可以实现字符串复制功能。本实例的实现文件为“zifu.c”，具体实现代码如下所示：

```
cpystr(char *pss,char *pds)
{
   while((*pds=*pss)!='\0'){
         pds++;
         pss++;
```

```
    }
  }
main(){
  char *pa="CHINA",b[10],*pb;
  pb=b;
  cpystr(pa,pb);
  printf("string a=%s\nstring b=%s\n",pa,pb);
}
```

上述代码完成了如下两项工作。

- ❑ 把 pss 指向的源字符串复制到 pds 所指向的目标字符串中。
- ❑ 判断所复制的字符是否为“\0”，若是则表明源字符串结束，不再循环。否则，pds 和 pss 都加 1，指向下一字符。

执行后的效果如图 11-17 所示。

图 11-17　提示输入数组数字

范例 133：字符指针作为函数参数
源码路径：光盘\演练范例\133\
视频路径：光盘\演练范例\133\
范例 134：统计字符串的出现次数
源码路径：光盘\演练范例\134\
视频路径：光盘\演练范例\134\

11.5.2　字符串指针作函数参数

字符串指针作函数的参数，与前面介绍的数组指针作函数参数没有本质的区别，函数间传递的都是地址值，所不同的仅是指针指向对象的类型不同而已。将一个字符串从一个函数传递到另一个函数，可以使用传地址的方式，即用字符数组名或字符指针变量作参数。具体来说有如下 4 种情况。

- ❑ 第一种：实参是数组名，形参是数组名。
- ❑ 第二种：实参是数组名，形参是字符指针变量。
- ❑ 第三种：实参是字符指针变量，形参是字符指针变量。
- ❑ 第四种：实参是字符指针变量，形参是数组名。

实例 068　使用函数调用实现字符串的复制

源码路径　光盘\daima\11\12　　　视频路径　光盘\视频\实例\第 11 章\068

本实例的实现文件为“can.c”，具体实现代码如下所示：

```
void copy_string(char from[], char to[])
{
 int i=0;
   while(from[i] != '\0')
   { to[i] = from[i]; i++; }
   to[i] = '\0';
}
main ()
{ char a[] = "I am a teacher.";
   char b[] = "you are a student.";
   printf("string_a =%s\n string_b =%s\n", a,b);
   copy_string(a,b);
   printf("string_a =%s\n string_b =%s\n", a,b);
}
```

范例 135：删除字符串中的字符
源码路径：光盘\演练范例\135\
视频路径：光盘\演练范例\135\
范例 136：实现字符串连接
源码路径：光盘\演练范例\136\
视频路径：光盘\演练范例\136\

执行后的效果如图 11-18 所示。

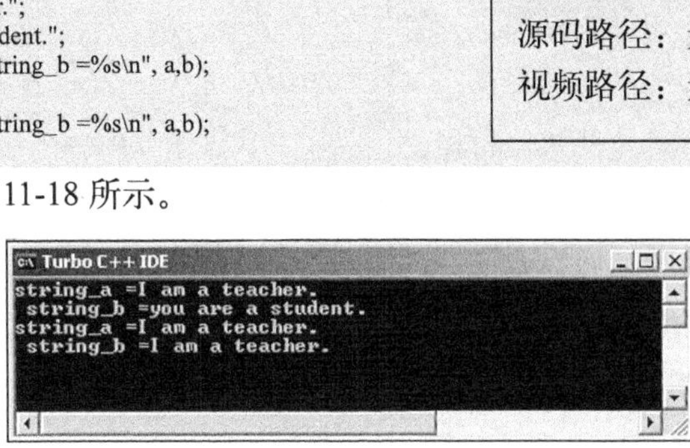

图 11-18　运行结果

11.5.3　使用字符串指针变量与字符数组的区别

在 C 语言中，用字符数组和字符指针变量都可以实现字符串的存储和运算，但是两者是有区别的。在使用时应注意以下 7 个问题。

（1）字符串指针变量本身是一个变量，用于存放字符串的首地址。而字符串本身是存放在以该首地址为首的一块连续的内存空间中并以'\0'作为串的结束。字符数组是由于若干个数组元素组成的，它可用来存放整个字符串。

（2）赋值方式。

在 C 语言中，只能对对字符数组的各个元素赋值，而不能用下面的方法对字符数组赋值：

```
char   str[14];
str="I love China"
```

对字符指针变量来说，可以采用下面的方法赋值：

```
char   *a;
a= "I love China. ";          /*赋给a的是串的首地址*/
```

（3）字符数组由若干个元素组成，在每个元素中放一个字符，而字符指针变量中存放的是地址，决不是将字符串放到字符指针变量中。

（4）对字符指针变量赋初值。例如下面的代码：

```
char *a="I love China";
```

等价于下面的代码：

```
char *a;
a="I love China. ";
```

而下面对数组的初始化代码：

```
char   str[14]={"I love China"};
```

不等价于下面的代码：

```
char str[14];
str[]="I love China.";
```

这说明数组可以在变量定义时整体赋初值，但是不能在赋值语句中整体赋值。

（5）如果定义了一个字符数组，在编译时会为它分配内存单元，它有确定的地址。而在定义一个字符指针变量时，给指针变量分配内存单元，在其中可以放一个地址值。也就是说，该指针变量可以指向一个字符型数据，但是如果未对它赋一个地址值，则它并未具体指向一个确定的字符数据，这很危险。例如下面的代码：

```
char str[10];
scanf("%s",str);                //是可以的
char   *a;
scanf("%s",a);                  //能运行，但危险，不提倡，因为在a单元中是一个不可预料的值。
```

应当改为如下格式：

```
char *a,str[10];   a=str;   scanf("%s",a);
```

（6）指针变量的值是可以改变的，数组名虽然代表地址，但是不能改变它的值是。可以用下标的形式来引用所指的字符串中的字符。例如下面的代码：

```
main()
{
char *a="I love China. ";
a=a+7;
printf("%s",a);
}
```

（7）用指针变量指向一个格式字符串，可以用它代替 printf 函数中的格式字符串。也可以用字符数组实现，但是由于不能采用赋值语句对数组整体赋值。例如下面的代码：

```
char *format;
format="a=%d,b=%f\n";
printf(format,a,b);
```

上述代码等价于下面的格式：

```
printf("a=%d,b=%f\n",a,b);
```

也可以等价于下面的格式：

```
char format[ ]= "a=%d,b=%f\n";
printf(format,a,b);
```

11.6 指针数组和多级指针

知识点讲解：光盘:视频\PPT 讲解（知识点）\第 11 章\指针数组和多级指针.mp4

当某个数组被定义为指针类型时，就称这样的数组为指针数组。指针数组中的每个元素都相当于一个指针型变量，只能存放地址型数据。当定义的某个指针型变量专门用来存放其他指针变量的地址时，这样的指针变量就称为指针的指针，也叫二级指针。以此类推可以定义多级指针。本书仅讨论二级指针，至于其他类型，因为使用得很少，所以在本书中不做具体介绍。

11.6.1 指针数组

指针数组是一组有序的指针的集合，指针数组的所有元素都必须具有相同存储类型和指向相同数据类型的指针变量。

1. 定义指针数组

C 语言中的指针数组的定义、赋初值、数组元素的引用与赋值等操作，和一般数组的处理方法基本相同。在此需要注意指针数组是指针类型的，对其元素所赋的值必须是地址值。

定义指针数组的格式如下所示：

```
[格式] 存储类型 数据类型 *指针数组名 [长度];
```

上述格式的功能为：定义指向“数据类型”变量或数组的指针型数组，同时给指针数组元素赋初值。这些指针变量具有指定的“存储类型”。

上述定义格式的具体说明如下所示：

（1）指针数组名是标识符，前面必须有“*”号。

（2）在一个定义语句中，可以同时定义普通变量、数组、指针变量、指针数组。可以给某些指针数组赋初值，而另一些指针数组不赋初值。

（3）定义指针变量时的“数据类型”可以选取任何基本数据类型，也可以选取以后介绍的其他数据类型。这个数据类型不是指针型数组元素中存放的数据类型，而是它将要指向的变量或数组的数据类型。

（4）如果省略“存储类型”，默认为自动型（auto）。

（5）其中的"初值"与普通数组赋初值的格式相同，每个初值通常是“&普通变量名”“&数组元素”或“数组名”，对应的普通变量或数组必须在前面已定义。

（6）注意语句中指针型数组的书写格式，不能写成“(*数组名) [长度]”的格式，因为这是定义指向含有“长度”个元素的一维数组的指针变量。

看下面的定义代码：

```
int
a,b,c,c，*p[3]={&a,&b,&c};
```

上述代码定义了一个名为 p 的指针型数组，其中的 3 个元素 $p[0]$、$p[1]$、$p[2]$分别指向 3 个整型变量 a、b、c。

2. 指针数组元素的引用

指针数组元素的引用方法和普通数组元素的引用方法完全相同，可以利用它来引用所指向的普通变量或数组元素，可以对其赋值，也可以参加运算。具体引用格式如下所示：

```
引用所指向的普通变量或数组元素 *指针数组名[下标]
```

对其赋值的格式如下所示：

```
指针数组名[下标]=地址表达式
```

当指针数组参与运算时，根据具体情况的不同会有不同的引用方式。具体说明如下所示：

- 在赋值变量时，具体格式如下所示：

```
指针变量=指针数组名[下标]
```

❑ 在算术运算时，具体格式如下所示：

```
指针数组名[下标]+整数
指针数组名[下标]-整数
++指针数组名[下标]
--指针数组名[下标]
指针数组名[下标]++
指针数组名[下标]--
```

❑ 在关系运算时，具体格式如下所示：

```
指针数组名[下标]关系运算符 指针数组名[下标]
```

其中，“算术运算”和“关系运算”一般只使用于该指针数组元素指向某个数组时。

看下面的代码：

```
#include "stdio.h"
main()
{ char s[5][20],*p[5];/*定义二维数组s和同类型的指针数组p*/
   int i;
   for (i=0;i<5;i++) p=s;
   /*用一重循环将第i行元素首地址s赋予第i个指针数组元素p*/
   for (i=0;i<5;i++) scanf("%s",p);
   /*用一重循环依次输入 5 个字符串存入二维数组s*/
   for (i=0;i<5;i++) printf("%s\n",p);
   /*用一重循环输出二维数组s中存放的5个字符串*/
}
```

上述代码的功能是，输入 5 个字符串存入一个二维数组中，然后定义一个指针数组，使其元素分别指向这 5 个字符串并输出。

11.6.2 多级指针的定义和应用

由于指针型变量或指针型数组元素的类型是指针型，存放其对应地址的变量就不能是普通的指针变量，但是由于其存放的又是地址，也应该是指针型变量。在 C 语言中，把这种指针型变量称为“指针的指针”，意为这种变量是指向指针变量的指针变量，也称多级指针。在现实中通常用到的多级指针是二级指针，相对来说，前面介绍的指针变量可以称为“一级指针变量”。

二级指针变量的定义和赋初值方法如下所示：

```
存储类型 数据类型 **指针变量名={初值};
```

上述格式的功能是：定义指向“数据类型”指针变量的二级指针变量，同时给二级指针变量赋初值。这些二级指针变量具有指定的“存储类型”。

上述格式的具体说明如下所示：

（1）二级指针变量名的构成原则是标识符，前面必须有“**”号。

（2）在一个定义语句中，可以同时定义普通变量、数组、指针变量、指针数组、二级指针变量等。可以给某些二级指针变量赋初值，而另一些二级指针变量不赋初值。

（3）定义时的“数据类型”可以选任何基本数据类型，也可以选取以后介绍的其他数据类型。这个数据类型是它将要指向的指针变量所指向的变量或数组的数据类型。

（4）其中的“初值”必须是某个一级指针变量的地址，通常是“&一级指针变量名”或“一级指针数组名”，对应的一级指针变量或数组必须在前面已定义。

例如，下面的定义语句：

```
int a,b,c,*p1,**p2=&p1;
```

上述代码表示定义了一个名为 *p*1 的一级指针变量和一个名为 *p*2 的二级指针变量，并且让二级指针变量 *p*2 指向一级指针变量 *p*1。

二级指针变量还可以通过赋值方式指向某个一级指针变量。具体的赋值格式如下所示：

```
二级指针变量=&一级指针变量
```

当某个二级指针变量已指向某个一级指针变量，而这个一级指针变量已指向某个普通变量，则下列的引用格式都是正确的：

```
*二级指针变量
```

上述格式代表所指向的一级指针变量：

```
**二级指针变量
```

上述格式代表所指向的一级指针变量指向的变量，例如下面的定义语句：

```
int a, *p1=&a, **p2=&p1;
```

则下列引用都是正确的：

```
*p1     //代表变量a
*p2     //代表指针变量p1
**p2    //代表变量a
```

实例 069 提示用户输入 5 个字符串，并要求用字符数组存放这 5 个字符，用指针数组元素分别指向这 5 个字符，再用一个二级指针变量指向这个指针数组。最后按字符串字母的顺序输出。

源码路径 光盘\daima\11\13　　视频路径 光盘\视频\实例\第 11 章\069

本实例的实现文件为“duoji.c”，具体实现代码如下所示：

```
main()
{
  int i;
  char **p,*pstr[5],str[5][10];
  for(i=0;i<5;i++)
        //将第i个字符串的首地址赋予指针数组pstr的第i个元素
        pstr[i]=str[i];
  printf("Please input the string:\n");
  for(i=0;i<5;i++)         //输入5个字符串
        scanf("%s",pstr[i]);
  p=pstr;
  sort(p);
  printf("Sorting result:\n");
  for(i=0;i<5;i++)         //输出排序后的结果
        printf("%s\n",pstr[i]);
}
sort(char **p)             //用冒泡法对5个字符串排序
{
  int i,j;
  char *pchange;   //声明指向字符变量的指针
  for(i=0;i<5;i++)
        for(j=i+1;j<5;j++)
              //将p指向的指针数组元素所指向的第i个元素和其后面的元素比较，
              //将最小的换到i的位置上。
              if(strcmp(*(p+i),*(p+j))>0)
              {     pchange=*(p+i);
                    *(p+i)=*(p+j);
                    *(p+j)=pchange;
              }
}
```

> 范例 137：删除有序数组中的多余元素
> 源码路径：光盘\演练范例\137\
> 视频路径：光盘\演练范例\137\
> 范例 138：合并有序数组
> 源码路径：光盘\演练范例\138\
> 视频路径：光盘\演练范例\138\

执行后先提示用户输入 5 个字符串，如图 11-19 所示。

图 11-19　提示输入字符串

然后按下【Alt+F5】组合键后，将会输出处理后的结果，如图 11-20 所示。

图 11-20　排序输出

11.6.3　指向指针的指针

如果一个指针变量存放的又是另一个指针变量的地址，则称这个指针变量为指向指针的指针变量。在前面已经介绍过，通过指针访问变量的方式称为间接访问。由于指针变量直接指向变量，所以称为“单级间址”。而如果通过指向指针的指针变量来访问变量则构成“二级间址”。看下面的代码：

```
main()
{
char *name[]={"Follow me","BASIC","Great Wall","FORTRAN","Computer desighn"};
 char **p;
 int i;
 for(i=0;i<5;i++)
    {p=name+i;
     printf("%s\n",*p);
    }
}
```

在上述代码中，p 是指向指针的指针变量。

11.6.4　main 函数的参数

在本书前面介绍的函数 main 都是不带参数的，所以函数 main 后面的括号都是空括号。而实际上，函数 main 可以带参数，这个参数通常被认为是函数 main 的形式参数。C 语言规定函数 main 的参数只能有两个，习惯上这两个参数写为 argc 和 argv。因此，函数 main 的函数头可写为如下格式：

```
main (argc,argv)
```

C 语言还规定 *argc*（第一个形参）必须是整型变量，*argv*（第二个形参）必须是指向字符串的指针数组。加上形参说明后，函数 main 的函数头应写为：

```
main (int argc,char *argv[])
```

由于函数 main 不能被其他函数调用，因此不可能在程序内部取得实际值。那么，在何处把实参值赋予 main 函数的形参呢？实际上，函数 main 的参数值是从操作系统命令行上获得的。当要运行一个可执行文件时，在 DOS 提示符下键入文件名，再输入实际参数即可把这些实参传送到函数 main 的形参中去。

在 DOS 提示符下使用命令行的一般格式如下所示：

```
C:\>可执行文件名　参数　参数……;
```

但是应该特别注意的是，函数 main 的两个形参和命令行中的参数在位置上不是一一对应的。因为，函数 main 的形参只有两个，而命令行中的参数个数原则上未加限制。参数 *argc* 表示了命令行中参数的个数（注意：文件名本身也算一个参数），*argc* 的值是在输入命令行时由系统按实际参数的个数自动赋予的。

例如有如下命令行为：

```
C:\>E24　BASIC　foxpro　FORTRAN
```

因为文件名 E24 本身也算一个参数，所以共有 4 个参数，因此 *argc* 取得的值为 4。参数 *argv* 是字符串指针数组，其各元素值为命令行中各字符串（参数均按字符串处理）的首地址。指针数组的长度即为参数个数。数组元素初值由系统自动赋予。其具体表示如图 11-21 所示。

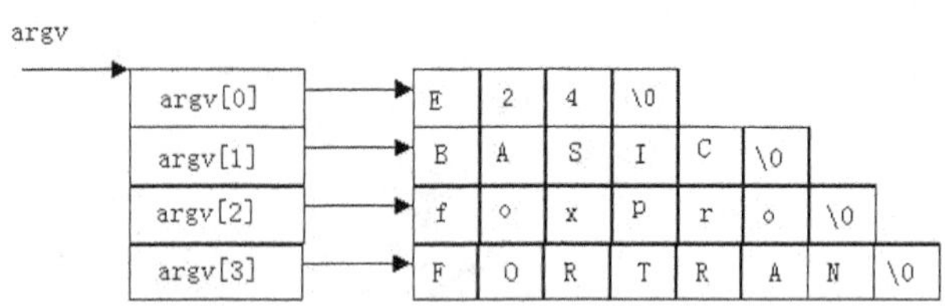

图 11-21　标示图

实例 070 运行带参数的 main 函数，输出指针数组参数的值。

源码路径 光盘\daima\11\14　　视频路径 光盘\视频\实例\第 11 章\070

本实例的实现文件为“main.c”，具体实现代码如下所示：

```
#include <stdio.h>
int main(int argc, char ** argv)
{
  int i;
  for (i=0; i < argc; i++)
  printf("Argument %d is %s.\n", i, argv[i]);
        return 0;
}
```

编写代码完毕后，按下【F2】键将上述文件保存。然后按下【F9】键编译并链接上述代码，弹出成功提示，如图 11-22 所示。

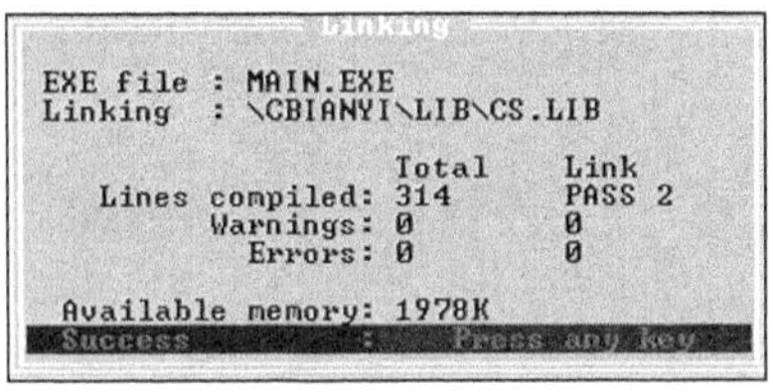

图 11-22 成功提示

> 范例 139：用指针函数输出销售额
> 源码路径：光盘\演练范例\139\
> 视频路径：光盘\演练范例\139\
> 范例 140：用函数指针计算定积分
> 源码路径：光盘\演练范例\140\
> 视频路径：光盘\演练范例\140\

此时将生成一个名为 MAIN.EXE 的文件，因为要输入 main 函数的实参，所以要从操作系统命令行上获得。具体操作如下所示。

上述代码是显示命令行中输入的参数。如果上述代码的可执行文件名为 main.exe，存放在 A 驱动器的盘内。可以输入的命令行如下所示：

```
C:\>a:main BASIC foxpro FORTRAN
```

则运行结果如下所示：

```
BASIC
foxpro
FORTRAN
```

该行共有 4 个参数，执行 main 时，*argc* 的初值即为 4。*argv* 的 4 个元素分为 4 个字符串的首地址。执行 while 语句，每循环一次 *argv* 值减 1，当 *argv* 等于 1 时停止循环，共循环 3 次，因此共可输出 3 个参数。在 printf 函数中，由于打印项*++argv 是先加 1 再打印，故第一次打印的是 argv[1]所指的字符串 BASIC。第二、三次循环分别打印后二个字符串。而参数 e24 是文件名，不必输出。

11.7 指针函数和函数指针

知识点讲解：光盘:视频\PPT 讲解（知识点）\第 11 章\指针函数和函数指针.mp4

指针函数和函数指针是两个十分重要的概念，在本节的内容中，将分别简要介绍指针函数和函数指针的基本知识和具体使用方法，为读者步入本书后面知识的学习打下基础。

11.7.1 指针函数

当一个函数声明其返回值为一个指针时，实际上就是返回一个地址给调用对象，以用于需要指针或地址的表达式中。具体格式如下所示：

```
类型说明符 * 函数名(参数)
```

因为返回的是一个地址，所以指针函数的类型说明符一般都是 int。例如：

```
int *GetData();
int *Te(int,int);
```

上述函数返回的是一个地址值，经常使用在返回数组的某一元素地址上。

看下面的代码：

```
int * GetDate(int &t);
main(){
   int i;
   do
   {
      printf("Enter week(1-5)day(1-7)\n");
      scanf("%d",&i);
   }
   printf("%c\n",*GetDate(i));
}
int * GetDate(int t)
{
   static string str="tian ya!";
   return &string[t];
}
```

在上述代码中，子函数返回的是数组某元素的地址，输出的是这个地址里的值。

11.7.2 函数指针

指针函数和函数指针十分类似，在前面的声明格式中加一个括号就构成了函数指针。声明函数指针的格式如下所示：

```
类型说明符 (*函数名)(参数)
```

指针名和指针运算符外面的括号改变了默认的运算符优先级，这样就成为了函数指针，指向函数的指针包含了函数的地址，可以通过它来调用函数。

指针的声明必须和它指向函数的声明保持一致，例如下面的代码：

```
void (*fptr)();
```

把函数的地址赋值给函数指针，可以采用下面的两种形式实现。

```
fptr=&Function;
=Function;
```

将一个函数的地址初始化或赋值给一个指向函数的指针时，无需显式地去函数地址（即采用第二种情况即可）。可以采用如下两种方式来通过指针调用函数：

```
x=(*fptr)();
x=fptr();
```

第二种格式看上去和函数调用无异。但是有些程序员倾向于使用第一种格式，因为它明确指出是通过指针而非函数名来调用函数的。看下面的代码：

```
void (*funcp)();
void TianFunc(),YaFunc();
main(){
   funcp=TianFunc;
   (*funcp)();
   funcp=YaFunc;
   (*funcp)();
}
void TianFunc()
{
   printf("Tian ");
}
void YaFunc()
{
   printf("Ya!\n");
}
```

上述代码执行后会输出：

```
Tian Ya!
```

在此需要注意的是，void *可以指向任何类型的数据！而不存在可以指向任何类型函数的通用函数指针。非静态成员函数的地址不是一个指针，因此不可以将一个函数指针指向非静态成员函数。函数指针有一个重载函数的地址也是合法的。一个函数指针指向内联函数是合法的，但是通过函数指针调用内联函数将不会导致内联函数的调用。

有如下两种指针函数和函数指针的最常见应用。

（1）用函数指针调用函数

程序在编译后，每个函数都有一个首地址（也就是函数第一条指令的地址），这个地址称为函数的指针。可以定义指向函数的指针变量，使用指针变量间接调用函数。看下面的一段代码：

```
float max(float x,float y){
  return x>y?x:y;
}
float min(float x,float y){
  return x<y?x:y;
}
main()
{
  float a=1,b=2, c;
  float (*p)(float x, float y);
  p=max;
  c=(*p)(a,b); /*等效于max(a,b)*/
  printf("\nmax=%f",c);
  p=min;
  c=(*p)(a,b); /*等效于min(a,b)*/
  printf("\nmin=%f",c);
}
```

上述代码的具体说明如下所示：

- 语句 float（*p）（float x，float y）定义了一个指向函数的指针变量。函数的返回值为 float 型，形式参数列表是（float x，float y）。定义 p 后，可以指向任何满足该格式的函数。
- 定义指向函数的指针变量的格式如下所示：

```
数据类型(*指针变量名称)(形式参数列表);
```

其中，“数据类型”是函数返回值的类型，“形式参数列表“是函数的形式参数列表。在形式参数列表中，参数名称可以省略。例如下面的代码：

```
float (*p)(float x, float y);
```

可以写为：

```
float (*p)(float, float);
```

指针变量名称两边的括号不能省略。

- 语句“p=max；”将 max 函数的首地址值赋给指针变量 p，也就是使 p 指向函数 max。C 语言中，函数名称代表函数的首地址。
- 第一个 c=（*p）（a，b）；语句：由于 p 指向了 max 函数的首地址，所以（*p）（a，b）完全等效于 max（a，b）。函数返回 2.0。*p 两边的括号不能省略。
- 语句“p=min；”将 min 函数的首地址值赋给指针变量 p。p 是一个变量，p 的值实际上是一个内存地址值，可以指向 max，也可以指向 min，但指向函数的格式必须与 p 的定义相符合。
- 第二个 c=（*p）（a，b）；语句：由于 p 指向了 min 函数的首地址，（*p）（a，b）完全等效于 min（a，b）。函数返回 1.0。
- 将函数首地址赋给指针变量时，直接写函数名称即可，不用写括号和函数参数。
- 利用指针变量调用函数时，要写明函数的实际参数。

（2）用函数指针作函数参数

有时候虽然函数的功能不同，但是它们的返回值和形式参数列表都相同。在这种情况下，可以构造一个通用的函数，把函数的指针作为函数参数，这样有利于进行程序的模块化设计。例如在下面的代码中，我们把对两个 float 型数进行加、减、乘、除操作的 4 个函数归纳成一个数学操作函数 MathFunc。这样，在调用 MathFunc 函数时，只要将具体函数名称作为函数实际参数，MathFunc 就会自动调用相应的加、减、乘、除函数，并计算出结果。具体代码如下所示：

```
float Plus(float f1, float f2);
float Minus(float f1, float f2);
float Multiply(float f1, float f2);
```

```
float Divide(float f1, float f2);
float MathFunc(float (*p)(float, float), float para1,float para2);
main()
{
   float a=1.5, b=2.5;
   printf("\na+b=%f", MathFunc(Plus, a,b));
   printf("\na-b=%f", MathFunc(Minus, a,b));
   printf("\na*b=%f", MathFunc(Multiply, a,b));
   printf("\na/b=%f", MathFunc(Divide, a,b));
}
float Plus(float f1, float f2)
{
   return f1+f2;
}
float Minus(float f1, float f2)
{
   return f1-f2;
}
float Multiply(float f1, float f2)
{
   return f1*f2;
}
float Divide(float f1, float f2)
{
   return f1/f2;
}
float MathFunc(float (*p)(float, float), float para1,float para2)
{
   return (*p)( para1, para2);
}
```

上述代码运行后会输出：

```
a+b=4.000000
a-b=-1.000000
a*b=3.750000
a/b=0.600000
```

11.8　技 术 解 惑

11.8.1　指针初始化时应注意的问题

在 C 语言程序设计中，指针的概念是不可缺少的主要内容。利用指针可以直接对内存中各种不同数据结构的数据进行快速处理，为函数修改及其调用参数提供方便，同时动态分配例程也需要指针的支持。正因为有了指针及其灵活应用，才使得 C 语言成为一门用途极广的语言。但指针作为 C 语言最显著的特征的同时，又给 C 语言的应用造成了一定的困难。

指针是存放另一变量地址的变量，指针的值是计算机内存单元的地址，所以它只具有正的整数值，但指针并不是整数，它有自己的含义和运算操作。一旦指针被赋以错值后就将成为最难排除的程序故障，这是因为每次使用错误的指针进行操作时，均会对某些未知的存储单元进行读写。如果是读操作，可能得到无效的数据；若是写操作，就会重写其他代码段或数据段，导致数据丢失，使程序运行一段时间后出现错误，而且不易找到错误所在，因此使用指针时要特别小心。在下面的内容中，对 C 语言程序设计中指针应用应注意的问题做一综述。

指针在使用前必须进行初始化(即赋于指针变量一个初值)。指针的初值必须是一个地址量，且往往是一个数据的地址或地址变量或空指针，例如：

```
int a,*pa; a=10; pa=&a;               /*将数据a的地址赋给指针变量pa*/
int *qa=pa;                           /*将地址变量pa赋给指针变量qa*/int *p=null; /*将空值赋给指针变量p*/
```

指针未被初始化或初始化错误，将会导致程序无法正常运行。

❑　指针未被初始化

指针未被初始化，指针变量就未被分配存贮空间。在程序中若不慎使用了未分配空间的指针，将会引起难以查出的程序错误。看下面的代码：

```
main()
{
  int a，*p;
  a=100;
  *p=a;
  printf("%d",*p);
}
```

在上述代码中，指针变量 *p* 没有赋任何初值，当执行*p=*a* 后，*a* 被存入一个未知的单元。由于该程序较小，被存入非程序代码数据或操作系统的地址，此时会出现一些莫明奇妙的结果，但当程序较大时，*p* 可能指向操作系统或程序代码致命的地址，改写该地址的数据，最终使程序无法正常运行。

又如程序段{int *p；*p=5；……}中，*p=5 的目的是将 *p* 指向的单元内容置 5，但由于 p 事先未被初始化，因而 *p* 的值是不确定的，可能指向某一内存单元。当这一单元是操作系统区或其他用户程序区时，执行赋值语句*p=5 将会改变不属于该程序内存单元的内容，从而导致该系统运行错误。

❑ 指针的初始化错误

对指针进行了错误的初始化也会造成程序执行错误或内存空间“丢失”。如在程序段：

```
fun()
{
        int y;
        static int *p=y;
        int *r=y;
        ……
}
```

在上述代码中，指针 *p* 的初始化是错误的。因为 *y* 为内部 auto 变量，其对应的存储单元随函数的调用而存在，随函数的执行完毕而回收，而静态指针却长期占用内存，不随函数的调用或执行结束而释放，当再次进入函数后该指针又成为可见的。因此，用内部 auto 变量的地址去初始化一个静态指针是没有意义的。

❑ 指针初值可赋为空值

指针初值可赋为空值（即地值 0），编程时常以符号#define Null 0 的形式给出。指针初值赋为空值表明它不指向任何目标，因而把一个空指针用于除了赋值和比较之外的任何用途都是非法的。若某些系统允许第 0 号内存既可以被写入也可以被读出，这时错用空指针可能会改写操作系统的一部分内容，从而使系统彻底崩溃；若系统只允许读 0 号内存，这时空指针指向一个无用的字符串；如果系统对 0 号单元实行写保护，则对空指针的操作将失败。因此，使用空指针时要特别小心。

11.8.2 指针赋值时应注意的问题

（1）指针相互赋值造成内存空间的“丢失”

在 C 语言中指针之间可以相互赋值，但使用不当可能会造成一部分内存空间“丢失”，即这部分内存空间既不能再被该程序访问，也不能被其他任何程序访问。看下面的代码：

```
int *a; int *b;
a=(int*) malloc(sizeof(int));
b=(int*) malloc(sizeof(int));
*a=17; *b=211;
a=b;
……
```

在上述代码中，*a*，*b* 均定义为指向整型数的指针，在为它们分别分配存贮空间后即可对所指向的单元进行赋值等操作。在编程中有可能会执行上述赋值语句 *a*=*b*，当执行其赋值后，*a*，*b* 两指针便指向同一存储单元，*a* 在前面所指向的单元不能再被任何程序访问，当然也不能调用 free()函数释放它，亦即该单元“丢失”了。在大型系统中如果出现类似的情况，将导致内存空间在不该溢出时便过早溢出。解决的办法是在执行赋值语句 *a*=*b* 前先执行 free（*a*）语句，释放

a 所持有的存贮空间。

（2）给指针变量赋以寄存器的地址，看下面的代码：

```
main()
{
     register int d;
     int *p;
     p=&d;
     printf("%d", p);
}
```

在上述代码中，*p=d* 是将寄存器变量 *d* 的地址赋给指针变量 *p*，这是不允许的，因而这是一个错误的程序。

（3）混淆指针和它所指向的数据而导致程序错误，看下面的代码：

```
main()
{
        int x, *p;
        x=10; p=x;
        printf("%d",*p);
}
```

在上述代码中，语句 *p=x* 把数据 10 而不是 10 所对应的单元地址赋给指针变量 *p*，因而 printf() 调用语句无法在屏幕上显示 *x* 的值。

11.8.3　指针用于数组时应注意的问题

将指针用于数组时，要注意指针的关系运算符只能指向同一数组的两个指针。例如下面的程序对指向两个不同数组的指针进行了比较，因而产生了意想不到的结果：

```
# include"stdio.h";
main()
{
   int i;
   char s[10], y[10];
   printf("input s[i]\n");
   for(i=1; i<=10; i++)
      s[i]=getchar();
      printf("input y[i]\n");
   for(i=1; i<10; i++)
      scanf("%c", &y[i]);
      er(s, y);
}
er(s, y)
char s[10], y[10];
{
   char *p1, *p2;
   p1=s;
   p2=y;
   if (p1<p2)
      printf("%s", p1);
   else
      printf("%s", p2);
}
```

11.8.4　结构中使用指针时应注意的问题

在使用结构中的指针尤其是多层嵌套结构中的指针时，很容易产生错误。例如下面的代码：

```
Struct PERSON{
   char * name;
   int age;
   float salary;
   }*p
   p=(Struct PERSON *) malloc(sizeof(p));
   p->age=27;
   strcpy(p->name, "Mary");
```

在上述代码中，虽然已定义了一个指向结构 PERSON 的指针 p，并为其分配了存储空间，但在实际运行中，当调用函数 strcpy()欲将 name 变量赋值为“Mary”时便会出错。这是因为，虽然指针 *p* 在分配空间前已对其赋值，但结构中的 name 指针却未分配空间，因而调用 strcpy()

函数时便会出错。应在指针 *p* 赋值前加上语句 *p*->name=（char*）malloc（5），即为 name 指针分配 5 个字节的空间以存储字符串“Mary”。

在多层嵌套的复杂结构中含有大量的指针变量时，一定要注意先给所有的指针变量分配存贮空间后，才能使用这些指针变量。另外，指针所持有的存贮空间的释放也是一个值得注意的问题。如上例中在利用 free（*p*）释放 *p* 指针所持有空间的同时还应释放 name 指针所持有的空间，否则这部分内存空间将不能再被访问，从而造成内存空间的“丢失”。

总之，在使用指针过程中难免会出现各种各样的错误，但这不能成为避免使用指针的理由，因为指针是 C 语言中最有用的特征之一。指针使用得当，不仅能灵活有效地使用其编程，而且往往会使程序短小、紧凑、高效，收到事半功倍的效果。

11.8.5 避免不必要的内存引用

在此用两个例子来对比解释。第一个：

```
int multiply ( int *num1 , int *num2 )
{
    *num1 = *num2;
    *num1 += *num2;
    return *num1;
}
```

第二个：

```
int multiply1 ( int *num1 , int *num2 )
{
    *num1 = 2 * *num2;
    return *num1;
}
```

同样，这两个函数具有类似的功能。所不同的是在第一个函数有如下 5 个内存的引用：

- ❑ 1 读取**num*1；
- ❑ 2 读取**num*2；
- ❑ 2 写入**num*1。

而在第二个函数是只有如下 2 个内存引用：

- ❑ 1 读取**num*2；
- ❑ 1 写入**num*1。

所以在此建议使用第二个函数。

11.8.6 避免悬空指针和野指针

如果一个指针的指向对象已被删除，那么就成了悬空指针。野指针是那些未初始化的指针，需要注意的是野指针不指向任何特定的内存位置。看下面的两段代码，第一段：

```
void dangling_example()
{
    int *dp = malloc ( sizeof ( int ));
    /*........*/
    free( dp );                // dp是一个悬空指针
    dp = NULL;                 // dp不是一个悬空指针
}
```

第二段：

```
void wild_example()
{
    int *ptr;                  //未初始化的指针
    printf("%u"\n",ptr );
    printf("%d",*ptr );
}
```

当遭遇这些指针，程序通常是”怪异“的表现。

11.8.7 数组下标与指针的效率解析

在此以字符串拷贝函数为例，解析数组中下标与指针的效率情况。其实 C 语言指针的效率至少和下标相同，具体需要原因参考 C 下标的实现原理，注意编译器差异，因为部分编译器针对下标设置了特殊汇编指令，可以不做考虑。看下面的代码：

```
#define SIZE 50
int x[SIZE];
int y[SIZE];
int i;
int *p1,*p2;
```

在接下来的内容中，将介绍 5 种字符串拷贝函数方案。

（1）如果使用下标方案，实现代码如下所示：

```
void strcpy()
{
    for(i=0;i<SIZE;i++)
        x[i] = y[i];
}
```

（2）如果使用指针方案，实现代码如下所示：

```
void strcpy()
{
    for(p1 = x,p2 = y; p1-x <SIZE; *p1++ = *p2++);
}
```

（3）如果只用计数器方案，实现代码如下所示：

```
void strcpy()
{
    for(i = 0, p1 =x,    p2= y; i<SIZE; i++)
        *p1++ = *p2++;
}
```

（4）如果使用寄存器方案，实现代码如下所示：

```
void strcpy()
{
    register int *p1, *p2, i;
    for(i = 0, p1=x ,p2 = y;i<SIZE; i++)
        *p1++ = *p2++;
}
```

（5）如果消除计数器，实现代码如下所示：

```
void strcpy()
{
    register int *p1,*p2;
    for(p1 = x, p2= y; p1< &x[SIZE];*p1++= *p2++);
}
```

在上述 5 种实现方案中，前 3 种性能基本相同，第四种稍好，第五种最高（基本上无法再提高了）。其实现实中的性能和可读性难以兼得，如果对性能要求不高，建议用第一种，直接明了；如果对于性能要求极高，比如实时性系统，只建议第五种。

另外，在 C 库的字符串复制函数实现如下所示：

```
void strcpy(char *buffer, char const *string)
{
    while(*buffer++ = *string++) != '\0');
}
```

这种方式更加简洁和高效，原因是充分利用了字符串结尾的'\0'标志。也由此给大家一个建议，如果是自定义类型的数组，不妨也设一些结束标志，以便编写操作函数时方便。类似的如字符串数组就以 NUL（不是 NULL）作为结束标志。

11.8.8　使用指针时的常见错误

（1）指针未初始化

指针的初始化，不是指指针的定义，而是指针变量存储的数值是个无效的数值。比如定义 float *a* 这个 *a* 会分配一个地址，但初始值是一个乱七八糟的数据。同样，float **a* 也会为 *a* 分配一个地址，初始值也是乱七八糟的数据。初始化可以将 *a* = NULL，这样在以后的程序中可以增加 if（*a* == NULL）来判断指针是否有效，否则不行。或者为指针分配或者指定空间。如 float **a* = new float；或者 float *b*；float **a* = &*b* 都可以为指针指向一块内存以实现初始化。

（2）指针越界。

指针越界是个比较难以捕捉的错误。如果测试不全面，不容易被发现。对于为指针分配的空间大小，程序员一定要时刻注意。

（3）指向局部变量的指针。

指针是记录某块内存起始地址的变量，要使指针有效，则必须确保这块内存有效。用 new 分配的内存空间，只要不 delete，则一直有效。但是对于指向某个变量地址的指针，程序员必须清楚该变量的作用域。如果离开了变量的作用域，该变量的内存空间就会被系统自动回收，再使用指针时，将会发生错误。这是程序中最容易出现的错误。

（4）指针指向的转移。

有些初涉 C 的程序员，常常会写出这样的程序：

```
char *pChar = new char;
char chs;
pChar = &chs;
delete pChar;
```

他们的目的是想将 *chs* 内容传递给 *pChar* 指针指向的内存。但这样写，将会使 *pChar* 先前指向的空间编程垃圾地址，因为地址无法再获取了。俗称野指针。将会导致内存泄漏。而且，在调用 delete *pChar* 时，也会发生异常错误。因为不是 new 的空间是不能使用 delete 删除的。因为 *pChar* 已经转到指向 *chs* 这个变量的地址了：

```
char *p=(char*)malloc(1);//为指针p分配一块内存
free(p);//释放p所指向的内存
free(p);//错误，因为p所指向的内存已经释放掉，再次释放原来的内存区域将会引起错误操作
p=0;//将0赋给指针p
free(p);
free(p);/正确，对一个空指针，可以多次释放
```

第 12 章

数据的熔炉——结构体、共用体和枚举

在前面的内容中，我们学习了一种构造数据类型——数组，使用数组后可以给整个程序带来极大的方便。但是在实际开发中，一组数据往往具有不同的数据类型。例如，在学生登记表中，姓名应为字符型、学号可为整型或字符型、年龄应为整型、性别应为字符型、成绩可为整型或实型。很显然，我们不能用一个数组来存放这一组数据。因为数组中各元素的类型和长度都必须一致，以便于编译系统处理。为了解决这个问题，C 语言中给出了另外的构造数据类型——“结构（structure）”或叫“结构体”、共用体和枚举。在本章的内容中，将详细讲解 C 语言中结构体、共用体和枚举的基本知识。

本章内容

- 结构体
- 进一步谈结构体数组
- 详谈结构体指针
- 在函数中使用结构体
- 共用体（联合）
- 枚举
- 为什么需要用 typedef 定义类型

技术解惑

可以省略结构名吗

是否可以定义一种通用数据类型方便的存储任意类型的数据呢

分析结构和共用体的区别

一个定义 C 结构体的问题

12.1 结 构 体

知识点讲解：光盘:视频\PPT 讲解（知识点）\第 12 章\先谈结构体.mp4

结构体是 C 语言中另一种常用的构造数据类型，它相当于其他高级语言中的记录。“结构”是一种构造类型，它是由若干“成员”组成的。每一个成员可以是一个基本数据类型或者又是一个构造类型。在本节的内容中，将详细介绍 C 语言中结构体的基本知识。

12.1.1 定义结构体类型

在 C 语言中，定义一个结构的一般格式如下所示：

```
struct结构名{
数据类型 成员名1;
数据类型 成员名2;
……
数据类型 成员名n;
};
```

例如下面就定义了一个结构 stu，里面包含了 4 个成员：

```
struct stu{
        int num;
        char name[20];
        char sex;
        float score;
};
```

在上述结构定义中，结构名为 stu，该结构由如下 4 个成员组成。

- 第一个成员为 *num*，整型变量。
- 第二个成员为 *name*，字符数组。
- 第三个成员为 *sex*，字符变量。
- 第四个成员为 *score*，实型变量。

在此应该注意，此处括号后的分号是不可少的。定义结构之后，即可进行变量说明。在上述代码中，结构 stu 的变量都由上述 4 个成员组成。由此可见，结构是一种复杂的数据类型，是数目固定、类型不同的若干有序变量的集合。

在定义结构体时，应该注意如下 3 点。

- 不要忽略最后的分号，上面由程序设计者指定了一个新的结构体类型 struct student（struct 是声明结构体类型时所必须使用的关键字，不能省略），它向编译系统声明 这是一个“结构体类型”，包括 *num*、*name*、*sex*、*age*、*score*、*addr* 等不同类型的数据项。
- struct xxx 是一个类型名，它和系统提供的标准类型（如 int、char、loat、double 等）一样具有相同的作用，都可以用来定义变量的类型，只不过结构体类型需要由用户自己指定而已。
- 可以把“成员表列”（member list）称为“域表”（field list）。每一个成员也称为结构体中的一个域，成员名命名规则与变量名相同。

12.1.2 定义结构体类型变量

前面介绍的定义格式只是指定了一个结构体类型，它相当于一个模型，但其中并无具体数据，系统对之也不分配实际的内存单元。为了能在程序中使用结构体类型的数据，应当定义结构体类型的变量，并在其中存放具体的数据。

定义基本数据类型变量的语法格式如下所示：

```
数据类型 变量名称;
```

例如定义整型变量 a，可以用下面的代码实现：

```
int a;
```

结构体类型变量的定义方法与基本数据类型变量的定义方法类似，但是要求完成结构体定义之后才能使用此结构体定义变量。换而言之，只有完成新的数据类型定义之后才可以使用。在 C 语言中，所有数据类型遵循“先定义后使用”的原则。对于基本数据类型（float、int 和 char 等）来说，由于其已由系统预先定义，因在程序设计中可以直接使用，所以无需重新定义。有如下三种定义结构体类型变量的方法。

1. 先定义结构体后定义变量

例如下面的代码定义了 student1 和 student2 为 struct student 类型的变量，即它们具有 struct student 类型的结构。

```
struct student student1, student2;
```

在定义了结构体变量后，系统会为之分配内存单元。

2. 定义类型同时定义变量

在定义结构体类型的同时可以定义结构体类型变量，例如下面的代码：

```
struct Point{
    double x;
    double y;
    double z;
}oP1，oP2;
```

这样在定义结构体类型 struct Point 的同时，定义了 struct Point 类型变量 *oP*1 和 *oP*2。此方法的语法格式如下所示：

```
struct结构体标识符{
    成员变量列表;
    ……
} 变量1, 变量2，…，变量n;
```

其中，“变量 1、变量 2……变量 *n*”为变量列表，遵循变量的定义规则，彼此之间通过逗号分割。

在此需要注意的是，在实际的应用中，定义结构体同时定义结构体变量适合于定义局部使用的结构体类型或结构体类型变量，例如在一个文件内部或函数内部。

3. 直接定义变量

此种方法在定义结构体的同时定义结构体类型的变量，但是不给出结构体标识符，例如下面的代码：

```
struct {
    double x;
    double y;
    double z;
}oP1,oP2;
```

此方法的语法格式如下所示：

```
struct {
    成员变量列表;
    ……
}变量1, 变量2，…，变量n;
```

在实际的应用中，此方法适合于临时定义局部变量或结构体成员变量。

在上述 3 种方法中，第三种方法与第二种方法的区别在于第三种方法中省去了结构名，而直接给出结构变量。

注意：

（1）类型与变量是不同的概念，不要混同。变量可以赋值、存取或运算分配内存空间。

（2）对结构体中的成员（即“域”），可以单独使用，它的作用与地位相当于普通变量。

（3）成员也可以是一个结构体变量。

（4）成员名可以与程序中的变量名相同，二者不代表同一对象。

看下面的代码:

```
struct date{
/*声明一个结构体类型*/
```

```
    int num;
    char name[20];
    char sex;
    int age;
    float score;
    struct date birthday;           /*birthday是struct date类型*/
    char    addr[30];
    } student1,student2;
```

在上述代码中，先声明一个结构体类型 data，包括 6 个成员：num、name、sex、age、score、birthday、addr，其中成员 birthday 被设置为结构体 date 类型。

12.1.3 引用结构体变量

定义了结构体类型变量以后，就可以对结构体变量进行引用，包括赋值、存取和运算。结构变量与数组在很多方面都是类似的，例如它们的元素、成员都必须存放在一片连续的存储空间中；通过存取数组元素来访问数组。与此类似，通过存取结构变量的成员来访问结构变量；数组元素有数组元素的表示形式，结构变量的成员有它的专用表示形式等。但是，结构变量与数组在概念上有重要区别：数组名是一组元素存放区域的起始位置，是一个地址量，结构变量名只代表一组成员，它不是地址量而是一种特殊变量；数组中的元素都是有相同的数据类型，而结构中的成员的数据类型可以不相同。

对结构体变量的引用往往通过如下两种方式实现。

1. 结构体变量中成员的引用

结构体变量的成员可被作为普通的变量使用，包括赋值、运算、I/O 等操作。引用成员的格式如下所示：

```
结构变量名.成员名
```

上述格式形式既是结构变量成员的表示形式，也是它的访问形式。其中的“.”号称为“结构成员运算符”，它用来连接结构体名与成员名，具有“从属于”的含义，即其后的成员名是前面的结构变量中的一个成员。如上面示例中的结构变量 birthdate，它的三个成员分别表示如下格式：

```
birthdate.day
birthdate.month
birthdate.year
```

“.”是一个运算符，“结构变量名.成员名”实质上是一个运算表达式，它具有与普通变量完全相同的性质，可以像普通变量那样参于各种运算。既可以出现在赋值号的左边向它赋值，也可以出现在赋值号的右边作为一个运算分量参于表达式的计算。因此，它可以作为“++”、“--”、“&”等之类的运算符的操作数。例如，下面是一些正确的结构变量成员的表示和访问代码：

```
student1. name="C.S.Sun";
student2. Score+=127.5;
scanf("%s", student1. name);
```

实例 071 **定义结构体 stud1，输入名字后输出对应的年龄和分数。**

源码路径 光盘\daima\12\1　　视频路径 光盘\视频\实例\第 12 章\071

本实例的实现文件为“yin.c”，具体实现代码如下所示：

```
main(){
   struct student{
      char name[20];
      char sex;
      int age;
      float score;
      };
   struct student stud1={"zhangsan",'m',20,125.5},stud2;
   gets(stud2.name);      //也可scanf("%s",stud2.name);
   stud2.sex='f';
   stud2.age=stud1.age-2;
   stud2.score=stud1.score;
   stud2.age++;
   printf("%s is ", stud2.name);
```

> 范例 141：定义结构体类型
> 源码路径：光盘\演练范例\141\
> 视频路径：光盘\演练范例\141\
> 范例 142：初始化结构变量
> 源码路径：光盘\演练范例\142\
> 视频路径：光盘\演练范例\142\

```
    if(stud2.sex=='f') printf("female");
    else printf("male");
    printf(" whose age is %d and score is %6.2f\n",
        stud2.age, stud2.score);
}
```

执行后先在界面中输入用户名，如图 12-1 所示。

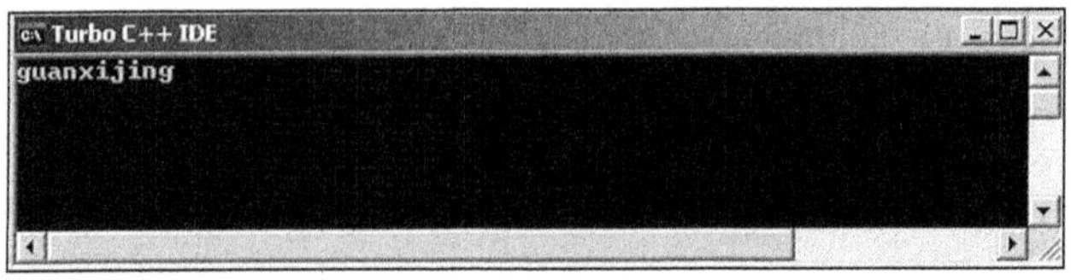

图 12-1　输入用户名

单击【Enter】键，然后按下【Alt+F5】组合键，将会输出最终的结果，如图 12-2 所示。

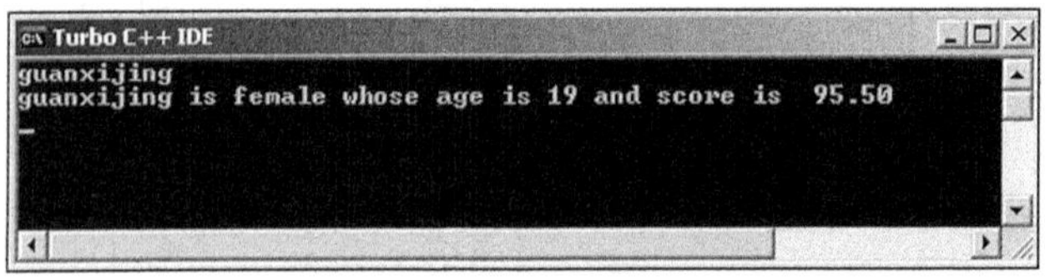

图 12-2　执行效果

在上述实例代码中，实现了对结构体变量的引用。如果某个成员还是结构体成员，则对此成员再逐个引用其成员，例如 stu1.name、stu1.mybirthday.year 和 stu1.num。在具体引用时，应该注意如下 7 点。

（1）结构体中的各成员可以象使用同类型的变量一样使用.

（2）可引用结构体变量的地址也可应用各成员的地址，例如：

```
scanf("%d", &student1.num);          //输入student1.num的值
printf("%o", &student1);             //输出student1的首地址)
```

但是不能用以下语句整体读入结构体变量，例如：

```
scanf("%d,%s,%c,%d,%f,%s",&student1);
```

结构体变量的地址主要用于作函数参数，传递结构体的地址。

（3）允许一个有值的结构体变量给另一个整体赋值，例如：

```
stu2=stu1
```

（4）不能将一个结构体变量作为一个整体进行输入和输出。例如，已定义 *student1* 和 *student2* 为结构体变量并且它们已有值，不能使用如下格式引用：

```
printf("%d, %s, %c,%d,%f,%s\n,", student1);
```

只能对结构体变量中的各个成员分别输出。引用格式如下所示：

```
结构体变量名.成员名
```

（5）如果成员本身又属一个结构体类型，则要用若干个成员运算符，一级一级地找到最低的一级的成员。只能对最低级的成员进行赋值或存取以及运算。

（6）对成员变量可以像普通变量一样进行各种运算（根据其类型决定可以进行的运算）。

（7）可以对嵌套结构变量进行访问，例如：

```
student. birthday.Month
```

2. 结构体变量作为整体的引用

在 C 语言中，结构体变量作为整体引用，一般仅限用于赋值操作，即将一个结构体变量赋给另一个同类型的结构体变量，以此达到赋值各个成员的目的。例如下面的代码：

```
main(){
  struct date
   {
     int month;
     int day;
```

```
        int year;
    } olddate={10,25,2001};
  struct date newdate;
  newdate=olddate;
  newdate.year+=10;
  printf("The date of ten years later is %d.%d.%d\n",
    newdate.year,newdate.month,newdate.day);
}
```

上述代码的运行结果如下所示：

```
The date of ten years later is 2011.10.25
```

12.1.4 初始化结构体变量

和其他类型的变量一样，可以在定义结构变量时进行初始化赋值。例如下面的代码：

```
main(){
      struct stu      /*定义结构*/
      {
        int num;
        char *name;
        char sex;
        float score;
      }boy2,boy1={102,"Zhang ping",'M',78.5};
  boy2=boy1;
  printf("Number=%d\nName=%s\n",boy2.num,boy2.name);
  printf("Sex=%c\nScore=%f\n",boy2.sex,boy2.score);
}
```

在上述代码中，*boy*2、*boy*1 均被定义为外部结构变量，并对 *boy*1 作了初始化赋值。在 main 函数中，把 *boy*1 的值整体赋予 *boy*2，然后用两个 printf 语句输出 *boy*2 各成员的值。

结构体变量的初始化方式与初始化数组的方式类似，分别给结构体的成员变量以初始值，而结构体成员变量的初始化遵循简单变量或数组的初始化方法。具体的形式如下所示：

```
struct结构体标识符
{
成员变量列表;
…
};
struct结构体标识符  变量名={初始化值1，初始化值2，…，初始化值n };
```

初始化处理是仅仅对其中部分的成员变量进行初始化。C 语言要求初始化的数据至少有一个，其他没有初始化的成员变量由系统完成初始化，系统提供了默认的初始化值。各种基本数据类型的成员变量初始化缺省值如表 12-1 所示。

表 12-1　　基本数据类型成员变量的初始化默认值

数据类型	默认初始化值
Int	0
Char	'\0x0'
float	0.0
double	0.0
char Array[n]	""
int Array[n]	{0，0…，0}

对于复杂结构体类型变量的初始化，同样需要遵循上述规律，对结构体成员变量分别赋予初始化值。例如下面的代码：

```
struct Line
{
   int id;
   struct Point StartPoint;
   struct Point EndPoint;
}oLine1={0, /*初始化id */
{0,0,0}, /*初始化StartPoint*/
{100,0,0} /*初始化EndPoint */
};
```

其中，常量 0 用于初始化 oLine1 的基本类型成员变量 *id*；常量列表{0，0，0}用于初始化

oLine1 的 struct Point 类型成员变量 StartPoint；常量列表{100，0，0}用于初始化 oLine1 的 struct Point 类型成员变量 EndPoint。

12.2 进一步谈结构体数组

知识点讲解：光盘:视频\PPT 讲解（知识点）\第 12 章\进一步谈结构体数组.mp4

数组是一组具有相同数据类型变量的有序集合，可以通过下标获得其中的任意元素。结构体类型数组与基本类型数组的定义与引用规则是相同的，区别在于结构体数组中的所有元素均为结构体变量。在本节的内容中，将进一步详细讲解结构体数组的基本知识。

12.2.1 定义结构体数组

因为数组的元素也可以是结构类型的，所以可以构成结构型数组。在 C 语言中，结构数组的每一个元素都是具有相同结构类型的下标结构变量。在实际应用中，经常用结构数组来表示具有相同数据结构的一个群体。因为有 3 种定义结构体变量的方法，所以也有 3 种定义结构体数组的方法，具体说明如下所示：

1. 先定义结构体类型再定义结构体数组

在 C 语言中，先定义结构体类型再定义结构体数组的格式如下所示：

```
struct结构体标识符{
    成员变量列表;
    ……
};
struct结构体标识符 数组名[数组长度];
```

其中，“数组名”为数组名称，遵循变量的命名规则；“数组长度”为数组的长度，要求为大于零的整型常量。例如：

```
struct student{
    long num;
    char name[20];
    char sex;
    int age;
    float score;
    char addr[30];
};
struct student stud[100];
```

2. 在定义结构体类型的同时定义结构体数组

在 C 语言中，在定义结构体类型的同时定义结构体数组的格式如下所示：

```
struct结构体标识符{
    成员变量列表;
    ……
}数组名[数组长度];
```

其中“数组名”为数组名称，遵循变量的命名规则；“数组长度”为数组的长度，要求为大于零的整型常量。例如：

```
struct student{
    long num; char name[20];
    char sex;
    int age;
    float score;
    char addr[30];
}
stud[100];
```

3. 直接定义结构体数组

在 C 语言中，直接定义结构体数组的具体格式如下所示：

```
struct
{
    成员变量列表;
    ……
}数组名[数组长度];
```

其中“数组名”为数组名称，遵循变量的命名规则；“数组长度”为数组的长度，要求为大于 0 的整型常量。例如下面的代码：

```
struct {
   long num;
   char name[20];
   char sex;
   int age;
   float score;
   char addr[30];
}stud[100];
```

实例 072 计算学生的平均成绩和不及格的人数

源码路径 光盘\daima\12\2　　视频路径 光盘\视频\实例\第 12 章\072

本实例的实现文件为“ding.c”，具体实现代码如下所示：

```
struct stu{
      int num;
      char *name;
      char sex;
      float score;
}boy[5]={
            {101,"Li ping",'M',45},
            {102,"Zhang ping",'M',62.5},
            {103,"He fang",'F',122.5},
            {104,"Cheng ling",'F',87},
            {105,"Wang ming",'M',58},
         };
main(){
      int i,c=0;
      float ave,s=0;
      for(i=0;i<5;i++)
      {
         s+=boy[i].score;
         if(boy[i].score<60) c+=1;
      }
      printf("s=%f\n",s);
      ave=s/5;
      printf("average=%f\ncount=%d\n",ave,c);
}
```

范例 143：判断点和圆的位置
源码路径：光盘\演练范例\143\
视频路径：光盘\演练范例\143\
范例 144：使用结构体数组
源码路径：光盘\演练范例\144\
视频路径：光盘\演练范例\144\

在上述代码中，定义了一个外部结构数组 boy，一共 5 个元素，并作了初始化赋值。在 main 函数中，用 for 语句逐个累加各元素的 *score* 成员值存于 *s* 之中，如 *score* 的值小于 60（不及格）则使计数器 C 加 1，循环完毕后计算平均成绩，并输出全班总分，平均分及不及格人数。

执行后的效果如图 12-3 所示。

图 12-3　运行结果

12.2.2　初始化结构体数组

在 C 语言中，结构体类型数组的初始化操作遵循基本数据类型数组的初始化规律，在定义数组的同时，需要对其中的每一个元素进行初始化。例如下面的代码：

```
struct Student                          /*定义结构体struct Student*/
{
      char Name[20];                    /*姓名*/
      float Math;                       /*数学*/
      float English;                      /*英语*/
      float Physical;                   /*物理*/
```

```
}oStus[2]={
{"Liming", 78, 812, 125},
{"Majun", 87, 712, 122}
};
```

在上述代码中，在定义结构体 struct Student 的同时定义了长度为 2 的 struct Student 类型数组 oStus，并分别对每个元素进行了初始化操作，每个元素的初始化规律遵循结构体变量的初始化规律。

在定义数组并同时进行初始化的情况下，可以省略数组的长度，系统根据初始化数据的多少来确定数组的长度。例如下面的代码：

```
struct Key{
  char word[20];
  int count;
}keytab[]={
{"break", 0},
{"case", 0},
{"void", 0}
};
```

上述代码中结构体数组 keytab 的长度，系统自动确认为 3。

实例 073　**定义并初始化一个结构体数组，然后输出数组内的元素。**

源码路径　光盘\daima\12\3　　　视频路径　光盘\视频\实例\第 12 章\073

本实例的实现文件为“chu.c”，具体实现代码如下所示：

```
main(){
  struct object                    //定义结构体类型
  {  char name[16];
     float high;
     float weight;
  };
  //定义结构体数组并初始化
  struct object  box[3]={{"One",1.7,33.25},{"Two",2.12,56.122},{"Three",0.32,112.78}};
  int i;
  for(i=0;i<3;i++)                 //输出结果
     printf("%-16s%8.2f%8.2f\n",box[i].name, box[i].high, box[i].weight);
}
```

执行后的效果如图 12-4 所示。

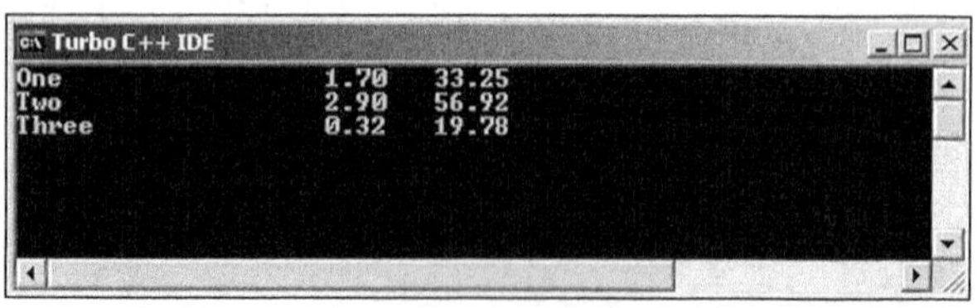

图 12-4　运行结果

范例 145：初始化结构体数组
源码路径：光盘\演练范例\145\
视频路径：光盘\演练范例\145\
范例 146：实现整数排序
源码路径：光盘\演练范例\146\
视频路径：光盘\演练范例\146\

12.2.3　引用结构体数组

在 C 语言中，对数组的引用分为对数组元素的引用和对数组本身的引用两种。对于数组元素的引用，其实质为简单变量的引用。对于数组本身的引用，实质是数组首地址的引用。对结构体数组引用的具体说明如下所示：

1. 数组元素的引用

在 C 语言中，数组元素引用的语法格式如下所示：

```
数组名[数组下标];
```

其中，“[]”为下标运算符；“数组下标”的取值范围为（0，1，2，...，n−1），n 为数组长度。

实例 074　**统计班级学生成绩信息**

源码路径　光盘\daima\12\4　　　视频路径　光盘\视频\实例\第 12 章\074

本实例的实现文件为“duo.c”，具体实现代码如下所示：

```
struct stu{
    int num;
    char *name;
    char sex;
    float score;
}boy[5]={
        {101,"Li ping",'M',45},
        {102,"Zhang ping",'M',62.5},
        {103,"He fang",'F',122.5},
        {104,"Cheng ling",'F',87},
        {105,"Wang ming",'M',58},
      };
main(){
    int i,c=0;
    float ave,s=0;
    for(i=0;i<5;i++)
    {
      s+=boy[i].score;
      if(boy[i].score<60) c+=1;
    }
    printf("s=%f\n",s);
    ave=s/5;
    printf("average=%f\ncount=%d\n",ave,c);
}
```

范例 147：建立一个通讯录系统
源码路径：光盘\演练范例\147\
视频路径：光盘\演练范例\147\
范例 148：建立一个计票系统
源码路径：光盘\演练范例\148\
视频路径：光盘\演练范例\148\

在上述代码中定义了一个外部结构数组 boy，共 5 个元素，并作了初始化赋值。在 main 函数中，用 for 语句逐个累加各元素的 score 成员值存于 *s* 之中，如 score 的值小于 60（不及格）即计数器 C 加 1，循环完毕后计算平均成绩，并输出全班总分，平均分及不及格人数。

执行后的效果如图 12-5 所示。

图 12-5 运行结果

2. 数组的引用

在 C 语言中，数组作为一个整体的引用，一般表现在如下两个方面。

（1）作为一块连续存储单元的起始地址与结构体指针变量配合使用，此问题在结构体指针部分将作深入地讲解。

（2）作为函数参数。函数 void Mutiline（struct Point oPoints[]）的形式参数为结构体类型数组，在调用函数时将实际参数 struct Point oPoints[NPOINTS]作为整体传入，如 Mutiline(oPoints)。

12.3 详谈结构体指针

知识点讲解：光盘:视频\PPT 讲解（知识点）\第 12 章\详谈结构体指针.mp4

在计算机系统中的每一个数据均需要占用一定的内存空间，而每段空间均有唯一的地址与之对应，因此在计算机系统中任意数据均有确定的地址与之对应。在 C 语言中，为了描述数据存放的地址信息，特意引入了指针变量这一概念。在本节的内容中，将详细讲解结构体类型指针变量的基本知识。

12.3.1 定义结构体指针变量

在 C 语言中，定义结构体指针变量的一般格式有如下 3 种形式。

形式 1：

```
struct结构体标识符{
    成员变量列表;……
};
struct结构体标识符 *指针变量名;
```

形式 2：

```
struct结构体标识符
{
    成员变量列表;……
} *指针变量名;
```

形式 3：

```
struct {
    成员变量列表;……
}*指针变量名;
```

其中，“指针变量名”是结构体指针变量的名称。形式 1 是先定义结构体，然后再定义此类型的结构体指针变量；形式 2 和形式 3 是在定义结构体的同时定义了此类型的结构体指针变量。例如，定义 struct Point 类型的指针变量 *pPoints* 的形式如下所示：

```
struct Point{
double x;
double y;
double z;
} *pPoints;
```

12.3.2　初始化结构体指针变量

在使用结构体指针变量前必须先进行初始化工作，其初始化的方式与基本数据类型指针变量的初始化方式相同，在定义的同时赋予其一结构体变量的地址。例如：

```
struct Point oPoint={0，0，0};
struct Point pPoints=& oPoint;                    /*定义的同时初始化*/
```

在实际应用过程中，可以不对其进行初始化，但是在使用前必须通过赋值表达式赋予其有效的地址值。例如：

```
struct Point oPoint={0，0，0};
struct Point *pPoints2;
pPoints2=& oPoint;                                /*通过赋值表达式*/
```

12.3.3　引用结构体指针变量

与基本类型指针变量相似，结构体指针变量主要作用是存储其结构体变量的地址或结构体数组的地址，通过间接地方式操作对应的变量和数组。在 C 语言中规定，结构体指针变量可以参与的运算符如下所示：

++，--，+，*，->，.，|，&，!

实例 075　**使用结构体指针变量，打印结构体成员变量的信息。**

源码路径　光盘\daima\12\5　　　　视频路径　光盘\视频\实例\第 12 章\075

本实例的实现文件为“123.c”，具体实现代码如下所示：

```
#include <stdio.h>
struct Point{
    double x; /*x坐标*/
    double y; /*y坐标*/
    double z; /*z坐标*/
};
int main()
{
    struct Point oPoint1={100,100,0};
    struct Point oPoint2;
    struct Point *pPoint;                         /*定义结构体指针变量*/
    pPoint=& oPoint2;                             /*结构体指针变量赋值*/
    (*pPoint).x=oPoint1.x;
    (*pPoint).y=oPoint1.y;
    (*pPoint).z=oPoint1.z;
    printf("oPoint2={%7.2f,%7.2f,%7.2f}",oPoint2.x,oPoint2.y,oPoint2.z);
    return(0);
}
```

在上述代码中，表达式&oPoint2 的作用是获得结构体变量 oPoint2 的地址。表达式 pPoint=&oPoint2 的作用是将 oPoint2 的地址存储在结构体指针变量 pPoint 中，因此 pPoint 存储了 oPoint2 的地址。*pPoint 代表指针变量 pPoint 中的内容，因此*pPoint 和 oPoint2 等价。

执行后的效果如图 12-6 所示。

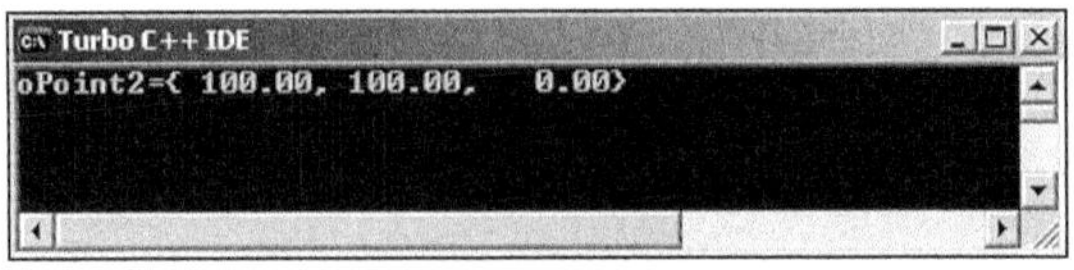

图 12-6　运行结果

范例 149：用结构指针处理变量
源码路径：光盘\演练范例\149\
视频路径：光盘\演练范例\149\
范例 150：用指针变量处理结构数组
源码路径：光盘\演练范例\150\
视频路径：光盘\演练范例\150\

12.3.4　指向结构变量的指针

在 C 语言中，当一个指针变量用来指向一个结构变量时，称之为结构指针变量。结构指针变量中的值是所指向的结构变量的首地址。通过结构指针即可访问该结构变量，这与数组指针和函数指针的情况是相同的。

在 C 语言中，使用结构指针变量的一般格式如下所示：

```
struct结构名 *结构指针变量名
```

看下面的一段代码：

```
struct stu {
        int num;
        char *name;
        char sex;
        float score;
    } boy1={102,"Zhang ping",'M',78.5},*pstu;
main(){
    pstu=&boy1;
    printf("Number=%d\nName=%s\n",boy1.num,boy1.name);
    printf("Sex=%c\nScore=%f\n\n",boy1.sex,boy1.score);
    printf("Number=%d\nName=%s\n",(*pstu).num,(*pstu).name);
    printf("Sex=%c\nScore=%f\n\n",(*pstu).sex,(*pstu).score);
    printf("Number=%d\nName=%s\n",pstu->num,pstu->name);
    printf("Sex=%c\nScore=%f\n\n",pstu->sex,pstu->score);
}
```

在上述代码中，定义了一个结构 stu，定义了 stu 类型结构变量 *boy*1 并作了初始化赋值，还定义了一个指向 stu 类型结构的指针变量 *pstu*。在 main 函数中，*pstu* 被赋予 *boy*1 的地址，因此 *pstu* 指向 *boy*1。然后在 printf 语句内用 3 种形式输出 *boy*1 的各个成员值。

在 C 语言应用中，如下 3 种用于表示结构成员的形式是完全等效的：

```
结构变量.成员名
(*结构指针变量).成员名
结构指针变量->成员名
```

例如，要说明一个指向 stu 的指针变量 *pstu*，可写为如下格式：

```
struct stu *pstu;
```

当然也可在定义 stu 结构时同时说明 *pstu*。与前面讨论的各类指针变量相同，结构指针变量也必须要先赋值后才能使用。

赋值是把结构变量的首地址赋予该指针变量，不能把结构名赋予该指针变量。如果 *boy* 是被说明为 stu 类型的结构变量，则下面格式是正确的：

```
pstu=&boy
```

而下面的格式是错误的：

```
pstu=&stu
```

结构名和结构变量是两个不同的概念，不能混淆。结构名只能表示一个结构形式，编译系统并不对它分配内存空间。只有当某变量被说明为这种类型的结构时，才对该变量分配存储空间。因此上面&stu 这种写法是错误的，不可能去取一个结构名的首地址。有了结构指针变量，就能更方便地访问结构变量的各个成员。一般有如下两种访问形式：

```
(*结构指针变量).成员名
结构指针变量->成员名
```

例如：

```
(*pstu).num
pstu->num
```

12.3.5　指向结构体数组的指针

在 C 语言中，指针变量可以指向一个结构数组，这时结构指针变量的值是整个结构数组的首地址。结构指针变量也可以指向结构数组的一个元素，这时结构指针变量的值是该结构数组元素的首地址。

假设 *ps* 是指向结构数组的指针变量，则 *ps* 也指向该结构数组的 0 号元素，ps+1 指向 1 号元素，*ps*+*i* 则指向 *i* 号元素。这与普通数组的情况是一致的：

实例 076　**用指针变量输出结构数组**

源码路径　光盘\daima\12\6　　　　视频路径　光盘\视频\实例\第 12 章\076

本实例的实现文件为“123.c”，具体实现代码如下所示：

```
struct stu{
      int num;
      char *name;
      char sex;
      float score;
}boy[5]={
            {101,"Zhou ping",'M',45},
            {102,"Zhang ping",'M',62.5},
            {103,"Liou fang",'F',122.5},
            {104,"Cheng ling",'F',87},
            {105,"Wang ming",'M',58},
         };
main()
{
  struct stu *ps;
  printf("No\tName\t\t\tSex\tScore\t\n");
  for(ps=boy;ps<boy+5;ps++)
  printf("%d\t%s\t\t%c\t%f\t\n",ps->num,ps->name,ps->sex,ps->score);
}
```

范例 151：加密部分字符
源码路径：光盘\演练范例\151\
视频路径：光盘\演练范例\151\
范例 152：指向数组元素的结构指针运算
源码路径：光盘\演练范例\152\
视频路径：光盘\演练范例\152\

在上述代码中，定义了 stu 结构类型的外部数组 *boy* 并作了初始化赋值。在 main 函数内定义 *ps* 为指向 stu 类型的指针。在循环语句 for 的表达式 1 中，*ps* 被赋予 *boy* 的首地址，然后循环 5 次，输出 *boy* 数组中各成员值。

执行后的效果如图 12-7 所示。

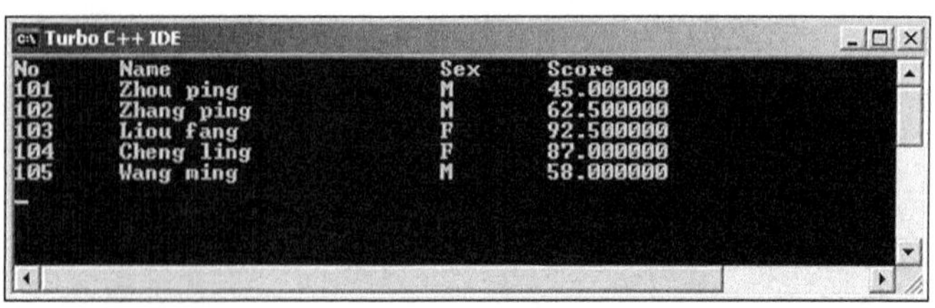

图 12-7　运行结果

12.4　在函数中使用结构体

知识点讲解：光盘:视频\PPT 讲解（知识点）\第 12 章\在函数中使用结构体.mp4

在 C 语言中，结构体变量和结构体指针都可以像其他数据类型一样，作为一个函数的参数，也可以将函数定义为结构体类型或结构体指针类型。在本节的内容中，将详细介绍结构体在函数内的使用知识。

12.4.1 结构体变量和结构体指针可以作为函数参数

在 C 语言中，可以将一个结构体变量的值传递给另一个函数，具体来说有如下 3 种方法。

（1）用结构体变量的成员作参数。例如，用 stu[1].num 或 stu[2].name 作函数参数，将实参值传给形参，具体用法和用普通变量作实参是一样的，属于“值传递”方式。在此应当注意实参与形参的类型保持一致。

（2）用结构体变量作实参。

（3）用指向结构体变量（或数组）的指针作实参，将结构体变量（或数组）的地址传给形参。

实例 077 **定义一个结构体变量，然后定义一个函数 days 实现计算该天在当年中是第几天，最后在主函数中调用该函数并输出天数。**

源码路径 光盘\daima\12\7　　视频路径 光盘\视频\实例\第 12 章\077

本实例的实现文件为“shican.c”，具体实现代码如下所示：

```
struct dt                                //定义结构体类型
{  int year;
   int month;
   int day;
}date;
days(struct dt date)                     //定义函数
{  int daysum=0,i;
   //定义静态整型数组
   int daytab[13]={0,31,28,31,30,31,30,31,31,30,31,30,31};
   for(i=1;i<date.month;i++)             //累加各月的天数
        daysum+=daytab[i];
   daysum+=date.day;                     //将当前天数加到天数内
   if((date.year%4==0&&date.year%100!=0||date.year%400==0)&&date.month>=3)
        daysum+=1;                               //若当前的年份是闰年则要将总天数再加1
   return(daysum);
}
main()
{  printf("Please input the year, month and day:\n");
   //输入年月日
   scanf("%d-%d-%d",&date.year,&date.month,&date.day);
   //调用days函数，并输出函数返回值
   printf("\ndays: %d\n",days(date));
}
```

执行后先提示用户输入一个日期，如图 12-8 所示。

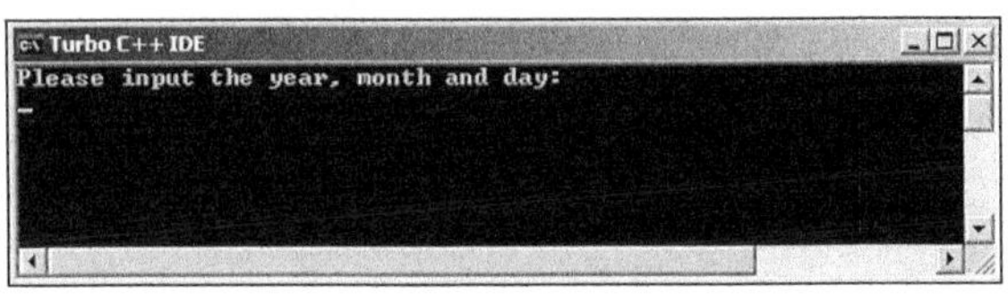

图 12-8 提示输入日期

范例 153：分配结构变量的内存空间
源码路径：光盘\演练范例\153\
视频路径：光盘\演练范例\153\
范例 154：结构变量作为函数的参数
源码路径：光盘\演练范例\154\
视频路径：光盘\演练范例\154\

然后按下【Alt+F5】组合键后将输出处理结果，如图 12-9 所示。

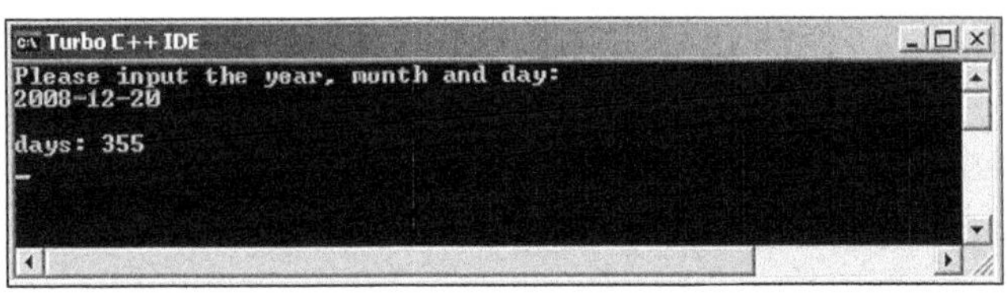

图 12-9 运行结果

12.4.2 函数可以返回结构体类型的值

C 语言的一个函数可以返回一个函数值，这个函数值可以是整型、实型、字符型、指针型等。还可以返回一个结构体类型的值，即函数的类型可以定义为结构体类型，一般格式如下所示：

```
struct结构体名 函数名(形参列表) {....}
```

其中，结构体类型是已经定义好的，可以在函数体的 return 语句中指定结构体变量为返回值。在主调用程序中，要用一个相同的结构体变量来接受返回值。

实例 078 提示用户输入学生的信息，然后输出输入的所有学生信息。

源码路径 光盘\daima\12\8 视频路径 光盘\视频\实例\第 12 章\078

本实例的实现文件为“123.c”，具体实现代码如下所示：

```
#include "stdlib.h"
#include "stdio.h"
struct stud_type{ long num;
    char name[20];
    char sex;
    int age;
    float score;
};
main(){ void list(struct stud_type student);
    struct stud_type new(void);
    struct stud_type student[3];
    int i;
    for(i=0;i<3;i++)
    student[i]=new();
    printf("num\t name sex age score\n");
    for(i=0;i<3;i++)
    list(student[i]);
}
struct stud_type new(void)
{
    struct stud_type student;
    char ch;
    char numstr[20];
    printf("\nenter all data of student:\n");
    gets(numstr); student.num=atol(numstr);
    gets(student.name);
    student.sex=getchar();
    ch=getchar();
    gets(numstr); student.age=atoi(numstr);
    gets(numstr); student.score=atof(numstr);
    return(student);
}
void list(struct stud_type student)
{
    printf("%ld %-15s %3c %6d %6.2f\n",student.num,student.name,
    student.sex,student.age,student.score);
}
```

范例 155：实现复数运算
源码路径：光盘\演练范例\155\
视频路径：光盘\演练范例\155\
范例 156：实现数据连续查询
源码路径：光盘\演练范例\156\
视频路径：光盘\演练范例\156\

在上述中，函数 new 的作用是从键盘输入数据；本实例一共调用了 3 次 new 函数，每调用一次 new 函数，就从键盘输入一组数据。函数 new 定义为 struct stud_type 类型；new 函数中，在 return 语句中将 student 的值作为返回值。因此 student 的类型与函数的类型一致。在 main 函数中，将函数 new 的值赋给 student[i]，这二者的类型应该相同。

执行后先提示用户输入信息，连续输入学生信息后按下【Alt+F5】组合键，将会输出输入学生的所有信息，如图 12-10 所示。

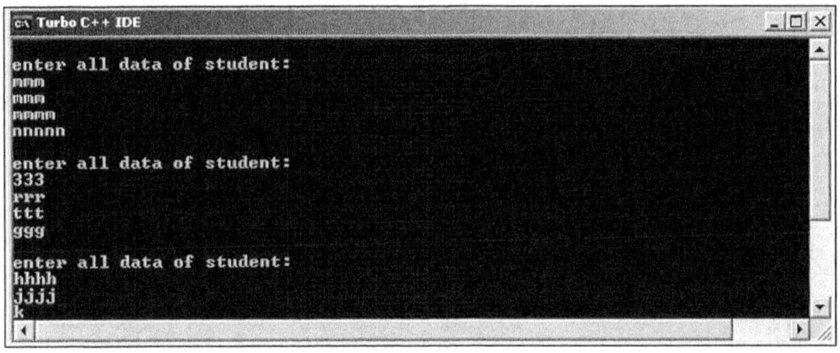

图 12-10　运行结果

12.5　共用体（联合）

知识点讲解：光盘:视频\PPT 讲解（知识点）\第 12 章\再谈共用体（联合）.mp4

在 C 语言中，所谓共用体类型是指将不同的数据项组织成一个整体，它们在内存中占用同一段存储单元。也有的参考书称为“联合”。在本节的内容中，将详细介绍 C 语言共用体的基本知识和具体使用方法。

12.5.1　定义共用体和共用体变量

在 C 语言中，用关键字 union 来标识共用体类型，一般定义格式如下所示：

```
union标识符
    {成员表};
```

标识符给出的共用体名是共用体类型名的主体，定义的共用体类型由“union 标识符”标识。例如，定义一个共用体类型，要求包含一个整型成员、一个字符型成员和一个单精度型成员，具体代码如下所示：

```
union icf
{int i;
char c;
float f;
};
```

共用体变量的定义和结构体变量的定义方法类似，也有 3 种方法。在此提倡使用第一种方式来定义共用体变量，各方法的具体信息如下所示：

（1）先定义共用体类型，再定义共用体变量。具体格式如下所示：

```
union共用体名
    {成员表};
```

或：

```
union共用体名变量表;
```

（2）定义共用体类型的同时定义共用体变量，具体格式如下所示：

```
union共用体名
  {成员表}变量表;
```

（3）直接定义共用体变量，具体格式如下所示：

```
union{成员表}变量表;
```

实例 079　分别输出结构体和共同体的空间大小

源码路径　光盘\daima\12\9　　　　视频路径　光盘\视频\实例\第 12 章\079

本实例的实现文件为“gong.c”，具体实现代码如下所示：

```
union data                          /*共用体*/
{
        int a;
        float b;
        double c;
        char d;
```

```
}mm;
struct stud                    /*结构体*/
{
        int a;
        float b;
        double c;
        char d;
};
main(){
        struct stud student;
        printf("%d,%d",sizeof(struct stud),sizeof(union data));
}
```

范例 157：使用共用体变量
源码路径：光盘\演练范例\157\
视频路径：光盘\演练范例\157\
范例 158：处理任意类型的数据
源码路径：光盘\演练范例\158\
视频路径：光盘\演练范例\158\

执行后会分别输出结构体和共同体占用的空间大小，如图 12-11 所示。

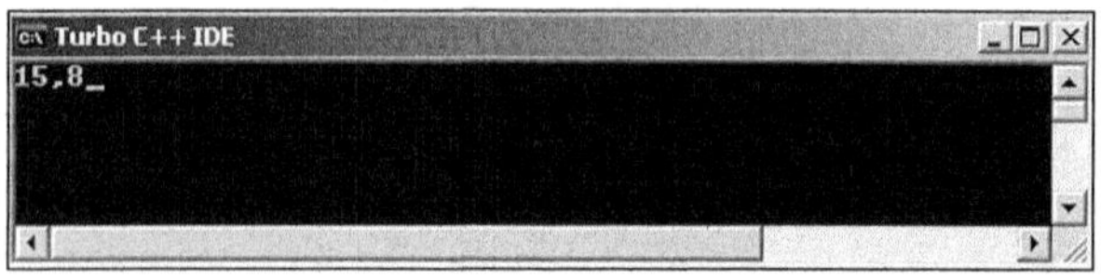

图 12-11　运行结果

在上述实例代码中，分别输出了结构体和共同体占用的空间大小。程序的执行结果说明结构体类型中的各成员有各自的内存空间，一个结构变量所占的内存空间为其各成员所占存储空间之和；而共用体类型中各成员共享一段内存空间，实际占用存储空间为其最长的成员所占的存储空间。

12.5.2　引用和初始化共用体变量

共用体变量的引用，同样分为共用体变量本身的引用和共用体成员变量的引用。共用体变量遵循结构体变量的引用规则。例如：

```
union variant a;
union variant *pA;
pA=&a;
```

通过共用体变量，引用其成员变量的语法描述如下所示：

```
共用体变量.成员变量
```

通过共用体指针变量，间接引用成员变量的语法描述如下所示：

```
共用体变量->成员变量
```

共用体成员变量的引用遵循基本类型变量的引用规则。

实例 080　**分别定义公用体和成员，在定义的结构体内使用共用体的成员。**
源码路径　光盘\daima\12\10　　视频路径　光盘\视频\实例\第 12 章\080

本实例的实现文件为“shiyong.c”，具体实现代码如下所示：

```
struct udata                          //定义结构体类型
{ int type;
  union                               //定义共用体类型及其变量
  {  int uint;
     float ufloat;
     char uchar;
  }u;
}x;                                   //定义结构体变量
main()
{   void func(struct udata *b);       //声明要调用的函数
    x.type=1;                         //为结构体变量x的成员type赋值
    x.u.uint=100;                     //为结构体变量x的成员u的成员uint赋值
    printf("%d:%d\n",x.type,x.u.uint); //输出结果
    func(&x);                         //调用函数
}
void func(struct udata *b)            //定义函数
{   switch(b->type)                   //成员type的值
    {  case 1:                        //若为1，则输出成员u的成员uint
           printf("%d\n",b->u.uint);
           break;
```

```
        case 2:                              //若为2，则输出成员u的成员ufloat
            printf("%f\n",b->u.ufloat);
            break;
        case 3:                              //若为3，则输出成员u的成员uchar
            printf("%c\n",b->u.uchar);
            break;
    }
}
```

执行后将会分别输出结构体和共同体占用的空间大小，如图 12-12 所示。

图 12-12　运行结果

范例 159：错误分析
源码路径：光盘\演练范例\159\
视频路径：光盘\演练范例\159\
范例 160：取出整数变量的高低字节数据
源码路径：光盘\演练范例\160\
视频路径：光盘\演练范例\160\

另外，在引用共用体变量时应该注意如下 6 点。

（1）共用体变量中，可以包含若干个成员及若干种类型，但共用体成员不能同时使用。在每一时刻，只有一个成员及一种类型起作用，不能同时引用多个成员及多种类型。

（2）共用体变量中起作用的成员值是最后一次存放的成员值，即共用体变量所有成员共用同一段内存单元，后来存放的值将原先存放的值覆盖，故只能使用最后一次给定的成员值。

（3）共用体变量的地址和它的各个成员的地址相同。

（4）不能对共用体变量初始化和赋值，也不能企图引用共用体变量名来得到某成员的值。

（5）共用体变量不能作函数参数，函数的返回值也不能是共用体类型。

（6）共用体类型和结构体类型可以相互嵌套，共用体中成员可以为数组，甚至还可以定义共用体数组。

12.6　枚　　举

知识点讲解：光盘:视频\PPT 讲解（知识点）\第 12 章\最后谈枚举.mp4

在日常生活中，会经常遇到和集合有关的问题，这些问题所描述的状态往往只有有限的几个。例如，比赛的结果只有输和赢两种状态。一周有 7 天，一共 7 个状态。以人为中心进行方位描述，可以包括如下的几个状态：上、下、前、后、左和右。如果在计算机中表述这 6 种方位信息，需要定义一组整型常量，例如下面的代码：

```
#define UP 1
#define DOWN 2
#define BEFORE 3
#define BACK 4
#define LEFT 5
#define RIGHT 6
```

但是从上面的定义来看，这 6 个常量虽然表达了同一类型的信息，但是在语法上是彼此孤立的个体，不是一个完整的逻辑整体。其实 C 语言中所有基本数据类型都是在描述集合信息，例如 int 用于描述具 1～216 有限元素集合的整数。是否可以引入新的用户自定义类型，描述仅仅具有上述 6 个元素的集合，并作为一个新的数据类型呢？C 语言引入了枚举类型来解决此问题。

在本节的内容中，将详细介绍 C 语言中枚举的基本知识和具体使用方法。

12.6.1　定义枚举类型

在一般情况下，定义枚举类型的语法格式如下所示：

```
enum枚举标识符{常量列表};
```

其中，“enum”为定义关键字，“枚举标识符”遵循变量的命名规则。在“常量列表中”，每个枚举常量之间通过逗号分隔。

例如为了描述前面讲解的方位问题，可定义枚举类型 enum Direction：

```
enum Direction {
  up,down,before,back,left,right
};
```

其中，up、down、before、back、left、right 是枚举常量，可以直接引用。

另外，还可以为枚举常量指定对应的整形常量数值，例如下面的代码：

```
enum Direction {
  up=1,down=2,before=3,back=4,left=5,right=6
};
```

但是不可以重复出现常量值，例如下面的格式是违法的：

```
enum Direction{
  up=1,down=1,before=3,back=4,left=5，right=6
};
```

如果在给定枚举常量的时候不指定其对应的整数常量值，系统将自动为每一个枚举常量设定一对应的整数常量值，例如：

```
enum Direction{
  up，down，before，back，left，right
};
```

在上述代码中，up 对应的整数值为 0，down 对应的整数值为 1，以此类推 right 为 5：

```
printf("%d", right)                          //输出结果为5。
```

另外，允许设定部分枚举常量对应的整数常量值，但是要求从左到右依次设定枚举常量对应的整数常量值，并且不能重复。例如：

```
enum Direction{
  up=7,down=1,before,back,left,right
};
```

在上述代码中，从第一个没有设定值的常量开始，其整数常量值为前一枚举常量对应的整数常量值加 1。所以输出语句 printf（“%d”，right）的输出结果为 5。

注意：

（1）枚举中每个成员（标识符）结束符是“,”， 不是“;”，最后一个成员可省略“,”。

（2）初始化时可以赋负数，以后的标识符仍依次加 1。

（3）枚举变量只能取枚举说明结构中的某个标识符常量。

例如：

```
enum string
{
          x1=5,
          x2,
          x3,
          x4,
};
enum strig x=x3;
```

此时，枚举变量 x 的值实际上是 7。

12.6.2　定义枚举变量

在定义枚举类型变量之前，需要先定义枚举类型。在 C 语言中，有如下两种定义枚举变量的形式。

（1）先定义枚举类型，然后在定义枚举变量。例如：

```
enum Direction{
  up,down，before,back,left,right
};
enum Direction fisrt Direction,second Direction;
```

（2）定义枚举类型，同时定义枚举变量。例如：

```
enum Direction{
    up,down,before,back,left,right
} fisrt Direction,second Direction;
```

12.6.3 引用枚举变量

根据枚举类型的定义，枚举类型的主要用途是描述特定集合对象，这与基本数据类型类似。例如 int 描述了-32768～32767 之间所有的整数集合，unsigned 描述了 0～65535 之间的所有整数集合；而 enum Direction{up，down，before，back，left，right}描述了{up，down，before，back，left，right} 6 个常量的集合，一般将上述 6 个常量用对应的整数常量 0～5 表述，因此 enum Direction 描述了 0～5 之间的整数集合。枚举类型的实质是整数集合，因此枚举变量的引用类似于整数变量的引用规则，并可以与整数类型的数据之间进行类型转换而没有数据丢失。

实例 081 口袋中有红、黄、蓝、白、黑 5 种颜色的球若干个。每次从口袋中先后取出 3 个球，问得到 3 种不同色的球的可能取法，输出每种排列的情况。

源码路径　光盘\daima\12\11　　　　视频路径　光盘\视频\实例\第 12 章\081

问题分析：球只能是 5 种色之一，而且要判断各球是否同色。应该用枚举类型变量处理。设取出的球为 *i*、*j*、*k*。根据题意 *i*、*j*、*k* 分别是 5 种色球之一，并要求 *i*、*j*、*k* 不能同时为同一值。可叫以用穷举法，即一种可能一种可能地试，看哪一组符合条件。

本实例的实现文件为“meiju.c”，具体实现代码如下所示：

```
#include <stdio.h>
main()
  {enum color {red,yellow,blue,white,black};
   enum color i,j,k,pri;
   int n,loop;
   n=0;
   for (i=red;i<=black;i++)
   for (j=red;j<=black;j++)
   if (i!=j)
 {  for (k=red;k<=black;k++)
 if ((k!=i) && (k!=j))
 {  n=n+1;
    printf("%-4d",n);
    for (loop=1;loop<=3;loop++)
 {  switch (loop)
 {  case 1: pri=i;break;
    case 2: pri=j;break;
    case 3: pri=k;break;
    default:break;
 }
 switch (pri)
 {  case red:printf("%-10s","red"); break;
    case yellow: printf("%-10s","yellow"); break;
    case blue: printf("%-10s","blue"); break;
    case white: printf("%-10s","white"); break;
    case black: printf("%-10s","black"); break;
    default :break;
 }
 }
 printf("\n");
 }
 }
 printf("\ntotal:%5d\n",n);
 }
```

范例 161：使用枚举类型
源码路径：光盘\演练范例\161\
视频路径：光盘\演练范例\161\
范例 162：计算日期
源码路径：光盘\演练范例\162\
视频路径：光盘\演练范例\162\

执行后将会分别输出各种问题的解法，并输出一共有多少种解法，如图 12-13 所示。

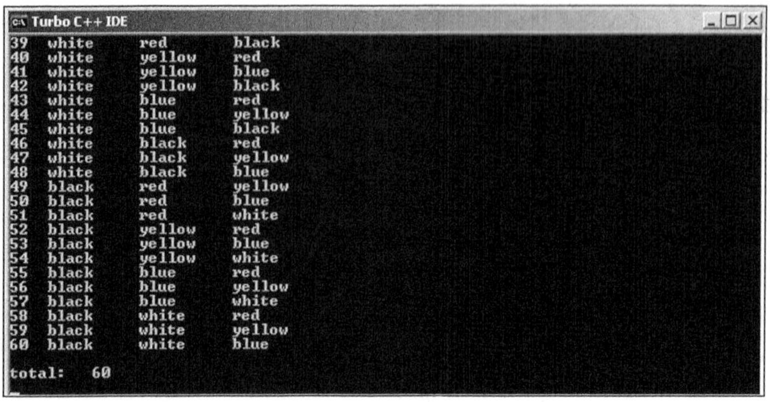

图 12-13 运行结果

12.7 为什么需要用 typedef 定义类型

知识点讲解：光盘:视频\PPT 讲解（知识点）\第 12 章\为什么需要用 typedef 定义类型.mp4

在现实生活中，信息的概念可能是长度、数量和面积等。在 C 语言中，信息被抽象为 int、float 和 double 等基本数据类型。从基本数据类型名称上，不能够看出其所代表的物理属性，并且 int、float 和 double 为系统关键字，不可以修改。为了解决用户自定义数据类型名称的需求，C 语言不仅提供了丰富的数据类型，而且还允许由用户自己定义类型说明符，也就是说允许由用户为数据类型取“别名”。通过使用类型定义符 typedef，就可以完成此功能。在本节的内容中，将详细讲解 typedef 定义类型的基本知识。

12.7.1 类型定义符 typedef 基础

使用 typedef 的一般格式如下所示：

```
typedef类型名称 类型标识符;
```

其中，“typedef”为系统保留字，“类型名称”为已知数据类型名称，包括基本数据类型和用户自定义数据类型，“类型标识符”为新的类型名称。例如：

```
typedef double LENGTH;
typedef unsigned int COUNT;
```

在定义新的类型名称之后，可以像基本数据类型那样定义变量。例如：

```
typedef unsigned int COUNT;
unsigned int b;
COUNT c;
```

在 C 语言中，主要有如下 4 几种使用 typedef 的形式。

（1）为基本数据类型定义新的类型名。例如：

```
typedef unsigned int COUNT;
typedef double AREA;
```

此种应用的主要目的是丰富数据类型中包含的属性信息，另外也是为了系统移植的需要。

（2）为自定义数据类型（结构体、公用体和枚举类型）提供简洁的类型名称，例如：

```
struct Point{
    double x;
    double y;
    double z;
};
struct Point oPoint1={100，100，0};
struct Point oPoint2;
```

其中，结构体 struct Point 为新的数据类型，在定义变量的时候均要有保留字 struct，而不能像 int 和 double 那样直接使用 Point 来定义变量。如果经过如下修改：

```
typedef struct tagPoint{
```

```
    double x;
    double y;
    double z;
} Point;
```

此时定义变量的方法可以简化为如下格式：

```
Point oPoint;
```

由于定义结构体类型有多种形式，因此可以修改为如下所示的代码：

```
typedef struct {
    double x;
    double y;
    double z;
} Point;
```

（3）为数组定义简洁的类型名称。例如，如下代码定义了3个长度为5的整型数组：

```
int a[10]，b[10]，c[10]，d[10];
```

在C语言中，可以将长度为10的整型数组看作为一个新的数据类型，再利用typedef为其重定义一个新的名称，可以更加简洁形式定义此种类型的变量，具体的处理方式如下所示：

```
typedef int INT_ARRAY_10[10];
typedef int INT_ARRAY_20[20];
INT_ARRAY_10 a，b，c，d;
INT_ARRAY_20 e;
```

其中，“INT_ARRAY_10”和“INT_ARRAY_20”为新的类型名，10和20为数组的长度。a，b，c，d均是长度为10的整型数组，e是长度为20的整型数组。

（4）为指针定义简洁的名称。首先为数据指针定义新的名称，例如：

```
typedef char * STRING;
STRING csName={"Jhon"};
```

然后，为函数指针定义新的名称，例如：

```
typedef int (*MyFUN)(int a，int b);
```

其中，“MyFUN”代表“int *XFunction（int a，intb）”类型指针的新名称。例如：

```
typedef int (*MyFUN)(int a，int b);
int Max(int a，int b);
MyFUN *pMyFun;
pMyFun= Max;
```

另外，在使用typedef时，应当注意如下3个问题。

- typedef的目的是为已知数据类型增加一个新的名称，因此并没有引入新的数据类型。
- typedef只适于类型名称定义，不适合变量的定义。
- typedef与#define具有相似的之处，但是实质不同。

12.7.2 使用typedef

实例082 求解两个复数的乘积

源码路径 光盘\daima\12\13　　视频路径 光盘\视频\实例\第12章\082

本实例的实现文件为“type.c”，具体实现代码如下所示：

```
#include "stdio.h"
typedef int INTEGER;                /* 定义新的类型INTEGER(整型) */
typedef struct complx               /* 定义新的类型COMP(结构) */
{
  INTEGER real, im;                 /* real为复数的实部，im为复数的虚部 */
}COMP;
main ()
{
  static COMP za = {3,4};           /* 说明静态COMP型变量并初始化 */
  static COMP zb = {5,6};
  COMP z, cmult();                  /* 说明COMP型的变量z和函数cmult */
  void cpr( );
  z=cmult(za, zb);                  /* 以结构变量调用cmult函数，返回值赋给结构变量z */
  cpr (za, zb, z);                  /* 以结构变量调用cpr函数，输出计算结果 */
}
/* 计算复数za*zb，函数的返回值为COMP类型 */
COMP cmult (COMP za,COMP zb)
 /* 形式参数为COMP类型 */
```

```
{ COMP w;
   w.real = za.real * zb.real - za.im * zb.im;
   w.im = za.real * zb.im + za.im * zb.real;
   return (w);                          /* 返回结果 */
}
/* 输出复数za×zb=z */
void cpr (COMP za,COMP zb,COMP z)
/* 形式参数为COMP类型 */
{
   printf ("(%d+%di)*(%d+%di)=", za.real, za.im, zb.real, zb.im);
   printf ("(%d+%di)\n", z.real, z.im);
}
```

范例 163：输出火车票价
源码路径：光盘\演练范例\163\
视频路径：光盘\演练范例\163\
范例 164：模拟人工洗牌过程
源码路径：光盘\演练范例\164\
视频路径：光盘\演练范例\164\

执行后将会输出指定复数的乘积结果，如图 12-14 所示。

图 12-14 运行结果

12.8 技 术 解 惑

12.8.1 可以省略结构名吗

在 C 语言中，当结构的定义和说明同时进行时，有时可以省略结构名，例如下面的代码。

```
struct
{
   int day;
   int month;
   int year;
   int yearday;
   char month_name[10];
}date,birthdate,*pd;
```

12.8.2 是否可以定义一种通用数据类型方便地存储任意类型的数据呢

计算机系统中所用的信息均是以其二进制编码形式存储。例如 char *a*=5 在内存中的存储形式为：

```
0000 0101
```

int *a*=5 在内存中的存储形式为：

```
0000 0000 0000 0101
```

信息在计算机系统的存储形式均是二进制数据 0 和 1 的编码组合。因此从计算机信息存储角度来看，所有类型的数据在二进制层次上相互兼容。在前面的章节中，已经介绍了不同类型的数据可以进行转换。 例如：

```
int a=10;
float d;
d=a;
```

可以用具有存储空间比较大的变量存储占用存储空间较小的变量中的数据，而不会发生数据丢失现象。例如用 float 类型变量 *d*，存储 int 类型 *a* 的信息，并不造成数据的丢失。是否可以定义一种通用数据类型方便的存储 char、float、int 和 double 等任意类型的数据呢？自从结构体引入后，用户可以方便定义新的数据类型，用成员变量来存储事物不同方面的特性。从这里好像已经看到了解决定义通用数据类型的曙光，但是结构体每一个成员变量均需要占用一定的存储空间，与实际的要求存在一定的差距。

为此 C 语言引入了新的自定义数据类型共用体（union），很像结构体类型，有自己的成员变量，但是所有的成员变量占用同一段内存空间。对于共用体变量，在某一时间点上，只能存储其某一成员的信息。

12.8.3 分析结构和共用体的区别

结构体和共用体（联合）的主要区别如下所示：

（1）结构和共用体都是由多个不同的数据类型成员组成，但在任何同一时刻，共用体中只存放了一个被选中的成员，而结构的所有成员都存在。

（2）对于共用体的不同成员赋值，将会对其他成员重写，原来成员的值就不存在了，而对于结构的不同成员赋值是互不影响的。

看下面的代码：

```
main()
{
    union
    {                                   /*定义一个共用体*/
        int i;
        struct
        {                               /*在联合中定义一个结构*/
            char first;
            char second;
        }half;
    }number;
    number.i=0x4241;                    /*共用体成员赋值*/
    printf("%c%c\n", number.half.first, mumber.half.second);
    number.half.first='a';              /*共用体中结构成员赋值*/
    number.half.second='b';
    printf("%x\n", number.i);
    getch();
}
```

上述代码的输出结果为：

```
AB
6261
```

从上例结果可以看出：当给 *i* 赋值后，其低八位也就是 *first* 和 *second* 的值；当给 *first* 和 *second* 赋字符后，这两个字符的 ASCII 码也将作为 *i* 的低八位和高八位。

简单的说，就是共用体里面的所有变量共用一个内存区域，区域大小是所有变量中最大的那个。改动某一个变量的值，其他的值也会随之改变。

12.8.4 一个定义 C 结构体的问题

看下面的两种定义代码，有什么区别吗？第一种：

```
typedef struct A
{
    void **date;
}B,*C;
```

第二种：

```
typedef struct
{
  void **date;
}D;
```

先看第一种，这个方式定义了一个结构，这个结构的名字叫 A，然后定义两个变量 *B*、**C*，这两个变量类型为 A。相当于下面的格式：

```
typedef struct A
{
void **date;
};
A B,*C;
```

而第二种定义了一个结构，这个结构没起名字，然后定义一个变量，这个变量的类型就是这个结构，和“int *a*;”中 *a* 的类型为 int 一样。

第 13 章

链　　表

在 C 语言的数组中，不允许动态数组类型存在。但是在现实应用中，往往会发生这种情况，即所需的内存空间取决于实际输入的数据，而无法预先做出决定。在这个时候，用数组的方法难以解决问题，为此，在 C 语言中推出了链表这个概念。链表为 C 程序提供了一个支撑点，确保了整个程序的稳固性。在本章的内容中，将详细讲解 C 语言中链表的基本知识。

本章内容

- 动态内存分配
- 链表详解

技术解惑

一段代码对链表的总结

面试题——判断单链表是否有环

面试题——实现单链表逆置

13.1 动态内存分配

知识点讲解：光盘:视频\PPT 讲解（知识点）\第 13 章\深入理解动态内存分配.mp4

在 C 语言中，内存管理是通过专门的函数实现的。另外，为了兼容各种编程语言，操作系统提供的接口通常是 C 语言写成的函数声明（Windows 本身也由 C 和汇编语言写成）。在本节的内容中，将详细讲解内存管理的基本知识。

13.1.1 为什么用动态内存分配

在我们没有学习链表的时候，如果要存储数量比较多的同类型或同结构的数据的时候，总是使用一个数组来实现。比如说要存储一个班级学生的某科分数，会通过如下代码定义一个 float 型（存在 0.5 分）数组：

```
float score[30];
```

但是在使用数组的时候，总有一个问题困扰着我们：数组应该有多大？在很多的情况下并不能确定要使用多大的数组，比如上述代码，可能并不知道该班级的学生的人数，那么就要把数组定义得足够大，这样程序在运行时就申请了固定大小的、认为足够大的内存空间。即使知道该班级的学生数，但是如果因为某种特殊原因人数有增加或者减少，又必须重新去修改程序，扩大数组的存储范围。在现实应用中，通常将这种分配固定大小的内存分配方法称为静态内存分配。这种内存分配的方法存在比较严重的缺陷，特别是处理某些问题时通常会浪费大量的内存空间。在少数情况下，当定义的数组不够大时可能会引起下标越界错误，甚至会导致严重的后果。

那么有没有其他的方法来解决这样的问题呢？有，那就是动态内存分配。所谓动态内存分配，是指在程序执行的过程中动态地分配或者回收存储空间的分配内存的方法。动态内存分配不像数组等静态内存分配方法那样需要预先分配存储空间，而是由系统根据程序的需要即时分配，且分配的大小就是程序要求的大小。从以上动、静态内存分配比较可知，动态内存分配相对于静态内存分配具有如下两个特点：

- ❑ 不需要预先分配存储空间；
- ❑ 分配的空间可以根据程序的需要扩大或缩小。

13.1.2 如何实现动态内存分配及其管理

在 C 语言中，提供了专用的函数实现动态内存的分配及其管理，在接下来的内容中，将详细讲解这几个专用函数的基本用法。

1. 分配内存空间函数 malloc

使用函数 malloc 的基本格式如下所示：

```
void *malloc (unsigned int size)
```

函数 malloc 的作用是，在内存的动态存储区中分配一个长度为 *size* 的连续空间。其参数是一个无符号整形数，返回值是一个指向所分配的连续存储域的起始地址的指针。还有一点必须注意的是，当函数未能成功分配存储空间（如内存不足）就会返回一个 NULL 指针。所以在调用该函数时应该检测返回值是否为 NULL 并执行相应的操作。

实例 083 动态分配了 13 个整型存储区域，然后进行赋值并打印输出。

源码路径 光盘\daima\13\1　　视频路径 光盘\视频\实例\第 13 章\083

本实例的实现文件为“malloc.c”，具体实现代码如下所示：

```
#include "stdlib.h"
main(){
```

```
//count是一个计数器，array是一个整型指针
    int count,*array;
    if((array=(int *) malloc(13*sizeof(int)))==NULL)
    {
        printf("Cannot succeed the assignment storage space. ");
        exit(1);
    }
    for (count=0;count<13;count++)          /*给数组赋值*/
        array[count]=count;
    for(count=0;count<13;count++)           /*打印数组元素*/
        printf("%2d",array[count]);
}
```

范例 165：调用 malloc 分配内存
源码路径：光盘\演练范例\165\
视频路径：光盘\演练范例\165\
范例 166：调用 calloc 分配内存
源码路径：光盘\演练范例\166\
视频路径：光盘\演练范例\166\

执行后将会输出指定结果，如图 13-1 所示。

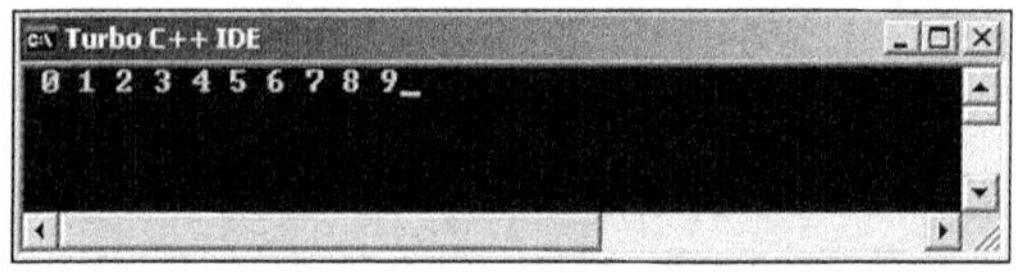

图 13-1　运行结果

2. 分配内存空间函数 calloc

函数 calloc 的功能是分配内存空间，使用此函数的语法格式如下所示：

```
(类型说明符*)calloc(n,size)
```

上述格式的功能是，在内存动态存储区中分配 *n* 块长度为“size”字节的连续区域，函数的返回值为该区域的首地址。其中，“(类型说明符*)”用于实现强制类型转换。

函数 calloc 与函数 malloc 的区别仅在于一次可以分配 *n* 块区域。例如：

```
ps=(struet stu*)calloc(2,sizeof(struct stu));
```

其中，“sizeof（struct stu）”的功能是计算 stu 的结构长度，该语句的意思是：按 stu 的长度分配两块连续区域，强制转换为 stu 类型，并把其首地址赋予指针变量 *ps*。

3. 释放函数 free

由于内存区域总是有限的，因而不能无限制地分配下去，而且一个程序要尽量节省资源，所以当所分配的内存区域不用时就要及时释放它，以便其他的变量或程序使用。

在动态分配内存时，应该总是在不需要该内存时释放它们。堆上分配的内存会在程序结束时自动释放，但最好在使用完这些内存后立即释放，甚至是在退出程序之前，也应立即释放。在比较复杂的情况下，很容易出现内存泄漏。当动态分配了一些内存时，没有保留对它们的引用，就会出现内存泄漏，此时无法释放内存。这常常发生在循环内部，由于没有释放不再需要的内存，程序会使用越来越多的内存，最终占用所有内存。

当然，要释放用 malloc()或 calloc()分配的内存，必须使用函数返回的引用内存块的地址。这时我们就要用到 free 函数，使用函数 free 的格式如下所示：

```
void free(void *p)
```

上述格式的功能是释放指针 *p* 所指向的内存区。其中，参数“p”必须是先前调用函数 malloc 或函数 calloc（另一个动态分配存储区域的函数）时返回的指针。给函数 free 传递其他的值很可能造成死机或其他灾难性的后果。

这里的指针值不是用来申请动态内存的指针本身的，例如下面的代码：

```
int *p1,*p2;
p1=malloc(13*sizeof(int));
p2=p1;
……
free(p2) /*或者free(p2)*/
```

在上述代码中，malloc 返回值赋给 *p1*，又把 *p1* 的值赋给 *p2*，所以此时 *p1* 和 *p2* 都可作为函数 free 的参数。

函数 malloc 是对存储区域进行分配的，函数 free 是释放已经不用的内存区域的，所以由这两个函数就可以实现对内存区域进行动态分配并进行简单的管理了。

4. 函数 realloc()

函数 realloc()的功能是，改变 mem_address 所指内存区域的大小为 *newsize* 长度。如果重新

分配成功则返回指向被分配内存的指针，否则返回空指针 NULL。当内存不再使用时，应使用 free()函数将内存块释放。

函数 realloc()可以重用前面通过 malloc()或 calloc()（或 realloc()）分配的内存。函数需要两个参数：一个是指针，它包含前面调用 malloc()、calloc()或 realloc()返回的地址，另一个是要分配的新内存的字节数。

函数 realloc()可以释放第一个指针参数引用的之前分配的内存，然后重新分配该内存区域，以满足第二个参数指定的新请求。显然，第二个参数的值不应超过以前分配的字节数。否则，新分配的内存将与以前分配的内存区域大小相同。

实例 084　通过 malloc 函数来分配一个大的内存，然后再分配一个小的内存并查看是否分配成功，如果不成功则使用 free 释放。

源码路径　光盘\daima\13\2　　视频路径　光盘\视频\实例\第 13 章\084

本实例的实现文件为“shifang.c”，具体实现代码如下所示：

```
#include    <stdio.h>
#include    <stdlib.h>
void main()     {
   long *buf1,*buf2;
   long size=13000* sizeof(long);
   buf1= (long *)malloc(size);
   if(buf1!=NULL)
          printf("\nAllocation of %ld bytes successful.\n",size);
   else
   {
       printf("\nAttempt to allocate %ld bytes failed.\n",size);
              exit(1);
   }
   //就是分配一个13000个long类型的元素的数组
   //由于分配内存的函数要求指定需要分配的大小是以字节为单位的，所以这个大小是13000×sizeof(long)。
            //若返回数值为null，表示内存不足，没有分配成功
            //再分配一个同样大小的内存块
   buf2=(long *)malloc(size);
          if(buf2!=NULL)
   {  //若分配成功则输出通知成功的消息
       printf("\nSecond allocation of %ld bytes successful.\n",size);
       exit(0);
   }
   else  //若失败则输出通知失败的消息
         printf("\nSecond attempt to allocate %ld bytes failed.\n",size);
   free(buf1);//释放第一个内存块
   printf("\nFreeing first block.\n");
   if((buf2=(long *)malloc(size))!=NULL)
         printf("\nAfter free(),allocation of %ld bytes successful.\n",size);
}
```

范例 167：动态存放学生信息
源码路径：光盘\演练范例\167\
视频路径：光盘\演练范例\167\
范例 168：处理任意长度的字符串
源码路径：光盘\演练范例\168\
视频路径：光盘\演练范例\168\

执行后的效果如图 13-2 所示。

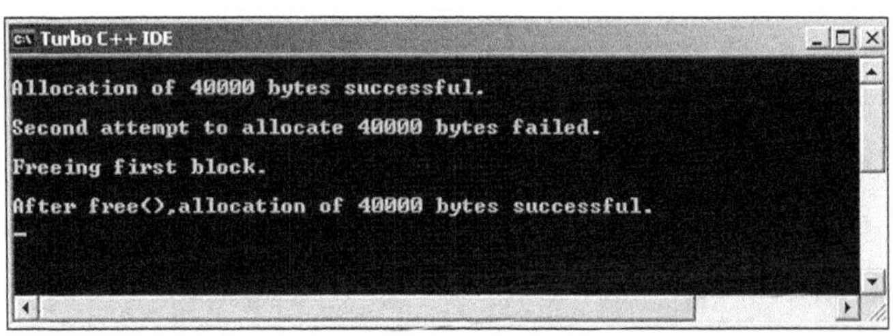

图 13-2　运行结果

在 C 语言中，使用动态分配的内存的基本规则如下所示：

(1) 避免分配大量的小内存块。分配堆上的内存有一些系统开销，所以分配许多小的内存块比分配几个大内存块的系统开销大。

（2）仅在需要时分配内存。只要使用完堆上的内存块，就释放它。

（3）总是确保释放已分配的内存。在编写分配内存的代码时，就要确定在代码的什么地方释放内存。

（4）在释放内存之前，确保不会无意中覆盖堆上分配的内存的地址，否则程序就会出现内存泄漏。在循环中分配内存时，要特别小心。

13.2　链表详解

知识点讲解：光盘:视频\PPT 讲解（知识点）\第 13 章\链表详解.mp4

链表是一种物理存储单元上非连续、非顺序的存储结构，数据元素的逻辑顺序是通过链表中的指针链接次序实现的。链表由一系列结点（链表中每一个元素称为结点）组成，结点可以在运行时动态生成。每个结点包括两个部分：一个是存储数据元素的数据域，另一个是存储下一个结点地址的指针域。在本节的内容中，将详细的讲解 C 语言中链表的基本知识。

13.2.1　链表基本介绍

在 C 语言中，可以通过简单类型变量来描述事物某一方面的特性，例如数量。为了描述大规模的集合类型数据（如向量和矩阵），在 C 语言中引入了数组这一概念。

数组的引入可以方便地存储大规模的连续性数据，例如向量和矩阵。在使用数组的时候，要求先定义数组及其长度，然后才能使用。但是实际的应用中，有时并不知道数据的数量，即不确定数组的具体长度。例如，在商场内做问卷调查，并不知道有多少人可能参与，若使用数组存储信息，可能会出现两种情况。第一种情况是，数组的长度过大，可能造成内存空间的浪费。第二种情况是，给定的数组长度过小，造成存储空间不足。

另外在科学计算方面，需要大量的矩阵计算。在进行矩阵运算时，如果表达 130×130 的单精度浮点数，需要 130×130×sizeof（float）=40000byte。但是在大规模的科学计算中，可能需要更大规模的矩阵，其所占用连续内存空间是巨大的，而计算机的内存却很有限。为了解决此问题，必须研究可用的存储方法。通过研究发现大规模矩阵中的大多数为稀疏矩阵，因此这类问题的关键为稀疏矩阵的存储。

数组形式数据的存储需要大量连续性存储空间，但是同时在计算机内存中可能运行多个程序，连续的内存空间非常有限的，而大多内存空间被分割成各种碎块。如果充分利用内存空间是计算机软件设计中一个非常重要的课题。

解决上述问题的一个关键是链表技术及其相关算法的引入。下面主要介绍简单的线性链表问题。一个有趣的游戏叫“老鹰捉小鸡”。由“老母鸡”带头的小鸡队伍构成如图 13-3 所示。

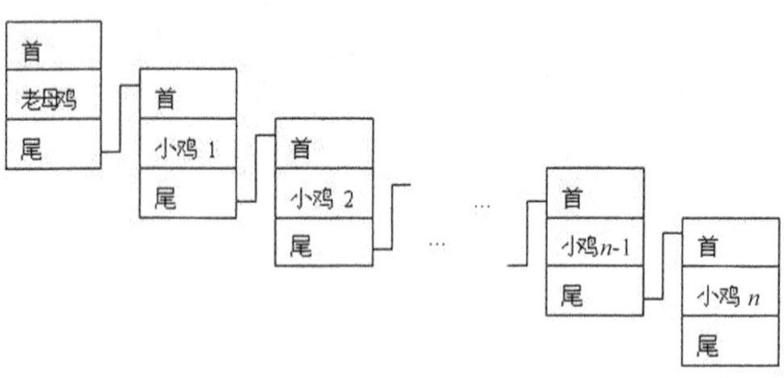

图 13-3　老鹰捉小鸡

第一只“小鸡”用手揪住“老母鸡”的尾巴，第二只小鸡揪住第一只“小鸡”的尾巴，……依次类推，最后第 *n* 只小鸡揪住第 *n*−1 只“小鸡”的尾巴。在游戏过程“小鸡”们紧密地连接在一起，首尾相连，这就是简单线性链表的模型。

实例 085 解决“老鹰捉小鸡”问题

源码路径 光盘\daima\13\3　　视频路径 光盘\视频\实例\第 13 章\085

本实例利用结构体描述上述关系，可以定义如下所示的结构体：

```
struct Chicken{
   ……
struct Chicken * next;
}
```

在结构体增加一新的成员 struct Chicken * next，用于存储下一个对象的内存地址，这样找到“老母鸡”即可找到所有的小鸡。

本实例的实现文件为“lian.c”，具体实现代码如下所示：

```
#include     <stdio.h>
#include     <stdlib.h>
void main()
{  long *buf1,*buf2;
    long size=13000* sizeof(long);
    buf1= (long *)malloc(size);
    if(buf1!=NULL)
          printf("\nAllocation of %ld bytes successful.\n",size);
    else
     {
          printf("\nAttempt to allocate %ld bytes failed.\n",size);
               exit(1);
    }
    //就是分配一个13000个long类型的元素的数组
    //由于分配内存的函数要求指定需要分配的大小是以字节为单位的，所以这个大小是13000×sizeof(long)。
            //若返回数值为null，表示内存不足，没有分配成功
            //再分配一个同样大小的内存块
    buf2=(long *)malloc(size);
            if(buf2!=NULL)
    {       //若分配成功则输出通知成功的消息
            printf("\nSecond allocation of %ld bytes successful.\n",size);
            exit(0);
    }
    else   //若失败则输出通知失败的消息
            printf("\nSecond attempt to allocate %ld bytes failed.\n",size);
    free(buf1);//释放第一个内存块
    printf("\nFreeing first block.\n");
    if((buf2=(long *)malloc(size))!=NULL)
            printf("\nAfter free(),allocation of %ld bytes successful.\n",size);
}
```

范例 169：构建一个单链表
源码路径：光盘\演练范例\169\
视频路径：光盘\演练范例\169\
范例 170：头插法建立单链表
源码路径：光盘\演练范例\170\
视频路径：光盘\演练范例\170\

执行后的效果如图 13-4 所示。

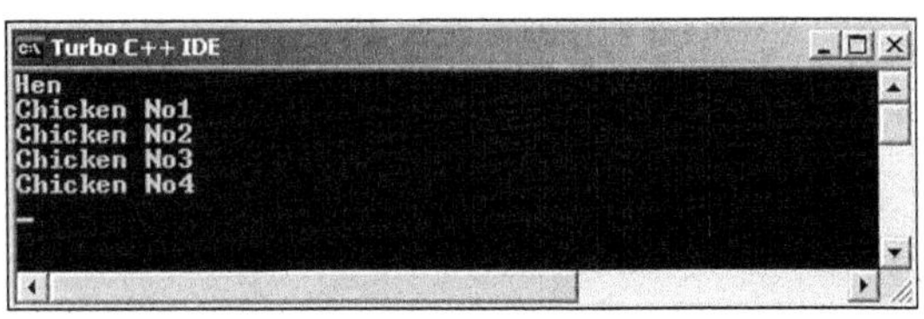

图 13-4 运行结果

13.2.2 单向链表

在 C 语言单向链表的每个结点中，除了信息域以外还有一个指针域，用来指出其后续结点，单向链表的最后一个结点的指针域为空（NULL）。单向链表由头指针唯一确定，因此单向链表可以用头指针的名字来命名，例如头指针名为 head 的单向链表称为表 head，头指针指向单向链表的第一个结点。在用 C 语言实现时，首先说明一个结构类型，在这个结构类型中包含一个

（或多个）信息成员以及一个指针成员。例如下面的代码：

```
#define NULL 0
typedef int DATATYPE
typedef struct node
{
    DATATYPE info;
    node *next;
}LINKLIST;
```

链表结构中包含指针型的结构成员，类型为指向相同结构类型的指针。根据 C 语言的语法要求，结构的成员不能是结构自身类型，即结构不能自己定义自己，因为这样将导致一个无穷的递归定义，但结构的成员可以是结构自身的指针类型，通过指针引用自身这种类型的结构。

链表的每个结点是 lINKIST 结构类型的一个变量，例如在下面的代码中，定义了个链表的头指针 *head* 和两个指向链表结点的指针 *p* 和 *q*：

```
LINKLIST *head,*P, *q;
```

根据结构成员的引用方法，当 *p* 和 *q* 分别指向了链表的确定结点后，P->info 和 p->next 分别是某个结点的信息分量和指针分量，LINKLIST 结构的信息分量是整型，可以用常规的方法对这两个结点的信息分量分别赋值。具体代码如下所示：

```
p->info=20;
q->inFo=30;
```

指针分量是指向 LINKLIST 类型变量的指针，指针中将存储链表的下一个结点的存储首地址，在链表尾部的最后一个结点的指针域中，指针的值为空（NULL）：

```
head=p;
p->next=q;
q->next=NULL;
```

经上述的赋值处理后，将组成如图 13-5 所示的一个链表。

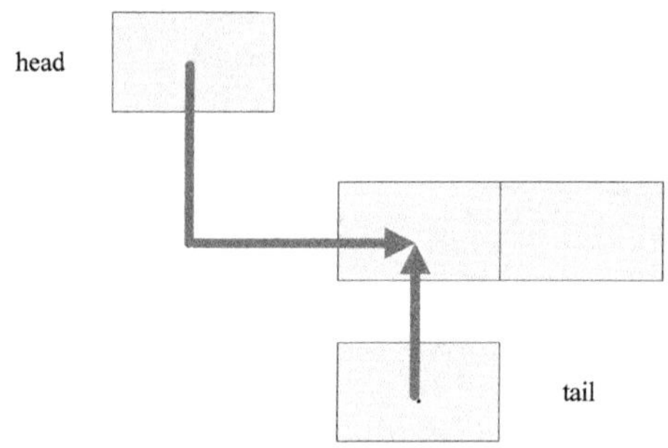

图 13-5 链表

将建立单向链表的算法写为函数 create()，该函数能够将顺序输入的一组数构造为一个首尾相接的单向链表，为了将新结点放在当前链表的尾部，在函数中特意定义了一个尾指针 *tail*，使其一直指向当前链表的尾结点。

实例 086 创建一个单向链表，并输出里面节点的数据。

源码路径 光盘\daima\13\4　　视频路径 光盘\视频\实例\第 13 章\086

本实例的实现文件为“dan.c”，具体实现代码如下所示：

```
#define NULL 0                //定义字符常量
//定义结构体类型以及该结构体类型的别名
typedef struct node
{
  int info;
  struct node *next;
}LINKLIST;
main()
{
  LINKLIST *head, *p,x,y,z;       //定义结构体类型的变量
```

```
    x.info=13;                        //为结点的info成员赋值
    y.info=20;
    z.info=30;
    head=&x;                    //定义指针head指向结点x
    x.next=&y;                  //定义结点x的next成员指向结点y
    y.next=&z;                          //定义结点y的next成员指向结点z
    z.next=NULL;                //定义结点z的next成员为空指针
    p=head;                     //定义指针p也指向结点x
    while(p!=NULL)
    {    printf("%d\n",p->info); //输出p指向的结点的info成员
         p=p->next;                     //使指针p指向下一个结点
    }
}
```

> 范例 171：尾插法建立单链表
> 源码路径：光盘\演练范例\171\
> 视频路径：光盘\演练范例\171\
> 范例 172：计算单链表的长度
> 源码路径：光盘\演练范例\172\
> 视频路径：光盘\演练范例\172\

执行后的效果如图 13-6 所示。

图 13-6 运行结果

在实际应用中，不但可以创建单向链表，而且可以对节点进行处理，例如添加和删除等操作。

（1）插入结点

在单向链表中插入一个结点要引起插入位置前面结点的指针的变化，例如如下代码在单向链表的 *p* 结点后面插入一个信息域的值为 *x* 的新结点：

```
void insert(LINKLIST*p, DATATYPE x) {
LINKLIST *newp=new(LINKLIST);
     newp->info=x;
     newp->next=p->next;
     p->next=newp;
     }
```

在插入一个结点时，首先要由 new（LINKLIST）向系统申请一个存储 LINKLIST 类型变量的空间，并将该空间的首地址赋给指向新结点的指针 *newp*。在为该新结点的信息域赋值后，先要将该结点插入位置后面一个结点的指针赋给该结点的指针域，然后才能将指向该结点的指针赋给其前一个结点的指针域，这样来完成节点的插入过程。

（2）删除结点

在单向链表中删除个结点同样要引起删除结点的前面结点的指针的变化，例如下面代码会删除单向链表结点*p 后面结点：

```
void delete(LINKLIST *p)
     {LINKKLIST *temp;
      temp=p->next;
      p->next=P->next->next;
      delet(temp);
     }
```

将指向被删除结点的指针保存在一个同类型的指针变量中，然后将其前一个结点的指针调整到指向该结点的后一个结点，最后将被删除的结点释放给系统。

（3）编历链表

由于链表是一个动态的数据结构，链表的各个结点由指针链接在起，访问链表元素时通过每个链表结点的指针逐个找到该结点的下一个结点，一直找到链表尾，链表的最后一个结点的指针为空。例如如下所示的编历链表函数：

```
void outputlist(LINKLIST *head)
     LINKLIST *current=head->next;
     while(current！ =NULL)
     {printf("%d\n",current->info);
   current=current->next;
      }
     return;
     }
```

13.2.3 创建一个链表

当在 C 语言中使用链表时，通常将链表中的每个数据对象称为节点（Node）。创建链表的

基本步骤如下所示。

(1) 创建第一个节点，并将此节点的内存地址保存。

(2) 创建第二个节点，将第二个节点的首地址保存在第一个节点的成员变量中。

(3) 以此类推，创建第 *n* 个节点，并将此节点的地址存储到第 *n*-1 节点的成员变量中。

例如下面的演示代码：

```
struct Node{
   ……
   struct Node * Next; /*下一对象的位置*/
};
struct Node *Create(unsigned int Size)
{
   struct Node *pHead=NULL;
   struct Node *pOne=NULL;
   struct Node *pPrevOne=NULL;
   int I;
   pOne=malloc(sizeof(struct Node));
   pOne ->Next=NULL;
   pPrevOne=pHead=pOne;
   /*构建循环*/
for(I=0;I<Size;I++)
      {
      ……
      pPrevOne=pOne;
      pOne=( struct Node *)malloc(sizeof(struct Node));
      pPrevOne->Next=pOne;
   }
   return pHead;
}
```

13.2.4　删除整个链表

在 C 语言中删除链表的基本操作步骤如下所示。

(1) 获得第一个节点的地址。

(2) 根据第一个节点获得第二个节点地址。

(3) 调用 free 函数释放第一个节点。

(4) 根据二个节点获得第三个节点地址。

(5) 调用 free 函数释放第二个节点。

(6) 以此类推从头到尾删除所有的对象。

例如下面的演示代码：

```
struct Node{
   ……
   struct Node * Next; /*下一对象的位置*/
};
void RemoveAll(struct Node *List){
   struct Node *pHead=NULL;
   struct Node *pOne=NULL;
   pOne= List;
   while(pOne->Next!=NULL){
      pPrevOne=pOne;
      pOne=pOne->Next;
      free(pPrevOne);
   }
}
```

13.2.5　在链表中插入节点

在 C 语言链表中，插入节点操作的基本步骤如下所示。

(1) 获得第一个节点的地址。

(2) 找到插入节点的位置。

(3) 创建新的节点 InsertNode。

(4) 将当前节点的下一节点信息存储到新创建节点 InsertNode 的成员变量。

（5）将 InsertNode 的地址存储到当前节点的成员变量中。

（6）结束。

例如下面的演示代码：

```
struct Node{
  ……
  struct Node * Next;                    /*下一对象的位置*/
};
int InsertElement (struct Node *List,int I, struct Node *Node)
{
  /* List为链表第一个节点地址，I为第n个元素，如果存在，返回I，否则返回0*/
  struct Node *pOne=NULL;
  struct Node *pNewOne=NULL;
  int j=0;                               /*计数器*/
  pOne= List;                            /*指向数组的第一个节点*/
  /*顺序查找，直到到达链表的尾部或j=I*/
  while((pOne!=NULL)&&(j<I-1))
  {
    pOne=pOne->Next;                     /*查找下一节点*/
    j++;
  }
  if((pOne->Next==NULL)||(j>I-1))        /*第I个元素不存在*/
    return 0;
    pNewOne= ( struct Node *)malloc(sizeof(struct Node));
  {/*拷贝参数Node信息到新增加的节点pNewOne */
    ……
    pNewOne ->Next= Node ->Next;
  }
  pNewOne ->Next= pOne ->Next;           /*将下一节点的地址拷贝到插入节点的
  成员变量中*/
  pOne ->Next= pNewOne;                  /*将插入节点的地址拷贝到当前节点的
  成员变量中*/
  return j;
}
```

13.2.6 在链表中删除节点

在 C 语言链表中，插入节点操作的基本步骤如下所示。

（1）获得第一个节点的地址

（2）找到将被删除节点的位置。

（3）将准备删除节点的地址保存。

（4）将准备删除节点的下一节点的地址存储到其前一节点的成员变量中。

（5）将准备删除的节点删除。

（6）结束。

例如下面的演示代码：

```
struct Node{
  ……
  struct Node * Next;                              /*下一对象的位置*/
};
int RemoveElement (struct Node *List,int I)
{
  /* List为链表第一个节点地址，I为第n个元素，如果存在，返回I，否则返回0*/
  struct Node *pOne=NULL;
  struct Node *pDeleteOne=NULL;
  int j=0;                                         /*计数器*/
  pOne= List;                                      /*指向数组的第一个节点*/
  /*顺序查找，直到到达链表的尾部或j=I*/
  while((pOne!=NULL)&&(j<I-1))
  {
    pOne=pOne->Next;                               /*查找下一节点*/
    j++;
  }
  if((pOne->Next==NULL)||(j>I-1))                  /*第I个元素不存在*/
    return 0;
    pDeleteOne = pOne ->Next;                      /*找到准备删除的节点*/
    pOne ->Next= pDeleteOne->Next0;                /*将准备删除的节点下一节点的地址
    /*拷贝到其前一节点的成员变量中*/
```

```
    free(pDeleteOne);                          /*删除节点，并释放空间*/
    return j;
}
```

通过引入结构体后，还可以解决更加复杂的计算机软件问题，例如堆栈、队列、二叉树和图等多种复杂算法的设计，具体的详细情况请参考数据结构方面的资料。

13.2.7　双向链表

双向链表也被称为双链表，是链表的一种，它的每个数据结点中都有两个指针，分别指向直接后继和直接前驱。所以从双向链表中的任意一个结点开始，都可以很方便地访问它的前驱结点和后继结点。一般我们都构造双向循环链表。

在双向链表中，结点除含有数据域外，还有两个链域，一个存储直接后继结点地址，一般称之为右链域；一个存储直接前驱结点地址，一般称为左链域。在 C 语言中，可以将双向链表结点类型定义为如下所示的格式：

```
typedef strUCt node{
  int data;                              /*数据域*/
  struct node *llink,*rlink;             /*链域，*llink是左链域指针，*rlink是右链域指针*/
}JD;
```

当然，也可以把一个双向链表构建成一个双向循环链表。双向链表与单向链表一样，也有 3 种基本运算：查找、插入和删除。

1. 查找

假如要在一个带表头的双向循环链表中查找数据域为一特定值的某个结点时，同样从表头结点往后依次比较各结点数据域的值，若正是该特定值，则返回指向结点的指针，否则继续往后查，直到表尾。例如在下面的代码演示了应用双向循环链表查找算法的过程：

```
#include <stdio.h>
#include <malloc.h>
#define N 13
typedef struct node{
  char name[20];
  struct node *llink,*rlink;
}stud;
stud * creat(int n){
  stud *p,*h,*s;
  int i;
  if((h=(stud *)malloc(sizeof(stud)))==NULL)
  {
    printf("不能分配内存空间!");
    exit(0);
  }
  h->name[0]= '\0';
  h->llink=NULL;
  h->rlink=NULL;
  p=h;
  for(i=0;i<n;i++)
  {
    if((s= (stud *) malloc(sizeof(stud)))==NULL)
    {
      printf("不能分配内存空间!");
      exit(0);
    }
    p->rlink=s;
    printf("请输入第%d个人的姓名",i+1);
    scanf("%s",s->name);
    s->llink=p;
    s->rlink=NULL;
    p=s;
  }
  h->llink=s;
  p->rlink=h;
  return(h);
}
stud * search(stud *h,char *x){
  stud *p;
```

```
    char *y;
    p=h->rlink;
    while(p!=h)
    {
      y=p->name;
      if(strcmp(y,x)==0)
        return(p);
      else p=p->rlink;
    }
    printf("没有查找到该数据!");
}
void print(stud *h){
    int n;
    stud *p;
    p=h->rlink;
    printf("数据信息为：\n");
    while(p!=h)
    {
      printf("%s ",&*(p->name));
      p=p->rlink;
    }
    printf("\n");
}
main(){
    int number;
    char studname[20];
    stud *head,*searchpoint;
    number=N;
    clrscr();
    head=creat(number);
    print(head);
    printf("请输入你要查找的人的姓名:");
    scanf("%s",studname);
    searchpoint=search(head,studname);
    printf("你所要查找的人的姓名是:%s",*&searchpoint->name);
```

2. 插入

对于双向循环链表，我们现在可以随意地在某已知结点 p 前或者 p 后插入一个新的结点。假设 s、p、q 是连续 3 个结点的指针，如果要在 p 前插入一个新结点 r，则只需把 s 的右链域指针指向 r，r 的左链域指针指向 s，r 的右链域指针指向 p，p 的左链域指针指向 r 即可。在 p 和 q 之间的插入原理也一样。

读者可以参阅光盘的代码，来了解用双向循环链表插入算法的实现方法。

3. 删除

删除某个结点的过程其实就是插入某个结点的逆操作。对于双向循环链表来说，要在连续的 3 个结点 s、p、q 中删除 p 结点，只需把 s 的右链域指针指向 q、q 的左链域指针指向 s，并收回 p 结点就完成了。

读者可以参阅光盘的代码，来了解用双向循环链表插入算法的实现方法。

13.2.8 循环链表

循环链表是与单链表一样，是一种链式的存储结构，所不同的是，循环链表的最后一个结点的指针是指向该循环链表的第一个结点或者表头结点，从而构成一个环形的链。

C 语言的循环链表的运算和单链表的运算基本一致，两者的不同点如下所示。

（1）在建立一个循环链表时，必须使其最后一个结点的指针指向表头结点，而不是像单链表那样置为 NULL。此种情况还使用于在最后一个结点后插入一个新的结点。

（2）在判定是否到表尾时，是判定该结点链域的值是否是表头结点，当链域值等于表头指针时，说明已到表尾。而非像单链表那样判定链域值是否为 NULL。

13.3　技 术 解 惑

13.3.1　一段代码对链表的总结

下面的代码是一段典型代码，演示了 C 语言链表的基本操作：

```
typedef struct Node{      /*  定义单链表结点类型 */
    elemType element;
    Node *next;
}Node;


/* 1.初始化线性表，即置单链表的表头指针为空 */
void initList(Node **pNode)
{
    *pNode = NULL;
    printf("initList函数执行，初始化成功\n");
}

/* 2.创建线性表，此函数输入负数终止读取数据*/
Node *creatList(Node *pHead)
{
    Node *p1;
    Node *p2;

    p1=p2=(Node *)malloc(sizeof(Node)); //申请新结点
    if(p1 == NULL || p2 ==NULL)
    {
        printf("内存分配失败\n");
        exit(0);
    }
    memset(p1,0,sizeof(Node));

    scanf("%d",&p1->element);         //输入新结点
    p1->next = NULL;                  //新节点的指针置为空
    while(p1->element > 0)            //输入的值大于0则继续，直到输入的值为负
    {
        if(pHead == NULL)             //空表，接入表头
        {
            pHead = p1;
        }
        else
        {
            p2->next = p1;            //非空表，接入表尾
        }
        p2 = p1;
        p1=(Node *)malloc(sizeof(Node));     //再重申请一个结点
        if(p1 == NULL || p2 ==NULL)
        {
        printf("内存分配失败\n");
        exit(0);
        }
        memset(p1,0,sizeof(Node));
        scanf("%d",&p1->element);
        p1->next = NULL;
    }
    printf("creatList函数执行，链表创建成功\n");
    return pHead;              //返回链表的头指针
}

/* 3.打印链表，链表的遍历*/
void printList(Node *pHead)
{
    if(NULL == pHead)    //链表为空
    {
        printf("PrintList函数执行，链表为空\n");
    }
    else
    {
        while(NULL != pHead)
```

```
            {
                printf("%d ",pHead->element);
                pHead = pHead->next;
            }
            printf("\n");
        }
}

/* 4.清除线性表L中的所有元素，即释放单链表L中所有的结点，使之成为一个空表 */
void clearList(Node *pHead)
{
    Node *pNext;                //定义一个与pHead相邻节点

    if(pHead == NULL)
    {
        printf("clearList函数执行，链表为空\n");
        return;
    }
    while(pHead->next != NULL)
    {
        pNext = pHead->next;//保存下一结点的指针
        free(pHead);
        pHead = pNext;          //表头下移
    }
    printf("clearList函数执行，链表已经清除\n");
}

/* 5.返回单链表的长度 */
int sizeList(Node *pHead)
{
    int size = 0;

    while(pHead != NULL)
    {
        size++;             //遍历链表size大小比链表的实际长度小1
        pHead = pHead->next;
    }
    printf("sizeList函数执行，链表长度 %d \n",size);
    return size;     //链表的实际长度
}

/* 6.检查单链表是否为空，若为空则返回 1 ，否则返回 0 */
int isEmptyList(Node *pHead)
{
    if(pHead == NULL)
    {
        printf("isEmptyList函数执行，链表为空\n");
        return 1;
    }
    printf("isEmptyList函数执行，链表非空\n");

    return 0;
}

/* 7.返回单链表中第pos个结点中的元素，若pos超出范围，则停止程序运行 */
elemType getElement(Node *pHead, int pos)
{
    int i=0;

    if(pos < 1)
    {
        printf("getElement函数执行，pos值非法\n");
        return 0;
    }
    if(pHead == NULL)
    {
        printf("getElement函数执行，链表为空\n");
        return 0;
        //exit(1);
    }
    while(pHead !=NULL)
    {
        ++i;
```

```
            if(i == pos)
            {
                break;
            }
            pHead = pHead->next; //移到下一结点
        }
        if(i < pos)                     //链表长度不足则退出
        {
            printf("getElement函数执行，pos值超出链表长度\n");
            return 0;
        }

        return pHead->element;
}

/* 8.从单链表中查找具有给定值x的第一个元素，若查找成功则返回该结点data域的存储地址，否则返回NULL */
elemType *getElemAddr(Node *pHead, elemType x)
{
        if(NULL == pHead)
        {
            printf("getElemAddr函数执行，链表为空\n");
            return NULL;
        }
        if(x < 0)
        {
            printf("getElemAddr函数执行，给定值X不合法\n");
            return NULL;
        }
        while((pHead->element != x) && (NULL != pHead->next)) //判断是否到链表末尾，以及是否存在所要找的元素
        {
            pHead = pHead->next;
        }
        if((pHead->element != x) && (pHead != NULL))
        {
            printf("getElemAddr函数执行，在链表中未找到x值\n");
            return NULL;
        }
        if(pHead->element == x)
        {
            printf("getElemAddr函数执行，元素 %d的地址为0x%x\n",x,&(pHead->element));
        }

        return &(pHead->element);//返回元素的地址
}

/* 9.把单链表中第pos个结点的值修改为x的值，若修改成功返回 1，否则返回 0  */
int modifyElem(Node *pNode,int pos,elemType x)
{
        Node *pHead;
        pHead = pNode;
        int i = 0;

        if(NULL == pHead)
        {
            printf("modifyElem函数执行，链表为空\n");
        }
        if(pos < 1)
        {
            printf("modifyElem函数执行，pos值非法\n");
            return 0;
        }
        while(pHead !=NULL)
        {
            ++i;
            if(i == pos)
            {
                break;
            }
            pHead = pHead->next; //移到下一结点
        }
        if(i < pos)                     //链表长度不足则退出
        {
            printf("modifyElem函数执行，pos值超出链表长度\n");
```

```
            return 0;
        }
        pNode = pHead;
        pNode->element = x;
        printf("modifyElem函数执行\n");

        return 1;
}

/* 10.向单链表的表头插入一个元素 */
int insertHeadList(Node **pNode,elemType insertElem)
{
        Node *pInsert;
        pInsert = (Node *)malloc(sizeof(Node));
        memset(pInsert,0,sizeof(Node));
        pInsert->element = insertElem;
        pInsert->next = *pNode;
        *pNode = pInsert;
        printf("insertHeadList函数执行，向表头插入元素成功\n");

        return 1;
}

/* 11.向单链表的末尾添加一个元素 */
int insertLastList(Node **pNode,elemType insertElem)
{
        Node *pInsert;
        Node *pHead;
        Node *pTmp; //定义一个临时链表用来存放第一个节点

        pHead = *pNode;
        pTmp = pHead;
        pInsert = (Node *)malloc(sizeof(Node)); //申请一个新节点
        memset(pInsert,0,sizeof(Node));
        pInsert->element = insertElem;

        while(pHead->next != NULL)
        {
            pHead = pHead->next;
        }
        pHead->next = pInsert;    //将链表末尾节点的下一结点指向新添加的节点
        *pNode = pTmp;
        printf("insertLastList函数执行，向表尾插入元素成功\n");

        return 1;
}


/******************************************************************/
int main()
{
        Node *pList=NULL;
        int length = 0;

        elemType posElem;

        initList(&pList);           //链表初始化
        printList(pList);           //遍历链表，打印链表

        pList=creatList(pList); //创建链表
        printList(pList);

        sizeList(pList);            //链表的长度
        printList(pList);

        isEmptyList(pList);         //判断链表是否为空链表

        posElem = getElement(pList,3);  //获取第三个元素，如果元素不足3个，则返回0
        printf("getElement函数执行，位置3中的元素为 %d\n",posElem);
        printList(pList);

        getElemAddr(pList,5);   //获得元素5的地址
```

```
        modifyElem(pList,4,1);   //将链表中位置4上的元素修改为1
        printList(pList);

        insertHeadList(&pList,5);     //表头插入元素12
        printList(pList);

        insertLastList(&pList,10);   //表尾插入元素10
        printList(pList);

        clearList(pList);             //清空链表
        system("pause");

}
```

13.3.2　面试题——判断单链表是否有环

判断链表是否存在环的办法为：设置两个指针（*fast*，*slow*），初始值都指向头指针，*slow* 每次前进一步，*fast* 每次前进两步，如果链表存在环，则 *fast* 必定先进入环，而 *slow* 后进入环，两个指针必定相遇。（当然，*fast* 先行从头到尾部为 NULL，则为无环链表）具体实现代码如下所示：

```
#include<stdio.h>
 #include<stdlib.h>

 typedef struct node{
       int elem;
       struct node * next;
 }Node, *NodeList;

 bool IsExitsLoop(NodeList head){
       NodeList slow=head,fast=head;
       while(fast && fast->next){
             slow=slow->next;
             fast=fast->next->next;
             if(slow==fast)
                   break;
       }
       return !(fast==NULL || fast->next==NULL);
 }

 void main(){
       //创建一个有环的单链表
       NodeList head=NULL,p,q;
       for(int i=1;i<=5;i++){
             p=(NodeList)malloc(sizeof(Node));
             p->elem=i;
             if(head==NULL)
                   head=q=p;
             else
                   q->next=p;
             q=p;
       }
       p=(NodeList)malloc(sizeof(Node));
       p->elem=6;
       q->next=p;
       q=p;
       q->next=head->next->next->next;
       //判断单链表是否存在环
       printf("单链表是否存在环: ");
       bool b=IsExitsLoop(head);
       printf("%s\n",b==false?"false":"true");
 }
```

13.3.3　面试题——实现单链表逆置

具体实现代码如下所示：

```
#include<stdio.h>
 #include<stdlib.h>
 typedef struct node{
       int data;
       struct node *next;
 }Node;
```

```
//创建链表
Node *CreateList(void){
    int val,i,n;
    Node *head,*p,*q;
    head=NULL;
    printf("请输入您要建立的链表长度:\n");
    scanf("%d",&n);
    printf("请输入您要输入的数据:\n");
    for(i=0;i<n;i++){
        scanf("%d",&val);
        p=(Node*)malloc(sizeof(Node));
        p->data=val;
        if(head==NULL)
            head=q=p;
        else
            q->next=p;
        q=p;
    }
    p->next=NULL;
    return head;
}
//链表的逆置
Node *ReverseList(Node *head){
    Node *p,*q,*r;
    p=head;
    q=r=NULL;
    while(p){
        q=p->next;
        p->next=r;
        r=p;
        p=q;
    }
    return r;
}
//输出链表
void ShowList(Node *head){
    Node *p;
    p=head;
    while(p){
        printf("%d ",p->data);
        p=p->next;
    }
    printf("\n");
}
void main(){
    Node *head;
    head=CreateList();
    printf("链表逆置前的数据:\n");
    ShowList(head);
    head=ReverseList(head);
    printf("链表逆置后的数据:\n");
    ShowList(head);
}
```

第 14 章

位　运　算

在前面介绍的各种运算都是以字节作为最基本位进行的，但在很多系统程序中常要求在位（bit）一级进行运算或处理。C 语言提供了位运算的功能，这使得 C 语言也能像汇编语言一样用来编写系统程序。在本章的内容中，将详细讲解 C 语言中位运算的基本知识和具体使用方法。

本章内容

- 位运算符和位运算
- 位域

技术解惑

二进制补码运算公式

面试题：从某个数中取出指定的某些位

位域的内存对齐原则

14.1 位运算符和位运算

知识点讲解：光盘:视频\PPT 讲解（知识点）\第 14 章\什么是位运算符和位运算.mp4

C 语言的发展与操作系统的发展密切相关，其最早的用途就是为了编制 UNIX 操作系统。到目前为止，几乎所有的操作系统和主流的应用软件均由 C 语言来编写。操作系统作为计算机系统中最基础和最底层的软件平台，是计算机硬件与计算机应用软件的桥梁。在 C 语言出现之前，操作各种硬件的主要开发工具是汇编语言。使用汇编语言可以直接操作硬件，并且汇编程序具有体积小、运行速度快的特点。为了能够编写出与汇编程序相当的程序，C 语言引入了指针和位运算这两个概念。在 C 语言中提供了如下 6 种位运算符。

- &：按位与。
- |：按位或。
- ^：按位异或。
- ～：取反。
- <<：左移。
- >>：右移。

在本节的内容中，将详细讲解上述 6 种位运算符的基本知识。

14.1.1 按位与运算（&）

按位与运算符“&”是一个双目运算符，其功能是参与运算的两数各对应的二进位相与。只有对应的两个二进位均为 1 时，结果位才为 1，否则为 0。参与运算的数以补码方式出现。例如，9&5 可以写为如下所示的算式。

00001001　　　　（9 的二进制补码）
& 00000101　　　（5 的二进制补码）
00000001　　　　（1 的二进制补码）

可由此见 9&5=1。

按位与运算通常用来对某些位清 0 或保留某些位。例如把 a 的高八位清 0，保留低八位，可作 a&255 运算（255 的二进制数为 0000000012121212）。

位与运算的实质是将参与运算的两个数据，按对应的二进制数逐位进行逻辑与运算。例如：int 型常量 4 和 7 进行位与运算的过程如下所示。

4=　　　　　　0000 0000 0000 0100
&7 =　　　　　0000 0000 0000 0121
=　　　　　　 0000 0000 0000 0100

如果是对于负数，需要按其补码进行运算。例如 int 型常量-4 和 7 进行位与运算的运算过程如下所示。

−4=　　　　1212 1212 1212 1200
&7 =　　　 0000 0000 0000 0121
=　　　　　0000 0000 0000 0100

位与运算的主要用途如下所示。

（1）清零：快速对某一段数据单元的数据清零，即将其全部的二进制位为 0。例如，整型数 a=321 对其全部数据清零的操作为 a=a&0x0。

321=　　　　0000 0001 0100 0001
& 0=　　　　0000 0000 0000 0000

=   0000 0000 0000 0000

（2）获取一个数据的指定位。假如要获得整型数“a=”的低八位数据的操作为“a=a&0xFF”，则可以通过如下所示的代码实现：

```
main(){
        inta=9,b=5,c;
        c=a&b;
        printf("a=%d\nb=%d\nc=%d\n",a,b,c);
}
```

（3）保留数据区的特定位。假如要获得整型数 a=的第 7～8 位（从 0 开始）的数据操作为，则可以通过如下所示的过程实现。

120000000

321=   0000 0001 0100 0001

& 384=   0000 0001 1000 0000

=   0000 0001 0000 0000

14.1.2 按位或运算

按位或运算符“|”是一个双目运算符，其功能是参与运算的两数各对应的二进位相或。只要对应的二个二进位有一个为 1 时，结果位就为 1。参与运算的两个数均以补码出现。例如，int 型常量 5 和 7 进行位或运算的表达式为 5|7，具体结果如下所示。

5=   0000 0000 0000 0101

| 7=   0000 0000 0000 0121

=   0000 0000 0000 0121

位或运算的主要用途是设定一个数据的指定位。例如整型数“a=321”，将其低八位数据置为 1 的操作为“a=a|0XFF”。

321=   0000 0001 0100 0001

| 0000 0000 1212 1212

=   0000 0000 1212 1212

例如：9|5 的可写算式如下所示。

00001001

|00000101

00001201   （十进制为 13）可见 9|5=13

具体编程实现的代码如下所示：

```
main(){
      inta=9,b=5,c;
      c=a|b;
    printf("a=%d\nb=%d\nc=%d\n",a,b,c);
}
```

14.1.3 按位异或运算

按位异或运算符“^”是双目运算符，其功能是参与运算的两数各对应的二进位相异或。当两对应的二进位相异时，结果为 1。参与运算数仍以补码出现，例如 9^5 可写成如下所示的算式。

00001001

^00000101

00001200   （十进制为 12）

编程实现代码如下所示：

```
main(){
      int a=9;
      a=a^5;
      printf("a=%d\n",a);
}
```

例如，int 型常量 5 和 7 进行位异或运算的表达式为 5^7，结果如下所示。

5= 0000 0000 0000 0101

^7= 0000 0000 0000 0121

= 0000 0000 0000 0010

位异或运算的主要用途如下所示。

（1）定位翻转。例如设定一个数据的指定位，将 1 换为 0，0 换为 1。例如整型数“a=321”，将其低八位数据进行翻位的操作为 a=a^0XFF，即下面的运算过程：

（a）10 =（321）10=（0000 0001 0100 0001）2

a^0XFF=（0000 0001 1012 1210）2=（0x1BE）16

321= 0000 0001 0100 0001

^ 0xFF= 0000 0000 1212 1212

= 0000 0001 1012 1210

（2）数值交换。例如 *a*=3、*b*=4，这样可以通过如下代码，无需引入第三个变量，利用位运算即可实现数据交换：

```
int main(int argc, char* argv[]){
    int a,b;
    a=3,b=4;
    printf("\na=%d,b=%d",a,b);
    a=a^b;
    b=b^a;
    a=a^b;
    printf("\na=%d,b=%d",a,b);
    return 0;
}
```

上述程序的运算过程如下所示：

b=b^（a^b）=b^b^a=a；

a=a^b=（a^b）^（b^a^b）=a^b^b^a^b= a^a^ b^b ^b=b

程序的最终运行结果如下所示：

a=3，b=4

a=4，b=3

14.1.4 取反运算

求反运算符“～”为单目运算符，具有向右结合性的特点。其功能是对参与运算的数的各二进位按位求反。例如，～9 的运算为：

～（0000000000001001）

结果为：

1212121212120120

14.1.5 左移运算

左移运算符“<<”是双目运算符，其功能把“<<”左边的运算数的各二进位全部左移若干位，由“<<”右边的数指定移动的位数，高位丢弃，低位补 0。例如：

```
a<<4
```

上述代码的功能是把 *a* 的各二进制位向左移动 4 位。如 *a*=00000012（十进制 3），左移 4 位后为 00120000（十进制 48）。

左移运算的实质是将对应的数据的二进制值逐位左移若干位，并在空出的位置上填 0，最高位溢出并舍弃。例如：

```
int a,b;
a=5;
b=a<<2;
```

如果 b=20，则具体过程如下所示：

```
(a)10=(5)10=(0000 0000 0000 0101)2
b=a<<2;
b=(0000 0000 0001 0100)2=(20)10
```

从上例可以知 b/a=4=22，这可以看出位运算可以实现二倍乘运算。由于位移操作的运算速度比乘法的运算速度高很多，因此在处理数据的乘法运算的时，采用位移运算可以获得较快的速度。

14.1.6　右移运算

右移运算符“>>”是一个双目运算符，其功能是把“>> ”左边的运算数的各二进位全部右移若干位，“>>”右边的数指定移动的位数。例如：

```
a=15,
a>>2
```

这表示把 000001111 右移为 00000011（十进制 3）。

右移运算的实质是将对应的数据的二进制值逐位右移若干位，并舍弃出界的数字。如果当前的数为无符号数，高位补零。例如：

```
int (a)10=(5)10=(0000 0000 0000 0101)2
b=a>>2;
b=(0000 0000 0000 0001)2=(1)10
```

如果当前的数据为有符号数，在进行右移的时候，根据符号位决定左边补 0 还是补 1。如果符号位为 0，则左边补 0；但是如果符号位为 1，则根据不同的计算机系统，可能有不同的处理方式。

由此可以看出，位右移运算可以实现对除数为 2 的整除运算。在此需要说明的是，对于有符号数，在右移时符号位将随同移动。当为正数时，最高位补 0，而为负数时，符号位为 1，最高位是补 0 或是补 1 取决于编译系统的规定。Turbo C 和很多系统规定为补 1。另外，如果将所有对 2 的整除运算转换为位移运算，可提高程序的运行效率。

14.1.7　位运算应用实例

下面通过一个具体实例来说明 C 语言按位运算的使用过程。

实例 087　对两个数进行位运算并输出结果

源码路径　光盘\daima\14\1　　　视频路径　光盘\视频\实例\第 14 章\087

本实例的实现文件为“jiao.c”，具体实现代码如下所示：

```
#include "stdio.h"
main()
{
  int a=255,b=10,i;            //定义3个整型变量
  //计算两个数的与运算
  printf("The %d & %d is %d \n",a,b,a & b);
  //计算两个数的或运算
  printf("The %d | %d is %d \n",a,b,a | b);
  //计算两个数的异或运算
  printf("The %d ^ %d is %d \n",a,b,a ^ b);
  //计算a进行取反运算的值
  printf("The~%d is %d \n",a,~a);
  printf("decimal\t\tshift left by\tresult\n");
  for(i=1;i<9;i++)
  {
       b=a<<i;                              //使a左移i位
       printf("%d\t\t%d\t\t%d\n",a,i,b);    //输出当前左移结果
  }
  printf("decimal\t\tshift right by\tresult\n");
  for(i=1;i<9;i++)
  {
       b=a>>i;                              //使a右移i位
       printf("%d\t\t%d\t\t%d\n",a,i,b);    //输出当前右移结果
  }
}
```

范例 173：演示位与运算
源码路径：光盘\演练范例\173\
视频路径：光盘\演练范例\173\
范例 174：按位清零处理
源码路径：光盘\演练范例\174\
视频路径：光盘\演练范例\174\

执行后的效果如图 14-1 所示。

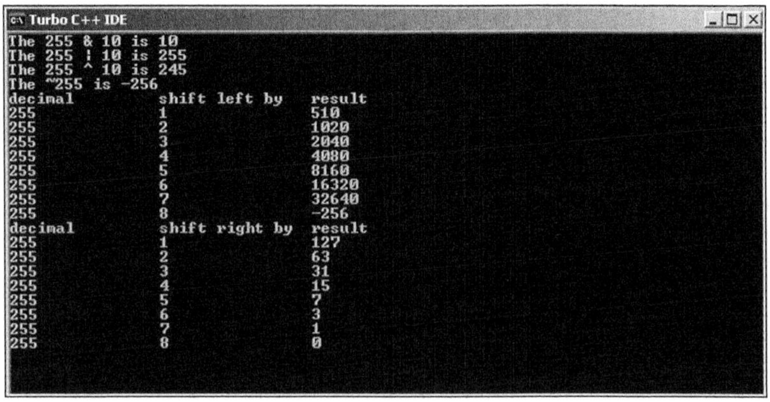

图 14-1 运行结果

在上述实例中，对两个指定数进行位运算并输出了运算结果。其实在 C 语言中，还有很多复合的位运算符，具体如下所示。

- &=。
- !=。
- >>=。
- <<=。
- ^=。

例如，a&=0x14 等价于 a= a&0x14，其他运算符以此类推。

不同类型的整数数据在进行混合类型的位运算时，按右端对齐原则进行处理，按数据长度大的数据进行处理，将数据长度小的数据左端补 0 或 1。例如 char a 与 int b 进行位运算的时候，按 int 进行处理，char a 转化为整型数据，并在左端补 0。具体地补位原则如下所示。

- 对于有符号数据：如果 *a* 为正整数，则左端补 0，如果 *a* 为负数，则左端补 1。
- 对于无符号数据：在左端补 0。

例如，获得一个无符号数据从第 *p* 位开始的 *n* 位二进制数据。假设数据右端对齐，第 0 位二进制数在数据的最右端，获得的结果要求右对齐：

```
#include <stdio.h>
/*getbits:获得从第p位开始的n位二进制数 */
unsigned int getbits(unsigned int x, unsigned int p, unsigned n){
   unsigned int a;
   unsigned int b;
   a=x>>(p+1);
   b=~(~0<<n);
   return a&b;
}
void main()
{
   unsigned int a=123;
   unsigned int b;
   b=getbits(a,2,4);
   printf("a=%u\t b=%u\n",a,b);
   printf("a=%x\t b=%x\n",a,b);
}
```

在上述代码中，a 的二进制形式如下所示：

```
0000 0000 0111 1011
```

左移 p+1 位（从 0 开始）：

```
0000 0000 0000 1111
```

0 的二进制形式如下所示：

```
0000 0000 0000 0000
```

0 取反：

```
1111 1111 1111 1111
```

0 右移 4 位（从 0 开始）：

```
1111 1111 1111 0000
```

0 右移 4 位取反，因此 b 的二进制形式为：

```
0000 0000 0000 1111
```

a&b 的运算结果如下所示：

```
0000 0000 0000 1111
```

上述程序的最终运行结果为：

```
a=123 b=15
a=7b b=f
```

14.2　位　　域

知识点讲解：光盘:视频\PPT 讲解（知识点）\第 14 章\深入理解位域.mp4

在存储有些信息时，并不需要占用一个完整的字节，而只需占用几个或一个二进制位。例如在存放一个开关量时，只有 0 和 1 两种状态，这只需用一位二进位即可。为了节省存储空间，并使处理简便，C 语言又提供了一种称为“位域”或“位段”的数据结构。在本节的内容中，将深入讲解 C 语言中位域的基本知识。

14.2.1　位域的定义和位域变量的说明

所谓“位域”，是指把一个字节中的二进位划分为几个不同的区域，并说明每个区域的位数。每个域有一个域名，允许在程序中按域名进行操作。这样就可以把几个不同的对象，用一个字节的二进制位域来表示。定义位域的方法与定义结构的方法相仿，一般格式如下所示：

```
struct位域结构名
    { 位域列表 };
```

其中位域列表的格式如下所示：

```
类型说明符 位域名:位域长度
```

例如下面的代码：

```
struct bs
{
  int a:8;
  int b:2;
  int c:6;
};
```

位域变量的说明方式与结构变量的说明方式相同，可以采用先定义后说明、同时定义说明或者直接说明这 3 种方式。例如下面的代码：

```
struct bs
{
  int a:8;
  int b:2;
  int c:6;
}data;
```

其中，*data* 为 bs 变量，共占两个字节。其中位域 *a* 占 8 位，位域 *b* 占 2 位，位域 *c* 占 6 位。

对于 C 语言中的位域定义来说，需要进行以下 3 点说明。

（1）一个位域必须存储在同一个字节中，不能跨两个字节。如果一个字节所剩空间不够存放另一位域时，应从下一单元起存放该位域。也可以有意使某位域从下一单元开始。例如：

```
struct bs
{
  unsigned a:4
  unsigned :0          /*空域*/
  unsigned b:4         /*从下一单元开始存放*/
  unsigned c:4
}
```

在上述定义位域的代码中，*a* 占第一字节的 4 位，后 4 位填 0 表示不使用，*b* 从第二字节开始，占用 4 位，*c* 占用 4 位。

（2）由于位域不允许跨两个字节，因此位域的长度不能大于一个字节的长度，也就是说不能超过 8 位二进位。

（3）位域可以无位域名，这时它只用来作填充或调整位置。无名位域是不能使用的。例如：

```
struct k{
        int a:1
        int   :2              /*该2位不能使用*/
        int b:3
        int c:2
};
```

从以上分析可以看出，位域在本质上就是一种结构类型，不过其成员是按二进位分配的。

14.2.2 位域的使用

位域的使用方法和结构成员的使用方法相同，其一般格式如下所示：

```
位域变量名・位域名
```

位域允许用各种格式输出。

实例 088　使用位域实现运算

源码路径　光盘\daima\14\2　　　视频路径　光盘\视频\实例\第 14 章\088

本实例的实现文件为“123.c”，具体实现代码如下所示：

```
main(){
      struct bs {
         unsigned a:1;
         unsigned b:3;
         unsigned c:4;
      } bit,*pbit;
      bit.a=1;
      bit.b=7;
      bit.c=15;
      printf("%d,%d,%d\n",bit.a,bit.b,bit.c);
      pbit=&bit;
      pbit->a=0;
      pbit->b&=3;
      pbit->c|=1;
      printf("%d,%d,%d\n",pbit->a,pbit->b,pbit->c);
}
```

范例 175：演示按位异或运算
源码路径：光盘\演练范例\175\
视频路径：光盘\演练范例\175\
范例 176：交换两个数据的值
源码路径：光盘\演练范例\176\
视频路径：光盘\演练范例\176\

执行后的效果如图 14-2 所示。

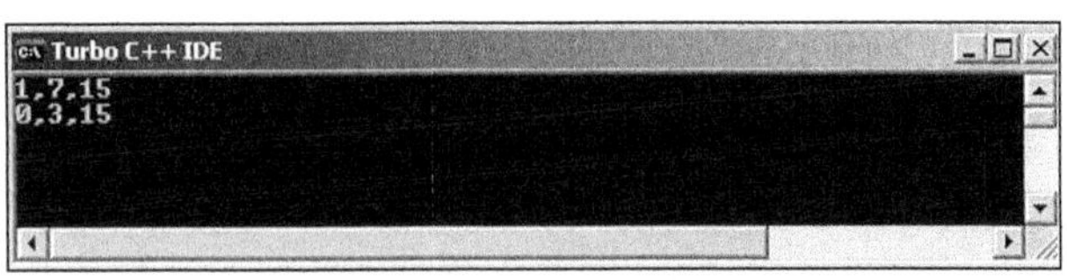

图 14-2　运行结果

14.3 技术解惑

14.3.1 二进制补码运算公式

-x = ～x + 1 = ～（x-1）

～x = -x-1

-（～x）= x+1

~（-x）= x-1

x+y = x - ~y - 1 =（x|y）+（x& y）

x-y = x + ~y + 1 =（x|~y）-（~x& y）

x^y =（x|y）-（x& y）

x|y =（x& ~y）+y

x& y =（~x|y）-~x

x==y:　　~（x-y|y-x）

x!=y:　　x-y|y-x

x< y:　　（x-y）^（(x^y）&（(x-y）^x））

x< =y:　　（x|~y）&（(x^y）|~（y-x））

x< y:　　（~x& y）|（(~x|y）&（x-y））//无符号 x，y 比较

x< =y:　　（~x|y）&（(x^y）|~（y-x））//无符号 x，y 比较

14.3.2　面试题：从某个数中取出指定的某些位

举例：从 0x56cf（16 位的一个整数，对应的二进制即为 0101011011001111）取出从第 4 位开始的 4 个位，即第 4、5、6、7 位（红色的 4 位），得到新的数为 0000000000001100。

在此需要注意：在硬件开发中，第 4 位其实就是第 5 位，因为是从第 0 位算起的，这是电子系统中约定，最低位是第 0 位（而不说是第 1 位）。另外，程序中都是定义为无符号数。

算法：主要用到两个位运算，一个是位与（&），用于取得所关注的若干位，另一个是位右移（>>）。

首先，位与运算得到所要求的 4 位：

```
0101011011001111
&        0000000011110000
```

得到：

```
0000000011000000
```

然后，右移 4 位（因为是第 4 位开始，如果是第 5 位开始则右移 5 位），得到：

```
0000000000001100
```

它首先将原数右移 4 位（因为从第 4 位开始），然后对整数 0 位求反（~0，即：1111111111111111），然后将求反后的数左移 4 位（因为要取 4 个位，第 4、5、6、7 位）得到 1111111111110000，再求反得到 0000000000001111，将此与上面右移后的数位与即得到要求的数：0000000000001100。

14.3.3　位域的内存对齐原则

（1）如果相邻成员变量类型相同，且其位宽之和不大于成员变量类型位宽（在此严重强调，是类型位宽而不是成员变量 sizeof，也不是类型的 sizeof 或者其他什么）大小，则后面的字段将紧邻前一个字段存储，直到不能容纳为止；

（2）如果相邻位域字段的类型相同，但其位宽之和不大于成员变量的类型宽度大小，则后面的字段将从新的存储单元开始，其偏移量为其类型大小的整数倍；

（3）如果相邻的位域字段的类型不同，不同位域字段存放在不同的位域类型字节中（这一条其实会根据编译器的不同而采用不同的规则，此处以 Visual C++ 6.0 标准来说明）；

（4）其实不存这一条规则，在此还要遵守不涉及位域的（2）、（3）条规则，也部分遵守不涉及位域的第一条规则。

第 15 章

预编译处理

在本书前面的内容中，已多次使用过以“#”号开头的预处理命令，例如包含命令#include、宏定义命令#define 等。在源程序中这些命令都放在函数之外，而且一般都放在源文件的前面，它们称为预处理部分。在 C 语言中提供了多种预处理功能，如宏定义、文件包含、条件编译等。合理地使用预处理功能编写的程序便于阅读、修改、移植和调试，也有利于模块化程序设计。本章将详细介绍 C 语言中编译预处理的基本知识。

本章内容

- ⏭ 预编译基础
- ⏭ 宏定义
- ⏭ 文件包含详解
- ⏭ 条件编译

技术解惑

还有其他预编译指令吗

带参的宏定义和函数不同

总结 C 语言中的预处理指令

预编译指令的本质是什么

sizeof（int）在预编译阶段是不会被求值的

多行预处理指令的写法

15.1　预编译基础

知识点讲解：光盘:视频\PPT 讲解（知识点）\第 15 章\深入理解位域.mp4

所谓预处理是指在进行编译的第一遍扫描（词法扫描和语法分析）之前所做的工作。预处理是 C 语言的一个重要功能，它由预处理程序负责完成。当对一个源文件进行编译时，系统将自动引用预处理程序对源程序中的预处理部分进行处理，处理完毕后自动进入对源程序的编译。

软件工程中一个非常重要的问题是软件的可移植性和可重用性问题，例如在计算机平台上开发的程序需要顺利地移植到大型计算机上去运行，同一套代码不加修改或经过少量的修改即可适应多种计算机系统。C 语言作为软件工程中广泛使用的一门程序设计语言，需要很好地解决此类问题。为此 ANSI C 引入了预编译处理命令，主要规范和统一不同编译器的指令集合。通过这些指令，控制编译器对不同的代码段进行编译处理，从而生成针对不同条件的计算机程序。

在 C 语言中主要定义了如下 3 类预编译指令。

- #define 与#undef 指令。
- #include 指令。
- #if #endif 和#if #else #endif 指令。

15.2　宏　定　义

知识点讲解：光盘:视频\PPT 讲解（知识点）\第 15 章\深入理解宏定义.mp4

在 C 语言源程序中，允许用一个标识符表示一个字符串，称为“宏”。被定义为“宏”的标识符称为“宏名”。在编译预处理时，对程序中所有出现的“宏名”，都用宏定义中的字符串去替换，这称为“宏替换”或“宏展开”。

宏定义是由源程序中的宏定义命令完成的。宏替换是由预处理程序自动完成的。在 C 语言中，“宏”分为有参数和无参数两种。在下面的内容中，将分别讨论这两种“宏”的定义和调用方法。

15.2.1　不带参数的宏定义

在无参宏的宏名后面不带任何参数，其定义格式如下所示：

```
#define  标识符  字符串
```

其中，“#”表示这是一条预处理命令。凡是以“#”开头的均为预处理命令。“define”为宏定义命令，“标识符”为所定义的宏名。“字符串”可以是常数、表达式、格式串等。

在前面中介绍过的符号常量定义其实就是一种无参宏定义。此外，经常对程序中反复使用的表达式进行宏定义。例如：

```
#define M (y*y+3*y)
```

上述代码的作用是指定标识符 M 来代替表达式（y*y+3*y）。这样在编写源程序时，所有的（y*y+3*y）都可由 M 代替，而对源程序进行编译时，将先由预处理程序进行宏替换，即用（y*y+3*y）表达式去置换所有的宏名 M，然后再进行编译。

看下面的代码：

```
#define PI 3.1415926
main ()
{ float l,s,r,v;
      printf("input radius:");
      scanf("%f",&r);                    /* 输入圆的半径 */
      l = 2.0*PI*r;                      /* 圆周长 */
      s = PI*r*r;                        /* 圆面积 */
      v = 4.0/3.0*PI*r*r*r;              /* 球体积 */
```

```
    printf("l=%10.4f\ns=%10.4f\nv=%10.4f\n",l,s,v);
}
```

在上述代码中，用标识符（称为“宏名”）PI 代替字符串“3.1415926”。另外，也可以使用“#undef”终止宏定义命令。

关于宏定义的进一步说明如下所示。

（1）一般宏名用大写字母表示（变量名一般用小写字母）。

（2）使用宏可以提高程序的可读性和可移植性。如上述程序中，多处需要使用π值，用宏名既便于修改又意义明确。

（3）宏定义是用宏名代替字符串，宏扩展时仅作简单替换，不检查语法。语法检查在编译时进行。

（4）宏定义不是 C 语句，后面不能有分号。如果加入分号，则连分号一起替换。例如：

```
#define PI 3.1415926;
area = P*r*r;
```

在宏扩展后成为：

```
area = 3.1315926; *r*r;
```

这样在编译时会出现语法错误。

（5）通常把#define 命令放在一个文件的开头，使其在本文件全部有效。用#define 定义的宏仅在本文件有效，在其他文件中无效，这与全局变量不同。

（6）在使用宏定义终止命令#undef 结束先前定义的宏名：

```
#define G 9.8
main()
{
}
#undef G                          /* 取消G的意义 */
f1()
```

（7）宏定义中可以引用已定义的宏名。例如：

```
#define R 3.0
#define PI 3.1415926
#deinfe L 2*PI*R
#define S PI*R*R
main()
{
    printf("L=%f\nS=%f\n",L,S);
}
```

（8）对程序中用双引号括起来的字符串，即使与宏名相同，也不替换。例如上例的 printf 语句中，双引号括起来 L 和 S 不被替换。

实例 089 使用不同的方法输出 3 个实数

源码路径 光盘\daima\15\1　　**视频路径** 光盘\视频\实例\第 15 章\089

本实例的实现文件为“hong.c”，具体实现代码如下所示：

```
//定义不带参数的宏
#define PR printf
#define NL "\n"
#define Fs "%f"
#define F "%6.2f"
#define F1 F NL
#define F2 F "\t" F NL
#define F3 F "\t" F "\t" F NL
main()
{
    float a,b,c;
    //输入3个实数
    scanf(Fs,&a);
    scanf(Fs,&b);
    scanf(Fs,&c);
    PR(NL);                              //输出换行符
    //分3行输出3个实数
    PR(F1,a);
```

范例 177：演示无参宏定义
源码路径：光盘\演练范例\177\
视频路径：光盘\演练范例\177\
范例 178：演示带参宏定义
源码路径：光盘\演练范例\178\
视频路径：光盘\演练范例\178\

```
    PR(F1,b);
    PR(F1,c);
    PR(NL);                                    //输出换行符
    //分两行输出三个数
    PR(F2,a,b);
    PR(F1,c);
    PR(NL);                                    //输出换行符
    //分一行输出三个数
    PR(F3,a,b,c);
}
```

执行后先输入 3 个实数，如图 15-1 所示。

图 15-1　运行结果

按下【Alt+F5】组合键后将会输出 3 个不同的结果，如图 15-2 所示。

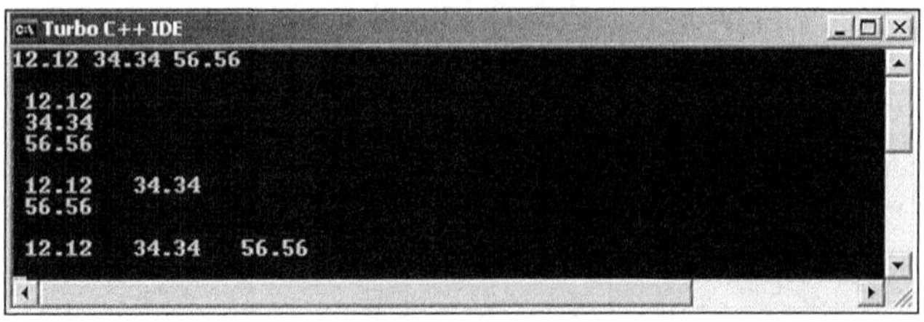

图 15-2　运行结果

注意：在使用不带参数的宏定义时，应该注意如下 5 点。

（1）宏定义必须以#define 开头，行末不分号。

（2）#define 命令一般出现在函数外部。

（3）每一个#define 只能定义一个宏，且只占一个书写行。

（4）宏定义中的宏体只是一串字符，没有值和类型的含义，编译系统只对程序中出现的宏名用定义中的宏体作简单替换，而不做语法检查，且不分配内存空间。

（5）宏体为空时，宏名被定义为字符常量 0。

15.2.2　带参数的宏定义

C 语言允许宏带有参数。在宏定义中的参数称为形式参数，在宏调用中的参数称为实际参数。对带参数的宏，在调用中，不仅要宏展开，而且要用实参去替换形参。

带参宏定义的一般格式如下所示：

```
#define   宏名(形参表)   字符串
```

调用带参宏的一般格式如下所示：

```
宏名(实参表);
```

例如：

```
#define M(y) y*y+3*y                         /*宏定义*/
k=M(5);                                      /*宏调用*/
```

在上述宏调用时，用实参 5 去代替形参 y，经过预处理宏展开后的语句为：

```
k=5*5+3*5
```

看下面的代码：

```
#define MAX(a,b) (a>b)?a:b
main(){
    int x,y,max;
```

```
    printf("input two numbers:        ");
    scanf("%d%d",&x,&y);
    max=MAX(x,y);
    printf("max=%d\n",max);
}
```

在上述代码中，第一行进行了带参宏定义操作，用宏名 MAX 表示条件表达式（a>b）?a:b，形参 a、b 均出现在条件表达式中。程序第七行 max=MAX（*x*，*y*）为宏调用，实参 *x*、*y* 将替换形参 a、b。宏展开后该语句为：

```
max=(x>y)?x:y;
```

这实际上是用于计算 *x*、*y* 中的大数。

对于 C 语言中的带参宏定义，有如下 6 点需要进行说明。

（1）带参宏定义中，宏名和形参表之间不能有空格出现。例如下面的代码：

```
#define MAX(a,b) (a>b)?a:b
```

可以写为如下格式：

```
#define MAX (a,b)   (a>b)?a:
```

这样将被认为是无参宏定义，宏名 MAX 代表字符串（a，b）（a>b）?a:b。宏展开时，宏调用语句“max=MAX（x，y）；”将变为“max=（a，b）（a>b）?a:b（x，y）；”，这显然是错误的。

（2）在带参宏定义中，形式参数不分配内存单元，因此不必作类型定义。而宏调用中的实参有具体的值。要用它们去替换形参，因此必须作类型说明。这是与函数中的情况不同的。在函数中，形参和实参是两个不同的量，各有自己的作用域，调用时要把实参值赋予形参，进行“值传递”。而在带参宏中，只是符号替换，不存在值传递的问题。

（3）在宏定义中的形参是一个标识符，而宏调用中的实参可以是表达式。看下面的代码：

```
#define SQ(y) (y)*(y)
main(){
    int a,sq;
    printf("input a number:        ");
    scanf("%d",&a);
    sq=SQ(a+1);
    printf("sq=%d\n",sq);
}
```

在上述代码中，第一行为宏定义，形参为 y。程序第七行宏调用中实参为 a+1，是一个表达式，在宏展开时，用 a+1 替换 y，再用（y）*（y）替换 SQ，这将得到如下语句：

```
sq=(a+1)*(a+1);
```

这与函数的调用是不同的，在函数调用时要把实参表达式的值求出来再赋予形参。而宏替换中对实参表达式不作计算直接地照原样替换。

（4）在宏定义中，字符串内的形参通常要用括号括起来以避免出错。在上面代码中的宏定义中（y）*（y）表达式中，y 都用括号括起来，因此结果是正确的。但是如果去掉括号，把程序改为下面的形式：

```
#define SQ(y) y*y
main(){
    int a,sq;
    printf("input a number:        ");
    scanf("%d",&a);
    sq=SQ(a+1);
    printf("sq=%d\n",sq);
}
```

此时的运行结果为：

```
input a number:3
sq=7
```

在此同样输入 3，但是结果却是不一样的。这是因为替换只是进行了作符号替换而，而不作其他的处理。宏替换后将得到以下语句：

```
sq=a+1*a+1;
```

此时由于 a 为 3，所以 sq 的值为 7。这显然与题意相违，因此参数两边的括号是不能少的。即使在参数两边加括号还是不够的，请看下面程序：

```
#define SQ(y) (y)*(y)
main(){
   int a,sq;
   printf("input a number:        ");
   scanf("%d",&a);
   sq=160/SQ(a+1);
   printf("sq=%d\n",sq);
}
```

上述代码和前面的代码相比，只把宏调用语句改为了“sq=160/SQ（a+1)”，运行本程序如输入值仍为 3 时，希望结果为 10。但实际运行的结果如下所示：

```
input a number:3
sq=160
```

为什么会得这样的结果呢？分析宏调用语句，在宏替换之后变为：

```
sq=160/(a+1)*(a+1);
```

当 a 为 3 时，由于“/”和“*”运算符优先级和结合性相同，则先算 160/（3+1）得 40，再算 40*（3+1）最后得 160。为了得到正确答案应在宏定义中的整个字符串外加括号，需要将程序修改为如下所示的代码：

```
#define SQ(y) ((y)*(y))
main(){
   int a,sq;
   printf("input a number:        ");
   scanf("%d",&a);
   sq=160/SQ(a+1);
   printf("sq=%d\n",sq);
}
```

由此可见，对于宏定义不仅应在参数两侧加括号，也应在整个字符串外加括号。

（5）带参的宏和带参函数很相似，但有本质上的不同，除上面已谈到的各点外，把同一表达式用函数处理与用宏处理两者的结果有可能是不同的。

（6）宏定义也可用来定义多个语句，在宏调用时，把这些语句又替换到源程序内。看下面的代码：

```
#defineSSSV(s1,s2,s3,v)s1=l*w;s2=l*h;s3=w*h;v=w*l*h;
main(){
   intl=3,w=4,h=5,sa,sb,sc,vv;
   SSSV(sa,sb,sc,vv);
  printf("sa=%d\nsb=%d\nsc=%d\nvv=%d\n",sa,sb,sc,vv);
}
```

在上述代码中，第一行为宏定义，用宏名 SSSV 表示 4 个赋值语句，4 个形参分别为 4 个赋值符左部的变量。在宏调用时，把 4 个语句展开并用实参代替形参，使计算结果送入实参之中。

15.2.3　字符串化运算符

字符串化运算符即#运算符，出现在宏定义中的#运算符把跟在其后的参数转换成一个字符串。有时把这种用法的#称为字符串化运算符。例如：

```
#define PASTE(n) "adhfkj"#n
main()
{
      printf("%s\n",PASTE(15));
}
```

宏定义中的#运算符告诉预处理程序，把源代码中任何传递给该宏的参数转换成一个字符串。所以输出应该是 adhfkj15。

15.2.4　并接运算符

并接运算符即##运算符，##运算符的功能是把参数连接到一起。预处理程序把出现在##两侧的参数合并成一个符号。看下面的代码：

```
#define NUM(a,b,c) a##b##c
   #define STR(a,b,c) a##b##c
main()
```

```
{
    printf("%d\n",NUM(1,2,3));
    printf("%s\n",STR("aa","bb","cc"));
}
```

运行上述代码后会输出：

```
153
aabbcc
```

但是读者无需担心，除非需要或者宏的用法恰好和手头的工作相关，否则很少有程序员会知道##运算符。绝大多数程序员从来没用过它。

15.3 文件包含详解

知识点讲解：光盘:视频\PPT 讲解（知识点）\第 15 章\文件包含详解.mp4

文件包含是指，一个源文件可以将另一个源文件的全部内容包含进来。通常一个大的程序可以分为多个模块，并由多个程序员分别编程。有了文件包含处理功能，就可以将多个模块共用的数据（如符号常量和数据结构）或函数集中到一个单独的文件中。这样，凡是要使用其中数据或调用其中函数的程序员，只要使用文件包含处理功能，将所需文件包含进来即可，不必再重复定义它们，从而减少重复劳动。

文件包含是 C 预处理程序的另一个重要功能，文件包含命令行的一般如下两种形式。

```
#include"文件名"
#include<文件名>
```

上述两种格式的区别如下所示。

（1）使用双引号：系统首先到当前目录下查找被包含文件，如果没找到，再到系统指定的“包含文件目录”（由用户在配置环境时设置）去查找。

（2）使用尖括号：直接到系统指定的"包含文件目录"去查找。一般地说，使用双引号比较保险。

实例 090 将 3 个不同 C 文件用文件包含命令来处理，输出 3 个数字中的最小值。

源码路径 光盘\daima\15\2　　视频路径 光盘\视频\实例\第 15 章\090

第一个 C 文件为“file1.c”，具体实现代码如下所示：

```
//file1.c源程序文件清单
/* 求两个整数中最小数*/
int min1(int a, int b )
{    if(a>b) return(b);
     else
           return(a);
}
```

上述代码功能是，定义了一个函数 min1，用于比较数字的大小。

第二个 C 文件为“file2.c”，具体实现代码如下所示：

```
//file2.c源程序文件清单
/* 求三个整数中最小数*/
int min2(int a, int b, int c)
{    int z,m;
     z=min1(a,b);
     m=min1(z,c);
     return (m);
}
```

上述代码功能是，定义了一个函数 min2，用于首先用 min1 函数比较 *a* 和 *b* 的大小，获取小者为 *z*；然后用 min1 函数比较小者 *z* 和 *c* 的大小，并最终返回小者为 *m*。

第三个 C 文件为“file3.c”，具体实现代码如下所示：

```
#include "file1.c"
#include "file2.c"
main()
{    int x1,x2,x3,min;
```

```
        scanf("%d,%d,%d",&x1,&x2,&x3);
        min=min2(x1,x2,x3);
        printf("min=%d\n",min);
}
```

在上述代码中，首先使用#include 包含了前面的 2 个文件，对用户输入的 3 个数据进行比较，并最终获取最小值。

编写代码完毕后，按下【F2】键将上述文件 file3.c 保存，然后按下【F9】键编译并链接上述代码。按下【Ctrl+F9】组合键运行上述代码，在此输入 3 个实数，如图 15-3 所示。

按下【Alt+F5】组合键后将会输出 3 个不同的结果，如图 15-4 所示。

范例 179：使用文件包含
源码路径：光盘\演练范例\179\
视频路径：光盘\演练范例\179\
范例 180：设置输出模式
源码路径：光盘\演练范例\180\
视频路径：光盘\演练范例\180\

图 15-3　运行结果

图 15-4　运行结果

注意：

读者在使用文件包含时应该注意如下几点。

（1）一个 include 命令只能指定一个被包含文件，如果要包含 n 个文件，用 n 个 Include 命令。

（2）#include 命令的文件名，可以使用两种括号。#include <math.h>与#include“math.h”的区别在于遇到#include <math.h>命令时系统从默认的头文件目录中查找文 math.h 文件；遇到#include“math.h” 时系统首先从当前的目录中搜索，如果没有找到再在默认的头文件目录中查找文件 math.h 文件。因此包含系统提供的库函数使用#include <math.h>方式搜索速度比较快；如果包含用户自定义的.h 文件使用#include“math.h”方式，搜索速度比较快。

（3）被包含文件与其所在文件，在预处理后，成为一个文件，因此，如果被包含文件定义有全局变量，在其他文件中不必用 extern 关键字声明。但一般不在被包含文件中定义变量。

（4）文件包含可以嵌套，即被包含文件中又包含另一个文件。

另外在软件开发中，一般将符号常量、全局变量、函数声明包含在头文件（.h 文件）中，并将其定义放在.c 文件中。然后在使用的时候，包含对应的头文件即可。例如，下面是常用数学库函数头文件“math.h”中的部分代码，其中_Cdecl 为 Turbo C 系统的中保留字：

```
Definitions for the math floating point package.
Copyright (c) Borland International 1987,1988
All Rights Reserved.
*/
int _Cdecl abs (int x);
double _Cdecl acos (double x);
double _Cdecl asin (double x);
double _Cdecl atan (double x);
double _Cdecl atan2 (double y, double x);
double _Cdecl atof (const char *s);
double _Cdecl ceil (double x);
double _Cdecl cos (double x);
```

如果在程序中需要使用数学库函数，只需在文件中加入如下的代码即可：

```
#include <math.h>
#include"math.h"
```

另外，在使用#include 指令时，对系统文件要使用#include <math.h>形式；对用户自定义文件，则要使用#include“math.h”形式。

15.4 条件编译

知识点讲解：光盘:视频\PPT 讲解（知识点）\第 15 章\条件编译.mp4

为了实现在编译程序的时候控制哪些代码参与编译，哪些代码不参与编译，在 C 语言中特意引入了条件编译指令。通过使用条件编译，可以将针对于不同硬件平台或软件平台的代码，编写在同一程序文件中，从而方便程序的维护和移植。在进行软件移植的时候，可以针对不同的情况，控制不同的代码段被编译。在本节的内容中，将详细讲解 C 语言中常用的 C 条件编译命令的基本知识。

15.4.1 #ifdef... #else...#endif 命令

此编译指令类似于 C 语言中的 if else 语句，是一种典型的条件编译指令。其语法格式如下所示：

```
#ifdef常量表达式
  代码段1
#else
  代码段2
#endif
```

其中，“常量表达式”可以仅仅为一个编译标志。

如果常量表达式的值为真（非零值），编译“代码段 1”部分的代码，否则编译“代码段 2”部分的代码。当常量表达式为简单的编译标志时，如果此编译标志在前面的代码中，已经使用 #define 指令定义过，且在当前的代码段中有效，则编译代码段 1 部分的代码，否则编译代码段 2 部分的代码。

看下面的代码，定义了符号常量 CONST_TRUE 和 TAG_TRUE，并根据不同的条件进行不同操作：

```
#define CONST_TRUE 1
#define TAG_TRUE
void main(){
  #ifdef CONST_TRUE
    printf("The CONST_TRUE is true\n");
  #else
    printf("The CONST_TRUE is false\n");
  #endif
  #ifdef TAG_TRUE
    printf("The TAG_TRUE is defined\n");
  #else
    printf("The TAG_TRUE is not defined\n");
  #endif
}
```

因为 CONST_TRUE 代表 1，所以系统编译 printf（"The CONST_TRUE is true\n"）部分代码，因此程序运行输出“The CONST_TRUE is true”的结果。如果 CONST_TRUE 代表 0，则系统编译 printf（"The CONST_TRUE is false\n"）部分代码。由于 TAG_TRUE 已经定义，所系统编译 printf（"The TAG_TRUE is defined\n"）部分代码。

最终的运行结果如下所示：

```
The CONST_TRUE is true
The TAG_TRUE is defined
```

此编译指令的简单形式为单分支的条件编译指令，其语法格式如下所示：

```
#ifdef常量表达式
  代码段
#endif
```

如果常量表达式的值为真，则编译“代码段”部分的代码，否则跳过此部分的代码。当常量表达式为编译标志时，如果此编译标志有效，则编译“代码段”部分的代码，否则跳过此部分的代码。

例如在下面程序中，只有定义了 TAG_TRUE 之后，才可以编译 printf（"The TAG_TRUE is defined\n"）语句：

```
#ifdef TAG_TRUE
  printf("The TAG_TRUE is defined\n");
#endif
```

15.4.2　#if defined… #else…#endif

此编译指令为#ifdef… #else…#endif 的等价编译指令，其语法格式如下所示：

```
#if defined常量表达式
  代码段1
#else
  代码段2
#endif
```

或：

```
#if defined (常量表达式)
  代码段1
#else
  代码段2
#endif
```

此编译指令的简单形式为单分支的条件编译指令，其语法形式如下所示：

```
#if defined常量表达式
  代码段1
#endif
```

15.4.3　#ifndef… #else…#endif

此编译指令的一般格式如下所示：

```
#ifndef常量表达式
  代码段1
#else
  代码段2
#endif
```

如果常量表达式的值为假（零值）时，编译代码段部分的代码，否则编译“代码段 2”部分的代码。当常量表达式为编译标志时，如果此编译标志无效则编译“代码段 1”部分的代码，否则编译“代码段 2”部分的代码。

此编译指令的简单形式为单分支的选择编译指令，其语法格式如下所示：

```
#ifndef常量表达式
  代码段1
……
#endif
```

15.4.4　#if !defined… #else…#endif

此编译指令与#ifndef… #else…#endif 等价，其语法形式如下所示：

```
# if !defined常量表达式
  代码段1
#else
  代码段2
#endif
```

或：

```
# if !defined(常量表达式)
  代码段1
#else
  代码段2
#endif
```

注意：在使用上述格式时，要避免头文件的重复包含，造成变量重复定义或函数的重复声明，此错误是初学者经常遇到的一个问题。主要的原因是在编辑自己的头文件的时候，并没有加入有效的预防措施。为了解决此类问题，建议在文件开始与结尾加入如下所示的类似代码：

```
#if !defined(MY__INCLUDED_)           /*此头文件对应的编译标志*/
  #define MY__INCLUDED                /*此头文件没有被包含，所以编译此部分的代码*/
#endif
```

15.4.5 #ifdef…#elif… #elif…#else… #endif

此条件编译指令为多分支的条件编译指令，类似于多分支的选择结构 if…else if…else，其语法格式如下所示：

```
# ifdef常量表达式1
  代码段1
#elif常量表达式2
  代码段2
#elif常量表达式3
  代码段3
#endif
```

其中，elif 为 else if 的意思。常量表达式 1、常量表达式 2、常量表达式 3……为一个常量表达式或编译标志。当常量表达式 1 为常量表达式时，如果其值为真（非零值）则编译代码段 1 部分的代码，否则如果常量表达式 2 值为真（非零值）则编译代码段 2 部分的代码，依次类推。

其他等价的多分支条件编译指令如下所示：

形式 1：

```
# ifndef常量表达式1
  代码段1
#elif常量表达式2
  代码段2
#elif常量表达式3
  代码段3
#endif
```

形式 2：

```
# if defined常量表达式1
  代码段1
#elif常量表达式2
  代码段2
#elif常量表达式3
  代码段3
#endif
```

形式 3：

```
# if !defined ( 常量表达式1)
  代码段1
#elif常量表达式2
  代码段2
#elif常量表达式3
  代码段3
#endif
```

在使用时应该注意，条件编译指令的作用是控制不同的代码被编译形成机器指令；而条件语句是控制哪些机器指令可以执行。条件编译中不同分支的代码不会同时编译并存在同一可执行文件中；而条件语句所有分支中的语句均会编译机器指令，并存放在同一可执行文件中。

实例 091 使用条件编译方法输入两段文字，然后选择两种输出格式。其中一种是原文输出，另一种是将字母变为其下一个字母，即 a 变为 b，b 变为 c……z 变为 a。

源码路径 光盘\daima\15\3　　视频路径 光盘\视频\实例\第 15 章\091

本实例的实现文件为“bianyi.c”，具体实现代码如下所示：

```
#include "file1.c"
#include "file2.c"
main()
{
   int x1,x2,x3,min;
   scanf("%d,%d,%d",&x1,&x2,&x3);
   min=min2(x1,x2,x3);
   printf("min=%d\n",min);
}
```

在上述代码中，首先使用#include 包含了前面的 2 个文件，对用户输入的 3 个数据进行比较，并最终获取最小值。

执行后先输入 3 个实数，如图 15-5 所示。

图 15-5　运行结果

按下【Alt+F5】组合键后将会输出 3 个不同的结果，如图 15-6 所示。

范例 181：使用#if 条件编译指令
源码路径：光盘\演练范例\181\
视频路径：光盘\演练范例\181\
范例 182：用条件编译实现加密和解密
源码路径：光盘\演练范例\182\
视频路径：光盘\演练范例\182\

图 15-6　运行结果

15.5　技术解惑

15.5.1　还有其他预编译指令吗

在 C 语言中除了定义本章前面讲解的常用的预编译指令之外，还定义了一些其他的预编译指令，具体说明如下所示。

（1）#error

#error 指令的语法格式如下所示：

```
#error token-sequence
```

其主要作用是在编译的时候输出编译错误信息 token-sequence，从而方便程序员检查程序中出现的错误。例如下面的代码：

```
#include "stdio.h"
int main(int argc, char* argv[]){
    #define CONST_NAME1 "CONST_NAME1"
    printf("%s\n",CONST_NAME1);
    #undef CONST_NAME1
    #ifndef CONST_NAME1
    #error No defined Constant Symbol CONST_NAME1
    #endif
    {
        #define CONST_NAME2 "CONST_NAME2"
        printf("%s\n",CONST_NAME2);
    }
    printf("%s\n",CONST_NAME2);
    return 0;
    }
```

在编译的时候输出如下编译信息：

```
fatal error C1189: #error : No defined Constant Symbol CONST_NAME1
```

（2）# pragma

pragma 指令的语法格式如下所示：

```
# pragma token-sequence
```

此指令的作用是触发所定义的动作。如果 token-sequence 存在，则触发相应的动作，否则忽略。

（3）# line

line 指令的功能是为强制编译器按指定的行号，开始对源程序的代码重新编号，在调试的时候，可以按此规定输出错误代码的准确位置。

形式 1 的语法格式如下所示：

```
# line constant"filename"
```

其作用是使得其后的源代码从指定的行号 constant 重新开始编号，并将当前文件的名命名为 filename。

形式 2 的语法格式如下所示：

```
# line constant
```

其作用是在编译的时候准确输出出错代码所在的位置(行号),而在源程序中并不出现行号，从而方便程序员准确定位。

15.5.2 带参的宏定义和函数不同

（1）函数调用时，先求实参表达式值，后代入。而带参的宏只是进行简单的字符替换。

（2）函数调用是在程序运行时处理的，分配临时的内存单元。而宏展开则是在编译时进行的，不分配内存单元，不进行值的传递，也无“返回值”。

（3）对函数中的实参和形参都要定义类型，类型应一致。而宏不存在类型问题，宏名和参数无类型，只是一个符号代表，展开时代入指定的字符即可。

（4）调用函数只可得到一个返回值，而用宏可以设法得到几个结果。

（5）使用宏次数多时，宏展开后使源程序增长，而函数调用不使源程序变长。

（6）宏替换不占运行时间，只占编译时间。而函数调用则占用运行时间（分配单元、保留现场、值传递、返回），一般用宏代表简短的表达式比较合适。

15.5.3 总结 C 语言中的预处理指令

在 C 语言中，预处理指令是以#号开头的代码行。#号必须是该行除了任何空白字符外的第一个字符。#后是指令关键字，在关键字和#号之间允许存在任意个数的空白字符。整行语句构成了一条预处理指令，该指令将在编译器进行编译之前对源代码做某些转换。下面是在 C 语言中常用的预处理指令。

- #：空指令，无任何效果。
- #include：包含一个源代码文件。
- #define：定义宏。
- #undef：取消已定义的宏。
- #if：如果给定条件为真，则编译下面代码。
- #ifdef：如果宏已经定义，则编译下面代码。
- #ifndef：如果宏没有定义，则编译下面代码。
- #elif：如果前面的#if 给定条件不为真，当前条件为真，则编译下面代码，其实就是 else if 的简写。
- #endif：结束一个#if…#else 条件编译块。
- #error：停止编译并显示错误信息。

15.5.4 预编译指令的本质是什么

预编译程序所完成的基本上是对源程序的“替代”工作。经过此种替代，生成一个没有宏定义、没有条件编译指令、没有特殊符号的输出文件。这个文件的含义同没有经过预处理的源文件是相同的，但内容有所不同。下一步，此输出文件将作为编译程序的输出而被翻译成为机器指令。

15.5.5　sizeof（int）在预编译阶段是不会被求值的

只要知道“预编译阶段”在真正的“编译阶段”之前，就很容易理解了。预编译阶段只是对组成源代码中的字符进行作用，从某种意义上来说，它有时甚至不知道它的操作对象是什么，它只是按照既定的规则执行替换。

看下面的代码：

```
sizeof(int)
```

无论是 sizeof 的解析，还是类型的解析，都是在“编译阶段”才开始的，编译阶段知道它的操作对象是什么。所以说下面的代码是错误的：

```
#if sizeof(int) == 2
    printf("precompile sizeof(int)");
#endif
```

15.5.6　多行预处理指令的写法

当把一个预处理指令写成多行的形式时，建议使用符号“/”，并且在该符号后面应紧跟换行符。而非预处理指令的代码行不需要使用该符号，直接换行即可。 原因：编译阶段会自动忽略空白符，而预编译阶段不会。

第 16 章

文 件 操 作

在计算机信息系统中，根据信息的存储时间的长短，可以分为临时性信息和永久性信息。简单来说，临时性信息存储在计算机系统临时存储设备（例如存储在计算机内存），这类信息随系统断电而丢失。永久性信息存储在计算机的永久性存储设备（例如存储在磁盘和光盘）。永久性的最小存储单元为文件，因此，文件管理是计算机系统中的一个重要的问题。在本章的内容中，将详细讲解 C 语言中实现文件操作的基本知识。

本章内容

- C 领域中的文件
- 文件指针
- 实现文件打开与关闭
- 文件读写详解
- 必须掌握文件的随机读写
- 文件管理函数详解
- 文件状态检测函数详解
- Win32 API 中的文件操作函数

技术解惑

文件指针和文件内部的位置指针是一个含义吗

fseek 函数的换行问题

怎样解决 gets 函数的溢出问题

feof 函数会多读一个吗

流和文件有何关系

16.1　C 领域中的文件

知识点讲解：光盘:视频\PPT 讲解（知识点）\第 16 章\谈谈 C 领域中的文件.mp4

所谓“文件”是指一组相关数据的有序集合。这个数据集有一个名称，叫做文件名。实际上在前面的各章中我们已经多次使用了文件，例如源程序文件、目标文件、可执行文件、库文件（头文件）等。

文件通常是驻留在外部介质（如磁盘等）上的，在使用时才调入内存中来。从不同的角度可对文件作不同的分类。从用户的角度看，文件可分为普通文件和设备文件两种。

普通文件是指驻留在磁盘或其他外部介质上的一个有序数据集，可以是源文件、目标文件、可执行程序；也可以是一组待输入处理的原始数据，或者是一组输出的结果。源文件、目标文件、可执行程序可以称作程序文件，输入输出数据可称作数据文件。

设备文件是指与主机相联的各种外部设备，如显示器、打印机、键盘等。在操作系统中，把外部设备也看作是一个文件来进行管理，把它们的输入、输出等同于对磁盘文件的读和写。

通常把显示器定义为标准输出文件，一般情况下在屏幕上显示有关信息就是向标准输出文件输出。如前面经常使用的 printf、putchar 函数就是这类输出。

键盘通常被指定标准的输入文件，从键盘上输入就意味着从标准输入文件上输入数据。scanf、getchar 函数就属于这类输入。

从文件编码的方式来看，文件可分为 ASCII 码文件和二进制码文件两种。ASCII 文件也称为文本文件，这种文件在磁盘中存放时每个字符对应一个字节，用于存放对应的 ASCII 码。例如，数字 5678 的存储形式为。

ASCII 码：	00110101	00110110	00110111	00111000
十进制码：	5	6	7	8

共占用 4 个字节。

ASCII 码文件可在屏幕上按字符显示，例如源程序文件就是 ASCII 文件，用 DOS 命令 TYPE 可显示文件的内容。由于是按字符显示，因此能读懂文件内容。

二进制文件是按二进制的编码方式来存放文件的，例如数字 5678 的存储形式为：

```
00010110  00101110
```

只占二个字节。二进制文件虽然也可在屏幕上显示，但其内容无法读懂。C 系统在处理这些文件时，并不区分类型，都看成是字符流，按字节进行处理。

输入输出字符流的开始和结束只由程序控制而不受物理符号（如回车符）的控制，因此也把这种文件称作“流式文件”。

在 C 语言中，对文件的操作主要是对流式文件的打开、关闭、读、写、定位等各种操作。

16.1.1　文本文件

文本文件是一种典型的顺序文件，其文件的逻辑结构又属于流式文件。特别是，文本文件是指以 ASCII 码方式（也称文本方式）存储的文件，更确切地说，英文、数字等字符存储的是 ASCII 码，而汉字存储的是机内码。文本文件中除了存储文件有效字符信息（包括能用 ASCII 码字符表示的回车、换行等信息）外，不能存储其他任何信息，因此文本文件不能存储声音、动画、图像、视频等信息。

设某个文件的内容是下面一行文字：

```
中华人民共和国CHINA 1949
```

如果以文本方式存储，机器中存储的是下面的代码（以十六进制表示，机器内部仍以二进制方式存储）：

```
D6 D0 BB AA C8 CB C3 F1    B9 B2 BA CD B9 FA 20 43 48 49 4E 41 20 31 39 34    39 A1 A3
```

其中，D6D0、BBAA、C8CB、C3F1、B9B2、BACD、B9FA 分别是“中华人民共和国 ABCD”七个汉字的机内码，20 是空格的 ASCII 码，43、48、49、4E、41 分别是五个英文字母“CHINA”的 ASCII 码，31、39、34、39 分别是数字字符“1949”的 ASCII 编码，A1A3 是标点“。”的机内码。

从上面可以看出，文本文件中信息是按单个字符编码存储的，如 1949 分别存储“1”“9”“4”、“9”这四个字符的 ASCII 编码，如果将 1949 存储为 079D（对应二进制为 0000 0111 1001 1101，即十进制 1949 的等值数），则该文件一定不是文本文件。

16.1.2 文件分类

文件作为信息存储的一个基本单位，根据其存储信息的方式不同，分为文本文件（又名 ASCII 文件）和二进制文件。如果将存储的信息采用字符串方式来保存，那么称此类文件为文本文件。如果将存储的信息严格按其在内存中的存储形式来保存，则称此类文件为二进制文件。例如下面的一段信息：

```
This is 1000
```

在 C 语言中，将分别采用字符串和整数来表示，具体如下所示：

```
char szText[]="This is";
int a=1000;
```

其中“This is”为一个字符串，1000 为整型数据。如果这两个数据在内存中是连续存放的，则其二进制编码的十六进制形式为：

54 68 69 73 20 69 73 20 00 03 E8。

如果将上述信息全部按对应的 ASCII 编码来存储，则其二进制编码的十六进制形式为：

```
54 68 69 73 20 69 73 20 00 31 30 30 30
```

如果上述信息保存到文件中，则是按如下形式来存储：

```
54 68 69 73 20 69 73 20 00 03 E8
```

上述称此文件为二进制文件。如果是按 54 68 69 73 20 69 73 20 00 31 30 30 30 形式来存储，则称此文件为文本文件。

在 C 语言中，把文件看作一组字符或二进制数据的集合，也称为“数据流”。“数据流”的结束标志为-1，在 C 语言中，规定文件的结束标志为 EOF。EOF 是一个符号常量，其定义在头文件“stdio.h”中，具体形式如下所示：

```
#define EOF (-1)                /* End of file indicator */
```

16.2 文 件 指 针

知识点讲解：光盘:视频\PPT 讲解（知识点）\第 16 章\什么是文件指针.mp4

在 C 语言中，使用一个指针变量指向一个文件，这个指针被称为文件指针。通过文件指针就可对它所指的文件进行各种操作。定义说明文件指针的一般格式如下所示：

```
FILE *指针变量标识符;
```

其中，“FILE”应为大写，它实际上是由系统定义的一个结构，该结构中含有文件名、文件状态和文件当前位置等信息。在编写源程序时不必关心 FILE 结构的细节。例如：

```
FILE *fp;
```

上述代码表示“fp”是指向 FILE 结构的指针变量，通过 fp 即可找存放某个文件信息的结构变量，然后按结构变量提供的信息找到该文件，实施对文件的操作。习惯上也笼统地把 fp 称为指向一个文件的指针。

16.3 实现文件打开与关闭

知识点讲解：光盘:视频\PPT 讲解（知识点）\第 16 章\实现文件打开与关闭.mp4

进行文件处理时，首先要打开一个文件，其次对文件进行操作，最后在操作完成之后关闭文件。

- 文件打开

在 C 语言中，文件的打开操作是通过 fopen 函数实现的，此函数的声明在文件“stdio.h”中，具体原型如下所示：

```
FILE * fopen (const char *path, const char *mode);
```

- 文件关闭

在 C 语言中，文件的关闭功能是通过 fclose 函数实现的，此函数的声明在文件“stdio.h”中，具体原型如下所示：

```
int fclose (FILE *stream);
```

在接下来的内容中，将详细讲解使用 C 语言实现文件打开与关闭的方法。

16.3.1 打开文件

在 C 语言中，文件的打开操作是通过函数 fopen 实现的。函数 fopen 的声明在文件“stdio.h”中，具体原型如下所示：

```
FILE * fopen (const char *path, const char *mode);
```

- const char *path：文件名称，用字符串表示。
- const char *mode：文件打开方式，同样用字符串表示。
- 函数返回值：FILE 类型指针。如果运行成功，fopen 返回文件的地址，否则返 NULL。

注意：在使用时要检测 fopen 函数的返回值，防止打开文件失败后，继续对文件进行读写而出现严重错误。

文件名称一般要求为文件全名，文件全名由文件所在目录名加文件名构成。例如文件 123.C 存储在 C 驱动器的 temp 目录中，则文件所在目录名为“c:\temp”，文件名为“123.C”，文件全名为“c:\temp\123.C”。如果用字符串来存储文件全名，则表示为如下所示的形式：

```
char szFileName[256]= "c:\\temp\\123.c"
```

函数 fopen 允许文件名称仅仅为文件名，那么此文件的目录名由系统自动确定，一般为系统的当前目录名。例如假设在文件 ctest.c 中包括如下所示的程序语句：

```
FILE *fpFile;
fpFile =fopen("C:\\a.txt", "w+");
```

编译连接后形成可执行程序 ctest.exe，无论 ctest.exe 在什么目录下运行，都会准确地打开 C 盘根目录下的 a.txt 文件。但是如果包括如下的程序语句：

```
FILE *fpFile;
fpFile =fopen ("a.txt", "w+");
```

则文件“a.txt”的位置与 ctest.exe 所在的目录有关。假设 Ctest.exe 存储在 c:\tc 目录下，执行下面的 dos 命令：

```
c:\>cd c:\tc
c:\tc>Ctest
```

这样在 c:\tc 目录下创建了名为 a.txt 的文件。

但是如果执行下面的 dos 命令：

```
c:\>cd c:\
c:\>C:\TC\ctest
```

则在 c:\目录下创建了名为 a.txt 的文件。因此在确定文件名称时，要非常注意。

注意：在使用时，注意文件名称的格式要求路径的分隔符为“\\”，而不是“\”，因为在 C 语言中“\\”代表字符\，例如“C:\\Test.dat”。

根据不同的需求，文件的打开方式有如下几种常用模式。

（1）只读模式。

只能从文件读取数据，也就是说只能使用读取数据的文件处理函数，同时要求文件本身已经存在。如果文件不存在，则 fopen 的返回值为 NULL，打开文件失败。由于文件类型不同，只读模式有两种不同参数。“r”用于处理文本文件（例如.c 文件和..txt 文件），“rb” 用于处理二进制文件（例如.exe 文件和.zip 文件）。

（2）只写模式。

只能向文件输出数据，也就是说只能使用写数据的文件处理函数。如果文件存在，则删除文件的全部内容，准备写入新的数据。如果文件不存在，则建立一个以当前文件名命名的文件。如果创建或打开成功，则 fopen 返回文件的地址。同样只写模式也有两种不同参数，“w”用于处理文本文件，“wb”用于处理二进制文件。

（3）追加模式。

一种特殊写模式，如果文件存在，则准备从文件的末端写入新的数据，文件原有的数据保持不变。如果此文件不存在，则建立一个以当前文件名命名的新文件。如果创建或打开成功，则 fopen 的返回此文件的地址。其中参数“a”用于处理文本文件，参数“ab”用于处理二进制文件。

（4）读写模式。

可以向文件写数据，也可从文件读取数据。此模式下有如下的几个参数：“r+”和“rb+”：要求文件已经存在，如果文件不存在，则打开文件失败。“w+”和“wb+”：如果文件已经存在，则删除当前文件的内容，然后对文件进行读写操作；如果文件不存在，则建立新文件，开始对此文件进行读写操作。“a+”和“ab+”如果文件已经存在，则从当前文件末端的内容，然后对文件进行读写操作；如果文件不存在，则建立新文件，然后对此文件进行读写操作。

在 C 语言中规定，共有 12 种操作文件的方式，具体说明如表 16-1 所示。

表 16-1　　使用文件的方式

char *mode	含义	注释
“r”	只读	打开文本文件，仅允许从文件读取数据
“w”	只写	打开文本文件，仅允许向文件输出数据
“a”	追加	打开文本文件，仅允许从文件尾部追加数据
“rb”	只读	打开二进制文件，仅允许从文件读取数据
“wb”	只写	打开二进制文件，仅允许向文件输出数据
“ab”	追加	打开二进制文件，仅允许从文件尾部追加数据
“r+”	读写	打开文本文件，允许输入/输出数据到文件
“w+”	读写	创建新文本文件，允许输入/输出数据到文件
“a+”	读写	打开文本文件，允许输入/输出数据到文件
“rb+”	读写	打开二进制文件，允许输入/输出数据到文件
“wb+”	读写	创建新二进制文件，允许输入/输出数据到文件
“ab+”	读写	打开二进制文件，允许输入/输出数据到文件

对于表 16-1 中的文件使用方式有以下 7 点说明。

（1）文件使用方式由 r，w，a，t，b，+六个字符拼成，各字符的具体含义如下所示。

- ❑ r（read）：读。
- ❑ w（write）：写。

- a（append）：追加。
- t（text）：文本文件，可省略不写。
- b（banary）：二进制文件。
- +：读和写。

（2）凡用“r”打开一个文件时，该文件必须已经存在，且只能从该文件读出。

（3）用“w”打开的文件只能向该文件写入。若打开的文件不存在，则以指定的文件名建立该文件，若打开的文件已经存在，则将该文件删去，重建一个新文件。

（4）若要向一个已存在的文件追加新的信息，只能用“a”方式打开文件。但此时该文件必须是存在的，否则将会出错。

（5）在打开一个文件时，如果出错，fopen 将返回一个空指针值 NULL。在程序中可以用这一信息来判别是否完成打开文件的工作，并作相应的处理。

（6）把一个文本文件读入内存时，要将 ASCII 码转换成二进制码，而把文件以文本方式写入磁盘时，也要把二进制码转换成 ASCII 码，因此文本文件的读写要花费较多的转换时间。对二进制文件的读写不存在这种转换。

（7）标准输入文件（键盘），标准输出文件（显示器），标准出错输出（出错信息）是由系统打开的，可直接使用。

16.3.2　关闭文件

在 C 语言中，文件的关闭功能是通过函数 fclose 实现。此函数声明在文件“stdio.h”中，具体格式如下所示：

```
int fclose (FILE *stream);
```

上述各参数的具体说明如下所示。

- FILE *stream：打开文件的地址。
- 函数返回值：int 类型，如果为 0，则表示文件关闭成功，否则表示失败。

文件处理完成之后，最后的一步操作是关闭文件，保证所有数据已经正确读写完毕，并清理与当前文件相关的内存空间。在关闭文件之后，不可以再对文件进行操作处理。

实例 092　通过各种方式对文件进行操作

源码路径　光盘\daima\16\1　　　　视频路径　光盘\视频\实例\第 16 章\092

本实例的实现文件为“doc.c”，具体实现代码如下所示：

```
#include <stdio.h>
#include <string.h>
#define M 4
void main(){
   FILE *fp[M];                //定义文件指针数组
   char ch,filename[40],mode[4],fn[M+1][40]={0,0,0,0};
   int i=1,n=0;
   while(i<=M){
        printf("\nPlease input the filename and mode(%d):\n",i);
        gets(filename);        //输入要打开的文件名
        fflush(stdin);         //刷新输入缓冲区
        gets(mode);            //输入使用文件方式
        //使用fopen函数打开文件，检查打开是否成功
        if((fp[i]=fopen(filename,mode))!=NULL)
        {                      //若成功则输出成功的消息，并将文件保存在数组fn中
            printf("Successful open %s in mode %s.\n",filename,mode);
            strcpy(fn[i],filename);
        }
        Else                   //若不成功则输出不成功的消息
            printf("Error open file %s in mode %s.\n",filename,mode);
        i++;
   }
   printf("Please input the filename which must close.\n ");
```

> 范例 183：演示打开、关闭文件
> 源码路径：光盘\演练范例\183\
> 视频路径：光盘\演练范例\183\
> 范例 184：演示打开一批文件的过程
> 源码路径：光盘\演练范例\184\
> 视频路径：光盘\演练范例\184\

```
    gets(filename);              //输入要关闭的文件名
    for(i=1;i<=M;i++)            //从文件指针数组中找到指向要关闭的文件的指针
    {
        if(strcmp(fn[i],filename)==0)
        {n=i;break;}
    }
    if(n==0)//若n等于0则说明要关闭的文件并没有打开
        printf("Opens file named %s not to succeed!\n",filename);
    else
    {   if (fclose(fp[n])==0) /* 检测是否关闭成功 */
            printf("Success close file named %s\n",fn[n]);
        else
        {
            printf("can not close file named %s!\n",filename);
            exit(1);             //退出程序
        }
    }
    printf("Whether to close all file?(y/n)\n");
    scanf("%c",&ch);
    if(ch=='y')                                          //关闭所有文件
        printf("The success closure is left over %d files.\n",fcloseall());
}
```

执行后先按照提示依次输入打开和关闭的文件路径和文件名称，如图 16-1 所示。

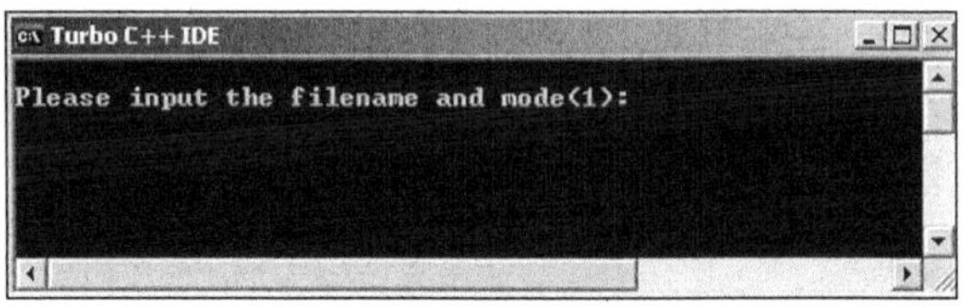

图 16-1　运行结果

按下【Alt+F5】组合键后将会输出对应的结果，如图 16-2 所示。

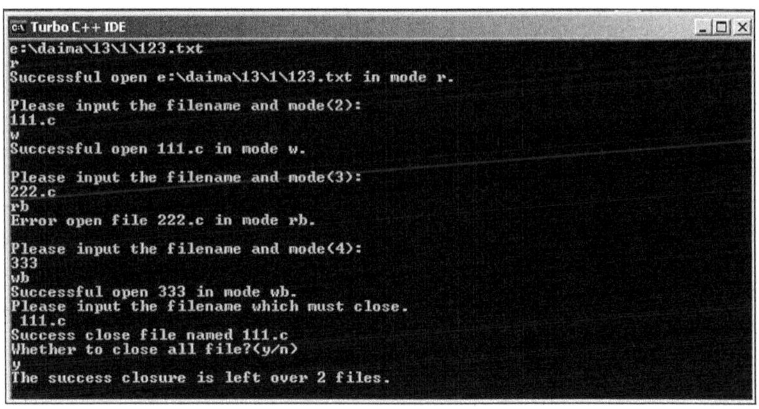

图 16-2　运行结果

16.4　文件读写详解

知识点讲解：光盘:视频\PPT 讲解（知识点）\第 16 章\文件读写详解.mp4

打开文件之后就可以进行读写操作，在 C 语言中，这种读写操作通过一组库函数来实现，这些函数分为读函数和写函数。在 C 语言中，常用的读写函数可以分为如下几类。

- 字符的读写。
- 数值的读写。

❑ 格式化读写。

❑ 块的读写。

❑ 字符串的读写。

在本节的内容中，将详细讲解文件读写函数的基本知识和具体用法。

16.4.1　字符读写函数

字符读写函数是以字符（字节）为单位的读写函数，每次可从文件读出或向文件写入一个字符。常用的字符读写函数有 getc、fgetc、putc 和 fputc，下面将分别介绍。

1．函数 getc 和函数 fgetc

函数 getc 和函数 fgetc 完全相同，两者之间可以完全替换。功能是从指定的文件中读一个字符，函数调用的形式为：

```
字符变量=fgetc(文件指针);
字符变量=getc (文件指针);
```

例如：

```
ch=fgetc(fp);
```

上述代码的含义是从打开的文件 fp 中读取一个字符并送入 ch 中。

对于函数 getc 和函数 fgetc 的用法，有以下几点需要特别说明。

（1）在 fgetc 函数调用中，读取的文件必须是以读或读写方式打开的。

（2）读取字符的结果也可以不向字符变量赋值，例如：

```
fgetc(fp);
```

但是不能保存读出的字符。

（3）在文件内部有一个位置指针。用来指向文件的当前读写字节。在文件打开时，该指针总是指向文件的第一个字节。使用 fgetc 函数后，该位置指针将向后移动一个字节。 因此可连续多次使用 fgetc 函数，读取多个字符。

实例 093　读取指定文件 E:\daima\16\2\123.c 的代码

源码路径　光盘\daima\16\2　　　　视频路径　光盘\视频\实例\第 16 章\093

本实例的实现文件为“123.c”，具体实现代码如下所示：

```
#include<stdio.h>
main(){
   FILE *fp;
   char ch;
   if((fp=fopen("e:\\daima\\16\\2\\123.c","rt"))==NULL)
      {
      printf("\nCannot open file strike any key exit!");
      getch();
      exit(1);
      }
   ch=fgetc(fp);
   while(ch!=EOF) {
      putchar(ch);
      ch=fgetc(fp);
   }
   fclose(fp);
}
```

范例 185：使用函数实现写入文件操作
源码路径：光盘\演练范例\185\
视频路径：光盘\演练范例\185\
范例 186：复制磁盘中的文件
源码路径：光盘\演练范例\186\
视频路径：光盘\演练范例\186\

上述代码的功能是从文件中逐个读取字符，在屏幕上显示。程序定义了文件指针 fp，以读文本文件方式打开文件“E:\daima\16\2\123.c”，并使 fp 指向该文件。如打开文件出错，给出提示并退出程序。程序第 12 行先读出一个字符，然后进入循环，只要读出的字符不是文件结束标志（每个文件末有一结束标志 EOF）就把该字符显示在屏幕上，再读入下一字符。每读一次，文件内部的位置指针向后移动一个字符，文件结束时，该指针指向 EOF。执行本程序将显示整个文件。

执行后将会输出指定文件的的代码，如图 16-3 所示。

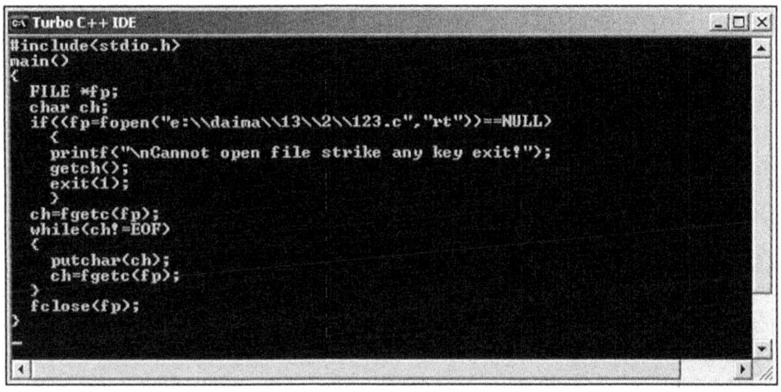

图 16-3　运行结果

2. 函数 putc 和函数 fputc

函数 putc 和函数 fputc 的功能是，把一个字符写入指定的文件中。函数调用的语法格式如下所示：

```
fputc(字符量，文件指针);
```

其中，待写入的“字符量”可以是字符常量或变量。例如：

```
fputc('a',fp);
```

上述代码的功能是把字符 a 写入 fp 所指向的文件中。

实例 094　**提示用户从键盘输入一行字符，并将输入的字符写入到一个指定文件中。**

源码路径　光盘\daima\16\3　　　视频路径　光盘\视频\实例\第 16 章\094

本实例的实现文件为“shu.c”，具体实现代码如下所示：

```
#include<stdio.h>
main(){
  FILE *fp;
  char ch;
  //打开一个文本文件
  if((fp=fopen("test.txt","wt+"))==NULL)
  {
        printf("Cannot open file strike any key exit!");
        getch();
        exit(1);
  }
  printf("input a string:\n");  //输入要写入文件的内容
  ch=getchar();                 //获得第一个字符
  while (ch!='\n'){
        fputc(ch,fp);           //将当前字符输入文件中
        ch=getchar();           //获得下一个字符
  }
  fclose(fp);                   //关闭文件
}
```

范例 187：实现多个文件的合并处理
源码路径：光盘\演练范例\187\
视频路径：光盘\演练范例\187\
范例 188：使用函数写入文件操作
源码路径：光盘\演练范例\188\
视频路径：光盘\演练范例\188\

执行后先输入一段字符，如图 16-4 所示。

按下【Enter】键后会在安装 Turbo C++的目录下创建一个名为“TEST.TXT”的文件，并且其文件内容是在图 16-4 中输入的字符，如图 16-5 所示。

图 16-4　运行结果

图 16-5　运行结果

另外，在使用函数 putc 和函数 fputc 时还应该注意如下 3 点。

(1) 被写入的文件可以用写、读写、追加方式打开，用写或读写方式打开一个已存在的文

件时将清除原有的文件内容，写入字符从文件首开始。如需保留原有文件内容，希望写入的字符以文件末开始存放，必须以追加方式打开文件。被写入的文件若不存在，则创建该文件。

（2）每写入一个字符，文件内部位置指针向后移动一个字节。

（3）函数 fputc 有一个返回值，如写入成功则返回写入的字符，否则返回一个 EOF。可用此来判断写入是否成功。

16.4.2　字符串读写函数

字符串读写函数有函数 fgets 和函数 fputs，它以字符串为单位进行读写，每次可以从文件中读出或向文件中写入一个字符串。

1. 函数 fgets

函数 fgets 的功能是从指定的文件中读一个字符串到字符数组中，调用此函数的格式如下所示：

```
fgets(字符数组名,n,文件指针);
```

其中，“*n*”是一个正整数，表示从文件中读出的字符串不超过 *n*-1 个字符。在读入的最后一个字符后加上串结束标志'\0'。例如：

```
fgets(str,n,fp);
```

上述代码的功能是从 fp 所指的文件中读出 *n*-1 个字符送入字符数组 str 中。

实例 095　读取目标文件中内容，并输出前 10 个字符。

源码路径　光盘\daima\16\4　　　视频路径　光盘\视频\实例\第 16 章\095

本实例的实现文件为“fgets.c”，具体实现代码如下所示：

```
#include<stdio.h>
main()
{
  FILE *fp;
  char str[11];
  if((fp=fopen("E:\\daima\\16\\4\\test.txt","rt"))==NULL){
    printf("\nCannot open file strike any key exit!");
    getch();
    exit(1);
  }
  fgets(str,11,fp);
  printf("\n%s\n",str);
  fclose(fp);
}
```

范例 189：实现文本存储和输出
源码路径：光盘\演练范例\189\
视频路径：光盘\演练范例\189\
范例 190：用 fprintf 函数写入文件
源码路径：光盘\演练范例\190\
视频路径：光盘\演练范例\190\

在上述代码中，定义了一个字符数组 str 共 11 个字节，在以读文本文件方式打开文件 string 后，从中读出 10 个字符送入 str 数组，在数组最后一个单元内将加上'\0'，然后在屏幕上显示输出 str 数组。输出的 10 个字符正是例 16.1 程序的前 10 个字符。

执行后如果没有找到目标文件，则输出对应提示，如图 16-6 所示。

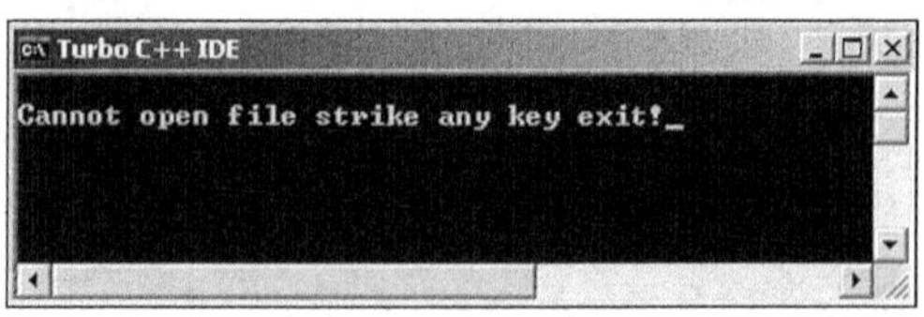

图 16-6　没有找到提示

如果找到目标文件，按下【Alt+F5】组合键后，将会输出显示目标文件中的前 9 个字符，如图 16-7 所示。目标文件“E:\\daima\\16\\4\\test.txt”的内容，如图 16-8 所示。

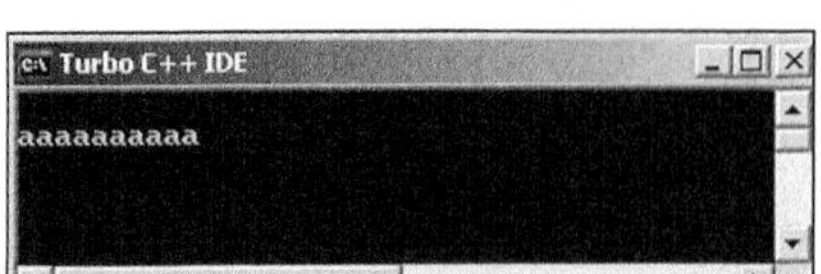

图 16-7　运行结果

图 16-8　目标文件内容

另外，在使用时还应该注意如下两点。

（1）在读出 n-1 个字符之前，如遇到了换行符或 EOF，则读出结束。所以确切地说，调用 fgets 函数时，最多只能读入 n-1 个字符。读入结束后，系统将自动在最后加'\0'，并以 str 作为函数值返回。

（2）fgets 函数也有返回值，其返回值是字符数组的首地址。

2. 函数 fputs

函数 fputs 的功能是向指定的文件写入一个字符串，具体格式如下所示：

```
fputs(字符串,文件指针);
```

其中，“字符串”可以是字符串常量，也可以是字符数组名或指针变量，例如：

```
fputs(“abcd“,fp);
```

上述代码的意义是把字符串“abcd”写入 fp 所指的文件之中。

实例 096 **使用 fputs 函数向指定文件中写入一个字符串，然后使用 fgets 函数读取该字符串并输出。**

源码路径 光盘\daima\16\5 视频路径 光盘\视频\实例\第 16 章\096

本实例的实现文件为“duxie.c”，具体实现代码如下所示：

```
#include<stdio.h>
main(){
   FILE *fp;
   char ch,strin[20],strout[20];
   if((fp=fopen("123.txt","wt+"))==NULL) //打开文件123.txt
   {
          printf("can not open file named 123.txt");
          getch();
          exit(1);
   }
   printf("input a string:\n");
   gets(strin);                  //输入字符串
   fputs(strin,fp);              //将该字符串写入123.txt文件中
   fclose(fp);//关闭文件
   if((fp=fopen("123.txt","r"))==NULL)  //再次打开文件123.txt
   {
          printf("can not open file named 123.txt");
          getch();
          exit(1);
   }
   fgets(strout,21,fp);          //从文件这个读取字符串
   puts(strout);                 //输出字符串
   fclose(fp);                   //关闭文件
}
```

范例 191：实现多个字符的存储
源码路径：光盘\演练范例\191\
视频路径：光盘\演练范例\191\
范例 192：实现多行字符串的存储
源码路径：光盘\演练范例\192\
视频路径：光盘\演练范例\192\

执行先提示用户输入一段字符串，如图 16-9 所示。

图 16-9 输入提示

按下回车键返回，然后按下【Alt+F5】组合键后将会输出输入的信息，如图 16-10 所示。并在编译器安装路径路径中的“BIN”目录下生成一个“123.txt”文件，文件内容是图 16-10 中输入的字符串，如图 16-11 所示。

图 16-10 运行结果

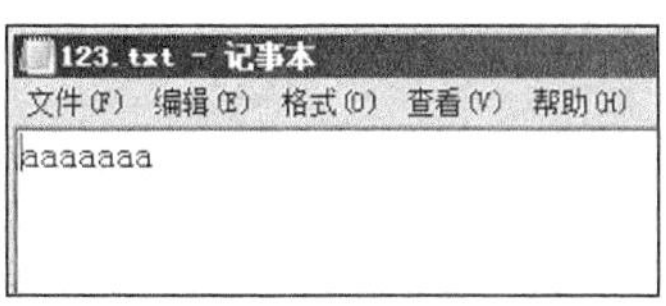

图 16-11 123.txt 文件内容

16.4.3 格式化读写函数

C 语言中的格式化读写函数是 fscanf 和 fprintf，其功能和前面使用的函数 scanf 和函数 printf

的功能相似，都是格式化读写函数。两者的区别在于函数 fscanf 和函数 fprintf 的读写对象不是键盘和显示器，而是磁盘文件。

调用函数 fscanf 和函数 fprintf 的语法格式如下所示：

```
fscanf(文件指针,格式字符串,输入表列);
fprintf(文件指针,格式字符串,输出表列);
```

例如：

```
fscanf(fp,"%d%s",&i,s);
fprintf(fp,"%d%c",j,ch);
```

实例 097　**从键盘输入两个用户数据，然后写入一个文件中，再读出这两个用户的数据并显示在屏幕上。**

源码路径　光盘\daima\16\6　　视频路径　光盘\视频\实例\第 16 章\097

本实例的实现文件为“geshi.c”，具体实现代码如下所示：

```
#include<stdio.h>
struct stu{
   char name[10];
   int num;
   int age;
   char addr[15];
}boya[2],boyb[2],*pp,*qq;
main(){
   FILE *fp;
   char ch;
   int i;
   pp=boya;
   qq=boyb;
   if((fp=fopen("123.txt","wb+"))==NULL)
   {
      printf("Cannot open file strike any key exit!");
      getch();
      exit(1);
   }
   printf("\ninput data\n");
   for(i=0;i<2;i++,pp++)
      scanf("%s%d%d%s",pp->name,&pp->num,&pp->age,pp->addr);
   pp=boya;
   for(i=0;i<2;i++,pp++)
      fprintf(fp,"%s %d %d %s\n",pp->name,pp->num,pp->age,pp->
               addr);
   rewind(fp);
   for(i=0;i<2;i++,qq++)
      fscanf(fp,"%s %d %d %s\n",qq->name,&qq->num,&qq->age,qq->addr);
   printf("\n\nname\tnumber          age          addr\n");
   qq=boyb;
   for(i=0;i<2;i++,qq++)
      printf("%s\t%5d    %7d %s\n",qq->name,qq->num, qq->age,
               qq->addr);
   fclose(fp);
}
```

> 范例 193：使用 fscanf 函数
> 源码路径：光盘\演练范例\193\
> 视频路径：光盘\演练范例\193\
> 范例 194：文件的倒置
> 源码路径：光盘\演练范例\194\
> 视频路径：光盘\演练范例\194\

在上述代码中，fscanf 和 fprintf 函数每次只能读写一个结构数组元素，因此采用了循环语句来读写全部数组元素。还要注意指针变量 *pp*、*qq*。由于循环改变了它们的值，因此在程序的 25 和 32 行分别对它们重新赋予了数组的首地址。

执行后先输入两个用户的信息，如图 16-12 所示。

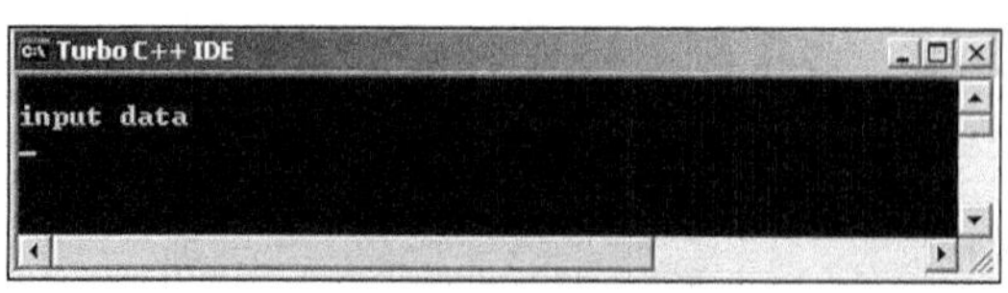

图 16-12　输入提示

按下【Alt+F5】组合键后将会输出输入的用户信息，并在编译器安装路径中的“BIN”目录下生成一个“123.txt”文件，文件内容是我们输入的字符串。

16.4.4　数据块读写函数

C 语言还提供了用于整块数据的读写函数 fread 和 fwtrite，功能是读写一组数据，例如一个数组元素、一个结构变量的值等。读取数据块函数的一般格式如下所示：

```
fread(buffer,size,count,fp);
```

写数据块函数的一般格式为：

```
fwrite(buffer,size,count,fp);
```

上述格式中各参数的具体说明如下所示。

- ❑ *buffer*：是一个指针，在 fread 函数中，它表示存放输入数据的首地址。在 fwrite 函数中，它表示存放输出数据的首地址。
- ❑ *size*：表示数据块的字节数。
- ❑ *count*：表示要读写的数据块块数。
- ❑ *fp*：表示文件指针。

例如：

```
fread(fa,4,5,fp);
```

上述代码的含义是：从 fp 所指的文件中每次读 4 个字节（一个实数）送入实数组 fa 中，连续读 5 次，即读 5 个实数到 fa 中。

实例 098 将一组字符串数据存储在指定的目标文件中

源码路径 光盘\daima\16\7 **视频路径** 光盘\视频\实例\第 16 章\098

本实例的实现文件为“123.c”，具体实现代码如下所示：

```
#include <stdio.h>
#include <stdlib.h>
#include <string.h>
void main(void) {
    /* buffer存放10个字符串*/
    /*注意字符串要用的空间还未分配 */
    char* buffer[10];
    FILE* fp;
    int iter;
    const char* format = "This is the %d%s sentence!\n";
    /*  字符串format为输入字符串的格式 */
    char* postfix[4] = { "st", "nd", "rd", "th" };
    /*  postfix存放后缀     */
    if ((fp = fopen("123.txt", "wb+")) == NULL)
    {
            printf("can not open file fwb for writing\n");
            exit(1);
    }
    /* 通过循环给buffer动态分配足够空间并输入格式字符串到buffer   */
    for(iter = 0; iter < 10; iter++)
    {
            buffer[iter] = (char*)malloc(strlen(format) + 1);
            sprintf(buffer[iter], format, iter + 1, postfix[iter > 3 ? 3 : iter]);
    }
    /*  通过循环将buffer里的内容写入到文件并释放动态分配的内存 */
    for(iter = 0; iter < 10; iter++){
            fwrite(buffer[iter], strlen(format), 1, fp);
            free(buffer[iter]);
    }
    fclose(fp);
}
```

范例 195：使用 fwtrite 函数写入文件
源码路径：光盘\演练范例\195\
视频路径：光盘\演练范例\195\
范例 196：使用 fread 函数读取文件
源码路径：光盘\演练范例\196\
视频路径：光盘\演练范例\196\

执行后会在编译器安装路径中的“BIN”目录下生成一个“123.txt”文件，文件内容是预先设置的内容。因为是二进制文件，所以里面会显示乱码格式，如图 16-13 所示。

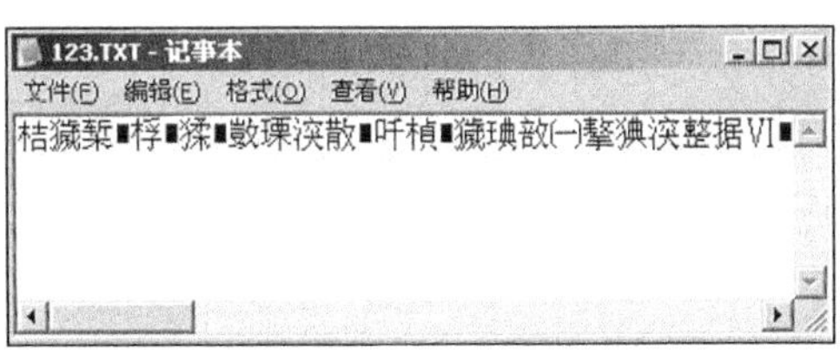

图 16-13 123.txt 文件内容

16.4.5　其他的读写函数

除了前面介绍的几个函数外，C 语言中还包括常用的 getw 函数和 putw 函数进行文件读写。在 C 编译系统中，还提供了字（Word）的输入输出函数，即一次读写一个字（两个字节）的信息，此函数在文件“stdio.h”中的原型如下所示：

```
int getw (FILE *stream);
int putw (int w, FILE *stream);
```

其中，函数 getw 的作用是从文件读取一个字信息，函数的形式参数如下所示。

- FILE *stream：文件地址。
- 函数返回值：如果成功读取，则返回当前读入的信息，否则返回 EOF。

例如下面的程序：

```
int b;
FILE *fp;
..
b=getw(fp);
```

函数 putw 的作用是向文件写一个“字”的信息，函数的返回值为当前写入的信息，是一个整数。如果成功，则与输入参数 w 的值相等，否则返回 EOF。函数 putw 有如下所示的 3 个形式参数。

- FILE *stream：文件地址。
- int w：整型数据。
- 函数返回值：如果成功，与输入参数 w 的值相等，否则返回 EOF。

例如下面的程序：

```
int b;
FILE *fp;
…
b=putw(b,fp);
```

例如“putw（10，fp）”的作用是将整数 10 输出到 fp 指向的文件。而“i=getw（fp）；”的作用是从磁盘文件读一个整数到内存，赋给整型变量 *i*。

实例 099　使用 putw 函数向文件中写入一个整数，然后使用 getw 函数从文件中读取该整数并输出。

源码路径　光盘\daima\16\8　　　　视频路径　光盘\视频\实例\第 16 章\099

本实例的实现文件为“qita.c”，具体实现代码如下所示：

```
include "stdio.h"
void main(){
    FILE *fp;
    int word;
    fp = fopen("Ex1216", "wb");//打开二进制文件,只允许写数据
    if (fp == NULL)                    //判断返回值是否为空
    {      //若是则输出错误信息，并退出程序
           printf("Error opening file Ex1216\n");
           exit(1);
    }
    word = 100;
    if(putw(word+80,fp)==word+80)                //将整数写入文件中
           printf("Successful write\n");
    fclose(fp);                                  //关闭文件
    fp = fopen("Ex1216", "rb");                  //重新打开二进制文件，只允许读数据
    if (fp == NULL)                              //判断返回值是否为空
    {                                            //若是则输出错误信息，并退出程序
           printf("Error opening file Ex1216\n");
           exit(1);
    }
    word = getw(fp);                             //从文件中读取一个整数，赋给变量word
    printf("Successful read: word = %d\n", word);
    fclose(fp);                                  //关闭文件
}
```

范例 197：实现文本的追加
源码路径：光盘\演练范例\197\
视频路径：光盘\演练范例\197\
范例 198：输出文件的一部分
源码路径：光盘\演练范例\198\
视频路径：光盘\演练范例\198\

执行后的效果如图 16-14 所示。

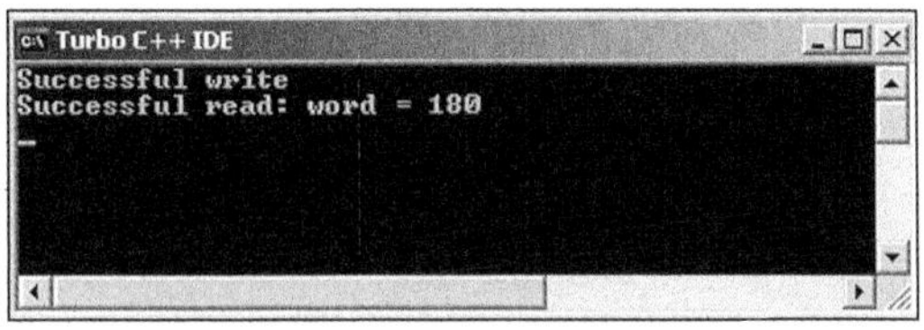

图 16-14 输入提示

16.5 必须掌握文件的随机读写

知识点讲解：光盘:视频\PPT 讲解（知识点）\第 16 章\必须掌握文件的随机读写.mp4

文件可以理解为一个完整的数据流，因此可以将“数据流”分为文件头、文件尾和文件主体 3 个部分。在 C 语言中通过 FILE 类型指针描述文件流的位置，因此 FILE 类型指针又称为文件指针。在默认情况下，文件的读取是按顺序进行的。在完成一段信息的读写之后，文件指针移动到其后的位置上准备读取下一次读写。在特殊情况下，需要对文件进行随机的读写，即读取当前位置的信息后，并不读取紧接其后的信息，而是根据需要读取特定位置处的信息。为了满足文件的随机读写操作，C 语言中提供了文件指针定位函数，实现对文件的随机读写处理。在本节的内容中，将详细讲解 C 语言中随机读写文件的基本知识。

16.5.1 fseek 函数详解

函数 fsee 是 C 语言中最重要的文件随机读写函数之一，此函数在文件“stdio.h”中的原型如下所示：

```
int fseek (FILE *stream, long offset, int whence);
```

- FILE *stream：文件地址。
- long offset：文件指针偏移量。
- int whence：偏移起始位置。
- 函数返回值：非零值表示是成功，0 表示失败。

在计算文件指针偏移量时，首先要确定其相对位置的起始点。相对位置的起始点分为如下三类：文件头、文件尾和文件当前位置，并定义可以用符号常量表示。

调用函数 fseek 的语法格式如下所示：

```
fseek (文件指针, 位移量, 起始点);
```

- 文件指针：指向被移动的文件。
- 位移量：表示移动的字节数，要求位移量是 long 型数据，以便在文件长度大于 64KB 时不会出错。当用常量表示位移量时，要求加后缀“L”。
- 起始点：表示从何处开始计算位移量，规定的起始点有 3 种：文件首、当前位置和文件尾。这 3 种起始点的表示方法如表 16-2 所示。

表 16-2 3 种起始点的表示方法

相对位置起始点	符号常量	整数值	说明
文件头	SEEK_SET	0	相对的偏移量的参照位置为文件头
文件尾	SEEK_END	2	相对的偏移量的参照位置为文件尾
文件当前位置	SEEK_CUR	1	相对的偏移量的参照位置为文件指针的当前位置

文件偏移量的计算单位为字节，文件偏移量可为负值，表示从当前位置向反方向偏移。

实例 100　将一组数据写入到文件中，然后使用 fseek 函数从文件中随机读取其中的某个数据。

源码路径　光盘\daima\16\9　　　　视频路径　光盘\视频\实例\第 16 章\100

本实例的实现文件为“fseek.c”，具体实现代码如下所示：

```
#include <stdlib.h>
#include <stdio.h>
#define MAX 50
void main(){
  FILE *fp;                                   //文件指针
  int num,i,array[MAX];
  long offset;                                //定义位移量
  for(i=0;i<MAX;i++)
        array[i]=i+10;                        //字符数组赋值
  if((fp=fopen("123.txt","wb"))==NULL)        //打开二进制文件
  {     printf("Error opening file 123.txt\n");
        exit(1);
  }
  if(fwrite(array,sizeof(int),MAX,fp)!=MAX)   //将数组中的元素写入文件中
  {
        printf("Error writing data to file.\n");
        exit(1);
  }
  fclose(fp);                                 //关闭文件
  if((fp=fopen("123.txt","rb"))==NULL)        //打开二进制文件
  {     printf("Error opening file 123.txt.\n");
        exit(1);
  }
  while(1)
  {
        printf("Please input offset (input -1 to quit):\n");
        scanf("%ld",&offset);                 //输入位移量
        if(offset<0) break;                   //若输入-1或任何负数就退出循环
        if(fseek(fp,(offset*sizeof(int)),SEEK_SET)!=0)//文件定位
     {     printf("Error using fseek().\n");
           exit(1);
        }
        fread(&num,sizeof(int),1,fp);         //从文件中读取当前位置上的数
        //输出结果
        printf("The offset is %ld , its value is %d.\n",offset,num);
  }
  fclose(fp);//关闭文件
}
```

范例 199：检索文件中的关键字
源码路径：光盘\演练范例\199\
视频路径：光盘\演练范例\199\
范例 200：文件查找字符串
源码路径：光盘\演练范例\200\
视频路径：光盘\演练范例\200\

执行后可以先输入数据，按下回车键后将会出现对应的结果，直到输入负数后才会终止，如图 16-15 所示。

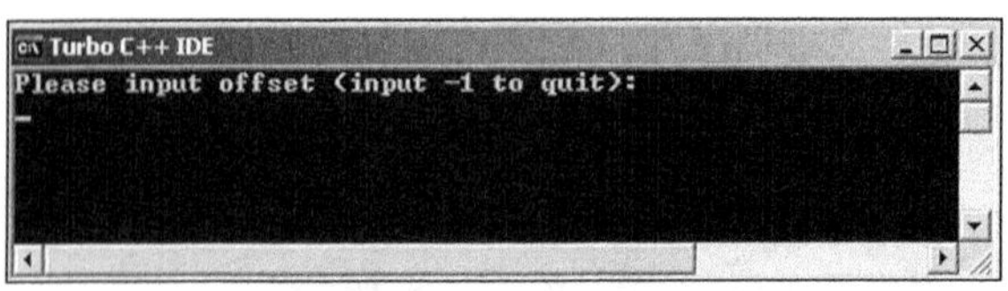

图 16-15　输入提示

按下【Alt+F5】组合键后将会显示输入的数据和输出的信息，如图 16-16 所示。

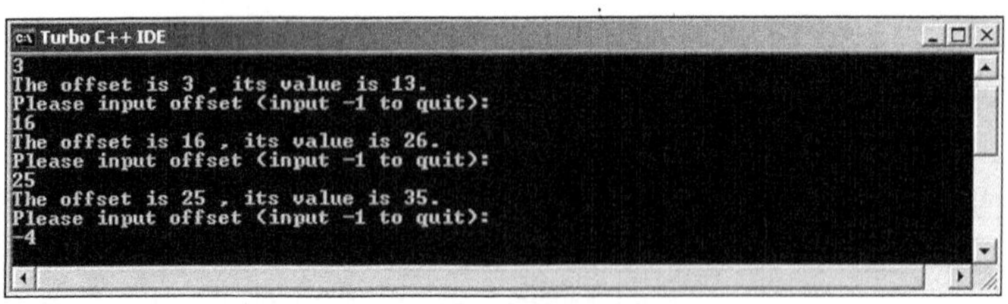

图 16-16　运行结果

16.5.2　rewind 函数详解

函数 rewind 的功能是将当前文件指针重新移动到文件的开始位置，此函数在文件“stdio.h”中的原型如下所示：

```
void rewind (FILE *stream);
```

各函数形式参数的具体说明如下所示。

- FILE *stream：文件地址。
- 函数返回值：无。

函数 rewind 的作用相当于如下的程序，将文件指针移动到文件头，并清除状态标志。例如：

```
fseek(fp,0L,SEEK_SET);
clearerr(fp);
```

16.5.3　ftell 函数详解

函数 ftell 的功能是获取文件的当前读写位置，此函数的原型如下所示：

```
long ftell(FILE *fp)
```

函数 ftell 的返回值是当前读写位置偏离文件头部的字节数。例如：

```
ban=ftell(fp);
```

上述代码的功能是获取 fp 指定的文件的当前读写位置，并将其值传给变量 ban。

通过使用函数 ftell，可以方便地知道一个文件的长度，例如下面的代码：

```
ftell(fp,0L,SEEK_END);
len = ftell(fp)
```

通过上述代码，首先将当前位置移到文件的末尾，然后调用函数 ftell 获得当前位置相对于文件开头的位移，该位移等于文件所包含的字节数。

实例 101　使用函数 rewind 将文件的位置指针移到文件开头，使用函数 ftell 获得当前位置指针离文件开头的距离。

源码路径　光盘\daima\16\10　　视频路径　光盘\视频\实例\第 16 章\101

本实例的实现文件为“chuli.c”，具体实现代码如下所示：

```
#include <stdlib.h>
#include <stdio.h>
void main(){
  FILE *fp;
  char buf[4],str[80];
  printf("please input a string:\n");
  scanf("%s",str);                          //输入字符串
  if((fp=fopen("Ex1215","wb+"))==NULL)      //打开二进制文件
  {
       printf("Error opening file.\n");
       exit(1);
  }
  if(fputs(str,fp)==EOF)                    //将字符串写入文件中
  {
       printf("Error writing to file.\n");
       exit(1);
  }
  rewind(fp);                               //将文件中的位置指针移到文件的开头
  printf("Current position=%ld\n",ftell(fp)); //输出当前位置
  fgets(buf,4,fp);                          //从文件中读取3个字符
  //输出读取后文件中位置指针的位置
  printf("After reading in %s,Current position=%ld\n",buf,ftell(fp));
  fgets(buf,4,fp);                          //再次从文件中读取3个字符
  //再次输出读取后文件中位置指针的位置
  printf("Then,After reading in %s,Current position=%ld\n",buf,ftell(fp));
  rewind(fp);                               //将文件中的位置指针移到文件的开头
  printf("The position is back at %ld",ftell(fp));
  fclose(fp);                               //关闭文件
}
```

> 范例 201：判断读写文件的位置
> 源码路径：光盘\演练范例\201\
> 视频路径：光盘\演练范例\201\
> 范例 202：显示带有行号的文本
> 源码路径：光盘\演练范例\202\
> 视频路径：光盘\演练范例\202\

执行后先提示用户输入一段字符串，如图 16-17 所示。

图 16-17　输入提示

按下【Alt+F5】组合键后将会显示对应的处理信息，如图 16-18 所示。

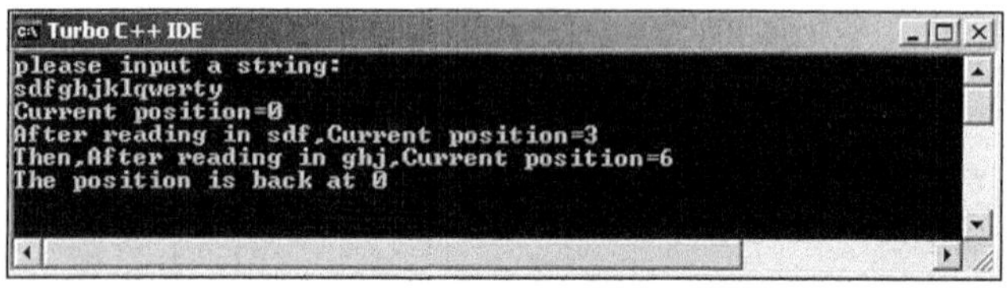

图 16-18　运行结果

16.6　文件管理函数详解

知识点讲解：光盘:视频\PPT 讲解（知识点）\第 16 章\文件管理函数详解.mp4

文件管理是指对已经存在的文件进行管理操作，例如删除、复制和重命名。在 C 标准库中包含了用于删除和重命名的函数，而文件复制函数用户可以自行定义。在本节的内容中，将详细讲解 C 语言中各个文件管理函数的基本知识。

16.6.1　删除文件

在 C 语言中，删除文件功能可以使用函数 remove 实现，其调用格式如下所示：

```
remove(文件指针);
```

其中，“文件指针”是指向要删除文件的指针变量，其功能是删除文件指针所指向的文件。

实例 102　使用 remove 函数删除指定的文件

源码路径　光盘\daima\16\11　　　视频路径　光盘\视频\实例\第 16 章\102

本实例的实现文件为“remove.c”，具体实现代码如下所示：

```
#include <stdio.h>
void main(void)
 {
   char filename[80];                    //定义字符数组
   printf("Please input the filename to delete: ");
   gets(filename);                       //输入要删除的文件名
   if (remove(filename) == 0)            //删除文件
          printf("The file %s has been deleted.\n",filename);
   else
          printf("Error deleting the file %s.\n",filename);
 }
```

范例 203：删除一个文件
源码路径：光盘\演练范例\203\
视频路径：光盘\演练范例\203\
范例 204：获取文件的路径
源码路径：光盘\演练范例\204\
视频路径：光盘\演练范例\204\

运行后需要输入要删除文件的路径，如图 16-19 所示。

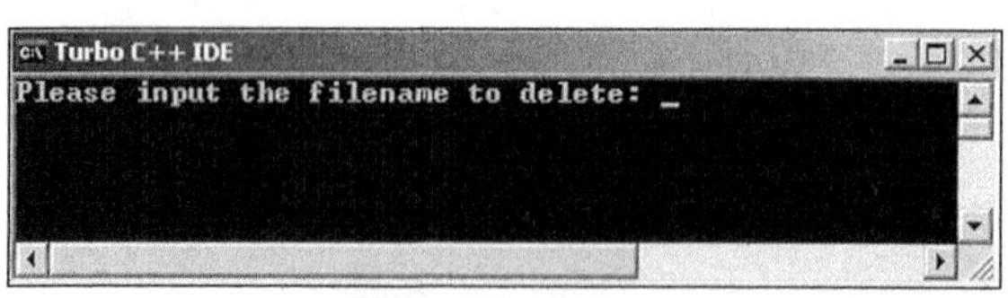

图 16-19　输入提示

按下【Alt+F5】组合键后将会删除指定的文件。

16.6.2 重命名文件

在 C 语言中，文件重命名功能可以使用函数 rename 实现，其调用格式如下所示：

```
rname (旧文件名,新文件名);
```

上述格式的功能是将旧文件名修改为新文件名，并且文件名要遵循 C 语言文件的命名规则。

实例 103　使用 rename 函数重命名指定的文件

源码路径　光盘\daima\16\12　　　　视频路径　光盘\视频\实例\第 16 章\103

本实例的实现文件为“rename.c”，具体实现代码如下所示：

```
#include <stdio.h>
void main(){
   char oldname[80], newname[80];        //定义两个字符数组
   printf("File to rename:");
   gets(oldname);                        //输入旧文件名
   printf("New name:");
   gets(newname);                        //输入新文件名
   if (rename(oldname, newname) == 0) //给文件重命名
        printf("Renamed %s to %s.\n", oldname, newname);
   else
        printf("Error has occurred renaming %s.\n",oldname);
}
```

范例 205：重命名一个文件
源码路径：光盘\演练范例\205\
视频路径：光盘\演练范例\205\
范例 206：判断访问文件的模式
源码路径：光盘\演练范例\206\
视频路径：光盘\演练范例\206\

执行后会先提示用户输入要重命名文件的名称（原来的名称），如图 16-20 所示。

图 16-20　输入提示

输入文件名称，然后按下回车键后，提示用户输入新名称，如图 16-21 所示。输入新名称并单击回车键返回 Turbo C++界面，按下【Alt+F5】组合键后输出操作过程，如图 16-22 所示。

图 16-21　输入提示

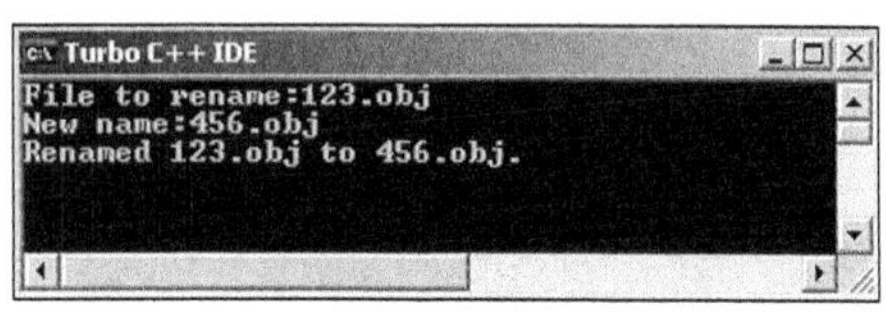

图 16-22　运行结果

在重命名处理时，有如下 3 点常见的错误。

（1）指定的“旧文件名”不存在。

（2）设置的“新文件名”已经存在。

（3）视图将文件重命名并将其移动到其他目录中。

16.6.3 复制文件

在 C 语言标准库中没有专用的文件复制函数，要想实现文件复制功能则必须自己亲自编写程序。复制程序的设计流程如下所示。

（1）以文本或二进制模式打开目标文件进行读取，在此最好使用二进制模式打开，因为能够复制任何文件，而不仅仅是文本文件。

（2）以文本或二进制模式打开目标文件进行写入。

（3）读取源文件中的一个字符。

（4）如果 foef 则表明已经到达源文件末尾，则关闭两个文件，并返回到调用程序位置。

（5）如果没有到达源文件末尾处，则将字符写入到目标文件，然后回到步骤（3）。

根据上述流程，可以编写如下所示的通用复制代码：

```
int copy_file(char *oldname,char *newname)
{
  FILE *fpnew,*fpold;                         //定义文件指针
  int ch;
  if ((fpnew= fopen(newname,"wb"))== NULL)    //打开或建立文件
       return -1;
  if ((fpold = fopen(oldname,"rb")) == NULL)  //打开已有文件
       return -1;
  while(1)
  {
       ch = fgetc(fpold);                     //从文件oldname中读取一个字符
       if(!feof(fpold))
            fputc(ch, fpnew);                 //将该字符写入data.txt文件中
       else
            break;                            //若newname文件结束则退出循环
  }
  fclose(fpnew);                              //关闭文件
  fclose(fpold);
  return 0;
}
```

这样通过上述代码定义了一个具有复制功能的函数 copy_file，此时即可使用如下所示的格式实现调用操作：

```
copy_file (原文件名,目标文件名)
```

其中，“原文件名”是已经存在、并被要复制文件的名称；“目标文件名”是被要复制到的文件名称。并且上述两文件并不是默认为 TC 安装目录下的，在使用时需要带上完整的路径名。如果返回 0，则说明复制成功；返回-1，则说明发生错误。

实例 104　使用定义的 copy_file 函数复制指定目标文件

源码路径　光盘\daima\16\13　　　　视频路径　光盘\视频\实例\第 16 章\104

本实例的实现文件为“fu.c”，具体实现代码如下所示：

```
#include "stdio.h"
int copy_file(char *oldname,char *newname)
{
  FILE *fpnew,*fpold;                         //定义文件指针
  int ch;
  if ((fpnew= fopen(newname,"wb"))== NULL)    //打开或建立文件
       return -1;
  if ((fpold = fopen(oldname,"rb")) == NULL)  //打开已有文件
       return -1;
  while(1)
  {
       ch = fgetc(fpold);                     //从文件oldname中读取一个字符
       if(!feof(fpold))
            fputc(ch, fpnew);                 //将该字符写入data.txt文件中
       else
            break;                            //若newname文件结束则退出循环
  }
  fclose(fpnew);                              //关闭文件
  fclose(fpold);
  return 0;
}
void main()
{ char sou[80],des[80];
  printf("Input source file:\n");
  gets(sou);                                  //输入原文件名
  printf("Input destination file:\n");
  gets(des);                                  //输入目标文件名
  if(copy_file(sou,des)==0)                   //调用copy_file函数复制文件
       puts("Copy operation successful.\n");
  else
       printf("Error during copy operation.");
}
```

执行后先提示用户输入要复制文件的名称，如图 16-23 所示。

图 16-23　输入提示

范例 207：获取文件流的文件句柄
源码路径：光盘\演练范例\207\
视频路径：光盘\演练范例\207\
范例 208：从文件流指针导出文件句柄
源码路径：光盘\演练范例\208\
视频路径：光盘\演练范例\208\

输入文件名称，然后按下回车键后，提示用户输入要复制到的目标文件名称，输入后按下回车键，完成文件复制，如图 16-24 所示。

图 16-24　输入提示

16.7　文件状态检测函数详解

知识点讲解：光盘:视频\PPT 讲解（知识点）\第 16 章\文件状态检测函数详解.mp4

为了跟踪文件的读写状态，检测读写中是否出现未知的错误，在 C 语言中提供了 3 个函数检查文件的读写状态，具体说明如下所示：

- feof 函数；
- ferror 函数；
- clearerr 函数。

在本节的内容中，将详细讲解上述文件状态检测函数的基本知识和具体用法。

16.7.1　feof 函数详解

函数 feof 的作用是检验文件指针是否到达文件末尾，它在文件“stdio.h”中的原型如下所示：

```
#define feof(f) ((f)->flags & _F_EOF)
```

在文件处理过程中，一般应用此函数检测文件指针是否到达文件末尾。如果其返回为非 0，说明文件指针到达文件尾；否则返回值为 0。

例如，在模拟实现 MS-DOS 系统中的 COPY 命令的程序代码中，应用 feof 函数可以检测文件指针是否到达文件末尾，此功能的具体实现代码如下所示：

```
void main()
{
FILE *fpFrom,*fpTo;
……
while(!feof(fpFrom))
fputc(fgetc(fpFrom),fpTo);
……
}
```

16.7.2　ferror 函数详解

在 C 语言中，函数 ferror 的作用是检验文件的错误状态，此函数在文件“stdio.h”中的定义格式如下所示：

```
#define ferror(f) ((f)->flags & _F_ERR)
```

如果此函数的返回值为非 0，则说明对当前文件的操作出错，否则说明当前的文件操作正常。

注意：ferror 仅反映上一次文件操作的状态，因此必须在执行一次文件操作后，执行下一文件操作前调用 ferror，才可以正确反映此次操作的错误状态。

16.7.3　clearerr 函数详解

当操作文件出错后，文件状态标志为非 0，此后所有的文件操作均无效。如果希望继续对文件进行操作，必须使用 clearerr 函数清除此错误标志后，才可以继续操作。函数 clearerr 在文件“stdio.h”中的原型如下所示：

```
void clearerr (FILE *stream);
```

例如，文件指针到文件末尾时会产生文件结束标志，必须执行此函数后，才可以继续对文件进行操作。因此在执行 fseek（fp，0L，SEEK_SET）和 fseek（fp，0，SEEK_END）语句后，注意调用此函数。

实例 105　使用 ferror 函数检测对文件读写时是否出错，并调用 clearerr 清除错误标志。

源码路径　光盘\daima\16\14　　　　视频路径　光盘\视频\实例\第 16 章\105

本实例的实现文件为“jiance.c”，具体实现代码如下所示：

```
#include <stdio.h>
void main(){
    FILE *fp;
    //以"W"方式打开文件123.txt
    fp= fopen("123.txt", "w");
    /* force an error condition by attempting to read */
    (void) getc(fp);                //从文件中读区一个字符
    if (ferror(fp))                 //检测读取字符时是否有错误
    {                               //若有错误则显示错误信息
        printf("Error reading from Ex1219.\n");
        clearerr(fp);               //清除错误标志
    }
    fclose(fp);
}
```

范例 209：用 eof 函数判断文件是否结束
源码路径：光盘\演练范例\209\
视频路径：光盘\演练范例\209\
范例 210：用 feof 函数判断文件结尾
源码路径：光盘\演练范例\210\
视频路径：光盘\演练范例\210\

执行后的效果如图 16-25 所示。

在上述代码中，首先以只读方式打开或建立文件“123.txt”，然后调用 fgetc 从文件中读取一个字符，但是引文文件只允许写，所以在进行上述操作时，会发生错误。在后面的 ferror 函数检测时，返回值肯定为非 0，并输出对“123.txt”读操作的错误，最后调用 clearerr 清除了错误标志。

图 16-25　运行结果

16.8　Win32 API 中的文件操作函数

知识点讲解：光盘:视频\PPT 讲解（知识点）\第 16 章\Win32 API 中的文件操作函数.mp4

在 Win32 API 中，还有一系列实现文件操作的函数，当然。对于一般文件的打开和保存，读者会想到以前介绍的通用对话框库，其中包括 OpenFile。对话框和 SaveFile 对话框，它们巧妙地避开了有关系统的文件名分析，简化了步骤，所以在一般情况下，使用它们可以不用关心很多细节的东西而实现自己想要的功能。

16.8.1 创建和打开文件

创建任何一种文件只需要用到 API 函数 CreateFile，应用程序可以通过该函数指定文件的格式为读取、写入或两者皆可，也可以指定是否为共享文件。如果该文件名已经存在，则将其打开。下面对函数 CreateFile 进行详细的介绍。

函数 CreateFile 的功能是创建一个指定类型的文件，具体语法格式如下所示：

```
HANDLE CreateFile(LPCTSTR lpFileName,
DWORD dwDesiredAccess,
DWORD dwShareMode,
LPSECURITY_ATTRIBUTES lpSecurityAttributes
DWORD dwCreationDisposition
DWORD dwFlagsAndAttributes
HANDLE hTemplateFile);
```

上述各参数的具体说明如下所示：

- lpFileName：以空值结尾的字符串的指针，包含要创建、打开或截取的文件、管道、通信资源、磁盘设备或控制台的名称。
- dwDesAccess：指定文件的输出类型。
- dwShareMode：确定是否且如何共享这个文件。
- lpSecurityAttributes：是指向 SECURITY_ATTRIBUTES 结构的指针，指定了目录的安全属性，但要求文件系统支持如 NTFS 的格式。Windows 98 不支持此属性，在函数调用时应设置为 NULL。
- dwCreationDisposition：确定文件存在或不存在时所采取的动作。
- dwFlagsAndAttributes：指定文件的属性和标志。
- hTemplateFile：用于存取模板文件的句柄，模板文件为正在创建的文件提供扩展属性。
- 返回值：如果函数调用成功则返回打开文件的句柄。如果调用前文件已经存在，且“dwCreationDisposition”参数使用“CREATE_ALWAYS”或“OPEN_ALWAYS”，则返回 ERROR_ALREADY_EXISTS。函数调用失败则返回 INVALID_HANDLE_VALUE。

例如，创建一个在“C”目录下名为“FILE.DOC”（Word 文档）的文件的代码如下，其中 hFile 为 HANDLE 类型。具体代码如下所示：

```
hFile=CreateFile("C:\\FILE.DOC",GENERIC_READ|GENERIC_WRITE.C,
NULL,OPEN_ALWAYS,FILE_ATTRISUTE_NORMAL,NULL);
```

16.8.2 读取、写入和删除文件

在第一次打开文件时，Windows 在文件的开头存放一个文件指针，文件指针所指的位置就是下一次读取或写入的地方。随着字节的读取或写入，Windows 也相应增加文件指针。应用程序可以利用函数 SetFilePointer 来移动文件指针的位置。

执行读取和写入的函数是 ReadFile 和 WriteFile。这两个函数在文件指针位置处读取和写入指定数量的字节数，并不进行格式化数据。下面对这两个函数分别进行介绍。

（1）ReadFile。

函数 ReadFile 的功能是从文件指针位置处读取指定数量的字节数，具体格式如下所示：

```
BOOL ReadFile(HANDLE hFile,                //文件指针
LPVOID lpBuffer,                           //数据缓冲
DWORD nNumberOfBytesToRead,                //读取的字节数
LPDWORD lpNumberOfBytesRead,               //接收要读取的字节数
LPOVERLAPPED lpOverlapped                  //覆盖缓冲
```

上述各参数的具体说明如下所示。

- 参数 hFile：是指向要打开文件的指针。
- lpBuffer：是接收来自文件数据缓冲区的指针。
- nNumberOfBytesToRead：指从文件中读取的字节数。

- ❑ lpNumberOfBytesRead：用于接收要读取的字节数。
- ❑ lpOverlapped：是指向 OVERLAPPED 结构的指针，如果 hFile 所指向的文件是用 FILE_FLAG_OVERLAPPED 创建的，则需要用到此结构。

返回值：如果函数调用成功则返回值为 TRUE，否则为 FALSE。

（2）WriteFile。

函数 WriteFile 的功能是向文件指针位置处写入指定数量的字节数，具体格式如下所示：

```
BOOL WriteFile (HANDLE hFile,
LPCVOID lpBuffer,
DWORD nNumberOfBytesToWrite,
LPDWORD lpNumberOfBytesWritten,
LPOVERLAPPED lpOverlapped);
```

其参数设置与读取文件函数 ReadFile 大同小异，只需要将读取改成写入即可，返回值也很相似，在这里就不多介绍了。

（3）DeleteFile。

函数 DeleteFile 的功能是删除一个已存在并指定路径的文件，具体格式如下所示：

```
BOOL DeleteFile(LPCTSTR lpFileName);
```

参数：lpFileName 是一个指向字符串的指针，字符串中存储的是包含有具体路径的文件名。

返回值：如果函数调用成功则返回 TRUE，否则返回 FALSE。

（4）CloseHandle。

函数 CloseHandle 的功能是关闭目前打开的对象句柄，具体格式如下所示：

```
BOOL CloseHandle(HANDLE hObject);
```

参数：hObject 为对象的句柄。

返回值：如果函数调用成功则返回 TRUE，否则返回 FALSE。

16.9　技术解惑

16.9.1　文件指针和文件内部的位置指针是一个含义吗

读者再次需要注意：文件指针和文件内部的位置指针不是一回事。文件指针是指向整个文件的，须在程序中定义说明，只要不重新赋值，文件指针的值是不变的。文件内部的位置指针用以指示文件内部的当前读写位置，每读写一次，该指针均向后移动，它不需在程序中定义说明，而是由系统自动设置的。

16.9.2　fseek 函数的换行问题

函数 fseek 一般用于二进制文件，当然也可以用于文本文件。当用于文本文件操作时，需特别注意回车换行的情况：因为在一般浏览工具如 UltraEdit 中，回车换行视为两个字符 0x0D 和 0x0A，但真实的文件读写和定位时确按照一个字符 0x0A 进行处理，因此碰到此类问题时，可以考虑将文件整个读入内存，然后在内存中手工插入 0x0D 的方法，这样可以达到较好的处理效果。

16.9.3　怎样解决 gets 函数的溢出问题

函数 gets 的功能是从 stdin 流中读取字符串，直至接受到换行符或 EOF 时停止，并将读取的结果存放在 buffer 指针所指向的字符数组中。换行符不作为读取串的内容，读取的换行符被转换为 null 值，并由此来结束字符串。函数 gets 的返回值是：如果读入成功，返回与参数 buffer 相同的指针；读入过程中遇到 EOF（End-of-File）或发生错误，返回 NULL 指针。所以在遇到返回值为 NULL 的情况，要用函数 ferror 或函数 feof 检查是发生错误还是遇到 EOF。

函数 gets 可以无限读取，不会判断上限，所以程序员应该确保 buffer 的空间足够大，以便在执行读操作时不发生溢出。如果溢出，多出来的字符将被写入到堆栈中，这就覆盖了堆栈原先的内容，破坏一个或多个不相关变量的值，为了避免这种情况，我们可以用 gets_s()来替换gets()。这个事实导致 gets 函数只适用于玩具程序。

16.9.4 feof 函数会多读一个数据吗

C 语言中的函数 feof()的返回值取决于文件指针的指向情况。也就是说，当我们用 fread 得到最后一组数据时，文件指针还没在末尾（文件指针指向最后一组数据），文件末尾是最后一个数据的下一个，所以你会多读一次，得到我们不想要的东西。比如写通讯录程序的时候有如下所示的代码：

```
i=0;
while(!feof(fp))
  {
    fread(&stu[i],LEN,1,fp);
    printf("Name:%s Address:%s PostalCode:%ld PhoneNumber:%s\n\n\n",stu [i].name,stu[i].add,stu [i].pos,stu[i].phone);
    i++;

  }
```

解决方案如下所示：

```
i=0;
fread(&stu[i],LEN,1,fp);
while(!feof(fp))
{
    printf("Name:%s Address:%s PostalCode:%ld PhoneNumber:%s\n\n\n",stu [i].name,stu[i].add,stu [i].pos,stu[i].phone);
    i++;
    fread(&stu[i],LEN,1,fp);
}
```

16.9.5 流和文件有何关系

在 C 语言中，流就是一种文件形式，它实际上就表示一个文件或设备（从广义上讲，设备也是一种文件）。我们不习惯把流当作文件，所以有人称这种和流等同的文件为流式文件，流的输入输出也称为文件的输入输出操作。当流到磁盘而成为文件时，意味着要启动磁盘写入操作，这样流入一个字符（文本流）或流入一个字节（二进制流）均要启动磁盘操作，将大大降低传输效率（磁盘是慢速设备），且降低磁盘的使用寿命。为此，C 语言在输入输出时使用了缓冲技术，即在内存为输入的磁盘文件开辟了一个缓冲区（默认为 512 字节），当流到该缓冲区装满后，再启动磁盘一次，将缓冲区内容装到磁盘文件中去。读取文件也是类似。

在 C 语言中将此种文件输入输出操作称为标准输入输出，或称流式输入输出（因这种输入输出操作是 ANSI C 推荐的标准）。还有一种是不带缓冲文件输入输出，称为非标准文件输入输出或低级输入输出，它将由 DOS 直接管理。

第 17 章

错误和程序调试

C 语言不但功能强大，而且使用范围广，程序员可以方便地使用 C 语言编写出功能强大的项目。但是要真正学好 C 语言这门语言，其实并不容易。特别是对于初学者来说，经常会遇到一些错误。在本章的内容中，将详细介绍在 C 语言中常见的错误和程序调试知识，以此来提高读者的开发经验，尽量避免不必要的错误。

本章内容

- 常见错误分析
- 错误的检出与分离
- 调试时的注意事项

技术解惑

编译通过并不代表运行正确

两段代码的编译差别

调试程序的方法与技巧

17.1 常见错误分析

知识点讲解：光盘:视频\PPT 讲解（知识点）\第 17 章\常见错误分析.mp4

在进行 C 语言开发时，不可避免地会出现不同的错误。在一般情况下，C 语言错误主要分为 3 大类。在本节的内容中，将详细讲解这 3 大类常见错误的基本知识。

17.1.1 语法错误

对于这种错误，用编译器很容易解决。所以，改错题的第一步是先编译，解决这类语法错误。下面总结了二级 C 语言上机改错题中常见的语法错误。

（1）丢失分号，或分号误写成逗号。

（2）关键字拼写错误，如本来小写变成大写。

（3）语句格式错误，例如 for 语句中多写或者少写分号。

（4）表达式声明错误，例如：少了括号“()”。

（5）函数类型说明错误。与 main 函数中不一致。

（6）函数形参类型声明错误。例如：少了“*”等。

（7）运算符书写错误，例如将“/”写成了“\”。

下面以编译器的具体提示，列出了常见语法错误的解决方法。

（1）fatal error Clolo:unexpected end of file while looking for precompiled header directive.

表示寻找预编译头文件路径时遇到了不该遇到的文件尾，一般是没有#include"stdafx.h"。

（2）fatal error C1083:Cannot open include file: 'R……h':No such file or directory.

表示不能打开包含头文件“R……h”，没有这样的文件或目录。

（3）error C2011:'c……'：'class' type redefinition.

表示类"C……"重定义。

（4）error C2057:expected constant expression.

表示希望是常量表达式，一般出现在 switch 语句的 case 分支中。

（5）error C2018:unknown character'Oxa3'

表示有不认识的字符'oxa3'，一般是汉字或中文标点符号。

（6）error C2065: 'IDD_MYDIALOG':undeclared indentifier.

表示 IDD_MYDIALOG 未声明过的标识符。

（7）error C2082:redefinition of formal parameter 'bReset'

表示函数参数 bReset 在函数中重定义。

（8）error C2143: syntax error:missing ' : 'before'{'

是语法错误，表示“{”前缺少“:”。

（9）error C2146:syntax error:missing '；　'before　identifier 'dc'

表示语法错误，在 dc 前丢了“；”。

（10）error C2196:case value '69' already used

表示值 69 已经用过，一般出现在 switch 语句的 case 分支中。

（11）error C2511:’reset’:overloaded member function 'void（int）' not found in 'B'

表示重载的函数 void reset（int）在类 B 中找不到。

（12）error 2555: 'B::f1':overriding virtual function differs from 'A::fi' only by return type or calling convertion.

表示类 B 对类 A 中同名函的重载仅根据返回值或调用约定上的区别。

（13）warning C4553:"=="operator has no effect:did you intend '='?

表示没有效果的运算符“==”是否改为“= “？。

（14）warning C4035:'f……':no return value.

表示“f……”的 return 语句没有返回值。

（15）warning C4700:local variable 'bReset' used without having been initialized

表示局部变量 bReset 没有初始化就使用。

（16）LINK:fatal error LNK1168:cannot open Debug/P1.exe.for writing.

表示连接错误，不能打开 P1.exe 文件，请改写内容，这一般是 P1.exe 还在运行，未关闭。

17.1.2　逻辑错误（语义错误）

这和实现程序的功能紧密相关，一般不能用编译器发现。对于 C 语言的逻辑错误，可以按下面的步骤进行查找。

（1）先读试题，看清题目的功能要求。

（2）通读程序，看懂程序中算法的实现方法。

（3）细看程序，发现常见错误点。

在下面的内容中，列出了一些常见逻辑错误以供参考。

- ❑ 变量初值错误。
- ❑ 循环次数不对。
- ❑ 下标越界。
- ❑ 运算类型不匹配。

具体来说，在编写 C 语言过程中常见的逻辑错误如下所示。

（1）忘记定义变量，例如：

```
main()
{x=3;y=6;
    printf("%d",x y);
}
```

C 语言的变量一定要先定义才能使用。

（2）输入输出数据的类型和所用格式说明符不一致，例如：

```
int a=3;float b=4.5;printf("%f%d",a,b);
```

它们并不是按照赋值的规则进行转换，例如把 4.5 转换为 4，而是将数据在存储单元中的形式按格式符的需要组织输出，例如 *b* 占 4 个字节，只把最后两个字节的数据按%d，作为整数输出。

（3）未注意 int 型数据的数值范围，例如 int 型数据的数值范围（-32768～32768），而下面的代码会将超过低 16 位的数截去从而得到 23563：

```
int num=89101;
printf("%d",num);
```

在定义了 long 型后，在输出时仍用“%d”说明符，也会出现以上错误。

（4）输入变量时忘记使用地址符，例如：

```
scanf("%d%d",a,b);
```

（5）实现输入数据的组织和需要不符，对 scanf 函数中格式字符串中除了格式说明符外，对其他字符必须按原样输入。

（6）误把“=”作为“等于”比较符。其实“=”是一个附值运算符，“==”是比较运算符。

（7）语句后面漏分号，例如：

```
{
    t=a;
    a=b;
    b=t //此处漏掉了分号
}
```

（8）不该加分号的地方加了分号，例如：

```
if(a>b);
printf("a is larger than b");
for(i=0;i<10;i );
{
        scanf("%d",&x);
        printf("%d",x*x);
}
```

（9）对应该有花括弧的复合语句，忘记加花括弧。例如：

```
sum=0;
i=1;
while(i<=100)
sum=sum 1;
i ;
```

（10）括弧不配对，例如：

```
while((c=getchar()!='#')
putchar(c);
```

（11）在使用标识时，忘记了大写字母和小写字母的区别。例如：

```
{
      int a,b,c;
      a=2;
      b=3;
      C=A B;
      printf("%d %d=%D",A,B,C);
}
```

（12）引用数组元素时误用发圆括弧，例如：

```
{
      int i,a(10);
      for(i=0;i<10;i )
            scanf("%d",&a(i));
}
```

（13）在定义数组时，将定义的“元素个数”误认为是可使用的最大下标值。例如：

```
{
      int a[10]={1,2,3,4,5,6,7,8,9,10};
      int i;
      for(i=1;i<=10;i )
            printf("%d",a);
}
```

（14）对二维或多维数组的定义和引用的方法不对，例如：

```
{
      int a[5,4];
      ……
      printf("%d",a[1 2,2 2]);
      ……
}
```

（15）误以为数组名代表数组中全部元素，例如：

```
{
      int a[4]={1,2,3,4};
      printf("%d%d%d%d",a);
}
```

（16）混淆字符数组和字符指针的区别，例如：

```
main()
{
      char str[40];
      str="Computer and c";
      printf("%s",str);
}
```

（17）在引用指针变量之前没有对它赋予确定的值，例如：

```
{
      char *p;
      scanf("%s",p);
}
{
      char *p,c[20];
      p=c;
      scanf("%s",p);
```

```
}
```

（18）switch 语句的各分支中漏写 break 语句，混淆字符和字符串的表示形式。例如：

```
…
char sex;
sex="M";
…
```

（19）使用自加（++）和自减（--）运算符时出的错误，例如：

```
{
    int *p,a[5]={1,3,5,7,9};
    p=a;
    printf("%d",*p );
}
```

其中要注意 p 与*（p）的区别。

（20）所调用的函数在调用语句之后才定义，而又在调用前未加说明。例如：

```
main()
{float x,y,z;
    x=3.5;y=-7.6;
    z=max(x,y);
    printf("%f",z);
}
float max(float x,float y)
{
    return (x>y?x:y);
}
```

（21）误认为形参值的改变会影响实参的值，例如：

```
swap(int x,int y)
{   int t;
    t=x;x=y;y=t;
}
main()
{   int a,b;
    a=3;b=4;
    swap(a,b);
    printf("%d,%d",a,b);
}
```

（22）函数的实参和形参类型不一致，例如：

```
fun(float x,float y)
main()
{
    int a=3,b=4;
    c=fun(a,b);
…
}
```

（23）不同类的型指针混用，例如：

```
{
    int i=3,*p1;
    float a=1.5,*p2;
    p1=&i;p2=&a;
    p2=p1;
    printf("%d,%d",*p1,*p2);
}
```

（24）没有注意函数参数的求值顺序，例如：

```
int i=3;
prinft("%d,%d,%d",i, i, i);
```

运行结果为 5，5，4。

因为 VC 是采取自右至左的顺序求函数的值，而 C 标准没有具体规定函数参数求值的顺序。

（25）混淆数组名和指针变量的区别，例如：

```
{ int i,a[5];
    for(i=0;i<5;i )
        scanf("%d",a );
}
{int a[5],*p;
    p=a;
    for(int i=0;i<5;i )
        scanf("%d",p )
```

```
}
{int a[5],*p;
      for(p=a;p<a 5;p )
            scanf("%d",p);
}
```

（26）混淆结构体类型和结构体变量的区别，例如：

```
struct worker
{     long int num;
      char name[20];
      char sex;
      int age;
};
worker.num=187045;
strcpy(worker.name, "ZhangFun");
worker.sex='M';
worker.age=18;
```

（27）使用文档时忘记打开，用只读方式打开，却企图向该文档输出数据。例如：

```
if(fp=fopen("test","r"))==NULL)
{printf("cannot open this file");
      exit(0);
}
ch=fgetc(fp);
while(ch!= '#')
{ch=ch 4;
fputc(ch,fp);
ch=fgetc(fp);
}
```

17.1.3 内存错误

在 C 语言中，内存错误是最为人诟病的。这些错误让项目延期或者被取消，引发无数的安全问题，甚至出现人命关天的灾难。抛开这些大道理不谈，它们确实浪费了我们大量时间，这些错误引发的是随机现象，即使有一些先进工具的帮助，为了找到重现的路径，花上几天时间也不足为怪。如果能够在编写代码的时候避免这些错误，开发效率至少提高一倍以上，质量可以提高几倍了。在下面的内容中，列举了 C 语言中的一些常见的内存错误。

（1）内存泄露。

大家都知道，在堆上分配的内存，如果不再使用了，应该把它释放掉，以便后面其他地方可以重用。在 C/C++中，内存管理器不会帮你自动回收不再使用的内存。如果你忘了释放不再使用的内存，这些内存就不能被重用了，这就造成了所谓的内存泄露。

把内存泄露列为首位，并不是因为它有多么严重的后果，而因为它是最为常见的一类错误。一两处内存泄露通常不至于让程序崩溃，也不会出现逻辑上的错误，加上进程退出时，系统会自动释放该进程所有相关的内存（共享内存除外），所以内存泄露的后果相对来说还是比较温和的。但是，量变会导致质变，一旦内存泄露过多以致于耗尽内存，后续内存分配将会失败，程序可能因此而崩溃。

虽然现在 PC 的内存够大了，加上进程有独立的内存空间，对于一些小程序来说，内存泄露已经不是太大的威胁。但是对于大型软件来说，特别是长时间运行的软件，或者嵌入式系统来说，内存泄露仍然是致命的因素之一。

建议读者不管在什么情况下，采取谨慎的态度，杜绝内存泄露的出现，都是可取的。相反，认为内存有的是，对内存泄露放任自流都不是负责的。尽管一些工具可以帮助我们检查内存泄露问题，我认为还是应该在编程时就仔细一点，及早排除这类错误，工具只是用作验证的手段。

（2）内存越界访问。

内存越界访问有两种：一种是读越界，即读了不属于自己的数据，如果所读的内存地址是无效的，程度立刻就崩溃了。如果所读内存地址是有效的，在读的时候不会出问题，但由于读到的数据是随机的，它会产生不可预料的后果。另外一种是写越界，又叫缓冲区溢出，所写入的数据对别人来说是随机的，它也会产生不可预料的后果。

内存越界访问造成的后果非常严重，是程序稳定性的致命威胁之一。更麻烦的是，它造成的后果是随机的，表现出来的症状和时机也是随机的，让 Bug 的现象和本质看似没有什么联系，这给 Bug 的定位带来极大的困难。

在市面中有一些工具可以够帮助检查内存越界访问的问题，但也不能太依赖于工具。内存越界访问通常是动态出现的，即依赖于测试数据，在极端的情况下才会出现，除非精心设计测试数据，工具也无能为力。工具本身也有一些限制，甚至在一些大型项目中，工具变得完全不可用。比较保险的方法还是在编程是就小心，特别是对于外部传入的参数要仔细检查。

我们来看一个例子：

```
#include <stdlib.h>
 #include <string.h>
 int main(int argc, char* argv[]) {
    char str[10];
    int array[10] = {0,1,2,3,4,5,6,7,8,9};
    int data = array[10];
    array[10] = data;
    if(argc == 2) {
       strcpy(str, argv[1]);
    }
    return 0;
 }
```

在上述代码中，有如下两个错误是新手常犯的。

其一：int array[10]定义了 10 个元素大小的数组，由于 C 语言中数组的索引是从 0 开始的，所以只能访问 array[0]到 array[9]，访问 array[10]就造成了越界错误。

其二：strcpy（str，argv[1]）；这里是否存在越界错误依赖于外部输入的数据，这样的写法在正常下可能没有问题，但受到一点恶意攻击就完蛋了。除非你确定输入数据是在你控制内的，否则不要用 strcpy、strcat 和 sprintf 之类的函数，而要用 strncpy、strncat 和 snprintf 代替。

（3）野指针。

野指针是指那些你已经释放掉的内存指针。当你调用 free（p）时，你真正清楚这个动作背后的内容吗？你会说 *p* 指向的内存被释放了。没错，*p* 本身有变化吗？答案是 *p* 本身没有变化。它指向的内存仍然是有效的，你继续读写 *p* 指向的内存，没有人能拦得住你。

释放掉的内存会被内存管理器重新分配，此时，野指针指向的内存已经被赋予新的意义。对野指针指向内存的访问，无论是有意还是无意的，都为此会付出巨大代价，因为它造成的后果，如同越界访问一样是不可预料的。

释放内存后立即把对应指针置为空值，这是避免野指针常用的方法。这个方法简单有效，只是要注意，当指针是从函数外层传入的时，在函数内把指针置为空值，对外层的指针没有影响。比如，你在析构函数里把 this 指针置为空值，没有任何效果，这时应该在函数外层把指针置为空值。

（4）访问空指针。

空指针在 C/C++中占有特殊的地址，通常用来判断一个指针的有效性。空指针一般定义为 0。现代操作系统都会保留从 0 开始的一块内存，至于这块内存有多大，视不同的操作系统而定。一旦程序试图访问这块内存，系统就会触发一个异常/信号。

操作系统为什么要保留一块内存，而不是仅仅保留一个字节的内存呢？原因是：一般内存管理都是按页进行管理的，无法单纯保留一个字节，至少要保留一个页面。保留一块内存也有额外的好处，可以检查诸如 p=NULL；p[1]之类的内存错误。

在一些嵌入式系统（如 arm7）中，从 0 开始的一块内存是用来安装中断向量的，没有 MMU 的保护，直接访问这块内存好像不会引发异常。不过这块内存是代码段的，不是程序中有效的变量地址，所以用空指针来判断指针的有效性仍然可行。

（5）引用未初始化的变量。

未初始化变量的内容是随机的（有的编译器会在调试版本中把它们初始化为固定值，如0xcc），使用这些数据会造成不可预料的后果，调试这样的 Bug 也是非常困难的。

对于态度严谨的程序员来说，防止这类 Bug 非常容易。在声明变量时就对它进行初始化，是一个好的编程习惯。另外也要重视编译器的警告信息，发现有引用未初始化的变量，立即修改过来。

例如在下面的代码中，全局变量 g_count 是确定的，因为它在 bss 段中，自动初始化为 0 了。临时变量 *a* 是没有初始化的，堆内存 str 是没有初始化的。但这个例子有点特殊，因为程序刚运行起来，很多东西是确定的，如果你想把它们当作随机数的种子是不行的，因为它们还不够随机。

```
#include <stdlib.h>
#include <string.h>
 int g_count; int main(int argc, char* argv[]) {
       int a;
       char* str = (char*)malloc(100);
       return 0;
 }
```

（6）不清楚指针运算。

对于一些新手来说，指针常常让他们犯糊涂，比如 int *p = …；p+1 等于（size_t）p + 1 吗？老手们自然清楚，新手可能就搞不清了。事实上，p+n 等于（size_t）p + n * sizeof（*p）。

指针是 C/C++中最有力的武器，功能非常强大，无论是变量指针还是函数指针，都应该非常熟练的掌握。只要有不确定的地方，马上写个小程序验证一下。对每一个细节了然于胸，在编程时会省下不少时间。

（7）结构的成员顺序变化引发的错误。

在初始化一个结构时，老手可能很少像新手那样老老实实的，一个成员一个成员地为结构初始化，而是采用快捷方式，如：

```
struct s {
   int l; char* p;
};
int main(int argc, char* argv[]) {
   struct s s1 = {4, "abcd"};
   return 0;
}
```

以上这种方式是非常危险的，原因在于你对结构的内存布局做了假设。如果这个结构是第三方提供的，他很可能调整结构中成员的相对位置。而这样的调整往往不会在文档中说明，你自然很少去关注。如果调整的两个成员具有相同数据类型，编译时不会有任何警告，而程序的逻辑可能相距十万八千里了。

正确的初始化方法应该是（当然，一个成员一个成员地初始化也行）：

```
struct s {
   int l; char* p;
}; int main(int argc, char* argv[]) {
   struct s s1 = {.l=4, .p = "abcd"};
   return 0;
 }
```

注意：有的编译器可能不支持新标准。

（8）结构的大小变化引发的错误。

我们看看下面这个例子：

```
struct base {
   int n;
 };
 struct s {
   struct base b; int m;
 };
```

在 OOP 中，我们可以认为第二个结构继承了第一结构，这有什么问题吗？当然没有，这是 C 语言中实现继承的基本手法。

现在假设第一个结构是第三方提供的，第二个结构是你自己的。第三方提供的库是以 DLL 方式分发的，DLL 最大好处在于可以独立替换。但随着软件的进化，问题可能就来了。

当第三方在第一个结构中增加了一个新的成员 int k；，编译好后把 DLL 给你，你直接把它给了客户了，让他们替换掉老版本。程序加载时不会有任何问题，但运行逻辑可能完全改变！原因是两个结构的内存布局重叠了。

解决这类错误的唯一办法就是重新编译全部代码。由此看来，动态库并不见得可以动态替换。

（9）分配/释放不配对。

大家都知道 malloc 要和 free 配对使用，new 要和 delete/delete[]配对使用，重载了类 new 操作，应该同时重载类的 delete/delete[]操作。这些都是书上反复强调过的，除非当时晕了头，一般不会犯这样的低级错误。

而有时候我们却被蒙在鼓里，两个代码看起来都是调用的 free 函数，实际上却调用了不同的实现。比如在 Win32 下，调试版与发布版，单线程与多线程是不同的运行时库，不同的运行时库使用的是不同的内存管理器。一不小心连接错了库，那你就麻烦了。程序可能动则崩溃，原因在于在一个内存管理器中分配的内存，在另外一个内存管理器中释放时就会出现问题。

（10）返回指向临时变量的指针。

大家都知道，栈里面的变量都是临时的。当前函数执行完成时，相关的临时变量和参数都被清除了。不能把指向这些临时变量的指针返回给调用者，这样的指针指向的数据是随机的，会给程序造成不可预料的后果。

例如下面是一个错误的例子：

```
char* get_str(void) {
    char str[] = {"abcd"};
    return str;
}
int main(int argc, char* argv[]) {
    char* p = get_str();
    printf("%s\n", p);
    return 0;
}
```

而下面的代码则没有问题：

```
char* get_str(void) {
    char* str = {"abcd"};
    return str;
}
int main(int argc, char* argv[]) {
    char* p = get_str();
    printf("%s\n", p);
    return 0;
}
```

（11）试图修改常量。

在函数参数前加上 const 修饰符，只是给编译器做类型检查用的，编译器禁止修改这样的变量。但这并不是强制的，你完全可以用强制类型转换绕过去，一般也不会出什么错。

而全局常量和字符串，用强制类型转换绕过去，运行时仍然会出错。原因在于它们是放在.rodata 里面的，而.rodata 内存页面是不能修改的。试图对它们修改，会引发内存错误。例如下面这个程序在运行时会出错：

```
int main(int argc, char* argv[]) {
    char* p = "abcd";
    *p = '1';
    return 0;
}
```

（12）误解传值与传引用。

在 C/C++中，参数默认传递方式是传值的，即在参数入栈时被拷贝一份。在函数里修改这些参数，不会影响外面的调用者。例如：

```
#include <stdlib.h>
 #include <stdio.h>
 void get_str(char* p) {
     p = malloc(sizeof("abcd"));
     strcpy(p, "abcd");
     return;
 }
 int main(int argc, char* argv[]) {
     char* p = NULL;
     get_str(p);
     printf("p=%p\n", p);
     return 0;
 }
```

在 main 函数里，*p* 的值仍然是空值。当然在函数里修改指针指向的内容是可以的。

（13）栈溢出。

在 PC 上，普通线程的栈空间也有十几 MB，通常够用了，定义大一点的临时变量不会有什么问题。而在一些嵌入式中，线程的栈空间可能只 5KB 大小，甚至小到只有 256 个字节。在这样的平台中，栈溢出是最常用的错误之一。在编程时应该清楚自己平台的限制，避免栈溢出的可能。

（14）误用 sizeof。

尽管 C/C++通常是按值传递参数，而数组则是例外，在传递数组参数时，数组退化为指针（即按引用传递），用 sizeof 是无法取得数组的大小的。这点可以从下面的例子可以看出：

```
void test(char str[20]) {
     printf("%s:size=%d\n", __func__, sizeof(str));
 }
 int main(int argc, char* argv[]) {
     char str[20] = {0};
     test(str);
     printf("%s:size=%d\n", __func__, sizeof(str));
     return 0;
 }
[root@localhost mm]# ./t.exe test:size=4 main:size=20
```

（15）字节对齐。

字节对齐主要目的是提高内存访问的效率。但在有的平台（如 arm7）上，就不光是效率问题了，如果不对齐，得到的数据是错误的。所幸的是，在大多数情况下，编译会保证全局变量和临时变量按正确的方式对齐。内存管理器会保证动态内存按正确的方式对齐。要注意的是，在不同类型的变量之间转换时要小心，如把 char*强制转换为 int*时，要格外小心。

另外，字节对齐也会造成结构大小的变化，在程序内部用 sizeof 来取得结构的大小，这就足够了。若数据要在不同的机器间传递时，在通信协议中要规定对齐的方式，避免对齐方式不一致引发的问题。

（16）字节顺序。

字节顺序历来是设计跨平台软件时头疼的问题。字节顺序是关于数据在物理内存中的布局的问题，最常见的字节顺序有两种：大端模式与小端模式。

- 大端模式是高位字节数据存放在低地址处，低位字节数据存放在高地址处。
- 小端模式指低位字节数据存放在内存低地址处，高位字节数据存放在内存高地址处；

在普通软件中，字节顺序问题并不引人注目。而在开发与网络通信和数据交换有关的软件时，字节顺序问题就要特殊注意了。

（17）多线程共享变量没有用 valotile 修饰。

关键字 valotile 的作用是告诉编译器，不要把变量优化到寄存器里。在开发多线程并发的软件时，如果这些线程共享一些全局变量，这些全局变量最好用 valotile 修饰。这样可以避免因为编译器优化而引起的错误，这样的错误非常难查。

（18）忘记函数的返回值。

函数需要返回值，如果你忘记 return 语句，它仍然会返回一个值，因为在 i386 上，EAX 用来保存返回值，如果没有明确返回，EAX 最后的内容被返回，所以 EAX 的内容是随机的。

17.2　错误的检出与分离

知识点讲解：光盘:视频\PPT 讲解（知识点）\第 17 章\错误的检出与分离.mp4

在通常情况下，编译程序可以找到源程序中的语法错误和语义错误，并将其分离出来，但是不能检出程序编制的是否得当及算法是否正确。在 C 语言源程序调试过程中，比较麻烦的一种错误是程序可以执行，但得不到希望的结果，即使在算法正确的情况下，程序员也要从头到尾地对整个程序检查。找出错误的方法可以从一组检查数据开始，把已知的数据送入程序，并把程序逐步划小，直到找出错误所在并将其分离出来为止。这种方法大都采用在源程序中加入若干 printf()语句来实现，通过检查中间结果，就可能把出错的原因找出来。但这种方法过于繁琐复杂，使用不便。

最为简单的错误的检出与分离的解决方法是编译程序，首先设计一个排错函数 debug()，在此假定编译程序支持整型、字符型、整型数组和字符型数组类型。如果编译程序还值持其他的数据类型，只需稍加修改 debug()函数即可。Debug()函数的实现代码如下所示：

```
#include<stdio.h>
#include<conio.h>
#define CLEARS 111
void debug(char let,char c_array[],int n_array[],int asize,int num,int opt)
{
  int I;
  switch(opt)
  {
  case 1:
    printf("The value is %d",num);
    break;
  case 2:
    printf("The letter is %c",let);
    break;
  case 3: {
    puts("The number array contains ");
    for(i=0;i<=asize;++i)
    printf("%d",n_array[i]);
    break;
  }
  case 4:{
    puts("The character array contains ");
    for(i=0;i<=asize;++i)
    printf("%c",c_array[i]);
    break;
  }
  default:
  puts(" Invalid option selected!");
  break;
  }
  puts(" Please press any key to continue:");
  getch();
}
void main()
{
  int I,j,a[10];
  char ch,b[10];
  for(i=5,j=0;i<15;++I,++j){
    a[j]=j;
    b[j]=j;
  }
  putchar(CLEARS);
  ch='a';
  debug(0,0,0,0,I,1); /*display value of i*/
  debug(ch,0,0,0,0,2);/*display value of ch*/
  debug(0,0,a,10,0,3);/*display value of a*/
  debug(0,b,0,10,0,4);/*display value of b*/
```

```
    debug(0,0,0,0,0,7);/*error*/
}
```

在上述代码中，函数 debug 能够在排错过程中把所需的过程打印出来。实现过程如下：把要打印的数据类型传递给它，并由后面的 printf 语句将其打印出来，调用 getch 函数引起程序暂停运行，直到按任意键继续。debug 参数包括了能够检查的错误类型，例如整型、字符型、整型数组和字符型数组类型，读者可以根据需要添加其他有关的参数；Opt 是要使用的可选项。

在实际应用时，读者可以把 debug 函数包含进需要的程序中。当把错误找出来后，可以很容易地把所有的 debug 函数都清除出去。把所有这些调用和为包含函数 debug 所用的#include 从程序中撤销是很容易的事。例如 VI 编辑在“ex 转换方式”下使用的搜索并替换命令 g 和 s，这些在源程序中使用 printf 函数是很难办到的。

17.3 调试时的注意事项

知识点讲解：光盘:视频\PPT 讲解（知识点）\第 17 章\调试时的注意事项.mp4

对程序设计者来说，不仅要会编写程序，还要上机调试通过。即使一个有经验的程序员也常会出现某些疏忽而造成程序调试失败，更何况初学者了。调试的目的不仅是验证程序的正确性，而且需要掌握程序调试技术，提高动手能力。程序调试具有很强的技术性和经验性，其效率高低在很大的程度上依赖于程序设计者的经验。有经验的人很快就能发现错误，而有的人在计算机显示出错误信息并告诉他哪一行有错之后还找不出错误所在。所以初学者调试一个程序所耗费的时间往往比编写程序花的时间还要多。调试程序是程序设计课程的一个重要环节，调试之前要做好程序调试的准备工作。

17.3.1 上机前要先熟悉程序运行的环境

一个 C 语言源程序总是在一定的硬件和软件环境支持下进行编辑、编译、连接和运行的，而这其中的每一步都直接影响程序调试的效率。所以初学者必须了解所使用的计算机系统的基本操作方法，学会使用该系统，了解在该系统上如何编辑、编译、连接和运行一个 C 语言程序。上机时需要输入和修改程序，不同的操作系统提供的编辑程序是不同的。DOS 操作系统提供了全屏幕编辑程序 Edit，UNIX 操作系统提供了屏幕编辑程序 Vi，还有一些集成环境提供了编辑功能，如果对编辑程序的基本功能和操作不熟悉，就很难使用好这个工具，那么在输入和修改程序中就会遇到很多困难，往往越改越乱，甚至因为不存盘的误操作而使修改、调试的工作前功尽弃。更有甚者，由于初学者对操作系统或编辑程序的操作命令不熟悉而误删了一个正在调试或已经调试好的程序，就不得不重新输入、调试，浪费了许多时间。所以在上机调试之前，必须认真了解程序运行的环境，了解常用的一些操作命令，这样上机调试程序时效率就会大大提高。

17.3.2 程序设计过程中要为程序调试做好准备

（1）采用模块化、结构化方法设计程序。

模块化是指将一个大任务分解成若干个较小的部分，每一部分承担一定的功能，称为“功能模块”。各个模块可以由不同的人编写程序，分别进行编译和调试，这样可以在相对较小的范围内确定出错误，较快地改正错误并对其重新编译。不要将全部语句都写在 main()函数中，并且要多使用函数，用一个函数完成一个单一的功能。这样既便于阅读，也便于调试。反之，如果只用一个函数写出来，不仅增加了程序的复杂度，而且在调试时很难确定错误所在，即使找到了错误，改正起来也很麻烦，有时为改正一个错误有可能引起新的错误。

（2）编程时要为调试程序提供足够的灵活性。

在设计程序时，要充分考虑程序调试时可能出现的各种情况，要为调试中临时修改、选择输入数据的形式、个数和改变输出形式等情况提供尽可能的灵活性。这就需要使程序具有通用性的特点。一方面，在选择和设计算法时要使其具有灵活性，另一方面数据的输入要灵活，可以采用交互式输入数据。例如排序算法、求和、求积分算法的数据个数都可以通过应答程序的提问来确定，从而为程序的调试带来了方便。

（3）根据程序调试的需要，可以通过设置“分段隔离”“设置断点”和“跟踪打印”来调试程序。如果是复杂点的程序，可以在适当的地方设置必要的断点，这样调试程序查找问题迅速、容易。为了判断程序是否正常执行，观察程序执行路径和中间结果的变化情况，可以在适当的地方打印出必要的中间结果，通过这些中间结果可以观察程序的执行情况。调试结束后再将断点、打印中间结果的语句删掉。

（4）要精心地准备调试程序所用的数据。这些数据包括程序调试时要输入的具有典型性和代表性的数据及相应的预期结果。例如，选取适当的数据保证程序中每条可能的路径都至少执行一次并使得每个判定表达式中条件的各种可能组合都至少出现一次。要选择“边界值”，即选取刚好等于、稍小于、稍大于边界值的数据，经验表明，处理边界情况时程序最容易发生错误，例如许多程序错误出现在下标、数据结构和循环等等的边界附近。通过这些数据的验证，可以看到程序在各种可能条件下的运行情况，暴露程序错误的可能性更大，从而提高程序的可靠性。

17.4　技术解惑

17.4.1　编译通过并不代表运行正确

请读者看下面代码：

```
char *str = "abcd";
char str2[] = "dcba";
*str = str[0];
```

上述代码为什么会出错？究竟错在哪里？虽然能够编译通过，但是执行时却显示 Segmentation fault。这是因为，编译器声明一个 char 类型的指针字符串之后，把它放在只读存储区，执行时写入失败。实际上，你这样声明的就是一个字符串常量。在此还需要注意，声明指针之后一定要初始化。有如下两种初始化指针的方法。

（1）使用地址初始化，例如：

```
int *p = &i;
```

（2）动态初始化，例如：

```
int *p = (int *)malloc(sizeof(int));
```

17.4.2　两段代码的编译差别

看如下所示的两段代码：

```
char *str = "abcd";
char str[] = "abcd";
```

究竟两者有什么不同呢？根据编译原理可知：

第一种情况下，编译器生成字符串“abcd”，添加‘\0’结束符之后，放入静态存储区中，指针 str 为字符串常量“abcd”的首地址。

第二种情况下，编译器首先为数组分配内存空间，并从静态存储区中拷贝字符串常量到此分配的内存区间。

17.4.3　调试程序的方法与技巧

程序调试主要有两种方法，即静态调试和动态调试。程序的静态调试就是在程序编写完以后，由人工“代替”或“模拟”计算机，对程序进行仔细检查，主要检查程序中的语法规则和逻辑结构的正确性。实践表明，有很大一部分错误可以通过静态检查来发现。通过静态调试，可以大大缩短上机调试的时间，提高上机的效率。程序的动态调试就是实际上机调试，它贯穿在编译、连接和运行的整个过程中。根据程序编译、连接和运行时计算机给出的错误信息进行程序调试，这是程序调试中最常用的方法，也是最初步的动态调试。在此基础上，通过“分段隔离”“设置断点”“跟踪打印”进行程序的调试。实践表明，对于查找某些类型的错误来说，静态调试比动态调试更有效，对于其他类型的错误来说刚好相反。因此静态调试和动态调试是互相补充、相辅相成的，缺少其中任何一种方法都会使查找错误的效率降低。

（1）静态调试。

首先，对程序语法规则进行检查。具体过程如下。

- 检查语句正确性。

保证程序中每个语句的正确性是编写程序时的基本要求。由于程序中包含大量的语句，书写过程中由于疏忽或笔误，写错语句不可避免。在检查程序语句时应注意以下几点。

- 检查每个语句中是否有字符遗漏，包括必要的空格符是否都有。
- 检查是否书写正确形体相近的字符，例如字母 o 和数字 0，书写时要有明显的分别。
- 检查函数调用时形参和实参的类型、个数是否相同。

- 语法正确性检查。

每种计算机语言都有自己的语法规则，书写程序时必须遵守一定的语法规则，否则编译时程序将给出错误信息。

- 语句的配对检查：许多语句都是配对出现的，不能只写半个语句。另外，语句有多重括号时，每个括号也都应成对出现，不能缺左少右的。
- 注意检查语句顺序：有些语句不仅句法本身要正确，而且语句在程序中的位置也必须正确。例如，变量定义要放在所有可执行语句之前。

然后，检查程序的逻辑结构。具体过程如下。

- 检查程序中各变量的初值和初值的位置是否正确。

在编程过程中，经常遇到“累加”和“累乘”，其初值和位置都非常重要。用于累加的变量应取 0 初值或给定的初值，用于累乘的变量应赋初值为或给定的值。因为累加或累乘都是通过循环结构来实现的，因此这些变量赋初值语句应在循环体之外。对于多重循环结构，内循环体中的变量赋初值语句应在内循环之外；外循环体中的变量赋初值语句应在外循环之外。如果赋初值的位置放错了，那么将得不到预想的结果。

- 检查程序中分枝结构是否正确。

在 C 语言程序中的分枝结构中，根据给定的条件来决定执行不同的路径的，为此在设置各条路径的条件时一定要谨慎。在设置“大于”和“小于”等条件时，一定要仔细考虑是否应该包括“等于”这个条件，更不能把条件写反。并且需要注意，实型数据在运算过程中会产生误差，如果用“等于”或“不等于”对实数的运算结果进行比较，则会因为误差而产生误判断，路径选择也就错了。因此在遇到要判断实数 a 与 b 相等与否作为条件来选择路径时，应该把条件写成：if（fabs（a-b）<=1e-6），而不应该写成 if（a==b）。要特别注意条件语句嵌套时，if 和 else 的配对关系。

- 检查程序中循环结构的循环次数和循环嵌套是否正确。

在 C 语言中，可以使用 for 循环、while 循环和 do-while 循环。在给定循环条件时，不仅要考虑循环变量的初始条件，还要考虑循环变量的变化规律、循环变量变化的时间，任何一条变化都会引起循环次数的变化。

- 检查表达式的合理与否。

当编写完毕一段代码后，不仅要保证表达式的正确性，而且还要保证表达式的合理性。尤其要注意表达式运算中的溢出问题，运算数值可能超出整数范围就不应该采用整型运算，否则必然导致运算结果的错误。两个相近的数不能相减，以免产生“下溢”。更要避免在一个分式的分母运算中发生“下溢”，因为编译系统常把下溢作为零来处理。因此分母中出现下溢时要产生“被零除”的错误。由于表达式不合理而引起的程序运行错误往往很难查找，会增加程序调试的难度。因此，认真检查表达式的合理性，是减少程序运行错误，提高程序动态调试效率的重要方面。

程序的静态调试是程序调试非常重要的一步。初学者应培养自己静态检查的良好习惯，在上机前认真做好程序的静态检查工作，从而节省上机时间，使有限的机时充分发挥作用。

（2）动态调试。

虽然在静态调试中可以发现和改正很多错误，但是因为静态调试的特点，不能检查出来那些比较隐蔽的错误。只有经过上机动态调试后，才能够找到这些错误并改正它们。

（3）编译过程中的调试。

编译过程除了将源程序翻译成目标程序外，还要对源程序进行语法检查。如果发现源程序有语法错误，系统将显示错误信息。用户可以根据这些提示信息查找出错误性质，并在程序中出错之处进行相应的修改。有时我们会发现编译时有几行的错误信息都是一样的，检查这些行本身没有发现错误，这时要仔细检查与这些行有关的名字、表达式是否有问题。例如，因为程序中数组说明语句有错，这时，那些与该数组有关的程序行都会被编译系统检查出错。这种情况下，用户只要仔细分析一下，修改了数组说明语句的错误，许多错误就会同时没有了。对于编译阶段的调试，要充分利用屏幕给出的错误信息，对它们进行仔细分析判断。只要注意总结经验，使程序通过编译是不难做到的。

（4）连接过程的调试。

当编译程序成功后还需要进行连接。在连接过程也有查错功能，它将指出外部调用、函数之间的联系及存储区设置等方面的错误。如果连接时有这类错误，编译系统也会给出错误信息，用户要对这些信息仔细判断，从而找出程序中的问题并改正之。连接时较常见的错误有以下几类。

- 某个外部调用有错，通常系统明确提示了外部调用的名字，只要仔细检查各模块中与该名有关的语句，就不难发现错误。
- 找不到某个库函数或某个库文件，这类错误是由于库函数名写错、疏忽了某个库文件的连接等。
- 某些模块的参数超过系统的限制。如，模块的大小、库文件的个数超出要求等。
- 引起连接错误的原因很多，而且很隐蔽，给出的错误信息也不如编译时给出的直接、具体。因此，连接时的错误要比编译错误更难查找，需要仔细分析判断，而且对系统的限制和要求要有所了解。
- 运行过程中的调试：运行过程中的调试是动态调试的最后一个阶段。这一阶段的错误大体可分为如下两类。

> 第一类：运行程序时给出出错信息。

运行时出错多与数据的输入、输出格式有关，与文件的操作有关。如果给出数据格式有错，这时要为要有关的输入输出数据格式进行检查，一般容易发现错误。如果程序中的输入输出函数较多，则可以在中间插入调试语句，采取分段隔离的方法，很快就可以确定错误的位置了。如果是文件操作有误，也可以针对程序中的有关文件的操作采取类似的方法进行检查。

> 第二类：运行结果不正常或不正确。

此类错误大多数是因为编程人员的操作失误引起的，例如算法错误和定义常量错误，只需要细心即可解决此问题。

第 18 章

组件技术

组件是编程语言中的核心，无论是传统的 C 语言，还是.NET 技术，都包含了大量的有用的组件，每个组件都能实现某种特定的功能效果。通过这些组件，可以迅速编写出指定功能的程序。在本章的内容中，将详细讲解 C 语言中常见的组件技术，以此来提高读者的开发经验，使读者的开发水平更上一层楼。

18.1　组件技术概述

知识点讲解：光盘:视频\PPT 讲解（知识点）\第 18 章\组件技术概述.mp4

自组件产生以来，已经引入了许多新的组件技术。在本章将讨论多个不同的技术，其中每种技术都有其独特的特性。但是在此强调的是，有些特性是所有组件技术都必须提供的。组件技术的关键特性如下所示。

（1）组件必须是一个独立编译的程序，不能是函数库或源代码。

（2）必须能够集成组件以创建一个更大的程序，而且无需访问组件的源代码，或将组件的代码链接到使用该组件的程序中。

（3）组件必须能够嵌入容器，而且必须为组件与容器之间提供通信机制。

（4）组件技术必须支持属性、方法和事件，或者某种等价的通信方法。

（5）组件技术应支持持久性属性。在设计时应能够设置属性值，并在激活组件时，能够将设置值作为属性的初始值。

（6）组件应描述其自身接口。应能够通过查询组件来确定它所支持的属性、方法和事件。

（7）组件应可以在各种不同的环境中使用。

除了简单的控件外，现有的各种组件技术都提供这些特性。我们有充足的理由坚持认为，所有的组件技术都具备这些特性，但这些理由并不十分明显。我们强调组件应是一个完整的、独立的实体，而非某个问题的局部结构解决方案。这是组件级技术与早期技术（可提供静态、动态函数库）之间的一个根本区别。如果没有特性（1）和特性（2），那就是在研究函数库技术，而非研究组件技术；如果没有特性（3），那就是在研究应用程序，而非研究组件；如果没有特性（4），则组件技术毫无用处，因为此时无法与组件进行通信；再一次提示，我们可能是在研究应用程序而非组件。特性（5）、特性（6）和特性（7）不是组件的本质特性，但如果没有它们，组件编程将变得非常困难。

18.2　体 系 结 构

知识点讲解：光盘:视频\PPT 讲解（知识点）\第 18 章\体系结构.mp4

20 世纪 60 年代发生的软件危机，使得软件工程的研究成为热点问题。为了保证软件的质量，提高软件可靠性、可重用性和可维护性，软件设计的核心已从“算法+数据结构=程序”的传统计算模式，转向了对系统的总体结构即软件体系结构的设计和规范。软件体系结构不仅指定了系统的组织结构和拓扑结构，而且显示了系统需求和构成系统的元素之间的对应关系，为设计人员提供一些设计决策的基本原理。软件体系结构虽脱胎于软件工程，但其形成同时借鉴了计算机体系结构和网络体系结构中很多宝贵的思想和方法，其研究已完全独立于软件工程的研究，成为计算机科学的一个最新的研究方向和独立学科分支。在本节的内容中，将详细讲解和 C 语言有关的体系结构的基本知识。

18.2.1　体系结构的概念

虽然软件体系结构在软件工程中已有很深的根基，但由于有关研究和使用刚刚兴起，因而对它的理解还没有达成共识。许多研究人员基于自己的经验从不同角度不同侧面对体系结构进行了刻画。下面按照时间顺序列出一些重要文献中有关软件体系结构的定义，从中可以看出其概念的演化发展过程。

1992 年 Perry 和 Wolf 在他们早期关于软件体系结构研究的重要论文中指出，软件体系结构是具有一定形式的结构化元素，即组件的集合，包括处理构件、数据组件和连接组件。处理组件负责对数据进行加工，数据组件是被加工的信息，连接组件把体系结构的不同部分组合连接起来。

1993 年 Garlan 和 Shaw 在一篇被誉为关于软件体系结构研究的重要论文中认为，软件体系结构是设计过程的一个层次，它由元素和连接以及对它们的约束组成，是在处理算法和数据结构之上的关于整体系统结构和描述等方面的问题（如全局组织结构和全局控制结构；有关通信、同步和数据存取的协议；设计元素的功能定义、物理分布和合成；设计方案的选择、评估和实现；粒度和性能）。

1994 年，Hayes-Roth 在 ARPA 特定软件体系结构（DSSA）的报告中说，软件体系结构是一个由功能构件组成的抽象系统的说明，按照功能构件的行为、接口和构件之间的相互作用进行描述。

2000 年 IEEE1471 标准将“体系结构”定义成“体现在各组成部分、组成部分间相互关系及与环境的关系，以及指导一个系统的设计和演变基本结构”。IEEE1471 标准建议遵循以下原则：

- 每个系统具有一个体系结构，但一个体系结构不是一个系统；
- 体系结构与体系结构描述不是同一件事；
- 体系结构标准、描述及开发过程可以不同，并且可以单独地进行研究；
- 体系结构描述本身是多见解的。

就体系结构的本意而言，是指建立系统时的构造范型、构造风格和构造模式。软件体系结构对于软件系统的构造起着指导性的作用。它抛开了软件系统的功能细节，着重于讨论软件系统的总体框架。广义而言，软件系统结构涉及多方面的内容：软件的成分及系统框架；软件成分的选择，各成分之间的相互作用，软件成分的进一步复合以及指导软件复合过程的总体模式；系统的功能、性能、设计以及从多种方案及选项中进行选择的决策。可见，软件体系结构更为关注的是系统结构及其成分，而方法论更关心系统的开发过程。

18.2.2 CORBA 技术体系

CORBA（Common Object Request Broker Architecture，公共对象请求代理体系结构）是由 OMG 组织制订的一种标准的面向对象应用程序体系规范。或者说 CORBA 体系结构是对象管理组织（OMG）为解决分布式处理环境（DCE）中，硬件和软件系统的互连而提出的一种解决方案；OMG 组织是一个国际性的非盈利组织，其职责是为应用开发提供一个公共框架，制订工业指南和对象管理规范，加快对象技术的发展。

1. CORBA 概述

OMG 组织成立后不久就制订了 OMA（Object Management Architecture，对象管理体系结构）参考模型，该模型描述了 OMG 规范所遵循的概念化的基础结构。OMA 由对象请求代理 ORB、对象服务、公共设施、域接口和应用接口这几个部分组成，其核心部分是对象请求代理 ORB（Object Request Broker）。对象服务是为使用和实现对象而提供的基本服务集合；公共设施是向终端用户应用程序提供的一组共享服务接口；域接口是为应用领域服务而提供的接口；应用接口是由开发商提供的产品，用于它们的接口，不属于 OMG 标准的内容。ORB 提供了一种机制，通过这种机制，对象可以透明地发出请求和接收响应。分布的、可以互操作的对象可以利用 ORB 构造可以互操作的应用。

CORBA 标准由对象管理组织（OMG）设立并进行控制，CORBA 定义了一系列 API、通信协议和物件/服务信息模型用于使得异质应用程序能够互相操作，这些应用程序用不同的程序语言编写，运行在不同的平台上。CORBA 因此为定义明确的物件提供了平台和位置的透明性，这些物件是分布式计算平台的基础。

CORBA 分布计算技术，是由绝大多数分布计算平台厂商所支持和遵循的系统规范技术，具有模型完整、先进，独立于系统平台和开发语言，被支持程度广泛的特点，已逐渐成为分布计算技术的标准。COBRA 标准主要分为 3 个层次：对象请求代理、公共对象服务和公共设施。最底层是对象请求代理 ORB，规定了分布对象的定义（接口）和语言映射，实现对象间的通讯和互操作，是分布对象系统中的“软总线”；在 ORB 之上定义了很多公共服务，可以提供诸如并发服务、名字服务、事务（交易）服务、安全服务等各种各样的服务；最上层的公共设施则定义了组件框架，提供可直接为业务对象使用的服务，规定业务对象有效协作所需的协定规则。

CORBA（公共对象请求代理架构）：这是个和微软 com，com+齐名的同类软件技术规范，由 OMT 提出。用于在不同进程（程序）之间，甚至是不同物理机器上的进程（程序）之间通讯。底层技术依靠 RPC（远程过程调用）实现。

对象管理组英文名是 Object Management Group，缩写为 OMG。其目标是为在计算机网络上独立开发的应用软件建立一个相互之间互操作性的标准。OMG 的成员已包括绝大多数信息技术公司和终端用户，其中心任务是接纳广泛认可的对象管理体系结构（Object Management architecture，OMA）或其语境（context）中的接口和规程的规范。OMA 以分布式的对象为集成单位。以对象为基础来构作分布式应用系统的最大优点是对象的封装性：对象的数据和状态只能通过对象上定义的一组运算来访问，而不允许直接存取。因此易于处理平台的异构性，因为数据表达的互异已被隐藏，从而简化了系统的集成。

最初，OMG 在 1990 年制订了对象管理体系结构 OMA。OMA 是比 CORBA 更高一层的概念，它定义了一种体系结构，在 OMA 之上可以用任何方法来实现。CORBA 是其中的一种实现方案。

2. 对象管理体系结构 OMA

OMA 由对象模型（objet model）和参考模型（reference model）组成。对象模型主要定义了如何描述在异种（heterogeneous）环境中的分布式对象；参考模型则刻画了对象之间的交互，其组成结构可以用图 18-1 来表示。

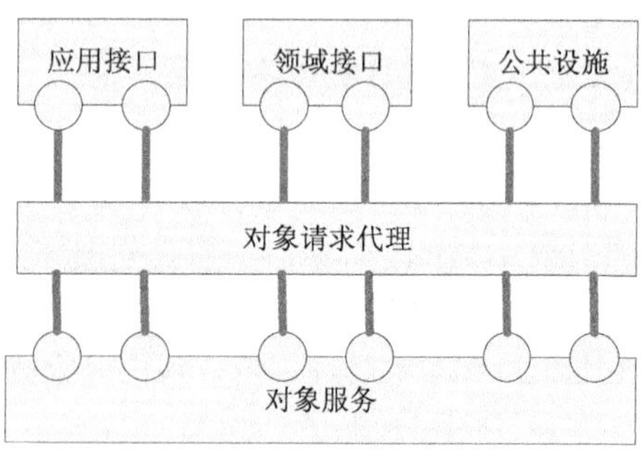

图 18-1　OMA 参考模型

其中 ORB 作为对象互相通信的软总线，用来联系客户端和对象间的通信。ORB 是 OMA 参考模型的核心，它保证在分布式异构环境中透明地向对象发送和接收请求，帮助实现应用部件之间的互操作。

在 ORB 之上有如下 4 个对象接口。

（1）对象服务 object services（OS）。定义加入 ORB 的系统级服务，如安全性、命名和事务处理，它们是与应用域无关的。对象服务是一些最有可能被用来支持分布式对象环境 F 构造应用的标准化部件。目前通过的对象服务包括对象命名服务、事件服务、对象生存期服务、永久对象服务、对象关系服务以及事务服务、并发控制服务等等。

（2）公共设施 common facilities（CF）。水平级的服务，定义应用程序级服务，如复合文档等。公共设施是比对象服务粒度更大的可重用的部件块。它主要用来帮助构造跨多个应用域的应用程序。典型的公共设施包括用户接口、信息管理、系统管理和任务管理等。

（3）领域接口如 domain interfaces（DI）。面向待定的领域，在 OMA 中所处的位置与对象服务与公共设施相似。

（4）应用接口 application interfaces（AI）。面向指定的现实世界应用。是指供应商或用户借助于 ORB、公共对象服务及公共设施而开发的特定产品，它不在 CORBA 体系结构中标推化。

同时，OMA 还定义了 OMA 参考模型的应用：对象框架（object frameworks）。它是多个部件组成的一种面向特定领域的框架结构，每个部件由一个 OMA 接口组成。

3. CORBA 的结构基础

CORBA 的结构基础是 OMG 的核心对象模型（CORE object model）。部件可作为对象，以客户身份通过封装的接口提出请求，并获取服务对象所提供的服务，形成协同工作的系统。为了达到互操作性，设计了对象请求代理 ORB（object request broker）作为通信的基础设施。ORB 能够帮助对象实现和网络上另一个对象的握手过程。1994 年末出台的 C0RBA 2.0，允许不同厂商的 ORB 协同工作。它截获客户的请求，并负责找出实现其请求的服务对象；传送参数及调用方法给服务对象，并负责返回结果。客户不必知道服务对象是位于同一机器或是跨网位于不同机器上；也不要求客户与服务对象是否有同一编程语言、运行于何种平台、使用何种操作系统或有否其他特征。即由 ORB 来提供异步分布环境中不同机器上应用的互操作性。

CORBA 是建立在 OMA 概念之上，是 OMG 所采纳的第一个标准，同时也是 OMA 的一个重要组成部分。CORBA 的 OMA 定义了一个四层模型，并且规定了其 IDL 语言（interface definitin language）工作于各个层面。四层模型的底层是 ORB；直接建筑在 ORB 层之上的，是 Object Service Layer，它负责对象的命名、创建和管理；第三层是 Common Facilities Layer，在这一层完成用户对象直接使用的一些功能，而最高层是 Business 0bject，像 Java 和 ActiveX applets 等。

对应 OMA 参考模型，CORBA 也相应的有如下 4 个对象接口对应。

- CORBA 服务（CORBA servies）对应对象服务。
- 应用对象（application object）对应应用接口。
- CORBA 领域（CORBA domains）对应领域接口。

目前 CORBA 已经发展到 CORBA 2.0。CORBA 2.0 主要包括以下几个部分。

- ORB 核心（core）。
- OMG 接口定义语言 IDL。
- 语言映射（language mapping）。
- 运行机制。
- 静态调用：包括 Stub and Skeleton。
- 动态调用：包括动态 Skeleton 和接口库（interface repository）。
- 对象适配器（object adapter）。
- Inter—ORB 协议。

C0RBA 的组成及认购如图 18-2 所示，该图表示了客户、服务的执行对象与 ORB 接口间的关系。

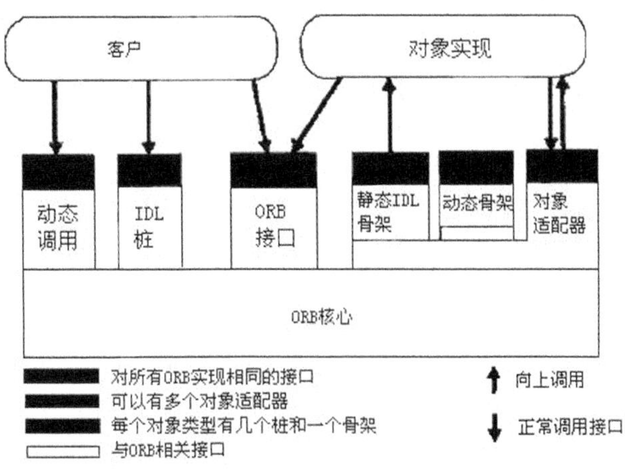

图 18-2 CORBA 的组成结构图

ORB 能识别的协议是 OMG 的接口定义语言 IDL。它可完整地确定部件的接口，即客户所需使用接口的全部信息。

IDL 定义的接口经 IDL 编译器编译后，能产生客户的桩(stub)及执行对象的骨架(skeleton)。这类能与 ORB 通信的接口如下。

（1）接口桩 stub。在编译时确定的静态接口。它位于客户对象的本地，接受客户的请求，对客户来说相当于远程的执行对象。接口桩向 ORB 提交请求。

（2）动态调用接口（DII）。用于编译时不能确定的请求。与接口桩作用相同。

（3）骨架 Skeleton。分动态骨架与静态骨架。它针对执行对象来说代表了远程客户的作用，可在本地调用执行对象服务，并与 ORB 通信。

（4）对象适配器。提供执行对象可以访问 ORB 服务的基本接口，其作用是产生及解释对象引用、安全交互、登记和执行等等。

ORB 可以用各种方式来实现，只要满足 CORBA 规定的规范即可。具体 ORB 实现之间亦可存在接口关系。

CORBA 作为标准化接口的规范及体系结构正在发展中，最初仅考虑基本机制。随着对异构分布应用互操作性的深入认识，不断有人提出 CORBA 应提供更多的服务要求 RFP(request for Proposal)，如命名服务、交易服务和生命周期等等。CORBA 2.1 中都已纳入以上服务要求。但新的要求，如实时系统 CORBA、CORBA 部件模型和 CORBA 版本语言等等又作为新的 RFP 已正式提出。CORBA 的产品亦纷纷问世，当然又产生了各 CORBA 产品之间的兼容性问题了。

在 1996 年中期，CORBA 向 Internet 适应的要求被提出，并得到了除微软以外的众多公司的响应。CORBA 的开发者创造了被 OMG 称作“ORBlet”的 Java applet，它被下载到使用 Java 的浏览器后，能够同其他与 CORBA 标准兼容的对象和服务进行通信交互。现在 ORBlet 已经能够从 Sun、HP、IBM、Iona Technologies InL、Oracle Corp.处得到。最终，对 CORBA 的支持将集成到 Java 浏览器之中。

直到最近，OMG 仍然将重点放在对象级的标准上。OMG 仅仅制定标准，而并不生产软件产品或分布部件平台。但由于微软的垄断地位和市场的压力，它也发展相应的标准来保证 CORBA 和 COM 对象的交互兼容性。同样的理由也将使之出台 DCOM 和 CORBA 的交互协议。

4. CORBA 技术应用

CORBA 定义了一个带有开放软件总线的分布式结构，在这一结构中，来自不同厂商的、运行在不同操作系统上的对象，能够进行互操作，CORBA 定义了分布式对象如何实现互操作。在 World Wide Web 盛行之前，特别是 Java 编程语言风靡之前，C++开发者基本将 CORBA 作为其高端分布式对象的解决方案。CORBA 对象可以用任何一种 CORBA 软件开发商所支持的语言，如 C、C++、Java、Ada 和 Smalltalk 来编写。

使用接口描述语言（interface description language）编写的对象接口，使得与语言无关的独立性成为可能。IDL 使得所有 CORBA 对象以一种方式被描述，仅仅需要一个由本地语言(C/C++、CORBA、Java）到 IDL 的“桥梁”。CORBA 对象的互通信要以对象请求代理（object request broker）为中介，这种互通可以在多种流行通信协议之上（如 TCP/IP 或是 IPX/SPX）实现。在 TCP/IP 上，来自于不同开发商的 ORB 用 nternet Inter- Orb 协议（IIOP）进行通信。IIOP 是 ORB 保证对象间互操作的必要的通信协议，是 CORBA 2.0 标准的一部分。

当前，CORBA 对于流行的操作系统如 Windows、UNIX 系列都有很好的支持。就是说，CORBA 对象可以运行在任何一种 CORBA 软件开发商所支持的平台上，如 Solaris、WindowsXP/2003、Open VMS、Digital UNIX、HP-UX 或 AIX 等。换句话说，我们可以在 Windows95 下运行 Java 应用程序，同时动态调入并使用 C++对象，而实际上，该对象可能存储于一个在 Internet 上的 UNIX Web 服务器上。目前，对于较为流行的编程语言（包括 C++、SmalltaLk、Java 和 Ada95），已经有了许多第三方的 ORB。随着其他语言的逐渐流行，CORBA 开发商毫无疑问地要做出相应的 ORB 来支持它们。

18.2.3 DCOM 技术

Microsoft 的分布式 COM（DCOM）扩展了部件对象模型技术（COM），使其能够支持在局域网、广域网甚至 Internet 上不同计算机的对象之间的通信。使用 DCOM，应用程序就可以在位置上达到分布化，从而满足客户相应用的需求。

因为 DCOM 是世界上领先的部件技术 COM 的无缝扩展，所以可以将现在对基于 COM 的应用、部件、工具以及知识转移到际准化的分布式计算领域中来。当在做分布式计算时，DCOM 处理网络协议的低层次的细节问题，从而能够使开发人员集中精力解决用户所要求的问题。

在 C 语言中使用最广泛的组件就是 DCOM，在本节的内容中将简要介绍 DCOM 组件的基本型知识。

1. 分布式应用的作用

将应用分布化并不是问题的结束。分布式应用引入了一个全新的设计和扩展概念，它增加了软件产品的复杂性，但是带来了可观的回报，某些应用本身就带有分布性，例如多人对战游戏、聊天程序以及远程会议系统等等。因此，一种健壮的分布式计算框架所带来的好处是不言自明的。很多其他的应用也是分布式的，即它们至少有两个部件运行在不同的计算机上，但是因为它们不是为分布性应用而设计的，所以它们的规模和可扩展性就有很大的局限性。任何的工作流或群件应用程序，大多数的客户机/服务器应用程序一些桌面办公系统本质上都控制着它们的用户的通信和协作。将这些系统作为分布式系统并能够在正确的地方运行正确的部件会给用户带来好处，并且使人们对网络和计算机资源的运用更加充满信心。设计应用程序时考虑到分布性。能通过在客户端运行部件使应用适用于具有不同性能的不同的客户，设计应用时考虑分布性能够使系统在扩展上具有很高的灵活性。

分布式应用与它们的非分布式版本比起来具有更大的可扩展性。如果整个复杂应用的逻辑结构可以用一个简单的模则来表示，那么仅仅只有一种方法来增加系统的工作效率：用更快的机器，而无需应用本身进行调整。虽然现在的服务器和操作系统升级很快，但是多买一个同样性能的机器还是比将服务器的速度升级为原来的两倍所花的钱少。有了一个设计适当的分布式应用系统，一台功能不怎么强大的服务器就能够运行所有的部件。当负载增加时，可以将一些部件扩展到价格便宜的附加的机器上。

2. DCOM 的结构

DCOM 是部件对象模型（COM）的进一步扩展。COM 定义下部件和它们的客户之间互相作用的方式。它使得部件和客户端无需任何中介部件就能相互联系。客户进程直接调用部件中的方法。图 18-3 说明了部件对象模型的表示法。

图 18-3　同一进程中的 COM 部件

在现在的操作系统中，各进程之间是相互屏蔽的。当一个客户进程需要和另一个进程中的部件通信时，它不能直接调用该进程，而需要遵循操作系统对进程间通信所做的规定。COM 使得这种通信能够以一种完全透明的方式进行：它截取从客户进程来的调用并将其传送别另一进程少的部件。图 18-4 表明了 COM/DCOM 运行库是怎样提供客户进程和部件之间的联系的。

当客户进程和部件位于不同的机器时，DCOM 仅仅只是用网络协议来代替本地进程之间的通信。无论是客户还是部件部不会知道连接它们的线路比以前长了许多。图 18-5 显示了 DCOM 的整体结构：COM 运行库向客户和部件提供了面向对象的服务，并且使用 RPC 和安全机制产生符合 DCOM 线路协议标准的标准网络包。

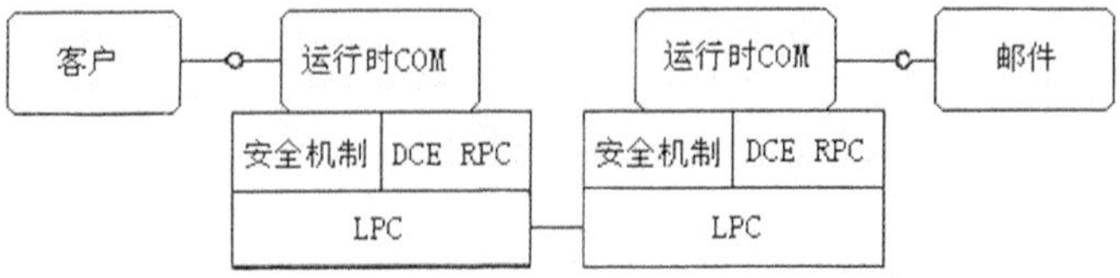

图 18-4　不同一进程中的 COM 部件

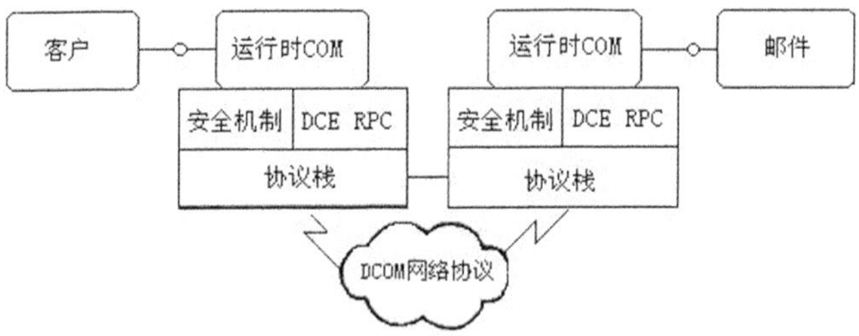

图 18-5　不同机器上的 COM 部件

3. 部件和复用

大多数分布式应用都不是凭空产生的。现存的硬件结构、软件、部件以及工具需要集成起来，以便减少开发和扩展时间以及费用。DCOM 能够直接且透明地改进现存的 COM 部件和工具的投资。对各种各样部件需求的巨大市场使得将标准化的解决方案集成到一个普通的应用系统中成为可能。许多熟悉 COM 的开发者能够很轻易地将他们在 COM 方面的经验运用到基于 DCOM 的分布式应用中去。

任何为分布式应用开发的部件都有可能在将来被复用。围绕部件模式来组织开发过程能够在原有工作的基础上不断地提高新系统的功能并减少开发时间。基于 COM 和 DCOM 的设计可使部件在现在和将来都能被很好地使用。

4. 位置独立性

当在一个真正的网络上设计一个分布式应用时，会经常出现以下几个相互冲突的设计问题：

- 相互作用频繁的部件彼此间应该靠得更近些。
- 某些部件只能在特定的机器或位置上运行。
- 小部件增加了配置的灵活性，但它同时也增加了网络的拥塞。
- 大部件减少了网络的拥塞，但它同时也减少了配置的灵活性。

当使用 DCOM 时，这些设计上的限制将很容易解决，因为配置的细节并不是在源码中说明的。DCOM 使得部件的位置完全透明，无论它是位于客户的同一进程中或是在地球的另一端。在任何情况下，客户连接部件和调用部件的方法的方式都是一样的。DCOM 不仅无需改变源码，而且无需重新编译程序。一个简单的再配置动作就改变了部件与部件之间相互连接的方式。

DCOM 的位置独立性极大地简化了将应用部件分布化的任务，使其能够达到最合适的执行效果。例如，设想某个部件必须位于某台特定的机器上或某个特定的位置，并且此应用有许多小部件，就可以通过将这些部件配置在同一个 LAN 上，或者同一台机器上，甚至同一个进程中来减少网络的负载。当应用是由比较少的大部件构成时，网络负载并不是问题，此时可以将部件放在速度快的机器上，而不用去管这些机器到底在哪儿。

图 18-6 显示了相同的"有效性检查部件"在两种不同情况下是如何分别配置的。一种情况是当"客户"机和"中间层"机器之间的带宽足够大时，它就配置在客户机上；另一种情况是当客户进程通过比较慢的网络连接来访问部件时，它又可配置在服务器上。

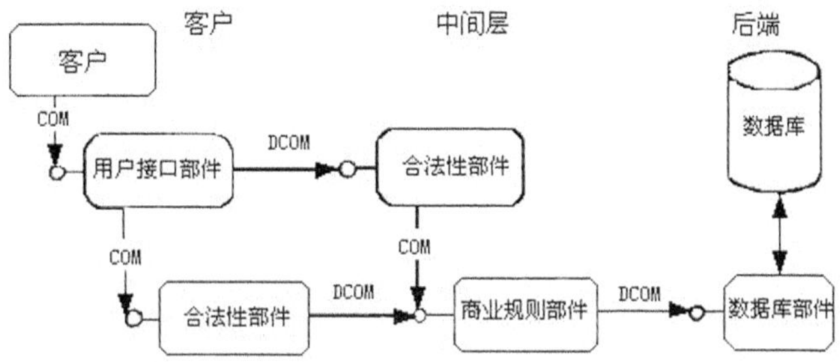

图 18-6 位置独立性

有了 DCOM 的位置独立性，应用系统可以将互相关联的部件放到靠得比较近的机器上，甚至可以将它们放到同一台机器上或同一个进程中。即使是由大量的小部件来完成一个具有复杂逻辑结构的功能，它们之间仍然能够有效地相互作用。当部件在客户机上运行时，将用户界面和有效性检查放在客户端或离客户端比较近的机器上会更有意义；集中的数据库事务应该将服务器靠近数据库。

第 19 章

C 语言高级编程技术

在前面的内容中，C 语言开发都是在 DOS 环境下进行的。执行后只能显示简单的文字效果，界面枯燥无味。而使用过 C 语言等开发工具的程序员应该了解到，图形界面给开发人员带来了巨大诱惑性。而 C 语言作为使用最广泛的语言，它在图形界面和多媒体方面也有很好的应用。在本章的内容中，将着重介绍常 C 语言开发图形程序和多媒体程序的方法。

19.1 何调C的高级编程技术

知识点讲解：光盘:视频\PPT讲解（知识点）\第19章\何谓C的高级编程技术.mp4

使用过Windows系统的用户，肯定都感受到了图形用户界面的直观和高效。所有Windows系统的应用程序都拥有相同或相似的基本外观，包括窗口、菜单、工具条、状态栏等。用户只要掌握其中一个，就不难学会其他软件，这样就降低了学习成本和难度。而且Windows是一个多任务的操作环境，它允许用户同时运行多个应用程序，或在一个程序中同时做几件事情。例如可以一边欣赏MP3的音乐一边用IE上网，可以在运行Word时同时编辑多个文档等。用户直接通过鼠标或键盘来使用应用程序，或在不同的应用程序之间进行切换，非常方便。这些都是单任务、命令行界面的DOS操作系统所无法比拟的。Turbo C 3.0是在DOS环境下运行的C系统。

C语言发展如此迅速，而且成为最受欢迎的语言之一，主要因为它具有强大的功能。C是一种“中”级语言，它把高级语言的基本结构和语句与低级语言的实用性结合起来。C语言可以对位、字节和地址进行操作，而这三者是计算机最基本的工作单元。C语言具有各种各样的数据类型，并引入了指针概念，可使程序效率更高。另外，C语言也具有强大的图形功能，支持多种显示器和驱动器。而且计算功能、逻辑判断功能也比较强大，可以实现决策目的。C系统提供了大量的功能各异的标准库函数，减轻了编程的负担。所以，要用C语言实现具有类Windows系统应用程序界面特征的或更生动复杂的DOS系统的程序，就必须掌握更高级的编程技术。这些技术与计算机的硬件密切联系，除了在第1章介绍的内容外，更深入的知识读者可参考计算机接口和汇编这些知识。

19.2 分析文本的屏幕输出和键盘输入

知识点讲解：光盘:视频\PPT讲解（知识点）\第19章\分析文本的屏幕输出和键盘输入.mp4

通过C程序可以控制屏幕的显示样式，例如颜色设置和屏幕分割。并且还可以实现键盘和系统的通信。在本节的内容中，将详细介绍C语言处理文本的屏幕输出和键盘输入的方法。

19.2.1 实现文本的屏幕输出

显示器的屏幕显示方式有两种：文本方式和图形方式。文本方式就是显示文本的模式，它的显示单位是字符而不是图形方式下的像素，因而在屏幕上显示字符的位置坐标就用行和列表示。Turbo C的字符屏幕函数主要包括文本窗口大小的设定、窗口颜色的设置、窗口文本的清除和输入输出等函数。这些函数的有关信息（如宏定义等）均包含在conio.h头文件中，因此，在用户程序中使用这些函数时，所以必须用include将conio.h包含进程序。

1. 文本窗口的定义

Turbo C默认定义的文本窗口为整个屏幕，共有80列25行的文本单元，如图19-1所示。

规定整个屏幕的左上角坐标为（1，1），右下角坐标为（80，25），并规定沿水平方向为x轴，方向朝右；沿垂直方向为y轴，方向朝下。每个单元包括一个字符和一个属性，字符即ASCII码字符，属性规定该字符的颜色和强度。除了这种默认的80列25行的文本显示方式外，还可由用户通过定义如下函数：

```
void textmode(int newmode);
```

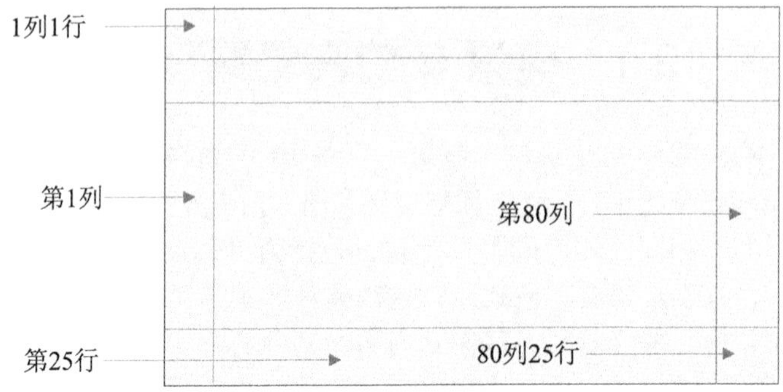

图 19-1 屏幕文本显示坐标

通过上述函数可以显式地设置 Turbo C 支持的 5 种文本显示方式，该函数将清除屏幕，以整个屏幕为当前窗口，并移光标到屏幕左上角。newmode 参数的具体取值说明如表 19-1 所示。

表 19-1 文本显示方式

方式	符号常量	显示列×行数和颜色
0	BW40	BW40 40×25 黑白显示
1	C40	40×25 彩色显示
2	BW80	80×25 黑白显示
3	C80	80×25 彩色显示
7	MONO	80×25 单色显示
-1	LASTMODE	上一次的显示方式

在实际应用中既可以用表中指出的方式代码，又可以用符号常量。LASTMODE 方式指上一次设置的文本显示方式，它常用于在图形方式到文本方式的切换。

Turbo C 也可以让用户根据自己的需要重新设定显示窗口，也就是说，通过使用窗口设置函数 window()定义屏幕上的一个矩形域作为窗口。window()函数的具体格式如下所示：

```
void window(int left, int top, int right, int bottom);
```

函数中形式参数（int left，int top）是窗口左上角的坐标，（int right，int bottom）是窗口的右下角坐标，其中（left，top）和（right，bottom）是相对于整个屏幕而言的。例如，要定义一个窗口左上角在屏幕（20，5）处，大小为 30 列 15 行的窗口可写为：

```
window(20, 5, 50, 25);
```

如果 window()函数中的坐标超过了屏幕坐标的界限，则窗口的定义就失去了意义，也就是说定义将不起作用，但程序编译链接时并不出错。

在窗口定义之后，用有关窗口的输入输出函数就可以只在此窗口内进行操作而不超出窗口的边界。另外，一个屏幕可以定义多个窗口，但现行窗口只能有一个（因为 DOS 为单任务操作系统）。当需要用另一窗口时，可将定义该窗口的 window()函数再调用一次，此时该窗口便成为现行窗口了。

2. 文本窗口颜色和其他属性的设置

文本窗口颜色的设置包括背景颜色的设置和字符颜色（既前景色）的设置，可使用函数及的具体说明如下所示。

- 设置背景颜色函数：void textbackground（int color）。
- 设置字符颜色函数：void textcolor（int color）。

有关颜色的具体定义信息如表 19-2 所示。

表 19-2　　颜色表

符号常数	数值	含义	用于前景或背景
BLACK	0	黑	前景、背景色
BLUE	1	蓝	前景、背景色
GREEN	2	绿	前景、背景色
CYAN	3	青	前景、背景色
RED	4	红	前景、背景色
MAGENTA	5	洋红	前景、背景色
BROWN	6	棕	前景、背景色
LIGHTGRAY	7	淡灰	前景、背景色
DARKGRAY	8	深灰	前景色
LIGHTBLUE	9	淡蓝	前景色
LIGHTGREEN	10	淡绿	前景色
LIGHTCYAN	11	淡青	前景色
LIGHTRED	12	淡红	前景色
LIGHTMAGENTA	13	洋淡红	前景色
YELLOW	14	黄	前景色
WHITE	15	白	
BLINK	128	闪烁	

表中的符号常数与相应的数值等价，二者可以互换。例如设定兰色背景可以使用 textbackground（1），也可以使用 textbackground（BLUE），两者没有任何区别，只不过后者比较容易记忆，一看就知道是兰色。

Turbo C 另外还提供了一个函数，可以同时设置文本的字符和背景颜色，这个函数是文本属性设置函数，具体格式如下所示：

```
void textattr(int attr);
```

其中，参数“attr”的值表示颜色形式编码的信息，每一位代表的含义如下所示。

```
位  7  6  5  4          3   2   1   0
    B  b  b  b          c   c   c   c
    ↑  ↑  ↑  ↑          ↑   ↑   ↑   ↑
   闪烁  背景颜色              字符颜色
```

字节低四位 cccc 设置字符颜色，4～6 三位 bbb 设置背景颜色，第 7 位 B 设置字符是否闪烁。假如要设置一个兰底黄字，则定义方法如下所示：

```
textattr(YELLOW+(BLUE<<4));
```

若再要求字符闪烁，则定义方法如下所示：

```
textattr(128+YELLOW+(BLUE<<4);
```

注意：

（1）对于背景只有 0 到 7 共八种颜色，取大于 7 小于 15 的数，则代表的颜色与减 7 后的值对应的颜色相同。

（2）用 textbackground()和 textcolor()函数设置了窗口的背景与字符颜色后，在没有用 clrscr()函数清除窗口之前，颜色不会改变，直到使用了函数 clrscr()，整个窗口和随后输出到窗口中的文本字符才会变成新颜色。

（3）用 textattr()函数时背景颜色应左移 4 位，才能使 3 位背景颜色移到正确位置。

实例 106　在一个屏幕上不同位置定义了 7 个窗口，其背景色分别使用了 7 种不同的颜色。

源码路径　光盘\daima\19\1　　　　视频路径　光盘\视频\实例\第 19 章\106

本实例的实现文件的具体代码如下所示：

```
#include <stdio.h>
#include <conio.h>
int main()
{
  int i;
  /* 设置屏幕背景色，待clrscr后起作用 */
  textbackground(0);
  clrscr();                    /* 清除文本屏幕 */
  for(i=1; i<8; i++)
  {
    window(10+i*5, 5+i, 30+i*5, 15+i);/* 定义文本窗口 */
    textbackground(i);         /* 定义窗口背景色 */
    clrscr();                  /* 清除窗口 */
  }
  getch();
  return 0;
}
```

范例 211：定义多窗口并设置背景颜色
源码路径：光盘\演练范例\211\
视频路径：光盘\演练范例\211\
范例 212：设置绘图窗口的颜色
源码路径：光盘\演练范例\212\
视频路径：光盘\演练范例\212\

在上述代码中，使用了关于窗口大小的定义、颜色的设置等函数，在一个屏幕上不同位置定义了 7 个窗口，其背景色分别使用了 7 种不同的颜色。执行后的效果如图 19-2 所示。

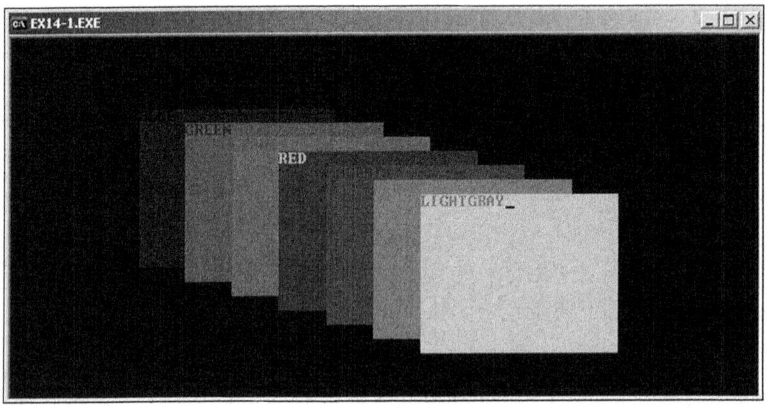

图 19-2　运行结果

3. 窗口内文本的输入输出函数

C 语言中可以使用专门的输入输出函数，来实现窗口内的文本处理。在下面的内容中，将分别介绍。

- 窗口内文本的输出函数。

在本书前面的内容中介绍的 printf()、putc()、puts()、putchar()和输出函数，都是以整个屏幕为窗口的，它们不受由 Window 设置的窗口限制，也无法用函数控制它们输出的位置，但是 Turbo C 提供了 3 个文本输出函数，它们受窗口的控制，窗口内显示光标的位置，就是它开始输出的位置。

当输出行右边超过窗口右边界时，自动移到窗口内的下一行开始输出，当输出到窗口底部边界时，窗口内的内容将自动产生上卷，直到完全输出完为止，这 3 个函数均受当前光标的控制，每输出一个字符光标后移一个字符位置。上述 3 个输出函数的具体格式如下所示：

```
int cprintf(char *format, 表达式表);
int cputs(char *str);
int putch(int ch);
```

它们的使用格式类似于函数 printf()、puts()和 putc()，其中 cprintf()是将按格式化串定义的字符串或数据输出到定义的窗口中，其输出格式串同 printf()函数，不过它的输出受当前光标控制，且输出特点如上所述，cputs()同 puts()，是在定义的窗口中输出一个字符串，而 putch()则是输出一个字符到窗口，它实际上是函数 putc 的一个宏定义，即将输出定向到屏幕。

- 窗口内文本的输入函数。

可直接使用 stdio.h 中的 getch()或 getche()函数实现窗口内文本的输入。需要说明的是，getche()函数从键盘上获得一个字并在屏幕上显示的时候，如果字符超过了窗口右边界，则会被自动转移到下一行的开始位置。

4. 其他屏幕操作函数

在 C 语言中还可以使用如下所示的屏幕操作函数。

- 函数 void clrscr（void）：该函数将清除窗口中的文本，并将光标移到当前窗口的左上角，即（1，1）处。
- 函数 void clreol（void）：该函数将清除当前窗口中从光标位置开始到本行结尾的所有字符，但不改变光标原来的位置。
- 函数 void delline（void）：该函数将删除一行字符，该行是光标所在行。
- 函数 void gotoxy（int x，int y）：该函数很有用，用来定位光标在当前窗口中的位置。这里 x，y 是指光标要定位处的坐标（相对于窗口而言）。当 x，y 超出了窗口的大小时，该函数就不起作用了。
- 函数 int movetext（int x1，int y1，int x2，int y2，int x3，int y3）：该函数将把屏幕上左上角为（$x1$，$y1$），右下角为（$x2$，$y2$）的矩形内文本拷贝到左上角为（$x3$，$y3$）的一个新矩形区内。这里 x，y 坐标是以整个屏幕为窗口坐标系，即屏幕左上角为（1，1）。该函数与开设的窗口无关，且原矩形区文本不变。
- 函数 int gettext（int xl，int yl，int x2，int y2，void *buffer）：该函数将把左上角为（xl，yl），右下角为（$x2$，$y2$）的屏幕矩形区内的文本存到由指针 *buffer* 指向的一个内存缓冲区内，当操作成功，返回 1；否则，返回 0。因一个在屏幕上显示的字符需占显示存储器 VRAM 的两个字节，即第一个字节是该字符的 ASCII 码，第二个字节为属性字节，即表示其显示的前景、背景色及是否闪烁，所以 *buffer* 指向的内存缓冲区的字节总数的计算格式如下所示：

```
字节总数=矩形内行数×每行列数×2
```

其中，矩形内行数=$y2-y1+1$，每行列数=$x2-xl+1$（每行列数是指矩形内每行的列数）。矩形内文本字符在缓冲区内存放的次序是从左到右，从上到下，每个字符占连续两个字节并依次存放。

- 函数 int puttext（int $x1$，int $y1$，int $x2$，int $y2$，void *buffer）：该函数则是将 gettext()函数存入内存 buffer 中的文字内容复制到屏幕上指定的位置。

注意：

（1）gettext()函数和 puttext()函数中的坐标是对整个屏幕而言的，即是屏幕的绝对坐标，而不是相对窗口的坐标；

（2）movetext()函数是复制而不是移动窗口区域内容，即使用该函数后，原位置区域的文本内容仍然存在。

看下面的代码：

```
#include <conio.h>
main(){
    int i;
    char ch[4*8*2];                                    /* 定义ch字符串数组作为缓存区 */
    textmode(C80);
    textbackground(BLUE);
```

```
    textcolor(RED);
    clrscr();
    gotoxy(10,10);
    cprintf("L:load");
    gotoxy(10,11);
    cprintf("S:save");
    gotoxy(10,12);
    cprintf("D:delete");
    gotoxy(10,13);
    cprintf("E:exit\r\n");
    cprintf("Press any key to continue");
    getch();
    gettext(10,10,18,13,ch);                    /* 存矩形区文存到ch缓存区 */
    clrscr();
    textbackground(1);
    textcolor(3);
    window(20,9,34,14);                         /* 开一个窗口 */
    clrscr();
    cprintf("1.\r\n2.\r\n3.\r\n4.\r\n");        /* 纵向写1，2，3，4 */
    movetext(20,9,34,14,40,10);                 /* 将矩形区文本复制到另一区域 */
    puts("hit any key");
    getch();
    clrscr();
    cprintf("press any key to put text");
    getch();
    clrscr();
    puttext(23,10,31,13,ch);                    /* 将ch缓存区所存文本在屏上显示 */
    getch();
}
```

在上述代码中，首先定义了一个字符数组，下标为 64，表示用来存 4 行 8 列的文本。因为没有用 window 函数设置窗口，因而用默认值，即全屏幕为一个窗口，程序开始设置 80 列×25 行文本显示方式（C80），背景色为蓝色，前景色为红色，经 clrscr 函数清屏后，设置的背景色才使屏幕背景变蓝。gotoxy（10，10）使光标移到第 10 行 10 列，然后在（10，10）开始位置显示 L：load，接着在下面 3 行相同的列位置显示另外 3 条信息，13 行 10 列显示的 E：exit 后面带有回车换行符，为的是将光标移到下一行开始处以便于显示 press any key tocontinue。当按任一键后，gettext 函数将（10，l0，18，13）矩形区的内容存到 ch 缓存区内。

ch 即上述的 4 行 8 列信息，接着设置一个窗口，并纵向写上 1，2，3，4，然后用 movetext()，将此窗口内容复制到另一区域，由于此区域包括背景色和显示的字符，所以被复制到另一区域的内容也是相同的背景色和文本。当按任一键后，又出现提示信息，再按键，则存在 ch 缓冲区内的文本由 puttext()又复制到开设的窗口内了，注意上述的函数 movetext()、gettext()、puttext()均与开设的窗口内坐标无关，而是以整个屏幕为参考系的。

5．状态查询函数

在开发过程中，有时需要知道当前屏幕的显示方式，例如当前窗口的坐标、当前光标的位置和文本的显示属性等，在 C 语言中提供了一些函数得到屏幕文本显示有关信息的函数，具体如下所示：

```
void gettextinfo(struct text_info *f);
```

这里的 text_info 是在 conio.h 头文件中定义的一个结构，该结构的具体定义如下所示：

```
structtext_info{
unsigned char winleft;                  /* 窗口左上角x坐标 */
unsigned char wintop;                   /* 窗口左上角y坐标 */
unsigned char winright;                 /* 窗口右下角x坐标 */
unsigned char winbottom;                /* 窗口右下角y坐标 */
unsigned char attributes;               /* 文本属性 */
unsigned char normattr;                 /* 通常属性 */
unsigned char currmode;                 /* 当前文本方式 */
unsigned char screenheight;             /* 屏高 */
unsigned char screenwidth;              /* 屏宽 */
unsigned char curx;                     /* 当前光标的x值 */
unsigned char cury;                     /* 当前光标的y值 */
};
```

19.2.2 实现键盘输入

计算机键盘是一个智能化的键盘，在键盘内有一个微处理器，它用来扫描和检测每个键的按下和抬起状态。然后以程序中断的方式（INT 9）与主机通信。ROM 中 BIOS 内的键盘中断处理程序，会将一个字节的按键扫描码（扫描码的 0～6 位标识了每个键在键盘上的位置，最高位标识按键的状态，0 对应该键是被按下；1 对应松开。它并不能区别大小写字母，而且一些特殊键如 PrintScreen 等不产生扫描码直接引起中断调用）翻译成对应的 ASCII 码。

因为 ASCII 码仅有 256 个，它不能将 PC 键盘上的键全部包括，因此有些控制键如 CTRL、ALT、END、HOME、DEL 等用扩充的 ASCII 码表示，扩充码用两个字节的数表示。第一个字节是 0，第二个字节是 0～255 的数，键盘中断处理程序将把转换后的扩充码存放在 Ax 寄存器中，存放格式如表 19-3 所示。对字符键，其扩充码就是其 ASCII 码。

表 19-3　　键盘扫描码

键名	AH	AL
字符键	扩充码=ASCII 码	ASCII 码
功能键/组合键	扩充码	0

是否有键按下，何键按下，简单的应用中可采用两种办法：一是直接使用 Turbo C 提供的键盘操作函数 bioskey()来识别，二是通过第 1 章介绍的 int86()函数，调用 BIOS 的 INT 16H，功能号为 0 的中断。它将按键的扫描码存放在 Ax 寄存器的高字节中。函数 bioskey()的具体格式如下所示：

```
int bioskey(int cmd);
```

它在 bios.h 头文件中进行了说明，参数 cmd 用来确定 bioskey()如何操作。参数 cmd 的取值有 0、1、2 三个，具体说明如下所示。

- 0：bioskey()返回按健的键值，该值是 2 个字节的整型数。若没有键按下，则该函数一直等待，直到有键按下。当按下时，若返回值的低 8 位为非零，则表示为普通键，其值代表该键的 ASCII 码。若返回值的低 8 位为 0，则高 8 位表示为扩展的 ASCII 码，表示按下的是特殊功能键。
- 1：bioskey()查询是否有键按下。若返回非 0 值，则表示有键按下，若为 0 表示没键按下。
- 2：bioskey()将返回一些控制键是否被按过，按过的状态由该函数返回的低 8 位的各位值来表示，具体如表 19-4 所示。

表 19-4　　低 8 位的各位值说明

字节位	对应的 16 进制数	说明
0	0x01	右边的 Shift 键被按下
1	0x02	左边的 Shift 键被按下
2	0x04	Ctrl 键被按下
3	0x08	Alt 键被按下
4	0x10	Scroll Lock 已打开
5	0x20	Num Lock 已打开
6	0x40	Caps Lock 已打开
7	0x80	Inset 已打开

当某位为1时，表示相应的键已按，或相应的控制功能已有效，如选参数 cmd 为 2，如果 key 值为 0x09，则表示右边的 Shift 键被按，同时又按了 Alt 键。

函数 bioskey()的具体格式如下所示：

```
int int86(int intr_num，union REGS *inregs，union REGS *outregs)；
```

此函数在 bios.h 头文件中进行了说明，它的第一个参数 intr_num 表示 BIOS 调用类型号，相当于 int n 调用的中断类型号 n，第二个参数表示是指向联合类型 REGS 的指针，它用于接收调用的功能号及其他一些指定的入口参数，以便传给相应的寄存器，第三个参数也是一个指向联合类型 REGS 的指针，它用于接收功能调用后的返回值，即出口参数，如调用的结果，状态信息，这些值从相关寄存器中得到。

看下面的代码：

```
#include <stdio.h>
#include <dos.h>
/* 定义各键的扫描码 */
#define Key_ESC 1
#define Key_A 30
int getKeySCode();
main(){
   int acount=0, ky;
   do
   {
      ky= int getKeySCode();                    /* 得到按键的扫描码 */
      switch(ky){
         case Key_A:                            /* A and a key */
         ++account; break;
         case Key_ESC:
      printf("\nEnd the program");
      exit(0);
      11
      default:
      break;
      }
   }
   printf("\nDuring the program, you press A and a %d times",acount);
}
int getKeySCode()                               /* 读键函数 */
{
   union REGS rg;
   rg.h.ah=0;
   int86(0x16,&rg,&rg);
   return rg.h.ah;
}
```

上述代码仅演示了通过 int86()获取按键的扫描码，在此需要注意扫描码和 bioskey()返回的码值是不同的。

19.2.3　应用实例

在下面的内容中，将通过一个具体实例来说明在 C 语言中使用屏幕函数的使用方法。

实例 107　**设置输出屏的颜色，并分割为左右两个部分。**

源码路径　光盘\daima\19\2　　**视频路径**　光盘\视频\实例\第 19 章\107

本实例的实现文件代码如下所示：

```
#include <stdio.h>
#include <conio.h>
#include <bios.h>
char leftbuf[40*25*2];              /*切换时保存左窗口文本*/
char rightbuf[40*25*2];             /*切换时保存右窗口文本*/
int leftx, lefty;                   /*切换时保存左窗口当前坐标*/
int rightx, righty;                 /*切换时保存右窗口当前坐标*/
void draw_left_win();               /*重绘左边窗口*/
void draw_right_win();              /*重绘右边窗口*/
int main()
{
   int key;
   int turn;
   textmode(C80);                   //设置显示文本方式C80
   textbackground(0);               //设置背景色
   textcolor(WHITE);                //设置前景色即文本字符的颜色
```

> 范例 213：使用图形窗口坐标
> 源码路径：光盘\演练范例\213\
> 视频路径：光盘\演练范例\213\
> 范例 214：绘制一条直线
> 源码路径：光盘\演练范例\214\
> 视频路径：光盘\演练范例\214\

```
    clrscr();                         //清屏
    gotoxy(60,1);                     //定位光标在当前窗口的（60，1）处
    cprintf("Press Esc to Quit");     //输出一行字符串
    /*右边窗口为绿色背景，黄色前景*/
    window(41,2,79,24);               //绘制右窗口
    textbackground(2);                //设置右窗口背景色
    textcolor(14);                    //设置右窗口前景色
    clrscr();                         //清屏
    gettext(41,2,79,24, rightbuf);    //保存右窗口中的文本
    /*左边窗口为蓝色背景，白色前景*/
    window(2,2,40,24);                //绘制左窗口
    textbackground(1);                //设置左窗口背景色
    textcolor(15);                    //设置左窗口前景色
    clrscr();                         //清屏
    gettext(2,2,40,24, leftbuf);      //保存左窗口中的文本
    turn = 1;                         /*初始激活右窗口*/
    for(;;)
    {
        key=bioskey(0);
        if(key == 0x011b)
            exit(0);
        key=key&0xff;                 /*获取窗口输入的文本的ASCII码值*/
        if(key == '\t')
        {
            if(turn == 1)             /*切换到右窗口*/
            {
                gettext(2,2,40,24, leftbuf);
                leftx = wherex();
                lefty = wherey();
                draw_right_win();
                turn = 0;
            }
            else if(turn == 0) /*切换到左窗口*/
            {
                gettext(41,2,79,24, rightbuf);
                rightx = wherex();
                righty = wherey();
                draw_left_win();
                turn = 1;
            }
        }
        else
            putch(key);               /*当前光标处显示新输入的文本字符*/
    }
}
void draw_right_win()                 //重绘右窗口函数
{
    window(41,2,79,24);
    textbackground(2);
    textcolor(14);
    clrscr();
    puttext(41,2,79,24, rightbuf);
    gotoxy(rightx, righty);
}
void draw_left_win()                  //重绘左窗口函数
{
    window(2,2,40,24);
    textbackground(1);
    textcolor(15);
    clrscr();
    puttext(2,2,40,24, leftbuf);
    gotoxy(leftx, lefty);
}
```

执行后的效果如图 19-3 所示。

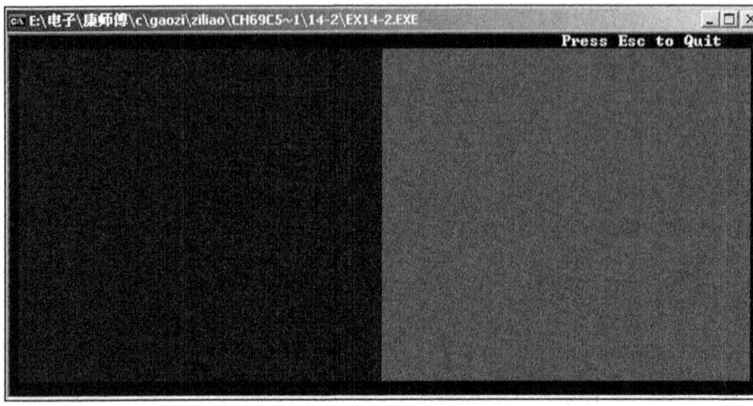

图 19-3 运行结果

19.3 分析图形显示方式和鼠标输入

知识点讲解：光盘:视频\PPT 讲解（知识点）\第 19 章\分析图形显示方式和鼠标输入.mp4

Turbo C 提供了非常丰富的图形函数，所有图形函数的原型均在 graphics.h 中，本节主要介绍图形模式的初始化、独立图形程序的建立、基本图形功能、图形窗口以及图形模式下的文本输出等函数。另外，使用图形函数时要确保有显示器图形驱动程序*BGI，同时将集成开发环境 Options/Linker 中的 Graphics lib 选为 on，只有这样才能保证正确使用图形函数。

19.3.1 初始化图形模式

不同的显示器适配器有不同的图形分辨率。即是同一显示器适配器，在不同模式下也有不同分辨率。因此，在屏幕作图之前，必须根据显示器适配器种类将显示器设置成为某种图形模式，在未设置图形模式之前，微机系统默认屏幕为文本模式（80 列，25 行字符模式），此时所有图形函数均不能工作。设置屏幕为图形模式，可用下列图形初始化函数：

```
void far initgraph(int far *gdriver, int far *gmode, char *path);
```

其中 gdriver 和 gmode 分别表示图形驱动器和模式，path 是指图形驱动程序所在的目录路径。有关图形驱动器、图形模式的符号常数及对应的分辨率信息如表 19-5 所示。

表 19-5 图形驱动器、模式的符号常数及数值

适配器 Driver	模式 Mode	分辨率	颜色数	页数	标识符
CGA	0	320×200	4	1	CGAC0
	1	320×200	4	1	CGAC1
	2	320×200	4	1	CGAC2
	3	320×200	4	1	CGAC3
	4	640×200	2	1	CGAHI
MCGA	0	320×200	4	1	MCGA0
	1	320×200	4	1	MCGA1
	2	320×200	4	1	MCGA2
	3	320×200	4	1	MCGA3
	4	640×200	2	1	MCGAMED
	5	640×480	2	1	MCGAHI
EGA	0	640×200	16	4	EGAL0
	1	640×350	16	2	EGAHI
EGA64	0	640×200	16	1	EGA64L0
	1	640×350	4	1	EGA64HI

续表

适配器 Driver	模式 Mode	分辨率	颜色数	页数	标识符
EGAMON0	0	640×350	2	1	EGAMON0HI
IBM8514	0 1	640×480 1024×768	256 256		IBM8514L0 IBM8514HI
VGA	0 1 2	640×200 640×350 640×480	16 16 16	2 2 1	VGAL0 VGAMED VGAHI
HREC	72	640×348	2	1	HRECMONOHI
ATT400	0 1 2 3 4 5	320×200 320×200 320×200 320×200 640×200 640×400	4 4 4 4 2 2	1 1 1 1 1 1	ATT400C0 ATT400C1 ATT400C2 ATT400C3 ATT400MED ATT400HI
PC3270	0	720×350	2	1	PC3270HI

其中最为常用的适配器有如下 3 种。

1. 彩色图形适配器（CGA）

在图形方式下，Turbo C 支持两种分辨率供选择：一种为高分辨方式（CGAHI），像素数为 640×200，这时背景色是黑的（当然也可重新设置），前景色可供选择，但前景色只是同一种，因而图形只显示两色；另一种为中分辨显示方式，像素数为 320×200，其背景色和前景色均可由用户选择，但仅能显示 4 种颜色。在该显示方式下，可有四种模式供选择，即 CGACO、CGACl、CGAC2、CGAC3，它们的区别是显示的 4 种颜色不同。

2. 增强型图形适配器（EGA）

该适配器与之配接的相应显示器，除支持 CGA 的 4 种显示模式外，还增加了 Turbo C 称为 EGALO（EGA 低分辨显示方式，分辨率为 640×200）的 16 色显示方式，和 640×350 的 EGAHI（EGA 高分辨显示方式，分辨率为 640×350）的 16 色显示方式。

3. 视频图形阵列适配器（VGA）

它支持 CGA 和 EGA 的所有显示方式，但自己还有 640×480 的高分辨显示方式（VGAHI）、640×350 的中分辨显示方式（VGAMED）和 640×200 的低分辨显示方式（VGALO），它们均可有 16 种显示颜色可供选择。

众多生产厂家推出了许多性能优于 VGA 但名字各异的图形显示系统，美国标准协会制定了这样的系统应具有的主要性能标准，常将属于这类的显示适配卡统称为 SVGA（即 SuperVGA）。目前基本上使用的都属于 SVGA，可以使用 VGA 卡方式进行编程。

显示器的两种工作方式，即文本方式或称字符显示方式和图形显示方式，它们的主要差别是显示存储器（VRAM）中存的信息不同。字符方式时，VRAM 存放要显示字符的 ASCII 码，用它作为地址，取出字符发生器 ROM（固定存储器）中存放的相应字符的图象（又称字模）变成视频信号在显示器屏上进行显示。EGA、VGA 可以使用几种字符集，如 EGA 下有 3 种字符集，VGA 有 5 种字符集。而当选择图形方式时，则要显示的图形的图象直接存在 VRAM 中，VRAM 中某地址单元存放的数就表示了相应屏幕上某行和列上的像素及颜色。在 CGA 的中分辨图形方式下，每字节代表 4 个像素，即每 2 位表示一个像素及颜色。

图形驱动程序由 Turbo C 出版商提供，文件扩展名为.BGI。根据不同的图形适配器有不同的图形驱动程序。例如对于 EGA、VGA 图形适配器就调用驱动程序 EGAVGA.BGI。

文件 3.c：例如，可以通过如下代码使用图形初始化函数设置 VGA 高分辨率图形模式：

```
#include <graphics.h>
    int main()
    {
        int gdriver, gmode;
        gdriver=VGA;
        gmode=VGAHI;
        initgraph(&gdriver, &gmode, "c:\\tc");
        bar3d(100, 100, 300, 250, 50, 1);           /*画一长方体*/
        getch();
        closegraph();
        return 0;
    }
```

有时编程者并不知道所用的图形显示器适配器种类，或者需要将编写的程序用于不同图形驱动器，Turbo C 提供了一个自动检测显示器硬件的函数，其调用格式如下所示：

```
void far detectgraph(int *gdriver, *gmode);
```

其中 gdriver 和 gmode 的意义与上面相同。

文件 4.c：例如，通过如下代码将自动进行硬件测试后进行图形初始化：

```
#include <graphics.h>
    int main()
    {
        int gdriver, gmode;
        detectgraph(&gdriver, &gmode);                         /*自动测试硬件*/
        printf("the graphics driver is %d, mode is %d\n", gdriver,
                gmode);                                        /*输出测试结果*/
        getch();
        initgraph(&gdriver, &gmode, "c:\\tc");                 /* 根据测试结果初始化图形*/
        bar3d(10, 10, 130, 250, 20, 1);
        getch();
        closegraph();
        return 0;
    }
```

在上述代码中，先对图形显示器自动检测，然后再用图形初始化函数进行初始化设置，但 Turbo C 提供了一种更简单的方法，即用 gdriver= DETECT 语句后再跟 initgraph()函数就行了。

文件 5.c：采用上述方法后，上例代码可以进行修改。具体代码如下所示：

```
#include <graphics.h>
    int main()
    {
        int gdriver=DETECT, gmode;
        initgraph(&gdriver, &gmode, "c:\\tc");
        bar3d(50, 50, 150, 30, 1);
        getch();
        closegraph();
        return 0;
    }
```

另外，Turbo C 提供了退出图形状态的函数 closegraph()，其调用格式如下所示：

```
void far closegraph(void);
```

调用此函数后可退出图形状态而进入文本方式（Turbo C 默认方式），并释放用于保存图形驱动程序和字体的系统内存。

19.3.2　清屏和恢复显示函数详解

画图前一般需清除屏幕，使得屏幕如同一张白纸，以画最新最美的图画，因而必须使用清屏函数。清屏函数的原型如下所示：

```
void far cleardevice(void);
```

此函数作用范围为整个屏幕，如果用函数 setviewport 定义一个图视窗口，则可用清除图视口函数，它仅清除图视口区域内的内容，该函数的说明原型如下所示：

```
void far clearviewport(void);
```

当画图程序结束，回到文本方式时，要关闭图形系统，回到文本方式，该函数的说明原型如下所示：

```
void far closegraph(void);
```

由于进入 C 环境进行编程时，即进入文本方式，因而为了在画图程序结束后恢复原来的最初状况，一般在画图程序结束前调用该函数，使其恢复到文本方式。为了不关闭图形系统，使相应适配器的驱动程序和字符集（字库）仍驻留在内存，但又回到原来所设置的模式，则可用恢复工作模式函数，它也同时进行清屏操作，它的说明原型如下所示：

```
void far restorecrtmode(void);
```

该函数常和另一设置图形工作模式函数 setgraphmode 交互使用，使得显示器工作方式在图形和文本方式之间来回切换，这在编制菜单程序和说明程序时很有用处。

19.3.3 建立独立图形运行程序

Turbo C 对于用 initgraph()函数直接进行的图形初始化程序，在编译和链接时并没有将相应的驱动程序（*.BGI）装入到执行程序，当程序进行到 intitgraph()语句时，再从该函数中第三个形式参数 char *path 中所规定的路径中去找相应的驱动程序。若没有驱动程序，则在 C:\TC 中去找，如 C:\TC 中仍没有或 TC 不存在，将会出现如下错误：

```
BGI Error: Graphics not initialized (use 'initgraph')
```

因此为了使用方便，应该建立一个不需要驱动程序就能独立运行的可执行图形程序，Turbo C 中的设置步骤如下所示。

（1）在 C:\TC 子目录下输入命令:BGIOBJ EGAVGA。

此命令将驱动程序 EGAVGA.BGI 转换成 EGAVGA.OBJ 的目标文件。

（2）在 C:\TC 子目录下输入命令:TLIB LIB\GRAPHICS.LIB+EGAVGA。

此命令的意思是将 EGAVGA.OBJ 的目标模块装到 GRAPHICS.LIB 库文件中。

（3）在程序中 initgraph()函数调用之前加上如下语句：

```
registerbgidriver(EGAVGA_driver):
```

此函数告诉连接程序在连接时把 EGAVGA 的驱动程序装入到用户的执行程序中。经过上面处理，编译连接后的执行程序可在任何目录或其他兼容机上运行。

文件 6.c：假设已作了前两个步骤，如果再向文件 5.c 中加 registerbgidriver()函数，则将变成如下格式代码：

```
#include<stdio.h>
        #include<graphics.h>
        int main()
        {
              int gdriver=DETECT,gmode;
              registerbgidriver(EGAVGA_driver):    /*建立独立图形运行程序 */
              initgraph( gdriver, gmode,"c:\\tc");
              bar3d(50,50,250,150,20,1);
              getch();
              closegraph();
              return 0;
        }
```

上例编译链接后产生的执行程序可独立运行。如不初始化成 EGA 或 CGA 分辨率，而想初始化为 CGA 分辨率，则只需要将上述步骤中有 EGAVGA 的地方用 CGA 代替即可。

19.3.4 基本绘图函数详解

图形由点、线、面组成，Turbo C 提供了一些函数，以完成这些操作，而所谓面则可由对封闭图形填上颜色来实现。当图形系统初始化后，在此阶段将要进行的画图操作均采用默认值作为参数的当前值，如画图屏幕为全屏，当前开始画图坐标为（0，0）(又称当前画笔位置，虽然这个笔是无形的)，又如采用画图的背景颜色和前景颜色、图形的填充方式，以及可以采用的字符集（字库）等均为默认值。

1. 画点函数

画点函数有 putpixel 和 getpixel 两个，其中 putpixel 函数的格式如下所示：

```
void far putpixel(int x， int y， int color);
```

此函数表示在指定的 *x*、*y* 位置画一点，点的显示颜色由设置的 color 值决定，有关颜色的设置，将在设置颜色函数中介绍。

getpixel 函数的格式如下所示：

```
int far getpixel(int x， int y);
```

此函数与 putpixel()相对应，它得到在（*x*，*y*）点位置上的像素的颜色值。

文件 7.c：下面的代码将实现画点处理，它将在 y=20 的恒定位置上，沿 *x* 方向从 *x*=200 开始，连续画两个点（间距为 4 个像素位置），又间隔 16 个点位置，再画两个点，如此循环，直到 *x*=300 为止，每画出的两个点中的第一个由 putpixel（*x*，20，1）所画，第二个则由 putplxel（*x*+4，20，2）画出，颜色值分别设为 1 和 2。具体代码如下所示：

```
#include <graphics.h>
main()
{
   int graphdriver=CGA;
   int graphmode=CGAC0,x;
   initgraph(&graphdriver,&graphmode,"");
   cleardevice();
   for(x=20;x<=300;x+=16)
   {
      putpixel(x,20,1);
      putpixel(x+4,20,2);
   }
   getch();
   closegraph();
}
```

为了执行后的观查点方便，设置了适配器类型为 CGA，CGAC0 中分辨显示模式。由于 VGA 和它兼容，因此若显示器为 VGA，此时它即以此兼容的仿真形式显示。第一个点显示颜色为绿色，第二个点为红色。只是使用了 VGA，显示的像素点比较小，不大容易在显示器上找到。

2. 画图坐标位置的函数

在屏幕上画线时，如同在纸上画线一样。画笔要放在开始画图的位置，并经常要抬笔移动，以便到另一位置再画。我们也可想象在屏上画图时，有一无形的画笔，可以控制它的定位、移动（不画），也可知道它能移动的最大位置限制等。实现上述功能的常用函数有如下 3 个。

- ❑ 移动画笔到指定的（*x*，*y*）位置，移动过程不画。格式如下所示：

```
void far moveto(int x， int y);
```

- ❑ 画笔从现行位置（*x*，*y*）处移到一位置增量处（*x*+*dx*，*y*+*dx*），移动过程不画。格式如下所示：

```
void far moverel(int dx， int dy);
```

- ❑ 得到当前画笔所在位置，格式如下所示：

```
int far getx(void);                    //得到当前画笔的x位置
int far gety(void);                    //得到当前画笔的y位置
```

3. 画线函数

此类函数提供了从一个点到另一个点用设定的颜色画一条直线的功能，起始点的设定方法不同，因而会有如下不同的画线函数。

- ❑ 两点之间画线函数，具体格式如下所示：

```
void far line(int x0， int y0， int x1， int y1);
```

从（x0，y0）点到（*x*1，*y*1）点画一直线。

- ❑ 从现行画笔位置到某点画线函数，具体格式如下所示：

```
void far lineto(int x， int y);
```

将从现行画笔位置到（*x*，*y*）点画一直线。

- ❑ 从现行画笔位置到一增量位置画线函数，具体格式如下所示：

```
void far linerel(int dx， int dy);
```

将从现行画笔位置（*x*，*y*）到位置增量处（*x*+*dx*，*y*+*dy*）画一直线。

文件 8.c：下面代码程序将用 moveto 函数将画笔移到（100，20）处，然后从（100，20）

到（100，80）用 1ineto 函数画一直线。再将画笔移到（200，20）处，用 lineto 画一直线到（100，80）处，再用 line 函数在（100，90）到（200，90）间连一直线。接着又从上次 1ineto 画线结束位置开始（它是当前画笔的位置），即从（100，80）点开始到 *x* 增量为 0，*y* 增量为 20 的点（100，100）为止用 linerel 函数画一直线。moverel（-100，0）将使画笔从上次用 1inerel（0，20）画直线时的结束置（100，100）处开始移到（100-100，100-0），然后用 linerel（30，20）从（0，100）处再画直线至（0+30，100+20）处。用 line 函数画直线时，将不考虑画笔位置，它也不影响画笔原来的位置，lineto 和 1inerel 要求画笔位置，画线起点从此位置开始，而结束位置就是画笔画线完后停留的位置，所以这两个函数将改变画笔的位置。

具体代码如下所示：

```
#include <graphics.h>
main()
{
  int graphdriver=VGA;
  int graphmode=VGAHI;
  initgraph(&graphdriver,&graphmode,"");
  cleardevice();
  moveto(100,20);
  lineto(100,80);
  moveto(200,20);
  lineto(100,80);
  line(100,90,200,90);
  linerel(0,20);
  moverel(-100,0);
  linerel(30,20);
  getch();
  closegraph();
}
```

4. 画矩形和条形图函数

画矩形函数 rectangle 将画出一个矩形框，而画条形函数 bar 将以给定的填充模式和填充颜色画出一个条形图，而不是一个条形框。

❑ 画矩形函数，具体格式如下所示：

```
void far rectangle(int xl，int y1，int x2，int y2);
```

此函数将以（*x*1，*y*1）为左上角，（*x*2，*y*2）为右下角画一矩形框。

❑ 画条形图函数，具体格式如下所示：

```
void bar(int x1，int y1，int x2，int y2);
```

此函数将以（*x*1，*y*1）为左上角，（*x*2，*y*2）为右下角画一实形条状图，没有边框，图的颜色和填充模式可以设定。若没有设定，则使用默认模式。

文件 9.c：下面代码程序将由 rectangle 函数以（100，20）为左上角，（200，50）为右下角画一矩形，接着又由 bar 函数以（100，80）为左上角，（150，180）为右下角画一实形条状图，用默认颜色（白色）填充。

具体代码如下所示：

```
#include <graphics.h>
main(){
   int graphdriver=DETECT；
   int graphmode,x；
   initgraph(&graphdriver,&graphmode, "");
   cleardevice()；
   rectangle(100，20，200，50);
   bar(100，80，150，180)5
   getch();
   closegraph()；
}
```

5. 画椭圆、圆和扇形图函数

在画图的函数中，有关于角的概念。在 Turbo C 中是这样规定的：屏的 x 轴方向为 0 度，当半径从此处逆时针方向旋转时，则依次是 90°、180°、270°，当 360°时，则和 x 轴正向重合，即旋转了一周。

- 画椭圆函数，具体格式如下所示：

```
void ellipse(int x, int y, int stangle, int endangel, int xradius, int yradius);
```

该函数将以（x，y）为中心，以 xradius 和 yradius 为 x 轴和 y 轴半径，从起始角 stangle 开始到 endangle 角结束，画一椭圆线。当 stangle=0，endangle=360 时，则画出的是一个完整的椭圆，否则画出的将是椭圆弧。

- 画圆函数，具体格式如下所示：

```
void far circle(int x, int y, int radius);
```

该函数将以（x，y）为圆心，radius 为半径画个圆。

- 画圆弧函数，具体格式如下所示：

```
void far arc(int x, int y, int stangle, int endangle, int radius);
```

该函数将以（x，y）为圆心，radius 为半径，从 stangle 为起始角开始，到 endangle 为结束角画一圆弧。

- 画扇形图函数，具体格式如下所示：

```
void far pieslice(int x, int y, int stangle, int endangle, int radius);
```

该函数将以（x，y）为圆心，radius 为半径，从 stangle 为起始角，endangle 为结束角，画一扇形图，扇形图的填充模式和填充颜色可以事先设定，否则以默认模式进行。

文件 10.c：下面代码程序将用 e11ipse 函数画椭圆，从中心为（320，100），起始角为 0 度，终止角为 360 度，x 轴半径为 75，y 轴半径为 50 画一椭圆，接着用 circle 函数以（320，220）为圆心，以半径为 50 画圆。然后分别用 pieslice 和 e11ipse 及 arc 函数在下方面出了一扇形图和椭圆弧及圆弧。

具体代码如下所示：

```
#include <graphics.h>
main(){
   int graphdriver=DETECT;
   int graphmode,x;
   initgraph(&graphdriver,&graphmode,"");
   cleardevice();
   ellipse(320,100,0,360,75,50);
   circle(320,220,50);
   pieslice(320,340,30,150,50);
   ellipse(320,400,0,180,100,35);
   arc(320,400,180,360,50);
   getch();
   closegraph();
}
```

6. 画多边形函数

drawpoly()画多边形函数的功能是，用当前绘图色、线型及线宽，画一个给定若干点所定义的多边形。具体格式如下所示：

```
void drawpoly(int pnumber,int *points);
```

其中，参数“pnumber”为多边形的顶点数；参数“points”指向整型数组，该数组中是多边形所有顶点（x，y）坐标值，即一系列整数对，x 坐标值在前。显然整型数组的维数至少为顶点数的 2 倍，在定义了多边形所有顶点的数组 polypoints 时，顶点数目可通过计算 sizeof（polypoints）除以 2 倍的 sizeof（int）得到，这里除以 2 倍的原因是每个顶点有两个整数坐标值。另外有一点要注意，画一个 n 个顶点的闭合图形，顶点数必须等于 $n+1$，并且最后一点（第 $n+1$）点坐标必须等于第一点的坐标。

drawpoly()函数对应的头文件为 grpahics.h，没有返回值。

文件 11.c：下面的代码可以绘制一个封闭星形图与一个不封闭星形图：

```
#include<graphics.h>
void main()
{
   int driver,mode;
```

```
    static int polypoints1[18]={100,100,110,120,100,130,120,125,140,140,130,120,
    140,110,120,115,100,100};
    static int polypoints2[18]={180,100,210,120,200,130,220,125,240,140,230,120,
    240,110,220,115,220,110};
    driver=DETECT;
    mode=0;
    initgraph(&driver,&mode,"");
    drawpoly(9,polypoints1);
    drawpoly(9,polypoints2);
    getch();
    restorecrtmode();
}
```

19.3.5 线性函数详解

在 Turbo C 中提供了可以改变线型的函数，线型包括宽度和形状。其中宽度只有一点宽和三点宽两种选择，而线的形状有 5 种。在下面的内容中，将简要介绍常用的 5 种线型函数。

1. 设定线型函数

在前述的例子中画线、画圆、画框时，线的宽度都是一样的，实际上 Turbo C 也提供了改变线的宽度、类型的函数，具体格式如下所示：

```
void far setlinestyle(int linestyle，unsigned upattern，int thickness);
```

当线的宽度参数（thickness）不设定时，取默认值，即一个像素宽，当设定为 3 时，可取 3 个像素宽，取值见表 19-6。

表 19-6　　线宽（thickness）

符号名	值	含义
NORM_WIDTH	1	1 个像素宽
THICK_WIDTH	3	3 个像素宽

当线型参数（1inestyle）不设定时，取缺省值，即实线；设定时，可有 5 种选择如表 19-7 所示。

表 19-7　　直线的形状（linestyle）

符号名	值	含义
SOLID_LINE	0	实线
DOTTED_LINE	1	点线
CENTER_LINE	2	中心线
DASHED_LINE	3	点画线
USERBIT_LINE	4	用户自定义线

upattern 参数只有在 1inestyle 取 4 或 USERBIT_LINE 时才有意义，即表示在用户自定义线型时，该参数才有用。该参数若表示成 16 位二进制数，则每位代表一个像素。是 1 的位，代表的像素用前景色显示，是 0 的位，代表的像素用背景色显示（实际没有显示），例如图 19-4 表示了由 16 个像素构成的一个 16 个像素长的线段，线宽为 1 个像素宽。当 1ineseyle 不是 USERBIT_LINE 时，upattern 取 0 值。

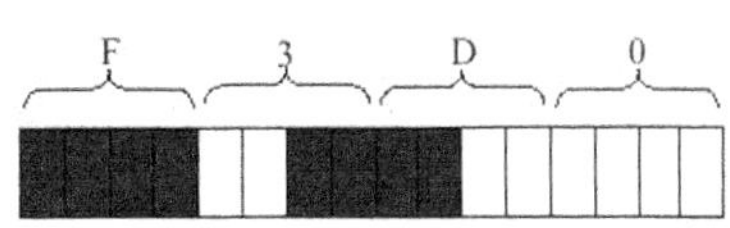

图 19-4　设置线型

文件 12.c：下面的程序首先在屏中间以屏中心为圆心，半径为 98 画出一个绿色的圆框，由于没有设置画线的线型和线宽，故取默认值为 1 个像素宽的实线。接着用 setcolor（12）设置前景色为淡红色。程序进入 for 循环，而画出线宽交替为 1 个和 3 个像素宽的 15 个矩形框来，框由小到大，一个套一个，颜色为淡红色。程序的下一个 for 循环将用 2、3、4 和 5 颜色，即用绿、青、红、洋红分别画出通过屏幕中心的 4 条线，线型分别是实线、点线、中心线和点划线，线宽为 3 个像素，如此重复，共画出 5 组。程序最后用 setcolor（EGA_WHITE）设置画线颜色为白色，将用自定线型（0x1001）在原先画出的绿色圆框中，标出一个十字线，线的形状为 4 个白点，8 个不显示点，又 4 个白点，接着又重复这个线段模式，直到画至圆周上而终止。由于人的视觉分辨能力，我们将 4 个白点看成了一个点，因此出现了屏幕上的那种现象。

具体代码如下所示：

```
#include <graphics.h>
main(){
   int graphdriver=VGA,graphmode =VGAHI;
   int i,j,x1,y1,x2,y2;
   initgraph(&graphdriver,&graphmode,""),
   setbkcolor(EGA_BLUE);
   cleardevice();
   setcolor(EGA_GREEN);
   circle(320,240,98);                          /* 画出一个绿色圆 */
   setcolor(12);                                /* 设置颜色为淡红色 */
   j=0;
   for(i=0;i<=90;i=i+6)
   {
      setlinestyle(0,0,j);                      /* 画出一个套一个的矩形框 */
      x1=440-i;y1=280-i;
      x2=440+i;y2=280+i;
      rectangle(x1,y1,x2,y2);
      j=j+3;
      if(j>4) j=0;
   }
   j=0;
   for ( i=0;i<=180;i=i+16)                     /* 画出通过屏幕中心的4种线型的4色线 */
   {
      if(j>3)j=0;
      setcolor(j+2);
      setlinestyle(j,0,3);
      j++;
      x1=0;y1=i,
      x2=640;y2=480-i;
      line(x1,y1,x2,y2);
   }
   setcolor(EGA_WHITE);
   setlinestyle(4,0x1001,1);                    /* 用户定义线型,1个像素宽 */
   line(220,240,420,240);                       /* 画出通过圆心的y线 */
   line(320,140,320,340);                       /* 画出通过圆心的x线 */
   getch();
   closegraph();
}
```

2. 得到当前画线信息的函数

与设定线型函数 setlinestyle 相对应的是得到当前有关线的信息的函数，具体格式如下所示：

```
void far getlinesettings(struct linesettingstype far *lineinfo);
```

该函数将把当前有关线的信息存放到由 lineinfo 指向的结构中，其结构 linesetingstype 的定义格式如下所示：

```
structlinesettingstype {
   int linestyle;
   unsigned upattern;
   int thickness;
};
```

19.3.6 颜色控制函数详解

像素的显示颜色，或者说画线、填充面的颜色既可采用默认值，也可用一些函数来设置。与文本方式一样，图形方式下，像素也有前景色和背景色。按照 CGA、EGA、VGA 图形适配器的硬件结构，颜色可以通过对其内部相应的寄存器进行编程来改变。

为了能形象地说明颜色的设置，一般用所谓调色板来进行描述，它实际上对应一些硬件的寄存器。从 C 语言的角度看，调色板就是一张颜色索引表，对 CGA 显示器，在中分辨显示方式下，有 4 种显示模式，每一种模式对应有一个调色板，可用调色板号区别。每个调色板有 4

种颜色可以选择，颜色可以用颜色值 0、1、2、3 来进行选择，由于 CGA 有 4 个调色板，一旦显示模式确定后，调色板即确定，如选 CGAC0 模式，则选 0 号调色板，但选调色板的哪种颜色则可由用户根据需要从 0、1、2 和 3 中进行选择，在表 19-8 中列出了调色板与对应的颜色值。表中若选调色板的颜色值为 0，表示此时选择的颜色和当时的背景色一样。

表 19-8　CGA 的调色板号与对应的颜色值

模式	调色板号	颜色值			
		0	1	2	3
CGAC0	0	背景色	绿	红	黄
CGAC1	1	背景色	青	洋红	白
CGAC2	2	背景色	淡绿	淡红	棕
CGAC3	3	背景色	淡青	淡洋红	淡灰

1. *颜色设置函数*

颜色设置函数有如下 2 个。

❑ 前景色设置函数，具体格式如下所示：

```
void far setcolor(int color);
```

该函数将使得前景以所选 color 颜色进行显示，对 CGA，当为中分辨模式时只能选 0，1，2，3。

❑ 选择背景颜色的函数，具体格式如下所示：

```
void far setbkcolor(int color)
```

该函数将使得背景色按所选 16 种中的一种 color 颜色进行显示，在表 19-9 列出了颜色值 color 对应的颜色，此函数使用时，color 既可用值表示，也可用相应的大写颜色名来表示。

表 19-9　背景色值与对应的颜色名

颜色值	颜色名	颜色	颜色值	颜色名	颜色
0	BLACK	黑	8	DARKGRAY	深灰
1	BLUE	蓝	9	LIGHTBLUE	淡蓝
2	GREEN	绿	10	LIGHTGREEN	淡绿
3	CYAN	青	11	LIGHTCYAN	淡青
4	RED	红	12	LIGHTRED	淡红
5	MAGENTA	洋红	13	LIGHTMAGENTA	淡洋红
6	BROWN	棕	14	YELLOW	黄
7	LIGHTGRAY	浅灰	15	WHITE	白

文件 13.c：下面代码程序用 initgraph 设置为 CGA 显示器，显示模式为 CGAC0，再用 setcolo 选择显示颜色，由于 color 选为 1，这样图形将选用 0 号调色板的绿色显示，因而用 1ine 函数将画出一条绿色直线来，背景色由于没设置，故为默认值，即黑色。当按任一键后，执行 setbkcolor，设置背景色为蓝色（也可用 1），这时用 line 画出的（20，40）到（150，150）的线仍为绿色，但背景色变为蓝色。当再按一键后，程序往下执行，这时用 setcolor 又设显示前景颜色，颜色号为 0，表示画线选背景色，此时用 line（60，120，220，220）画出的线将显不出来，因前景、背景色一样，混为一体。

具体代码如下所示：

```
#include <graphics.h>
main(){
   int graphdriver=CGA;
   int graphmode=CGAC0;
   initgraph(&graphdriver,&graphmode,"");
```

```
        cleardevice();
        setcolor(1);
        line(0,0,100,100);
        getch();
        setbkcolor(BLUE);
        line(20,40,150,150);
        getch();
        setcolor(0);
        line(60,120,220,220);
        getch();
        34
        closegraph();
    }
```

在上述实例代码中，setbkcolor 函数的参数 color 和 setcotor 函数中的 color 不是同一个含义，前者只能选表 19-9 中的 16 色之一，而 setcolor 只能选表 19-8 的颜色值，该值对于不同的调色板所表示的颜色不同。可以这样理解，当用 setbkcolor 选了 16 种之一的颜色作背景色后，该颜色就放到调色板的颜色值为 0 处，即改变了调色板颜色值为 0 时代表的颜色。对于 640 × 200 高分辨显示模式 CGAHI，颜色只能选 0 或 1，当选其他值时，仍作为 1，即两色显示，当然背景色可选 16 种之一，前景色为白色。若用 EGA 或 VGA 显示器仿真 CGA，上述的说法是正确的。即在上述显示器上选择 CGA 兼容方式，令 graphdriver=CGA，graphmode=CGAHI，是正确的。但用在真正的 CGA 显示器上，如 PC/XT 机的显示器上，设置的背景色被用作前景色，而用 setcolor 设置的前景色却用作背景色，正好相反，这是由于两种显示器硬件结构不同，而 Turbo C 设置函数时，只考虑到 EGA、VGA 的颜色设置正确，没有兼顾到 CGA 硬件结构特点，因此我们使用不同显示器时，对 CGA 方式的 CGAHI 显示模式的编程要注意到这点。

2. 设置调色板颜色

常用的设置调色板颜色函数如下所示。

- 调色板颜色的设置函数，具体格式如下所示：

```
void far setpalette(int index, int actual_color);
```

该函数用来对调色板进行颜色设置，一般用在 EGA、VGA 显示方式上。各调色板寄存器对应的标准色和值信息如表 19-10 所示。

表 19-10　各调色板寄存器对应的标准色和值信息

寄存器号	颜色名	值	寄存器号	颜色名	值
0	EGA_BLACK	0	8	EGA_DARKGRAY	8
1	EGA_BLUE	1	9	EGA_LIGHTBLUE	9
2	EGA_GREEN	2	10	EGA_LIGHTGREEN	10
3	EGA_CYAN	3	11	EGA_LIGHTCYAN	11
4	EGA_RED	4	12	EGA_LIGHTRED	12
5	EGA_MAGENTA	5	13	EGA_LIGHTMAGENTA	13
6	EGA_BROWN	6	14	EGA_YELLOW	14
7	EGA_LIGHTGRAY	7	15	EGA_WHITE	15

当编制动画或菜单等高级程序时，系统图形初始化时常需要改变每个调色板寄存器的颜色设置，这时就可用 setpalette 函数来重新对某一个调色板寄存器颜色进行再设置。对于 VGA 显示器，也只有一个调色板，对应 16 个调色板寄存器。但这些寄存器装的内容和 EGA 的不同，它们装的又是一个颜色寄存器表的索引。共有 256 个颜色寄存器供索引。VGA 的调色板寄存器是 6 位，而要寻址 256 个颜色寄存器需有 8 位，所以还要通过一个被称为模式控制寄存器的最高位（即第 7 位）的值来决定：若为 0（对于 64 × 480 × 16 色显示是这样），则低 6 位由调色板寄存器来给出，高两位由颜色选择寄存器给出，从而组合出 8 位地址码。因此它的象素显示过

程是：由 VRAM 提供调色板寄存器索引号（0～15），再由检索到的调色板寄存器的内容同颜色选择寄存器配合，检索到颜色寄存器，再由颜色寄存器存的颜色值而令显示器显示；当模式寄存器最高位为 1 时，则调色板寄存器给出低 4 位的 4 位地址码，而由颜色选择寄存器给出高 4 位的 4 位地址码，来组合成 8 位地址码对颜色寄存器寻址而得出颜色值。这里的调色板寄存器，颜色选择寄存器，模式控制寄存器和颜色寄存器均属于 VGA 显示器中的属性控制器。

由于 Turbo C 中没有支持 VGA 的 256 色的图形模式，只有 16 色方式，因而 16 个颜色寄存器寄存了 16 个颜色寄存器索引号，它们代表的颜色如表 19-10 所列，所显示的颜色和 CG 下选背景色的顺序一样。EGA 和 VGA 的调色板寄存器装的值虽然一样（当图形系统初始化时，指默认值），但含义不同，前者装的是颜色值，后者装的是颜色寄存器索引号，不过它们最终表示的颜色是一致的，因而当用 setpalette（index actual_color）对 index 指出的某个调色板寄存器重新设置颜色时，actual_color 可用表 19-10 所指的颜色值，也可用大写名，如 EGA_BLACK，EGA_BLUE 等。在默认情况下，和 CGA 上 16 色顺序一样，当使用 setpalette 函数时，index 只能取 0～15，而 actual_color 若其值是表 19-10 所列的值，则调色板颜色保持不变，即调色板寄存器值不变。

- 改变调色板 16 种颜色的函数，具体格式如下所示：

```
void far setallpalette(struct palettetype far *palette);
```

其中结构 palettetype 的定义格式如下所示：

```
#define MAXCOLORS 15
struct palattetype {
    unsigned char size;
    signed char colors[MAXCOLORS+1];
};
```

该定义在头文件 graphics.h 中。size 元素由适配器类型和当前模式下调色板的颜色数决定，即调色板寄存器数。colors 是个数组，它实际上代表调色板寄存器，每个数组元素的值就表示相应调色板寄存器的颜色值。对 VGA 的 VGAHI 模式，size=16，默认的 colors 的各元素值就相当于表 19-10 所列值。

- 得到调色板颜色数和颜色值的函数

与上述两个函数对应的是如下两个函数，具体格式如下所示：

```
void far getpalette(struct palettetype far *palette);
void far getpalettesize(void);
```

前者将得到调色板的颜色数（即调色板寄存器个数）和装的颜色值，后者将得出调色板颜色数。getpalette 函数将把得到信息存入由 palette 指向的结构中，其结构 palettetype 定义如上所述。

文件 14.c：在下面的代码程序中，演示了调色板颜色设置函数的使用过程和具体作用，具体实现代码如下所示：

```
#include <graphics.h>
main(){
    int graphdriver=DETECT,graphmode;
    struct palettetype palette;
    int i,j;
    initgraph(&graphdriver,&graphmode,"");
    getpalette(&palette);
    setcolor(1);
    rectangle(200,200,300,320);
    getch();
    i=2;j=2;
    do
    {
        printf("color=%d",j);
        setpalette(1,i);
        getch();
        i++; j++;
        if(i==6) i=20;
```

```
        if(i==21) i=7;
        if(i==8) i=56;
    } while (j<16);
    37
    getch();
    setallpalette(&palette);
    closegraph();
}
```

在上述代码中，首先程序用 setcolor（1），设置了前景颜色，其中参数 1 表示用 1 号调色板寄存器中的颜色，即默认值为蓝色，这样用 rectangle 将画出一个蓝色的方框，然后按任一键，这时用 setpalette（1，i）函数将分别设置一号调色板寄存器为绿、青、红、黄、亮白。每按一键，方框颜色改变一次，直到方框变成亮白为止。因为调色板相应的调色板寄存器所装的颜色一旦改变．用 setcolor（调色板寄存器号）设置的颜色也立即改变，可以这样形象地理解，setcolor 函数相当于把代表红、绿、蓝的三条模拟电压线接通，由于它们电压高低不尽相同，所以显示器混合出来的颜色也不相同，当调成蓝色时，3 条模拟电压线代表红绿的电压近似为零，因而这时方框便是蓝色的。然而我们用函数 setpallette 再调 3 条模拟电压线的电压比例（如同用电位器调一样），因而原来画好的框，其颜色将跟着立即改变。该程序中将 palette 定义成 palettetype 类型结构，palettetype 结构如前所述在 graphics.h 头文件中已有定义，这样用 getpalette（&pa11ette）函数得到图形系统初始化的各调色板寄存器的颜色值（即默认值），然后在程序快结束时，用 setallpalette（&palette）恢复各调色板寄存器的原来值。

19.3.7　分析填色函数和画图函数

Turbo C 提供了一些画基本图形的函数，如我们前面介绍过的画条形图函数 bar 和将要介绍的一些函数，它们首先画出一个封闭的轮廓，然后再按设定的颜色和模式进行填充，设定颜色和模式有特定的函数。

1．填色函数

具体使用格式如下所示：

```
void far setfilestyle(int pattern，int color);
```

该函数将用设定的 color 颜色和 pattern 图模式对后面画出的轮廓图进行填充，这些图轮廓是由待定函数画出的，color 实际上就是调色板寄存器索引号，对 VGAHI 方式为 0～15，即 16 色，pattern 表示填充模式，可用表 19-11 中的值或符号名表示。

表 19-11　　填充模式（pattern）的规定

符号名	值	含义
EMPTY_FILL	0	用背景色填充
SOLID_FILL	1	用单色实填充
LINE_FILL	2	用“—”线填充
LTSLASH_FILL	3	用“//”线填充
SLASH_FILL	4	用粗“//”线填充
BKSLASH_FILL	5	用“\\”线填充
LTBKSLASH_FILL	6	用粗“\\”线填充
HATCH_FILL	7	用方网格线填充
XHATCH_FILL	8	用斜网格线填充
INTTERLEAVE_FILL	9	用间隔点填充
WIDE_DOT_FILL	10	用稀疏点填充
CLOSE_DOT_FILL	11	用密集点填充
USER_FILL	12	用用户定义样式填充

当 pattern 选用 USER_FILL 用户自定义样式填充时，setfillstyle 函数对填充的模式和颜色不起任何作用，若要选用 USER_FILL 样式填充时，可选用下面的函数。

2. 用户自定义填充函数

具体使用格式如下所示：

```
void far setfillpattern(char *upattefn，int color);
```

该函数设置用户自定义可填充模式，以 color 指出的颜色对封闭图形进行填充。这里的 color 实际上就是调色板寄存器号，也可用颜色名代替。参数 upattern 是一个指向 8 个字节存储区的指针，这 8 个字节表示了一个 8×8 像素点阵组成的填充图模，它是由用户自定义的，它将用来对封闭图形填充。8 个字节的图模是这样形成的：每个字节代表一行，而每个字节的每一个二进制位代表该行的对应列上的像素。是 1，则用 color 显示，是 0 则不显示。

文件 15.c：在下面的代码程序中，用不同填充图模（pattern）对由 bar 和 pieslice 函数产生的条状和扇形图进行颜色填充。具体实现代码如下所示：

```
#include <graphics.h>
main(){
   int graphdriver=VGA,graphmode=VGAHI;
   struct fillsettingstype save;
   char savepattern[8];
   char gray50[]={0xff,0x00,0x00,0x00,0x00,0x00,0x00,0x81};
   initgraph(&graphdriver,&graphmode,"");
   getfillsettings(&save);                              /* 得到初始化时填充模式 */
   if(save.pattern != USER_FILL )
      setfillstyle(3,BLUE);
      bar(0,0,100,100);
      setfillstyle(HATCH_FILL,RED);
      pieslice(200,300,90,180,90);
      setfillpattern(gray50,YELLOW);                    /* 设定用户自定义图模进行填充*/
   bar(100,100,200,200);
   if(save.pattern==USER_FILL)
      setfillpattern(savepattern,save.color);
   else
   setfillpattern(savepattern, save.color);             /* 恢复原来的填充模式 */
      getch();
      closegraph();
}
```

上述代码运行后，可以看出第 1 个 bar（0，0，100，100）产生的方条将由蓝色的斜线填充，即以 LTSlASH_FILL（3）图模填充。接着将由红色的网格（HATCH_FILL，RED）图模填充一个扇形。由于默认时，前景颜色为白色，故该扇形将用白色边框画出，接着用户自定义填充模式，因而用 bar（100，100，200，200）画出的方条，将用用户定义的图模（用字符数组 gray50[]表示的图模），用黄色进行填充。

3. 得到填充模式和颜色的函数

具体使用格式如下所示：

```
void far fillsettings(struct fillsettingstype far *fillinfo);
```

它将得到当前的填充模式和颜色，这些信息存在结构指针变量 fillinfo 指出的结构中。该结构定义的定义格式如下所示：

```
struct fillsettingstype{
   int pattern;                              /* 当前填充模式 */
   int color;                                /* 填充颜色 */
};
void far getfillpattern(char *upattern);
```

该函数将把用户自定义的填充模式和颜色存入由 upattern 指向的内存区域中。

4. 与填充函数有关的作图函数

在前面的内容中已经介绍了画条形图函数 bar 和画扇形函数 pieslise，它们需要用 setfillstyle 函数来设置填充模式和颜色，否则按默认方式。另外还有一些画图形的函数，也要用到填充函数。具体如下所示。

❑ 画三维立体直方图函数，具体格式如下所示：

```
void far bar3d(int x1, int y1, int x2, int y2, int depth, int topflag);
```

当 topflag 非 0 时，画出三维顶，否则将不画出三维顶，depth 决定了三维直方图的长度。

❑ 画椭圆扇形函数，具体格式如下所示：

```
viod far sector(int x, int y, int stangle, int endangle, int xradius, int yradius);
```

该函数将以（x，y）为圆心，以 xradius 和 yradius 为 x 轴和 y 轴半径，从起始角 stangle 开始到 endangle 角结束，画一椭圆扇形图，并按设置的填充模式和颜色填充。当 stangle 为 0，endangle 为 360 时，则画出一完整的椭圆图。

❑ 画椭圆图函数，具体格式如下所示：

```
void far fillellipse(int x, int y, int xradius, int yradius);
```

该函数将以（x，y）为圆心，以 xradius 和 yradius 为 x 轴和 y 轴半径，画一椭圆图，并以设定或默认模式和颜色填充。

❑ 画多边形图函数，具体格式如下所示：

```
void far fillpoly(int numpoints, int far *polypoints)
```

该函数将画出一个顶点数为 numpoints，各顶点坐标由 polypoints 给出的多边形，也即边数为 polypoints-1，当为一封闭图形时，numpohts 应为多边形的顶点数加 1，并且第一个顶点坐标应和最后一个顶点的坐标相同。

实例 108 使用不同的填充模式和颜色绘制矩形、长方体、扇形和椭圆扇形，然后在定义一种填充模式和红色来绘制。

源码路径 光盘\daima\19\3　　**视频路径** 光盘\视频\实例\第 19 章\108

本实例的实现文件为“tian.c”，具体实现代码如下所示：

```
#include<graphics.h>
void main(){
    char str[8]={10,20,30,40,50,60,70,80};/*用户定义填充模式*/
    int gdriver,gmode,i;
    /*定义一个用来存储填充信息的结构变量*/
    struct fillsettingstype save;
    gdriver=DETECT;
    initgraph(&gdriver,&gmode,"c:\\tc\\bgi");          //初始化图形模式
    setbkcolor(BLUE);                                   //设置背景色
    cleardevice();                                      //清屏
    for(i=0;i<13;i++)
    {
        setcolor(i+3);
        setfillstyle(i,2+i);                            //设置填充类型
        bar(100,150,200,50);                            //画矩形并填充*
        bar3d(300,100,500,200,70,1);                    //画长方体并填充
        pieslice(200, 300, 90, 180, 90);                //画扇形并填充
        sector(500,300,180,270,200,100);                //画椭圆扇形并填充
        delay(1000);                                    //延时1000毫秒
    }
    cleardevice();
    setcolor(14);                                       //设置画笔颜色
    setfillpattern(str, RED);                           //自定义填充模式和颜色
    bar(100,150,200,50);                                //画矩形
    bar3d(300,100,500,200,70,0);                        //画长方体
    pieslice(200,300,0,360,90);                         //画圆
    sector(500,300,0,360,100,50);                       //画椭圆
    getch();
    getfillsettings(&save);                             //获得当前的填充模式信息
    closegraph();
    clrscr();
    /*输出目前填充图模和颜色值*/
    printf("The pattern is %d, The color of filling is %d", save.pattern,save.color);
    getch();
}
```

> 范例 215：绘制一个矩形
> 源码路径：光盘\演练范例\215\
> 视频路径：光盘\演练范例\215\
> 范例 216：绘制一个圆形
> 源码路径：光盘\演练范例\216\
> 视频路径：光盘\演练范例\216\

在实际应用中，可对任意封闭图形填充的函数。前面介绍的填充函数，只能对由上述特定

函数产生的图形进行颜色填充，对任意封闭图形均可进行填充的还有一函数，其使用格式如下所示：

```
void far floodfill(int x, int y, int border);
```

此函数将对一封闭图形进行填充，其颜色和模式将由设定的或缺省的图模与颜色决定。其中参数（x，y）为封闭图形中的任一点，border 是封闭图形的边框颜色。编程时该函数位于画图形的函数之后，即要填充该图形。但是在此需要注意如下 4 点。

（1）若（x，y）点位于封闭图形边界上，该函数将不进行填充。

（2）若对不是封闭的图形进行填充，则会填到别的地方，即会溢出。

（3）若（x，y）点在封闭图形之外，将对封闭图形外进行填充。

（4）由参数 border 指出的颜色必须与封闭图形的轮廓线的颜色一致，否则会填到别的地方去。

19.3.8 图形窗口函数详解

1. 图形窗口操作函数

在图形方式下可以在屏幕上某一区域设置一个窗口，这样以后的画图操作均在这个窗口内进行，且使用的坐标以此窗口顶左上角为（0，0）作参考，而不再用物理屏幕坐标（屏左角为（0，0）点）。在图视口内画的图形将显示出来，超出图视口的部分可以不让其显示出来，也可以让其显示出来（不剪断），该函数使用格式如下所示：

```
void far setviewport(int xl, int y1, int x2, int y2, clipflag);
```

其中，“(x1，y1)”为图视口的左上角坐标，“(x2，y2)”为所设置的图视口右下角坐标，它们都是以原屏幕物理坐标为参考的。clipflag 参数若为非 0，则所画图形超出图视口的部分将被切除而不显示出来。若 clipflag 为 0，则超出图视口的图形部分仍将显示出来。

2. 图形窗口清除与取信息函数

主要有如下几个常用函数：

- 图视口清除函数，具体格式如下所示：

```
void far clearviewport(void);
```

该函数将清除图视口内的图象。

- 取图视口信息函数，具体格式如下所示：

```
void far getviewsettings(struct viewport type far *viewport);
```

该函数将取得当前设置的图视口的信息，它存于由结构 viewporttype 定义的结构变量 viewport 中，结构 viewporttype 定义如下所示：

```
struct viewporttype {
   int left, top, right, bottom;
   int clipflag;
};
```

使用图视口设置函数 setviewport，可以在屏上设置不同的图视口——窗口，甚至部分可以重叠，然而最近一次设置的窗口才是当前窗口，后面的图形操作都视为在此窗口中进行，其他窗口均无效。若不清除那些窗口的内容，则它们仍在屏上保持，当要对它们处理时，可再一次设置那个窗口一次，这样它就又变成当前窗口了。

使用 setbkcolor 设置背景色时，对整个屏幕背景起作用，它不能只改变图视口内的背景，在用 setcolor 设置前景色时，它对图视口内画图起作用。如果下一次没有设置颜色，那么上次在另一图视口内设置的颜色在本次设置的图视口内仍起作用。

19.3.9 分析图形方式下的文本输出函数

在图形方式下，虽然也可以用 printf()、puts()、putchar()函数输出文本，但只能在屏上用白色显示，无法选择输出的颜色，尤其想在屏上定位输出文本，更是困难，且输出格式也是不能变的 80 列×25 行形式。Turbo C 提供了一些专门用在图形方式下的文本输出函数，它们可以用来选择输出位置，输出字型、大小，输出方向等。

1. 文本输出函数

文本输出函数有当前位置文本输出函数和定位文本输出函数两种，具体说明如下所示。

- 当前位置文本输出函数，具体格式如下所示：

```
void far outtext(char far *textstring);
```

该函数将在当前位置在屏上输出由字符串指针 textsering 指出的文本字符串。该函数没有定位参数，只能在当前位置输出字符串。

- 定位文本输出函数，具体格式如下所示：

```
void far outtextxy(int x，int y，char far *textstring);
```

该函数将在指定的（x，y）位置输出字符串。（x，y）位置如何确定，还需要用位置确定函数 settextjustify()来确定；选用何种字形显示、字体大小及横向或纵向显示，还需用 settextstyle()函数来确定。这些均要在文本输出函数之前确定。若没有使用函数确定，则输出来用默认方式，即字形采用 8×8 点阵字库，横向输出，其（x，y）位置表示输出字符串的第一个字符的左上角位置，字体 1：1。例如，当执行函数 outtextxy（10，10，"Turbo C"）；时，Turbo C 将采用默认方式显示在如图 19-5 所示位置，其“T”字的左上角位置为（10，10），字形为 8×8 点阵（8 个像素宽，8 个像素高），尺寸 1:1，即和字库中的字同大。

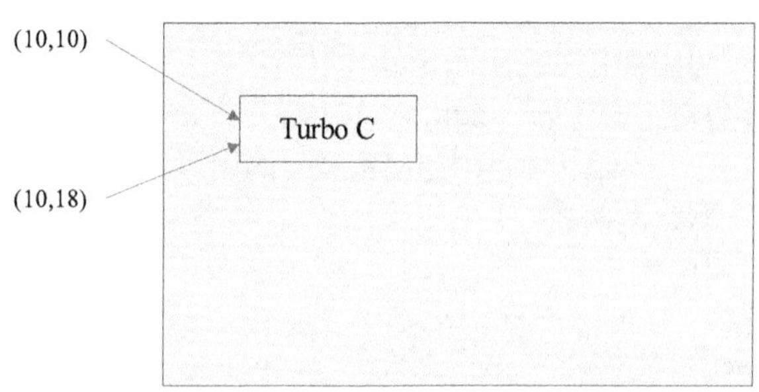

图 19-5　outtextxy（10，10，“Turbo c”）输出

- 文本输出位置函数，具体格式如下所示：

```
void far settextjustify(int horiz，int vert);
```

该函数将确定输出字位串时，如何定位（x，y）。即当用 outtext（x，y，"字符串"）或 outtextxy（x，y，"字符串"）输出字符串时，（x，y）点是定位在字符串的哪个位置，horiz 将决定（x，y）点的水平位置相对于输出字符串如何确定，vert 参数将决定（x，y）点的垂直位置相对于输出字符串如何确定。这两个参数的取值和相应的符号名如表 19-12 所示。

表 19-12　参数 horiz、vert 的取值说明

参数 horiz			参数 vert		
符号名	值	含义	符号名	值	含义
LEFT_TEXT	0	输出左对齐	BOTTOM_TEXT	0	底部对齐
CENTER_TEXT	1	输出以字串中心对齐	CENTER_TEXT	1	中心对齐
RIGHT_TEXT 2	2	输出右对齐	TOP_TEXT	2	顶部对齐

如果 horiz 取 LEFT_TEXT（或取 0），则（x，y）点是以输出的第一个字符的左边为开始位置，即（x，y）定位于此。但是以第一个字符左边的顶部、中部，还是底部定位（x，y），还不能确定，也就是说，（x，y）点是指输出字符串第一个字符的左边位置，但是在第一个字符左边的垂直方向上的位置还须由 vert 参数决定。如 vert 取 TOP_TEXT（即 2），则（x，y）在垂直

方向定位于第一个字符左边位置的顶部。

2. 定义文本字型函数

具体格式如下所示：

```
void far settextstyle(int font, int direction, int charsize);
```

该函数用来设置文本输出的字形、方向和大小，其相应参数 font、参数 direction 和参数 size 的取值如表 19-13 所列。

表 19-13 font、direction、size 的取值说明

	符号名	值	含义
font	DEFAULT_FONT	0	8×8 字符点阵（默认值）
	TRIPLEX_FONT	1	三倍笔划体字
	SMALL_FONT	2	小字笔划体字
	SANS_SERIF_FONT	3	无衬线笔划体字
	GOTHIC_FONT	4	黑体笔划体字
direction	HORIZ_DIR	0	水平输出
	VERT_DIR	1	垂直输出
size		1	8×8 点阵
		2	6×16 点阵
		3	24×24 点阵
		4	32×32 点阵
		5	40×40 点阵
		6	48×48 点阵
		7	56×56 点阵
		8	64×64 点阵
		9	72×72 点阵
		10	80×80 点阵
	USER_CHAR_SIZE	0	用户自定义字符大小

3. 文本输出字符串函数

具体格式如下所示：

```
int sprintf(char *string, char *format[, argument, …]);
```

该函数将把变量值 argument，按 format 指定的格式，输出到由指针 string 指定的字符串中去，该字符串就代表了其输出。这个函数虽然不是图形专用函数，但它在图形方式下的文本输出中很有用，因为用 outtext()或 outtextxy()函数输出时，输出量是文本字符串，当我们要输出数值时不太方便。因而可用 sprintf 函数将数值输出到一个字符数组中，再让文本输出函数输出这个字符数组中的字符串即可。

实例 109 在图形模式下输出不同样式的文本

源码路径 光盘\daima\19\4　　视频路径 光盘\视频\实例\第 19 章\109

本实例的实现文件为“wen.c”，具体实现代码如下所示：

```
#include <graphics.h>
void main(){
    int i, graphdriver,graphmode;
    char s[30];
    graphdriver=DETECT;
    initgraph(&graphdriver,&graphmode,"c:\\tcpp\\bgi");
    cleardevice();
    setbkcolor(BLUE);                    //设置背景色
```

```
    setviewport(40,40,600,440,1);           // 定义图形窗口
    setfillstyle(1,2);                      //以绿色实填
    setcolor(YELLOW);                       //设置画笔颜色为黄色
    rectangle(0,0,560,400);                 //画一矩形
    floodfill(50,50,14);                    // 用绿色填画出的矩形框
    rectangle(20,20,540,380);               //画一矩形
    setfillstyle(1,13);                     //设置以淡洋红色实填
    floodfill(19,19,14);                    //用淡洋红色填画出的矩形框
    setcolor(15);                           //设置画笔颜色为白色
    settextstyle(1,0,6);                    // 设要显示字符串的字形、方向和尺寸
    outtextxy(100,60,"Welcome Your");       //输出字符串
    setviewport(100,200,540,380,0);         //又定义一个图形窗口
    setcolor(14);                           //设置画笔颜色为黄色
    setfillstyle(1,12);                     //设置以淡红色实填
    rectangle(20,20,420,120);               //画一矩形
    floodfill(21,100,14);                   //用淡红色填充
    settextstyle(2,0,9);
    i=620;
    sprintf(s, "Your score is %d", i);      //将数字转化为字符串
    setcolor(YELLOW);
    outtextxy(60,40, s);                    /* 用黄色显示字符串 */
    setcolor(1);                            //设置画笔颜色为蓝色
    settextstyle(3, 0, 0);                  //设置输出的字符大小由用户自定义
    setusercharsize(4, 1, 1, 1);            //自定义文本字符大小
    outtextxy(70, 80, "Good");              //显示字符串
    getch();
    closegraph();
}
```

执行的运行效果如图 19-6 所示。

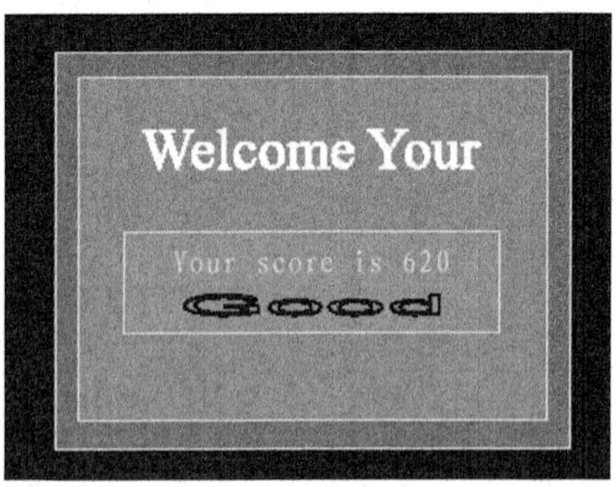

图 19-6　运行效果

范例 217：绘制一个扇形
源码路径：光盘\演练范例\217\
视频路径：光盘\演练范例\217\
范例 218：设置线条的类型
源码路径：光盘\演练范例\218\
视频路径：光盘\演练范例\218\

19.4　菜 单 设 计

知识点讲解：光盘:视频\PPT 讲解（知识点）\第 19 章\菜单设计.mp4

菜单对于广大读者来说都十分熟悉，用户通过软件中的菜单可以灵活进行操作处理。例如 Word 里的工具栏和菜单栏就是由不同界面的菜单构成的。根据菜单的外观样式，可以将其分为固定式菜单、弹出式菜单和下拉式菜单等。菜单在用户编写的程序中占据相当一部分内容。设计一个高质量的菜单，不仅能使系统美观，更主要的是能够使操作者使用方便，避免一些误操作带来的严重后果。

在 Turbo C 中，可以实现简单的菜单样式。在本节的内容中，将简要讲解 Turbo C 实现菜单效果的基本方法。

19.4.1　实现下拉式菜单

下拉式菜单是一个窗口菜单，它具有一个主菜单，其中包括几个选择项，主菜单的每一项又可以分为下一级菜单，这样逐级下分，用一个个窗口的形式弹出在屏幕上，一旦操作完毕又

可以从屏幕上消失，并恢复原来的屏幕状态。设计下拉式菜单的关键就是在下级菜单窗口弹出之前，要将被该窗口占用的屏幕区域保存起来，然后产生这一级菜单窗口，并可用光标键选择菜单中各项，用回车键来确认。如果某选择项还有下级菜单，则按同样的方法再产生下一级菜单窗口。

用 Turbo C 在文本方式时提供的函数 gettext()来放屏幕规定区域的内容，当需要时用 puttext()函数释放出来，再加上键盘管理函数 bioskey()，就可以完成下拉式菜单的设计。

文件 16.c：在下面的代码程序中，将生成一个基本的下拉式菜单效果。并可以通过键盘对光标进行移动处理，并具有快捷键的功能。具体实现代码如下所示：

```
#include <dos.h>
#include <conio.h>
#define Key_DOWN 0x5100                          //Down键的键盘扫描码
#define Key_UP 0x4900                            //Up键的键盘扫描码
#define Key_ESC 0x011b                           //Esc键的键盘扫描码
#define Key_ALT_F 0x2100                         //Alt+F组合键的键盘扫描码
#define Key_ALT_X 0x2d00                         //Alt+X组合键的键盘扫描码
#define Key_ENTER 0x1c0d                         //Enter键的键盘扫描码
main()
{
    int i,key,x,y,l;
    char *menu[] = {"File","Edit","Run","Option","Help","Setup","Zoom","Menu"};
    /* 主菜单各项 */
    char *red[] = { "F","E","R","O","H","S","Z","M" };          /* 加上红色热键 */
    char *f[] = {"Load file", "Save file", "Print", "Modify ", "Quit A1t_x"};
    /* File项的子菜单 */
    char buf[16*10*2],buf1[16*2];                               /* 定义保存文本的缓冲区 */
    while(1)
    {
        textbackground(BLUE);                                   //设置背景色
        clrscr();
        textmode(C80);                                          //设置文本显示方式
        window(1,1,80,1);                                       /* 定义显示主菜单的窗口 */
        textbackground(LIGHTGRAY);
        textcolor(BLACK);                                       //设置前景色
        clrscr();
        gotoxy(5,1);//坐标定位
        for(i=0,l=0;i<8;i++)
        {
            x=wherex();                                         /* 得到当前光标的坐标 */
            y=wherey();
            cprintf("%s",menu[i]);                              /* 显示各菜单项 */
            l=strlen(menu[i]);                                  /* 得到菜单项的长度 */
            gotoxy(x,y);
            textcolor(RED);
            cprintf("%s",red[i]);                               /* 在主菜单项各头字符写上红字符 */
            x=x+l+5;
            gotoxy(x,y);
            textcolor(BLACK);                                   /* 为显示下一个菜单项移动光标 */
        }
        gotoxy(5,1);
        key=bioskey(0);
        switch (key){
            case Key_ALT_X:
                exit(0);                                        /* ALT_X则退出 */
            case Key_ALT_F:
            {
                textbackground(BLACK);
                textcolor(WHITE);
                gotoxy(5,1);
                cprintf("%s",menu[0]);                          /* 加黑File项 */
                gettext(5,2,20,12,buf);                         /* 保存窗口原来的文本 */
                window(5,2,20,9);                               /* 设置作矩形框的窗口 */
                textbackground(LIGHTGRAY);
                textcolor(BLACK);
                clrscr();
                for(i=2;i<7;i++)                                /* 显示子菜单各项 */
                {   gotoxy(2,i);
                    cprintf("%s",f[i-2]);
```

```
                    }
                    gettext(2,2,18,3,buf1);                        /*将下拉菜单的内容保存在buf1*/
                    textbackground(BLACK);
                    textcolor(WHITE);
                    gotoxy(2,2);
                    cprintf("%s",f[0]);                            /*加黑下拉菜单的第一项load file*/
                    gotoxy(2,2);
                    y=2;
                    while ((key=bioskey(0))!=Key_ALT_X)           // 等待选择下拉菜单项
                    {
                        if ((key==Key_UP)||(key==Key_DOWN))
                        {
                            puttext(2,y,18,y+1,buf1);              // 恢复原先的项
                            if (key==Key_UP)
                                y=(y==2?6:y-1);
                            else
                                y=(y==6?2:y+1);
                            gettext(2,y,18,y+1,buf1);              /*保存要压上光条的子菜单项*/
                            textbackground(BLACK);
                            textcolor(WHITE);
                            gotoxy(2,y);
                            cprintf("%s",f[y-2]);                  /* 产生黑条压在所选项上 */
                            gotoxy(2,y);
                        }
                        else
                            //若是回车键,判断是哪一子菜单按的回车，在此没有相应的特殊处理
                            if (key==Key_ENTER)
                            {
                                switch ( y-1 )
                                {
                                    case 1:                        /* 是子菜单项第一项:Load file */
                                        break;
                                    case 2: /* Save file */
                                        break;
                                    case 3: /* print */
                                        break;
                                    case 4: /* modify */
                                        break;
                                    case 5:
                                        exit(0);
                                    default:
                                        break;
                                }
                                break;
                            }
                            else
                            if (key==Key_ESC)
                                break;                             /* 是Esc键,返回主菜单 */
                    }
                    if (key==Key_ALT_X) exit(0);
                }
            }
        }
    }
```

在上述代码中，在文本方式下产生一个下拉式菜单，程序运行时首先在屏幕顶行产生一个浅灰底黑字的主菜单，各菜单项的第一个字母加红，表示为热键。当选择主菜单第一项，即按 ALT_F 时，便产生一个下拉式子菜单，可用 UP 和 DOWN 键使压在第一个子菜单项上的黑色光条上下移动，当光标压在某子菜单项上并且按回车后，程序便转去执行相应子菜单项的内容，由于篇幅关系，该程序仅是一个演示程序，只作了第一个主菜单项和对应的子菜单，且子菜单项对应的操作只在程序相应处作了说明，并无具体内容，对主菜单项其他各项没有作选它时相应的子菜单，但作法和第一项 File 的相同，故不赘述。

在程序中使用指针数组 munu[]存放主菜单各项，red[]存放各项的热键字符（即主菜单项各项的第一个字母），f[]存放主菜单第一项 file 的子菜单各项。定义字符数组 buf 存放原子菜单所占区域的内容，buf1 存放一个子菜单项的区域内容，由于一个字符占两个字节，故所占列数均乘了 2。外层循环处理主菜单，第一步显示主菜单界面，即先使整个屏幕的背景色为蓝色，然

后开辟显示主菜单项的窗口（window（1，1，80，1）），用浅灰底黑字依次显示出主菜单各项，用红色字母再重现各项的第一个字母，并使光标定位在主菜单项的第一项 File 的 F 处。

第二步用键盘管理函数 bioskey()获取菜单选项，当按 Alt+X 组合键时，则退出本程序，当按 Alt+F 组合键时，则执行弹出子菜单的操作：首先加黑主菜单的 File 项显示，将子菜单的区域内容保存到 buf 缓冲区内（用 gettext（5，2，20，12，buf）），这样当子菜单项消失时，用它来恢复原区域的内容。

接着是处理 File 的子菜单项的内层循环：首先获取按键，当为 Alt+X 组合键时退出本程序；当为 Esc 键时直接返回到外层循环，即返回到主界面；当为 Up 或 Down 键时，则产生黑色光条的上下移动，当光条在第一项上时，若再按 Up 键，则光条移到最后一项，若光条原来就在最后一项，再按 Down 键，则光条退回到第一子菜单项去，这由 y=y==2?6:y-1 和 y=y==6?2:y+l 来实现，当光条压在某子菜单项上，且当按 ENTER 键时程序则转去执行相应的子菜单项指明的操作，它们由 switch（y-1）语句来实现，当光条压在第一子菜单项上，且按回车后，则执行 case l 后的操作，由于是示范程序，具体操作没有指出，要变为实用菜单，则需在此处填上操作内容，转去作相应的处理，处理之后返回到外层循环。

程序执行后将会显示一个类似 Turbo C 的界面，如图 19-7 所示。

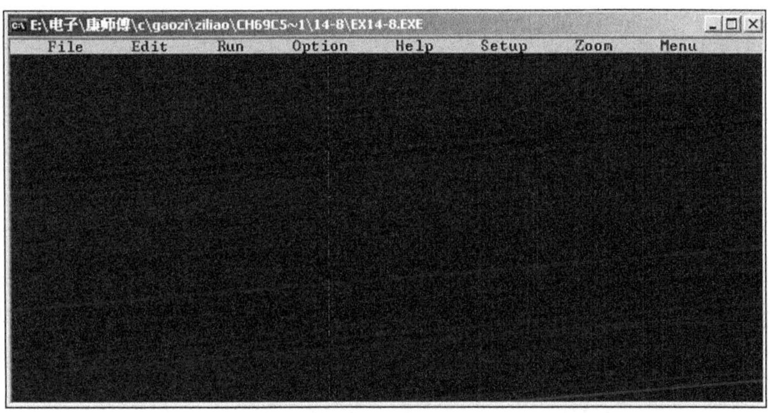

图 19-7　运行效果

按下【Alt+F】组合键后，将会显示【File】下的子菜单，如图 19-8 所示。并且此时可以通过【Up】键和【Down】键进行上下移动选择，如图 19-9 所示。

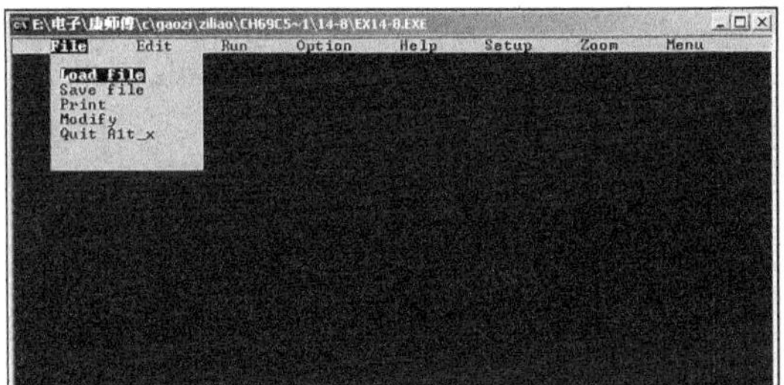

图 19-8　子菜单效果

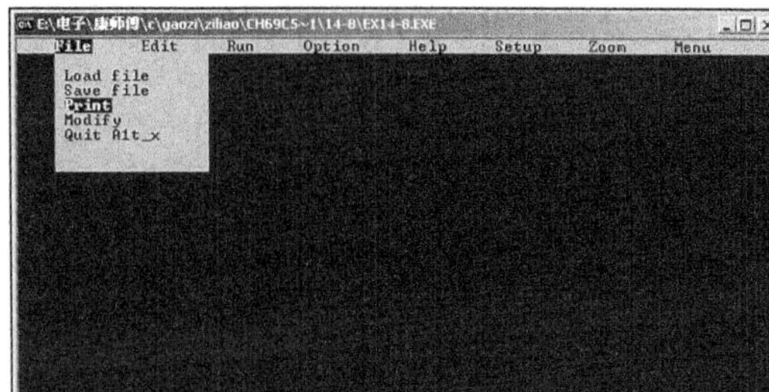

图 19-9　上下移动子菜单

19.4.2　实现弹出式菜单

文件 19.c：在下面的代码程序中，将生成一个基本的弹出式菜单效果。并可以通过键盘对光标进行移动处理，并具有快捷键的功能。具体实现过程如下所示。

（1）设置包含文件命令和对应的宏定义，具体代码如下所示：

```
#include <graphics.h>
#include <stdio.h>
#include <stdlib.h>
#include <bios.h>
#define MenuNum 3
#define FALSE 0
#define TRUE 1
#define START 1
#define LEFTSHIFT 2
#define RIGHTSHIFT 3
#define ENTER 4
#define ESC 5
#define UP 6
#define DOWN 7
#define ALTX 8
```

（2）定义全局变量，初始化图形模式函数。具体代码如下所示：

```
typedef struct{                    /*菜单的数据结构*/
   int menuID;
   char MenuName[8];
   int itemCount;
   char itemName[4][8];
}menu;
void *saveImage;           /*保存菜单覆盖的区域*/
int mHeight,mWidth;                /*窗口高,宽*/
int mutex=0;
menu MainMenu[]={{0,"Menu0",4,{"Open","New","Save","Exit"}},{1,"Menu1",2,{"Copy","Paste"}},{2,"Menu2",2,{"Find",
"Instead"}}};
void init()//初始化图形模式
{
   int gdriver,gmode;
   gdriver=DETECT;
   initgraph(&gdriver,&gmode,"c:\\tc\\bgi");
}
```

（3）定义绘制主菜单内容函数 initm，具体代码如下所示：

```
initm()
{
   int L,T,R,i;                                          //定义变量
   mWidth=550/MenuNum;                                   //获得菜单项的宽度
   mHeight=20;                                           //获得高度
   L=50;   T=50;   R=mWidth+L;
   setfillstyle(SOLID_FILL,1);                           //定义填充模式和填充颜色
   bar(50,50,600,400);                                   //画矩形并填充
   setfillstyle(SOLID_FILL,7);                           //定义填充模式和填充颜色
   bar(50,50,600,70);                                    //画矩形并填充
   setcolor(RED);                                        //定义作图色
   settextstyle(1,HORIZ_DIR,1);                          //设置文本输出的字形、方向和大小
   outtextxy(L+12,T,MainMenu[0].MenuName);               //输出菜单名称
   L=R;   R=mWidth+L;
   for(i=1;i<MenuNum;i++)                                //输出所有主菜单
   {
         setcolor(BLACK);
         settextstyle(1,HORIZ_DIR,1);
         outtextxy(L+12,T,MainMenu[i].MenuName);
         L=R;R=R+mWidth;
   }
}
```

（4）定义子菜单内容函数 showItems，具体代码如下所示：

```
void showItems(int NewID)                                /*显示*/
{
   int LL,TT,j;
   LL=mWidth*NewID+50;                                   //获得第一个子菜单输出位置
   TT=70;
   //开辟一个单元
   saveImage=malloc(imagesize(LL,70,LL+mWidth,70+25*(MainMenu[NewID].itemCount)));
   //屏幕上的图像复制到刚开辟的内存空间中
   getimage(LL,70,LL+mWidth,70+25*(MainMenu[NewID].itemCount),saveImage);
   setfillstyle(SOLID_FILL,7);                           //用淡灰色实填
   settextstyle(1,HORIZ_DIR,1);                          //设置文本输出的字形、方向和大小
   //画一矩形并填充
```

```
    bar(LL,70,LL+mWidth-80,70+25*(MainMenu[NewID].itemCount));
    setcolor(RED);                                          //设置作图色
    //画一矩形框
    rectangle(LL+5,70,LL+mWidth-85,65+25*(MainMenu[NewID].itemCount));
    //输出第一个菜单项
    outtextxy(LL+15,TT,(MainMenu[NewID].itemName[0]));
    setcolor(BLACK);
    //输出主菜单项
    outtextxy(LL+12,50,(MainMenu[NewID].MenuName));
    //输出随后的几个子菜单项
    for(j=1;j<(MainMenu[NewID].itemCount);j++)
    {
        TT=TT+25;
        outtextxy(LL+15,TT,MainMenu[NewID].itemName[j]);
    }
}
```

（5）定义主菜单和子菜单之间的移动处理函数 process 和 process1，具体代码如下所示：

```
void process(int OldID,int NewID)                          /*移动主菜单*/
{
    int L,T;
    L=50+mWidth*OldID;                                      //获得当前菜单位置
    T=50;
    settextstyle(1,HORIZ_DIR,1);
    setcolor(BLACK);                                        //用黑色重画当前菜单
    outtextxy(L+12,T,MainMenu[OldID].MenuName);
    L=50+mWidth*NewID;
    setcolor(RED);                                          //用红色重画要移动到的菜单项
    outtextxy(L+12,T,MainMenu[NewID].MenuName);
}

void process1(int OldID,int NewID,int m)                   /*子菜单移动*/
{
    int L,T;
    L=50+mWidth*m;                                          //获得当前子菜单项的位置
    T=70+OldID*25;
    settextstyle(1,HORIZ_DIR,1);
    setcolor(BLACK);                                        //用黑色重画当前子菜单项的位置
    outtextxy(L+15,T,MainMenu[m].itemName[OldID]);
    T=70+NewID*25;
    setcolor(RED);                                          //用红色重画要移动到的子菜单项的位置
    outtextxy(L+15,T,MainMenu[m].itemName[NewID]);
}
```

（6）在主函数 main 中调用对应的函数和变量，最终实现弹出式效果。具体代码如下所示：

```
void main()
{
    int OldID,NewID,head,tail,selectID,quit,c;//定义变量
    int OldID1,NewID1,head1,tail1;
    head=0;   tail=2;//为一些变量赋初值
    OldID=0;   NewID=0;
    OldID1=0;   NewID1=0;
    head1=0;
    quit=0;
    init();//初始化图形模式
    initm();//
    while(!quit)
    {
            //while(bioskey(1)==0);
            c=bioskey(0);                                   //获得被按下键的值
            if(c==19400) selectID=START;
            else if(c==19200) selectID=LEFTSHIFT;           //左边Shift键
            else if(c==19712) selectID=RIGHTSHIFT;          //右边Shift键
            else if(c==7181) selectID=ENTER;                //回车键
            else if(c==283) selectID=ESC;
            else if(c==20480) selectID=DOWN;
            else if(c==18432) selectID=UP;
            else if(c==11520) selectID=ALTX;
            else selectID=NULL;
            switch (selectID)
            {
                case START://开始
                        OldID=NewID;
                        NewID=0;
```

```
            process(OldID,NewID);
            break;
        case LEFTSHIFT:                                    //按下左边的Shift键
            if(mutex==0)                                   //判断mutex的值是否等于0
            {
                if(NewID==head)                            //若当前菜单项为第一个菜单项
                {                                          //则将要移动的菜单项改为最后一个菜单项
                    OldID=NewID;
                    NewID=tail;
                }
                else
                {
                    OldID=NewID;
                    NewID--;
                }
                process(OldID,NewID);                      //移动主菜单项
            }
            break;
        case RIGHTSHIFT:                                   //按下右边的Shift键
            if(mutex==0)
            {
                if(NewID==tail)                            //若当前菜单项为最后一个菜单项
                {                                          //则将要移动的菜单项改为第一个菜单项
                    OldID=NewID;
                    NewID=head;
                }
                else
                {
                    OldID=NewID;
                    NewID++;
                }
                process(OldID,NewID);////主菜单项的移动
            }
            break;
        case ENTER://若按下Enter键，则显示当前菜单的子菜单
            if(mutex==0)
            {
                showItems(NewID);//显示子菜单
                mutex=1;
                tail1=MainMenu[NewID].itemCount-1;//或最后一个子菜单项的编号
            }
            break;
        case ESC://若按下Esc键，则退出子菜单
            if(mutex!=0)
            {
                putimage(mWidth*NewID+50,70,saveImage,0);//将saveImage中图像送回到屏幕上
                setcolor(RED);//并用红色重画主菜单名
                outtextxy(mWidth*NewID+62,50,(MainMenu[NewID].MenuName));
                mutex=0;
            }
            else//否则退出循环
                quit=TRUE;
            break;
        case DOWN:
            if(mutex==1)
            {
                if(NewID1==tail1)//若当前的子菜单项为最后一个子菜单项
                {//则将要移动到的子菜单项改为第一个子菜单项
                    OldID1=NewID1;
                    NewID1=head1;
                }
                else
                {
                    OldID1=NewID1;
                    NewID1++;
                }
                process1(OldID1,NewID1,NewID);//子菜单项的移动
            }
            break;
        case UP:
            if(mutex!=0)
            {
                if(NewID1==head1)//若当前的子菜单项为第一个子菜单项
```

```
                        {//则将要移动到的子菜单项改为最后一个子菜单项
                            OldID1=NewID1;
                            NewID1=tail1;
                        }
                        else
                        {
                            OldID1=NewID1;
                            NewID1--;
                        }
                        process1(OldID1,NewID1,NewID);
                    }
                    break;
                case ALTX:
                    exit(0);//退出程序
                default: break;
            }
        }
        getch();
        closegraph();
}
```

程序执行后将首先显示一个默认的弹出式菜单，如图 19-10 所示。通过<←>和<→>键可以选择菜单，按下回车键后被选中菜单中将会弹出对应的子菜单，如图 19-11 所示。

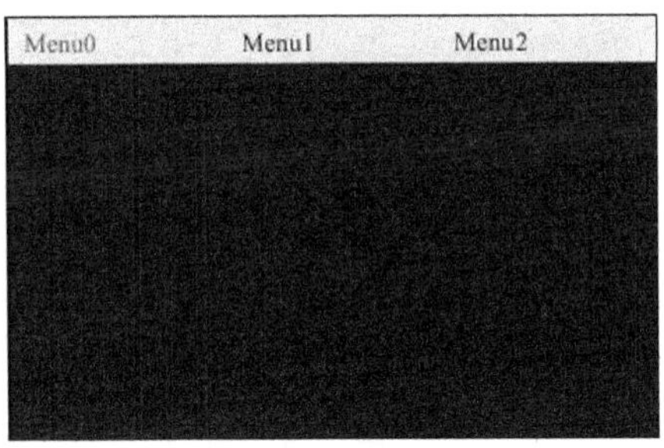

图 19-10　默认效果

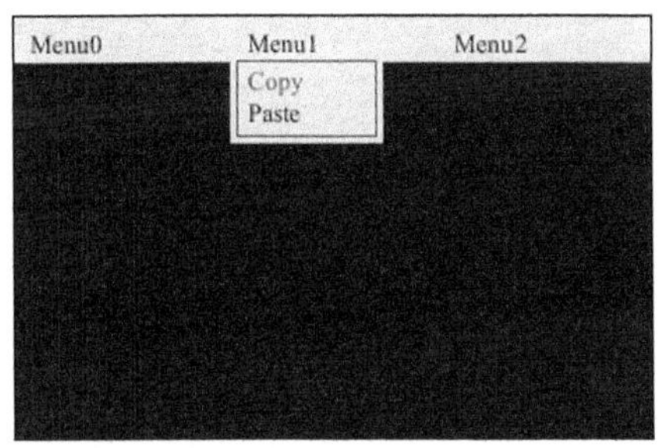

图 19-11　弹出子菜单效果

至此，C 语言的高级编程技术介绍完毕。因为本书篇幅所限，只对其中的基本知识和实现方法进行了介绍。至于更加深入和详细的知识，读者可以参阅相关资料。

第 20 章

网络编程技术

现在社会中的人们已经越来越离不开互联网带给我们的方便了，邮件、QQ、网购已经深入到人们的日常生活中。其实 C 语言也可以用在网络开发项目中，本章将详细讲解 C 语言开发网络项目的基本知识，使读者的开发水平更上一层楼。

20.1 OSI 7 层网络模型

知识点讲解：光盘:视频\PPT 讲解（知识点）\第 20 章\OSI 7 层网络模型.mp4

当前的通用网络协议标准是 TCP/IP 协议，它是一个比较复杂的协议集，有很多专业书籍介绍。在此，我仅介绍其与编程密切相关的部分，即以太网上 TCP/IP 协议的分层结构及其报文格式。

TCP/IP 协议并不完全符合 OSI 的 7 层参考模型。传统的开放式系统互连参考模型，是一种通信协议的 7 层抽象的参考模型，其中每一层执行某一特定任务。该模型的目的是使各种硬件在相同的层次上相互通信。这 7 层分别是物理层、数据链路层、网络层、传输层、会话层、表示层和应用层。OSI 网络模型是一个开放式系统互联的参考模型。通过这个参考模型，用户可以非常直观地了解网络通信的基本过程和原理。OSI 参考模型如图 20-1 所示。

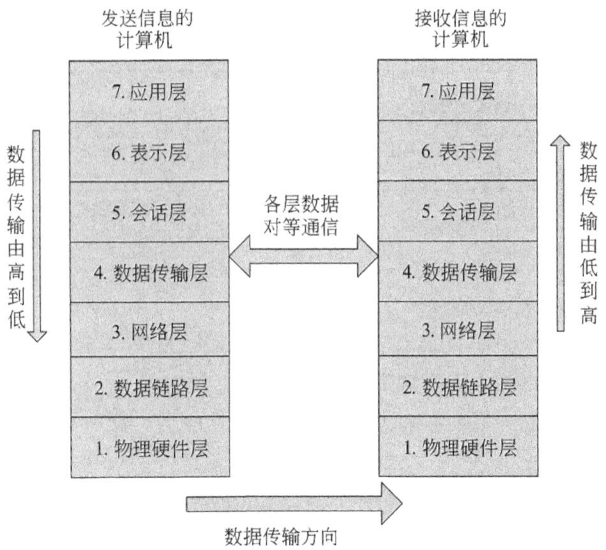

图 20-1　OSI 7 层网络模型

从图 20-1 所示的 OSI 网络模型可以看到，网络数据从发送方到达接收方的过程中，数据的流向以及经过的通信层和相应的通信协议。事实上在网络通信的发送端，其通信数据每到一个通信层，都会被该层协议在数据中添加一个包头数据。而在接收方恰好相反，数据通过每一层时都会被该层协议剥去相应的包头数据。用户也可以这样理解，即网络模型中的各层都是对等通信。在 OSI 7 层网络模型中，各个网络层都具有各自的功能，如表 20-1 所示。

表 20-1　　各网络层的功能

协议层名	功能概述
物理硬件层	表示计算机网络中的物理设备。常见的有计算机网卡等
数据链路层	将传输数据进行压缩与加压缩
网络层	将传输数据进行网络传输
数据传输层	进行信息的网络传输
会话层	建立物理网络的连接
表示层	将传输数据以某种格式进行表示
应用层	应用程序接口

而 TCP/IP 通信协议采用了 4 层的层级结构，每一层都呼叫它的下一层所提供的网络来完成自己的需求。这 4 层结构的具体信息如下所示。

- 应用层：应用程序间沟通的层，如简单电子邮件传输（SMTP）、文件传输协议（FTP）、网络远程访问协议（Telnet）等。
- 传输层：在此层中，它提供了节点间的数据传送服务，如传输控制协议（TCP）、用户数据报协议（UDP）等，TCP 和 UDP 给数据包加入传输数据并把它传输到下一层中，这一层负责传送数据，并且确定数据已被送达并接收。
- 互连网络层：负责提供基本的数据封包传送功能，让每一块数据包都能够到达目的主机（但不检查是否被正确接收），如网际协议（IP）。
- 网络接口层：对实际的网络媒体的管理，定义如何使用实际网络（如 Ethernet、Serial Line 等）来传送数据。

上述层模型对应的协议信息如表 20-2 所示。

表 20-2　　**TCP/IP 协议模型**

层	协议
应用层（Application）	HTTP、Telnet、FTP、SMTP、SNMP
传输层（Transport）	TCP、UDP
网间网层（Internet）	IP【ARP、RARP、ICMP】
网络接口层（Network）	Ethernet、X.25、SLIP、PPP

注意：TCP 和 UDP 协议的关系

TCP/IP 协议实际上是一个协议簇，其包括了很多协议。例如，FTP（文本传输协议）、SMTP（邮件传输协议）等应用层协议。TCP/IP 协议的网络模型只有 4 层，包括数据链路层、网络层、数据传输层和应用层，如图 20-2 所示。

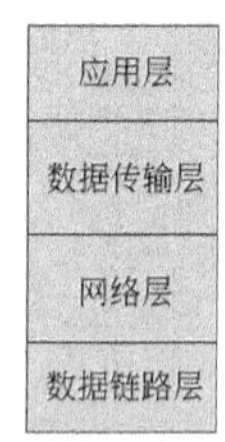

图 20-2　TCP/IP 网络协议模型

在 TCP/IP 网络编程模型中，各层的功能如表 20-3 所示。

表 20-3　　**TCP/IP 网络协议各层功能**

协议层名	功能概述
数据链路层	网卡等网络硬件设备以及驱动程序
网络层	IP 协议等互联协议
数据传输层	为应用程序提供通信方法，通常为 TCP、UDP 协议
应用层	负责处理应用程序的实际用于层协议

在数据传输层中，包括了 TCP 和 UDP 协议。其中，TCP 协议是基于面向连接的可靠的通信协议。其具有重发机制，即当数据被破坏或者丢失时，发送方将重发该数据。而 UDP 协议是基于用户数据报协议，属于不可靠连接通信的协议。例如当使用 UDP 协议发送一条消息时，并不知道该消息是否已经到达接收方，或者在传输过程中数据已经丢失。但是在即时通信中，UDP 协议在对一些对时间要求较高的网络数据传输方面有着重要的作用。

20.2　TCP/IP 子协议

知识点讲解：光盘:视频\PPT 讲解（知识点）\第 20 章\TCP/IP 子协议.mp4

在本节的内容中，将简单介绍各主要 TCP/IP 子协议的基本知识，为读者步入本书后面知识的学习打下基础。

20.2.1 IP 协议

网际协议 IP 是 TCP/IP 的心脏，也是网络层中最重要的协议。IP 层接收由更低层（网络接口层例如以太网设备驱动程序）发来的数据包，并把该数据包发送到更高层——TCP 或 UDP 层；相反，IP 层也把从 TCP 或 UDP 层接收来的数据包传送到更低层。IP 数据包是不可靠的，因为 IP 并没有做任何事情来确认数据包是按顺序发送的或者没有被破坏。IP 数据包中含有发送它的主机的地址（源地址）和接收它的主机的地址（目的地址）。其报头结构如图 20-3 所示。

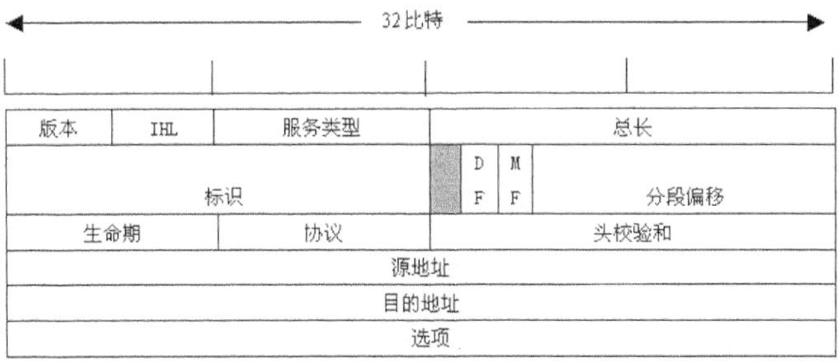

图 20-3 IP 报头结构

上述结构的具体说明如下所示。

- 版本：4 位长。记录了数据报对应的协议版本号。当前的 IP 协议有两个版本：IPv4 和 IPv6。
- IHL：4 位长。代表头部的总长度，以 32 位字节为一个单位。
- 服务类型：8 位长。使主机可以告诉子网它想要什么样的服务。服务类型域又分为了 5 个部分。优先权字段是标志优先级的；3 个标志位分别代表延迟、吞吐量、可靠性。
- 总长：16 位。指头部和数据的总长。最大长度是 65535 个字节。
- 标识：16 位。通过它使目的主机判断新来的分段属于哪个分组，所有属于同一分组的分段包含同样的标识值。
- DF：代表不要分段。它命令路由器不要将数据报分段，因为目的端不能重组分段。
- MF：代表还有进一步的分段，用它来标志是否所有的分组都已到达。除了最后一个分段的所有分段都设置了这一位。
- 分段偏移：13 位。标明分段在当前数据报的什么位置。
- 生命期：8 位。用来限制分组生命周期的计数器。它在每个节点中都递减，而且当在一个路由器中排队时可以倍数递减。
- 协议：8 位。说明将分组发送给哪个传输进程，如 TCR、VDP 等。
- 头校验和：16 位。仅用来校验头部。
- 源地址：32 位。产生 IP 数据报的源主机 IP 地址。
- 目的地址：32 位。IP 数据报的目的主机的 IP 地址。
- 选项：即可选项，是变长的。每个可选项用一个字节标明内容。有些可选项还跟有一字节的可选项长度字段，其后是一个或多个数据字节。现在已定义了安全性、严格的源路由选择、松的源路由选择、记录路由和时间标记 5 个可选项。但不是所有的路由器都支持全部 5 个可选项。

高层的 TCP 和 UDP 服务在接收数据包时，通常假设包中的源地址是有效的。也可以这样说，IP 地址形成了许多服务的认证基础，这些服务相信数据包是从一个有效的主机发送来的。IP 确认包含一个选项，叫作 IP source routing，可以用来指定一条源地址和目的地址之间的直接路径。对于一些 TCP 和 UDP 的服务来说，使用了该选项的 IP 包好像是从路径上的最后一个系统传递过来的，而不是来自于它的真实地点。这个选项是为了测试而存在的，说明了它可以被用来欺骗系统来进行平常是被禁止的连接。那么，许多依靠 IP 源地址做确认的服务将产生问题并且会被非法入侵。

20.2.2　TCP 协议

如果 IP 数据包中有已经封好的 TCP 数据包，那么 IP 将把它们向“上”传送到 TCP 层。TCP 将包排序并进行错误检查，同时实现虚电路间的连接。TCP 数据包中包括序号和确认，所以未按照顺序收到的包可以被排序，而损坏的包可以被重传。其报头结构如图 20-4 所示。

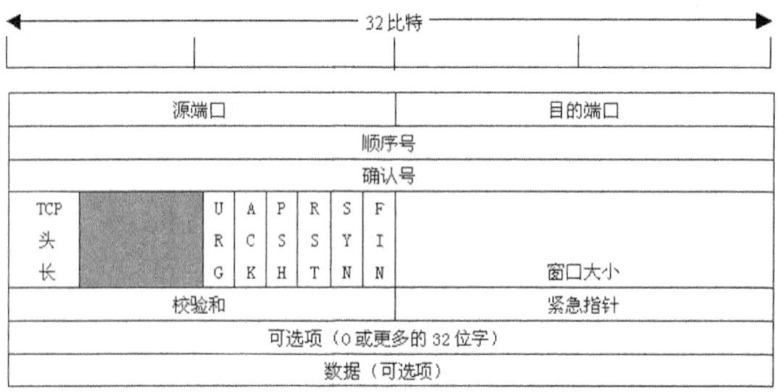

图 20-4　TCP 报头结构

上述结构的具体说明如下所示。

- ❑ 源端口、目的端口：16 位长。标识出远端和本地的端口号。
- ❑ 顺序号：32 位长。表明了发送的数据报的顺序。
- ❑ 确认号：32 位长。希望收到的下一个数据报的序列号。
- ❑ TCP 头长：4 位长。表明 TCP 头中包含多少个 32 位字。
- ❑ 图中灰色部分：此 6 位未用。
- ❑ ACK：ACK 位置 1 表明确认号是合法的。如果 ACK 为 0，那么数据报不包含确认信息，确认字段被省略。
- ❑ PSH：表示是带有 PUSH 标志的数据。接收方因此请求数据报一到便可送往应用程序而不必等到缓冲区装满时才传送。
- ❑ RST：用于复位由于主机崩溃或其他原因而出现的错误的连接。还可以用于拒绝非法的数据报或拒绝连接请求。
- ❑ SYN：用于建立连接。
- ❑ FIN：用于释放连接。
- ❑ 窗口大小：16 位长。窗口大小字段表示在确认了字节之后还可以发送多少个字节。
- ❑ 校验和：16 位长。是为了确保高可靠性而设置的。它校验头部、数据和伪 TCP 头部之和。
- ❑ 可选项：0 个或多个 32 位字。包括最大 TCP 载荷、窗口比例、选择重发数据报等选项。
- ❑ 最大 TCP 载荷：允许每台主机设定其能够接受的最大的 TCP 载荷能力。在建立连接期间，双方均声明其最大载荷能力，并选取其中较小的作为标准。如果一台主机未使用该选项，那么其载荷能力默认设置为 536 字节。
- ❑ 窗口比例：允许发送方和接收方商定一个合适的窗口比例因子。这一因子使滑动窗口最大能够达到 232 字节。
- ❑ 选择重发数据报：这个选项允许接收方请求发送指定的一个或多个数据报。

TCP 将它的信息送到更高层的应用程序，例如 Telnet 的服务程序和客户程序。应用程序轮流将信息送回 TCP 层，TCP 层便将它们向下传送到 IP 层，设备驱动程序和物理介质，最后到接收方。

面向连接的服务（例如 Telnet、FTP、rlogin、X Windows 和 SMTP）需要高度的可靠性，所以它们使用了 TCP。DNS 在某些情况下使用 TCP（发送和接收域名数据库），但使用 UDP 传送有关单个主机的信息。

20.2.3 UDP 协议

因特网协议组也支持无连接的传输协议 UDP（user data protocol）。UDP 使用底层的因特网协议来传送报文，提供与 IP 一样的不可靠的、无连接的数据报传输服务。它不使用确认信息对报文的到达进行确认，不对收到的数据报进行排序，也不提供反馈信息来控制机器之间传输的信息流量。UDP 通信的可靠性方面的工作，包括报文的丢失、重复、乱序等现象，由使用 UDP 的应用程序来承担。

一个 UDP 数据报包括一个 8 字节的头和数据部分。报头的格式如图 20-5 所示，它包括 4 个长为 16 字节的字段。源端口和目的端口的作用与 TCP 中的相同，是用来标明源端和目的端的端口号。UDP 长度字段指明包括 8 个字节的头和数据在内的数据报长度。UDP 校验和字段是可选项，用于纪录 UDP 头、UDP 伪头、用户数据三者的校验和。

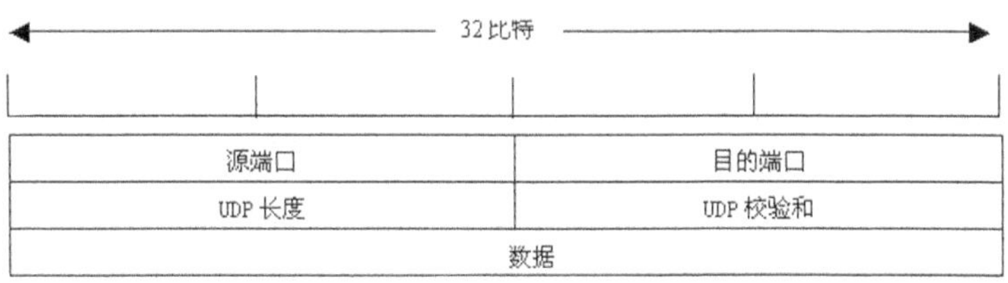

图 20-5　UDP 头结构

20.2.4 ICMP 协议

ICMP 与 IP 位于同一层，它被用来传送 IP 的控制信息。它主要是用来提供有关通向目的地址的路径信息。ICMP 的“Redirect”信息通知主机通向其他系统的更准确的路径，而“Unreachable”信息则指出路径有问题。另外，如果路径不可用了，ICMP 可以使 TCP 连接‘体面地’终止。PING 是最常用的基于 ICMP 的服务。

ICMP 协议对于网络安全具有极其重要的意义。ICMP 协议本身的特点决定了它非常容易被用于攻击网络上的路由器和主机。例如在 1999 年 8 月，海信集团“悬赏”50 万元人民币测试防火墙的过程中，其防火墙遭受到的 ICMP 攻击达 334050 次之多，占整个攻击总数的 90%以上！由此可见，ICMP 的重要性绝不可以忽视！

比如，可以利用操作系统规定的 ICMP 数据包的最大尺寸不超过 64KB 这一规定，向主机发起“Ping of Death”（死亡之 Ping）攻击。“Ping of Death”攻击的原理是：如果 ICMP 数据包的尺寸超过 64KB 上限时，主机就会出现内存分配错误，导致 TCP/IP 堆栈崩溃，致使主机死机（现在的操作系统已经取消了发送 ICMP 数据包的大小的限制，解决了这个漏洞）。

此外，向目标主机长时间、连续、大量地发送 ICMP 数据包，也会最终使系统瘫痪。大量的 ICMP 数据包会形成“ICMP 风暴”，使得目标主机耗费大量的 CPU 资源进行处理。

20.3 使用 C 语言开发网络项目

知识点讲解：光盘:视频\PPT 讲解（知识点）\第 20 章\C 语言怎么开发网络项目.mp4

在实际开发应用中，通常使用 Visual C++ 6.0 来开发网络项目。在本节的内容中，将详细讲解使用 Visual C++ 6.0 工具用 C 语言开发网络项目的基础知识。

20.3.1　网络编程方式

可以使用 MFC 中封装的套接字类来编写网络应用程序，也可以使用 Windows API 函数进行程序开发。其中 MFC 网络编程比较简单，使用起来也非常方便。但是，使用 MFC 相关类编程会使用户对网络通信中的基本原理没有清晰的认识。而使用 Windows API 函数则恰好相反，可以使用户熟悉网络通信的基本原理。在实际编程过程中，通信双方的连接以及数据通信均是基于 Socket（套接字）进行的。

（1）Sockets 套接字。

用户在 Windows 中编写网络通信程序时，需要使用 Windows Sockets（Windows 套接字）。与 Windows 套接字相关的 API 函数称为 Winsock 函数。

在网络通信的双方，均有各自的套接字，并且该套接字与特定的 IP 地址和端口号相关联。通常，套接字主要有两种类型，分别是流式套接字（SOCK_STREAM）和数据报套接字（SOCK_DGRAM）。其中，流式套接字是专门用于使用 TCP 协议通信的应用程序中，而数据报套接字则是专门用于使用 UDP 协议进行通信的应用程序中。

（2）网络字节顺序。

网络字节顺序是指 TCP/IP 协议中规定的数据传输使用格式，与之相对的字节顺序是主机字节顺序。网络字节顺序表示首先将数据中最重要的字节进行存储。例如，当数据 0x358457 使用网络字节顺序进行存储时，该值在内存中的存放顺序将是 0x35、0x84、0x57。因为通信数据可能会在不同的机器之间进行传输，所以通信数据必须以相同的格式进行整理。只有经过格式处理的通信数据，才能在不同的机器之间进行传输。

20.3.2　网络通信基本流程

要通过互联网进行通信，用户至少需要一对套接字，其中一个运行于客户机端，我们称之为 ClientSocket，另一个运行于服务器端，我们称之为 ServerSocket。根据网络通信的特点，套接字可以分为两类：流式套接字和数据报套接字。套接字之间的连接过程可以分为 3 个步骤，分别是服务器监听、客户端请求和连接确认。具体说明如图 20-6 所示。

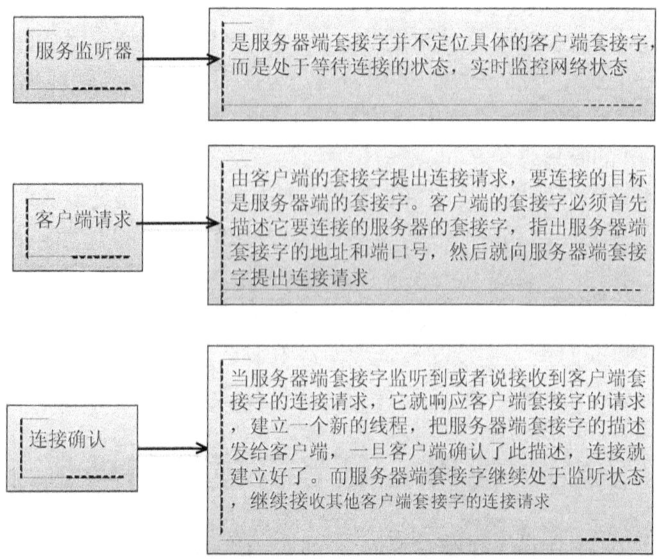

图 20-6　套接字之间的连接过程

20.3.3 搭建开发环境

在 Visual C++6.0 环境下进行 Winsock 的 API 编程开发，需要在项目中导入以下 3 个文件，否则会发生编译错误。

（1）WINSOCK.h：WINSOCK API 的头文件，需要包含在项目中。

（2）WSOCK32.lib：WINSOCK API 连接库文件，使用时一定要把它作为项目的非默认的连接库包含到项目文件中去。

（3）WINSOCK.dll：WINSOCK 的动态连接库，位于 WINDOWS 的安装目录下。

20.3.4 两个常用的数据结构

套接字是网络通信过程中端点的抽象表示，在实现中以句柄的形式创建，包含了进行网络通信必需的 5 种信息：连接使用的协议、本地主机的 IP 地址、本地进程的协议端口、远地主机的 IP 地址和远地进程的协议端口。WinSock 编程中常用的数据结构有 sockaddr_in 和 in_addr。

（1）sockaddr_in 结构

WinSock 通过 sockaddr_in 结构对有关 Socket 的信息进行了封装：

```
struct sockaddr_in{
        short          sin_family;
        unsigned              short sin_port;
        IN_ADDR     sin_addr;
        char           sin_zero[8];
    };
```

上述结构中各个参数的具体说明如下所示。

- ❑ sin_family：指网络中标识不同设备时使用的地址类型，对于 IP 地址，它的类型是 AF_INET。
- ❑ sin_port：指 Socket 对应的端口号。
- ❑ sin_addr：是一个结构，将 IP 进行了封装。
- ❑ sin_zero：一个用来填充结构的数组，字符全为 0，这个结构对于不同地址类型可以相同的大小。

（2）in_addr 结构

in_addr 结构对 IP 地址进行了封装，既可以用 4 个单字节数表示，也可以转换为两个双字节数表示或一个四字节数表示。这样定义是为了方便使用，例如在程序中初始化 IP 时，可以传入四个单字节整数，而在函数间传递这个值时，可以将其转换成一个四字节整数使用：

```
struct in_addr {
        union {
        struct { u_char s_b1,s_b2,s_b3,s_b4; }  S_un_b;
        struct { u_short s_w1,s_w2; }      S_un_w;
        u_long   S_addr;
        } S_un;
};
```

20.3.5 Windows Sockets 基础

在 MFC 类库中，几乎封装了 Windows Sockets 的全部功能。在接下来的内容中，将简单介绍两个最常用的套接字相关类——CAsyncSocket 类和 CSocket 类。

（1）CAsyncSocket 类。

在微软基础类库中，CAsyncSocket 类封装了异步套接字的基本功能。用户使用该类进行网络数据传输的步骤如下所示。

- ❑ 调用构造函数创建套接字对象。
- ❑ 如果创建服务器端套接字,则调用函数 Bind()绑定本地 IP 和端口,然后调用函数 Listen()监听客户端的请求。如果请求到来，则调用函数 Accept()响应该请求。如果创建客户端套接字，则直接调用函数 Connect()连接服务器即可。

- 调用 Send()等功能函数进行数据传输与处理。
- 关闭或销毁套接字对象。

（2）CSocket 类

CSocket 类派生于 CAsyncSocket 类。该类不但具有 CAsyncSocket 类的基本功能，还具有串行化功能。用户在实际编程中，通过将 CSocket 类与 CSocketFile 类和 CArchive 类一起使用，能够很好地管理数据以及发送数据。用户使用该类进行网络编程的步骤如下所示。

- 创建 CSocket 类对象。
- 如果创建服务器端套接字，则调用函数 Bind()绑定本地 IP 和端口，然后调用函数 Listen()监听客户端的请求。如果请求到来，则调用函数 Accept()响应该请求。如果创建客户端套接字，则直接调用函数 Connect()连接服务器即可。
- 创建与 CSocket 类对象相关联的 CSocketFile 类对象。
- 创建与 CSocketFile 类相关联的 CArchive 对象。
- 使用 CArchive 类对象在客户端和服务器之间进行数据传输。
- 关闭或销毁 CSocket 类、CSocketFile 类和 CArchive 类的 3 个对象。

20.4 常用的 Winsock 函数

知识点讲解：光盘:视频\PPT 讲解（知识点）\第 20 章\常用的 Winsock 函数.mp4

Windows 下网络编程的规范 Windows Sockets 是当前最广泛、最放的、支持多种协议的网络编程接口。从 1991 年至今已经推出了多个版本，经过不断完善并在 Intel、Microsoft、Sun、SGI、Informix、Novell 等公司的全力支持下，已成为 Windows 网络编程的事实上的标准。C 语言可以通过对 Winsock 的调用实现网络编程处理，在 Winsock 内包含大量的网络处理函数，通过这些函数可以迅速的实现网络项目。在本节的内容中，将详细讲解 Winsock 中常用的函数。

20.4.1 WSAStartup 函数

用于初始化 Winsock，声明格式如下所示：

```
int WSAStarup(WORD wVersionRequested,LPWSADATA lpWSAData);
```

参数说明如下所示。

- wVersionRequested：要求使用 Winsock 的最低版本号。
- lpWSAData：Winsock 的详细资料。

当函数成功调用时返回 0，失败时返回非 0 的值。

20.4.2 socket 函数

用于生成 socket（soket Descriptor），声明格式如下所示：

```
SOCKET socket（int af,int type,int protocol）;
```

参数说明如下所示。

- af：地址家族（通常使用:AF_INET）。
- type：socket 的种类。
- SOCK_STREAM：用于 TCP 协议。
- SOCK_DGRAM：用于 UDP 协议。
- protocol：所使用的协议。

当函数成功调用时返回一个新的 SOCKET（Socket Descriptor），失败时返回 INVALID_SOCKET。

20.4.3 inet_addr 函数

把形如"xxx.xxx.xxx.xxx"的 10 进制的 IP 地址转换为 32 位整数，声明格式如下所示：

```
unsigned long inet_addr ( const char FAR *cp );
```

参数说明如下所示。

- cp：指向用"xxx.xxx.xxx.xxx"的 10 进制来表示的 IP 地址字符串的指针。

当函数成功调用时返回用 32 位整数表示的 IP 地址（按网络字节排列顺序），失败时返回 INADDR_NONE。

20.4.4 gethostbyname 函数

可以从主机名获取主机资料，声明格式如下所示：

```
struct hostent FAR * gethostbyname ( const char FAR *name );
```

参数说明如下所示。

- name：指向主机名字符串的指针。

当函数成功调用时返回主机信息，失败时返回 NULL（空值）。

20.4.5 bind 函数

指定本地 IP 地址所使用的端口号时候使用，声明格式如下所示：

```
int bind ( SOCKET s , const struct sockaddr FAR *addr , int namelen );
```

参数说明如下所示。

- s：指向用 Socket 函数生成的 Socket Descriptor。
- addr：指向 Socket 地址的指针。
- namelen：该地址的长度。

当函数成功调用时返回 0，调用失败时返回 SOCKET_ERROR。

20.4.6 connect 函数

用于与服务器建立连接，发出连接请求，必须在参数中指定服务器的 IP 地址和端口号，声明格式如下所示：

```
int connect (SOCKET s , const struct sockaddr FAR *name , int namelen );
```

参数说明如下所示。

- s：指向用 Socket 函数生成的 Socket Descriptor。
- name：指向服务器地址的指针。
- namelen：该地址的长度。

当函数成功调用时返回 0，调用失败时返回 SOCKET_ERROR。

20.4.7 select 函数

可以用于调查一个或多个 SOCKET 的状态，声明格式如下所示：

```
int select ( int nfds , fd_set FAR *readfds , fd_set FAR *writefds , fd_set FAR *exceptfds , const struct timeval FAR *timeout );
```

参数说明如下所示。

- Nfds：在 WINDOWS SOCKET API 中该参数可以忽略，通常赋予 NILL 值。
- Readfds：由于接受的 SOCKET 设备的指针。
- Writefds：用于发送数据的 SOCKET 设备的指针。
- Exceptfds：检查错误的状态。
- Timeout：超时设定。

返回大于 0 的值时，表示与条件相符的 SOCKET 数，返回 0 表示超时，失败时返回 SOCKET_ERROR。

20.4.8　recv 函数

利用 Socket 进行接受数据，声明格式如下所示：

```
int recv ( SOCKET s , char FAR *buf , int len , int flags );
```

参数说明如下所示。

- s：指向用 Socket 函数生成的 Socket Descriptor。
- buf：接受数据的缓冲区（数组）的指针。
- len：缓冲区的大小。
- flags：调用方式（MSG_PEEK 或 MSG_OOB）。

成功时返回收到的字节数，如果连接被中断则返回 0，失败时返回 SOCKET_ERROR。

20.4.9　sendto 函数

利用 Socket 进行发送数据，声明格式如下所示：

```
int sendto ( SOCKET s , const char FAR *buf , int len , int flags , const struct sockaddr FAR *to , int token );
```

参数说明如下所示。

- s：指向用 Socket 函数生成的 Socket Descriptor。
- buf：接受数据的缓冲区（数组）的指针。
- len：缓冲区的大小。
- flags：调用方式（MSG_DONTROUTE，MSG_OOB）。
- to：指向发送方 SOCKET 地址的指针。
- token：发送方 SOCKET 地址的大小。

成功时返回已经发送的字节数，失败时返回 SOCKET_ERROR。

20.5　MAC 地址

知识点讲解：光盘:视频\PPT 讲解（知识点）\第 20 章\MAC 地址.mp4

MAC 意为介质访问控制，MAC 地址是烧录在 NetworkInterfaceCard（网卡，NIC）里的 MAC 地址，也叫硬件地址，是由 48 比特/bit 长（6 字节/byte），16 进制的数字组成 0～23 位叫做组织唯一标志符（Organizationally Unique，是识别 LAN（局域网）节点的标识 24～47 位是由厂家自己分配。其中第 40 位是组播地址标志位。网卡的物理地址通常是由网卡生产厂家烧入网卡的 EPROM（一种闪存芯片），它存储的是传输数据时真正赖以标识发出数据的电脑和接收数据的主机的地址。

在网络底层的物理传输过程中通过物理地址来识别主机，它一般也是全球唯一的。例如以太网卡的物理地址是 48bit（比特位）的整数，如 44-45-53-54-00-00 格式，以机器可读的方式存入主机接口中。以太网地址管理机构（IEEE，电气和电子工程师协会）将以太网地址，也就是 48 比特的不同组合，分为若干独立的连续地址组，生产以太网网卡的厂家就购买其中一组，具体生产时，逐个将唯一地址赋予以太网卡。

由此可见，MAC 地址就如同我们身份证上的身份证号码，具有全球唯一性。在 Windows 操作环境下，依次单击【开始】｜【运行】，然后输入 ipconfig /all（注意 ipconfig 和/之间有一个空格）即可获取我们机器的 MAC 地址。如图 20-7 所示。

图 20-7　输入 ipconfig /all 获取 MAC 地址

20.6 NetBIOS 编程

知识点讲解：光盘:视频\PPT 讲解（知识点）\第 20 章\NetBIOS 编程.mp4

NetBIOS 是基本的输入/输出系统，是一个应用于程序接口，用于源与目的地之间的交换。即能够支持计算机应用程序和设备通信时要用到的各种，具有明确而简单的通信协议，必须用特殊的命令序列来调用 NetBIOS。在层次中，NetBIOS 是处于表示层和会话层之间，是参考模型的高层。因此其接口程序的应用在很大程度上并且从本质上与较低层次的各种活动隔离开。它支持 IEEE802.2 的逻辑链路控制协议。现在 NetBIOS 正迅速地成为不同操作系统环境下普遍使用的通信平台，这些操作系统包括 PC DOS、OS/2、UNIX 和 Windows。

20.6.1 处理过程

NetBIOS 提供的会话服务的建立过程如下所示。

（1）建立会话。

该过程类似 c/s 模式中的连接建立过程，在此不再讨论。需注意的是，NetBIOS 的 client 方是采用 call 呼叫对方，而不是 connect。

（2）数据传送。

因为 NetBIOS 的会话服务是以双工流的形式实现的，因此会话双方（或多方）均可以同时发送或接收数据而无须考虑对方状态。

NetBIOS 的命令发送支持两种模式，一种是 send，其数据块最大长度为 64kb，且位于连续的内存空间；另一种则是 chain send 命令。顾名思义，它是以多个缓冲区（两个）提供发送数据的，因此该命令一次可最大传送 64kb×2 的数据。与此对应的 NetBIOS 接收命令有如下 3 种。

- 一是 receive 命令，它以建立会话时所得的唯一标识对方的会话号为句柄接收数据。
- 二是 receive any 命令，该命令可从一个 name 建立的多个会话上取得数据。
- 三是 receive any-any 命令，它可从任何会话上接收任何数据。

（3）终止会话：当会话一方发出 hang up 命令后即可终止对话，并释放相应资源。

20.6.2 NetBIOS 命令

NetBIOS 作为一种接口，拥有许多实现某些功能的接口。最为常用的 NetBIOS 命令如表 20-4 所示。

表 20-4　NetBIOS 命令一览表

类别	命令	命令代码		功能说明
		wait	no wait	
名字管理	add name	30h	b0h	增加本地唯一名
	add group name	36h	b6h	增加本地小组名
	delete name	31h	b1h	删除本地名字
数据报服务	send datagram	20h	a0h	发送数据报
	send broadcast	22h	a2h	发送广播数据报
	receive datagram	21h	a2h	接收数据报
	receive broadcast	23h	a3h	接收广播数据报

续表

类别	命令	命令代码		功能说明
		wait	no wait	
会话服务	call	10h	90h	呼叫建立会话
	Listen	11h	91h	侦听建立会话
	Send	14h	94h	按会话号发送数据
	china send	17h	97h	按会话号发送双缓冲数据
	send no-ack	71h	f1h	按会话号发送数据，不应答
	chain send no-ack	72h	f2h	发送双缓冲数据，不应答
	receive	15h	95h	按会话号接收数据
	receive any	16h	96h	从任意会话号上接收数据
	hang up	12h	92h	拆除当前会话
一般命令	Repeat	32h		初始化网络适配器
	adapter status	33h		读取网络适配器状态
	session status	34h	b3h	按名字读取当前会话状态
	Cancel	35h	b4h	撤消一个 netbios 命令
	unlink	70h		断开远程连接

20.6.3 NetBIOS 名字解析

由于 NetBIOS 是一种与 TCP/IP 独立发展的标准，虽然它可以使用 TCP/IP 作为传输协议，但是由于概念上的不同，它并没有利用 TCP/IP 提供的全部能力，而是使用自己的方式来完成类似的工作。其中最大的区别在于名字解析方式上。NetBIOS 具备自己独立的名字解析概念和能力，因此它使用的名字解析方式就与 TCP/IP 中标准解析方式——DNS 不同。在必须经过 NetBIOS 名字解析获得了一台命名相应的 IP 地址之后，NetBIOS 会话就可以建立在普通 TCP 连接的基础上了。所以在 NetBIOS 中，名字解析是 NetBIOS 会话与普通 TCP 连接最大的不同之处。

NetBIOS 名字解析与 DNS 名字解析的最大不同在于 NetBIOS 是动态的，计算机需要首先注册自己的名 字，然后才能解析到该名字。动态解析虽然带来很大的方便性，但却复杂和低效的多，因此只能用于小范围的局域网上。

每个 NetBIOS 的名字可以多达 16 个字符，第 16 个字符用来标识输入名字时使用的程序类型。当 NetBIOS 的计算机进行通信时，它必须基于 NetBIOS 名字，而不能基于 IP 地址。一个 NetBIOS 服务程序必须首先注册自己的 NetBIOS 名字，而一个应用程序则需要查询所需要的 NetBIOS 名字。例如每台 Windows 计算机在启动之后初始化网络时就使用所配置的计算机名字来初始化其使用的 NetBIOS 名字。

（1）NetBIOS 名字解析方式。

从 NetBIOS 名字查找相应的节点地址（TCP/IP 协议中为 IP 地址）有如下几种不同的查找方式。

- 本地广播：在本地网络上发送广播，通过广播某设备的 NetBIOS 名字，查找其对应的 IP 地址。广播方式也能用于注册自己的 NetBIOS 名字，例如一台计算机可以通过广播本机的名字，向其他计算机宣告自己使用了这个 NetBIOS 名字。
- 缓冲：每个支持 NetBIOS 的计算机中，维护一个 NetBIOS 名字和相应 IP 地址的列表，这些对应的名字都有一定的生存期，以便能及时更新。
- NetBIOS 名字服务器：使用一个名字服务器来提供名字与 IP 之间的解析任务，这个 NetBIOS 名字服务器被称为 NBNS（NetBIOS Name Server），Miscrosoft 实现的 NBNS

名字服务器为 WINS（Windows Internet Name Service）。NetBIOS 计算机首先要向 NBN S 登记自己的 NetBIOS 名字，完成名字的注册过程。

- 预定义文件 lmhosts：Microsoft Windows 能通过查找存放在本地文件 lmhos ts 中的数据，来识别网络上 NetBIOS 名字和 IP 的关系，这个方式不是 NetBIOS 名字识别的标准，但它是 Microsoft 的实现方式，因此是一种事实标准。
- 通过 DNS 和 hosts 文件解析：DNS 服务器和本地 hosts 文件中存放的数据是用于标准 TCP/IP 协议中名字和 IP 之间转换使用的方式，但使用其他方式查找不出对应的节点地址时，Microsft Window s 中通常也能通过标准的 TCP/IP 名字解析方式，进行名字和 IP 的转换。同样这也不是 NetBIOS 的标准，而是 Micorsoft 的扩展。

从上述 5 种 NetBIOS 识别方式，以及其中的不同的名字注册方式出发，可以实现不同的组合方式，从而构成了不同的名字识别策略。在 NetBIOS 标准中，将使用不同名字识别策略的模式称为不同的 NetBIOS 节点类型。

- B-node：通过广播方式来进行注册和进行识别 NetBIOS 名字。对于 IP 协议上的 Net BIOS，就需要基于 UDP 进行广播，在小网络上这种方式工作得很好，但当网络增大时，就会被使用路由器将大网络分割为几个小网。在一般情况下路由器不转发广播数据，广播包仅发送到本地网络。虽然可以配置路由器进行 b-node 广播转 发，但是这将使 UDP 广播产生大量的无用网络数据，且名字注册和解析的难度也增加了。因此对于较大的网络，这种方式不可取。
- P-node（peer-to-peer）：对等方式能为识别名字提供非常有效的方法，它使用 NetBIOS 名字服务器进行名字的注册登记和名字识别。因此对于每个 NetBIOS 计算机，必须指定同样的 NBNS 服务器的 IP 地址。这样在 NBNS 服务器停机或更改了设置（如 IP 地址等情况）的情况下，名字解析不能完成，就不能进行 NetBIOS 通信。当然 NetBIOS 计算机可以配置为使用多个 NBNS 服务器，以便在其中一个出现问题时使用备份的服务器。
- M-node（Mixed）：为了正确解析 NetBIOS 名字，最好综合使用广播和名字服务器的方式，这样的名字识别是一个复合的过程。M-node 首先通过 B-node 广播方式进行名字识别过程，当广播方式失败之后，再使用 P-node 方式进行查询。
- H-Node（Hybrid）：H-node 模式也是一种复合模式，它与 M-node 不同的地方是查找的顺序不同。H-node 先查找 NBNS 名字服务器，然后再使用广播方式进行查询。
- Windows 中实际使用的名字识别方式是对标准 H-node 方式的扩展，Windows 系列的计算机将首先检查缓存中的内容，然后再查看 WINS 服务器，之后进行广播，然后将查找 lmhosts 文件，以及通过 hosts 和 DNS 进行查找。实际进行 NetBIOS 识别是一个复杂的过程，主要就是由于 NetBIOS 是一个动态的名字解析方式，每一台计算机都必须注册自身。

（2）NetBIOS 名字识别的过程。

与 DNS 不同，NetBIOS 名字使用动态方式进行管理。DNS 数据是静态的，增加和删除 DNS 名字需要管理员手工更改配置文件。但 NetBIOS 要求计算机在网络上自动注册其名字，计算机停机之后占用的名字会被释放，这个过程不需要管理员干预。因为它需要额外的网络数据以完成名字登记等过程，使得它不适合像 Internet 这样的大型网络 。NetBIOS 名字识别需要如下 3 个步骤。

- 名字注册：在 NetBIOS 启动时，计算机向整个网络声明占用了一个 NetBIOS 名字，如果已经有其他计算机占用了这个名字，这个计算机就会收到错误信息。注册是通过向网络广播声明信息或向 NetBIOS 名字服务器登记的方式来实现的。

- 名字解析：通过广播或查询 NetBIOS 名字服务器来解析一个 NetBIOS 名字。此外还可以通过 lmhosts 文件和 DNS 辅助解析名字。
- 名字删除：在系统关机或提供的工作站服务结束时，会删除其占用的 NetBIOS 名。

通过 NetBIOS 名字和共享的目录名，就能够定位 Windows 计算机上的资源。Microsoft 使用 UNC 的形式来确定一个网络资源的位置，一个 UNC 以双反斜线开始，接下来是提供资源计算机的 NetBIOS 名字，然后是该台计算机上提供资源的共享名，接下来就是下面的目录和文件名。如：\\ntserver\share\files，因此使用一个资源的命令格式如下所示：

```
C:\> net use f: \\ntserver\share
C:\> f:
F:\>
```

（3）名字服务器的工作原理。

由于 b-node 广播会在网络上产生大量的信息流，尤其是在网络是由多个子网构成的时候，而使用路由器本来就是要隔离广播信息，可是为了进行名字解析，就不得不转发 b-node 广播信息包，这就达不到缩减无用网络流量的目的。

使用名字服务器进行解析就能避免这个问题，客户通过对名字服务器进行查询而非广播，信息流就不必传播到各个子网上，就能减少广播数据，减轻网络的负担节省带宽，并且能有效的提高名字解析的速度及准确性。

实际存在的 Windows 网络甚至很少利用名字服务器进行名字解析，这就使得这些网络名字解析存在很大问题，常常会出现不同计算机的网络邻居列表不同，根本原因就是广播方式是没有保证的，必须转向名字服务器方式才能解决名字解析问题。

当普通 NetBIOS 计算机和 NBNS 服务器进行通信时，有如下 4 个不同的通信过程。

- 名字注册：每台 NetBIOS 计算机启动时，都在名字服务器上注册。这样就保持了数据库的自动更新，并具备动态更新的特性。名字服务器将返回确认信息，以及这个名字的生存期 TTL。如果客户要求的名字已经被占用了，服务器就查询占用这个名字的客户是否还在网络上，以判断这个名字是否可以再次被使用。这种情况主要发生在 Windows 计算机死机后重新登记的过程中，因为此时在计算机死机之前，它在名字服务器中登记的名字还存在，如果名字服务器简单的拒绝提供名字，那么这个计算机就无法再次获得自己的名字。只有在真正发生冲突的情况下，客户的名字注册才会失败。
- 名字更新：由于每个名字都存在一个生存期 TTL，那么当经历了这个 TTL 一半的时间，客户会向服务器进行更新请求，刷新服务器上的 TTL 设置。
- 名字释放：客户停机时会与服务器通信释放其占用的 NetBIOS 名字，其名字 TTL 超时也会使得服务器释放这个名字。
- 名字识别：客户可以向 NBNS 服务器发送查询名字的请求，进行名字解析。

在某些情况下，客户没有设置支持名字服务器，或者使用的客户软件还不支持名字服务器进行解析，可以通过设置一个 WINS 代理，由它来在广播数据和查询名字服务器之间进行转换，它可以帮助客户注册并回应客户的广播查询。

20.6.4　何谓 NetBEUI

NetBEUI 是网络操作系统使用的 NetBIOS 协议的加强版本。它规范了在 NetBIOS 中未标准化的传输帧，还加了额外的功能。传输层驱动器经常被 Microsofts LAN Manager（微软局域网操作器）使用。NetBEUI 执行 OSI LLC2 协议。NetBEUI 是原始的 PC 网络协议和 IBM 为 LanManger（局域网操作器）服务器设计的接口。本协议稍后被微软采用作为它们的网络产品的标准。它规定了高层软件通过 NetBIOS 帧协议发送、接收信息的方法。本协议运行在标准 802.2

数据链协议层上。

20.6.5 NetBIOS 范围

NetBIOS 范围 ID 为建立在 TCP/IP（叫做 NBT）模块上的 NetBIOS 提供额外的命名服务。NetBIOS 范围 ID 的主要目的是隔离单个网络上的 NetBIOS 通信和那些有相同 NetBIOS 范围 ID 的节点。NetBIOS 范围 ID 是附加在 NetBIOS 名称上的字符串。两个主机上的 NetBIOS 范围 ID 必须匹配，否则两主机无法通信。NetBIOS 范围 ID 允许计算机使用相同的计算机名，不同的范围 ID。范围 ID 是 NetBIOS 名称的一部分，使名称唯一。

20.6.6 NetBios 控制块

NetBios 控制块（NCB）是所有 NetBios 应用程序都要用来访问 NetBios 服务的一个程序设计结构，并且是唯一的一个。设备驱动程序也使用类似的结构。NetBios 控制块的定义结构如下所示：

```
typedef struct _NCB {
    BYTE ncb_command;
    BYTE ncb_retcode;
    BYTE ncb_lsn;
    BYTE ncb_num;
    DWORD ncb_buffer;
    WORD ncb_length;
    BYTE ncb_callName[16];
    BYTE ncb_name[16];
    BYTE ncb_rto;
    BYTE ncb_sto;
    BYTE ncb_post;
    BYTE ncb_lana_num;
    BYTE ncb_cmd_cplt;
    BYTE ncb_reserved[14];
} NCB, * PNCB;
```

有关上述结构中各个参数的具体说明，请读者朋友们参考相关资料，本书在此将不再详细讲解。

20.7 实战演练——获取当前机器 MAC 地址

知识点讲解：光盘:视频\PPT 讲解(知识点)\第 20 章\实战演练——获取当前机器 MAC 地址.mp4

在本节的内容中，将通过一个具体实例的还是先过程，详细讲解使用“Visual C++ 6.0”+“C 语言”组合开发网络项目的基本方法。

实例 110 获取当前机器 MAC 地址

源码路径 光盘\daima\20\MAC　　视频路径 光盘\视频\实例\第 20 章\110

20.7.1 选择开发工具

Visual C++是一个功能强大的可视化软件开发工具。自 1993 年 Microsoft 公司推出 Visual C++ 1.0 以来，不断有其新版本问世，随后微软又推出了.NET 系列，添加了很多网络功能，Visual C++已成为专业程序员进行软件开发的首选工具，其中，Visual C++ 6.0 是其中比较成熟的一个版本，也是最常用的一个版本。

20.7.2 设计 MFC 窗体

使用 Visual C++ 6.0 创建一个 MFC 项目后，根据本实例的需要，我们设计 3 个窗体，分别是 IDD_ABOUTBOX（见图 20-8）、IDD_GETNETSETTING_DIALOG（见图 20-9）和 IDD_CARDINFO（见图 20-10）。

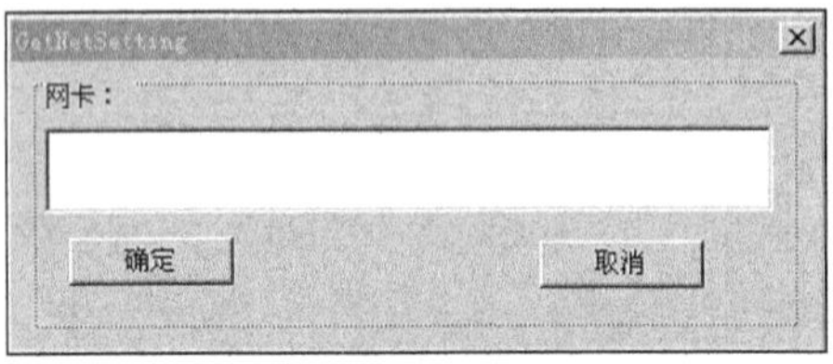

图 20-8　IDD_ABOUTBOX 窗体

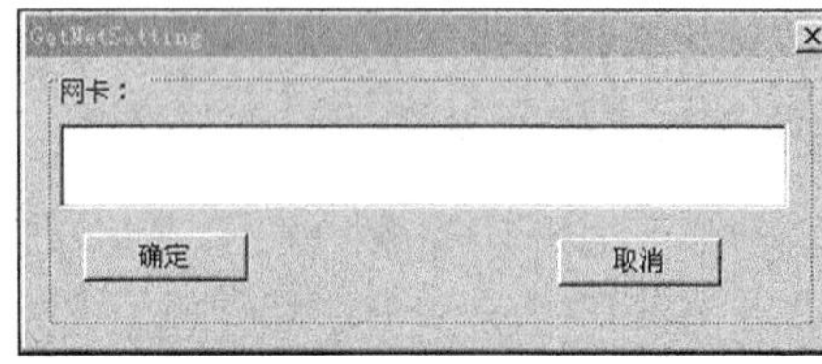

图 20-9　IDD_GETNETSETTING_DIALOG 窗体

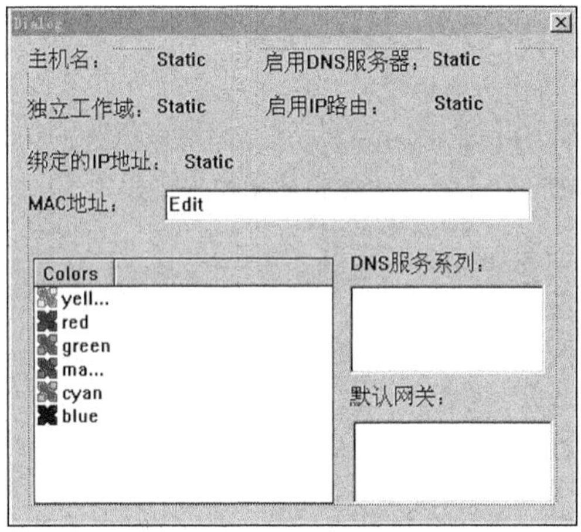

图 20-10　IDD_CARDINFO 窗体

20.7.3　具体编码

设计好窗体之后，接下来开始讲解具体编码过程。

(1) 在文件 lassNetSetting.h 中，定义类 ClassNetSetting，根据不同的操作系统获取存储网卡的 MAC 地址的结构。具体代码如下所示：

```
//操作系统类型
enum Win32Type{
    Unknow,
    Win32s,
    Windows9X,
    WinNT3,
    WinNT4orHigher
};

typedef struct tagASTAT
{
    ADAPTER_STATUS adapt;
    NAME_BUFFER      NameBuff [30];
}ASTAT,*LPASTAT;

//存储网卡的MAC地址的结构
typedef struct tagMAC_ADDRESS
{
    BYTE b1,b2,b3,b4,b5,b6;
}MAC_ADDRESS,*LPMAC_ADDRESS;

//网卡信息的数据结构，包括记录网卡的厂商及型号，与之绑定的IP地址，网关
//DNS序列，子网掩码和物理地址
typedef struct tagNET_CARD
{
    TCHAR szDescription[256];
    BYTE   szMacAddr[6];
    TCHAR szGateWay[128];
    TCHAR szIpAddress[128];
    TCHAR szIpMask[128];
    TCHAR szDNSNameServer[128];
}NET_CARD,*LPNET_CARD;
```

范例 219：获取计算机的 IP 地址和计算机名
源码路径：光盘\演练范例\219\
视频路径：光盘\演练范例\219\
范例 220：编程实现写邮件超级链接
源码路径：光盘\演练范例\220\
视频路径：光盘\演练范例\220\

```
class ClassNetSetting
{
    public:
    void ProcessMultiString(LPTSTR lpszString,DWORD dwSize);
    UCHAR GetAddressByIndex(int lana_num,ASTAT & Adapter);
    BOOL GetSettingOfWinNT();
    int GetMacAddress(LPMAC_ADDRESS pMacAddr);
    BOOL GetSetting();
    ClassNetSetting();
    virtual~ClassNetSetting();
    public:
    BOOL GetSettingOfWin9X();
    Win32Type GetSystemType();
    int                 m_TotalNetCards;//系统的网卡数
    TCHAR               m_szDomain[16];//域名
    TCHAR               m_szHostName[16];//主机名
    int                 m_IPEnableRouter;//是否允许IP路由0-不允许,20-允许,2-未知
    int                 m_EnableDNS;//是否允许DNS解析0-不允许,20-允许,2-未知
    NET_CARD      m_Cards[MAX_CARD];//默认的最大网卡数是10
    Win32Type     m_SystemType;//操作系统类型
    MAC_ADDRESS m_MacAddr[MAX_CARD];//允许10个网卡

};
```

（2）编写文件 lassNetSetting.cpp，用于向网卡发送信息，以获取当前计算机的网卡数目和名称。具体代码如下所示：

```
ClassNetSetting::ClassNetSetting()
{
    m_TotalNetCards = 0;
    _tcscpy(m_szDomain,_T(""));
    _tcscpy(m_szHostName,_T(""));
    m_IPEnableRouter = 2;
    m_EnableDNS = 2;
    m_SystemType = Unknow;
}

ClassNetSetting::~ClassNetSetting()
{
}

BOOL ClassNetSetting::GetSetting()
{
    m_SystemType = GetSystemType();
    if (m_SystemType == Windows9X)
            return GetSettingOfWin9X();
      else if(m_SystemType == WinNT4orHigher)
            return GetSettingOfWinNT();
      else//不支持老旧的操作系统
            return FALSE;
}

Win32Type ClassNetSetting::GetSystemType()
{
      Win32Type    SystemType;
      DWORD winVer;
      OSVERSIONINFO *osvi;
      winVer = GetVersion();
      if(winVer < 0x80000000)
      {
            /*NT */
            SystemType = WinNT3;
            osvi = (OSVERSIONINFO *)malloc(sizeof(OSVERSIONINFO));
            if (osvi != NULL)
            {
                  memset(osvi,0,sizeof(OSVERSIONINFO));
                  osvi->dwOSVersionInfoSize = sizeof(OSVERSIONINFO);
                  GetVersionEx(osvi);
                  if (osvi->dwMajorVersion >= 4L)
                        SystemType = WinNT4orHigher;//yup, it is NT 4 or higher!
                  free(osvi);
            }
      }
```

```
        else if   (LOBYTE(LOWORD(winVer)) < 4)
                SystemType=Win32s;/*Win32s*/
        else
                SystemType=Windows9X;/*Windows9X*/
        return SystemType;
    }
    BOOL ClassNetSetting::GetSettingOfWin9X()
    {
        LONG lRet;
        HKEY hMainKey;
        TCHAR szNameServer[256];

    //得到域名，网关和DNS的设置
        lRet = ::RegOpenKeyEx(HKEY_LOCAL_MACHINE,_T("System\\CurrentControlSet\\Services\\VxD\\MSTCP"),0,KEY_READ,
        &hMainKey);
        if(lRet == ERROR_SUCCESS)
        {
                DWORD dwType,dwDataSize = 256;
                ::RegQueryValueEx(hMainKey,_T("Domain"),NULL,&dwType,(LPBYTE)m_szDomain,&dwDataSize);
                dwDataSize = 256;

                ::RegQueryValueEx(hMainKey,_T("Hostname"),NULL,&dwType,(LPBYTE)m_szHostName,&dwDataSize);
                dwDataSize = 256;

                ::RegQueryValueEx(hMainKey,_T("EnableDNS"),NULL,&dwType,(LPBYTE)&m_EnableDNS,&dwDataSize);
                dwDataSize = 256;

                ::RegQueryValueEx(hMainKey,_T("NameServer"),NULL,&dwType,(LPBYTE)szNameServer,&dwDataSize);
        }
        ::RegCloseKey(hMainKey);

        HKEY hNetCard = NULL;
    //调用CTcpCfg类的静态函数得到网卡的数目和相应的MAC地址
        m_TotalNetCards = GetMacAddress(m_MacAddr);
        lRet
= ::RegOpenKeyEx(HKEY_LOCAL_MACHINE,_T("System\\CurrentControlSet\\Services\\Class\\Net"),0,KEY_READ,&hNetCard);
        if(lRet != ERROR_SUCCESS)//此处失败就返回
        {
                if(hNetCard != NULL)
                        ::RegCloseKey(hNetCard);
                return FALSE;
        }
        DWORD dwSubKeyNum = 0,dwSubKeyLen = 256;
    //得到子键的个数，通常与网卡个数相等
        lRet = ::RegQueryInfoKey(hNetCard,NULL,NULL,NULL,&dwSubKeyNum,&dwSubKeyLen,
                NULL,NULL,NULL,NULL,NULL,NULL);
        if(lRet == ERROR_SUCCESS)
        {
    //          m_TotalNetCards = dwSubKeyNum;//网卡个数以此为主
                LPTSTR lpszKeyName = new TCHAR[dwSubKeyLen + 1];
                DWORD dwSize;
                for(int i = 0; i < (int)m_TotalNetCards; i++)
                {
                        TCHAR szNewKey[256];
                        HKEY hNewKey;
                        DWORD dwType = REG_SZ,dwDataSize = 256;
                        dwSize = dwSubKeyLen + 1;
                        lRet = ::RegEnumKeyEx(hNetCard,i,lpszKeyName,&dwSize,NULL,NULL,NULL,NULL);
                        if(lRet == ERROR_SUCCESS)
                        {
                                lRet = ::RegOpenKeyEx(hNetCard,lpszKeyName,0,KEY_READ,&hNewKey);
                                if(lRet == ERROR_SUCCESS)
                        ::RegQueryValueEx(hNewKey,_T("DriverDesc"),NULL,&dwType,(LPBYTE)m_Cards[i].szDescription,&dwDataSize);
                                ::RegCloseKey(hNewKey);
                                wsprintf(szNewKey,_T("System\\CurrentControlSet\\Services\\Class\\NetTrans\\%s"),lpszKeyName);
                                lRet = ::RegOpenKeyEx(HKEY_LOCAL_MACHINE,szNewKey,0,KEY_READ,&hNewKey);
                                if(lRet == ERROR_SUCCESS)
                                {
                                        dwDataSize = 256;

        ::RegQueryValueEx(hNewKey,_T("DefaultGateway"),NULL,&dwType,(LPBYTE)m_Cards[i].szGateWay,&dwDataSize);
                                        ProcessMultiString(m_Cards[i].szGateWay,dwDataSize);
                                        dwDataSize = 256;

        ::RegQueryValueEx(hNewKey,_T("IPAddress"),NULL,&dwType,(LPBYTE)m_Cards[i].szIpAddress,&dwDataSize);
                                        ProcessMultiString(m_Cards[i].szIpAddress,dwDataSize);
```

```
                                dwDataSize = 256;

        ::RegQueryValueEx(hNewKey,_T("IPMask"),NULL,&dwType,(LPBYTE)m_Cards[i].szIpMask,&dwDataSize);
                                ProcessMultiString(m_Cards[i].szIpMask,dwDataSize);
//拷贝前面得到的DNS主机名
                                _tcscpy(m_Cards[i].szDNSNameServer,szNameServer);
                            }
                            ::RegCloseKey(hNewKey);
                        }
                        m_Cards[i].szMacAddr[0] = m_MacAddr[i].b1;
                        m_Cards[i].szMacAddr[1] = m_MacAddr[i].b2;
                        m_Cards[i].szMacAddr[2] = m_MacAddr[i].b3;
                        m_Cards[i].szMacAddr[3] = m_MacAddr[i].b4;
                        m_Cards[i].szMacAddr[4] = m_MacAddr[i].b5;
                        m_Cards[i].szMacAddr[5] = m_MacAddr[i].b6;
                }
        }
        ::RegCloseKey(hNetCard);
        return lRet == ERROR_SUCCESS ? TRUE : FALSE;
}
int ClassNetSetting::GetMacAddress(LPMAC_ADDRESS pMacAddr)
{
      NCB ncb;
        UCHAR uRetCode;
        int num = 0;
        LANA_ENUM lana_enum;
        memset(&ncb, 0, sizeof(ncb) );
        ncb.ncb_command = NCBENUM;
        ncb.ncb_buffer = (unsigned char *)&lana_enum;
        ncb.ncb_length = sizeof(lana_enum);
        //向网卡发送NCBENUM命令,以获取当前机器的网卡信息,如有多少个网卡
        //每张网卡的编号等
        uRetCode = Netbios(&ncb);
        if (uRetCode == 0)
        {
                num = lana_enum.length;
//对每一张网卡,以其网卡编号为输入编号,获取其MAC地址
                for (int i = 0; i < num; i++)
                {
                        ASTAT Adapter;
                        if(GetAddressByIndex(lana_enum.lana[i],Adapter) == 0)
                        {
                                pMacAddr[i].b1 = Adapter.adapt.adapter_address[0];
                                pMacAddr[i].b2 = Adapter.adapt.adapter_address[1];
                                pMacAddr[i].b3 = Adapter.adapt.adapter_address[2];
                                pMacAddr[i].b4 = Adapter.adapt.adapter_address[3];
                                pMacAddr[i].b5 = Adapter.adapt.adapter_address[4];
                                pMacAddr[i].b6 = Adapter.adapt.adapter_address[5];
                        }
                }
        }
        return num;
}
BOOL ClassNetSetting::GetSettingOfWinNT()
{
    LONG lRtn;
HKEY hMainKey;
TCHAR szParameters[256];
//获得域名，主机名和是否使用IP路由
_tcscpy(szParameters,_T("SYSTEM\\ControlSet001\\Services\\Tcpip\\Parameters"));
lRtn = ::RegOpenKeyEx(HKEY_LOCAL_MACHINE,szParameters,0,KEY_READ,&hMainKey);
if(lRtn == ERROR_SUCCESS)
{
        DWORD dwType,dwDataSize = 256;
        ::RegQueryValueEx(hMainKey,_T("Domain"),NULL,&dwType,(LPBYTE)m_szDomain,&dwDataSize);
        dwDataSize = 256;
        ::RegQueryValueEx(hMainKey,_T("Hostname"),NULL,&dwType,(LPBYTE)m_szHostName,&dwDataSize);
        dwDataSize = 256;
        ::RegQueryValueEx(hMainKey,_T("IPEnableRouter"),NULL,&dwType,(LPBYTE)&m_IPEnableRouter,&dwDataSize);
        }
        ::RegCloseKey(hMainKey);

//获得IP地址和DNS解析等其他设置
```

```
		HKEY hNetCard = NULL;
		m_TotalNetCards = GetMacAddress(m_MacAddr);
		lRtn = ::RegOpenKeyEx(HKEY_LOCAL_MACHINE,_T("SOFTWARE\\Microsoft\\Windows NT\\CurrentVersion\\NetworkCards"),
0,KEY_READ,&hNetCard);
		if(lRtn != ERROR_SUCCESS)//此处失败就返回
		{
			if(hNetCard != NULL)
				::RegCloseKey(hNetCard);
			return FALSE;
		}
		DWORD dwSubKeyNum = 0,dwSubKeyLen = 256;
	//得到子键的个数，通常与网卡个数相等
		lRtn = ::RegQueryInfoKey(hNetCard,NULL,NULL,NULL,&dwSubKeyNum,&dwSubKeyLen,
			NULL,NULL,NULL,NULL,NULL,NULL);
		if(lRtn == ERROR_SUCCESS)
		{
			m_TotalNetCards = dwSubKeyNum;//网卡个数以此为主
			LPTSTR lpszKeyName = new TCHAR[dwSubKeyLen + 1];
			DWORD dwSize;
			for(int i = 0; i < (int)dwSubKeyNum; i++)
			{
				TCHAR szServiceName[256];
				HKEY hNewKey;
				DWORD dwType = REG_SZ,dwDataSize = 256;
				dwSize = dwSubKeyLen + 1;
				::RegEnumKeyEx(hNetCard,i,lpszKeyName,&dwSize,NULL,NULL,NULL,NULL);
				lRtn = ::RegOpenKeyEx(hNetCard,lpszKeyName,0,KEY_READ,&hNewKey);
				if(lRtn == ERROR_SUCCESS)
				{
					lRtn = ::RegQueryValueEx(hNewKey,_T("Description"),NULL,&dwType,(LPBYTE)m_Cards[i].szDescription,
					&dwDataSize);
					dwDataSize = 256;
					lRtn = ::RegQueryValueEx(hNewKey,_T("ServiceName"),NULL,&dwType,(LPBYTE)szServiceName,
					&dwDataSize);
					if(lRtn == ERROR_SUCCESS)
					{
						TCHAR szNewKey[256];
						wsprintf(szNewKey,_T("%s\\Interfaces\\%s"),szParameters,szServiceName);
						HKEY hTcpKey;
						lRtn = ::RegOpenKeyEx(HKEY_LOCAL_MACHINE,szNewKey,0,KEY_READ,&hTcpKey);
						if(lRtn == ERROR_SUCCESS)
						{
							dwDataSize = 256;
							::RegQueryValueEx(hTcpKey,_T("DefaultGateway"),NULL,&dwType,(LPBYTE)m_Cards[i].
							szGateWay,&dwDataSize);
							ProcessMultiString(m_Cards[i].szGateWay,dwDataSize);
							dwDataSize = 256;
							::RegQueryValueEx(hTcpKey,_T("IPAddress"),NULL,&dwType,(LPBYTE)m_Cards[i].szIpAddress,
							&dwDataSize);
							ProcessMultiString(m_Cards[i].szIpAddress,dwDataSize);
							dwDataSize = 256;
							::RegQueryValueEx(hTcpKey,_T("SubnetMask"),NULL,&dwType,(LPBYTE)m_Cards[i].szIpMask,
							&dwDataSize);
							ProcessMultiString(m_Cards[i].szIpMask,dwDataSize);
							dwDataSize = 256;
							::RegQueryValueEx(hTcpKey,_T("NameServer"),NULL,&dwType,(LPBYTE)m_Cards[i].
							szDNSNameServer,&dwDataSize);
						}
						::RegCloseKey(hTcpKey);
					}
				}
				::RegCloseKey(hNewKey);
				m_Cards[i].szMacAddr[0] = m_MacAddr[i].b1;
				m_Cards[i].szMacAddr[1] = m_MacAddr[i].b2;
				m_Cards[i].szMacAddr[2] = m_MacAddr[i].b3;
				m_Cards[i].szMacAddr[3] = m_MacAddr[i].b4;
				m_Cards[i].szMacAddr[4] = m_MacAddr[i].b5;
				m_Cards[i].szMacAddr[5] = m_MacAddr[i].b6;
			}
			delete[] lpszKeyName;
		}
		::RegCloseKey(hNetCard);
		return lRtn == ERROR_SUCCESS ? TRUE : FALSE;
```

```
}
UCHAR ClassNetSetting::GetAddressByIndex(int lana_num, ASTAT &Adapter)
{
    NCB ncb;
UCHAR uRetCode;
memset(&ncb, 0, sizeof(ncb) );
ncb.ncb_command = NCBRESET;
ncb.ncb_lana_num = lana_num;
//指定网卡号,首先对选定的网卡发送一个NCBRESET命令,以便进行初始化
uRetCode = Netbios(&ncb );
memset(&ncb, 0, sizeof(ncb) );
ncb.ncb_command = NCBASTAT;
ncb.ncb_lana_num = lana_num;    //指定网卡号
strcpy((char *)ncb.ncb_callname,"*               " );
ncb.ncb_buffer = (unsigned char *)&Adapter;
//指定返回的信息存放的变量
ncb.ncb_length = sizeof(Adapter);
//接着,可以发送NCBASTAT命令以获取网卡的信息
uRetCode = Netbios(&ncb );
return uRetCode;
}

void ClassNetSetting::ProcessMultiString(LPTSTR lpszString, DWORD dwSize)
{
    for(int i = 0; i < int(dwSize - 2); i++)
        {
            if(lpszString[i] == _T('\0'))
                lpszString[i] = _T(',');
        }
}
```

到此为止，本实例的主要代码讲解完毕。执行后将首先显示网卡的类型，如图 20-11 所示。单击【确定】按钮，在弹出的窗体中可以查看此网卡的 MAC 地址，如图 20-12 所示。

图 20-11　获取网卡的类型

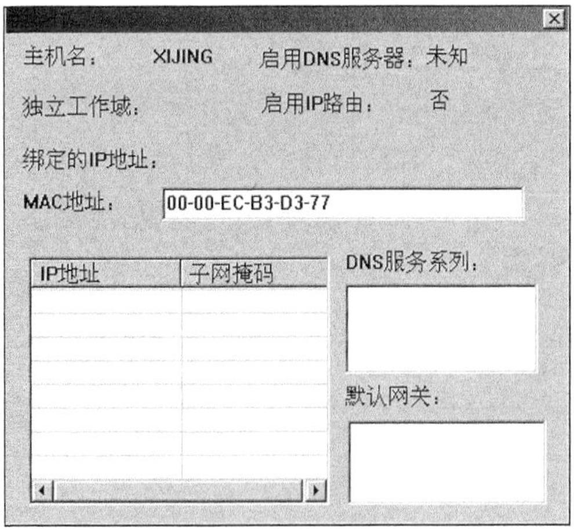

图 20-12　网卡详情

注意：网络编程通常使用 C/S 编程模型吗？

是的，网络编程通常使用 C/S 编程模型。C/S 编程模型是基于可靠连接的通信模型。在通信的双方必须使用各自的 IP 地址以及端口进行通信。否则，通信过程将无法实现。通常情况下，当用户使用 C/S 模型进行通信时，其通信的任意一方称为客户端，则另一方称为服务器端。

服务器端等待客户端连接请求的到来，这个过程称为监听过程。通常，服务器监听功能是在特定的 IP 地址和端口上进行。然后，客户端向服务器发出连接请求，服务器响应该请求则连接成功。否则，客户端的连接请求失败。C/S 编程模型如图 20-13 所示。

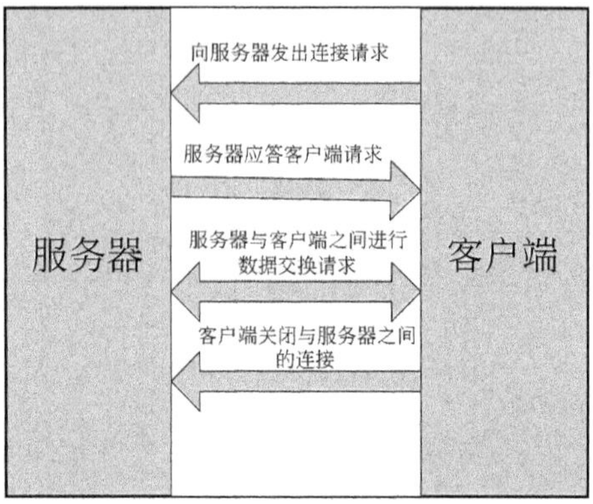

图 20-13　C/S 编程模型

由于客户端连接服务器时，需要使用服务器的 IP 地址和监听端口号才能完成连接。所以，服务器的 IP 地址和端口必须是固定的。在这里，向用户介绍部分协议所使用的端口号码。例如，HTTP 协议（网页浏览服务）所使用的端口号为 80，FTP 协议（文本传输）所使用的端口号是 21。

第 21 章

初入江湖——游戏项目设计

俄罗斯方块是一款风靡全球的电视游戏机和掌上游戏机游戏，这款游戏最初是由 Alex Pajitnov 制作的，它看似简单但却变化无穷，令人上瘾。

在本章的内容中，将介绍使用 C 语言开发一个简单俄罗斯方块游戏的方法，并详细介绍其具体的实现流程。

21.1　游戏功能描述

本课将通过一个简单的俄罗斯方块游戏实例，来说明 C 语言编写游戏项目的基本方法。本实例的实现文件为“youxi.c”，保存在“光盘:\21\”文件夹中。

本实例游戏的构成功能模块如下：

1. 游戏方块预览功能

当游戏运行后并在底部出现一个游戏方块时，必须在预览界面中出现下一个方块，这样便于玩家进行提前控制处理。因为在此游戏中有 19 种方块，所以要在方块预览区内要显示随机生成的游戏方块。

2. 游戏方块控制功能

玩家可以对出现的方块进行移动处理，分别实现左移、右移、快速下移、自由下落和行满自动消除功能效果。

3. 游戏显示更新功能

当游戏在进行方块移动处理时，要清除先前的游戏方块，用新坐标重绘游戏方块。

4. 游戏速度和分数更新功能

此处的游戏分数一般用完成的行数来划分，例如可以设置完成完整的一行为 10 分。当达到一定数量后，需要给游戏者进行等级上的升级。当玩家级别升高后，方块的下落速度将增加，从而游戏的难度就对应的提高了。

5. 游戏帮助功能

玩家进入游戏系统后，通过帮助了解游戏的操作提示。

上述功能的总体结构如图 21-1 所示。

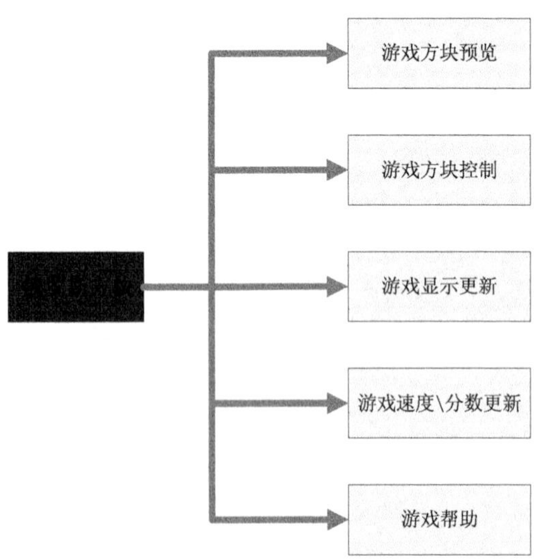

图 21-1　游戏构成功能模块

21.2　游戏总体设计

经过本节的游戏构成功能分析后，即可根据各构成的功能模块进行对应的设计处理。在本节的内容中，将简要介绍游戏的总体设计过程。

21.2.1 功能模块设计

1. 游戏运行流程

此游戏的运行流程如图 21-2 所示。

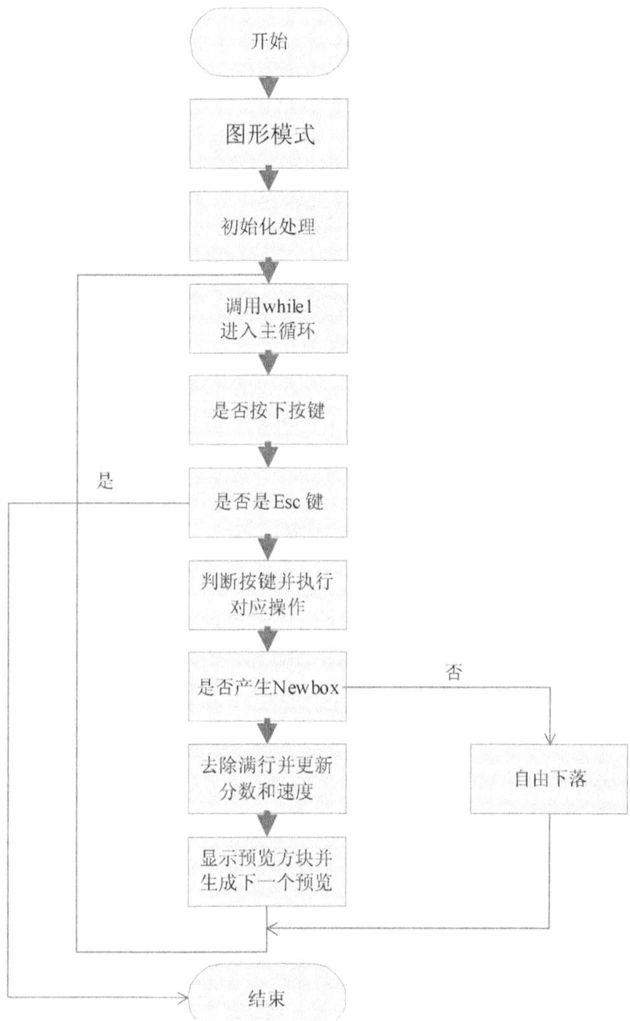

图 21-2 游戏运行流程图

在图 21-2 所示的运行流程中，在判断键值时有左移 VK_LEFT、右移 VK_RIGHT、下移 VK_DOWN、旋转 VK_UP、和退出 VK_ESC 键判断。具体说明如下。

- VK_LEFT：则调用 MoveAble()函数，判断是否能左移，如果可以则调用 EraseBox 函数，清除当前的游戏方块。并在下一步调用 show_box()函数，在左移位置显示当前游戏的方块。
- VK_RIGHT：右移处理，和上面的 VK_LEFT 处理类似。
- VK_DOWN：下移处理，如果不能再移，必须将 flag_newbox 标志设置为 1。
- VK_UP：旋转处理，首先判断旋转动作是否执行，自此需要吗 uzuduoge 条件，如果不合条件，则不予执行。
- VK_ESC：按下【Esc】键后将退出游戏。

2. 游戏方块预览处理

新游戏的方块将在 4×4 的正方形小方块中预览，使用随机函数 rand()可以产生 1～19 间的游戏方块编号，并作为预览的方块编号。其中品尼高正方形小方块的大小由 BSIZE×BSIZE 来计算。

3. 游戏方块控制处理

方块的移动控制是整个游戏的重点和难点，具体信息如下。

- 左移处理。

处理过程如下。

（1）判断是否能够左移，判断条件有两个：左移一位后方块不能超越游戏底板的左边线，否则将越界；游戏方块有值位置，游戏底板不能被占用。

（2）清除左移前的游戏方块。

（3）在左移一位的位置处，重新显示此游戏的方块。

- 右移处理。

处理过程如下。

（1）判断是否能够右移，判断条件有两个：右移一位后方块不能超越游戏底板的右边线，否则将越界；游戏方块有值位置，游戏底板不能被占用。

（2）清除右移前的游戏方块。

（3）在右移一位的位置处，重新显示此游戏的方块。

- 下移处理。

处理过程如下。

（1）判断是否能够下移，判断条件有两个：下移一位后方块不能超越游戏底板的底边线，否则将越界；游戏方块有值位置，游戏底板不能被占用。满足上述两个条件后，可以被下移处理。否则将 flag_newbox 设置为 1，在主循环中会判断此标志。

（2）清除下移前的游戏方块。

（3）在下移一位的位置处，重新显示此游戏的方块。

- 旋转处理。

处理过程如下。

（1）判断是否能够旋转，判断条件有两个：旋转后方块不能超越游戏底板的底边线、左边线和右边线，否则将越界；游戏方块有值位置，游戏底板不能被占用。

（2）清除旋转前的游戏方块。

（3）在游戏方块显示区域（4×4）的位置，使用当前游戏方块的数据结构中的 next 值作为旋转后形成的新游戏方块的编号，并重新显示这个编号的游戏方块。

4. 游戏显示更新处理

当游戏中的方块在进行移动处理时，要清除先前的游戏方块，用新坐标重绘游戏方块。当消除满行后，要重绘游戏底板的当前状态。清除游戏方块的方法是先画轮廓再填充，具体过程如下：

绘制一个轮廓，然后使用背景色填充小方块，然后使用前景色画一个游戏底板中的小方块。循环处理这个过程，变化当前的坐标绘制并填充 16 个这样的方块。从而在游戏中清除了此游戏方块。

5. 游戏速度和分数更新处理

当行满后，积分变量 score 会增加一个固定的值，然后将等级变量 level 和速度变量 speed 相关联，实现等级越高速度越快的效果。

21.2.2 数据结构设计

实例中包含的数据结构如下。

1. 游戏底板结构体

此处的游戏底板结构体是 BOARD，具体代码如下：

```
struct BOARD                                  /*游戏底板结构,表示每个点所具有的属性*/
{
    int var;                                  /*当前状态只有0和1,1表示此点已被占用*/
    int color;                                /*颜色,游戏底板的每个点可以拥有不同的颜色.增强美观*/
}Table_board[Vertical_boxs][Horizontal_boxs];
```

BOARD 结构体表示了游戏底板中每个小方块的属性，var 表示了当前的状态，为 0 时表示未被占用，为 1 时表示已经被占用。

2. 游戏方块结构体

此处的游戏方块结构体是 SHAPE，具体代码如下：

```
struct SHAPE
{
    char box[2];        /*一个字节等于8位,每4位来表示一个方块的一行,例如:box[0]="0x88",box[1]="0xc0"表示的是:
                                 1000
                                 1000
                                 1100
                                 0000*/
    int color;          /*每个方块的颜色*/
    int next;           /*下个方块的编号*/
};
```

SHAPE 结构体表示某个小方块的属性，char box[2]表示用 2 个字节来表示这个块的形状，每 4 位来表示一个方块的一行。color 表示每个方块的颜色，颜色值可以根据需要而设置。

3. SHAPE 结构数组

此处的游戏方块结构体是 SHAPE，具体代码如下：

```
/*初始化方块内容.即定义MAX_BOX个SHAPE类型的结构数组，并初始化*/
struct SHAPE shapes[MAX_BOX]=
{
/*
 *   口      口口口    口口       口
 *   口      口          口   口口口
 *   口口                口
 */
    {0x88,  0xc0,   CYAN,   1},
    {0xe8,  0x0,    CYAN,   2},
    {0xc4,  0x40,   CYAN,   3},
    {0x2e,  0x0,    CYAN,   0},
/*
 *   口          口口 口口口
 *   口 口       口        口
 * 口口 口口口 口
 */
    {0x44,  0xc0,   MAGENTA,  5},
    {0x8e,  0x0,    MAGENTA,  6},
    {0xc8,  0x80,   MAGENTA,  7},
    {0xe2,  0x0,    MAGENTA,  4},
/*
 *   口
 *   口口        口口
 *     口      口口
 */
    {0x8c,  0x40,   YELLOW, 9},
    {0x6c,  0x0,    YELLOW, 8},
/*
 *   口        口口
 * 口口          口口
 * 口
 */
    {0x4c,  0x80,   BROWN,  11},
    {0xc6,  0x0,    BROWN,  10},

/*
```

```
 *  □        □              □
 * □□□      □□   □□□   □□
 *          □         □        □
 */
    {0x4e,  0x0,    WHITE,  13},
    {0x8c,  0x80,   WHITE,  14},
    {0xe4,  0x0,    WHITE,  15},
    {0x4c,  0x40,   WHITE,  12},
/* □
 * □
 * □         □□□□
 * □
 */
    {0x88,  0x88,   RED,    17},
    {0xf0,  0x0,    RED,    16},
/*
 * □□
 * □□
 */
    {0xcc,  0x0,    BLUE,   18}
};
```

在上述代码中，定义了 MAX_BOX 个 SHAPE 类型的结构数组，并进行了初始化处理。因为共有 19 种不同的方块类型，所以 MAX_BOX 为 19。

21.2.3　构成函数介绍

此实例中各主要构成函数的基本信息如下。

1．函数 NewTimer

函数 NewTimer 用于实现新的时钟，具体结构如下：

```
void interrupt newtimer(void)
```

2．函数 SetTimer

函数 SetTimer 用于设置新时钟的处理过程，具体结构如下：

```
void SetTimer(void interrupt(*IntProc)(void))
```

3．函数 KillTimer

函数 KillTimer 用于回复原有的时钟处理过程，具体结构如下：

```
void KillTimer()
```

4．函数 initialize

函数 initialize 用于初始化界面，具体结构如下：

```
void initialize(int x,int y,int m,int n)
```

5．函数 DelFullRow

函数 DelFullRow 用于删除满行，*y* 设置删除的行数，具体结构如下：

```
int DelFullRow(int y)
```

6．函数 setFullRow

函数 setFullRow 用于查询满行，并调用 DelFullRow 函数进行处理，具体结构如下：

```
void setFullRow(int t_boardy)
```

7．函数 MkNextBox

函数 MkNextBox 用于生成下一个游戏方块，并返回方块号，具体结构如下：

```
int MkNextBox(int box_numb)
```

8．函数 EraseBox

函数 EraseBox 用于清除以（*x*，*y*）位置开始的编号为 box_numb 的游戏方块，具体结构如下：

```
void EraseBox(int x,int y,int box_numb)
```

9．函数 show_box

函数 show_box 用于显示以（*x*，*y*）位置开始、编号为 box_numb、颜色值为 color 的游戏方块，具体结构如下：

```
void show_box(int x,int y,int box_numb,int color)
```

10. 函数 MoveAble

函数 MoveAble 首先判断方块是否可以移动，其中（*x*，*y*）是当前的位置，box_numb 是方块号，direction 是方向标志。具体结构如下：

```
int MoveAble(int x,int y,int box_numb,int direction)
```

21.3 游戏具体实现

经过了前面的功能模块分析和游戏总体设计后，就可以在此基础上进行程序设计了。在本节的内容中，将详细介绍此游戏实例的具体实现过程。

21.3.1 预处理

程序预处理包括文件加载，定义结构体、常量和变量，并分别进行初始化处理操作。具体代码如下所示：

```
#include <stdio.h>
#include <stdlib.h>
#include <dos.h>
#include <graphics.h>                          /*图形函数库*/

/*定义按键码*/
#define VK_LEFT  0x4b00
#define VK_RIGHT 0x4d00
#define VK_DOWN  0x5000
#define VK_UP    0x4800
#define VK_ESC   0x011b
#define TIMER 0x1c                             /*设置中断号*/

/*定义常量*/
#define MAX_BOX 19                             /*总共有19种各形态的方块*/
#define BSIZE 20                               /*方块的边长是20个像素*/
#define Sys_x 160                              /*显示方块界面的左上角x座标*/
#define Sys_y 25                               /*显示方块界面的左上角y座标*/
#define Horizontal_boxs 10                     /*水平的方向以方块为单位的长度*/
#define Vertical_boxs 15                       /*垂直的方向以方块为单位的长度,也就说长是15个方块*/
#define Begin_boxs_x Horizontal_boxs/2         /*产生第一个方块时出现的起始位置*/

#define FgColor 3                              /*前景颜色,如文字.2-green*/
#define BgColor 0                              /*背景颜色.0-blac*/

#define LeftWin_x Sys_x+Horizontal_boxs*BSIZE+46   /*右边状态栏的x座标*/

#define false 0
#define true 1
/*移动的方向*/
#define MoveLeft 1
#define MoveRight 2
#define MoveDown 3
#define MoveRoll 4
/*以后坐标的每个方块可以看作是像素点是BSIZE*BSIZE的正方形*/
/*定义全局变量*/
int current_box_numb;                          /*保存当前方块编号*/
int Curbox_x=Sys_x+Begin_boxs_x*BSIZE,Curbox_y=Sys_y;/*x,y是保存方块的当前坐标的*/
int flag_newbox=false;                         /*是否要产生新方块的标记0*/
int speed=0;                                   /*下落速度*/
int score=0;                                   /*总分*/
int speed_step=30;                             /*每等级所需要分数*/
void interrupt (*oldtimer)(void);              /* 指向原来时钟中断处理过程入口的中断处理函数指针 */

struct BOARD                                   /*游戏底板结构,表示每个点所具有的属性*/
{
    int var;                                   /*当前状态只有0和1,1表示此点已被占用*/
    int color;                                 /*颜色,游戏底板的每个点可以拥有不同的颜色.增强美观*/
}Table_board[Vertical_boxs][Horizontal_boxs];

/*方块结构*/
struct SHAPE
```

```
{
    char box[2];                                    /*一个字节等于8位,每4位来表示一个方块的一行
                                    如:box[0]="0x88",box[1]="0xc0"表示的是:
                                    1000
                                    1000
                                    1100
                                    0000*/
    int color;                                      /*每个方块的颜色*/
    int next;                                       /*下个方块的编号*/
};
/*初始化方块内容.即定义MAX_BOX个SHAPE类型的结构数组，并初始化*/
struct SHAPE shapes[MAX_BOX]=
{
/*
 *   口       口口口    口口       口
 *   口       口          口   口口口
 *   口口                 口
 */

    {0x88,  0xc0,   CYAN,   1},
    {0xe8,  0x0,    CYAN,   2},
    {0xc4,  0x40,   CYAN,   3},
    {0x2e,  0x0,    CYAN,   0},
/*
 *   口          口口 口口口
 *   口 口       口        口
 * 口口 口口口 口
 */
    {0x44,  0xc0,   MAGENTA,  5},
    {0x8e,  0x0,    MAGENTA,  6},
    {0xc8,  0x80,   MAGENTA,  7},
    {0xe2,  0x0,    MAGENTA,  4},
/*
 *   口
 *   口口           口口
 *     口         口口
 */
    {0x8c,  0x40,   YELLOW, 9},
    {0x6c,  0x0,    YELLOW, 8},
/*
 *   口          口口
 * 口口            口口
 * 口
 */
    {0x4c,  0x80,   BROWN,  11},
    {0xc6,  0x0,    BROWN,  10},
/*
 *   口          口                口
 * 口口口        口口    口口口    口口
 *               口        口        口
 */
    {0x4e,  0x0,    WHITE,  13},
    {0x8c,  0x80,   WHITE,  14},
    {0xe4,  0x0,    WHITE,  15},
    {0x4c,  0x40,   WHITE,  12},
/* 口
 * 口
 * 口         口口口口
 * 口
 */
    {0x88,  0x88,   RED,    17},
    {0xf0,  0x0,    RED,    16},
/*
 * 口口
 * 口口
 */
    {0xcc,  0x0,    BLUE,   18}
};
unsigned int TimerCounter=0;   /*定时计数器变量*/

/* 新的时钟中断处理函数 */
void interrupt newtimer(void)
{
```

```
        (*oldtimer)();      /* call the old routine */
        TimerCounter++;/* increase the global counter */
}
/* 设置新的时钟中断处理过程 */
void SetTimer(void interrupt(*IntProc)(void))
{
        oldtimer=getvect(TIMER); /*获取中断号为TIMER的中断处理函数的入口地址*/
        disable(); /* 设置新的时钟中断处理过程时，禁止所有中断 */
        setvect(TIMER,IntProc);
        /*将中断号为TIMER的中断处理函数的入口地址改为IntProc()函数的入口地址
        即中断发生时，将调用IntProc()函数。*/
        enable();   /* 开启中断 */
}
/* 恢复原有的时钟中断处理过程 */
void KillTimer()
{
        disable();
        setvect(TIMER,oldtimer);
        enable();
}
```

21.3.2 主函数

游戏主函数 main 实现了对整个程序的运行控制，并对相关的模块进行了调用处理。具体实现代码如下所示：

```
void main()
{
        int GameOver=0;
        int key,nextbox;
        int Currentaction=0;/*标记当前动作状态*/
        int gd=VGA,gm=VGAHI,errorcode;
        initgraph(&gd,&gm,"");
        errorcode = graphresult();
        if (errorcode != grOk)
        {
                printf("\nNotice:Graphics error: %s\n", grapherrormsg(errorcode));
                printf("Press any key to quit!");
                getch();
                exit(1);
        }
        setbkcolor(BgColor);
        setcolor(FgColor);
        randomize();
        SetTimer(newtimer);
        initialize(Sys_x,Sys_y,Horizontal_boxs,Vertical_boxs);/*初始化*/
        nextbox=MkNextBox(-1);
        show_box(Curbox_x,Curbox_y,current_box_numb,shapes[current_box_numb].color);
        show_box(LeftWin_x,Curbox_y+200,nextbox,shapes[nextbox].color);
        show_intro(Sys_x,Curbox_y+320);
        getch();
        while(1)
        {
                /* Currentaction=0;
                flag_newbox=false;
                检测是否有按键*/
                if (bioskey(1)){key=bioskey(0);         }
                else            {               key=0;          }
                switch(key)
                {
                        case VK_LEFT:
                                if(MoveAble(Curbox_x,Curbox_y,current_box_numb,MoveLeft))
                                {EraseBox(Curbox_x,Curbox_y,current_box_numb);Curbox_x-=BSIZE;Currentaction=MoveLeft;}
                                break;
                        case VK_RIGHT:
                                if(MoveAble(Curbox_x,Curbox_y,current_box_numb,MoveRight))
                                {EraseBox(Curbox_x,Curbox_y,current_box_numb);Curbox_x+=BSIZE;Currentaction=MoveRight;}
                                break;
                        case VK_DOWN:
                                if(MoveAble(Curbox_x,Curbox_y,current_box_numb,MoveDown))
                                {EraseBox(Curbox_x,Curbox_y,current_box_numb);Curbox_y+=BSIZE;Currentaction=MoveDown;}
                                else flag_newbox=true;
                                break;
```

```
            case VK_UP:/*旋转方块*/
                if(MoveAble(Curbox_x,Curbox_y,shapes[current_box_numb].next,MoveRoll))
                {EraseBox(Curbox_x,Curbox_y,current_box_numb);current_box_numb=shapes[current_box_numb].next;
                    Currentaction=MoveRoll;
                }
                break;
            case VK_ESC:
                GameOver=1;
                break;
            default:
                break;
        }
        if(Currentaction)
        {   /*表示当前有动作,移动或转动*/
            show_box(Curbox_x,Curbox_y,current_box_numb,shapes[current_box_numb].color);
            Currentaction=0;
        }
            /*按了往下键，但不能下移,就产生新方块*/
        if(flag_newbox)
        {
            /*这时相当于方块到底部了,把其中出现点满一行的清去，置0*/
            ErasePreBox(LeftWin_x,Sys_y+200,nextbox);
            nextbox=MkNextBox(nextbox);
            show_box(LeftWin_x,Curbox_y+200,nextbox,shapes[nextbox].color);
            if(!MoveAble(Curbox_x,Curbox_y,current_box_numb,MoveDown))/*刚一开始,游戏结束*/
            {
                show_box(Curbox_x,Curbox_y,current_box_numb,shapes[current_box_numb].color);
                GameOver=1;
            }
            else
            {
                flag_newbox=false;
            }
            Currentaction=0;
        }
        else     /*自由下落*/
        {
            if (Currentaction==MoveDown || TimerCounter> (21-speed*2))
            {
                if(MoveAble(Curbox_x,Curbox_y,current_box_numb,MoveDown))
                {
                    EraseBox(Curbox_x,Curbox_y,current_box_numb);Curbox_y+=BSIZE;
                    show_box(Curbox_x,Curbox_y,current_box_numb,shapes[current_box_numb].color);
                }
                TimerCounter=0;
            }
        }
        if(GameOver )/*|| flag_newbox==-1*/
        {
            printf("game over,thank you! your score is %d",score);
            getch();
            break;
        }
    }
    getch();
    KillTimer();
    closegraph();
}
```

21.3.3 初始化界面处理

在每次游戏试玩时，需要对游戏的界面进行初始化处理。然后在主函数中对其进行调用，实现最终的初始化处理。初始化界面的处理流程如下。

（1）循环调用函数 line()，用于绘制当前的游戏板。

（2）调用函数 ShowScore()，显示初始的得分，初始得分是 0。

（3）调用函数 ShowSpeed()，显示初始的等级速度，初始速度是 1。

具体代码如下：

```
/**********初始化界面*******
 *参数说明:
```

```
 *        x,y为左上角坐标
 *        m,n对应于Vertical_boxs,Horizontal_boxs
 *        分别表示纵横方向上方块的个数(以方块为单位)
 *        BSIZE Sys_x Sys_y
******************************/
void initialize(int x,int y,int m,int n)
{
     int i,j,oldx;
     oldx=x;
     for(j=0;j<n;j++)
     {
          for(i=0;i<m;i++)
          {
               Table_board[j][i].var=0;
               Table_board[j][i].color=BgColor;
               line(x,y,x+BSIZE,y);
               line(x,y,x,y+BSIZE);
               line(x,y+BSIZE,x+BSIZE,y+BSIZE);
               line(x+BSIZE,y,x+BSIZE,y+BSIZE);
               x+=BSIZE;
          }
          y+=BSIZE;
          x=oldx;
     }
     Curbox_x=x;
     Curbox_y=y;                                        /*x,y是保存方块的当前坐标的*/
     flag_newbox=false;                                 /*是否要产生新方块的标记0*/
     speed=0;                                           /*下落速度*/
     score=0;                                           /*总分*/
     ShowScore(score);
     ShowSpeed(speed);
}
```

21.3.4　时钟中断处理

用户的级别越高，方块的下落速度就越快，游戏的难度就增加了。下落的速度越快，时间中断的间隔就越小。时钟中断处理的流程如下。

（1）定义时钟中断处理函数 newtimer。

（2）使用函数 SetTimer 来设置时钟中断处理的过程。

（3）定义中断回复函数 KillTimer。

具体代码如下所示：

```
void interrupt newtimer(void)
{
     (*oldtimer)();
     TimerCounter++;
}
/* 设置新的时钟中断处理过程 */
void SetTimer(void interrupt(*IntProc)(void))
{
     oldtimer=getvect(TIMER);                    /*获取中断号为TIMER的中断处理函数的入口地址*/
     disable();                                  /* 设置新的时钟中断处理过程时，禁止所有中断 */
     setvect(TIMER,IntProc);
     /*将中断号为TIMER的中断处理函数的入口地址改为IntProc()函数的入口地址
     即中断发生时，将调用IntProc()函数。*/
     enable();                                   /* 开启中断 */
}
/* 恢复原有的时钟中断处理过程 */
void KillTimer()
{
     disable();
     setvect(TIMER,oldtimer);
     enable();
}
```

21.3.5　成绩、速度和帮助处理

成绩、速度和帮助是此游戏的重要组成部分，具体流程如下。

（1）调用函数 ShowScore，显示当前用户的成绩。

（2）调用函数 ShowSpeed，显示当前游戏的下落速度。

（3）调用函数 Show_help，显示和此游戏有关的帮助信息。

具体代码如下所示：

```
/*显示分数*/
void ShowScore(int score)
{
    int x,y;
    char score_str[5];                                   /*保存游戏得分*/
    setfillstyle(SOLID_FILL,BgColor);
    x=LeftWin_x;
    y=100;
    bar(x-BSIZE,y,x+BSIZE*3,y+BSIZE*3);
    sprintf(score_str,"%3d",score);
    outtextxy(x,y,"SCORE");
    outtextxy(x,y+10,score_str);
}
/*显示速度*/
void ShowSpeed(int speed)
{
    int x,y;
    char speed_str[5];                                   /*保存速度值*/
    setfillstyle(SOLID_FILL,BgColor);
    x=LeftWin_x;
    y=150;
    bar(x-BSIZE,y,x+BSIZE*3,y+BSIZE*3);
    /*确定一个以(x1,y1)为左上角,(x2,y2)为右下角的矩形窗口，再按规定图模和颜色填充。*/
    sprintf(speed_str,"%3d",speed+1);
    outtextxy(x,y,"Level");
    outtextxy(x,y+10,speed_str);
    /*输出字符串指针speed_str所指的文本在规定的(x, y)位置*/
    outtextxy(x,y+50,"Nextbox");
}
void show_help(int xs,int ys)
{
char stemp[50];
setcolor(15);
rectangle(xs,ys,xs+239,ys+100);
sprintf(stemp," -Roll -Downwards");
stemp[0]=24;
stemp[8]=25;
setcolor(14);
outtextxy(xs+40,ys+30,stemp);
sprintf(stemp," -Turn Left       -Turn Right");
stemp[0]=27;
stemp[13]=26;
outtextxy(xs+40,ys+45,stemp);
outtextxy(xs+40,ys+60,"Esc-Exit");
setcolor(FgColor);
}
```

21.3.6　满行处理

当对方块的左移、右移和旋转等操作不能处理时，需要对游戏进行是否满行的判断。如果有满行，则必须消除。满行处理的过程分为查找和消除两个步骤，具体流程如下。

（1）调用函数 setFullRow，查找满行。

对当前方块的落在位置从上到下逐行判断，如果该行方块值为 1 的个数大于一行的块数时，则此时为满行。此时将调用函数 DelFullRow 进行满行处理，并返回当前游戏非空行的最高点。否则将继续对上一行进行判断，直到游戏的最上行。

如果有满行，则根据 DelFullRow 函数处理后的游戏主板 Table_board 数组中的值，进行游戏主板重绘，显示消除满行后的游戏界面，并同时对游戏成绩和速度进行更新。

（2）调用函数 DelFullRow，消除满行后，将上行的方块移至到下行。

具体代码如下所示：

```
/*    删除一行满的情况
 *    这里的y为具体哪一行为满
```

```
*/
int DelFullRow(int y)
{
    /*该行游戏板往下移一行*/
    int n,top=0;          /*top保存的是当前最高点,出现一行全空就表示为最点了,移动是到最高点结束*/
    register m,totoal;
    for(n=y;n>=0;n--)/*从当前行往上看*/
    {
        totoal=0;
        for(m=0;m<Horizontal_boxs;m++)
        {
            if(!Table_board[n][m].var)totoal++;                     /*没占有方格+1*/
           /*上行不等于下行就把上行传给下行xor关系*/
           if(Table_board[n][m].var!=Table_board[n-1][m].var)
            {
                Table_board[n][m].var=Table_board[n-1][m].var;
                Table_board[n][m].color=Table_board[n-1][m].color;
            }
        }
        if(totoal==Horizontal_boxs)                                 /*发现上面有连续的空行提前结束*/
        {
            top=n;
            break;
        }
    }
    return(top);                                                    /*返回最高点*/
}
/*找到一行满的情况*/
void setFullRow(int t_boardy)
{
    int n,full_numb=0,top=0;                                        /*top保存的是当前方块的最高点*/
    register m;
/*
t_boardy   口          5
           口          6
   口口口口口口        7
n  口口口口口口        8
 */
    for(n=t_boardy+3;n>=t_boardy;n--)
    {
        if(n<0 || n>=Vertical_boxs ){continue;}                     /*超过低线了*/
        for(m=0;m<Horizontal_boxs;m++)                              /*水平的方向*/
        {
            if(!Table_board[n+full_numb][m].var)break;              /*发现有一个是空就跳过该行*/
        }
        if(m==Horizontal_boxs)                                      /*找到满行了*/
        {
            if(n==t_boardy+3)                                       /*第一次献给了n,最高的*/
                top=DelFullRow(n+full_numb);                        /*清除游戏板里的该行,并下移数据*/
            else
                DelFullRow(n+full_numb);
            full_numb++;                                            /*统计找到的行数*/
        }
    }
    if(full_numb)
    {
        int oldx,x=Sys_x,y=BSIZE*top+Sys_y;
        oldx=x;
        score=score+full_numb*10;                                   /*加分数*/
        /*这里相当于重显调色板*/
        for(n=top;n<t_boardy+4;n++)
        {
            if(n>=Vertical_boxs)continue;                           /*超过低线了*/
            for(m=0;m<Horizontal_boxs;m++)                          /*水平的方向*/
            {
                if(Table_board[n][m].var)
                    setfillstyle(SOLID_FILL,Table_board[n][m].color);/*Table_board[n][m].color*/
                else
                    setfillstyle(SOLID_FILL,BgColor);
                bar(x,y,x+BSIZE,y+BSIZE);
                line(x,y,x+BSIZE,y);
                line(x,y,x,y+BSIZE);
                line(x,y+BSIZE,x+BSIZE,y+BSIZE);
```

```
                line(x+BSIZE,y,x+BSIZE,y+BSIZE);
                x+=BSIZE;
            }
            y+=BSIZE;
            x=oldx;
        }
        ShowScore(score);
        if(speed!=score/speed_step)
           {speed=score/speed_step; ShowSpeed(speed);}
        else
           {ShowSpeed(speed);}
    }
}
```

21.3.7　方块显示和消除处理

具体流程如下。

（1）调用函数 show_box，从（x，y）位置处开始，使用指定颜色 color 显示编号为 box_number 的方块。

（2）调用函数 EraseBox，消除在从（x，y）处开始的编号为 box_number 的方块。

（3）调用函数 MkNextBox，将编号为 box_number 的方块作为当前的游戏编号，并随机生成下一个游戏方块编号。

具体代码如下所示：

```
void show_box(int x,int y,int box_numb,int color)
{
    int i,ii,ls_x=x;
    if(box_numb<0 || box_numb>=MAX_BOX)/*指定的方块不存在*/
        box_numb=MAX_BOX/2;
    setfillstyle(SOLID_FILL,color);
/*********************************
 *    移位来判断第哪一位是1
 *    方块是每1行用半个字节来表示
 *    128d=1000 0000b
 *********************************/
    for(ii=0;ii<2;ii++)
    {
        int mask=128;
        for(i=0;i<8;i++)
        {
            if(i%4==0 && i!=0)                        转到方块的下一行了*/
            {
                y+=BSIZE;
                x=ls_x;
            }
                        if((shapes[box_numb].box[ii])&mask)
            {
                bar(x,y,x+BSIZE,y+BSIZE);
                line(x,y,x+BSIZE,y);
                line(x,y,x,y+BSIZE);
                line(x,y+BSIZE,x+BSIZE,y+BSIZE);
                line(x+BSIZE,y,x+BSIZE,y+BSIZE);
            }
            x+=BSIZE;
            mask/=2;
        }
        y+=BSIZE;
        x=ls_x;
    }
}
/*
*擦除(x,y)位置开始的编号为box_numb的box.
*/
void EraseBox(int x,int y,int box_numb)
{
    int mask=128,t_boardx,t_boardy,n,m;
    setfillstyle(SOLID_FILL,BgColor);
    for(n=0;n<4;n++)
    {
        for(m=0;m<4;m++)                              4个单元*/
```

```
			{
				if( ((shapes[box_numb].box[n/2]) & mask) )	*最左边有方块并且当前游戏板也有方块*/
				{
					bar(x+m*BSIZE,y+n*BSIZE,x+m*BSIZE+BSIZE,y+n*BSIZE+BSIZE);
					line(x+m*BSIZE,y+n*BSIZE,x+m*BSIZE+BSIZE,y+n*BSIZE);
					line(x+m*BSIZE,y+n*BSIZE,x+m*BSIZE,y+n*BSIZE+BSIZE);
					line(x+m*BSIZE,y+n*BSIZE+BSIZE,x+m*BSIZE+BSIZE,y+n*BSIZE+BSIZE);
					line(x+m*BSIZE+BSIZE,y+n*BSIZE,x+m*BSIZE+BSIZE,y+n*BSIZE+BSIZE);
				}
				mask=mask/(2);
				if(mask==0)mask=128;
			}
		}
	}
	/*
	* 将新形状的方块放置在游戏板上，并返回此方块号
	*/
	int MkNextBox(int box_numb)
	{
		int mask=128,t_boardx,t_boardy,n,m;
		t_boardx=(Curbox_x-Sys_x)/BSIZE;
		t_boardy=(Curbox_y-Sys_y)/BSIZE;
		for(n=0;n<4;n++)
		{
			for(m=0;m<4;m++)
			{
				if( ((shapes[current_box_numb].box[n/2]) & mask) )
				{
					Table_board[t_boardy+n][t_boardx+m].var=1;/*这里设置游戏板*/
					Table_board[t_boardy+n][t_boardx+m].color=shapes[current_box_numb].color;/*这里设置游戏板*/
				}
				mask=mask/(2);
				if(mask==0)mask=128;
			}
		}
		setFullRow(t_boardy);
		Curbox_x=Sys_x+Begin_boxs_x*BSIZE,Curbox_y=Sys_y;/*再次初始化座标*/
		if(box_numb==-1) box_numb=rand()%MAX_BOX;
		current_box_numb=box_numb;
		flag_newbox=false;
		return(rand()%MAX_BOX);
	}
```

21.3.8 游戏方块操作判断处理

此模块是对游戏方块的移动和旋转处理，在处理前要首先进行判断，如果满足条件则返回True，即循序操作。此处的判断由函数 MoveAble 实现，(x, y) 表示当前的方块位置，box_number是方块的编号，direction 是左移、下移、右移和旋转的标志。

具体代码如下：

```
	int MoveAble(int x,int y,int box_numb,int direction)
	{
		int n,m,t_boardx,t_boardy;				/*t_boardx当前方块最左边在游戏板的位置*/
		int mask;
		if(direction==MoveLeft)					/*如果向左移*/
		{
			mask=128;
			x-=BSIZE;
			t_boardx=(x-Sys_x)/BSIZE;
			t_boardy=(y-Sys_y)/BSIZE;
			for(n=0;n<4;n++)
			{
				for(m=0;m<4;m++)				/*看最左边四个单元*/
				{
					if((shapes[box_numb].box[n/2]) & mask)	/*最左边有方块并且当前游戏板也有方块*/
					{
						if((x+BSIZE*m)<Sys_x)return(false);	/*碰到最左边了*/
						else if(Table_board[t_boardy+n][t_boardx+m].var) /*左移一个方块后，此4*4的区域与游戏板有冲突*/
						{
							return(false);
						}
					}
```

```
                    mask=mask/(2);
                    if(mask==0)mask=128;
                }
            }
            return(true);
        }
        else if(direction==MoveRight)                               /*如果向右移*/
        {
            x+=BSIZE;
            t_boardx=(x-Sys_x)/BSIZE;
            t_boardy=(y-Sys_y)/BSIZE;
            mask=128;
            for(n=0;n<4;n++)
            {
                for(m=0;m<4;m++)                                    /*看最右边4个单元*/
                {
                    if((shapes[box_numb].box[n/2]) & mask)/*最右边有方块并且当前游戏板也有方块*/
                    {
                        if((x+BSIZE*m)>=(Sys_x+BSIZE*Horizontal_boxs) )return(false);/*碰到最右边了*/
                        else if( Table_board[t_boardy+n][t_boardx+m].var)
                        {
                            return(false);
                        }
                    }
                    mask=mask/(2);
                    if(mask==0)mask=128;
                }
            }
            return(true);
        }
        else if(direction==MoveDown)                                /*如果向下移*/
        {
            y+=BSIZE;
            t_boardx=(x-Sys_x)/BSIZE;
            t_boardy=(y-Sys_y)/BSIZE;
            mask=128;
            for(n=0;n<4;n++)
            {
                for(m=0;m<4;m++)                                    /*看最下边4个单元*/
                {
                    if((shapes[box_numb].box[n/2]) & mask)/*最下边有方块并且当前游戏板也有方块*/
                    {
                        if((y+BSIZE*n)>=(Sys_y+BSIZE*Vertical_boxs) ||   Table_board[t_boardy+n][t_boardx+m].var)
                        {
                            flag_newbox=true;
                            break;
                        }
                    }
                    mask=mask/(2);
                    /*mask依次为:10000000,01000000,00100000,00010000
                                00001000,00000100,00000010/00000001
                     */
                    if(mask==0)mask=128;
                }
            }
            if(flag_newbox)
            {
                return(false);
            }
            else
                return(true);
        }
        else if(direction==MoveRoll)                                /*转动*/
        {
            t_boardx=(x-Sys_x)/BSIZE;
            t_boardy=(y-Sys_y)/BSIZE;
            mask=128;
            for(n=0;n<4;n++)
            {
                for(m=0;m<4;m++)                                    /*看最下边4个单元*/
                {
                    if((shapes[box_numb].box[n/2]) & mask)          /*最下边有方块并且当前游戏板也有方块*/
                    {
```

```
                        if((y+BSIZE*n)>=(Sys_y+BSIZE*Vertical_boxs) )return(false);/*碰到最下边了*/
                        if((x+BSIZE*n)>=(Sys_x+BSIZE*Horizontal_boxs) )return(false);/*碰到最左边了*/
                        if((x+BSIZE*m)>=(Sys_x+BSIZE*Horizontal_boxs) )return(false);/*碰到最右边了*/
                        else if( Table_board[t_boardy+n][t_boardx+m].var)
                        {
                            return(false);
                        }
                    }
                    mask=mask/(2);
                    if(mask==0)mask=128;
                }
            }
            return(true);
        }
        else
        {
            return(false);
        }
}
```

至此，整个游戏介绍完毕。运行后将首先显示提示页面，如图 21-3 所示。

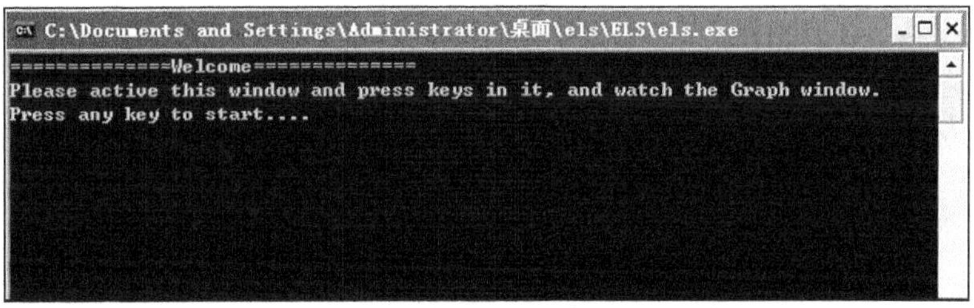

图 21-3　提示界面

进入游戏后，可以轻松按照预设的快捷键进行游玩了，如图 21-4 所示。

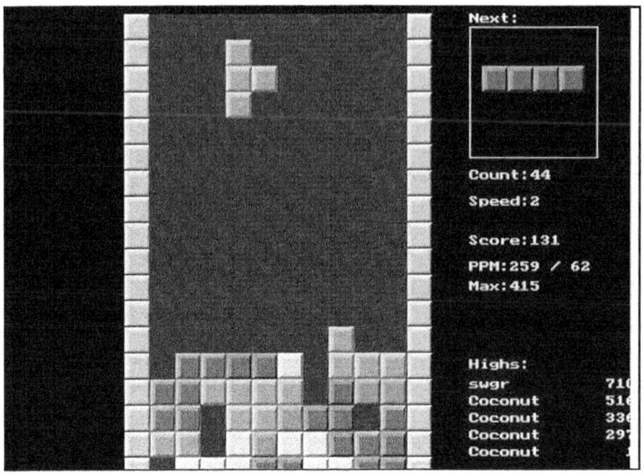

图 21-4　运行界面

第 22 章

风云再起——网络项目设计

Ping 命令是使用最为频繁的一个网络测试命令之一，它能够测试一个主机到另外一个主机间的网络连接是否连通。在微软的 Windows 系统内自带了一个 Ping 命令工具，它可以用于实现网络方面的多个连接。在本章的内容中，将介绍使用 C 语言开发一个类似 Windows 系统 Ping 工具的方法，并详细介绍其具体的实现流程，让读者体会 C 语言在网络编程领域中的应用。

22.1 系统功能描述

本章将通过一个简单的类似 Windows 系统的 Ping 工具实例，来说明 C 语言编写网络项目的基本方法。本实例的实现文件为“wangluo.c”，保存在“光盘:\22\”文件夹中。

本实例系统的构成功能模块如下。

1. 初始化模块

用于初始化各个全局变量、为全局变量赋初始值、初始化 Winsock、加载 Winsock 库。

2. 控制模块

此模块被其他的模块调用，实现获取参数、计算校验和、填充 ICMP 数据报文、释放占用资源和显示用户帮助。

3. 数据解读模块

用于解读接收到的 ICMP 报文和 IP 选项。

4. Ping 测试模块

此模块是本项目实例的核心模块，它可以调用其他的模块来实现功能，最终实现 Ping 命令功能。

上述模块的总体结构如图 22-1 所示。

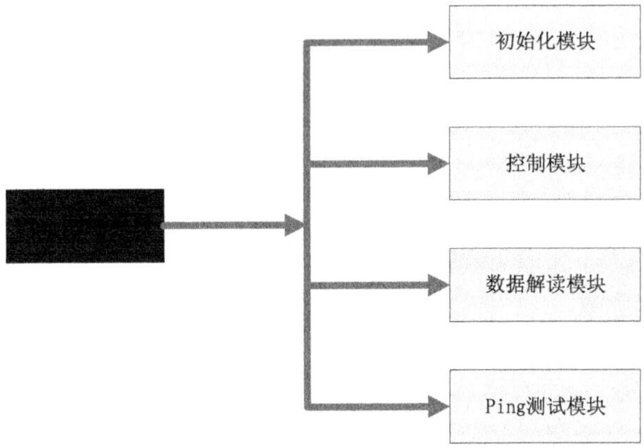

图 22-1 项目功能模块结构

22.2 系统总体设计

在本节的内容中，将简要介绍此系统的总体设计过程。经过本节的系统构成功能分析后，即可根据各构成的功能模块进行对应的设计处理。

22.2.1 功能模块设计

1. 系统运行流程

此系统的运行流程如图 22-2 所示。

在图 22-2 所示的运行流程中，将首先调用 InitPing()函数来初始化各个全局变量，然后使用函数 GetArgments 函数来获取用户输入的参数，并检查用户输入的参数，如果参数不正确，则显示帮助信息，并结束程序；如果正确则执行 Ping 命令，如果 Ping 通则显示结果并释放所占用的资源。如果没有 Ping 通则显示错误信息，并释放所占用的资源。

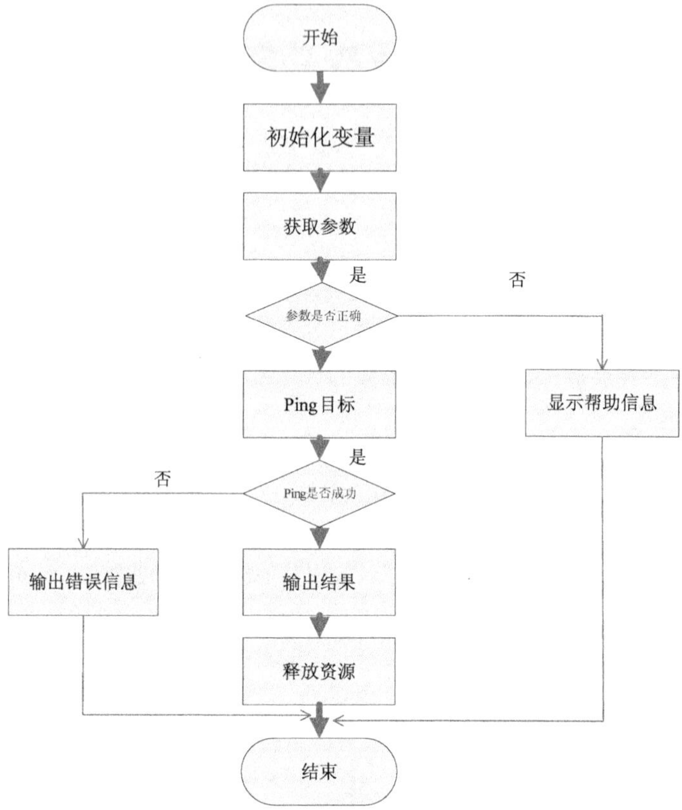

图 22-2 系统运行流程图

2. GetArgments 函数

GetArgments 函数用于获取用户输入的参数，在此获取的参数有如下 3 个。

- *-r*：记录路由参数。
- *-n*：记录条数。
- *Datasize*：数据报大小。

GetArgments 函数的处理流程如下。

- 判断上述参数的第一个字符，如果第一个字符是“-”，则认为是*-r* 或*-n* 中的一个，然后即可进行进一步的判断。
- 如果参数的第二个字符是数字，则判断此参数是记录的条数。
- 如果第二个字符是“r”，则判断该参数是“-r”，用于记录路由。
- 如果第一个参数是数字，则此参数是 IP 或 *Datasize*，然后进行进一步判断。
- 如果参数中不存在非数字字符，则此参数是 *Datasize*；如果存在非数字字符，则此参数是 IP 地址。
- 如果是其他情况，则为主机名。

上述 GetArgments 函数的运行流程如图 22-3 所示。

3. 函数 Ping 处理

函数 Ping 是本系统的核心，他通过调用其他的函数来实现具体功能。函数 Ping 可以实现如下功能。

- 创建套接字。
- 设置路由选项。

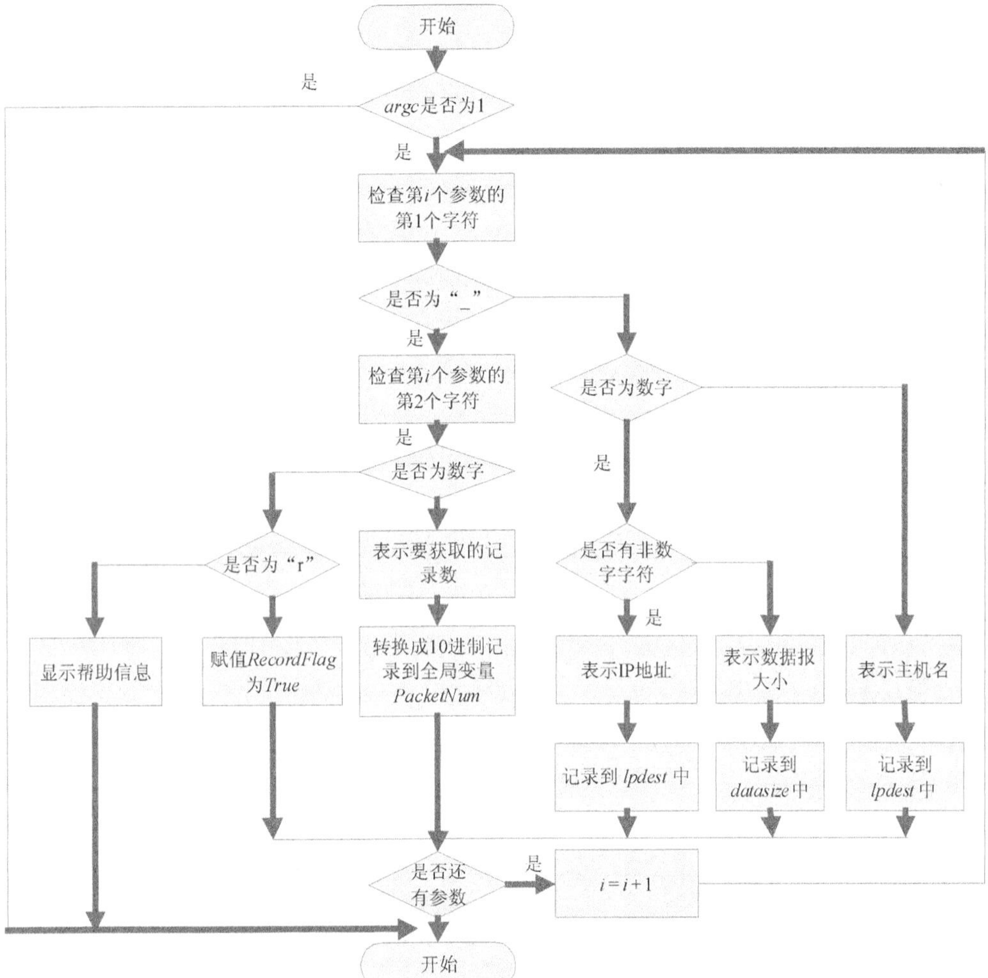

图 22-3　GetArgments 函数运行流程图

- ❑ 创建 ICMP 请求报文。
- ❑ 接收 ICMP 应答报文。
- ❑ 解读 ICMP 文件。

22.2.2　数据结构设计

实例中包含的数据结构如下。

1. IP 报头结构体

此处的 IP 报头结构体是_iphdr，具体代码如下：

```
typedef struct _iphdr
{
    unsigned int    h_len:4;
    unsigned int    version:4;
    unsigned char   tos;
    unsigned short total_len;
    unsigned short ident;
    unsigned short frag_flags;
    unsigned char   ttl
    unsigned char   proto;
    unsigned short checksum;
    unsigned int    sourceIP;
    unsigned int    destIP;
} IpHeader;
```

在结构体_iphdr 中，设置了需要的变量名，各变量的具体说明如下。

- h_len:4：IP 报头长度。
- version:4：IP 的版本号。
- tos：服务的类型。
- total_len：数据报总长度。
- ident：唯一的标识符。
- frag_flags：分段标志。
- proto：协议类型（TCP、UDP 等）。
- checksum：校验和。
- sourceIP：源 IP 地址。

2. ICMP 报头结构体

此处的 ICMP 报头结构体是_icmphdr，具体代码如下：

```
typedef struct _icmphdr
{
    BYTE    i_type;                    /*ICMP报文类型*/
    BYTE    i_code;                    /*该类型中的代码号*/
    USHORT i_cksum;                    /*校验和*/
    USHORT i_id;                       /*唯一的标识符*/
    USHORT i_seq;                      /*序列号*/
    ULONG   timestamp;                 /*时间戳*/
} IcmpHeader;
```

i_type 结构体表示 ICMP 报文类型，i_code 表示该类型中的代码号，i_cksum 表示校验和，颜色值可以根据需要而设置，i_id 表示唯一的标识符，i_seq 表示序列号，timestamp 表示时间戳。

3. IP 选项结构体

此处的 IP 选项结构体是_ipoptionhdr，具体代码如下：

```
typedef struct _ipoptionhdr
{
    unsigned char   code;              /*选项类型*/
     unsigned char   len;              /*选项头长度*/
     unsigned char   ptr;              /*地址偏移长度*/
    unsigned long   addr[9];           /*记录的IP地址列表*/
} IpOptionHeader;
```

22.2.3 构成函数介绍

此实例中各主要构成函数的基本信息如下。

1. 函数 InitPing

函数 InitPing 用于初始化所需要的变量，具体结构如下：

```
void InitPing()
```

2. 函数 UserHelp

函数 UserHelp 用于显示用户的帮助信息，具体结构如下：

```
void UserHelp()
```

3. 函数 GetArgments

函数 GetArgments 用于获取用户提交的处理参数，具体结构如下：

```
void GetArgments(int argc,char** argv)
```

4. 函数 CheckSum

函数 CheckSum 用于计算校验和，首先把数据报头中的校验和字段设置为 0，然后对首部中的每个 16bit 进行二进制反码求和，将结果存放在校验和字段中。具体结构如下：

```
USHORT CheckSum(USHORT *buffer, int size)
```

5. 函数 FillICMPData

函数 FillICMPData 用于填充 ICMP 数据报字段，其中参数“icmp_data”表示 ICMP 数据，

"datasize"表示ICMP报文大小。具体结构如下：

```
void FillICMPData(char *icmp_data, int datasize)
```

6. 函数FreeRes

函数FreeRes用于释放所占用的内存资源，具体结构如下：

```
void FreeRes()
```

7. 函数DecodeIPOptions

函数DecodeIPOptions用于解读IP选项头，从中读取从源主机到目标主机经过的路由，并输出路由信息。具体结构如下：

```
void DecodeIPOptions(char *buf, int bytes)
```

8. 函数DecodeICMPHeader

函数DecodeICMPHeader用于解读ICMP的报文信息，其中参数"buf"表示存放接收到的ICMP报文的缓冲区，"bytes"表示接收到的字节数，"from"表示发送ICMP回显应答的主机IP地址。具体结构如下：

```
void DecodeICMPHeader(char *buf, int bytes, SOCKADDR_IN *from)
```

9. 函数PingTest

函数PingTest用于进行Ping操作处理，具体结构如下：

```
void PingTest(int timeout)
```

22.3 系统具体实现

经过了前面的功能模块分析和系统总体设计后，就可以在此基础上进行程序设计了。在本节的内容中，将详细介绍此项目实例的具体实现过程。

22.3.1 预处理

程序预处理包括库文件导入、头文件加载、定义常量和全局变量，并定义数据结构。本项目实例需要导入的库文件是"ws2_32.lib"，另外还需要加载头文件"winsock2.h"和"ws2tcpip.h"。

注意：

ws2_32.lib是调用WinSock2函数时需要链接的库文件，即调用winsock.dll的时候态连接库，加入此文件就不必要显示调用了。

具体代码如下所示：

```
/*导入库文件*/
#pragma comment( lib, "ws2_32.lib" )
/*加载头文件*/
#include <winsock2.h>
#include <ws2tcpip.h>
#include <stdio.h>
#include <stdlib.h>
#include <math.h>
/*定义常量*/
/*表示要记录路由*/
#define IP_RECORD_ROUTE   0x7
/*默认数据报大小*/
#define DEF_PACKET_SIZE   32
/*最大的ICMP数据报大小*/
#define MAX_PACKET   1024
/*最大IP头长度*/
#define MAX_IP_HDR_SIZE 60
/*ICMP报文类型，回显请求*/
#define ICMP_ECHO 8
/*ICMP报文类型，回显应答*/
#define ICMP_ECHOREPLY 0
/*最小的ICMP数据报大小*/
#define ICMP_MIN 8
/*自定义函数原型*/
void InitPing();
void UserHelp();
```

```
void GetArgments(int argc, char** argv);
USHORT CheckSum(USHORT *buffer, int size);
void FillICMPData(char *icmp_data, int datasize);
void FreeRes();
void DecodeIPOptions(char *buf, int bytes);
void DecodeICMPHeader(char *buf, int bytes, SOCKADDR_IN* from);
void PingTest(int timeout);
/*IP报头字段数据结构*/
typedef struct _iphdr
{
    unsigned int h_len:4;                    /*IP报头长度*/
    unsigned int version:4;                  /*IP的版本号*/
    unsigned char   tos;                     /*服务的类型*/
    unsigned short total_len;                /*数据报总长度*/
    unsigned short ident;                    /*唯一的标识符*/
    unsigned short frag_flags;               /*分段标志*/
    unsigned char ttl;                       /*生存期*/
    unsigned char proto;                     /*协议类型(TCP、UDP等)*/
    unsigned short checksum;                 /*校验和*/
    unsigned int sourceIP;                   /*源IP地址*/
    unsigned int destIP;                     /*目的IP地址*/
} IpHeader;
/*ICMP报头字段数据结构*/
typedef struct _icmphdr
{
    BYTE    i_type;                          /*ICMP报文类型*/
    BYTE    i_code;                          /*该类型中的代码号*/
    USHORT i_cksum;                          /*校验和*/
    USHORT i_id;                             /*唯一的标识符*/
    USHORT i_seq;                            /*序列号*/
    ULONG   timestamp;                       /*时间戳*/
} IcmpHeader;
/*IP选项头字段数据结构*/
typedef struct _ipoptionhdr
{

   unsigned char   code;                     /*选项类型*/
    unsigned char   len;                     /*选项头长度*/
    unsigned char   ptr;                     /*地址偏移长度*/
   unsigned long   addr[9];                  /*记录的IP地址列表*/
} IpOptionHeader;
/*定义全局变量*/
SOCKET m_socket;
IpOptionHeader IpOption;
SOCKADDR_IN DestAddr;
SOCKADDR_IN SourceAddr;
char *icmp_data;
char *recvbuf;
USHORT seq_no ;
char *lpdest;
int datasize;
BOOL RecordFlag;
double PacketNum;
BOOL SucessFlag;
```

22.3.2 初始化处理

初始化需要处理多个全局变量，并通过 WSAStartup 函数来加载 Winsock 库。在此需要对 icmp_data、recvbuf 和 lpdest 都赋值为 null，对 seq_no 赋值为 0，对 RecordFlag 赋值为 DEF_PACKET_SIZE，此处表示默认的数据报大小是 32。

另外，还要对 PacketNum 赋值为 5，5 是默认记录，即默认发送 5 条 ICMP 回显请求；对 SuccessFlag 赋值为 FALSE，在程序完全成功执行后才会赋值为 True。

函数 WSAStartup 实现对 Winsock 的加载，通过宏 MAKEWORD 来获取准备加载的 Winsock 版本。

具体实现代码如下所示：

```
/*初始化变量函数*/
void InitPing()
{
```

```
    WSADATA wsaData;
    icmp_data = NULL;
    seq_no = 0;
    recvbuf = NULL;
    RecordFlag = FALSE;
    lpdest = NULL;
    datasize = DEF_PACKET_SIZE;
    PacketNum = 5;
    SucessFlag = FALSE;
    /*Winsock初始化*/
    if (WSAStartup(MAKEWORD(2, 2), &wsaData) != 0)
      {
            /*如果初始化不成功则报错，GetLastError()返回发生的错误信息*/
            printf("WSAStartup() failed: %d\n", GetLastError());
            return ;
      }
    m_socket = INVALID_SOCKET;
}
```

22.3.3 控制模块

此处控制模块的功能是为其他模块提供调用函数，它能够实现参数获取、校验处理、计算处理、ICMP 数据填充、释放占用资源和显示用户帮助等功能。具体实现代码如下所示：

```
/*显示信息函数*/
void UserHelp()
{
      printf("UserHelp: ping -r <host> [data size]\n");
      printf("             -r            record route\n");
      printf("             -n            record amount\n");
      printf("             host          remote machine to ping\n");
      printf("             datasize      can be up to 1KB\n");
      ExitProcess(-1);
}
/*获取ping选项函数*/
void GetArgments(int argc,char** argv)
{
     int i;
     int j;
     int exp;
     int len;
     int m;
/*如果没有指定目的地地址和任何选项*/
     if(argc == 1)
       {
            printf("\nPlease specify the destination IP address and the ping option as follow!\n");
           UserHelp();
       }
       for(i = 1; i < argc; i++)
      {
           len = strlen(argv[i]);
            if (argv[i][0] == '-')
           {
                /*选项指示要获取记录的条数*/
                  if(isdigit(argv[i][1]))
                  {
                         PacketNum = 0;
                         for(j=len-1,exp=0;j>=1;j--,exp++)
                                /*根据argv[i][j]中的ASCII值计算要获取的记录条数(十进制数)*/
                                PacketNum += ((double)(argv[i][j]-48))*pow(10,exp);
                  }
                  else
                  {
                         switch (tolower(argv[i][1]))
                         {
                                /*选项指示要获取路由信息*/
                                case 'r':
                                       RecordFlag = TRUE;
                                       break;
                                /*没有按要求提供选项*/
                                default:
                                       UserHelp();
                                       break;
```

```
                    }
                }
            }
            /*参数是数据报大小或者IP地址*/
            else if (isdigit(argv[i][0]))
            {
                for(m=1;m<len;m++)
                {
                    if(!(isdigit(argv[i][m])))
                    {
                        /*是IP地址*/
                        lpdest = argv[i];
                        break;
                    }
                    /*是数据报大小*/
                    else if(m==len-1)
                        datasize = atoi(argv[i]);
                }
            }
            /*参数是主机名*/
            else
                lpdest = argv[i];
        }
}
/*求校验和函数*/
USHORT CheckSum(USHORT *buffer, int size)
{
    unsigned long cksum=0;
    while (size > 1)
    {
        cksum += *buffer++;
        size -= sizeof(USHORT);
    }
    if (size)
    {
        cksum += *(UCHAR*)buffer;
    }
    /*对每个16bit进行二进制反码求和*/
    cksum = (cksum >> 16) + (cksum & 0xffff);
    cksum += (cksum >>16);
    return (USHORT)(~cksum);
}
/*填充ICMP数据报字段函数*/
void FillICMPData(char *icmp_data, int datasize)
{
    IcmpHeader *icmp_hdr = NULL;
    char *datapart = NULL;
    icmp_hdr = (IcmpHeader*)icmp_data;
    /*ICMP报文类型设置为回显请求*/
    icmp_hdr->i_type = ICMP_ECHO;
    icmp_hdr->i_code = 0;
    /*获取当前进程IP作为标识符*/
    icmp_hdr->i_id = (USHORT)GetCurrentProcessId();
    icmp_hdr->i_cksum = 0;
    icmp_hdr->i_seq = 0;
    datapart = icmp_data + sizeof(IcmpHeader);
    /*以数字0填充剩余空间*/
    memset(datapart,'0',datasize-sizeof(IcmpHeader));
}
/*释放资源函数*/
void FreeRes()
{
    /*关闭创建的套接字*/
    if (m_socket != INVALID_SOCKET)
        closesocket(m_socket);
    /*释放分配的内存*/
    HeapFree(GetProcessHeap(), 0, recvbuf);
    HeapFree(GetProcessHeap(), 0, icmp_data);
    /*注销WSAStartup()调用*/
    WSACleanup();
    return ;
}
```

22.3.4 数据报解读处理

此处控制模块的功能是解读 IP 选项和 ICMP 报文，当主机接收到目的主机返回的 ICMP 回显应答后，就将调用 ICMP 解读函数来解读 ICMP 报文，并且 ICMP 解读函数将调用 IP 选项解读函数来实现 IP 路由输出。具体实现代码如下所示：

```
/*解读IP选项头函数*/
void DecodeIPOptions(char *buf, int bytes)
{
    IpOptionHeader *ipopt = NULL;
     IN_ADDR inaddr;
     int i;
     HOSTENT *host = NULL;
    /*获取路由信息的地址入口*/
     ipopt = (IpOptionHeader *)(buf + 20);
     printf("RR:     ");
     for(i = 0; i < (ipopt->ptr / 4) - 1; i++)
     {
         inaddr.S_un.S_addr = ipopt->addr[i];
         if (i != 0)
             printf("           ");
           /*根据IP地址获取主机名*/
         host = gethostbyaddr((char *)&inaddr.S_un.S_addr,sizeof(inaddr.S_un.S_addr), AF_INET);
         /*如果获取到了主机名，则输出主机名*/
           if (host)
             printf("(%-15s) %s\n", inet_ntoa(inaddr), host->h_name);
         /*否则输出IP地址*/
           else
             printf("(%-15s)\n", inet_ntoa(inaddr));
     }
     return;
}
/*解读ICMP报头函数*/
void DecodeICMPHeader(char *buf, int bytes, SOCKADDR_IN *from)
{
    IpHeader *iphdr = NULL;
     IcmpHeader *icmphdr = NULL;
     unsigned short iphdrlen;
     DWORD tick;
     static int icmpcount = 0;
     iphdr = (IpHeader *)buf;
     /*计算IP报头的长度*/
     iphdrlen = iphdr->h_len * 4;
     tick = GetTickCount();
    /*如果IP报头的长度为最大长度(基本长度是20字节)，则认为有IP选项，需要解读IP选项*/
     if ((iphdrlen == MAX_IP_HDR_SIZE) && (!icmpcount))
            /*解读IP选项，即路由信息*/
         DecodeIPOptions(buf, bytes);
    /*如果读取的数据太小*/
     if (bytes < iphdrlen + ICMP_MIN)
     {
         printf("Too few bytes from %s\n",
             inet_ntoa(from->sin_addr));
     }
     icmphdr = (IcmpHeader*)(buf + iphdrlen);
    /*如果收到的不是回显应答报文则报错*/
     if (icmphdr->i_type != ICMP_ECHOREPLY)
     {
         printf("nonecho type %d recvd\n", icmphdr->i_type);
         return;
     }
     /*核实收到的ID号和发送的是否一致*/
     if (icmphdr->i_id != (USHORT)GetCurrentProcessId())
     {
         printf("someone else's packet!\n");
         return ;
     }
    SucessFlag = TRUE;
    /*输出记录信息*/
     printf("%d bytes from %s:", bytes, inet_ntoa(from->sin_addr));
     printf(" icmp_seq = %d. ", icmphdr->i_seq);
     printf(" time: %d ms", tick - icmphdr->timestamp);
     printf("\n");
     icmpcount++;
     return;
}
```

22.3.5　Ping 测试处理

此模块是整个项目的核心，功能是进行 Ping 操作处理。当整个项目初始化处理完成后，根据用户提交的参数即可进行 Ping 处理。具体实现代码如下所示：

```
/*ping函数*/
void PingTest(int timeout)
{
	int ret;
	int readNum;
	int fromlen;
	struct hostent *hp = NULL;
	/*创建原始套接字，该套接字用于ICMP协议*/
	m_socket = WSASocket(AF_INET, SOCK_RAW, IPPROTO_ICMP, NULL, 0,WSA_FLAG_OVERLAPPED);
	/*如果套接字创建不成功*/
	if (m_socket == INVALID_SOCKET)
	{
		printf("WSASocket() failed: %d\n", WSAGetLastError());
		return ;
	}
	/*若要求记录路由选项*/
	if (RecordFlag)
	{
		/*IP选项每个字段用0初始化*/
		ZeroMemory(&IpOption, sizeof(IpOption));
		/*为每个ICMP包设置路由选项*/
		IpOption.code = IP_RECORD_ROUTE;
		IpOption.ptr= 4;
		IpOption.len= 39;
		ret = setsockopt(m_socket, IPPROTO_IP, IP_OPTIONS,(char *)&IpOption, sizeof(IpOption));
		if (ret == SOCKET_ERROR)
		{
			printf("setsockopt(IP_OPTIONS) failed: %d\n",WSAGetLastError());
		}
	}
	/*设置接收的超时值*/
	readNum = setsockopt(m_socket, SOL_SOCKET, SO_RCVTIMEO,(char*)&timeout, sizeof(timeout));
	if(readNum == SOCKET_ERROR)
	{
		printf("setsockopt(SO_RCVTIMEO) failed: %d\n",WSAGetLastError());
		return ;
	}
	/*设置发送的超时值*/
	timeout = 1000;
	readNum = setsockopt(m_socket, SOL_SOCKET, SO_SNDTIMEO,(char*)&timeout, sizeof(timeout));
	if (readNum == SOCKET_ERROR)
	{
		printf("setsockopt(SO_SNDTIMEO) failed: %d\n",WSAGetLastError());
		return ;
	}
	/*用0初始化目的地地址*/
	memset(&DestAddr, 0, sizeof(DestAddr));
	/*设置地址族，这里表示使用IP地址族*/
	DestAddr.sin_family = AF_INET;
	if ((DestAddr.sin_addr.s_addr = inet_addr(lpdest)) == INADDR_NONE)
	{
		/*名字解析，根据主机名获取IP地址*/
		if ((hp = gethostbyname(lpdest)) != NULL)
		{
			/*将获取到的IP值赋给目的地地址中的相应字段*/
			memcpy(&(DestAddr.sin_addr), hp->h_addr, hp->h_length);
			/*将获取到的地址族值赋给目的地地址中的相应字段*/
			DestAddr.sin_family = hp->h_addrtype;
			printf("DestAddr.sin_addr = %s\n", inet_ntoa(DestAddr.sin_addr));
		}
		/*获取不成功*/
		else
		{
			printf("gethostbyname() failed: %d\n",WSAGetLastError());
			return ;
		}
	}
	/*数据报文大小需要包含ICMP报头*/
	datasize += sizeof(IcmpHeader);
	/*根据默认堆句柄，从堆中分配MAX_PACKET内存块，新分配内存的内容将被初始化为0*/
	icmp_data =(char*) HeapAlloc(GetProcessHeap(), HEAP_ZERO_MEMORY,MAX_PACKET);
```

```
        recvbuf =(char*) HeapAlloc(GetProcessHeap(), HEAP_ZERO_MEMORY,MAX_PACKET);
        /*如果分配内存不成功*/
        if (!icmp_data)
        {
            printf("HeapAlloc() failed: %d\n", GetLastError());
            return ;
        }
        /* 创建ICMP报文*/
        memset(icmp_data,0,MAX_PACKET);
        FillICMPData(icmp_data,datasize);
        while(1)
        {
            static int nCount = 0;
            int writeNum;
            /*超过指定的记录条数则退出*/
            if (nCount++ == PacketNum)
                break;
            /*计算校验和前要把校验和字段设置为0*/
            ((IcmpHeader*)icmp_data)->i_cksum = 0;
            /*获取操作系统启动到现在所经过的毫秒数，设置时间戳*/
            ((IcmpHeader*)icmp_data)->timestamp = GetTickCount();
            /*设置序列号*/
            ((IcmpHeader*)icmp_data)->i_seq = seq_no++;
            /*计算校验和*/
            ((IcmpHeader*)icmp_data)->i_cksum = CheckSum((USHORT*)icmp_data, datasize);
            /*开始发送ICMP请求 */
            writeNum = sendto(m_socket, icmp_data, datasize, 0,(struct sockaddr*)&DestAddr, sizeof(DestAddr));

            /*如果发送不成功*/
            if (writeNum == SOCKET_ERROR)
            {
                /*如果是由于超时不成功*/
                if (WSAGetLastError() == WSAETIMEDOUT)
                {
                    printf("timed out\n");
                        continue;
                }
                /*其他发送不成功原因*/
                printf("sendto() failed: %d\n", WSAGetLastError());
                return ;
            }
            /*开始接收ICMP应答 */
            fromlen = sizeof(SourceAddr);
            readNum = recvfrom(m_socket, recvbuf, MAX_PACKET, 0,(struct sockaddr*)&SourceAddr, &fromlen);
            /*如果接收不成功*/
            if (readNum == SOCKET_ERROR)
            {
                /*如果是由于超时不成功*/
                if (WSAGetLastError() == WSAETIMEDOUT)
                {
                    printf("timed out\n");
                    continue;
                }
                /*其他接收不成功原因*/
                printf("recvfrom() failed: %d\n", WSAGetLastError());
                return ;
            }
            /*解读接收到的ICMP数据报*/
            DecodeICMPHeader(recvbuf, readNum, &SourceAddr);
        }
    }
```

22.3.6 主函数

系统主函数 main 实现了对整个程序的运行控制和对所有相关模块的调用。Main 函数首先初始化系统变量，然后获取参数，并根据参数进行 Ping 操作处理。具体实现代码如下所示：

```
int main(int argc, char* argv[])
{
    InitPing();
    GetArgments(argc, argv);
    PingTest(1000);
    /*延迟1秒*/
    Sleep(1000);
    if(SucessFlag)
        printf("\nPing end, you have got %.0f records!\n",PacketNum);
```

```
    else
        printf("Ping end, no record!");
    FreeRes();
    getchar();
    return 0;
}
```

至此，整个游戏介绍完毕。运行后将首先按照默认样式显示，如图 22-4 所示。

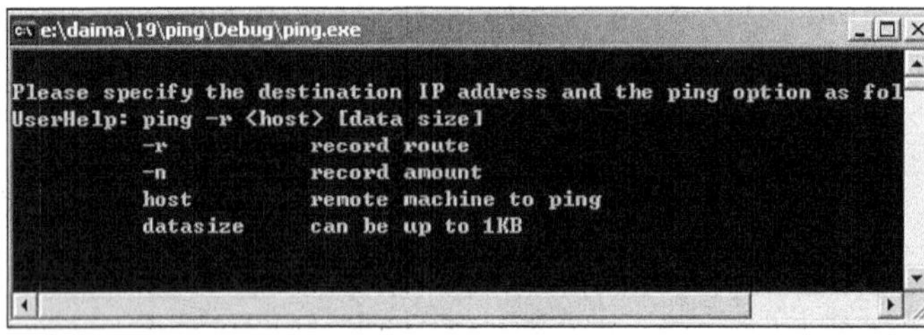

图 22-4　初始效果

如果输入一个合法的目标地址，会显示 Ping 的结果，如图 22-5 所示。

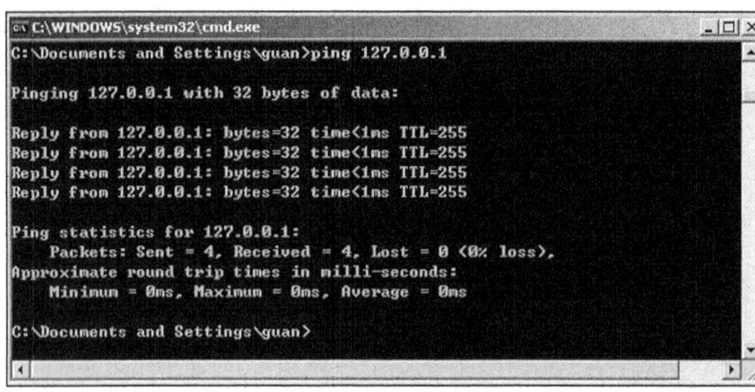

图 22-5　Ping 结果

如果输入一个非法的目标地址，会显示对应的错误提示，如图 22-6 所示。

图 22-6　Ping 结果

当然也可以 Ping 指定的域名地址，例如 www.good77.cn，如图 22-7 所示。

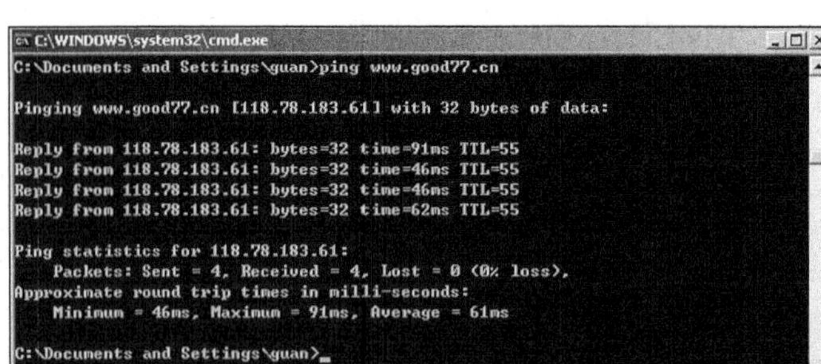

图 22-7　Ping 结果